作者简介

彭寿　1960年8月出生，安徽省桐城人，1982年7月毕业于武汉建筑材料工业学院（现武汉理工大学）材料科学与工程系硅酸盐（玻璃）专业，教授级高级工程师，享受国务院政府特殊津贴专家，全国劳动模范。曾任国际玻璃协会主席，现任联合国中国玻璃发展中心主任，中国硅酸盐学会副理事长，中国建筑材料联合会科教委主任，中国建筑玻璃与工业玻璃协会副会长，中国建材股份有限公司执行董事、总裁，浮法玻璃新技术国家重点实验室主任，中建材蚌埠玻璃工业设计研究院院长。毕生从事新玻璃材料的研究、设计和产业化工作，主持开展了973、863国家科技支撑计划等重要科研项目18项，荣获国家科技进步二等奖3项、全国优秀工程设计金奖、何梁何利基金科学与技术创新奖、美国陶瓷学会硅酸盐技术创新领袖奖、国际玻璃协会终身成就奖、光华工程科技奖、安徽省重大科技成就奖、国务院第三届"央企楷模"个人荣誉称号。主持制定了8项国家标准，获发明专利45项，出版著作4部，发表论文95篇。是全国工程勘察设计大师、首批"新世纪百千万人才工程"国家级人选、全国优秀科技工作者、全国"五一"劳动奖章获得者、全国杰出工程师。

作者简介

杨京安 1957年7月出生，山西省运城人，1982年7月毕业于武汉建筑材料工业学院（现武汉理工大学）材料科学与工程系硅酸盐（玻璃）专业，工学学士学位；2000年6月结业于清华大学工商管理硕士研修班。教授级高级工程师，享受国务院政府特殊津贴专家。先后在山西光华玻璃有限公司、浙江玻璃股份有限公司、中航三鑫太阳能光电玻璃有限公司、中国建材桐城新能源材料有限公司担任总工程师、总经理职务。毕生从事玻璃事业，具有丰富的生产、技术及管理经验，曾荣获国家科技进步三等奖、建材部科技进步二等奖、中国建材集团公司科技进步一等奖、山西省、安徽省新产品、技术进步奖等十余项科技、管理奖。发表论文20余篇，出版著作2部。

太阳能压延玻璃工艺学

彭寿　杨京安　编著

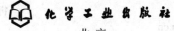

化学工业出版社

·北京·

本书依据作者在太阳能压延玻璃领域研究、设计、制造以及产业化应用方面取得的成果，并结合多年的生产经验，从太阳能压延玻璃的原料生产到太阳能压延玻璃的深加工，系统阐述了太阳能压延玻璃的生产工艺技术，同时结合太阳能压延玻璃生产过程，阐述了太阳能压延玻璃缺陷产生的原因，并提出了相应的解决办法。

本书既可供太阳能压延玻璃行业科技工作者、工程技术人员及管理人员参考使用，也可作为相关专业师生的参考教材。

图书在版编目（CIP）数据

太阳能压延玻璃工艺学 / 彭寿，杨京安编著 . —北京：化学工业出版社，2018.12（2023.8 重印）

ISBN 978-7-122-33750-4

Ⅰ.①太…　Ⅱ.①彭…②杨…　Ⅲ.①太阳能技术-应用-玻璃-生产工艺　Ⅳ.①TQ171.6

中国版本图书馆CIP数据核字（2019）第012634号

责任编辑：韩霄翠　仇志刚　　　　　　　　　　　　　装帧设计：王晓宇
责任校对：王素芹

出版发行：化学工业出版社（北京市东城区青年湖南街 13 号　邮政编码 100011）
印　　装：北京盛通数码印刷有限公司
787mm×1092mm　1/16　印张 35¼　彩插 1　字数 836 千字　2023 年 8 月北京第 1 版第 3 次印刷

购书咨询：010-64518888　　　　　　　　　　　　　售后服务：010-64518899
网　　址：http：//www.cip.com.cn
凡购买本书，如有缺损质量问题，本社销售中心负责调换。

定　　价：168.00 元

前言
Preface

进入21世纪以来，全球绿色能源行业——太阳能行业呈高速发展趋势，并带动了太阳能压延玻璃产业的快速发展。随着技术的进步，传统建筑装饰压延玻璃生产工艺也因新兴绿色产业太阳能压延玻璃的兴起而得以提升和快速发展。截至2018年10月底，我国已建成的太阳能压延玻璃熔窑有46座之多，日熔化量达2.26万吨，生产规模位居世界之首。

但是，我国太阳能压延玻璃的生产工艺技术和产品质量还不够稳定，许多工厂还是依靠少数经验丰富的技师进行操作。为了给从事太阳能新玻璃材料及相关领域科学研究和技术开发的科技工作者提供参考资料，提高广大从事太阳能压延玻璃生产操作者的操作技能，达到稳定生产和提高产品质量的目的，推动太阳能压延玻璃工艺技术的不断创新提高，笔者从解决绿色能源需要的新玻璃材料视角出发，编著了《太阳能压延玻璃工艺学》一书。

书中对太阳能压延玻璃原片玻璃、深加工玻璃生产过程进行了原理描述、质量分析、问题归纳、经验总结，重点阐述了太阳能压延玻璃原片的成形工艺、成形设备和深加工镀膜钢化工艺。本书最大的特点是既有适合研究的理论性，又有适合生产线操作的实用性。

随着太阳能利用技术的深入研究，与太阳能利用配套的太阳能压延玻璃也必将不断涌现出新工艺、新技术、新产品。希望本书的出版，能够为提高我国太阳能新玻璃材料的原始创新能力和产品品质做出一定的贡献，并期待能够推进太阳能新玻璃材料产业稳定发展，实现从跟跑、追跑、并跑再到领跑的目的，使我国真正成为太阳能压延玻璃的生产强国。

本书编写过程中，蚌埠玻璃工业设计研究院副总工程师李茂刚先生提出了建设性建议，中建材（合肥）新能源有限公司杨镇远先生对书稿进行了编排整理，中国建材桐城新能源材料有限公司史刚社、王小平、方荣喜等参与了压延玻璃成形和压延玻璃深加工章节的部分工作；同时本书的编写得到了蚌埠凯盛工程技术有限公司、北京诺瑞达科技有限公司、浙江康星新材料科技股份有限公司、青岛大顺友科技股份有限公司的大力支持，在此一并表示最诚挚的感谢！

技术创新进步无止境，文献资料浩瀚无边缘。由于作者水平有限，书中难免存在不妥之处，敬请有识之士不吝指正。

编著者

2018 年 11 月于安徽桐城

目录

Contents

第 **1** 章

绪论

001————

1.1 太阳能压延玻璃基本特性 /003

1.2 太阳能玻璃的应用 /005

  1.2.1 光伏玻璃 /005

  1.2.2 光热发电玻璃 /006

  1.2.3 光热利用玻璃 /007

第 **2** 章

压延玻璃原片原料选用
与配制

008————

2.1 主要原料 /010

  2.1.1 引入二氧化硅的原料 /010

  2.1.2 引入氧化钠的原料 /013

  2.1.3 引入氧化铝的原料 /017

  2.1.4 引入氧化钙的原料 /019

  2.1.5 引入氧化镁的原料 /021

  2.1.6 碎玻璃 /022

2.2 辅助原料 /023

  2.2.1 澄清剂 /023

  2.2.2 助熔剂 /033

  2.2.3 脱色剂 /038

2.3 玻璃原料的选用、运输和储存 /040

  2.3.1 玻璃原料的选用原则 /040

  2.3.2 玻璃原料的运输 /041

  2.3.3 玻璃原料的储存 /042

2.4 玻璃原片原料的加工 /043

  2.4.1 原料加工工艺流程 /043

  2.4.2 原料的破碎与粉碎 /045

  2.4.3 原料的筛分 /045

  2.4.4 原料的除铁 /048

2.5 配料表手工计算 /048

  2.5.1 手工计算配料表条件 /049

  2.5.2 配料表的手工计算 /050

2.6 配合料的制备 /057

2.6.1　配合料的基本要求　/057

2.6.2　配合料的制备　/058

2.6.3　配合料质量检验　/064

第3章

玻璃用燃料及供应工艺

067————

3.1　玻璃用燃料　/068

3.1.1　液体燃料　/068

3.1.2　气体燃料　/075

3.2　玻璃燃料供应工艺　/080

3.2.1　液体燃料供应工艺　/080

3.2.2　气体燃料供应工艺　/087

3.3　石油焦粉应用　/093

第4章

玻璃熔制与熔窑

097————

4.1　玻璃熔制工艺　/098

4.1.1　玻璃熔制的五个阶段　/098

4.1.2　理论热耗与热效率　/104

4.1.3　玻璃熔制过程　/105

4.1.4　影响玻璃熔制的主要因素　/130

4.2　玻璃熔窑　/131

4.2.1　玻璃熔窑基本结构　/132

4.2.2　中档空气助燃玻璃熔窑耐火材料配置举例　/156

第5章

压延玻璃成形与退火工艺

161————

5.1　压延玻璃成形工艺　/162

5.1.1　压延玻璃成形原理　/163

5.1.2　压延玻璃成形口结构　/163

5.1.3　压延机的装配　/167

5.1.4　压延玻璃成形用耐火材料　/174

5.1.5　压延玻璃成形工艺　/189

5.1.6　影响压延玻璃成形的因素　/198

5.1.7　压延成形工具和器具　/205

5.1.8　压延成形紧急事故预防和处理　/209

5.2　压延玻璃退火　/ 212

　5.2.1　玻璃应力　/ 213

　5.2.2　压延玻璃退火原理　/ 214

　5.2.3　退火窑退火工艺　/ 215

　5.2.4　退火温度区划分　/ 216

　5.2.5　退火窑结构　/ 216

5.3　压延玻璃原片切割与包装　/ 219

第6章

压延玻璃成形设备

220

6.1　玻璃压延机种类及区别　/ 221

　6.1.1　砖机分离式玻璃压延机　/ 221

　6.1.2　砖机一体式玻璃压延机　/ 226

　6.1.3　砖机分离式和砖机一体式玻璃压延机

　　　　主要区别　/ 229

6.2　玻璃压延机参数　/ 233

　6.2.1　玻璃压延机工作原理　/ 233

　6.2.2　玻璃压延机特征参数　/ 233

6.3　玻璃压延机主要部件　/ 236

　6.3.1　压延辊筒　/ 236

　6.3.2　压延辊筒轴承　/ 251

　6.3.3　万向联轴器　/ 255

　6.3.4　旋转接头　/ 260

　6.3.5　压延机用减速机　/ 264

　6.3.6　齿形链　/ 266

　6.3.7　接应辊和过渡辊　/ 267

6.4　压延机装机与试车　/ 269

　6.4.1　压延辊筒轴承装配　/ 269

　6.4.2　压延机装机　/ 272

6.5　生产前玻璃压延机检查及换机检修　/ 273

　6.5.1　生产前压延机检查　/ 274

　6.5.2　换机检查检修　/ 274

6.6 玻璃压延机维护及故障处理 /276

6.6.1 玻璃压延机维护 /276

6.6.2 玻璃压延机故障处理 /278

6.7 压延玻璃花型设计 /280

6.7.1 压延玻璃花型介绍 /280

6.7.2 太阳能压延玻璃花型结构设计原理 /282

6.7.3 太阳能压延玻璃花型结构设计原则 /283

6.7.4 太阳能压延玻璃花型设计 /283

6.8 压延机对玻璃厚薄差的影响 /285

6.8.1 压延机产生厚薄差的原因 /286

6.8.2 压延机玻璃厚薄差补偿 /288

6.9 玻璃压延机的安全管理 /290

第 **7** 章

太阳能压延玻璃深加工工艺

292

7.1 玻璃上片 /294

7.2 玻璃磨边工艺 /295

7.2.1 磨削原理 /295

7.2.2 金刚石磨具 /296

7.2.3 磨边工艺设计 /302

7.2.4 玻璃磨边机结构 /303

7.2.5 玻璃磨边机操作 /314

7.2.6 磨边机的维护保养 /317

7.3 玻璃钻孔工艺 /318

7.3.1 玻璃机械式钻孔 /319

7.3.2 玻璃激光式钻孔 /324

7.4 玻璃清洗干燥工艺 /329

7.4.1 玻璃的清洗方式 /330

7.4.2 玻璃的干燥方式 /336

7.4.3 玻璃表面静电消除 /339

7.4.4 玻璃清洗机供水系统 /340

7.4.5　太阳能玻璃清洗干燥机结构　/341

7.4.6　玻璃清洗干燥工艺　/343

7.4.7　玻璃清洁度检查方法　/344

7.4.8　玻璃清洗机操作　/346

7.4.9　玻璃清洗干燥机维护保养　/347

7.5　太阳能玻璃镀膜工艺　/349

7.5.1　减反射膜基本性能　/349

7.5.2　辊涂镀膜原理　/353

7.5.3　镀膜液　/354

7.5.4　辊涂机　/355

7.5.5　涂布胶辊和网纹辊　/358

7.5.6　膜层烘干机　/362

7.5.7　辊涂镀膜工艺控制　/364

7.5.8　镀膜作业指导书　/367

7.6　太阳能玻璃丝网印刷工艺　/370

7.6.1　丝网印刷原理　/370

7.6.2　太阳能玻璃丝网印刷工艺　/371

7.6.3　丝网印刷常见问题及解决办法　/383

7.6.4　丝网印刷设备　/388

7.6.5　太阳能玻璃丝网印刷质量控制及检验　/403

7.7　玻璃钢化工艺　/406

7.7.1　玻璃钢化方法简介　/407

7.7.2　风冷钢化工艺　/410

7.7.3　风冷式钢化玻璃加热和急冷机理　/413

7.7.4　风冷式钢化设备组成　/424

7.7.5　玻璃钢化工艺参数设定　/430

7.7.6　薄玻璃钢化技术与气垫钢化炉　/432

7.7.7　玻璃钢化炉安全工艺操作规程　/436

7.7.8　钢化炉保养与维护　/445

7.8　玻璃深加工危险源评估和安全措施　/449

第 8 章

压延玻璃原片生产过程缺陷控制

453————

8.1 夹杂物缺陷控制 / 455

8.1.1 粉料夹杂物 / 455

8.1.2 耐火材料夹杂物 / 458

8.1.3 析晶夹杂物 / 465

8.1.4 其他夹杂物 / 468

8.1.5 夹杂物的诊断方法 / 469

8.2 气泡缺陷控制 / 471

8.2.1 熔化过程产生的气泡 / 472

8.2.2 玻璃成形过程产生的气泡 / 479

8.2.3 气泡的检测 / 479

8.3 条纹缺陷控制 / 480

8.3.1 条纹表现形式 / 480

8.3.2 条纹形成原因 / 481

8.3.3 条纹的检测方法 / 485

8.3.4 消除条纹的方法 / 485

8.4 成形缺陷控制 / 487

8.4.1 橘皮（蛤蟆皮） / 487

8.4.2 辊印 / 487

8.4.3 黑点 / 490

8.4.4 灰斑（辊斑） / 492

8.4.5 花纹变形 / 493

8.4.6 微裂纹 / 494

8.4.7 厚薄不均 / 494

8.4.8 隐线 / 495

8.4.9 亮线 / 496

8.4.10 L印 / 497

8.4.11 "疤"缺陷 / 497

8.5 玻璃表面划伤、弯曲与断面缺陷控制 / 498

8.5.1 表面划伤 / 498

8.5.2 玻璃弯曲 / 500

8.5.3　玻璃断面缺陷　/502

8.6　玻璃霉变和纸纹缺陷　/502

8.6.1　霉变缺陷　/502

8.6.2　纸纹缺陷　/508

8.6.3　白点缺陷　/509

第9章
压延玻璃深加工生产过程缺陷控制
510

9.1　磨边玻璃表面质量缺陷及对策　/511

9.2　玻璃清洗质量问题及对策　/512

9.3　镀膜玻璃常见外观质量缺陷及对策　/514

9.4　钢化玻璃质量缺陷及对策　/517

第10章
太阳能压延玻璃质量检验
524

10.1　质量检验方法　/525

10.1.1　专职检验人员操作规范　/525

10.1.2　日常质量检验作业指导书　/527

10.2　质量检验工具与设备　/538

10.2.1　钢直尺　/538

10.2.2　直尺　/539

10.2.3　钢卷尺　/539

10.2.4　塞尺　/539

10.2.5　深度百分表　/540

10.2.6　气浮检测平台　/541

10.2.7　外径千分尺　/541

10.2.8　玻璃弯曲度检测仪　/542

10.2.9　透光率测试仪　/543

10.2.10　玻璃落球冲击试验机　/543

10.2.11　玻璃霰弹袋冲击试验机　/544

10.2.12　粗糙度检测仪　/545

10.2.13　铅笔硬度仪　/545

10.2.14　玻璃检测灯箱　/546

10.2.15　玻璃缺陷在线检测仪　/547

参考文献　　550————————

第 1 章

绪论

1.1 太阳能压延玻璃基本特性

1.2 太阳能玻璃的应用

压延玻璃最早起源于16世纪的法国，19世纪一些国家开始逐步采用，到20世纪，利用压延玻璃工艺生产的各种玻璃产品已在世界各地广泛使用。我国首条普通压延玻璃生产线于1965年在湖南株洲玻璃厂建成投产。

压延玻璃因玻璃液是在压延机的上下辊之间压制延展而成，故名"压延玻璃"，因在压延过程使玻璃产品上压有花纹图案，又称为压花玻璃，其成形工艺方法称为压延法。由于具有透光不透明（又称为透光不透视）的特点，最初利用该工艺生产的普通压延玻璃多用于家居、装饰、建筑等领域，用于建筑的室内间隔、卫生间门窗及需要阻断视线的各种场合，故又称为建筑装饰压延玻璃。

由于建筑装饰压延玻璃市场需求有限，所以，建筑装饰压延玻璃产业发展较慢。21世纪初，随着绿色能源太阳能行业的崛起，与之配套的太阳能压延玻璃（又称为超白压延玻璃、低铁压延玻璃、新能源玻璃）成为朝阳产业，在传统建筑装饰压延玻璃生产工艺基础上又"老树发新芽"，快速发展起来，工艺技术也随之得到了大幅提升。

如今应用量仅次于普通浮法玻璃的太阳能玻璃是一种高透光率强化玻璃，它是含铁量低的玻璃，也就是我们俗称的超白玻璃。太阳能玻璃按照制造工艺，分为太阳能压延玻璃和超白浮法玻璃两种。

超白浮法玻璃主要用于薄膜太阳能电池组件、光热发电系统的透镜或反光镜等。

太阳能压延玻璃主要指用于晶硅系列太阳能电池组件盖板和背板、太阳能智慧农业阳光房、平板太阳能集热器、太阳能干燥器等太阳能应用方面的压花玻璃，它借鉴了传统建筑压延玻璃生产工艺，不同之处在于，太阳能压延玻璃的透光率高（3.2mm厚度太阳能压延玻璃的透光率为91.5%，高于普通3mm压延玻璃的89.5%），经过深加工后，其透光率可达到93.5%以上。

为了达到高透光率、高强度的要求，提高耐候性，太阳能压延玻璃对生产工艺提出了特殊的要求：①玻璃配方中除了有利于澄清、易于成形的成分外，更重要的是Fe_2O_3含量应小于0.015%；②为了使玻璃中的Fe_2O_3含量小于0.015%，必须选用高品位原料，特别是矿物原料中Fe_2O_3含量应小于0.012%；③在原料各个环节增加防铁、除铁装置，以减少生产过程中外来铁的带入；④由于太阳能压延玻璃中的Fe_2O_3含量远低于普通压延玻璃的0.10%～0.15%，导致玻璃熔窑中深度方向玻璃液的透热性增强，玻璃熔窑池底温度比普通玻璃熔窑池底温度高许多，这会使沉浮在窑池底部玻璃液中的气泡、结石、不均匀条纹等缺陷随着温度升高而上升，并会加剧池底周围池壁砖的侵蚀，因此，必须加深玻璃熔窑窑池深度，避免池底温度过高；⑤为了使太阳能压延玻璃在相同含铁量下颜色更白，将易使玻璃着色的Fe^{2+}转变为Fe^{3+}，除在配料中加配氧化性强的原料外，在熔化时必须设计合理的熔化温度曲线，并保证窑内末端为氧化气氛；⑥为了增加阳光经过玻璃时的透光率，要改变普通玻璃的花型图案，设计能增加透光率的花型，并将普通压延玻璃的深花纹改为浅花纹；⑦由于太阳能玻璃均在户外使用，特别是有些太阳能组件，使用在沙漠、戈壁滩、水面环境，为了满足其抗风压、抗沙尘、抗冰雹、抗酸碱、耐高温潮湿等需要，提高其强度等性能，玻璃必须经过钢化后方可使用；⑧在太阳能压延玻璃原片生产中，其核心是成形设备压延机，它不仅关系到玻璃的产量，更关系到产品的质量、总成品率；在深加工生产中，产品质量和总成品率与磨边、镀膜（钻孔、丝印）和钢化设备息息相关。许多影响产品质量的因素都与设备有关，所以，太阳能压延玻璃生产不仅对工艺技术提出了上述要求，更对设备提出了高性能、高精度、高速度的要求。对压延玻璃生产者来说，要想提高产品质量和总成品率，必须先了解清楚设备的结构及性能，即"工欲善其事，必先利其器"，以起到事半功倍的效果。除此之外，原片玻璃生产过程中必须严格控制成形温度，掌控压延辊压力、水温、镀膜机性能、钢化炉温度等，精心操作各种设备，方能生产出比普通压延玻璃性能好的太阳能压延玻璃。

太阳能压延玻璃的生产过程与平板玻璃一样，首先，将符合生产要求的各种粉状原料送入配料仓，在计算机的控制下，按已设计好的配料表称量各种原料，经混合机混合后制备成配合料，然后将合格的配合料通过皮带输送机送入窑头料仓，利用投料机将窑头料仓的配合料送入玻璃熔窑，在1450～1580℃温度范围内经过熔化、澄清、均化和冷却等过程，获得均匀的玻璃液，达到适宜成形的黏度后进入成形室进行成形。玻璃液的化学成分不同、成形工艺不同，其成形的温度范围也不同（太阳能压延玻璃进压延辊前5mm左右处玻璃液温度为1020～1080℃，浮法玻璃流道温度为1100℃左右）。对压延法工艺来说，横通路的玻璃液由支通路进入各自的压延机成形后，由过渡辊台进入退火窑进行退火，成为玻璃原片；对浮法工艺来说，冷却部的玻璃液由流道唇砖进入锡槽（成形室）内成形，然后由过渡辊台进入退火窑退火成为玻璃原片。

普通浮法玻璃和建筑装饰压延玻璃生产出的原片玻璃在非特殊要求的情况下均可直接使用，而太阳能原片玻璃必须经过深加工后方可使用。原片玻璃是指在一定时间段中，经过连续的原料称量配制、配合料高温熔化、玻璃液辊压成形、玻璃板退火、检验、切裁、（装架包装）工序所生产出的符合深加工要求的太阳能压延玻璃产品。但是，原片玻璃强度较低，不能直接使用，须经过磨边、清洗、（钻孔、印刷）、镀膜、钢化等深加工工序后，方能使用在太阳能行业。

太阳能压延玻璃生产工艺流程如下：原料选用→原料成分分析检验→矿石原料粉碎→合格粉质原料进厂→提升机提升到配料仓→计算机配料称量→皮带输送到混合机混合→配合料质量检验→皮带机输送到窑头料仓→投料机投料→熔窑使用气体或液体燃料高温熔化配合料→玻璃液在熔窑内澄清、均化、冷却→玻璃液通过压延机压延成形→玻璃板在退火窑内退火→玻璃原片质量检验→玻璃原片切裁→玻璃原片成品包装或直接用辊道输送到磨边机→玻璃原片使用磨边机磨边→玻璃清洗干燥→玻璃磨边后质量检验→（背板玻璃钻孔）→（背板玻璃丝网印刷）→玻璃进行减反射镀膜→膜层烘干→玻璃加热、风冷钢化→深加工玻璃成品质量检验→人工或机械手包装→入库。

本书仅对太阳能压延玻璃原片及深加工生产的工艺工序、设备结构、产品性能进行阐述，而对于用于建筑、家具、装饰等方面的压延玻璃，其生产工艺可参考其他相关书籍和资料。

1.1 太阳能压延玻璃基本特性

太阳能压延玻璃主要用于太阳能行业中晶硅光伏组件、光热组件、平板集热器等的盖板和背板。因太阳能压延原片玻璃的抗冲击强度、透光率等性能都较低，为了满足太阳能组件盖板和背板露天使用时高透光、高强度、高硬度、抗冲击、耐候性等方面的需求，原片玻璃必须经镀膜、钢化深加工后方能使用，对用于组件背板的玻璃还要进行钻孔、丝网印刷。

太阳能压延玻璃深加工后可以使用在太阳能行业做封装材料，主要取决于它具有以下基本特性。

① 具有优良的光学性质。光线照射到太阳能压延玻璃封装的太阳能组件盖板玻璃表面时，有93.5%的光线能透过玻璃表面，起到为组件提供更多太阳能的作用，剩余部分的光线一部分被反射回空气中，另一部分与玻璃中的原子（离子）、电子相互作用时被吸收。

② 具有很好的硬度。太阳能压延玻璃一般采用钠钙硅酸盐玻璃系统。钠钙硅酸盐玻璃硬度因化学组成不同而不同，一般为莫氏硬度6～7，玻璃的硬度高，不受风沙、清洗刷损伤，对组件起到很好的保护作用。

③ 具有良好的力学性能。钠钙硅酸盐玻璃是典型的脆性材料，厚度不同其力学性能各不相同。2～5mm的原片玻璃在90～360MPa冲击力作用下易破碎，钢化后的玻璃抗冲击强度和抗弯强度是未钢化玻璃的3～5倍，从而起到保护组件不受外力损伤破坏的作用。

④ 具有很好的密实度。太阳能压延玻璃的孔隙率为0，故可认为玻璃是绝对密实的材料。

⑤ 具有较高的化学稳定性。太阳能压延玻璃在正常使用情况下对水、酸、化学试剂或气体等恶劣环境具有较强的抵抗能力，但不耐碱性物质侵蚀。玻璃在储存过程中如果保管不当，长期受到侵蚀介质的腐蚀，其化学稳定性会变差，出现霉变现象。

⑥ 具有较稳定的电学性质。太阳能压延玻璃在常温下属绝缘体，随着温度提高，导电性迅速提高，在熔融状态下，是良性导体。

⑦ 具有较好的热稳定性。压延钢化玻璃的耐急冷急热性质比普通玻璃高3～5倍，并且可承受250℃以上的温差变化，是普通玻璃的3倍，对防止热炸裂有明显的效果。

⑧ 安全性好。当玻璃被外力破坏时，碎片会成类似蜂窝状的碎小钝角颗粒，不易对人体造成伤害。

但太阳能压延玻璃也有其不足之处：

① 具有较大的脆性。原片玻璃的最大弱点是脆性大，原片玻璃的脆性是由其结构特点决定的，远程无序性使其没有屈服极限阶段，而近程有序性使其在低温下裂纹扩展而不产生塑性变形，呈现典型的脆性，在一定条件下，裂纹尖端处产生较大拉应力而出现脆性断裂。当原片玻璃温度低于530～590℃时，玻璃处于脆性状态，高于此温度玻璃的结构发生一定的变化；温度高于700℃时，玻璃软化呈现可塑性。为了降低其脆性，提高其抗冲击强度，要对原片玻璃重新进行热处理，即钢化深加工。

② 钢化玻璃强度虽然比普通玻璃大，但是，若钢化玻璃中存在非玻璃体物质而造成应力集中，当超过一定界限时，钢化玻璃在温差变化大的情况下有自爆（自己破裂）的可能性，而普通玻璃不存在自爆的可能性。

③ 导热性差。玻璃不同于金属，玻璃中金属离子很少，其结构又具有无序性，增加了玻璃的热阻，其导热性能降低，称之为热的不良导体。玻璃的热导率是铁的 1/400，即玻璃的导热性能差。当玻璃局部受热时，这些热量不能及时传递到整块玻璃上，玻璃受热部位产生膨胀，使玻璃产生内应力而造成玻璃破裂。同样，温度较高的玻璃局部受冷时也会因出现内应力而破裂。

1.2 太阳能玻璃的应用

太阳能玻璃是指人类在利用和转化太阳能能量的过程中，应用于太阳能产品中的特殊玻璃制品。其中，应用于太阳能电池发电领域的太阳能玻璃称为光伏玻璃；应用于太阳能光热发电和热能利用（如农业阳光房、太阳能热水器、太阳能干燥器、太阳能灶、海水淡化等）领域的玻璃称为光热玻璃。

1.2.1 光伏玻璃

从广义上讲，一切应用于光伏产品中的玻璃制品都是光伏玻璃，包括应用于晶硅电池上的盖板玻璃、背板玻璃，应用于薄膜电池的 TCO 基板玻璃、背板玻璃，以及应用于光伏建筑一体化的 BIPV 玻璃，它们（不包括背板玻璃）的共同特点是必须具有高透光率、高强度。目前，晶硅电池主要是使用太阳能超白压延玻璃，薄膜电池主要是使用超白浮法玻璃。

（1）晶硅电池玻璃

晶硅电池玻璃主要应用于单晶硅和多晶硅电池组件的盖板和背板。目前 98% 的晶硅电池采用超白压延镀膜或钢化玻璃做盖板，用玻璃做背板的双玻组件正在推广之中。

超白压延钢化或镀膜钢化玻璃作为电池盖板，覆盖在太阳能电池组件的正面，构成组件的最外层，它既要透光率高，又要起到长期保护电池的封装作用。具体组成形式为：钢化或镀膜钢化玻璃盖板+封装 EVA（或 POE、PVB）胶膜+晶硅电池片+封装 EVA（或 POE、PVB）胶膜+TPT（PET）塑胶背板以及铝合金边框。

随着技术的进步，为了克服 TPT（PET）塑胶背板组件的老化等问题，提高组件的发电性能，有些组件制造商将晶硅太阳能电池组件的 TPT（PET）塑胶背板改为超白钢化玻璃，制作成双玻组件和双面组件（双玻组件的背板是用普通浮法玻璃加工成的钢化玻璃；双面组件的背板是用超白玻璃加工成的钢化玻璃，具有两面发电的功能）。双玻组件的组成形式为：钢化或镀膜钢化玻璃盖板+封装 EVA（或 POE、PVB）胶膜+晶硅电池片+封装 EVA（或 POE、PVB）胶膜+玻璃背板（根据情况使用铝合金边框）。

带铝边框的晶硅电池组件安装在光伏电站工作 4～5 年后会出现发电功率衰减现象，即出现电势诱导衰减（potential induced degradation，PID）效应。业内许多专家认为，这是由于单个光伏电池组件的封装材料和其上表面及下表面的材料、晶硅电池片与光伏阵列组件接地金属边框之间形成了偏电压。虽然单个电池组件的电压比较低，但多个电池组件串联之后，就形成了较高的电压，越靠近负极，输出端的组件承受的负偏压现象越明显，在高负偏电压（−1000V）的作用下，出现离子迁移，形成漏电流通路。漏电

流阳极 Na^+ 由玻璃表面→EVA→电池片→边框→支架，最终流向大地，负电荷在电池片表面堆积，吸引光电载流子（空穴）流向 N 型硅的表面聚集起来，而不是像正常状态下一样流向正极（P 极），从而出现电池组件发电功率衰减的现象，这种由表面极化现象而引起的输出功率衰减就是 PID 效应。PID 现象最容易在潮湿高温的条件下发生，且与潮湿程度相关。PID 效应对太阳能电池组件的输出功率影响巨大，是光伏电站发电量的"恐怖杀手"。从晶硅光伏电池的组成来看，晶硅电池片、EVA 和玻璃均有可能引起 PID 现象。为了从玻璃方面避免出现此种现象，笔者对此产生机理经过认真分析，并经过两年的潜心研究试验后，开发出了在潮湿高温等恶劣环境条件下性能优异的抗 PID 晶硅电池玻璃。

（2）薄膜电池玻璃

薄膜电池玻璃上采用的镀膜材料品种较多，主要有铜铟镓硒（CIGS）、碲化镉（CdTe）、砷化镓（GaAs）、钙钛矿、非/微晶硅（a-Si）、染料敏化材料等。

目前薄膜电池所采用的基板材料多为使用浮法成形工艺生产的超白钢化玻璃。

薄膜电池玻璃的生产方法主要有在线镀膜和离线镀膜两种。

在线镀膜玻璃是指在浮法线上直接生产的薄膜玻璃，目前利用在线镀膜技术生产的镀膜玻璃有热反射玻璃、低辐射玻璃和透明导电氧化物（transparent conducting oxide, TCO）镀膜玻璃。

离线镀膜玻璃是指以浮法玻璃生产线生产的玻璃为原片（又称基片），在其他场地利用镀膜设备进行镀膜的生产方法。离线镀膜技术有磁控溅射、溶胶-凝胶、脉冲激光沉积（PLD）、真空蒸镀、化学气相沉积（CVD）等。利用这些方法可以生产热反射镀膜玻璃、LOW-E 镀膜玻璃、TCO 镀膜玻璃等各种镀膜玻璃。热反射镀膜玻璃、LOW-E 镀膜玻璃主要用于建筑物等，TCO 镀膜玻璃主要用于电子仪器仪表和太阳能电池前电极等。

TCO 镀膜玻璃是在平板玻璃表面以在线或离线的方式通过物理或者化学的方法均匀镀上一层透明的导电氧化物薄膜，导电氧化膜主要包括 In、Sn、Zn 和 Cd 的氧化物及其复合的多元氧化物薄膜。TCO 导电膜玻璃可分为掺锡氧化铟锡透明导电膜玻璃（ITO）、掺氟氧化锡氟透明导电膜玻璃（FTO）和掺铝氧化锌铝透明导电膜玻璃（AZO）三种。

对于薄膜太阳能电池应用来说，透明导电氧化物（TCO）起着至关重要的作用，由于中间半导体层几乎没有横向导电性能，因此必须使用 TCO 玻璃有效收集电池的电流，同时 TCO 薄膜具有高透和减反射的功能，让大部分光进入吸收层。所有主流的薄膜太阳能电池，如非晶硅/微晶硅叠层、碲化镉，都使用 TCO 材料（主要是铝掺杂的氧化锌 $ZnO:Al$，即 AZO）作为透明导电层。离线镀膜大都采用磁控溅射工艺来沉积这种材料。

1.2.2　光热发电玻璃

光热发电（CSP）原理为：超白浮法玻璃基片→镀镜→经过弯钢化制成曲面反射聚光镜（即定日镜）→两次反射太阳光，将太阳光汇聚反射到真空玻璃管聚光器上→加热玻璃管中流动的熔融盐或油质液体，使其温度升高到 300℃ 以上→熔融盐或油将热能传导给蓄水的热交换罐→通过热交换产生高温、高压的水蒸气→带动涡轮发电机发电。

聚光光伏（CPV）发电原理基本与光热发电类似，利用光学系统（定日镜跟踪），将太阳能汇聚到高倍聚光太阳能电池芯片［代表性电池是砷化镓（GaAs）］上，然后再利用光伏效应把光能转化为电能。在业界它被看作是能取代部分晶硅市场的第三代光伏技术（第一代、第二代分别是晶硅技术和薄膜技术）。

上述光热发电和聚光光伏发电所用的聚光玻璃就称为光热发电玻璃。

1.2.3 光热利用玻璃

光热利用玻璃是利用太阳能加热玻璃容器中的物质，使之转化成热能，被人们所利用，例如平板太阳能集热器、太阳能智慧农业、太阳能干燥房、太阳能蒸发器、海水淡化器等。

太阳能集热器是吸收太阳辐射并将产生的热能传递到传热介质的装置。国外太阳能集热器市场以平板集热器为主。虽然平板集热器初期投资高，但具有结构简单、系统运行可靠、维护成本低、承压能力强、吸热面积大、水质不会污染和系统寿命长等特点；此外，同等面积下，平板集热器采光面积要大于传统真空玻璃管集热器采光面积，所以，平板集热器太阳能热水系统的产水量要高于同等面积的真空玻璃管集热器系统，并有利于实现太阳能系统与建筑结合，节省占地面积，不仅能满足平常洗澡，而且还可为冬天提供采暖及生活热水。由于目前国内平板太阳能集热器和国外先进水平仍存在一定差距，所以仍以真空玻璃管热水器为主，平板太阳能集热器正处于起步阶段。未来平板太阳能集热器在选择性涂层、集热器的优化设计和生产工艺等方面提高后，国内将大面积使用平板太阳能集热器，而能有效透过太阳光、并保护太阳能平板集热器的主要部件正是超白压延玻璃。

太阳能智慧农业即是利用轻钢结构和太阳能压延玻璃建设的特大型（每一个约$70000m^2$）阳光房，在房内可种植各种农作物，并利用计算机技术对它们进行自动化控制：控制太阳能进入、热能吸收、氧气合成、施肥、浇灌、病虫害防治等。在未来，随着太阳能智慧农业技术的成熟和成本的降低，它将取代目前的塑料薄膜大棚，为我们提供安全、卫生、无公害的农业产品。

太阳能干燥器是利用太阳辐射的热能，将湿物料（例如粮食、果品、叶类作物、棉花、中药材、木材等）中的水分蒸发除去的一种干燥装置。太阳能干燥器干燥原理是，由吸热体、盖板、保温层和外壳构成厢式或棚式带透明顶板和涂黑内层的密闭空间形成太阳能空气集热器，吸热体首先吸收太阳辐射，将辐射能转换成自身的热能，自身温度升高，当室外空气流经吸热体时，利用自然对流或强迫对流形式，通过对流换热，加热冷空气，达到使物体干燥的目的。比较典型的太阳能空气集热器是平板型空气集热器，其使用的顶棚即为超白压延玻璃。

第2章

压延玻璃原片原料选用与配制

2.1 主要原料

2.2 辅助原料

2.3 玻璃原料的选用、运输和储存

2.4 玻璃原片原料的加工

2.5 配料表手工计算

2.6 配合料的制备

原料选用与配制是玻璃生产过程中第一道工序，是控制玻璃质量的源头。据不完全统计，由原料质量和配合料均匀性不良而造成的问题，反映在成品玻璃上的缺陷约占总缺陷的40%，严重时可达50%以上。

原料的选用取决于其成分是否能稳定地满足玻璃成分的要求。太阳能压延玻璃和大多数的实用玻璃一样，在玻璃成分构成方面属于最常见的钠钙硅酸盐玻璃（Na_2O-CaO-SiO_2）系统，各种成分在玻璃中的含量根据熔制、成形、退火及玻璃的性能要求确定。常用钠钙硅酸盐太阳能压延玻璃化学成分范围见表2-1。

表 2-1　常用钠钙硅酸盐太阳能压延玻璃化学成分范围

成分	SiO_2	Al_2O_3	CaO	MgO	Na_2O+K_2O	Sb_2O_3	Fe_2O_3	SO_3
含量 /%	71.0 ~ 73.2	0.8 ~ 1.5	8.0 ~ 11.0	0.5 ~ 4.0	12.40 ~ 14.50	0.15 ~ 0.25	≤ 0.015	< 0.2

表2-1中的各种成分主要通过含有这些氧化物成分的原料来引入，如SiO_2主要用低铁硅砂引入，Na_2O主要用纯碱引入，CaO主要用方解石（或低铁石灰石）引入，MgO主要用低铁白云石引入，Al_2O_3主要通过氢氧化铝、氧化铝或低铁长石引入等。这些用于制备玻璃配合料的各种物料，统称为玻璃原料。

按照不规则网络学说的观点，根据玻璃组成氧化物在玻璃结构中的作用，通常可以分为网络形成体氧化物、中间体氧化物和网络外体氧化物三类。

网络形成体氧化物：能单独形成玻璃，在玻璃中能构成各自特有的网络体系的氧化物，如SiO_2、B_2O_3、P_2O_5、GeO_2、As_2O_5等。这类氧化物参与形成玻璃结构，一般不会从玻璃的网络骨架中析出。

中间体氧化物：一般不能单独形成玻璃，性质介于网络形成体和网络外体之间的氧化物。如BeO、Al_2O_3、Ga_2O_3、TiO_2、ZnO等。这类金属氧化物一般以一定强度的化学键与网络形成体氧化物结合，不易从玻璃的网络结构中析出，在功能上起着改善玻璃结构的功能。

网络外体氧化物：不具有玻璃形成倾向，不进入结构网络，而是处于网络之外，对玻璃起调整作用的氧化物，如Na_2O、K_2O、CaO、MgO、Li_2O、BaO、SrO等。这类氧化物的化学键容易断裂，形成游离的金属离子从网络结构中析出。

按所引入氧化物的性质，可分为酸性氧化物原料（SiO_2、Al_2O_3）、碱金属氧化物原料（Na_2O、K_2O）、碱土金属氧化物原料（CaO、MgO）。

按所引入氧化物在玻璃成分中的多少，可分为主要原料和辅助原料。主要原料指引入到玻璃中后即可确定玻璃主要性质的原料。辅助原料指在配合料中用量少、工艺上不可缺少、可使玻璃获得某些必要性质或加速熔制、澄清过程的原料。根据辅助原料在玻璃中的作用不同，可分为澄清剂、助熔剂、氧化剂、还原剂、着色剂、脱色剂、乳浊剂等。

各种原料除了其主要成分应稳定地满足玻璃成分需要外，还要看其他成分（如Fe_2O_3）含量是否符合玻璃生产的要求，否则即使主要成分满足玻璃成分需求，也不能用于太阳能玻璃生产。例如生产太阳能玻璃时，通过长石可引入Al_2O_3，但长石中Fe_2O_3通常较高，如果选不到低铁长石，就不能用长石引入Al_2O_3，而应选用化工产品氢氧化铝粉或氧化铝粉料来引入Al_2O_3。

2.1 主要原料

2.1.1 引入二氧化硅的原料

2.1.1.1 二氧化硅的物化性质

二氧化硅分子式为SiO_2，分子量60.09，熔点1713℃，沸点2230℃，密度2.4～2.65g/cm³，是一种非金属酸性氧化物原料，对应水化物为硅酸（H_2SiO_3）。

二氧化硅晶体中，硅原子的4个价电子与4个氧原子形成4个共价键，硅原子位于正四面体的中心，4个氧原子位于正四面体的4个顶角上，许多个这样的四面体又通过顶角的氧原子相连，每个氧原子为两个四面体共有，即每个氧原子与两个硅原子相结合。SiO_2是表示组成的最简式，仅表示二氧化硅晶体中硅和氧的原子个数之比。二氧化硅是原子晶体，SiO_2中Si—O键的键能很高，熔点、沸点较高，折射率大约为1.6。各种二氧化硅产品的折射率如下：石英砂为1.547；粉石英为1.544；脉石英为1.542；硅藻土为1.42～1.48；气相和沉淀白炭黑为1.46。

二氧化硅是形成玻璃的最主要成分，也是构成太阳能压延玻璃的基础，在玻璃中以硅氧四面体［SiO_4］的结构单元形成不规则的连续网络，构成玻璃的骨架。

硅酸盐玻璃的一系列性能，例如热膨胀系数、硬度、机械强度、透明度、热稳定性，主要是由二氧化硅决定的。在钠钙硅酸盐玻璃中，增加SiO_2含量，可提高玻璃的热稳定性、化学稳定性、软化温度、耐热性、硬度、机械强度、透明度、黏度和紫外透光性等；可使玻璃的热膨胀系数降低。但是，SiO_2含量高时，需要较高的熔化温度，使玻璃液黏度增大，从而造成玻璃熔化、澄清、均化困难，能耗增加，并且易导致玻璃液析晶。所以，一般太阳能压延玻璃中SiO_2的含量控制在71%～73%。

硅是无机非金属材料的主角，在自然界中分布极为广泛，与其他矿物共同构成了岩石，硅的氧化物和硅酸盐约占地壳质量的87%以上。二氧化硅是硅最重要的化合物，地球上存在的天然二氧化硅约占地壳质量的12%，自然界中存在形态有结晶形和无定形两大类，统称硅石。结晶二氧化硅矿物，分为石英、鳞石英和方石英三种，这些矿物在地球上主要存于花岗岩、脉石英、砂岩和黑硅岩中。

石英晶体是结晶的二氧化硅，具有不同的晶型和色彩。石英中无色透明的棱柱状晶体就是通常所说的水晶。若水晶中含有微量杂质而带有不同颜色，就是紫水晶、茶晶、墨晶等。普通的砂是细小的石英晶体，有黄砂（较多的铁杂质）和白砂（杂质少、较纯净）两种。具有彩色环带状或层状胶化脱水后的称为玛瑙（含有杂质）；二氧化硅含水的胶体凝固后就成为蛋白石；二氧化硅晶粒小于几微米时，就组成玉髓、燧石、次生石英岩。

可用作玻璃原料的含SiO_2的硅质岩（砂）有许多种，通常统称为玻璃硅质原料。玻璃硅质原料矿石的主要矿物成分为石英，石英是自然界由SiO_2单独形成的最常见的矿物，包括三方晶系的低温石英（α-石英）和六方晶系的高温石英（β-石英）两种。常见的绝大部分为低温石英，简称石英，呈无色、乳白色，混入杂质的可呈多种颜色；无解理，具贝壳状断口，油脂光泽；莫氏硬度7.0～7.5级，密度2.65g/cm³；熔点1480℃，磨损率0.03%。

2.1.1.2 硅质原料的种类

本书所述玻璃硅质原料矿，系指在《中华人民共和国矿产资源法实施细则》矿产资源分类细目（1994）中，单列矿种的玻璃用石英砂岩、石英岩、脉石英及石英砂4种。此外，伟晶岩、细晶岩、霞石正长岩及粉石英等SiO_2含量高的岩石，也可用作玻璃硅质原料，但目前在我国玻璃工业生产中应用尚少。

自然界用于太阳能玻璃生产的硅质原料有岩类矿和砂类矿两大类。岩类矿有脉石英、石英岩及石英砂岩；砂类矿有石英砂、含长石石英砂、含长石黏土石英砂等。脉石英、石英岩、石英砂岩化学成分较稳定，SiO_2含量一般达98.0%以上，有的达99.5%以上，Al_2O_3含量一般为0.3%～1.3%，Fe_2O_3含量一般为0.003%～0.02%。天然石英砂矿的化学成分随产地不同变化较大，其趋势是从北到南质量逐渐提高，SiO_2含量98.0%～99.5%，Al_2O_3含量0.2%～6.0%，Fe_2O_3含量0.02%～0.04%。我国具有工业开采价值的优质低铁石英砂岩、石英岩、天然硅砂矿，目前已探明的主要集中在安徽凤阳、海南文昌、广东河源、福建东山、甘肃玉门、河北唐山等地。

若按SiO_2含量来区分硅质原料的优劣，通常认为水晶优于脉石英，脉石英优于石英岩，石英岩优于石英砂岩，石英砂岩优于海相沉积砂，海相沉积砂优于河湖相沉积砂。从目前探明的矿藏储量情况来看，水晶矿少于脉石英，脉石英大大少于石英岩和石英砂岩，所以，水晶多用于制作高级光学仪器、光电器具；脉石英多用于超白玻璃制品；低铁石英岩和石英砂岩多用于制造太阳能压延玻璃；二氧化硅含量在85%以上的石英矿石还可用做半导体和晶硅系列太阳能电池中单晶硅、多晶硅的初级工业硅原料。

（1）脉石英

脉石英由熔融岩浆侵入花岗岩和其他岩石冷凝而成，是结晶硅石的一种。脉石英主要产于花岗岩或花岗片麻岩区，矿体呈不规则脉状，一般厚度为几米至几十米，长度为十几米至几百米，宽度为几米至十几米。一个矿区可由单条矿脉或由许多条矿脉组成，其纯度较高，矿物组成几乎全部为石英，其次含微量长石、云母、赤铁矿等，矿石中常夹有围岩团块，SiO_2含量一般在99.20%以上，Al_2O_3含量小于0.4%，Fe_2O_3含量小于0.005%。矿石常呈白色、乳白色或灰色，透明无色的是水晶；油脂光泽，块状构造，不等粒变晶结构。脉石英有明显的结晶面，常用作石英玻璃、器皿玻璃、工艺玻璃和超白玻璃的原料。

（2）石英岩

石英岩在岩石学中指由石英砂岩或硅质岩经变质作用形成的一种变质岩，主要是由石英的粒状集合体所构成，与石英砂岩相比，其质地致密坚硬，莫氏硬度为7级（比砂岩高）。根据其变质程度，分为岩石质石英岩、再结晶石英岩及胶结石英岩。SiO_2含量一般在98.0%以上，常呈灰白色，有鲜明的光泽，断面呈鳞片状。由于原岩和变质条件不同，因此常含有长石、白云母、黑云母、绢云母、角闪石等杂质矿物。一般只有在一些变质程度较深的石英岩中，杂质矿物含量少，适于作为硅质原料矿石。典型的石英岩矿床为安徽凤阳县石英岩矿床，主要化学成分平均为：SiO_2 98.25%～99.5%，Al_2O_3

$0.35\% \sim 0.63\%$，$Fe_2O_3\ 0.02\% \sim 0.05\%$。

还有一种沉积石英岩，又称正石英岩，胶结物几乎全部为再生石英，碎屑颗粒与胶结物界限不明显，硅质胶结物围绕石英碎屑，有次生加大现象，这种沉积石英岩在我国北方震旦系地层中分布较广，有人称为石英岩，也有人称为石英砂岩，使用情况与砂岩相同。

（3）石英砂岩

石英砂岩简称砂岩，是由超过95%的石英砂和胶结物质在地质变化的高压作用下，胶结而成的坚实致密的固结砂质岩石，按形成方式一般有沉积岩、变质岩、火山岩和侵入岩几种。矿石矿物成分除石英外，含有少量电气石、金红石、铁矿、长石、云母和黏土矿物等，胶结物多为硅质，主要呈蛋白石、玉髓等非晶状态，也有钙质、铁质、海绿石及少见的白云石胶结物。根据胶结物的不同可把砂岩分为三类：由二氧化硅胶结的砂岩，称为硅质砂岩，纯度较高；黏土胶结的砂岩含Al_2O_3较多，称为黏土质砂岩；石膏胶结的砂岩含CaO较多，称为钙质砂岩。所以砂岩的化学成分不仅取决于石英颗粒，而且与胶结物的性质和含量有关。总的来说，砂岩所含的杂质较少，而且稳定。典型的石英砂岩矿床为河北唐山滦县雷庄石英砂岩矿床，原矿主要化学成分平均为：$SiO_2\ 98.5\% \sim 99.1\%$，$Al_2O_3\ 0.3\% \sim 0.5\%$，$Fe_2O_3\ 0.04\% \sim 0.06\%$；山东沂南石英砂岩矿床，原矿主要化学成分平均为：$SiO_2\ 98\% \sim 99.2\%$，$Al_2O_3\ 0.38\% \sim 0.78\%$，$Fe_2O_3$ $0.064\% \sim 0.24\%$，矿石的嵌布粒度：$0.1 \sim 0.5mm$约88%；陕西汉中石英砂岩矿，原矿主要化学成分平均为：$SiO_2\ 97.5\% \sim 98.90\%$，$Al_2O_3\ 0.54\% \sim 1.2\%$，$Fe_2O_3\ 0.04\% \sim 0.30\%$，矿石的嵌布粒度主要集中在$0.125 \sim 0.5mm$之间。

砂岩的莫氏硬度一般为$6.5 \sim 7$级，主要是因胶结物的不同而不同，由二氧化硅胶结的砂岩就非常坚硬，由石膏胶结的砂岩就较松软。对砂岩原矿的质量要求是含SiO_2应在99%以上，含Fe_2O_3不应大于0.02%。通常砂岩开采加工过程复杂且成本较高，粉碎加工合格后的砂岩粉料称为砂岩粉。

（4）石英砂

石英砂是一种矿产品的名称，包括海相沉积砂、风积砂、河湖相沉积砂等品种。玻璃石英砂矿是指脉石英、石英岩和石英砂岩等硅质岩石在自然界长期受地质作用或风化作用而形成的一种以石英为主要矿物成分、不需要经过破碎加工处理粒度就能基本符合玻璃工业要求的天然砂状矿物原料。通常自然风化形成的石英砂粒度组成以$0.1 \sim 0.5mm$的中细砂为主，其含量大于90%。质地纯净的石英砂为白色，一般石英砂因形成方式不同（例如海相沉积砂、河湖相沉积砂）、产地不同（例如福建东山和海南文昌海相沉积砂、内蒙古通辽风积砂、江西永修松峰河湖相沉积砂），铁氧化物和有机物质的含量也不同，多呈现浅灰色、黄色或红褐色。矿石矿物成分以石英为主，伴生矿物有各类长石、石榴子石、电气石、透辉石、角闪石、黄玉、绿帘石、钛铁矿、云母和黏土矿物等。

国内典型的优质天然石英砂原矿成分见表2-2。

优质石英砂含SiO_2应在99.0%以上，仅含有很少量的Al_2O_3、Na_2O、K_2O、CaO、MgO、Fe_2O_3、TiO_2等杂质。其杂质中的Al_2O_3、Na_2O、K_2O、CaO、MgO是太阳能压延玻璃的

表2-2　国内典型优质天然石英砂原矿成分

形成方式	产地	主要成分含量 /%			粒度（0.1～0.5mm）
		SiO₂	Al₂O₃	Fe₂O₃	
海相沉积砂	福建东山	97.36～99.5	0.75～1.38	0.01～0.15	≥90
海相沉积砂	海南文昌	97.31～99.5	0.68～1.17	0.008～0.03	≥90

组成氧化物，属于无害杂质，特别是 Na_2O 和 K_2O 还可以代替一部分价格较贵的纯碱，但是，它们的含量应该稳定。

普通石英砂由于含 SiO_2 低于98.0%，其余为黏土、长石、白云石、海绿石等轻质矿物和磁铁矿、钛铁矿、铬铁矿、赤铁矿、褐铁矿、金红石、硅线石、蓝晶石、黑云母、锆石等重矿物，也常含有氢氧化铁、有机物和锰、镍、铜、锌等金属化合物的包膜，其中含铁矿物如磁铁矿、钛铁矿、铬铁矿、赤铁矿、褐铁矿是有害组分，尤其以铬铁矿的危害最大，铬铁矿含有 Cr_2O_3，Cr_2O_3 是一种着色能力比氧化铁强的着色剂，使玻璃着成绿色，带来不良影响，造成熔化澄清困难，降低玻璃的透明度、透紫外线性能、透热性和机械强度。钛铁矿中的 TiO_2 使玻璃着成黄色，它和氧化铁同时存在时使玻璃着成黄褐色。此外，蓝晶石、硅线石和金红石等熔点高、黏度大，难以熔化和均化，在玻璃中会形成条纹和结石。所以，在制造太阳能压延玻璃时，普通石英砂未经过除铁、除重金属等有害物质前，不能使用。

2.1.1.3　硅质原料的基本要求

可供太阳能压延玻璃生产选用的硅质原料成分应符合下列指标，否则带入的杂质就较高：

$SiO_2 \geqslant 99.50\%$；$Fe_2O_3 \leqslant 0.012\%$；$Al_2O_3 \leqslant 0.2\%$；$TiO_2 \leqslant 0.0005\%$。

生产太阳能压延玻璃的硅质成分原料必须稳定，不得大幅度波动，成分波动应小于下列指标（分析误差除外）：

$SiO_2 \leqslant \pm 0.1\%$；$Fe_2O_3 \leqslant \pm 0.001\%$；$Al_2O_3 \leqslant \pm 0.05\%$。

相邻两批原料之间的成分波动范围不得超过上述波动范围的40%。

硅砂的颗粒度与颗粒组成也是评价硅质原料质量的重要指标。硅砂颗粒大时会导致熔化困难，同时容易产生结石等缺陷；细的颗粒熔化速度快，但过细的砂易飞扬、结块，导致配合料不易混合均匀，同时还常含有较多的黏土，使铁含量增加，而且由于比表面积大，附着的有害杂质也较多。细砂易熔，可减少玻璃的形成阶段的时间，但澄清阶段却费时间，在往窑内投料时，细砂易被燃烧产物带进蓄热室，堵塞格子体，同时也使玻璃成分发生变化，影响玻璃性能。生产太阳能压延玻璃用的石英砂颗粒一般控制在0.1～0.7mm，且0.1～0.5mm的颗粒不应少于90%，0.1mm以下的颗粒不应超过5%，湿法生产的硅砂含水率应小于5%。

2.1.2　引入氧化钠的原料

2.1.2.1　氧化钠的物化性质

氧化钠分子式 Na_2O，分子量61.98，密度 $2.27g/cm^3$，属于碱金属氧化物原料。

Na_2O 是玻璃网络外体氧化物，钠离子（Na^+）居于网络结构的空穴中。Na_2O 提供游离氧使硅氧比值增加，在玻璃结构中主要起断网作用，因而可以大幅度降低配合料的熔化温度，降低玻璃液的黏度，增加玻璃液的高温流动性，使配合料易于熔化，起到助熔作用，是良好的助熔剂。因此，太阳能压延玻璃都需引入 Na_2O，但 Na_2O 含量过多，会增大玻璃的热膨胀系数，使玻璃发脆，降低玻璃的化学稳定性、热稳定性和机械强度，容易使玻璃析碱发霉；由于引入氧化钠的纯碱价格较高，也会增加玻璃生产成本。所以，在钠钙硅酸盐玻璃中，Na_2O 不能引入过多，一般不超过玻璃成分的14.5%，随着熔窑耐火材料质量的提高，Na_2O 用量有降低的趋势。

2.1.2.2 引入氧化钠的原料及质量要求

引入 Na_2O 的原料主要是纯碱、芒硝和硝酸钠。

（1）纯碱

纯碱是玻璃中引入 Na_2O 的主要原料，而且在玻璃中起到配合料助熔剂的作用。纯碱的主要成分是 Na_2CO_3，分子量105.99，理论上含 Na_2O 58.53%，CO_2 41.47%。在熔制时 Na_2O 转入玻璃，CO_2 则逸出进入炉气中。

纯碱分为结晶纯碱（$Na_2CO_3 \cdot 10H_2O$）和煅烧（无水）纯碱（Na_2CO_3）两类。纯碱呈白色，易溶于水，含杂质少，常见的杂质有 $NaCl$、Na_2SO_4 等。煅烧纯碱又分为轻质纯碱（简称轻碱）和重质纯碱（简称重碱）两种。轻碱密度小（$0.5 \sim 0.9g/cm^3$），是细粒的白色结晶粉末（小于0.1mm的颗粒含量大于55%，$0.125 \sim 0.42mm$ 的颗粒小于45%），在制备配合料和向熔窑投料时易飞扬、分层；混合时易吸湿形成团块，不易与其他原料混合均匀；由于其易飞扬的特性，在火焰的冲刷下易带到蓄热室而侵蚀格子体；由于它的结块，不但使玻璃产生线道，还会延长熔制时间。而重碱的密度大（$0.9 \sim 1.3g/cm^3$），是白色细小颗粒，大于1mm的颗粒在5%以内，$0.1 \sim 1.0mm$ 的颗粒占90%以上，小于0.1mm在5%以下。由于重碱具有高的抗粉碎性和良好的松散性，可确保配合料在混合时的均匀性，在使用时不易飞扬，减少环境污染和对熔窑的侵蚀；重碱与硅砂的粒级分布接近，可减少配合料在输送过程的分层现象；吸潮结块现象比轻碱低75%，有助于配合料的均匀混合；粒度组成与其他原料互相匹配，使熔制时间比轻碱短。因此使用重碱是提高配合料质量、减少碱尘、改善操作环境、缩短熔制时间，减少对耐火材料侵蚀的措施之一。

纯碱易吸潮结块，因此必须存放在干燥通风的库房内，在使用时应进行水分测定。由于在熔制时重质纯碱的飞散挥发量很小，在计算配合料时补充本身质量的0.25%左右即可。

对太阳能玻璃生产来说，所采用的纯碱应符合国家标准GB 210.1—2004《工业碳酸钠及其试验方法 第1部分：工业碳酸钠》中Ⅰ类优等品重质颗粒碱基本指标，外观呈白色，不允许有结块和杂质。质量标准见表2-3。

50kg袋装进厂的纯碱，其外包装采用塑料编织袋，内包装采用聚乙烯塑料薄膜袋；1000kg袋装进厂的，其包装袋应符合GB/T 10454—2000中规定的集装袋要求。

直接开采出来的天然碱由于含有 $NaCl$、Na_2SO_4 和 $CaSO_4$ 等杂质及大量的结晶水，

表2-3　工业碳酸钠质量标准

指标项目		单位	I类	II类		
			优等品	优等品	一等品	合格品
总碱量（以干基的Na_2CO_3的质量分数计）≥		%	99.4	99.2	98.8	98.0
总碱量（以湿基的Na_2CO_3的质量分数计）① ≥		%	98.1	97.9	97.5	96.7
氯化钠（以干基的NaCl的质量分数计）≤		%	0.30	0.70	0.90	1.20
铁（Fe）的质量分数（干基计）≤		%	0.003	0.0035	0.006	0.010
硫酸盐（以干基的SO_4的质量分数计）≤		%	0.03	0.03②	—	—
水不溶物的质量分数 ≤		%	0.02	0.03	0.10	0.15
堆积密度③ ≥		g/mL	0.85	0.90	0.90	0.90
粒度③，筛余物	0.18mm ≥	%	75.0	70.0	65.0	60.0
	1.18mm ≤		2.0	—	—	—

① 为包装时含量，交货时产品中总碱量乘以交货产品的质量再除以交货清单上产品的质量之值不得低于此数值。

② 为氨碱产品控制指标。

③ 为重质碳酸钠控制指标。

所以，必须加工提纯后方可使用，否则，会加快窑炉耐火材料的侵蚀，而且易形成硫酸盐气泡和"硝水"，给玻璃带来缺陷。尤其是纯碱中NaCl的Cl^-非常活泼，会对耐火材料造成严重侵蚀，因此，选用纯碱时应严格控制NaCl的含量。

（2）芒硝

芒硝在玻璃中除了引入氧化钠，还起到玻璃液澄清剂的作用。

芒硝的主要成分是硫酸钠（Na_2SO_4），分子量142.04，熔点884℃，密度1.48g/cm³，莫氏硬度1.5～2，理论上含Na_2O 43.7%，SO_2 56.3%。芒硝呈白色或浅绿色细粒结晶或粉状，无臭、无毒，味咸，易溶于水，有吸水潮解性，在使用时应测定水分。芒硝有含水芒硝（$Na_2SO_4 \cdot 10H_2O$）和无水芒硝两种，玻璃生产中一般采用无水芒硝。

芒硝类矿产资源又称硫酸钠矿，是一种以含钠硫酸盐类矿物为主要组成的非金属矿产，有固相矿和晶间卤水矿两种，广泛存在于自然界中，储量极为丰富。固相芒硝矿一般边界品位（含硫酸钠）30%，晶间卤水矿一般工业品位（含硫酸钠）50g/L，用露天开采、地下开采或水溶开采，不需选矿。目前已知世界上有30多个国家蕴藏有芒硝矿产资源。中国的芒硝矿资源极为丰富，是优势矿产之一，储量居世界首位。中国芒硝矿储量最丰富的省（区）主要为山西、四川、青海、内蒙古、云南、新疆、湖北和湖南等。芒硝产于干涸的盐湖中，与食盐、石膏等共生。芒硝矿床产于内陆湖泊和海滨半封闭的海湾潟湖里，在干燥炎热的条件下，温度在33℃以上蒸发时，形成无水芒硝。

在引入Na_2O方面，芒硝与纯碱相比有许多缺点：热耗大；对耐火材料的侵蚀大；污染环境；易产生芒硝泡；当还原气氛过多时导致玻璃中三价铁还原成二价铁而着蓝绿色，故通常太阳能玻璃生产中不使用还原剂，而使用氧化剂。芒硝含Na_2O比纯碱低，引入同样质量的Na_2O，所需芒硝量比纯碱量多34%，运输和加工费用相对增加。所以，目前有一些生产线在保证玻璃液澄清的情况下，会尽量减少芒硝用量。一般芒硝含量控制在2.0%～2.5%左右为宜。在纯碱不足时，可提高芒硝含率，以芒硝代替少部分纯碱。

对太阳能玻璃生产来说，所采用的芒硝应符合国家标准GB/T 6009—2014《工业无水硫酸钠》中Ⅰ类一等品以上的质量指标，见表2-4；外观要求呈白色，每袋50kg袋装，内袋为塑料薄膜袋扎口，外袋为塑料编织袋机器缝口进厂，不允许夹有泥土或其他杂质。

表2-4　无水硫酸钠质量标准

项目		单位	指　标					
			Ⅰ类		Ⅱ类		Ⅲ类	
			优等品	一等品	一等品	合格品	一等品	合格品
硫酸钠（Na_2SO_4）质量分数	≥	%	99.6	99.0	98.0	97.0	95.0	92.0
水不溶物质量分数	≤	%	0.005	0.05	0.10	0.20	—	—
钙镁（以Mg计）质量分数	≤	%	—	0.15	0.30	0.40	0.60	—
氯化物（以Cl计）质量分数	≤	%	0.05	0.35	0.70	0.90	2.0	—
铁（以Fe计）质量分数	≤	%	0.0005	0.002	0.010	0.040	—	—
水分质量分数	≤	%	0.05	0.20	0.50	1.0	1.5	—
白度（R457）	≥	%	88	82	82	—	—	—

（3）硝酸钠

硝酸钠在玻璃工业上用作玻璃的澄清剂、氧化助熔剂、脱色剂及消泡剂。

硝酸钠（$NaNO_3$）分子量为84.99，密度为2.25g/cm³，理论上含Na_2O 36.5%。硝酸钠是白色三方结晶或菱形结晶或白色细小结晶或粉末；无臭，味咸，略苦，易吸水潮解，溶于水和液氨。

在太阳能压延玻璃使用的原料中，硝酸钠熔点最低，仅为318℃，因此，有利于加速配合料的熔化。

由于硝酸钠是氧化剂，所以当需要氧化气氛的熔制条件时，可使用硝酸钠来调整窑内气氛，并代替芒硝引入一部分Na_2O。此外硝酸钠分解时放出的气体量比纯碱高，有时为了调节配合料的气体率，也常用硝酸钠来代替一部分纯碱。硝酸钠在澄清过程中与其他氧化物共同使用还能起到促进澄清的作用。在使用时应根据侧重点不同进行选用。

硝酸钠的纯度较高，对它的质量要求是：所采用的硝酸钠应符合国家标准GB/T 4553—2016《工业硝酸钠》一般工业型指标中一等品以上的质量指标，见表2-5。

因为硝酸钠具有强氧化性，与木屑、布、油类等有机物摩擦或撞击能引起燃烧或爆

表2-5　硝酸钠质量标准

项目		单位	一般工业型指标		
			优等品	一等品	合格品
硝酸钠（$NaNO_3$）干基质量分数	≥	%	99.70	99.30	98.50
含水率	≤	%	0.5	1.50	2.00
水不溶物质量分数	≤	%	0.02	0.03	—
氯化物（以Cl计）干基质量分数	≤	%	0.03	0.30	—
亚硝酸钠（$NaNO_2$）干基质量分数	≤	%	0.01	0.02	0.1
碳酸钠（Na_2CO_3）干基质量分数	≤	%	0.05	0.05	0.10
铁（以Fe计）质量分数	≤	%	0.002	0.005	0.005
松散度	≥		90.0		

炸，在储存时易吸水潮解，所以，应使用两层塑料袋或一层塑料袋外加塑料编织袋、乳胶布袋包装，并应储存在干燥通风、远离火种的库房，与还原剂、活性金属粉末、酸类、易（可）燃物等分开存放，切忌混储，防止包装损坏；库房应配备相应品种和数量的消防器材；使用时应轻搬轻放，减少撞击。

2.1.3 引入氧化铝的原料

2.1.3.1 氧化铝物化性质

氧化铝分子式Al_2O_3，分子量101.96，熔点2050℃，莫氏硬度8.8，无臭，无味，易吸潮而不潮解（灼烧过的不吸湿）。两性氧化物，能溶于无机酸和碱性溶液中，几乎不溶于水。真密度3.97g/cm³，白色无定形粉末，0～325目时体积密度0.85g/cm³，120目～325目时体积密度0.9g/cm³，属于酸性氧化物原料。

Al_2O_3属于玻璃中间体氧化物，在玻璃结构中有四配位和六配位，当玻璃中的Na_2O/$Al_2O_3 > 1$时，形成［AlO_4］四面体，并与［SiO_4］四面体组成连续的结构网。当Na_2O/$Al_2O_3 < 1$时，形成［AlO_6］八面体，为网络外体，处于硅氧网络的空穴中。太阳能压延玻璃中氧化铝含量不会超过2%，所以，氧化铝以铝氧四面体出现在玻璃中。

Al_2O_3参与到二氧化硅网状结构中，能提高玻璃的化学稳定性、热稳定性、硬度和折射率，增加玻璃的机械强度，并能降低玻璃的热导率和热膨胀系数，降低玻璃的析晶倾向和速度，减弱玻璃的脆性，减轻玻璃液对耐火材料的侵蚀。

当Al_2O_3用量很少时，能形成铝氧四面体，对硅氧网络起补网作用，因而提高了玻璃的耐水性；Al_2O_3还能改善玻璃的成形范围，使玻璃液更易于成形；另外，Al_2O_3的存在有助于氟化物的乳浊。但Al_2O_3的熔化温度比SiO_2高，且Al_2O_3对玻璃液黏度的影响程度比SiO_2大，当其含量过多时（$Al_2O_3 > 5\%$），会导致玻璃液的黏度和表面张力大幅度提高，不仅使玻璃的熔化速度减慢（熔化困难）、澄清时间延长，也不利于均化，同时会增加析晶倾向，并易使玻璃原板上出现波筋等缺陷。在太阳能压延玻璃成分中，以SiO_2代替一部分Al_2O_3，有利于玻璃液的熔制和澄清，同时也可避免Al_2O_3的"快凝"而给玻璃带来的线道、波筋和小波纹。

尽管Al_2O_3能改善玻璃的许多性能，但对玻璃的电学性质有不良影响，在硅酸盐玻璃中，当以Al_2O_3取代SiO_2时，介电损耗和电导率会上升，故真空玻璃和电学性能要求高的玻璃（例如铅玻璃）一般不含或含少量Al_2O_3。

普通钠钙硅酸盐平板玻璃成分中Al_2O_3含量一般为0.5%～2.0%，太阳能压延玻璃中通常引入0.8%～1.5%的Al_2O_3。

对硬度、韧性、强度（机械强度、抗压强度、抗冲击强度）、耐磨性和抗划伤等方面有特殊要求的平板玻璃，例如智能手机触摸屏、平板电脑、触控显示终端电子产品盖板材料、防火玻璃及等离子显示屏（PDP）、液晶显示屏（TFT-LCD）用基板玻璃等，可使用铝硅酸盐玻璃，通常其Al_2O_3含量可达4%～12%，甚至可达到13%～20%。

2.1.3.2 引入氧化铝的原料及质量要求

太阳能压延玻璃中引入Al_2O_3的原料有氧化铝粉、氢氧化铝粉、低铁长石粉等。

（1）氧化铝粉

当通过氧化铝粉引进氧化铝时，所使用的氧化铝粉表面必须洁净，不允许夹杂有泥沙及其他矿物质，其化学成分必须稳定。氧化铝粉质量应符合表2-6和表2-7的要求。

表2-6　氧化铝粉化学成分含量要求

成分	Al_2O_3	SiO_2	Fe_2O_3	Na_2O	灼减	含水率
含量 /%	≥ 98.2	< 0.08	< 0.05	≤ 0.70	1.0	< 0.5

表2-7　氧化铝粉颗粒度要求（国际标准筛制）

范围 /mm	≥ 0.18（≥ 85目）	0.18 ~ 0.04（85 ~ 350目）	≤ 0.04（≤ 350目）
含量 /%	0	≥ 85.0	≤ 15

（2）氢氧化铝粉

当通过氢氧化铝粉引入氧化铝时，所使用的氢氧化铝粉为白色结晶粉末，密度 2.34g/cm³，表面必须洁净，不允许其中夹杂有泥沙及其他矿物质，其化学成分必须稳定。氢氧化铝粉质量应符合标准GB/T 4294—2010《氢氧化铝》中AH-2牌号质量标准，其主要成分应达到表2-8和表2-9所列指标。

表2-8　氢氧化铝粉化学成分含量要求

成分	$Al(OH)_3$	Al_2O_3	SiO_2	Fe_2O_3	Na_2O	含水率	白度
含量 /%	99.0	> 64.0	< 0.02	≤ 0.01	< 0.40	≤ 0.5	≥ 65

表2-9　氢氧化铝粉颗粒度要求（国际标准筛制）

范围 /mm	≥ 0.18（≥ 85目）	0.18 ~ 0.04（85 ~ 350目）	≤ 0.04（≤ 350目）
含量 /%	0	≥ 85.0	≤ 15

氧化铝和氢氧化铝均是化工产品，为白色结晶粉末，纯度较高。因其价格较高，一般普通玻璃中不采用，只用于生产对白度和透光率要求较高的光学玻璃、仪器玻璃、高级器皿、温度计玻璃、低铁平板玻璃等。

氧化铝粉和氢氧化铝粉二者间的选择主要是看价格，在使用上，除了氢氧化铝熔化时，熔化部泡界线处有零星沫子外，其他并无差别。

（3）低铁长石粉

长石是钾、钠、钙、钡等碱金属或碱土金属的铝硅酸盐矿物，密度2.56 ~ 2.77g/cm³，莫氏硬度6 ~ 6.5级，熔点1100 ~ 1200℃，性脆，有较高的抗压强度，对酸有较强的化学稳定性。长石晶体结构属架状结构，晶形有单斜晶系和三斜晶系两种，其主要成分为 SiO_2、Al_2O_3、K_2O 和 Na_2O 等。

长石比纯氧化铝易熔，在与石英及铝硅酸盐共熔时，不但熔融温度低，而且熔融范围宽，即长石除了可以用来引入 Al_2O_3，增加 Na_2O 含量，减少纯碱用量外，还可降低玻璃生产中的熔融温度，起到助熔作用。此外，长石熔融后变成玻璃的过程比较缓慢，析晶能力小，可以防止在玻璃形成过程中析出晶体而破坏制品，长石还可以用来调节玻璃的黏性。

长石按其中所含的主要成分可分为钠长石（$Na_2O \cdot Al_2O_3 \cdot 6SiO_2$）、钾长石（$K_2O \cdot Al_2O_3 \cdot 6SiO_2$）、钙长石（$CaO \cdot Al_2O_3 \cdot 6SiO_2$）和钡长石（$BaO \cdot Al_2O_3 \cdot 6SiO_2$）四种。纯长石在自然界中很少存在，即使是被称为"钾长石"的矿物中，也可能共生或混入一些钠长石，一般把钾长石和钠长石构成的长石矿物称为碱长石（含K_2O多的俗称钾长石，含Na_2O多的俗称钠长石）；由钠长石和钙长石构成的长石矿物称为斜长石；钙长石和钡长石构成的长石矿物称为碱土长石。碱性长石中一般钠长石呈淡白、灰白，钾长石呈褐红、肉红色等色；斜长石为灰白色、深灰色。

我国长石矿资源主要分布在山西、辽宁、安徽、山东、湖南、江西、云南、陕西、甘肃和新疆等地，已探明全国A+B+C级的保有储量为4083万吨，其中尚未开发利用的占半数以上。国内已开采利用的长石矿主要产于伟晶岩，有一部分长石产于风化花岗岩、细晶岩、热液蚀变矿床及长石质砂矿。

常用的是钾长石和钠长石，由于它们属"鸡窝"矿，因矿点及矿位的不同其化学成分波动较大，因此，每批原料一定要经过化学分析加以确定。

由于长石储量有限，加之随着经济的发展对长石需求的增长，高质量的长石越来越少。通常制造太阳能压延玻璃的低铁长石粉表面应干净，不允许在其中夹杂有泥沙及其他矿物质，其化学成分必须稳定。低铁长石粉质量应符合表2-10和表2-11的要求，且成分波动小于以下范围：$Al_2O_3 \leqslant \pm 0.2\%$；$R_2O(Na_2O+K_2O) < \pm 0.3\%$；$Fe_2O_3 < \pm 0.01\%$。

表2-10 低铁长石粉化学成分含量要求

成分	Al_2O_3	SiO_2	Fe_2O_3	Na_2O+K_2O	含水率
含量/%	≥ 15.0	< 0.08	< 0.07	≥ 7.0	< 0.5

表2-11 低铁长石粉颗粒度要求（国际标准筛制）

范围/mm	≥ 0.71（≥ 26目）	0.71~0.5（26~35目）	0.5~0.10（35~150目）	≤ 0.10（≤ 150目）
含量/%	0	≤ 5.0	≥ 85.0	≤ 10

长石中含有的K_2O代替部分Na_2O后，除其所具有的"双碱效应"可提高玻璃化学稳定性、改善析晶性能外，还有微弱提高玻璃透光率的效果。

2.1.4 引入氧化钙的原料

2.1.4.1 氧化钙的物化性质

氧化钙（CaO）分子量56.08，熔点2570℃，密度3.2~3.4g/cm³，属于碱土金属氧化物原料。

CaO是生产钠钙硅酸盐玻璃的重要组分之一，由于Ca^{2+}游离于网络之外，称为玻璃网络外体氧化物或网络调整体氧化物。

由于CaO中的Ca^{2+}的离子半径为0.099nm，Na^+的离子半径为0.095nm，Ca^{2+}与Na^+的离子半径近似，但Ca^{2+}的电荷比Na^+的电荷多1倍，Ca^{2+}比Na^+大得多，因此，Ca^{2+}能强化玻璃结构和限制Na^+活动，玻璃的化学稳定性、机械强度等性能得到提高。CaO还有一个特殊的性质，即在高温时（774℃以上）能降低玻璃液的黏度，促进玻璃液的熔化；低温度时（774℃以下）能增加玻璃液的黏度，这为调整玻璃料性，提高玻璃硬化速度，高速度拉引玻璃创造了有利条件。但是，CaO含量超过10%时，高温下反而会增加玻璃液的黏度，使玻璃的析晶倾向增大，易使玻璃脆性增加，料性变短，增大成形难度。根据成形工艺不同，通常太阳能压延玻璃中的CaO含量应控制在10%左右，浮法玻璃中的CaO含量控制在8.5%左右，平拉玻璃中的CaO含量介于二者之间。

2.1.4.2　引入氧化钙的原料及质量要求

引入CaO的原料有石灰石、方解石、白云石等，其中石灰石和方解石是太阳能压延玻璃生产常用的原料。

（1）石灰石

石灰石是石灰岩的商品名称，是主要由方解石矿物成分组成的碳酸盐岩。石灰岩主要成分是$CaCO_3$，$CaCO_3$分子量为100.09，理论上含CaO 56.03%，CO_2 43.97%，密度2.6～2.8g/cm³，熔点825℃，莫氏硬度为3级，性脆，小刀能刻动，抗压强度在垂直层理方向一般为60～140MPa，在平行层理方向一般为50～120MPa，松散系数一般为1.5～1.6。成分纯净的石灰石是白色的，但因含有石英、黏土、碳酸镁和氧化铁等杂质，矿石质量降低，呈现灰色。石灰石颜色的深浅同氧化铁的含量有关。石灰石遇稀乙酸、稀盐酸、稀硝酸发生泡沸，并溶解；煅烧至900℃以上（一般为1000～1300℃）时分解放出CO_2，转化为生石灰（CaO），生石灰遇水潮解，并立即形成熟石灰［$Ca(OH)_2$］，熟石灰溶于水后可调浆，在空气中易硬化。

石灰岩是地壳中分布最广的矿产之一。按其成因，石灰岩可分为生物沉积、化学沉积和次生三种类型；按矿石中所含成分不同，石灰岩可分为硅质石灰岩、黏土质石灰岩和白云质石灰岩三种。石灰岩中方解石成分占95%，伴有少量白云石、菱镁矿和其他碳酸盐矿物，还混有其他一些杂质，其中镁以菱镁矿出现，氧化硅为游离状的石英，氧化铝同氧化硅化合成硅酸铝（黏土、长石、云母），铁的化合物呈碳酸盐（菱镁矿）、硫铁矿（黄铁矿）及游离的氧化物（磁铁矿、赤铁矿）存在；此外还有海绿石，个别类型的石灰岩中还有碱金属化合物以及锶、钡、锰、钛、氟等化合物，但含量很低。

我国是世界上石灰岩资源丰富的国家之一，全国已探明储量的石灰岩储量有504亿吨，适合低铁玻璃使用的优质石灰石主要在广西、湖北等地。低铁玻璃使用的优质石灰石CaO≥54.0%，Fe_2O_3控制在0.008%（80ppm）以内，所采用的矿石，其化学成分必须稳定。

（2）方解石

当石灰石化学成分全部为$CaCO_3$时，就称为方解石。理论上含CaO 56.03%，CO_2 43.97%，莫氏硬度为3级，密度2.715g/cm³，遇稀盐酸剧烈起泡。

方解石是自然界分布极广的一种沉积岩，是组成石灰石和大理石的主要成分，外观呈白色、乳白色，含杂质时则呈灰色、淡黄色等。敲击方解石可以得到很多方形碎块，故名方解。方解石晶体属三方晶系的碳酸钙矿物，常呈复三方偏三角面体及菱面体结晶。方解石的晶体形状多种多样，它们的集合体可以是一簇簇的晶体，也可以是粒状、块状、纤维状、钟乳状、土状等。方解石的色彩随着其中含有的杂质不同而变化，如含铁锰时为浅黄、浅红、褐黑等，但一般多为白色或无色。

我国的方解石矿主要分布在广西、湖北、湖南、江西一带。广西方解石因含铁量低，白度高，酸不溶物少而在国内市场出名。

通常制造太阳能压延玻璃的方解石（石灰石）粉表面应洁净，不允许夹杂有泥沙及其他矿物质，加工粉料所采用的矿石，其化学成分必须稳定。方解石（石灰石）粉质量应符合表2-12和表2-13所列指标要求。

表2-12　方解石（石灰石）粉主要成分含量要求

成分	CaO	Fe_2O_3	MgO	SiO_2	Al_2O_3	H_2O
含量 /%	≥ 54.0	≤ 0.006	≤ 1.0	≤ 0.5	≤ 1.5	≤ 0.5

表2-13　方解石（石灰石）粉颗粒度要求（国际标准筛制）

范围 /mm	≥ 2.5 （≥ 8目）	2.5 ~ 2.0 （8 ~ 10目）	2.0 ~ 0.10 （10 ~ 150目）	≤ 0.10 （≤ 150目）
含量 /%	0	≤ 10.0	≥ 80.0	≤ 10

2.1.5　引入氧化镁的原料

2.1.5.1　氧化镁的物化性质

氧化镁（MgO）分子量40.31，熔点2800℃，密度3.58g/cm³，属于碱土金属氧化物原料。

MgO存在两种配位状态，大多数是八面体配位，与CaO一样属网络外体氧化物，在玻璃中的作用与CaO相似。只有当碱金属氧化物含量较多，且不存在Al_2O_3、B_2O_3等氧化物时，Mg^{2+}才有可能处于四面体中，以［MgO_4］进入网络，成为中间体氧化物。

在钠钙硅酸盐玻璃中加入少量的MgO，能加快熔化过程、使玻璃易于澄清，并降低玻璃析晶倾向和析晶速度，MgO含量低于4.0%时，可以提高玻璃的化学稳定性和机械强度，使玻璃具有韧性而坚固耐用，同时增加玻璃的光泽。以低于4.0%的MgO代替CaO，可调整玻璃料性，改善玻璃的成形性能，降低玻璃的硬化速度，降低玻璃的退火温度，缩短玻璃退火时间。MgO过量易产生透辉石析晶，同时会使玻璃产生线道和小波纹。若以高于4%的MgO取代CaO，将使玻璃结构疏松，导致玻璃的化学稳定性、密度、硬度下降。含MgO的玻璃，在水和碱液作用下，玻璃表面易于形成硅酸镁薄膜，在一定条件下会剥落进入溶液，产生脱片现象，所以，目前保温瓶和瓶罐玻璃都尽量少用或不用MgO组分。

MgO对玻璃液的黏度有复杂的影响，当温度高于1060℃或低于620℃时，MgO会使玻璃液的黏度降低；而在620 ~ 1060℃，又能使玻璃液黏度增加。因此，玻璃中的MgO含量不宜过高，一般控制在4%左右，在生产超薄玻璃时可相应增加MgO的含量。

2.1.5.2　引入氧化镁的原料及质量要求

太阳能压延玻璃中引入氧化镁的原料主要是白云石。白云石，又称苦灰石，是碳酸镁和碳酸钙的复盐（$MgCO_3 \cdot CaCO_3$），密度2.80 ~ 3.20g/cm³，莫氏硬度为3.5 ~ 4.0级，具有玻璃光泽，纯白云石理论上含MgO 21.87%，CaO 30.43%，CO_2 47.70%。常有铁、锰等代替镁，当铁或锰含量超过镁时，称为铁白云石或锰白云石。纯白云石为白色；含铁时呈灰色；风化后呈褐色。白云石常见的伴生矿物有方解石、石英、黄铁矿等，含铁较多时，呈黄色或褐色。

白云石在外观上看非常接近石灰石，事实上，在发现石灰石沉积物的地区，也经常会发现白云石。大多数白云石的沉积物含有一定比例的石灰石。一般说来，人们通常用硬度测试法和酸性测试法来区别石灰石和白云石。酸性测试法是将稀释后的盐酸涂布到石材表面，石灰石反应强烈，而白云石反应不太明显（微微气泡），表面会形成粉状物。如果以上测试效果不明显，则需要做实验室分析。

我国白云石产地较广，低铁白云石主要产地有广西、湖北、湖南、贵州等。

通常太阳能压延玻璃使用的白云石粉料表面必须洁净，不允许夹杂有泥沙及其他矿石等杂质；加工粉料所采用的矿石，其化学成分必须稳定，主要化学成分波动应满足以下要求：MgO＜±0.3%，CaO＜±0.3%，Fe_2O_3＜+0.0005%；主要成分达到表2-14和表2-15所列指标要求。

表2-14　白云石粉主要成分含量要求

成分	MgO	CaO	Fe_2O_3	Al_2O_3	SiO_2	Cr_2O_3	H_2O
含量/%	≥ 21.0	≥ 30.0	≤ 0.008	≤ 0.5	≤ 0.5	< 0.0004	≤ 0.5

表2-15　白云石粉颗粒度要求（国际标准筛制）

范围/mm	≥ 2.5（≥ 8目）	2.5～2.0（8～10目）	2.0～0.125（10～120目）	≤ 0.125（≤ 120目）
含量/%	0	≤ 10	≥ 75	≤ 15

白云石和方解石包装方式基本相同，采用下开口单层塑料编织袋包装进厂，包装重量根据工厂上料口情况决定，目前大多数为每袋净含量1000～1500kg的吨包装形式。白云石易吸水，应储存于通风干燥处。

2.1.6　碎玻璃

太阳能压延玻璃生产过程中，各个工艺环节所产生的边角料、破碎的和不合格的玻璃板及社会上回收的成分相近的低铁平板玻璃，均可用作太阳能压延玻璃的原料，统称为碎玻璃或熟料。

采用碎玻璃不但可以废物利用，而且使用合理的话，还可以加速配合料的熔化过程，降低玻璃熔制的能源消耗，从而降低玻璃的生产成本，并提高产量。试验证明，每得到1kg玻璃液，采用碎玻璃熔制比采用配合料可少消耗热能约42%；每增加10%的碎玻璃用量，熔化时可节约2.5%～4.5%的能源。但对钠钙硅酸盐太阳能压延玻璃而言，碎玻璃的掺入量以不超过40%为宜，过多会使玻璃发脆，机械强度降低。笔者建议正常生产时，碎玻璃用量稳定控制在15%～18%为宜，特殊情况可控制在25%左右。

碎玻璃重熔后，二次挥发导致某些组分的含量再次减少，例如重熔后的Na_2O比重熔前平均低0.15%，对于易挥发的组分，如澄清剂、氧化剂、脱色剂，这个差别更大。

因此，与同成分的配合料相比，碎玻璃缺少一部分碱金属氧化物和其他易挥发氧化物。所以，碎玻璃使用量较大时，必须适当添加澄清剂，并补充某些易挥发的氧化物。另外，玻璃在熔化过程中，由于玻璃液对耐火材料的侵蚀作用，导致玻璃中的 Fe_2O_3 和 Al_2O_3 含量增加。还有一些化学稳定性差的玻璃，由于表面溶解导致玻璃内层与外层组成存在差异。由于这些原因，使用碎玻璃时易引起玻璃液不均匀的现象发生，使玻璃发脆。

当碎玻璃重熔时，其中某些组分会发生热分解并释放出氧气，扩散到周围的气泡中去，氧气随气泡一并逸出玻璃液，导致玻璃缺氧，因此重熔后的玻璃液具有还原性质，对于以变价离子为基础生产颜色的玻璃，缺氧将可能会引起玻璃色泽变化，如热分解会使 Fe_2O_3 转变为 FeO，引起玻璃色泽的变化。有色玻璃重熔时，由于着色成分的挥发，会导致玻璃颜色变浅，某些变价离子电价的改变，也会使玻璃的颜色发生变化。

碎玻璃在配合料中的比例与块度对熔化的时间有重要影响。实践证明，随着碎玻璃加入量的增加，配合料的熔化时间缩短，但碎玻璃加入量过多将延长澄清时间。一般块度在 5 ～ 60mm、尺寸均匀的碎玻璃熔化较快。块度过大时玻璃液均化困难，影响玻璃板面质量，严重时会在玻璃板上产生波筋；但也不能为粉状，若为粉状会带入过多气体，增加澄清困难。考虑到碎玻璃的加工处理等因素，通常采用 5 ～ 60mm 的块度，同时禁止混入泥土、砖块、石块等杂质。

所以，使用碎玻璃时，除要确定碎玻璃的块度、用量、加入方法和合理的熔化制度，以保证玻璃的快速熔化和均化外，还要补充挥发的损失并调整配方，以保持玻璃成分不变。此外，使用外来碎玻璃时，还要进行筛选、清洗、分类，除去杂质，同时要进行化学分析，根据其化学成分进行配料。

低铁碎玻璃与铁含量高的碎玻璃应分别堆放，不允许两种碎玻璃相互混杂。碎玻璃堆场应有人员进行管理。

2.2　辅助原料

根据在玻璃生产中所起的作用不同，辅助原料分为澄清剂、助熔剂、脱色剂、着色剂、乳浊剂等。在生产太阳能压延玻璃时，主要使用澄清剂、助熔剂和脱色剂。

2.2.1　澄清剂

为了加速玻璃液中气泡的澄清（排出气泡），除了采用延长熔制时间、降低玻璃液黏度、提高玻璃液澄清温度、对玻璃液进行鼓泡、搅拌、施以高压或澄清部减压等方法以外，最常用的方法就是在配合料中添加少量澄清剂，这些澄清剂在高温下本身能分解放出氧气，使玻璃液中的氧分压大于平衡状态下小气泡中的氧分压，打破窑气、玻璃液和小气泡三者之间的平衡，使玻璃液中的气泡进入小气泡中，小气泡变成大气泡被排出，从而达到澄清的目的。

常用的澄清剂有变价氧化物（As_2O_3、Sb_2O_3 和 CeO_2 等）、硫酸盐（主要是 Na_2SO_4、$CaSO_4$、$BaSO_4$ 等）、卤化物（如氟化物、氯化物）、铵盐、硝酸盐以及复合澄清剂等。各类澄清剂所要求的熔制温度和气氛不同，对玻璃色泽的影响也各不相同。传统使用的三氧化二砷（白砒）为一种良好的澄清剂，可是由于它是剧毒物质，在运输、保管及使用过程中易对环境造成污染，最终出于环境保护和卫生安全的严格要求，其使用越来越受到限制；氧化锑也是一种良好的澄清剂，但其价格较高，限制了应用范围，通常使用在高档玻璃中；硫酸盐类澄清剂属于高温澄清剂，硫酸盐对耐火材料有极强的侵蚀作用，而且其分解产物SO_2对大气有污染；卤化物澄清剂是通过降低玻璃液黏度来达到澄清的目的，其中碘化物和溴化物的澄清效果最好，但价格昂贵，挥发量大，对环境可能造成不良影响，通常认为将各种澄清剂组合制成复合澄清剂，其澄清效果比单一澄清剂要好。

太阳能压延玻璃生产中常用的是氧化锑、焦锑酸钠或氧化锑与芒硝、硝酸钠等物质混合的复合澄清剂。

2.2.1.1　硫酸盐和硝酸盐

（1）硫酸盐

硫酸盐主要是指硫酸钠（芒硝）、硫酸钡和硫酸钙。因硫酸盐分解温度较高，是高温氧化澄清剂，只有在氧化条件下，才有澄清效果，而在还原条件下，无澄清效果。硫酸盐中以硫酸钠应用最为广泛，它在1400℃高温分解后产生的O_2和SO_2，对气泡的长大与溶解起着重要作用。

硫酸盐的澄清作用与玻璃的成分有关，硫酸盐中的阳离子对澄清过程不起作用，在钠钙硅酸盐玻璃中引入硫酸盐时，离子交换反应的结果总是形成硫酸钠，从而产生澄清效果。因此，硫酸盐用于钾玻璃或无碱玻璃时，它所起的作用与用于钠玻璃时并不相同。在光学玻璃熔制中之所以不应用硫酸盐，主要是因为它在加强着色的同时还会增强光吸收。

硫酸盐的澄清作用与玻璃液的熔化温度密切相关。在800～900℃时，硫酸钠和SiO_2反应很慢，仅在硅砂颗粒表面形成液相，促进玻璃原料的熔融，但这时并没有SO_3溶解到玻璃液中，而是以SO_4^{2-}形式存在，对玻璃液的澄清过程几乎没有影响；直到1120℃时开始与SiO_2发生分解反应，放出SO_2。温度越高，反应就越剧烈，澄清效果就越明显。1450℃时发生以下分解反应，这时澄清效果最好：

$$Na_2SO_4+SiO_2 \longrightarrow Na_2O \cdot SiO_2+SO_3$$
$$SO_3 \longrightarrow SO_2 \uparrow + \frac{1}{2} O_2 \uparrow$$

在熔化的最后阶段才发生反应放出二氧化硫和氧气，它对消除玻璃液中的残留气泡起着重要的作用。

硫酸盐在反应过程中形成偏硅酸钠的同时，放出SO_3，其中，一部分SO_3与玻璃中的一价或二价金属氧化物结合成为硫酸盐存在于玻璃中，一部分SO_3在高温下放出SO_2和O_2。硫在还原条件下以S^{2-}的形式溶解形成复杂的多硫化物，在氧化条件下则以SO_3形式与非桥氧配位后形成填隙阴离子。硫酸盐及硫化物的溶解度随玻璃液中碱含量的增加和温度的升高而增大，SO_3则相反。当硫酸钠液体开始热分解时，在固体石英砂SiO_2界面上沸腾现象就开始了，随着分解过程的进行，反应产物被送到界面上，不仅破坏了玻璃液的表面张力，而且使界面间的熔体产生剧烈的搅动。硫酸钠的表面活性剂作用，会极大地加速砂粒的熔化速度，另外表面沸腾作用使玻璃液中的气泡更快的上升，从而起到澄清作用。硫酸钠不仅对0.5mm以上的大气泡有澄清作用（对0.5mm以下的灰泡澄清作用不明显），而且还有助熔作用。

芒硝的分解温度在1200～1450℃，在还原剂的作用下，分解温度可降低到500～700℃，反应速度也相应加快。

当硫酸盐使用剂量高于3%时，一般需要与碳粉（煤粉）配合使用，碳粉的作用在于澄清后期帮助多余的硫酸盐分解，防止形成"硝水"而影响玻璃质量。另外，碳还原剂能控制硫的溶解度。为了充分发挥澄清剂作用，横火焰熔窑熔制玻璃时将窑内气氛从前到后控制为还原气氛、中性气氛、氧化气氛，就是为了在低温还原区避免煤粉过早氧化，在热点高温区保持中性气氛以利于加强澄清，在熔化区末端形成氧化气氛以烧掉多余的煤粉，并且使杂质铁氧化成高价铁，提高玻璃透光率。

适当使用芒硝能加速熔化和澄清。芒硝含量小于2%时，澄清作用不明显；若高于3.3%，也不能很好的起到澄清作用。因为芒硝会在熔融玻璃液中溶解，使SO_3处于过饱和状态，在熔化的后阶段，虽然SO_3分压较开始反应时要小得多，但SO_3及其离解生成物O_2释出的势能会使已澄清好的玻璃液产生二次气泡。此外，烟囱排出的含硫废气会污染大气，并常在耐火材料上（例如胸墙、蓄热室）凝集，形成一种不希望有的耐火材料助熔剂硫酸钠。

如果钠钙硅酸盐玻璃（例如普通浮法玻璃）中Fe_2O_3含量高，同时Na_2SO_4也高，玻璃退火后颜色会稍有加深，这主要是因为玻璃中SO_3与铁元素发生反应，生成蓝色的硫铁化合物。若铁含量低，此种现象就不会很突出。

实验证明，在太阳能压延玻璃生产中，芒硝用量一般为引入玻璃中的Na_2O含量的2.0%～3.0%，若综合考虑澄清、透光率、成本及环境保护等因素，则以含量2.2%左右较好。

（2）硝酸盐

硝酸盐主要是硝酸钠、硝酸钾、硝酸钡等，为化工产品，纯度高。它们本身是氧化剂，不能单独作澄清剂，在澄清过程中与其他氧化物共同使用起到促进澄清的作用。硝酸盐熔点低（硝酸钠318℃，硝酸钾334℃），硝酸钠和硝酸钾分别加热到350℃和400℃开始分解放出氧气：

$$2NaNO_3 \xrightarrow{350℃} 2NaNO_2 + O_2 \uparrow$$

继续加热到400～600℃，则生成的亚硝酸钠又分解放出氮气和氧气：

$$4NaNO_2 \xrightarrow{>380℃} 2Na_2O + 2N_2 \uparrow + 3O_2 \uparrow$$

700℃时放出一氧化氮，775～865℃时有少量二氧化氮和一氧化二氮生成。

硝酸盐单独作为玻璃液澄清剂时没有任何澄清效果。硝酸盐常与氧化砷、氧化锑、硫酸盐共同组合使用，以提高澄清效果。在钠钙硅酸盐玻璃中，硝酸盐的加入量为氧化锑（氧化砷）用量的4～6倍，或为配合料质量的0.8%～3%。

2.2.1.2 变价氧化物澄清剂

属于这类澄清剂的有三氧化二砷（As_2O_3）、三氧化二锑（Sb_2O_3）、二氧化铈（CeO_2）等，这类澄清剂的特点是在一定温度下分解放出氧气，然后在玻璃液中扩散，渗入气泡中使它们长大而排除。因此，这类澄清剂往往又是氧化剂。

（1）三氧化二砷

三氧化二砷（As_2O_3），俗称砒霜、白砒，分子量197.84，密度3.78g/cm³。无臭无味，易升华。一般为白色、透明、无定形块状或结晶粉末。其中白砷石为单斜晶体，而砷华为立方晶形。熔点，砷华275℃，白砷石312.3℃（升华）。沸点457.2℃，蒸气压8.81kPa（66.1mmHg，312℃）。在冷水中少量溶解，且溶解极慢；溶于15份沸水；溶于稀盐酸、碱性氢氧化物、碳酸盐溶液、甘油；几乎不溶于乙醇、氯仿、乙醚。含砷量76%，它的粗制品中可能含锑、铅、铁、铜、锌、镉、硒、汞、碲等杂质。潮湿时腐蚀金属，如铜、铝。会燃烧，但不易点燃；燃烧产物为三氧化二砷和砷化氢。不能与下列物质共存：三氟化氯，氟化氢，氯酸钠，活泼金属如铁、铝、锌。

在玻璃熔制中，As_2O_3需要与硝酸盐配合使用，才能充分发挥其澄清作用。As_2O_3能够非常明显地加速玻璃的气泡排除过程，当玻璃中存在As_2O_3时，无论是低温熔化或是高温熔化，气泡的数量总是明显减少，而气泡直径总是增大。

$$As_2O_3+O_2 \xrightleftharpoons[]{600 \sim 1200℃} As_2O_5$$

As_2O_3在高温下能够生成砷酸盐或亚砷酸盐，能与石英颗粒反应放出氧气，从而促进硅酸盐形成，加快玻璃熔化速度，与其他澄清剂相比，具有更好的效果。As_2O_3在玻璃液中的浓度＜1.0%时，其澄清作用随浓度增大而增大，超出这一范围，继续增加As_2O_3量对澄清无益，反而使玻璃产生乳光现象，因此，As_2O_3是一种最常用也是最有效的澄清剂。但是，由于白砒是剧毒物质，0.06g即能致人死命，所以在太阳能压延玻璃生产中不建议使用它作为澄清剂，若要使用，则在使用时要特别注意，并由专人负责保管。用白砒做澄清剂时，有一部分会转入玻璃体中，以As_2O_3和As_2O_5形式残存下来，当以火焰烘烤玻璃时，易还原为游离砷，使玻璃变成黑色。

以前在钠钙硅酸盐玻璃中用0.2% ～ 0.6%的As_2O_3和4 ～ 8倍的硝酸钠组合使用作澄清剂。

（2）三氧化二锑

三氧化二锑（Sb_2O_3），分子量291.5，密度5.1g/cm³，熔点656℃，沸点1425℃，在400℃的高真空中可升华。白色结晶粉末，工业上称为锑白。微溶于水、稀硫酸、稀硝酸，溶于盐酸、浓硫酸、强碱及酒石酸溶液。为两性氧化物，将锑在空气中燃烧或三氯化锑水解而得。优质三氧化二锑本身毒性不大，劣质三氧化二锑有微毒，其毒性主要来源于产品中所含的三氧化二砷含量过高，中毒后主要表现在操作人员出现手、臂发痒。

三氧化二锑的澄清机理类似于三氧化二砷，也是一种通用澄清剂，密度较大，从高价转变为低价氧化物的温度较低，在含氧化铅、氧化钡较多的玻璃中使用效果更好。由于Sb_2O_3的易挥发性，因此不能单独用作澄清剂，一般与硝酸钠、硝酸钾等氧化剂结合使用。在钠钙硅酸盐玻璃中用0.18% ～ 0.5%的Sb_2O_3和4 ～ 8倍的硝酸钠共用组合作澄清剂，在低温时它与硝酸钠分解放出的氧形成五氧化二锑，五氧化二锑在稍高温时又分解放出氧，这些氧气非常活泼，能扩散进入玻璃液中不同类型气体的气泡中，使气泡体积增大后从玻璃液中排出，从而促进玻璃的澄清。其反应式为：

$$Sb_2O_3+O_2 \longrightarrow Sb_2O_5$$
$$Sb_2O_5 \longrightarrow Sb_2O_3+O_2 \uparrow$$

在钠钙硅酸盐玻璃中，若0.2%的三氧化二锑与0.2%的三氧化二砷（As_2O_3）共用，由于五氧化二锑在低温分解放出氧，而五氧化二砷在高温分解放出氧，使玻璃在整个熔制温度范围内一直处于澄清剂的作用下，可以防止二次气泡的产生，所以澄清效果更好。但Sb_2O_3与As_2O_3组合使用在铅玻璃时，如用量过大，则易生成砷酸盐和锑酸盐结晶而使玻璃产生乳浊。

对太阳能压延玻璃生产来说，所采用的氧化锑粉化学成分及物理性能应符合国家标准GB/T 4062—2013《三氧化二锑》中牌号Sb_2O_3 99.50以上的质量指标要求，见表2-16。

表2-16 三氧化二锑化学成分及物理性能指标

牌号			Sb_2O_3 99.90	Sb_2O_3 99.80	Sb_2O_3 99.50	Sb_2O_3 99.00
化学成分/%	Sb_2O_3 不小于		99.90	99.80	99.50	99.00
	杂质不大于	As	0.0040	0.0450	0.0450	0.150
		Pb	0.0090	0.0740	0.0930	0.186
		Fe	0.0030	0.0035	0.0042	—
		Cu	0.0015	0.0020	0.0025	—
		Se	0.0040	0.0040	0.0050	—
		Bi	0.0010	0.0020	0.0020	—
		Cd	0.0005	0.0010	0.0015	—
物理性能	白度不小于/%		97	93	93	91
	平均粒度/μm		0.0 ~ 0.3 0.3 ~ 0.9 0.9 ~ 1.6	0.3 ~ 0.9 0.9 ~ 1.6 1.6 ~ 2.5	0.3 ~ 0.9 0.9 ~ 1.6 1.6 ~ 2.5	—

氧化锑粉包装：每袋50kg袋装，内袋为塑料薄膜袋扎口，外袋为塑料编织袋机器缝口进厂。

在使用三氧化二锑时应注意，在紫外线或太阳光照射下，含三氧化二锑的玻璃颜色会发生变为淡黄色的现象（含三氧化二砷使玻璃变为深棕色）。

（3）二氧化铈

氧化铈（CeO_2），分子量172.12，密度7.13g/cm^3，分解温度1350℃，熔点1950℃，沸点3500℃。纯品为白色重质粉末或立方体结晶，不纯品为浅黄色甚至粉红色至红棕色（因含有微量镧、镨等）。当温度在2000℃左右、压力在5MPa左右时，氧化铈呈微黄略带红色，还有粉红色；在2000℃温度和15MPa压力下，可用氢还原氧化铈得到三氧化二铈。

氧化铈属镧系稀土氧化物，无毒、无味、无刺激，安全可靠，性能稳定，几乎不溶于水和碱，微溶于酸；与水及有机物不发生化学反应。

氧化铈按纯度分，普通级有98%、99%、99.5%、99.9%、99.95%；高纯级有99.99%、99.995%、99.999%。玻璃工业使用99%或98%的CeO_2即可，其中Fe_2O_3含量分别小于0.02%和0.04%，Cl^-含量分别小于0.1%和0.2%，CaO含量小于0.5%。

　　氧化铈按粒度分为：粗粉、微米级、亚微米级、纳米级，平均粒径 $1 \sim 2nm$。

　　详细指标可参看 GB/T 4155—2012《氧化铈》中的要求。

　　氧化铈在玻璃工业中主要是作为添加剂，起澄清、脱色、抗紫外线、着色和电子线的吸收等作用，还可用作平板玻璃、眼镜玻璃、光学透镜、显像管的研磨、抛光材料。

　　① 用作玻璃澄清剂。氧化铈为变价氧化物，作为高温澄清剂，高温时（高于1400℃）分解出氧，温度升高时分解出的氧越多，澄清作用就越大（低于1400℃氧化铈不会分解，起不到澄清作用）。因氧的溶解度随温度升高而减小，从而促进玻璃液中气泡长大、上升、并排出。同时，CeO_2 还可以增加玻璃液的透热能力，降低玻璃液的黏度，加快澄清速率，改善玻璃液澄清效果（注：由于玻璃液在1400℃以上停留时间较短，过量的 CeO_2 分解不完，后期接触还原性介质会放出 O_2，产生微小气泡，一般用量小于0.5%）。

$$4CeO_2 \xrightarrow{\geqslant 1400℃} 2Ce_2O_3+O_2 \uparrow$$

　　由于稀土离子的高场强、高配位及高聚集作用，使玻璃结构密实化，逐渐提高了玻璃的力学性能，但稀土氧化铈用量过多，会使玻璃分层失透，并使其晶化特性下降，导致材料变脆。添加稀土氧化铈后，由于其稀土本身具有的镧系收缩性能，使玻璃中的一些配体与镧系离子的配位能力递增，生成胶状的稀土氢氧化物，从而提高玻璃的耐碱性。

　　单一的氧化铈虽然具有澄清效果，但是由于其离子电荷高、场强大、有较强的积聚作用，使玻璃结构紧密，从而增加了玻璃黏度，导致小气泡很难排除，达不到理想的澄清效果；同时，黏度大，在出料成形时流动性差，摊平稍有困难。当熔化温度高于1380℃，加入硫酸钠、硝酸钠后，不仅澄清效果更佳，而且出料情况大为改观。所以由氧化铈和硫酸盐、硝酸盐等共同组成的多元复合澄清剂澄清效果优于单一氧化铈。

　　无色平板玻璃常用的氧化铈复合澄清剂组合有："氧化铈+硝酸钠+硫酸钠"组合、"氧化铈+硝酸钠+芒硝+萤石"组合、"0.2%氧化铈+0.1%氧化锑+0.2%芒硝"组合。在有色玻璃中使用的"氧化铈+氧化锑+氧化砷"组合（"砷锑烟灰"玻璃澄清剂），在无色玻璃中不能使用，主要原因是氧化铈和砷同时使用时会使玻璃变黄。

　　使用氧化铈复合澄清剂的配合料在熔窑内熔化时呈逐级分解状态。$NaNO_3$ 在380℃开始分解出氧化钠和氧气，氧化钠降低了玻璃液黏度，有利于气体的消除，氧气调整窑内气氛，使亚铁离子氧化成三价铁离子，使玻璃颜色变浅；Na_2SO_4 在 $1200 \sim 1450℃$ 时分解放出 O_2 和 SO_2；CeO_2 在 $1350 \sim 1400℃$ 时分解为 Ce_2O_3，并释放出一定的氧。添加有萤石的氧化铈复合澄清剂，CaF_2 在1330℃开始融化，在玻璃熔体中与 Si 生成 SiF_4 挥发物，断裂玻璃网络结构，而使玻璃液黏度和表面张力降低，在起到澄清作用的同时，更易于玻璃摊平成形。上述成分参与到澄清过程中，呈现接力澄清状态，澄清剂的澄清能力一直处于高效状态，故超过传统澄清剂氧化砷的效果。

　　氧化铈作为澄清剂在玻璃中的含量一般为0.08%～0.3%，因为当玻璃中氧化铈的含量小于0.08%时，它起不到澄清的作用；当氧化铈含量大于0.3%时，由于氧化铈在高温时析出 O_2，形成的 O_2 气泡不能及时排出，会在玻璃液中产生气泡。

氧化铈使用量恰当的情况下，可使玻璃产品晶莹洁白、透明度好，并提高玻璃强度和耐碱性。在使用氧化铈时，若有砷同时存在会使玻璃微微泛黄（可以把生产的玻璃制品放在太阳光下暴晒，在夏天一般晒一天就能看到玻璃颜色变黄）。

② 用作玻璃脱色剂。当玻璃含有0.07%～0.15%的氧化铁时，Fe^{2+}使玻璃呈现蓝绿颜色，并且玻璃的透明度和光泽度较低。为了得到更白的玻璃制品，必须对其进行脱色。因为CeO_2是变价氧化物，二氧化铈高温分解出氧，除具有澄清作用外，同时在反应中放出新生态的氧，对铁有很强的氧化作用，因此CeO_2可作为化学（氧化）脱色剂。它的优点是提高透光率和折射率，使玻璃清澈明亮。

CeO_2脱色的反应原理如下：Ce^{4+}还原为Ce^{3+}过程中反应放出新生态的氧，可将低价铁（Fe^{2+}）氧化成高价铁（Fe^{3+}），减少玻璃的着色。因为Fe^{3+}的着色能力仅相当于Fe^{2+}的1/10，Fe^{2+}被氧化成Fe^{3+}后，玻璃由蓝绿色变成淡黄绿色，从而获得良好的脱色效果。

$$2CeO_2 \longrightarrow Ce_2O_3 + \frac{1}{2}O_2$$

二氧化铈的用量首先取决于玻璃中Fe_2O_3的含量。按照分析结果，CeO_2的最低用量为Fe_2O_3含量的3倍，最高为6倍。为使玻璃中低价铁最大限度地转变为三价铁，氧化铈应与硝酸盐同时引用。每100kg石英砂引入100g氧化铈，可使含0.04% FeO的玻璃达到可靠的脱色，用量增至180g时，Fe^{2+}转化为Fe^{3+}的比例增加5%～9%，但透光率不再增加。用铈脱色的缺点是玻璃带有蓝色调的荧光，引入60～70g时荧光最明显，但在灯光下可消失。氧化铈用于玻璃脱色具有高温性能稳定、价格低廉和不吸收可见光等优点。氧化气氛中使用，可减少硝酸钠用量，有利于延长窑炉寿命，节约硒、钴补色剂用量约70%～80%左右。

在使用含氧化铈的复合澄清剂代替其他澄清剂时，由于窑炉中还留存部分原来的澄清剂，所以在氧化气氛中使用时，其硝酸钠用量暂时不能减少，待一个星期后可逐步减少。

氧化铈加入量大于0.10%时，会使玻璃着色，透光率降低。这是因为随着氧化铈加入量的增加，CeO_2在高温下生成的Ce_2O_3增加，虽然生成Ce_2O_3的同时释放出O_2，氧气与着色作用较强的FeO反应生成着色较弱的Fe_2O_3，使玻璃颜色变浅，但生成的Ce_2O_3中的Ce^{3+}使玻璃呈浅黄色，且颜色随着CeO_2用量的增加（≥0.10%）而变深。特别是含铁量高的玻璃产品，在阳光暴晒下，玻璃会转变为黄色；另一方面氧化铈的氧化性随着氧化铈加入量的增加而增强，导致玻璃色泽变黄，影响透光率。所以，氧化铈脱色在玻璃中铁含量较低情况下使用方有较明显效果。

对含铁量较高的玻璃产品，因氧化铈作脱色剂有在阳光下暴晒使玻璃转变为黄色调的缺点，所以，必须添加物理脱色剂。通常是加入硒、钕或锰等化合物，它们在玻璃中都能产生紫或紫红色，正好互补Fe_2O_3的黄绿色。

③ 用作抗紫外线剂。氧化铈常作为紫外线遮蔽剂添加于建筑和汽车用玻璃、水晶玻璃、化妆品瓶中，能减少紫外线的透过率。在无色透明的钠钙硅酸盐玻璃中，加入0.2%～0.6%的氧化铈能提高玻璃吸收（屏蔽）紫外线的能力，其吸收紫外线的能力随着CeO_2用量的增大而提高，当用量为0.6%时，其紫外线吸收能力达到84%。Ce^{4+}在紫外区域的特性吸收为240nm，Ce^{3+}为314nm。在氧化铈用量相同的情况下，对

不同波长紫外线的屏蔽能力亦有不同，对波长小于340nm的紫外线的屏蔽能力较强，340～380nm之间趋于稳定。在用于光伏组件的太阳能压延玻璃中添加微量氧化铈，能减少紫外线对光伏组件中密封材料EVA（POE、PVB）的辐射，延缓因紫外线造成的密封材料由白变灰（黄）及老化现象的出现，延长密封材料的寿命，同时降低太阳能光伏组件光电转换衰减速率。但是，对于平板光能热水器上使用的太阳能压延玻璃，因氧化铈的抗紫外线功能对热水器有一定影响，故应慎重使用氧化铈做澄清剂。

④ 用作防辐射玻璃。有的玻璃加入某种氧化物后，可具有大量吸收慢中子的防辐射性质，其中CeO_2的加入是较好的一种。一般玻璃中加0.1%～1.6%的CeO_2后可防1050～1070mSv γ射线的辐射。具有这种性质的防辐射玻璃可作为原子能设施的观察孔材料及光学仪器等。含氧化铈的玻璃在强辐射线照射下不变色。铈防辐射玻璃也可用于汽车玻璃和电视玻壳。

⑤ 用作玻璃着色剂。CeO_2可用于玻璃作为着色剂，但单一的CeO_2在玻璃中的着色能力很弱，只相当于CoO的1/50。钠钙硅酸盐玻璃中添加少量CeO_2，与TiO_2、MnO_2、CoO、CuO、NiO组合使用，可制作电焊用护目镜玻璃、太阳镜玻璃、光质变色玻璃和着色玻璃等。

⑥ 用作玻璃高级抛光粉。用$CeO_2 \geq 99\%$制成的高铈抛光粉，如硬度高，粒度细小、均匀，具有菱角的面心立方晶体，可用于玻璃的高速抛光。与传统的铁抛光粉（铁红Fe_2O_3）相比，其活性强，抛光速率提高了3～4倍；抛光粉用量少且寿命长，抛光件的合格率提高30%；抛光的光洁度高又易清洗，不污染抛光环境，作业条件好。氧化铈之所以是极有效的抛光用化合物，是因为它能以化学分解和机械摩擦两种形式同时抛光玻璃。

碳酸铈加热到900℃时分解为CeO_2，可代替氧化铈作为玻璃澄清剂，是否选用主要根据市场售价决定。碳酸铈分子式$Ce_2(CO_3)_3$，分子量218.1396，外观为白色或略带淡黄色的粉末，无可见杂质，易溶于酸。

作为玻璃澄清剂使用的碳酸铈可选用国家标准GB/T 16661—2018《碳酸铈》中023220牌号及以上的产品，其化学成分指标见表2-17。

包装：产品用双层塑料袋密封包装，再装入编织袋内，封紧袋口。有纸板桶和编织袋两种包装形式，包装重量根据客户需求有25kg/件、50kg/件、500kg/件、1000kg/件。包装好的碳酸铈存放在干燥处，不得露天堆放，严防淋雨受潮。

2.2.1.3 氟化物

氟化物主要有萤石（CaF_2）、冰晶石（Na_3AlF_6）和硅氟化钠（Na_2SiF_6）。

萤石，又称氟石，为天然矿物，分子量78.08，莫氏硬度为4级，性脆、解理完全，密度2.9～3.2g/cm³，熔点1360℃，具有白、绿、蓝、紫等多色半透明的特征。纯净萤石中钙（Ca）占51.3%，氟（F）占48.7%。但萤石矿物中常混入氯、稀土、铀、铁、铅、锌、沥青等。萤石一般不溶于水，常与石英、方解石、重晶石、高岭石、金属硫化物矿共生。

在玻璃工业中，氟化物与其说是澄清剂不如说是助熔剂，主要是它与SiO_2生成挥发物SiF_4，使玻璃结构网络断裂，促进玻璃原料的熔化，降低玻璃黏度，从而促进澄清。

表2-17 碳酸铈化学成分表 单位：%

字符牌号	$Ce_2(CO_3)_3 \cdot nH_2O$-4N5	$Ce_2(CO_3)_3 \cdot nH_2O$-4N	$Ce_2(CO_3)_3 \cdot nH_2O$-3N5	$Ce_2(CO_3)_3 \cdot nH_2O$-3N	$Ce_2(CO_3)_3 \cdot nH_2O$-2N
对应原数字牌号	023245	023240	023235	023230	023220
REO 不小于	45.0	45.0	45.0	45.0	45.0
CeO_2/REO 不小于	99.995	99.99	99.95	99.90	99.0
Fe_2O_3	0.001	0.002	0.005	0.01	0.01
SiO_2	0.002	0.002	0.005	0.01	0.01
CaO	0.002	0.005	0.01	0.01	0.02
Al_2O_3	0.002	0.01	0.02	0.02	—
MgO	0.002	0.005	0.01	0.01	—
PbO	0.0005	0.001	0.002	0.003	
Na_2O	0.005	0.01	0.02	0.05	
ZnO	0.002	0.003	0.005	0.01	0.03
Cl^-	0.01	0.05	0.05	0.05	0.08
SO_4^{2-}	0.01	0.02	0.03	0.03	0.03

在普通平板玻璃配合料中引入1%的氟化钙可使软化温度降低30℃，同时氟化钙在玻璃的熔化过程中，部分能形成SiF_4而挥发，起到搅拌和减少玻璃熔体中残存气泡的作用。白色、乳色、彩色玻璃的生产过程中，萤石除作为澄清剂和助溶剂外，还作遮光剂。萤石用作澄清剂时，其用量按引入配合料中Na_2O含量的0.4%～0.6%计。

玻璃工业对萤石的质量要求较严格，要求$CaF_2 \geqslant 80\%$，$Fe_2O_3 < 0.2\%$。

天然冰晶石常含有大量的SiO_2和Fe_2O_3，因此，通常采用氧化铁含量小于0.03%的工业产品。工业冰晶石是白色粉末，密度2.9g/cm³。

硅氟化钠（Na_2SiF_6）分子量为188.05，密度2.7g/cm³，为黄白色粉末状化工产品。

氟化物具有高温下降低玻璃液黏度的特点，对于Al_2O_3含量大于1.5%的玻璃液，它降低黏度与促进澄清的效果尤为明显，当Al_2O_3含量小于0.5%时，效果并不明显。

由于氟化物在玻璃液熔制时大量挥发，会严重影响工人健康，造成大气环境污染，所以，应尽可能少用或不用。

2.2.1.4 复合澄清剂

（1）锑酸钠

锑酸钠亦称焦锑酸钠，根据其结构可分为水合锑酸钠［$NaSb(OH)_6$］和偏锑酸钠（$NaSbO_3$）。锑酸钠加热到178.6℃时开始脱去部分结构水，在250℃恒温2h几乎完全脱去结构水，得到偏锑酸钠。偏锑酸钠使用性能与锑酸钠相似。锑酸钠熔点1200℃，沸点1400℃，密度3.7g/cm³。外观为白色结晶微粒。微溶于水，难溶于稀酸，能溶于浓酸和酒石酸。太阳能压延玻璃使用的锑酸钠质量应符合化工行业标准HG/T 3254—2010《电子工业用水合锑酸钠》标准，具体指标见表2-18。

锑酸钠属于低温澄清剂，用量一般为配合料质量的0.2%～0.4%，用于太阳能压延玻璃、电子管玻璃、光学玻璃及其他特殊玻璃行业，可取代三氧化二锑，主要原因如下。

表2-18   水合锑酸钠主要指标

项目		指标	
		一等品	合格品
总锑（以 Sb_2O_5 计）质量分数 /%	≤	64.0 ~ 65.60	64.0 ~ 65.60
氧化钠（ Na_2O ）质量分数 /%	≤	12.0 ~ 13.0	12.0 ~ 13.0
砷（以 As_2O_3 计）质量分数 /%	≤	0.02	0.10
铁（以 Fe_2O_3 计）质量分数 /%	≤	0.01	0.05
铜（以 CuO 计）质量分数 /%	≤	0.001	0.005
铬（以 Cr_2O_3 计）质量分数 /%	≤	0.001	0.005
铅（以 PbO 计）质量分数 /%	≤	0.1	—
钒（以 V_2O_5 计）质量分数 /%	≤	0.001	0.005
水分质量分数 /%	≤	0.30	0.30
粒度（75 ~ 150μm）	≥	95	95
白度		白色粉末	浅灰色粉末

注：若以三氧化二锑计算，锑酸钠中含三氧化二锑（ Sb_2O_3 ）58.4%±0.8%。

① 分解温度较低，用作玻璃澄清剂时，不必经过三氧化二锑使三价锑转化为五价锑的转变，锑酸钠中的锑本身就以五价锑形式存在，能直接分解放出氧气，有利于生产：

$$2NaSb(OH)_6 = Sb_2O_5 + Na_2O + 6H_2O$$

$$Sb_2O_5 \xrightarrow{600 ~ 1200℃} Sb_2O_3 + O_2 \uparrow$$

锑酸钠分解产生 Sb_2O_3 ， Sb_2O_3 密度大于玻璃液密度而沉于熔窑下部，在1200 ~ 1450℃变为蒸气，吸收玻璃液中的小气泡并排除，即锑酸钠的澄清温度范围比三氧化二锑更宽，从而能使玻璃液澄清更充分。

② 使用三氧化二锑作为玻璃澄清剂时必须加入硝酸钠，而使用锑酸钠时因不需氧化成五价锑且其挥发量很少，则不需另加硝酸钠。

③ 可提高玻璃的透明度。

④ 锑酸钠的着色度比三氧化二锑低得多，而且砷和铅的含量也较低。

⑤ 可做脱色剂，能抗暴晒，灯工❶性能好。

所以，锑酸钠是一种优良的玻璃澄清剂。若适量引入 CeO_2 和硝酸盐，其澄清作用还能大大提高，对于密度较大的玻璃，其澄清效果更佳。从经济角度看，锑酸钠能否使用在低铁玻璃生产中，除上述因素外，还要考虑成本因素。

锑酸钠包装通常采用内双层塑料、外尼龙编织袋。产品储存地应保持干燥，严防潮湿，不得接触酸和碱及其他污染物品。

（2）硫锑酸钠

硫锑酸钠（ $10Na_2O·4Sb_2O_5·9SO_3·10H_2O$ ）是氧化锑与硫酸盐组成的一种复盐。它具有双重澄清作用，在玻璃液澄清阶段能够一直保持高效的澄清状态，在较低温度下主要是 Sb_2O_5 起澄清作用，到了高温阶段 SO_3 又继续发挥澄清作用。硫锑酸钠在1400℃时，已经能产生明显的澄清作用，至1450℃时，其澄清速度急剧增大，气泡数量迅速

---

❶ 灯工，是以前用灯手工烘烤加热玻璃的过程，现在指钢化过程中用电加热丝加热烘烤玻璃的过程。

减少，仅需20min玻璃液就已经充分澄清。硫锑酸钠主要用于太阳能压延玻璃和日用玻璃，用量一般为配合料质量的0.1%～0.4%。

由于复合澄清剂同时存在两种以上澄清剂，其分解温度范围广（1200～1450℃），熔制时逐级分解，接力澄清，澄清能力一直处于高效状态，另外复合澄清剂中Sb_2O_5和As_2O_5以砷酸钠和锑酸钠形式存在，这些盐分解产生的Sb_2O_5和As_2O_5比原来以氧化物形式存在的Sb_2O_5和As_2O_5的化学活性好，并且，Sb_2O_5和As_2O_5以锑酸钠和砷酸钠形式存在，减少了熔制过程中的挥发损失，提高了利用率。所以，复合澄清剂的澄清效果优于单种澄清剂。试验表明，当引入量和熔制条件相同时，复合澄清剂1450℃、15min的澄清效果相当于三氧化二砷1450℃、60min的效果。用于太阳能压延玻璃，其用量为配合料质量的0.25%～0.3%，另配合使用3.5%～4.6%的硝酸钠效果更好。

2.2.2 助熔剂

在玻璃熔体中加入某些辅助原料后，在不提高熔制温度的情况下，能促使玻璃熔制过程加速进行的原料称为助熔剂。常用作助熔剂的辅助原料有硝酸盐、氧化锂、硼化合物、氟化合物等。

2.2.2.1 硝酸盐

硝酸盐主要是硝酸钠（$NaNO_3$）、硝酸钾（KNO_3）和硝酸钡［$Ba(NO_3)_2$］，其中应用较多的是硝酸钠。硝酸盐的熔点和分解温度都较低，可与二氧化硅形成低共熔物，因而可加速玻璃的熔化，同时还具有强氧化和澄清作用。一般太阳能压延玻璃加入量为配合料中氧化钠或氧化钾的2.4%～3.0%。

2.2.2.2 氧化锂

氧化锂，分子式Li_2O，分子量29.8814，性状白色结晶，密度2.013g/cm³，熔点1570～1727℃；在空气中极易吸收二氧化碳和水，高温下腐蚀玻璃和某些金属，与水反应较其他碱金属氧化物缓和。

锂在地壳中的含量约为0.0065%，已知的含锂矿物有150多种，主要以锂辉石、锂云母、透锂长石、磷铝石矿等形式存在。我国已探明的锂资源储量约为540万吨，约占全球总探明储量的13%。氧化锂在玻璃中具有加速配合料熔化、提高玻璃化学稳定性、增加玻璃强度、增加玻璃表面张力等作用。

肖特（H·Hovestaclt）1882年首次完成并发表了锂用于玻璃的研究，证明氧化锂（Li_2O）具有强的助熔作用。随后许多学者又进一步进行了这方面的研究，发现Li_2O助熔作用的机理主要是：①由于锂离子半径比其他碱金属的离子半径小（Li^+ 0.06nm，Na^+ 0.093nm，K^+ 0.133nm），因此它的化学活性高，可在低温下产生液相，熔点为800℃，可促进石英颗粒的熔融。从工艺上讲，熔化温度低还表现为澄清温度低，使玻璃液中的气泡易于析出，从而减少玻璃中的气泡。②由于Li^+化学活性高，在高温下它比Na^+、K^+能更有效地削弱玻璃网络结构，使之松弛和断开，比Na_2O和K_2O更易降低黏度。高温黏度的下降又能促进熔化和均化，因此是较好的助熔剂。在玻璃中引入少量Li_2O（0.10%～0.3%），可使熔化温度降低20～40℃，出料率提高10%左右；③Li^+电场强度大（离子电位高），配位数低，极化力强，在钠钾钙玻璃中添加Li_2O，同样质量的Li_2O引入的原子数比其他碱金属氧化物多，因此助熔作用显著提高。当玻璃中加入Li_2O代替部分Na_2O后，可提高抗析晶性能。但Li_2O的作用不同于Na_2O和K_2O，当O/Si比大时，主要为断键作用，所表现出的助熔作用强烈，是助熔剂；当O/Si比小时，主要为聚集作用。由于Li^+的电场强度大，使近程有序范围增大，容易在结构中产生局部积聚作用，因此有增大玻璃析晶的倾向，这就限制了玻璃中Li_2O的引入量。

除助熔作用外，Li_2O还会对玻璃的性质产生影响。

① 提高化学稳定性。玻璃中引入Li_2O后有利于提高化学稳定性，其对湿度的稳定性也最好。这主要是因为Li^+半径小，可进入网络中较小的空穴而不会把网络撑开，由于Li^+的进入降低了非桥氧的电负性，因而可防止介质的析出，同时Li^+的键强大，不易析出，这就使得玻璃的化学稳定性大大提高。Li_2O还能改善玻璃的耐酸性。国外研究结果表明，Li_2O对化学稳定性的影响，取决于Li_2O的加入方式。一般以质量比加入，原玻璃的化学稳定性不变；按克分子比加入，则可改变其稳定性。

② 增加强度。Li^+半径在碱金属中最小，所以最容易进入到玻璃网络结构中去，锂离子的存在能使氧离子更紧密，使玻璃变密实，从而提高玻璃的表面硬度，增加其强度；由于Li^+电负性大，对周围离子吸引力也大，可改善成品的抗热冲击性能。

③ 增加表面张力。由于Li^+的电场强度大，在玻璃成形过程中，Li_2O能增加玻璃液的表面张力，有利于玻璃条纹的消除和玻璃成形。用Li_2O取代其他碱金属能提高玻璃的表面张力，但表面张力的变化是非线性的，视原玻璃的成分、温度以及Li_2O的加入量而异。

玻璃中氧化锂可以经济型的锂云母、锂长石、透锂长石等锂矿物形式引入，也可以碳酸锂形式引入，但成本较高。锂矿物在玻璃方面的传统用途是制造低热膨胀微晶玻璃、电视机玻璃、包装玻璃、高质量餐具、香水容器和玻璃纤维，特别在微晶玻璃中，锂矿物是配合料的核心组分。

在高、中档玻璃的配料中加入锂云母精矿、锂长石粉，能有效降低玻璃的熔化温度和熔体黏度，提高玻璃熔制过程的助熔作用和澄清均化作用；能提高玻璃化学稳定性、表面光洁度、透明度和出料率，提高成品率；能提高玻璃的抗热、抗震和耐酸碱腐蚀性。在玻璃二次热处理中具有无还原，无析晶，料性长易于加工等优势，能有效降低玻璃制品的冷热膨胀系数，能简化生产流程，降低能耗，延长窑龄，改善作业条件，减少污染，符合环保要求，可取得节碱节能、降低成本的显著经济效益。

我国江西宜春市储藏着世界最大的锂云母矿，氧化锂的可开采量占全国的31%，世界的8.2%。

（1）锂云母

锂云母，别名鳞云母，分子式为$R_2O \cdot Al_2O_3 \cdot 3SiO_2 \cdot (F,OH)$，是一种具有连续层状四面体结构的含氟铝硅酸盐。锂云母是最常见的锂矿物，是提炼锂的重要矿物。它是钾和锂的基性铝硅酸盐，属云母类矿物中的一种，具有云母一般的解理。锂云母一般只产在花岗伟晶岩和与花岗岩有关的高温热液矿床中，颜色为紫和粉色并可浅至无色，主要随铁离子含量的增多而变深；解理面显珍珠光泽；呈短柱体、片状或鳞片状小薄片集合体或大板状晶体。熔化时，可以发泡，并产生深红色的锂焰。不溶于酸，但在熔化之后，亦可受酸类的作用。锂云母精矿石含 Li_2O 在3.5%～4.5%，此外还有8.5%左右的 Na_2O 和 K_2O 及少量 Rb_2O 和 Cs_2O，这些碱金属氧化物都是玻璃助熔剂。分析资料证明，凡是含Li的云母，均含一定数量的 F^-，含Li越高，F^- 的含量越高。其主要化学成分见表2-19。

表2-19　锂云母主要化学成分表

产品级别	Li_2O/%	K_2O+Na_2O/%	Al_2O_3/%	SiO_2/%	Fe_2O_3/%	Rb_2O/%	Cs_2O/%
特优	≥ 4.5	≥ 9.0	23.5±	52.84±	0.18±	1.45±	0.22±
优级	≥ 4.0	≥ 8.5	23.0±	53.57±	0.19±	1.30±	0.20±
一级	≥ 3.5	≥ 8.0	22.5±	56.03±	0.19±	1.20±	0.19±

锂云母的莫氏硬度2.5～4，体积密度 $2.8g/cm^3$；薄片具弹性，含水率0.1%；白度40%。颗粒度组成见表2-20。

表2-20　锂云母颗粒度组成表

筛网尺寸	> 0.830mm	> 0.380mm	< 0.075mm
目数	+20	+40	−200
颗粒组成	0%	≤ 5%	≤ 8%

（2）锂长石

锂长石是指自然界长石中含有氧化锂成分的锂长石、锂瓷石及透锂长石提取（或未提取）氧化锂后剩余的尾矿。锂长石密度2.61～ $2.64g/cm^3$，莫氏硬度6～6.5。外观一般为白色、灰白色，玻璃光泽，解理面呈珍珠光泽，透明至半透明，性脆。

锂长石在加热过程中，其熔点一般为980℃，最高沸点可以达到1600℃，拓宽了作为碱性降温矿化物的烧结温度范围。熔融温度范围较钾钠长石宽，熔体高温黏度较小，随温度的变化较慢。天然锂长石矿，其熔点随化学组成不同而有所变化，硅的含量越大，熔点温度也越高。锂长石和锂瓷石的主要化学成分见表2-21。

表2-21　锂长石和锂瓷石主要化学成分表

矿物名称	Li_2O/%	K_2O+Na_2O/%	Al_2O_3/%	SiO_2/%	Fe_2O_3/%	CaO/%	MgO/%	灼减/%
锂长石	0.65±	7.91±	15.30±	73.10±	≤ 0.08	0.37±	0.022±	—
干粉锂瓷石	1.63±	3.63+2.65	18.16±	69.15±	≤ 0.05	1.28±	0.02±	2.91
水洗锂瓷石	1.39±	3.07+2.56	17.28±	69.74±	≤ 0.04	1.13±	0.05±	3.21

锂长石和锂瓷石的区别：锂长石是露天采矿，已经过风化，故矿石结构松散；锂瓷石采用竖井形式采矿，因是地下矿，故矿石结构紧密。锂瓷石具有白度好、铁和钛含量极低、锂含量较高、化学成分合理等优点，成分中少量的 P_2O_5，又使其具有尚佳的乳浊效果。

锂长石和锂瓷石广泛适用于瓶罐玻璃、器皿玻璃、药用玻璃、灯具玻璃、装饰玻璃、微晶玻璃、平板玻璃、液晶玻璃等。

锂瓷石主要有以下三个优点：

① 可取代氧化铝或氢氧化铝和减少纯碱用量。由于锂瓷石含铁极低，其他有害成分几乎没有，Li_2O、SiO_2、Al_2O_3、K_2O、Na_2O 等有益成分含量合理，故能完全取代氧化铝或氢氧化铝和长石粉，减少纯碱用量，降低配合料成本。

②可提高熔化率或降低熔化温度和延长窑炉使用寿命。由于锂瓷石向玻璃中不仅引入了K_2O、Na_2O，还引入了少量的Li_2O和F^-，而Li^+属于惰性气体离子，在高温时于结构中形成不对称中心，并能极化氧离子，起到减轻和破坏硅氧键（O/Si）的作用，因此锂瓷石引入的少量Li_2O在高温时能起到高温助熔和加速玻璃熔化的作用。另外，碱金属在玻璃中具有促进熔化的作用，而玻璃中同时存在两种碱金属氧化物所带来的"双碱效应"较单一的氧化钠具有更好的助熔作用。而锂瓷石中含有的少量氟又是一种能加速玻璃反应、降低玻璃黏度和表面张力、促进玻璃液澄清和均化、增加玻璃透热性的玻璃加速剂。所以锂瓷石作为玻璃原料，相当于在玻璃配方中引入了0.05%～0.1%的Li_2O及0.01%～0.03%的氟，两者综合效应可使玻璃熔化温度降低20～30℃，使玻璃出料率增加5%以上。

③可提高产品的亮度和白度，改善产品的理化性能。锂瓷石在玻璃中引入了0.05%～0.1%的Li_2O，国内外大量实验和技术文献证明，在玻璃中以少量Li_2O取代Na_2O，可以提高玻璃的抗水性。这是因为锂离子半径小，电场强度大，因此有加强玻璃网络的作用，同时可使玻璃膨胀系数降低、结晶倾向变小。另外"混碱效应"也使玻璃的耐水性比单一碱金属氧化物时要好。因此在玻璃中引用适量的锂瓷石，对改善产品的颜色、光泽、抗冲击、耐水侵蚀等性能都是有益的。

（3）透锂长石

透锂长石也称叶长石，分子式$H_4AlLiO_{10}Si_4$，分子量310.29，含氧化锂4.89%，含Al_2O_3 15.42%，SiO_2 76.90%，Na_2O 0.44%，CaO 0.13%。莫氏硬度6～6.5，密度2.3～2.5g/cm³。白色、无色、灰色或黄色，偶见粉红色或绿色，条痕无色，透明至半透明，玻璃光泽，解理面上为珍珠光泽。透锂长石产于花岗伟晶岩中，与石英石、叶钠长石、锂云母、锂辉石、电气石钯榴石等共生。由于透锂长石具有较好的助熔性，可降低玻璃的热膨胀系数，提高玻璃硬度、化学稳定性，氧化铁含量低（标准级的透锂长石含铁量只有0.02%左右），国外的玻璃行业很早就开始使用透锂长石。但国内透锂长石资源较为匮乏，故利用工作开展较晚。透锂长石国外主要产地为津巴布韦，国内产地主要为湖北、新疆阿尔泰等地。透锂长石除可作为锂原料外，低铁透锂长石还是特种玻璃的矿物原料。

2.2.2.3　硼化合物

硼化合物主要是硼酸和硼砂。

硼酸，别名亚硼酸、正硼酸、焦硼酸，分子式H_3BO_3，分子量61.84，熔点185℃（分解），沸点300℃，相对密度1.4347g/cm³（15℃）。外观为白色粉末状结晶或三斜轴面鳞片状光泽结晶，与皮肤接触有滑腻手感，无臭味，无气味，味微酸，苦后带甜。易溶于水，水溶液呈弱酸性。露置空气中无变化，能随水蒸气挥发；加热至100～105℃时失去一分子水而首先形成偏硼酸（HBO_2），硼酸的脱水以生成偏硼酸宣告结束（只要温度不超过150℃）；于140～160℃时长时间加热转变为焦硼酸（$H_2B_4O_7$）；再继续加热，水被脱净生成无水物氧化硼，晶体氧化硼450℃时熔化。它有三种变体，熔点分别为176℃、201℃和236℃。无定形氧化硼没有固定的熔点，它在325℃时开始软化，500℃则完全转变为熔融液体。在熔化玻璃时，B_2O_3的挥发量与玻璃的成分及熔化温度、窑炉气氛和熔化时间有关。一般 B_2O_3 的挥发量为本身质量的 5% ~ 15%。

对硼酸的质量要求：$H_3BO_3 > 99.0\%$，$Fe_2O_3 < 0.01\%$，$SO_4^{2-} < 0.2\%$。

硼酸主要成分氧化硼（B_2O_3），是硼最主要的氧化物。理论上含 B_2O_3 56.45%，含 H_2O 43.55%。化学分解式为：

$$2H_3BO_3 \longrightarrow B_2O_3 + 3H_2O$$

硼酸大量用于生产光学玻璃、耐酸玻璃、有机硼玻璃等高级玻璃和绝缘材料用玻璃纤维，可改善玻璃的耐热性和透明性，提高机械强度，缩短熔融时间。

B_2O_3 在玻璃和玻纤的制造中扮演着助熔剂和网络形成体的双重角色。例如，在玻纤生产中可降低熔融温度从而有助于拉丝。一般来讲，B_2O_3 可以降低黏度、控制热膨胀、阻止失透、提高化学稳定性、提高抗机械冲击和热冲击能力。

在要求钠含量较低的玻璃生产中，硼酸常常与钠硼酸盐（如五水硼砂或无水硼砂）混合使用以调节玻璃中的钠硼比。这对硼硅酸盐玻璃来说很重要，因为氧化硼在低钠高铝的情况下可表现出良好的助熔性。

硼砂分为含水硼砂（$Na_2O \cdot 2B_2O_3 \cdot 10H_2O$）和无水硼砂（$Na_2O \cdot 2B_2O_3$）两种。

含水硼砂分子量381.24，理论上含 B_2O_3 36.65%，Na_2O 16.2%，H_2O 47.15%。含水硼砂是坚硬的白色结晶体，易溶于水，加热到 400 ~ 450℃ 时得无水硼砂。在熔化时同时引入 B_2O_3 和 Na_2O，B_2O_3 的挥发与硼酸相同。应当注意，含水硼砂在存放中会失去部分结晶水发生成分变化。

无水硼砂或煅烧硼砂是无色玻璃状小块，理论上含 B_2O_3 69.2%，Na_2O 30.8%。在熔化时挥发损失较小。

对硼砂的质量要求：$B_2O_3 > 35.0\%$，$Fe_2O_3 < 0.01\%$，$SO_4^{2-} < 0.02\%$。

硼酸和硼砂价格都比较贵。使用天然含硼矿物，经过精选后引入 B_2O_3 经济上较为有利。天然的含硼矿物有：硼镁石（$2MgO \cdot B_2O_3$）、钠硼解石（$NaCaB_5O_9 \cdot 8H_2O$）、硅钙硼石 [$Ca_2B_2(SiO_4)_2(OH)_2$]、硬硼酸钙（$2CaO \cdot 3B_2O_3 \cdot 5H_2O$）、细晶硼酸钙石（$2CaO \cdot 3B_2O_3 \cdot 3H_2O$）、斜方硼砂（$Na_2O \cdot 2B_2O_3 \cdot 4H_2O$）等。

硼化合物在低温时熔融，高温时能降低玻璃液的黏度，具有加速熔化和扩散的作用。在配合料中引入 1.5% 的 B_2O_3 能提高熔化速度 15% ~ 16%。

硼硅玻璃按含氧化硼多少分高硼硅玻璃（含 B_2O_3 12.5% ~ 13.5%）、中性（硼硅）玻璃（含 B_2O_3 8% ~ 12%）、低硼硅玻璃（含 B_2O_3 5% ~ 8%）。

高硼硅玻璃（又名硬质玻璃），因热膨胀系数为 $(3.3 \pm 0.1) \times 10^{-6} K^{-1}$，也有人称之为 "3.3硼硅玻璃"。它是一种热膨胀率低、耐高温、高强度、高硬度、高透光率和高化学稳定性的特殊玻璃材料，因其性能优异，被广泛应用于太阳能、化工、医药包装、电光源、工艺饰品等行业。它的良好性能已得到世界各界的广泛认可，特别是太阳能领域应用更为广泛，德、美等发达国家已进行了较为广泛的推广。其主要性能指标与美国康宁公司的7740料、德国肖特公司的50料属同种料性。与普遍玻璃相比，无毒副作用，其力学性能、热稳定性能、抗水、抗碱、抗酸等性能大大提高，耐热性与耐热震性能良好，与普通玻璃相比，更不易炸裂。高硼硅玻璃透光性没有低硼硅玻璃好，紫外线透过率低，比低硼硅玻璃抗击性强，但是颜色发暗。

硼硅玻璃料性短，成形较困难，产品上或多或少会有一些成形缺陷，比如说冷纹、料印、剪刀印等，如果是供料、压制成形则不会有冷纹，或经过再抛光的，也没有冷纹。玻璃液澄清时液面上会出现一圈一圈的，像水面上有微风时的波纹。另外，一般硼硅玻璃的密度比钠钙硅玻璃小，耐冷热冲击比钠钙硅玻璃（钢化的除外）好，硼硅玻璃冷热冲击一般都在 $100 \sim 200℃$ 左右，钠钙玻璃（钢化的除外）一般在 $80℃$ 左右，也就是说，冬天往钠钙玻璃（钢化的除外）容器里面倒开水可能会开裂，而硼硅玻璃不会。

硼资源在全球范围内，以土耳其的资源较好，储量较大；我国的硼资源储量丰富，仅次于土耳其、美国和俄罗斯。我国的硼资源主要分布于辽宁，尤其以丹东地区的凤城宽甸最为集中，有"中国硼都"之称。凤城市的翁泉沟硼铁矿是我国目前探明的唯一特大型、亚洲最大的硼铁矿床。另外在青海、西藏地区也有分布。在华北、华南、中南及华东地区有少量分布。

2.2.2.4 氟化合物

常用的氟化合物有萤石、硅氟化钠等。氟化合物具有助熔作用，能加速玻璃形成的反应。①氟能降低玻璃液的黏度和表面张力，促进玻璃液的澄清和均化；②CaF_2 能与配合料中的 Fe_2O_3 和 FeO 反应生成 FeF_3 挥发排除或生成无色的 Na_3FeF_6，增加玻璃液的透热性，使玻璃更快形成；③CaF_2 与 SiO_2 作用生成四氟化硅气体：

$$2\ CaF_2 + SiO_2 \Longequal SiF_4 \uparrow + 2CaO$$

生成的气体对料层起搅拌作用，有利于气泡的排除。

一般往玻璃中加入 $0.5\% \sim 1.0\%$ 的氟化钙可提高熔化速度 $15\% \sim 16\%$。由于 CaF_2 与 SiO_2 反应，在计算配合料时应考虑 SiO_2 的损失量。

2.2.3 脱色剂

对于高质量的太阳能压延玻璃来说，首先应具有良好的透明度和白度，而对太阳能压延玻璃透明度和白度危害最大的是微量铁氧化物，其次是铬氧化物、钛氧化物和钒氧化物。

氧化铁在无色玻璃中属于杂质（吸热玻璃和颜色玻璃除外），氧化铁杂质的存在，一方面使玻璃着色，另一方面增大玻璃的吸收率，也就降低了玻璃的透光率。目前，太阳能玻璃中的氧化铁含量一般控制在 $\leqslant 0.015\%$（150ppm），而普通浮法玻璃的铁含量在 0.07%（70ppm）以上。

由于熔制玻璃所用的原料都或多或少的含有铁氧化物、铬氧化物、钛氧化物及有机物等有害杂质，同时在玻璃熔制时，因耐火材料被侵蚀、操作不慎掉进铁件等，也会不可避免增加玻璃中铁的含量，这些杂质都可以使玻璃着色，从而降低太阳能压延玻璃的透明度和白度。对于无色透明玻璃来说，人们只能通过生产过程的控制尽可能减少氧化铁在玻璃中的含量，以消除或减弱这些杂质的着色能力，一般除尽量减少原料中的有害杂质外，最经济的办法是在配合料中加入脱色剂。

铁氧化物在玻璃中的存在形式有两种：一种是使玻璃颜色变成蓝绿色的 Fe^{2+}，另一种使玻璃颜色变成黄绿色的 Fe^{3+}，玻璃中的脱色主要是把 Fe^{2+} 离子氧化成 Fe^{3+}（因为 Fe^{3+} 的色调强度只有 Fe^{2+} 的 $1/10$），然后添加补色剂，把颜色中和成浅绿色。

脱色剂根据脱色机理可分为化学脱色剂和物理脱色剂两种。

2.2.3.1 化学脱色剂

化学脱色剂在加热过程中能分解放出氧气，借助于氧化作用使玻璃中着色能力强的低价铁氧化物（FeO）变为着色能力较弱的高价铁氧化物（Fe_2O_3），来减轻玻璃的颜色，同时消除玻璃被有机物沾染的黄色，以便进一步用物理脱色法使颜色中和，使玻璃接近无色，增加透光度。

常用的化学脱色剂有氧化铈、氧化钕、硝酸钠、硝酸钾、硝酸钡和三氧化二锑等。

氧化铈是强氧化剂，高温下分解放出大量的气态氧，能使玻璃液澄清，同时Ce^{4+}还原为Ce^{3+}过程中放出新生态的氧，能将低价铁氧化成高价铁，达到脱色的目的。对于大量使用碎玻璃来生产的玻璃，二氧化铈是特别有效的脱色剂，它用于玻璃脱色具有高温性能稳定、价格低廉和不吸收可见光等优点。

氧化铈取代传统使用的白砒脱色剂，不仅提高了效率，而且还避免了白砒的污染。

硝酸盐的分解温度低，必须与三氧化二锑合用，脱色效果才好。

卤素化合物，如萤石、氟硅化钠及氯化钠等的脱色作用是生成挥发性的FeF_3，或$FeCl_3$，或成为无色的氟铁化钠（Na_3FeF_6）。

化学脱色剂的用量与玻璃中的含铁量、玻璃的组成及熔化气氛有关。通常硝酸钠的用量为配合料量的1%～1.5%，三氧化二锑为0.3%～0.4%；氧化铈与硝酸钠共用时，氧化铈为0.15%～0.4%，硝酸钠为0.5%～1.2%；氟化物的用量为0.5%～1%。

2.2.3.2 物理脱色剂

采用化学脱色方法可明显降低玻璃颜色的强度，但不能完全消除颜色，因为生成的Fe^{3+}会产生黄绿色色调，Fe^{2+}会产生蓝绿色色调，Cr^{3+}会产生绿色色调。为了消除这种色调，就要在玻璃配合料中加入一定数量的能对玻璃颜色产生互补的着色物质，使玻璃由于FeO、Fe_2O_3、Cr_2O_3等杂质所产生的黄绿色到蓝绿色得到互补，使玻璃无色。这种脱色方法称为物理脱色，物理脱色法又称补色法。物理脱色剂往往不是使用一种，而是选择适当比例的两种着色剂。物理脱色剂可以消除玻璃的颜色，但使玻璃的光吸收增加，降低玻璃的透明度，仅适用于离子着色浓度较低的情况，否则会由于总透光率降低导致玻璃呈现灰色调。物理脱色剂通常与化学脱色剂结合使用，以便减少玻璃的光吸收，改善玻璃的透明度。

物理脱色剂的用量也与玻璃的组成、玻璃中的含铁量、熔化温度及熔制气氛有关，必须经常检验、调整。当玻璃中的氧化铁含量超过0.1%时，不能单独使用物理脱色方法制得无色玻璃，否则玻璃脱色后会呈现灰色。

常用的物理脱色剂有锰化物、硒、氧化钴、氧化镍等。

① 锰化物。锰的脱色既属于化学脱色也属于物理脱色。在高温下，锰化物在玻璃液中分解释放出能把Fe^{2+}氧化成Fe^{3+}的氧，起到化学脱色剂的作用；同时，能使玻璃成为紫色的Mn^{3+}又对黄绿色产生互补色，此时会产生强烈的吸收，尤其在铁含量高时这种吸收又是出现灰色色调的原因。二氧化锰受熔化温度和窑炉气氛的影响，脱色不稳定，一般常采用高锰酸钾代替。用二氧化锰脱色的玻璃在长期的光照下，会发生由无色变为紫红色

的晒红现象，这是玻璃中残存的MnO_2在紫外线的作用下被Fe_2O_3氧化成Mn_2O_3的结果。

② 硒。硒使玻璃着成浅玫瑰色，与浅绿色互补，中和成无色玻璃，同时灰色色调的强度也相当微弱。如果玻璃中的铁含量低于0.1%，使用硒可以很好地脱色。硒的主要缺点是对熔制条件高度敏感，当熔制温度低时，玻璃将强烈的变色，当熔制温度高时，硒将因挥发而造成相当大的损失并呈现明显的绿色。用硒粉与少量的氧化亚钴组合脱色是最为适宜的，因为氧化亚钴可以覆盖残留的颜色，所以，在钾、钠钙硅酸盐玻璃中，常用硒和氧化钴作脱色剂。当玻璃中含铁量为0.02%～0.04%时，每100kg玻璃，硒的加入量为0.5g，钴的加入量为0.05～0.2g。

③ 氧化钴。使玻璃着蓝色，与浅黄色互补，使玻璃变成无色。

④ 氧化镍。用镍脱色仅适用于含铁量低的钾玻璃或K_2O含量高的玻璃，并且是最可靠和有效的。在钠钙玻璃中镍能引起褐红色着色，与绿色中和后使玻璃产生灰色，不利于补偿铁产生的绿色色调。

2.3　玻璃原料的选用、运输和储存

2.3.1　玻璃原料的选用原则

原料的选用是玻璃生产中的一个重要问题。对于一个确定的氧化物组分，可以用天然矿物原料引入，也可以用化工原料引入；对于同一种原料，也可能会有多种不同的物理状态。玻璃原料的选择应根据玻璃的成分、玻璃制品的质量要求、原料的来源、价格、供应的可靠程度以及对环境保护的影响程度等进行综合考虑。玻璃原料的选择是否合理，对原料的加工处理、玻璃制品的质量、产量以及生产成本等都有很大的影响。在选择和使用玻璃原料时，一般遵循以下几个原则。

（1）原料质量要符合要求

原料的品位要高，原料的化学成分和矿物组成都要符合规定的要求。原料中引入玻璃的氧化物含量愈高愈好，有害杂质和伴生矿物的含量要少，不能含有难熔矿物，铁的含量在规定的范围内愈低愈好。

对于大规模生产的太阳能压延玻璃来说，要使它的物理、化学性能和力学性能稳定，就必须要求原料的化学成分稳定。一般来说，化工原料的化学成分是比较稳定的，天然矿物原料的化学成分就不太稳定，允许的波动范围一般根据玻璃化学成分所允许的偏差值进行确定。

原料的颗粒组成应符合规定的要求，原料的水分要控制在规定的范围内，并保持稳定，水分波动过大，同样也会影响玻璃成分的稳定。

（2）利于熔化和澄清

选用易于熔化的原料可以节省燃料，提高熔化效率。在选用引入氧化铝的原料时，由于氧化铝熔点高、黏度大、难熔化，如果选用Al_2O_3分散度较小的原料（如化工氧化铝、高岭土、矾土等），就会因富集的Al_2O_3不易熔化和扩散，使玻璃的熔化率降低，均匀性变差；如果选用Al_2O_3分散度较大的长石，就可以避免或减少这种影响。

选用的原料要易于澄清。玻璃的原料不宜直接用氧化物，以氧化物的盐类（如碳酸钠、碳酸钙等）为好。这些盐类在玻璃的熔化过程中分解放出气体，气体的逸出带动玻璃液翻腾，有利于玻璃液的澄清和均化。例如，在选择引入CaO的原料时，一般都选用石灰石或方解石（$CaCO_3$），而不选用生石灰（CaO），只有在小型坩埚内熔化玻璃时，由于原料中产生的气体太多会造成玻璃液满溢，才部分选用生石灰。

（3）对耐火材料的侵蚀要小

选用的原料应尽量不侵蚀耐火材料，如萤石等氟化物是有效的助熔剂，但对耐火材料的侵蚀较大，在熔制条件允许时，最好不用；硝酸钠对耐火材料的侵蚀也比较大，而且价格较贵，除了作澄清剂、脱色剂以及有时为了调节配合料的气体率而少量使用外，一般不作为引入Na_2O的原料。对于同一种氧化物，应尽可能选用对耐火材料侵蚀小的原料，如Na_2O具有助熔性，也会侵蚀耐火材料，用纯碱作为引入Na_2O的原料时，纯碱分解成Na_2O，特别是游离态的Na_2O对耐火材料的侵蚀也较大；用长石引入的Na_2O，其结构形态为硅酸盐或铝硅酸盐，可降低玻璃液中游离态Na_2O的浓度，减弱对耐火材料的侵蚀。

（4）少用轻质原料和对人体健康有害的原料

轻质原料易飞扬，易分层，会侵蚀窑炉的上部结构和堵塞格子体，如有条件采用重质纯碱而不采用轻质纯碱；尽量不用沉淀的轻质碳酸镁、碳酸钙等。

在生产彩色玻璃时，对人体有害的白砒、氟化物等尽量不用，可部分或全部用三氧化二锑、焦锑酸盐代替。确需使用硒粉、铅化物等有毒有害原料时，在配料过程中操作者要穿戴好劳动保护用品，对操作环境要进行通风，并定期检查操作者的身体。

（5）少用易对环境造成危害的原料

有些原料虽然对生产玻璃有利，但在长期使用过程中，会对厂区周围环境造成一定的污染，所以尽量少用或不用。例如，芒硝在熔制过程中，其组分中的Na_2O进入玻璃成分，大部分的SO_2却通过烟囱排到空中，给大气造成污染；萤石等氟化物在熔制过程中，部分氟将成为HF、SiF_4、NaF，其毒性较SO_2还要大，氟化物能够在人体中富集，因此使用氟化物时应注意它对大气的污染。

（6）选用易于加工处理、价格低廉、运输方便、能大量供应的原料

选用易于加工处理的原料，既可降低设备投资，减少生产费用，又可以降低带入铁杂质的量。如石英砂和砂岩，若石英砂的质量能符合要求就不用砂岩，因为较好的石英砂不需加工处理就可以直接使用，一般的石英砂也只需经过筛分和精选处理就可以使用，而砂岩则要经过破碎、筛分（有些还需要经过煅烧）等加工后才能使用。对于白云石、石灰石，应选用SiO_2含量低、硬度小、易于破碎加工的矿物原料。

在不影响玻璃制品质量的前提下，应尽量采用储量大、成本低、运输方便的当地资源，如生产绿色玻璃就可以就近选用含铁量略高的硅质原料等。

2.3.2 玻璃原料的运输

原料从矿山到生产厂内堆场（库房），再到配料仓，直至使用，这整个过程将经过运输→储存→运输→使用几个环节，由于这些环节都是开放式的，且线路长，所以，原料的运输和储存是玻璃生产中不可忽视的一个重要问题。如果原料的运输和储存不当，会使原料发生污染而报废，供应中断，甚至会因储存标识不准确或混料，发生用错料、配错料而严重影响正常生产的情况。

原料应尽可能做到定点供应，所有进厂原料均要求成分基本稳定，颗粒度合乎要求，不能带有杂质。为保证进厂原料符合标准要求，原料采购部门、化验室应定期对原料供应商供料情况进行实地检查；原料在运输进厂前，一定要经过有关部门的化验和鉴定。由矿山和石粉厂进行质量控制的原料，各种原料成分应控制在进厂以前，每批都要附带化验单；以粉料形式进厂的原料，其颗粒也应控制在进厂之前。由本厂进行质量控制的原料，应由本厂进行分析化验。

原料的运输主要依据当地的条件进行，厂外运输可采用火车、汽车、轮船。厂内运输可采用铲车、汽车、皮带输送机、螺旋输送机、气力输送机、斗式提升机等组成的运输体系，完成水平方向和垂直方向的输送。在运输过程中应尽量减少倒运次数，减少粉尘，防止各种原料彼此混杂，造成污染，影响原料的质量。

2.3.3　玻璃原料的储存

凡进厂的原料都应由化验室检验工检验，检验结果报化验室。如果发现有不符合玻璃生产工艺技术指标的原料，应及时通知生产技术和供应部门，由生产技术和供应部门共同对不合格原料进行评审；在未处理合格前不得入库。

原料车间应建立完善的原始记录管理制度。各种原料进厂卸料时必须有原始记录，记录内容为：名称、产地、卸料种类、卸车时间、入仓序号、入仓吨数、外观质量等。进厂原料入仓完毕后，化验室应在一周内对该批原料进行化学全分析，并及时通知外观检验员和相关仓库、堆场管理人员，质量合格后方可使用。

在玻璃工厂的生产过程中，所储存的原料数量根据各种原料的日用量、原料来源的可靠性、原料的运输距离、运输方式、气候条件及资金状况决定，一般储存数日至数十日，以不影响生产为限。若储存量不足，可能会因原料的供应中断而影响生产；若储存过多，则又会积压资金，增加仓储面积和倒运工作量。

原料进厂后不同产地、不同品种、不同品位、不同批次的原料必须分别入库，分类存放，不得混掺、混堆。储存方式取决于原料的物理、化学性质。通常，化工原料特别是纯碱、芒硝、硝酸钠等都应存放在干燥的仓库内。硝酸盐原料遇火有爆炸的危险，要特别注意防火；粉状的矿物原料应放在料仓内，用量大的硅砂也可以存放在堆场内，在露天堆场内存放时要注意防风、防雨、防冻等问题；有毒的原料，如硒粉等必须由专人负责，妥善保管，其包装用纸应当用火烧掉，禁防随地乱丢；易吸水潮解的原料应储存在密闭的容器内，各种着色剂原料也应分别存放在固定的容器内，要特别注意防止和其他原料混杂造成污染。

各种进厂原料和纯碱、芒硝等应进行标识，分别注明产地、品种、品位、批次、进仓（堆场）时间、分析时间、开始使用时间等；已经封仓、化验和正在使用的料仓（堆场）内不得继续堆放原料。

临时堆放的纯碱、芒硝，应码垛整齐，不得歪斜，并进行防潮、防水处理。纯碱进厂期相距15天以上的要分开码垛。硅砂和纯碱使用要贯彻"先来先用、后来后用"的原则。

在原料的储存、加工、倒运和使用过程中，应通过合理、有控制的堆放和取用方式，力求促使原料自身充分混合，以保证原料组成的均匀和稳定。

对以块料进厂的原料通常采用横码竖切法，即在存放原料时应一层一层地向上堆高，而取用时则以垂直方向的断面从各料层均匀切取，即使各料层物料的组成有些波动，但所切取各层物料的混合物还是相对均匀和稳定的。

对以粉料进厂的大宗原料例如硅砂，最佳方法是采用大面积分区堆场"纵撒层叠堆料，横刮分层取料"的均化库，这样不仅可以达到均匀储存硅砂的目的，更重要的是通过合理的堆存和取料作业，使硅砂成分、粒度和水分波动缩小到最小，起到均化的效果，从而使经过均化的原料的化学成分和物理性能的波动得到改善。实践证明，采用均化堆场预均化的原料比未均化的原料，成分波动可由均化前的±10%降低到±1%。采用均化堆场的堆料方法有人字形堆料法、波浪形堆料法和水平堆料法等几种。无论哪一种，都是力图通过堆料时料层的层层重叠和取料时的不同层面切割，以分散集中在一起的波动成分，对于成分有波动的使其波动更小一些，成分无波动的更稳定一些，从而起到原料成分和水分均匀一致化的目的。

对以粉料进厂的小宗原料或场地有限的玻璃厂家来说，多采用轮式装载机或桥式抓斗起重机进行简易堆高式倒料，端面粗放式取料的存储用料方式。此种方式，仅可称为储料，对原料成分的均化、水分和粒度的控制起不到任何有益的作用。这种粗放式的用料方式，在要求生产高质量玻璃的今天，已远远不能满足制备高质量配合料的需求，在有可能的情况下，应进行改进。

2.4 玻璃原片原料的加工

对太阳能压延玻璃生产来说，除纯碱、氧化铝、芒硝、复合澄清剂等化工原料进厂后可过筛直接使用外，其他矿物原料均需将块状的天然原料加工成粒度合格的粉料后方可使用。

2.4.1 原料加工工艺流程

原料的加工一般有厂外加工和厂内加工两种。所谓厂外加工，就是在玻璃厂区以外的区域对适用于玻璃使用的各种原料进行破碎、粉碎、筛分等加工后，以合格粉料形式进厂；厂内加工就是在玻璃厂区内将以块料进厂的各种原料进行破碎、粉碎、筛分等加工后，使其成为可使用的粉料。

原料加工有湿法加工和干法加工两种。一般湿法加工多用于硅质原料的厂外加工；干法加工多用于在厂内对硅质原料和白云石、石灰石的块料加工。为了减少厂内粉尘污染，目前大多数的工厂采用厂外加工生产的原料。

2.4.1.1 湿法加工

根据原料的形状、类别和外在情况，可采取以下几种湿法加工工艺。

湿法加工工艺流程一：大于300mm以上的大块石英岩、砂岩原矿→（煅烧）→洒水→颚式破碎机破碎成20～100mm左右的中块→反击破碎机中碎→棒磨机或石轮碾粉碎→强磁棒或电磁除铁→水力分级→堆场脱水自然干燥→袋装或散装进厂→筛分→均化→配料仓→使用。

湿法加工工艺流程二：天然石英原砂或天然海砂（原砂）进厂后堆存于原砂堆场，利用轮式装载机定时定量进入加有格筛的原砂池；原砂加水稀释后采用渣浆泵输送至脱泥斗浓缩、脱泥；脱泥斗沉砂自流进入受阻沉降机，在上升水流的作用下进行粗粒分级；受阻沉降机大于0.63mm的沉砂（粗砂）从设备底部排料口排出并返回湿式溢流型棒磨机磨矿；磨矿产品排入原砂池形成闭路系统。受阻沉降机将小于0.63mm的细砂以溢流形式流入砂浆储矿斗脱泥、浓缩；砂浆储矿斗沉砂进入水力分级机进行细粒分级；小于0.1mm的超细砂以溢流形式流出选矿车间进入细砂沉淀池沉淀，并利用轮式装载机定期将沉淀后的细砂运至细砂堆场堆存。颗粒度在0.63～0.1mm的沉砂排入砂浆池并加水稀释，然后采用渣浆泵输送至六路矿浆分配器，均匀分配给四路矿浆分配器；经四路矿浆分配器分配后流入螺旋溜槽进行第一次重选；第一次重选精砂自流入第二层螺旋溜槽进行第二次重选；第二次重选精砂自流入第三层螺旋溜槽进行第三次重选；第三次重选精砂流入脱泥斗脱水、浓缩；脱泥斗沉砂进入脱水筛脱水；脱水后的湿砂（水分含量<10%）进入装有电子皮带秤的皮带输送机称量并运往砂库；送至砂库的湿砂采用可逆配仓带式输送机将其有规律的堆存于砂库内；经一定时间的脱水、晾干后成为最终精砂，以备原料车间配料使用。选矿车间的所有泥水流入浓缩池沉淀处理，三次重选的难熔重矿物及尾砂自流入尾矿沉淀池沉淀脱水，与尾矿一起运至尾矿堆场堆存。

湿法加工工艺流程三：由于脉石英矿的储藏性质决定了开采时矿石多含有泥土，加之对脉石英的品质要求也较石英岩和砂岩高，所以在加工成粉料前一定要对脉石英矿表面进行清洗，其加工工艺流程一般如下：

大于300mm以上的大块脉石英原矿→冲洗脱泥→颚式破碎机破碎成20～150mm的中块→再次冲洗表面→皮带输送到石轮碾粉碎→强磁棒或电磁除铁→水力分级成不同粒度的硅砂→不同粒度的硅砂在各自的堆场脱水、自然干燥→包装或散装运输进厂→个别大颗粒筛分→均化→皮带输送至配料仓→称量使用。

对于Fe_2O_3含量要求更低（小于0.03%）的脉石英粉，除要人工手选出品相较佳的脉石英外，还要在上述工艺基础上经过以下程序处理：

堆场自然干燥的脉石英粉→皮带输送→经过5～6级加药浮选→对浮选后的脉石英粉进行2～3道纯水冲洗，以清洗掉其表面的残余药剂→筛网过滤→将砂以水力形式通过管道输送到脱水砂库→自然脱水干燥至含水率3%以下→成品装袋入库→运输到使用单位。

如果用石英岩来作为超白太阳能压延玻璃原料，当加工出的硅砂Fe_2O_3含量在0.1%～0.12%时，也可按上述方法对其进行药剂浮选加工，使其Fe_2O_3含量降到0.05%左右。

由于以前玻璃厂硅质原料的颗粒度都控制在0.1mm以上，所以，石英岩和砂岩加工过程中10%～20% 0.1mm的细粉大多排放到荒山野外，白白扔掉，不仅造成资源浪费，而且造成白色砂尘污染。随着湿法加工技术的日益成熟，通过水力分级，在生产过程中对硅砂有目的地分选，用于不同的行业，提高了硅砂的综合利用率。例如，太阳能压延玻璃生产使用0.1～0.5mm的硅质颗粒，不使用的0.1mm以下的细粉经过再次加工，可作为硅微粉添加剂使用在轻工行业、化工行业、橡胶行业和陶瓷行业。

2.4.1.2 干法加工

当各种原料采用大块（＞100mm）或中块（20～100mm）方式进厂时，一般在厂内使用干法加工工艺流程。

干法加工工艺流程为：砂岩、白云石、石灰石、长石→破碎→斗式提升机→初筛→中碎→提升机→粉碎→斗式提升机→电磁除铁→筛分→斗式提升机→配料仓→称量使用。

干法加工存在小于0.1mm的超细粉过多（约占25%～35%），加工过程粉尘过大，危害工人身体健康等缺点，所以，不提倡在厂内使用干法加工工艺。

若硅砂、白云石、石灰石、长石采用合格粉料进厂的，可省去粉碎流程，经过堆放均化、简单筛分后，直接提升到配料仓，进入使用阶段。

对纯碱和芒硝通常采用以下方式上料：纯碱、芒硝→笼形碾（粉碎）→斗式提升机→六角筛→斗式提升机→配料仓→称量使用。

若两种原料共用一个打料系统，换料时由原料车间操作工先把系统打扫干净再顶料，待相关人员检查合格后才能打料。

由于干法加工块状原料时，成品中超细粉含量过高，造成粉尘飞扬，所以，在干法加工过程中，为了保证操作人员的身体健康，减少生产车间内部粉尘浓度，除应采取除尘设施及密封等措施外，在不影响生产操作和熔化质量的前提下，块料加工过程中可适量加一定的水分，含水率控制在（0.5±0.15）%，但粉料不允许加水。

2.4.2 原料的破碎与粉碎

通常将大块物料加工成小块物料的过程称为破碎，将小块物料加工成细粉的过程称为粉碎。原料的破碎与粉碎根据原料的硬度、块度和需要粉碎的程度选择不同形式的加工流程和机械设备。

一般大块物料用颚式破碎机进行破碎，然后用锤式破碎机或圆锥破碎机或对辊破碎机进行粉碎，就能制得粒度符合要求的粉状原料。

对于硬度较大的砂岩、石英岩，有些加工厂在破碎前还将它在1000℃温度下进行煅烧。这是由于砂岩或石英岩的主要矿物组成是石英，而石英有多种变体，随着温度的变化将发生晶形转变，同时伴随着体积的突然变化，使砂岩或石英岩内部产生许多裂纹，因此，煅烧后的砂岩、石英岩容易破碎，既提高了破碎效率，又可减少设备磨损。煅烧后的砂岩或石英岩虽然便于破碎加工，但是要耗用燃料，增加生产费用，而且小块的岩石不易煅烧，矿石不能充分利用，因此，有许多加工厂采用直接破碎和粉碎砂岩或石英岩。

结块的纯碱、芒硝通常用笼形碾进行粉碎。对含黏土杂质较多的原料，在破碎前应先用水冲洗干净，干燥后再进行破碎。

原料大多采用自然干燥方法来解决物料含水量偏高问题。

2.4.3 原料的筛分

2.4.3.1 原料筛分的原因

原料的粒度组成与配合料熔化的关系极其密切，如果各种原料粒度组成和相互间的粒度级配合理，将显示出许多优点。

（1）可使原料化学成分波动降到最低限度

要求原料粒度合理，仅控制粒级的上限是远远不够的，还要控制0.108mm（150目）以下的超细粉含量。在同一种原料的不同粒级中，特别是0.108mm（150目）以下的超细粉中，其化学成分含量差异相当大，尤其是粒级越细，铁氧化物和重矿物含量呈大幅增长趋势。超细粉含量高，其表面能增大，表面吸附和凝聚效应增大，当原料混合时，容易发生结团现象。此外，超细粉过多，粒度差过大，将加剧配合料在运输、卸料、储存过程中因受振动等影响而与粗级别颗粒间产生强烈的离析，并且在运输过程和熔制过程中，会产生飞料扬尘，不仅使得进入熔窑的配合料化学成分处于极不稳定状态，而且极易加速堵塞蓄热室格子体，缩短熔窑使用寿命。

（2）可使配合料均匀度达到最佳状态

原料在混合过程中，配合料均匀度和最佳混合时间与原料的粒度大小及粒度均匀性有极大关系。各种原料相互间的粒度分布均匀，才能使配合料的分层降低到最低程度，使配合料均匀度处于最佳状态。试验证明，纯碱和硅砂两种原料混合物的平均粒径比为0.8时，混合物分层的程度最小，反之分层严重。因重质纯碱粒度分布与硅砂粒度分布都处于0.1～0.6mm，所以分层就小，而轻质纯碱粒度分布与硅砂粒度分布差别很大，用轻质纯碱做玻璃原料，混合时容易结团，难以混合均匀，这就是制备优质玻璃配合料要使用重质纯碱的主要原因之一。

（3）可提高玻璃熔化速度和玻璃质量

如果硅砂中的颗粒过大，会延长玻璃的熔制时间，增加能耗。实验证明，硅砂的熔化时间与其粒径成正比，粒度粗，熔化时间长，粒度细，熔化时间短，熔化0.4mm粒径硅砂所需的时间要比熔化0.8mm粒径的硅砂所需的时间少3/4左右。粒度过大，不仅会严重影响熔制速度，而且会在玻璃板面产生结石和线道缺陷。

如果配合料中各种原料粒级组成合理，粒径匹配，其熔化速度与粒径几乎成直线关系，因此，对原料中的粗粒级含量必须严格控制。

如果硅砂中超细粉过多：①形成玻璃的同时带入难以逸出的微泡，影响澄清；②带进氧化铁使玻璃着色，影响透明度；③由于超细粉越细，带进难以熔化的重质矿物越多（超细粉带进的重质矿物比非超细粉平均高5～20倍），增加了玻璃板面上出现难熔重矿物结石的概率。

所以，各种块状原料经粉碎后必须按粒度技术指标进行筛分，将杂质、大颗粒和超细粉分离出去，使物料具有适宜的颗粒组成，以保证配合料混合均匀、避免分层、减少着色物和难熔物。不同的原料有不同的粒度要求，配合料中各原料应有一定的粒度比，一般是以物料的颗粒质量相近为宜，难熔化的原料其粒度应适当细些。

2.4.3.2　各种原料筛分的颗粒度控制

对太阳能压延玻璃来说，各原料筛分后应符合配料要求的粒度。

① 硅砂颗粒度按表2-22控制（中国标准筛网，下同）。

硅砂中含有铬铁矿、赤铁矿、蓝晶石、硅线石、锆英石、尖晶石、红柱石、刚玉等难熔重矿物，其粒度不得大于0.09mm（180目）。

表2-22 硅砂颗粒度控制表

范围/mm	≥0.71 （26目）	0.71~0.56 （32目）	0.56~0.108	≤0.108 （150目）
含量/%	0	≤5.0	≥90.0	≤5

注：硅砂粉碎后的体积密度：1.3~1.4 t/m³。

② 方解石（石灰石）颗粒度按表2-23要求控制。

表2-23 方解石（石灰石）颗粒度控制表

范围/mm	≥2.5 （≥8目）	2.5~2.0 （8~10目）	2.0~0.10 （10~150目）	≤0.10 （≤150目）
含量/%	0	≤10.0	≥80.0	≤10

注：方解石（石灰石）粉碎后的体积密度1.2~1.5t/m³。

③ 白云石颗粒度按表2-24要求控制。

表2-24 白云石颗粒度控制表

范围/mm	≥2.5 （≥8目）	2.5~2.0 （8~10目）	2.0~0.125 （10~120目）	≤0.125 （≤120目）
含量/%	0	≤10	≥75	≤15

注：白云石粉碎后的体积密度：1.2~1.5t/m³。

目前采用较大粒径的白云石、方解石（石灰石）是一种趋势。这是由于：a.在配合料熔化的低温阶段，大粒径白云石、方解石（石灰石）能阻滞碳酸盐分解和碳酸复盐的生成，而且对初生液相偏硅酸钠$Na_2O \cdot SiO_2$和$Na_2O \cdot 2SiO_2$的润湿性差，所以初生液相能顺利通过大颗粒白云石、方解石（石灰石）之间的缝隙，对硅砂均匀润湿包围，进一步加大硅酸盐反应的速率；相反，如果白云石、方解石（石灰石）粒度细，会阻碍初生液相对硅砂颗粒的润湿包围，降低硅酸盐反应速率。b.在熔化高温阶段，粗粒白云石、方解石（石灰石）急剧分解，放出大量二氧化碳气体，虽然有利于玻璃液的均化和澄清，但对熔窑池壁会造成一定影响。

④ 长石颗粒度按表2-25要求控制。

表2-25 低铁长石颗粒度控制表

范围/mm	≥0.71 （≥26目）	0.71~0.5 （26~35目）	0.5~0.10 （35~150目）	≤0.10 （≤150目）
含量/%	0047	≤5.0	≥85.0	≤10

注：长石粉碎后的体积密度1.2~1.5t/m³，湿度小于1.0%。

厂内干法加工的原料一般只控制原料粒度的上限，对于小颗粒部分原则上不作分离。厂外加工的原料，到厂后过筛的目的并不是对其粒度进行控制，而是为了除去杂草、石块、泥块等外来夹杂物。

2.4.3.3 常用的筛分设备简介

太阳能压延玻璃厂常用的筛分设备有平面摇筛、振动筛和六（八）角筛。

平面摇筛通常用曲柄连杆机构传动，带动筛框和筛面沿一定方向作往复运动，它的结构简单，运行平稳，噪声小，安装高度小，容易检修。但是，摇筛的动力不平衡现象难以消除，振动较大，不易密闭收尘。平面摇筛适用于筛分含水量较高的物料，如硅砂等。

振动筛的最大特点是物料的振动方向与筛面互相垂直或接近垂直。由于筛面的上下振动，加剧了物料颗粒之间、物料颗粒与筛面之间的相对运动，因此有利于筛分，筛分效率较高。振动筛的适用范围很广，可以用于细颗粒的筛分，也可以用于中粗颗粒的筛分，还能筛分某些黏性的或潮湿的物料。振动筛的筛分能力大，动力消耗小，粉尘少，结构简单易于密闭，操作维护也比较方便。

六角筛（或八角筛）是筒形筛的一种，它是以筒形筛面作旋转运动的筛分机械，物料在筒内由于摩擦力的作用而被带到一定高度，然后因重力作用向下滚动，随之又被带起，这样，随着筛面的匀速转动而不停地进行筛分。六角筛的筒体筛面是倾斜5°～11°安装的，物料在筛分过程中还要沿轴向下移动（从加料端移向卸料端），在筛分过程中，细颗粒（筛下物）通过筛孔漏下，粗颗粒（筛上物）在末端卸料口被收集。六角筛的特点是工作比较平稳，振动小，易于密闭收尘，使用年限较长，检修和维护都比较方便。但是，六角筛的筛分效率较低，筛孔易堵塞，不适合筛分含水量高的黏性物料。

在筛分操作过程中常见的问题是，在筛下物（粉料）中有大颗粒物料和筛孔堵塞现象。前者往往是由于筛网有漏洞或筛上物的排出发生故障，使大颗粒的筛上物落入粉料而造成的；后者则是因物料的含水量过大或黏结性太强而造成的。因此，必须控制物料的水分，含水量过大的物料应预先干燥，对筛网勤加清除保持通畅，经常检查粉料的粒度，保证筛分质量和筛分效率。

2.4.4 原料的除铁

在玻璃原料加工过程中，由于机械设备的磨损和金属铁件如铁钉、螺帽、焊条等的混入，都会使玻璃着黄绿色，降低玻璃的透明度，影响玻璃的质量。此外，原料中混入的铁质零部件还会影响机械设备的安全运转，因此，对原料进行除铁处理是非常必要的。

原料除铁一般有水力分离、筛分、浮选、磁选等。水力分离、筛分主要是除去硅质原料中含铁较多的黏土杂质、含铁的重矿物和原料的表面含铁层；浮选是利用各种矿物颗粒表面润湿性的不同，在浮选剂的作用下，通入空气，使空气与浮选剂所形成的泡沫吸附在有害杂质的表面，从而将有害杂质漂浮分离出去；磁选是利用磁性把原料中的含铁矿物和机械铁件除去，由于含铁矿物和机械铁件磁性的不同，选用不同强度的磁场就可以将它们吸引去除，一般采用滚轮磁选机、悬挂式电磁铁、振动磁选机等。

2.5 配料表手工计算

新建玻璃生产线在投产之初、进厂原料成分有较明显变化、因生产中某些原因需要调整玻璃成分或进行工艺参数调整时，就需要重新计算配料表，所以，配料表的计算在生产中是经常性的工作。

配料表计算有手工计算和计算机程序计算两种，它们都是依据已知条件计算出

100kg或1000kg玻璃液所需各种原料的干基数量，填入配料成分表中，然后再据此计算出供称量用的配料单，通过配料单进行配料。

手工计算配料表工作量大，计算周期长，而且计算过程容易出错；计算机计算配料表不仅方便快捷，而且结果准确可靠，所以，大多数的工厂已用计算机取代手工计算配料表。由于手工计算配料表是基础，加之一些条件较差的工厂仍在使用手工计算配料表，因此，本书在此仍做较详细的介绍。计算机计算配料表利用安装在计算机上已编好的计算程序，使用时只要输入各种原料成分和已确定的工艺参数，在很短的时间内就可计算出配料表，在此不再赘述。

2.5.1 手工计算配料表条件

（1）玻璃成分（配方）

玻璃成分设计是一项非常重要而复杂的工作，首先，在理论上它涉及玻璃形成的结构状态、玻璃形成相图、成分和性质与结构的关系等方面，可定性地为玻璃成分设计指出方向；其次，在实际生产中它涉及获得原料的难易程度、生产线的熔化、成形、退火工艺条件、玻璃性能要求、制造成本高低等因素。一旦玻璃成分确定后，没有特殊原因，往往长期固定不变。

（2）原料成分

化验室事先对各种要使用的原料进行化验分析，确认符合技术指标要求，其结果作为计算配料成分表的重要依据。

（3）配料参数

① 纯碱飞散率。纯碱飞散率是指纯碱在配料、混合、输送及窑内熔化时所飞散的损失量占纯碱用量的百分数。即：

$$纯碱飞散率（\%）=（纯碱飞散量 / 纯碱总用量）\times 100\%$$

$$=[纯碱飞散量 /（纯碱用量 + 纯碱飞散量）] \times 100\%$$

纯碱飞散率是一个经验数据。根据使用轻质纯碱和重质纯碱的不同，纯碱飞散率也不相同，一般轻质纯碱飞散率高一些，约1.0%～2.0%，重质纯碱飞散率低一些，约0.25%～0.3%。

② 芒硝含率。芒硝含率在我国有两种定义，第一种是芒硝引入玻璃中的Na_2O占芒硝与纯碱引入玻璃中Na_2O之和的百分数，即：

$$芒硝含率（\%）=[芒硝中 Na_2O 量 /（芒硝中 Na_2O 量 + 纯碱中 Na_2O 量）] \times 100\%$$

第二种是芒硝引入玻璃中的Na_2O占玻璃中Na_2O总含量的百分数，即：

$$芒硝含率（\%）=[芒硝中 Na_2O 量 /（玻璃中 Na_2O 总含量）] \times 100\%$$

大多数厂家采用第二种方式计算芒硝含率。

以前芒硝含率随熔化要求不同而改变，控制在2.5%～4.5%，但是，考虑到芒硝对熔窑耐火材料有较强的侵蚀作用，并易引起蓄热室格子体的堵塞，同时会从烟囱中排放出大量有害气体二氧化硫，所以，对窑龄要求较长的生产线，并考虑到环境保护的要求，保证熔制条件的情况下，建议芒硝含率按2.0%～2.5%控制。

③ 碳粉含率。碳粉含率是指由煤粉引入的固定碳（C）量占芒硝引入的Na_2SO_4量

的百分数。即：

碳粉含率（%）=［（煤粉用量 × 煤粉含碳量）/ 芒硝中 Na_2SO_4 量］×100%

碳粉作为还原剂引入，它的用量与芒硝用量和窑内气氛有关，碳粉含率一般控制在芒硝用量的3.0% ～ 5.0%（目前一些生产线在配料时取消了碳粉）。

④ 碎玻璃（熟料）含率。碎玻璃含率是指在配料时碎玻璃掺入量占总配合料量的百分数。即：

碎玻璃含率（%）=［碎玻璃量 /（生料量 + 碎玻璃量）］×100%

碎玻璃掺入量根据熔化条件和碎玻璃储存量调节，正常情况下控制在15% ～ 20%。

2.5.2　配料表的手工计算

配料表分大料表（配料成分表）和小料表（配料称量单）。

计算大料表时，假定原料为干燥状态，按熔化100kg玻璃液所需各种原料的用量计算；小料表是依据大料表中原料的成分、混合机的大小及各种原料中的含水率，计算出每车混合料所需称量的各种原料的用量。配料操作工根据小料表进行配料称量。

下面以太阳能压延玻璃生产线的配料为例进行计算演示。

2.5.2.1　大料表计算

2.5.2.1.1　已知条件

a. 设计的太阳能压延玻璃成分如表2-26所示。

表 2-26　太阳能压延玻璃设计成分表

成分	SiO_2	Al_2O_3	Fe_2O_3	CaO	MgO	Na_2O	Sb_2O_3	SO_3
含量 /%	72.35	0.95	0.012	8.82	3.74	13.70	0.20	0.20

b. 即将使用的原料成分如表2-27所示。

表 2-27　原料化学成分分析表

原料	SiO_2 /%	Al_2O_3 /%	Fe_2O_3 /%	CaO /%	MgO /%	Na_2O /%	IL /%	Na_2CO_3 /%	Na_2SO_4 /%	$NaNO_3$ /%	NaCl /%	Sb_2O_3 /%
硅砂	99.50	0.10	0.010	0	0	0	0.07					
氧化铝	0.012	98.67	0.006									
白云石	0.05	0.05	0.0075	31.15	21.15		46.70					
方解石	0.03	0.15	0.0050	55.06	0.50		42.90					
纯碱			0.0020			58.20		99.40			0.25	
芒硝			0.002	0.10	0.05	43.22			99.0		0.35	
硝酸钠			0.005			36.21				99.30	0.30	
氧化锑粉			0.0042									99.50

c. 配料参数。纯碱飞散率=0.25%；芒硝含率=2.5%；碎玻璃含率=18%。

2.5.2.1.2　配料计算

一般向太阳能压延玻璃中引入SiO_2的原料有低铁海砂、低铁硅砂（不同产地的硅质原料）；引入Al_2O_3的原料有氧化铝、氢氧化铝和低铁长石。通常使用其中的一种即可满足玻璃成分需要，但有时由于原料供应、成分含量、制造成本、玻璃质量等问题，需要同时使用两种原料进行配料。

为了说明问题，下面对配料计算进行案例演示。

（1）原料用量初步计算

① 硅砂和氧化铝用量初步计算

设硅砂用量为 x（kg），氧化铝用量为 y（kg），根据表2-26和表2-27列出二元一次方程式：

SiO_2：$0.995x+0.00012y=72.35$

Al_2O_3：$0.001x+0.9867y=0.95$

解方程得：

$x=72.7135$（kg）；$y=0.56$（kg）

根据表2-27计算出由硅砂和氧化铝引入玻璃中各氧化物的量，见表2-28。

表2-28　由硅砂和氧化铝引入玻璃中各氧化物的量　　　　　　　　单位：kg

名称	原料用量	氧化物引入量					
		SiO_2	Al_2O_3	Fe_2O_3	CaO	MgO	Na_2O+K_2O
硅砂	72.7135	72.3499	0.0727	0.0069	0	0	0
氧化铝	0.56	0	0.6414	0.00003	0	0	0
合计	—	72.3499	0.7141	0.00693	0	0	0

② 方解石和白云石用量初步计算

方解石和白云石主要向玻璃中引入 CaO 和 MgO。

设方解石用量为 x（kg），白云石用量为 y（kg），根据表2-26和表2-27及由硅砂、氧化铝原料引入的 CaO、MgO 量（见表2-28），列出方程式：

CaO：$0.5506x+0.3115y=8.82$

MgO：$0.005x+0.2115y=3.74$

解方程得：

$x=6.0962$（kg）；$y=17.5391$（kg）

根据表2-27，进而计算出由方解石和白云石引入玻璃中各氧化物的量，见表2-29。

表2-29　由方解石和白云石引入玻璃中各氧化物的量　　　　　　　　单位：kg

名称	原料用量	氧化物引入量				
		SiO_2	Al_2O_3	Fe_2O_3	CaO	MgO
方解石	6.0962	0.0018	0.0091	0.0003	3.3566	0.0304
白云石	17.5391	0.0088	0.0088	0.0013	5.4634	3.7095
合计		0.0106	0.0179	0.0016	8.82	3.7399

③ 芒硝用量的计算

根据芒硝含率（%）=［芒硝中 Na_2O/（芒硝中 Na_2O+纯碱中 Na_2O+硝酸钠中 Na_2O）］×100%=［芒硝中 Na_2O/（总 Na_2O-芒硝、纯碱和硝酸钠之外原料引入的 Na_2O）］×100%

得出：

$$芒硝用量 = （总 Na_2O - 芒硝、纯碱和硝酸钠之外原料引入的 Na_2O）\times$$
$$芒硝含率 \div 芒硝中 Na_2O\%$$

已知芒硝含率为2.5%，所以：

芒硝用量 = （13.70−0）×2.5%÷43.22%=0.7925（kg）

根据表2-27计算出由芒硝引入玻璃中各氧化物的量，见表2-30。

表2-30 由芒硝引入玻璃中各氧化物的量　　　　单位：kg

名称	原料用量	各氧化物引入量			
		Na_2O	Fe_2O_3	CaO	MgO
芒硝	0.7925	0.3425	0.00002	0.0008	0.0004

④ 硝酸钠用量计算

太阳能压延玻璃通常使用氧化锑粉做澄清剂，使用氧化锑时须加入硝酸钠做氧化剂。硝酸钠用量一般为氧化锑粉的4～8倍或为芒硝用量的0.9～1.6倍。本案例按芒硝用量的1.2倍计算。

硝酸钠用量=0.7925×1.2 =0.951（kg）

根据表2-27计算出由硝酸钠引入玻璃中各氧化物的量，见表2-31。

表2-31 由硝酸钠引入玻璃中各氧化物的量　　　　单位：kg

名称	原料用量	氧化物引入量	
		Na_2O	Fe_2O_3
硝酸钠	0.951	0.3444	0.00005

⑤ 纯碱用量初步计算

纯碱用量 = （总 Na_2O − 纯碱之外原料引入的 Na_2O）÷ 纯碱中 $Na_2O\%$
$$= [13.70−(0.3425+0.3444)] \div 58.20\% = 22.3593（kg）$$

⑥ 氧化锑用量计算

根据表2-26得知，三氧化二锑含量为0.20%，氧化锑粉用量计算如下：

氧化锑粉用量=0.20/0.995=0.201（kg）

以上计算均未考虑各原料次要成分的影响，应在得出上述数据后重新进行修正计算。

（2）原料用量修正计算

① 硅砂和氧化铝用量的修正计算

由硅砂和氧化铝以外的原料引入 SiO_2、Al_2O_3 的量见表2-32。

表2-32 由硅砂和氧化铝以外的原料引入 SiO_2、Al_2O_3 的量　　　　单位：kg

原料	方解石	白云石	纯碱	硝酸钠	芒硝	合计
SiO_2	0.0018	0.0088	0	0	0	0.0106
Al_2O_3	0.0091	0.0088	0	0	0	0.0179

设硅砂用量为 x（kg），氧化铝用量为 y（kg），列出二元一次方程式：

SiO_2：$0.995x+0.00012y=72.35−0.0106$

Al_2O_3：$001x+0.9867y=0.95−0.0179$

解方程得：

x=72.7829（kg）；y=0.8709（kg）

修正后，由硅砂和氧化铝引入玻璃中各氧化物的量见表2-33。

表2-33 由硅砂和氧化铝引入玻璃中各氧化物的量 单位：kg

名称	用量	SiO_2	Al_2O_3	Fe_2O_3	CaO	MgO	Na_2O
硅砂	72.7829	72.4190	0.0728	0.00728	0	0	0
氧化铝	0.8709	0.0001	0.8593	0.00005	0	0	0
合计	—	72.4191	0.9321	0.00733			

② 方解石和白云石用量的修正

由方解石和白云石以外原料引入玻璃中的CaO和MgO的量见表2-34。

表2-34 方解石和白云石以外原料引入玻璃中的CaO和MgO的量 单位：kg

原料	硅砂	氧化铝	纯碱	硝酸钠	芒硝	合计
CaO	0	0	0	0	0.0008	0.0008
MgO	0	0	0	0	0.0004	0.0004

鉴于方解石和白云石以外原料引入玻璃中的CaO和MgO的量很少，可以忽略不计，故不做修正计算。

（3）原料用量精确修正计算

① 硅砂和氧化铝用量的精确修正计算

鉴于硅砂和氧化铝以外的原料引入SiO_2、Al_2O_3的数量与修正计算相同，不再做精确修正计算。

② 纯碱用量修正计算

鉴于纯碱以外原料引入玻璃中的Na_2O与初步计算相同，不再做修正计算。

③ 纯碱飞散率计算

设纯碱飞散量为x，根据公式：

纯碱飞散率（%）= 纯碱飞散量 /（纯碱用量 + 纯碱飞散量）

得：0.25%=x/（22.3593+x）

解得：x=0.056（kg）

④ 将上述计算结果汇总列入原料配料成分表（见表2-35）。

⑤ 原料配料成分表的微调

由于表2-35中实际玻璃成分SiO_2、Na_2O含量高于设计成分，故进行微调。SiO_2含量高于设计成分0.08，减少二氧化硅用量：0.08÷0.995=0.0804（kg）。计算出二氧化硅用量：72.7829−0.0804=72.7025（kg）。

Na_2O含量高出设计成分0.0326，取消纯碱飞散量。

纯碱用量中含Na_2O量：13.7326−0.0326=13.70（kg）。

计算出纯碱用量：（13.70−0.3425−0.3444）÷58.20%=22.3593（kg）。

Al_2O_3含量低于设计成分0.037，增加氧化铝用量：0.037÷0.9867=0.0375（kg）。

计算出氧化铝用量：0.8333+0.0375=0.8708（kg）。

⑥ 将上述微调结果填入表2-36，得出最终原料配料成分表。

表 2-35　原料配料成分表（初算）

原料	每100kg玻璃液需用生料干基量/kg	原料百分比/%	氧化物引入量/kg								
			SiO_2	Al_2O_3	Fe_2O_3	CaO	MgO	Na_2O	Sb_2O_3	SO_3	小计
硅砂	72.7829		72.4190	0.0728	0.00728	0	0	0	0		
氧化铝	0.8709		0.0001	0.8593	0.00005	0	0	0	0		
方解石	6.0962		0.0018	0.0091	0.0003	3.3566	0.0305	0	0		
白云石	17.5391		0.0088	0.0088	0.0013	5.4634	3.7095	0	0		
纯碱	22.3593		0	0	0.0004	0	0	13.0131	0		
纯碱飞散量	0.056		0	0	0	0	0	0.0326	0		
芒硝	0.7925		0	0	0	0.0008	0.0004	0.3425	0	0.20	
硝酸钠	0.951		0	0	0	0	0	0.3444	0		
氧化锑粉	0.201					0			0.20		
合计	121.6489		72.4297	0.950	0.00933	8.8208	3.7404	13.7326	0.20	0.20	100.08283
计算所得实际玻璃成分/%			72.43	0.95	0.0093	8.82	3.74	13.73	0.20	0.20	100.08
玻璃设计成分/%			72.35	0.95	0.012	8.82	3.74	13.70	0.20	0.20	99.972

表 2-36　原料配料成分表（执行表）

No　　　　　　　　　　　　　　　　　　　　　　　　　　　　执行日期：　　年　月　日

原料	每百千克玻璃液需用生料干基量/kg	原料百分比/%	氧化物引入量/kg								
			SiO_2	Al_2O_3	Fe_2O_3	CaO	MgO	Na_2O	Sb_2O_3	SO_3	小计
硅砂	72.7025		72.3390	0.0727	0.0073	0	0	0	0		
氧化铝	0.8709		0.0001	0.8593	0	0	0	0	0		
方解石	6.0962		0.0018	0.0091	0.0003	3.3566	0.0305	0	0		
白云石	17.5391		0.0088	0.0088	0.0013	5.4634	3.7095	0	0		
纯碱	22.3593		0	0	0.0004	0	0	13.0131	0		
芒硝	0.7925		0	0	0	0.0008	0.0004	0.3425	0	0.20	
硝酸钠	0.951		0	0	0	0	0	0.3444	0		
氧化锑粉	0.201					0			0.20		
合计	121.5125		72.3497	0.9499	0.0093	8.8208	3.7404	13.70	0.20	0.20	99.9701
计算所得实际玻璃成分/%			72.35	0.95	0.0093	8.82	3.74	13.70	0.20	0.20	99.9693
玻璃设计成分/%			72.35	0.95	0.012	8.82	3.74	13.70	0.20	0.20	99.972

计算：　　　　　　　复核：　　　　　　　技术负责：　　　　　　日期：　　年　月　日

注：原料配料成分表中的 SO_3，根据玻璃成品的分析数据填入。

⑦ 玻璃熔成率K的计算

表2-36中配合料的K=（100/121.5125）×100=82.296%。

⑧ 配合料气体率的计算

表2-36中配合料气体率=［（121.5125−100）/121.5125］×100=17.70%。

化验室人员应掌握各种原料使用情况，当原料成分有变化时，由化验室提前计算出配料表并及时下达新的配料表。

2.5.2.2 配料称量单的计算

上面计算出的原料配合料成分表只是知道了熔制100kg玻璃液所需各种原料的质量，而在实际生产中，因生产线混合机大小不同、原料含水率的波动等原因，配料量各不相同，因此，要根据原料配合料成分表计算出配料时各种原料的质量，即计算配料称量单。

以表2-36原料配料成分表举例计算配料称量单如下。

已知各原料配料前的含水率如表2-37。

表2-37 原料配料前含水率表

原料	硅砂	氧化铝	方解石	白云石	纯碱	芒硝	硝酸钠	锑粉
含水率/%	3.0	0.1	0.2	0.4	—	—	0.5	—

每次进混合机混合的生料量为2500kg，碎玻璃掺入率为18%。

① 碎玻璃掺入量的计算

设碎玻璃掺入量为x，根据公式：

碎玻璃掺入量 = 碎玻璃掺入率 ×（生料量 + 碎玻璃掺入量）

列方程式：x=18%×（2500+x）

解方程得：x=548.78（kg）

② 各原料干基量的计算

根据公式：

干基量倍数 = 生料量 / 每100kg玻璃液需用生料干基量

计算出各干基量倍数：2500/121.5312=20.5708

根据干基量倍数20.5708和表2-36中每100kg玻璃液需用生料干基量，得出各原料的干基用量，见表2-38。

表2-38 原料干基用量表

原料	硅砂	氧化铝	方解石	白云石	纯碱	芒硝	硝酸钠	锑粉	合计
干基用量/kg	1495.55	17.92	125.40	360.79	459.95	16.30	19.56	4.13	2500

③ 各原料湿基量的计算

根据公式：

湿基用量 = 干基用量 /（1− 原料含水率）

计算出各原料湿基用量，将其填入配料称量单，见表2-39。

④ 混合机加水量计算

为了使原料在混合机内充分混合，保证混合质量，一般在混合原料时要向混合机内加入一定量的热水，加水量根据各原料带入的含水量不同而有所差别。

表2-39 原料配料称量单

序号：   执行时间：   年 月 日 时

原料名称	原料用量/kg	备注
硅砂	1541.80	
纯碱	459.95	
白云石	362.24	
方解石	125.65	
氧化铝	19.94	
芒硝	16.30	
硝酸钠	19.66	
锑粉	4.13	
生料小计	2549.67	
碎玻璃	548.78	
合计	3098.45	

计算：   复核：   日期：

计算公式：

加水量 = 原料干基用量 /（1- 含水率）- 原料湿基用量

设定配合料含水率为4.1%，将表2-39中的数据带入公式得出加水量。

加水量 =2500/（1-4.1%）-2549.66=57.22（kg）

即要往混合机内加入57.22kg的热水。

将上述各项计算结果填入配料通知单，见表2-40，交付原料控制室进行配料，完成配料计算。

表2-40 配料称量通知单

HY 003   年 月 日   时始用   No

原料名称	含水率/%	干基/kg	湿基/kg	备注
硅砂	3.0	1495.55	1541.80	
纯碱	—	459.95	459.95	
白云石	0.4	360.79	362.24	
方解石	0.2	125.40	125.65	① 生熟比为 82：18
氧化铝	0.1	17.92	19.94	② 配合料含水率：（4.1±0.2）%
芒硝	—	16.30	16.30	③ 配合料加水量：57.22kg
硝酸钠	0.5	19.56	19.66	④ 本单根据 No._____大料表进行计算
锑粉	—	4.13	4.13	
生料小计		2500	2549.67	
熟料		548.78		

计算：   复核：   批准：

2.6 配合料的制备

2.6.1 配合料的基本要求

保证配合料的质量是防止玻璃产生缺陷的基本措施。对配合料的基本要求如下。

（1）具有稳定性

配合料成分的正确和稳定决定玻璃成分的正确与稳定，因此，各种原料的化学成分、水分、颗粒组成等都应保持稳定。当原料的化学成分和水分等发生变化时，必须随时调整原料配方。另外要经常校正料秤，保证称量精度，务求称量准确。

通常当硅砂成分波动导致玻璃中 SiO_2 成分波动在0.10%以上，其他原料成分波动导致玻璃中 CaO、MgO、Al_2O_3 成分波动在0.05%以上时，则应变料，调整玻璃配方，每次调整范围应控制在±0.05%以内。

如果粉料中水分波动对粉料称量的影响达到表2-41中的范围时，化验工应及时调整粉料用量。

表2-41 粉料水分波动影响范围调整表

名称	硅砂	白云石	方解石	长石	纯碱	芒硝	硝酸钠
影响范围/kg	±1.0	±0.5	±0.2	±0.2	±0.7	±0.2	±0.2

调整时先按水分的1/2变料，下次检测如果波动仍然较大，再变1/2。湿基配料单要及时移交配料班长。

（2）具有一定的颗粒组成

配合料的颗粒组成不仅要求同一种原料有适宜的颗粒度，而且要求各种原料之间有一定的粒度比，其目的在于提高配合料的质量，防止配合料在运输过程中分层。一般要求各原料的颗粒质量相近，对于难熔化的原料，其粒度适当减小一些，因为小颗粒的原料比大颗粒的原料具有更大的表面能和化学活性，因此小颗粒的原料更容易熔化。但同时也要注意，过细的原料也会给其他工艺环节带来不利影响。

在玻璃配合料中，硅砂的用量最多，也最难熔化，其他原料的粒度应以硅砂的粒度为基准。密度与硅砂相近的原料，其粒度也应与硅砂相近；密度比硅砂大并且难熔化的原料，其粒度应比硅砂小些；密度小易熔化的原料，其粒度应比硅砂大些。

（3）具有一定的水分

配合料中具有一定的水分，可以湿润原料颗粒的表面，增加原料颗粒之间的黏附力，有利于减少粉尘，防止分层，提高混合均匀度，提高熔化速度。

直接向配合料中加水会导致配合料混合不均。配料时，应先加水湿润硅质原料，使水均匀地分布在硅砂颗粒表面形成水膜，这层水膜可以溶解5%左右的纯碱和芒硝，有助于加速熔化。配合料的含水率与原料的粒度和配合料的种类有关，原料的粒度较细时，配合料的水分可以略高些。太阳能压延玻璃配合料的含水率一般控制在（4.0±0.2）%左右。

含有一定水分的配合料称为湿配合料。在湿配合料中，纯碱与水化合为一水化合物（$Na_2CO_3 \cdot H_2O$）。如果湿配合料的温度低于35.4℃，一水纯碱将变为低温状态的7水纯碱（$Na_2CO_3 \cdot 7H_2O$）或10水纯碱（$Na_2CO_3 \cdot 10H_2O$）。7水纯碱或10水纯碱能迅速吸取原料颗粒表面的自由水，对配合料产生凝结作用，严重影响配合料的流动性。所以，湿配合料在进入熔窑前，其温度应维持在45℃左右。由于纯碱的水化是一个放热过程，在一般情况下，这一温度是可以达到的。

（4）具有一定的气体率

配合料中必须含有一部分能受热分解放出气体的原料，如碳酸盐、硫酸盐等。在太阳能压延玻璃的熔制过程中，这些盐类受热分解，逸出大量气体，对配合料和玻璃液产生较大的搅拌作用，有利于硅酸盐的形成和玻璃液的澄清、均化。配合料逸出的气体量与配合料质量之比称为气体率。

不同种类的玻璃对配合料的气体率要求有所不同。对于太阳能压延玻璃，配合料的气体率为15%～20%。气体率过高会引起玻璃起泡，过低则会导致玻璃"发滞"，不易澄清。

（5）必须混合均匀

配合料混合是否均匀将影响玻璃制品的产量和质量。如果配合料混合不均，则纯碱等易熔物较多之处熔化速度较快，硅砂等难熔物较多之处熔化就比较困难，甚至会残留未熔化的硅质原料颗粒，破坏玻璃的均匀性，导致玻璃中产生结石、条纹、气泡等缺陷。在易熔物较多之处，玻璃液与池壁接触时，对耐火材料的侵蚀加剧，也会造成玻璃不均匀。因此，必须保证配合料充分混合均匀。

2.6.2　配合料的制备

配合料的制备是指将加工合格后的各种粉料送入配料料仓，进行称量、混合，制成配合料，并将制备合格的配合料送至窑头料仓的过程。

配合料的制备可分为人工配料和自动配料。人工配料是指各种原料的称量、输送靠人工实施，配备混合机完成配合料的制备过程；自动配料是指从配料料仓中卸出粉料开始，到称量、混合、配合料入窑头料仓为止，包括输送在内的一系列工序都是在计算机控制下按一定程序自动完成的。

2.6.2.1　称量

（1）称量方法

人工配料一般使用磅秤或台秤，称量时最好是一人过秤一人复秤，以免发生差错。人工配料多用于日熔化量较小的生产线的称量和着色剂的称量。自动配料则使用自动秤进行称量，其称量方法可分为分别称量和累计称量。

① 分别称量。在每种原料的料仓下面各设一秤，即一仓一秤，单独称量。原料称量后分别卸到皮带输送机上送入混合机中进行混合。分别称量的工作流程较长，适用于排式料仓。它可以根据原料的用量，选用不同量程的秤，使每种原料都能全量程或接近全量程称量，称量误差小。在分别称量中，各原料的称量是同时进行的，称量时间短，

配料速度快，生产能力大，但设备投资较大。对于分别称量，可以采用减量法称量，也可以采用增量法称量。

减量法称量是目前玻璃原料称量中普遍采用的一种方法。减量法称量是事先按定值向称量斗中加料到终点，然后卸料，在卸料过程中计量，接近所称量的终点前，电磁振动卸料机由快速转为慢速卸料，直至终点停止卸料计量。该方法可以避免由于物料黏附于称量容器壁上所造成的卸料不净、称量不准的缺点，免除残余料量的影响，提高了动态精度。其缺点是对卸料时的悬浮料量必须加以控制，否则影响精度，此外在称量过程中若发生事故误差，物料已卸入皮带输送机，处理起来较困难。由于减量法称量比增量法称量多用了一台给料机，所以，其投资高于增量称量法。

增量法称量是在向称量斗加料时计量，到终点停止，然后开启卸料门卸料。该方法优点是投资较少，控制比较简单，对湿度小、不易黏结且用量不大的物料比较适用。其缺点是秤斗存料，若物料湿度大、黏附于称量容器壁上会造成卸料不净，称量不准，即卸不干净的残余料量会影响称量精度。因此，含有一定水分的原料和黏性比较大的原料不宜选用增量称量法。另外，秤斗下部卸料闸板如果关闭不严，容易发生漏料而影响配合料的化学成分。

② 累计称量。用一台秤依次称量几种原料，累计计算质量，称量后的原料直接送入混合机，工作流程短。它的特点是设备投资少，占地面积小。但是，它的称量精度不高，而且称量误差是累计的，在称量过程中，各种原料的称量是用同一台秤在不同时间内完成的，称量时间较长，生产能力不大，错料不好处理。一般适用于原料用量不大的小型太阳能压延玻璃厂的塔式料仓。

在称量过程中，为了提高称量精度，一般采用高、低档配合加料，即在开始加料时快速加料，以提高称量速度，当加料量接近规定质量时，用慢档缓缓地加料，以减少称量误差。

（2）称量装置

自动称量所采用的电动秤一般分为机电式和电子式两类。机电式自动秤是在机械杠杆秤的基础上加设电子装置，实现数字显示和自动控制，一般体积较大，杠杆系统结构复杂，维修麻烦。电子式自动秤是用传感器作为测重元件，当称量时，传感器受重力作用，机械量转换为电量，经过放大、平衡，显示出数字，同时通过比较器与定值点的给定信号比较，进行自动控制。它的特点是，结构简单，体积小，质量轻，安装使用方便，测量可靠，适于远距离控制。自动秤的称量精度一般为1/500，精确称量时为1/1000。通常称量误差往往是称量设备没有调节好而造成的，因此，车间每班开始称量前应当检查自动秤灵敏度；每两周白班以标准砝码对自动秤校核一次，各种原料称量动态误差范围不超过 ±0.1%。

无论是机电式还是电子式电动秤，它们的称量系统都是由振动下料斗、手动闸板、给料机、快速断流阀、称量料斗、卸料装置、连接件及传感元件等组成。

① 振动下料斗。振动下料斗又称活化料斗，它的主要作用是使物料均匀、连续、准确地下到给料机中，不致发生涌料或不下料，并可解决料仓的结拱、堵料、偏料，它还可起到闸门作用，当停止给料时，保证料流及时停止流动。

② 手动闸板。它的主要作用是调节振动料斗下料口的开度，使振动料斗的给料量达到合适的料流量；此外在紧急情况下，可以迅速关闭闸板，不致流料，便于维修及时处理问题。

③ 给料机。它的主要作用是通过程序控制将振动料斗下来的物料均匀地送到称量斗中，它是保证称量精度的关键设备。常用的给料机主要是电磁振动给料机，由槽体、振动头、减震器、控制器所组成。它具有体积小、自重轻、磨损小、运行可靠、安装维修调节方便、易于实现自动化等优点。电磁振动给料机的支承有以橡胶或弹簧做垫块的坐式和悬挂式两种固定方法。

④ 快速断流阀。当给料机停止给料后，还有一部分物料处在给料机出口至料斗表面这一段，即所谓的悬浮量。如果给料机正好在称量值达到设定值时停止给料，则最后的测量值还要加上落差造成的附加量，从而产生称量误差，甚至造成过量，即使采用减量法也会造成称量精度不稳定。为了解决这一问题，通常在给料机出口下部设置一个快速断流阀，当给料机停止给料的瞬间，阀门迅速关闭以阻挡"空中"落料，从而达到减小误差的目的。用快速断流阀在很大程度上保证了称量精度，但是，仍然有少量的"空中"落料，为了减少悬浮量的影响，可以根据经验采用提前量法。

⑤ 称量料斗。它的主要作用是称量由给料机给入的物料。料斗通常为锥角较小的圆锥体，上部顶盖设置一排气孔，在称量过程中排出多余的气体，料斗下部排料方式因称量方法不同而选用不同的结构形式：增量法料斗的排料门可用开度可调节的斜式气动或电动活页门；减量法可用固定在橡胶垫块上的电磁振动输送机，由于在排料称量终止时。停车惯性及槽口处物料下滑引起称量精度下降，可在输送机的槽口处挂一些铁环链，以缓冲"跑料"。

⑥ 荷重传感器。它是称量的关键元件。传感器的结构形式很多，如悬臂式传感器、板环式传感器、柱环式传感器、圆板孔式传感器等。常用的是悬臂式传感器，该传感器结构简单、弹性好、质量轻、精度高、可承受拉压荷载、输出信号大、抗干扰能力强、适应性广、便于加工制造，并有过载保护，弹性体的工作段便于密封。用一个波纹管两端焊接在弹性体的台阶处，应变片粘在弹性体上下两个工作面上，组成桥路。传感器的一端固定在机架上，另一端悬挂在秤斗上，当称量时，弹性体的上工作面受拉，下工作面受压，桥路失去平衡，有电压信号输出，外力去掉后，桥路恢复平衡。

在实际生产过程中，称量误差往往是由于称量系统各个环节没有调节好而造成的，因此，应当对称量设备定期用标准砝码进行校正，并经常维修，以保证良好的工作状态。

（3）物料的水分检测

硅砂、纯碱、硝酸钠等含水率较大，以前多为离线检测水分，即由化验工定时取样分析物料的含水率，根据物料的含水率计算出湿基配料量，然后以配料单的形式通知称量和混合操作工，按要求称量，在混合时再根据物料含水率的变化，加入不同量的水分。这样测量水分不仅工作烦琐、劳动强度大，更重要的是测得的水分不能真实地反映称量时物料的水分值，因此，配料不精确，也不能实现自动控制。现在有经济实力的生产线可以做到在线检测，即利用安装在生产线配料仓上的中子式、微波式、红外线式等形式的水分测定仪，实时测量每秤物料中的含水量，将其信息传输到计算机中，计算机在一定的程序下可以自动计算出该水分下应称的湿基含量，修正称量值；同时测得的水分值经计算机处理，可计算出混合料中应加入的水分，以保证混合料的含水误差控制在允许值范围内。

中子式水分测定仪一般是采用镅-铍（$Am^{241}-Be$）和铯（Cs^{137}）做中子源，利用具有较高能量的快速中子通过不同含水量的物料时中子的衰减量不同来测定水分，这种关系在物料含水率小于10%时线性度比较好，最大可用到15%含水率；微波式水分测定仪是利用微波通过不同含水量的物料时能量的衰减量不同来测定水分的，这种关系在物料含水率小于6%时线性度尚可，超过6%就不太理想，含水率太高时就很难使用；红外线水分测定仪是利用红外线加热物体的热效应和强穿透能力使被测物体的水分快速蒸发而失重，通过物体的初始质量和物体蒸发水分后的质量数据获得被测物体在某一特定温度下的含水量，其好处是能区分物料中的结晶水与吸附水，这对于测定纯碱水分而言是最合适的。

（4）称量误差

在整个称量过程中存在三种称量误差。

① 系统误差。这是一种比较稳定的误差，经分析后可以校正克服的误差。系统误差主要来自计量仪器精密度不够、刻度不准、未经砝码校正等，或周围环境如温度、压力发生变化。

② 偶然误差。这是一种不自觉的误差，其大小、方式并不固定，因而也不易控制，它是一种不稳定的、难以克服的误差。

③ 过失误差。这是一种人为的无章可循的误差，往往是操作人员违反操作程序或工作粗心、缺乏校验等造成，它是可以避免的误差。

（5）称量的放料顺序

根据排库和塔库的结构不同，所选用的称量方式不一样，放料顺序也不尽相同。

排库的称量系统为一字形布置，称量后根据"先放大料后放小料"的原则将称量好的原料卸放到输送皮带上，并保证小料均匀地铺在大料上。即排库式的称量系统一般按硅砂、纯碱、白云石、石灰石、氧化铝粉、芒硝（复合澄清剂）的顺序放料。纯碱和芒硝接触时容易形成料团，造成混合不均，故不能直接接触。碎玻璃一般是在原料混合终了后，在输送配合料的过程中加在配合料上面。

塔库称量系统的放料比较简单，一般是先根据原料的用量分几个秤斗进行称量，称量后进入中间仓，待所有原料称量完毕后直接进入混合机进行混合。塔库称量系统的放料顺序是先放硅砂、纯碱、白云石、石灰石、氧化铝粉，然后再放芒硝和澄清剂。

2.6.2.2 混合

配合料混合均匀是熔制优质玻璃液的基础。任何强制玻璃液均化的方法（如提高熔化温度、鼓泡、搅拌等）都不可能完全消除由于原料混合不均所造成的玻璃液不均匀。因此，必须将原料混合均匀。

通过施加机械力、重力等把完全分开的两种或两种以上的固体粒子拌和在一起，使得到的产物中任何一部分都有相同分值的各种固体粒子，这种作业称为混合，执行这种作业的设备称为混合机。

就促使固体粒子混合的力的作用原理来讲，有扩散混合、对流混合和剪切混合三种。

① 扩散混合。通过在新形成的混合物表面上重新分布粒子的办法来促进混合的叫扩散混合。这种作用类似于气体或液体的扩散作用，故称为扩散混合。当然，气体或液体的扩散是靠分子的热运动，而固体粒子的扩散混合要靠外力，一般是重力。从粒子堆砌角度看，扩散混合是一种偏微观的混合机理，它不能在整个混合系统中各处都同时进行，但它也不容易造成分层。转鼓式混合机就是这种混合机理在起着显著作用。

② 对流混合。把一组粒状物料从混合物中一个位置迁移到另一个位置，靠这种迁移作用不停地进行而促使固体粒子混合，称为对流混合。这类似于液体的对流，只是固体粒子主要是靠机械力推动。从粒子堆砌角度看，这是一种偏宏观的混合机理，混合效率很高，但比较容易分层。目前玻璃工业普遍采用的强制式混合机就是这种混合机理起主要作用。

③ 剪切混合。粒状物料内部受剪切力作用后形成屈服滑移面，从而改变固体粒子之间的相互位置，使混合进行的过程称为剪切混合。从粒子堆砌角度看，这也是一种偏微观的混合机理，效率比扩散混合高，最不易分层。

在实际的工业混合机中，这三种混合机理并不是截然分开的，只能说以哪一种或哪两种为主。转鼓式混合机中以扩散混合为主，剪切混合次之，对流混合又次之；强制式混合机中，以对流混合为主，剪切混合次之，扩散混合又次之。

原料混合的均匀度不仅与混合设备的结构和性能有关，而且与原料的物理性质，如密度、平均粒度组成、表面性质、静电荷、休止角等有关。在生产工艺方面，与原料的加料量、加料顺序、加水量和加水方式、混合时间以及是否加入碎玻璃等都有很大关系。

原料的加料量与混合机的容积有关，一般为设备容积的75%。

混合料的润湿是必要的，它有助于提高混合料的均匀性和熔化效率，避免混合料在输送过程中的分层，减少熔窑中配合料的飞扬损失，降低对耐火材料的侵蚀，故原料在混合时要加水。并且原料在混合时要保持一定的温度，否则混合料将产生料团，不利于混匀和熔化。实验证明，当温度低于32℃时，纯碱形成$Na_2CO_3 \cdot 10H_2O$晶体，低于35.4℃时，形成$Na_2CO_3 \cdot 7H_2O$晶体。因而，温度低于35.4℃时，水消耗于形成晶体上，不仅粉料结团，而且混合料也不会均匀润湿，只有温度高于35.4℃时，水才起润湿作用。因此，原料在混合时应加热水和加蒸汽，以使混合料温度维持在45℃左右，加水量根据原料自身含水情况而定，一般控制在4.0%±0.2%。加水装置应设计合理，避免在加水后向料内滴水。向混合料中加蒸汽，要把喷管口伸到料层底部，起到升温作用，这样黏附在筒壁和刮板上的物料会显著减少，清扫机内时也比较方便。

原料混合时间对配合料的均匀度有很大影响，混合时间太短，配合料不能充分混合，混合不均；混合时间太长，不但不能提高均匀度，反而会降低混合效率，增加混合机磨损，引起配合料分层。在混合过程中，物料受到剪切力、重叠重力、相互摩擦力等共同作用，故混合过程是均匀与分散的过程，混合料的均匀性是随机过程的产物。所以，混合时间可根据试验确定，一般为3.5min，即干混1.5min，湿混2min（不含进、卸料时间）。

　　太阳能压延玻璃生产过程中，原料混合方式一般为强制式机械混合，常用的有定盘式和动盘式两种。

　　桨叶式混合机是一种定盘式混合机，它的底盘是固定的，是利用装在主轴上的桨叶刮板转动时的搅拌作用进行混合。在桨叶的强制作用下，物料形成涡流运动，由于桨叶沿径向不等距离的布置以及桨叶的复杂曲面，物料沿径向、圆周、轴向三维空间形成复杂运动轨迹，各种不同的粒料在平面及空间互相穿插而得到混合，在一定的时间内达到最佳均匀度。混合时间过长或过短，桨叶转速过快或过慢都将影响最佳混合均匀度。桨叶式混合机的结构简单、维修方便、密封性好，但在混合机中心部分的回转速度很低，物料在这里不能充分混合，此外，桨叶与底盘和侧壁的间隙较大，即在桨叶接触不到的地方容易形成不动层，影响混合质量，而且混合时间长时，桨叶易磨损。在这种混合机中，不同粒度的固体粒子比较容易产生渗析分层，即大颗粒有朝物料上部上升的倾向，所以，在使用中，不同粒度原料的加料顺序对混合均匀性会有一定影响。

　　快速逆流圆盘混合机是一种动盘式混合机，最具代表性的是艾立赫混合机，它的特点是混合过程中底盘也作转动。在混合过程中，它的底盘转动，工作刮板自转，转动方向互为相反，从而加强了物料在混合机中的对流和剪切混合作用，提高了混合效率和混合质量。为了减少死区，采用了行星式的回转桨叶设计；为了减少配合料中的料团，采用1～2只高速转子同桨叶一道回转，以击碎可能形成的料团。由于物料受底盘和刮板两者强制推力运动的作用，加上刮板与底盘成倾斜和沿径向分布的不同，使物料在空间形成了复杂的螺线运动，在重力、剪切力和摩擦力的作用下，促进了原料的混合。由于艾立赫混合机刮板与底盘面及侧壁之间间隙小，无死角，不易积料、卸料迅速、刮板采用双高能转子，所以混合效率较高，是目前玻璃厂广泛采用的混合设备。但是在生产维修上，这种混合机比底盘不转动的混合机要麻烦，尤其是转动底盘部分的维护较复杂。

2.6.2.3　配合料的输送

　　配合料的输送与储存，既要保证生产的连续性和均衡性，又要避免配合料的分层、结块和飞料。

　　为了避免或减少配合料在输送过程中的分层和飞料现象，混合机的位置应尽量靠近熔制车间，以减少配合料的输送距离，同时要尽量减少配合料从混合机中卸料与向窑头料仓卸料的落差，在输送过程中，应注意避免振动并选用合适的输送设备。常见的配合料输送设备有皮带机、单元料罐。

　　皮带机是目前大中型玻璃厂广泛使用的一种输送设备，混合好的配合料可以直接卸到皮带上送至窑头料仓。皮带机运行比较平稳，在运行中没有大的升降，配合料在输送设备间的转移次数少，只要皮带设计合理（皮带托辊加密、皮带上设置刮料板、皮带接头黏结而不用卡子、皮带全密封），注意维护保养（托辊辊轴磨细即更新等），就能防止振动，克服分料、飞料和漏料现象。皮带机的输送能力较大，易于控制，可与自动配料系统联网控制，实现配料、输送的自动化。

　　单元料罐主要使用在小型玻璃线上。料罐多采用单轨电动葫芦完成垂直和水平方向的输送，不但运行平稳，振动小，分层少，而且还可以作为储存配合料的容器。单元料罐多为圆形，其容积与混合机相匹配，单元料罐的底部有一个可以启闭的卸料门，由中心铁杆的上下移动加以控制，当卸料时，铁杆在重力作用下下移，卸料门即行打开。单元料罐在卸料时也会产生分层和分料现象，因此，卸料的落差要尽量减小。单元料罐也可以用电瓶车或叉车结合电动葫芦进行运输，电瓶车、叉车的道路要平坦，行车要平稳，以减小料罐在车上的振动，防止配合料的分层。

配合料的储存以保证熔窑的连续生产为前提，在窑头料仓储存时间不宜过长，一般不超过4h，以免配合料在储存过程中水分蒸发过多，产生分层、飞料和结块现象。

2.6.3　配合料质量检验

配合料的质量主要根据其均匀性和化学组成的正确性来评定，以评定在称料、卸料、传输及混合过程中是否出现差错。

配合料的均匀性是指每车配合料之间化学成分的偏离程度，即将每车配合料的分析结果分别与平均值进行比较，分析结果越接近平均值，其均匀性越好。均匀度是衡量配合料质量的一个主要指标，是表征配合料混合程度的物理量，是配合料制备过程中操作管理的综合反映。

（1）配合料的质量要求

日常生产中，主要是通过测定配合料的含碱率和含水率来检查混合机的混合质量。根据每个企业的要求不同，控制的质量指标略有差异。一般配合料中的含碱和含水误差不应超过下列指标：含碱率目标值 $\pm 0.5\%$，含碱合格率 $\geq 95\%$；含水率目标值 $\pm 0.2\%$，含水合格率 $\geq 95\%$。

（2）配合料的取样

接班后，自第三车配合料运行10s开始，在送料皮带上用取样铲或在料罐上用插入式取样器按一定间隔分上、下、左、右取六个样，每个试样取3g作为该车配合料均匀度的测试样品，连续取三车配合料。

（3）配合料的化学成分分析

配合料均匀度的测定方法很多，有化学分析法、电导法、PNA电极法、比色法、白度法、筛析法、示析法、示踪法等。

化学分析法即用传统的酸碱滴定或EDTA来测定配合料中Na_2CO_3、Na_2SO_4、CaO、MgO等化学成分在试样中的百分含量，然后根据这些数据，分析、计算各成分在配合料中的分布情况。

若上述成分全部分析，过程繁杂，时间较长，不适于生产控制。为了快速反映配合料的均匀度，常规情况下仅对配合料中的纯碱（Na_2CO_3）含量进行测定，以此来判定配合料混合是否均匀。通常用滴定法和电导法进行含碱量测定。

滴定法是将在不同点取得的试样（每个试样约3g）溶于热水，过滤，用标准盐酸溶液滴定（酚酞为指示剂）。把滴定总碱度换算成Na_2CO_3来表示，将几个试样的结果加以比较，如果平均偏差不超过0.5%，则配合料的均匀度合格，或以测定数值的最小值和最大值的比率表示。由于滴定法简便实用，所以得到了广泛使用。

电导法是根据配合料中某些电解质（如碳酸钠、硫酸钠）在水溶液中能电离导电的特性，用溶液导电能力来反映电解质的量，一般也是在配合料的不同地点取几个试样进行对比测定，用偏差表示配合料的均匀度。

配合料均匀度是否合格通常有平均偏差法和比率法两种判定方法。

① 平均偏差法。先根据测定的几个含碱量值，求出含碱量的平均值，然后求出平均偏差。通常平均偏差不大于 ±0.5% 认为均匀度合格。

$$平均值\ S_P=(S_1+S_2+S_3)/3$$

$$平均偏差\ \Delta S = \frac{|S_1-S_P|+|S_2-S_P|+|S_3-S_P|}{3}$$

② 比率法。将测得的含碱量的三个测定值加以比较，求最小值与最大值之比。

$$比率 = S_{最小}/S_{最大} \times 100\%$$

通常比率在95%以上认为均匀度合格。

除了通过测定含碱量来快速检测配合料的均匀度以外，有的企业为了事故分析的需要还通过测定配合料中的酸不溶物、水不溶物、CaO、MgO、Na_2SO_4 含量来辅助检测其均匀性。酸不溶物数据可用来判定硅砂、长石称量是否有问题，水不溶物数据可用来判断各种矿物原料称量是否有问题。由于酸不溶物和水不溶物含量的测定结果存在滞后性，所以仅用作分析配合料存在问题的参考依据。

配合料化学组成的正确性，一般用化学分析的方法进行测定。取一个平均试样，分析试样中各组成氧化物的含量，再与设计配方的化学组成进行比较，以确定配合料化学组成的正确性。

配合料组成是否正确也可通过计算来检验。

a. 按下式求出理论含碱量：

$$理论含碱量 = Na_2CO_3 含量（kg）/ 总生料量（kg）\times 100\%$$

b. 将含碱量平均值 S_P 与理论含碱量加以比较，二者之差不应大于 ±0.5%，当超过这个允许值时，应从称量、运输、混合等方面查找原因。

（4）配合料含水率的测定

① 取样方法

a. 粉料：一般在配料系统开车三批后，用取样器进行取样，要求硅砂、长石在喂完料后立即在振动给料机口取样，其余粉料则在排料时取，取好的样放入广口瓶内加盖，并立即进行水分测定（有在线水分检测仪的可做抽查测定）。

b. 配合料：采取抽查方式，开车三批后，在混合机下皮带中部任意抽取两批样（两次取样时间间隔基本均匀），放入广口瓶加盖，测好水分后其余留下备用。

② 测定方法

a. 仪器：SC69-02C型水分快速测定仪。

b. 使用方法

调零：砝码盘上放10g砝码，调整指针到"0"刻度，关闭仪器，取下砝码（注：在连续测试中不得再任意调零）。

称样测定：加待测试样至指针仍在"0"刻度，即称试样重10g，取下称样盘放入烘箱内，在温度约200℃左右烘干试样中全部水分至恒重，然后取出试样稍冷后置于称量架上，观看指针变化，当指针稳定在某一刻度时，其读数即为试样水分百分含量。

要求：称样必须快速且准确，在200℃，硅砂、长石烘样时间需15min，其余则需10min以上。

测量完毕，应将被测试样及砝码取下，不可留置盘中。

若使用普通烘箱测定配合料含水率，测定的方法是取配合料10g放在称量瓶中称量，然后在110℃的烘箱中干燥至恒重，在干燥器中冷却后，再称量其质量，两次之差，即为配合料的含水量，其水分按下式进行计算：

$$含水率（\%）=[（湿重-干重）/湿重]\times100\%$$

③ 当原料水分变化超过允许波动范围时，必须重新取样进行测定，待确定后方可填写配料卡，并及时送至配料控制室；当配合料水分超过允许波动范围时，待二次取样进行测定确实后通知混合机房适当加减水量。

第3章

玻璃用燃料及供应工艺

3.1 玻璃用燃料

3.2 玻璃燃料供应工艺

3.3 石油焦粉应用

太阳能压延玻璃生产与其他玻璃一样，是将各种原料组成的配合料在高温下熔化成液体并进行成形的过程，在高温熔化时要消耗很多热能，这些热能主要来自燃料的燃烧。燃料占玻璃制造成本的30%～40%。

3.1　玻璃用燃料

通常要求生产压延玻璃的燃料具备以下条件：

① 燃料所含可燃成分多，能充分燃烧，燃烧过程火焰长度易于控制，便于温度调节，能满足生产工艺和温度要求；②燃烧产物对玻璃液、耐火材料无害，对环境污染小；③燃料可连续稳定使用；④燃料供应成本经济合理，有利于降低玻璃制造成本。

符合上述要求的有液体燃料、气体燃料和电能，目前太阳能压延玻璃熔制过程中只使用液体燃料和气体燃料，电能仅使用在熔化吨位较小的生产线和特种玻璃熔窑上，或作为全氧燃烧的辅助热能。

液体燃料主要包括石油及其加工产品——重油、乙烯焦油和生产焦炭产生的煤焦燃料油。

气体燃料主要有天然气、焦炉煤气、发生炉煤气、液化石油气、石油裂解气及在未来将有可能使用的新型气体燃料可燃冰等。

电能在熔制玻璃中使用有很多优点：①可提高熔化率（可达 $3 \sim 3.5 t/m^2 \cdot d$），增加熔化量10%～60%；②改善玻璃液质量，减少条纹、气泡、结石等缺陷，提高成品率；③热效率高（50%～70%），能耗低；④料粉飞散少，减轻窑体损坏，延长窑炉寿命；⑤废气量减少，环境污染小，劳动条件好。为了提高玻璃质量，减少能耗，液体燃料（或气体燃料）与电能结合共同作为熔制玻璃的能源，在以后的玻璃熔制中可能会成为一种新趋势。

虽然粉体燃料也有使用的实例，但因对环境和产品质量有所影响，故本书仅对液体和气体燃料在太阳能压延玻璃生产过程中的供应进行阐述。

3.1.1　液体燃料

太阳能压延玻璃生产中所用的液体燃料主要有：原油提炼轻质燃料油后的副产品——重油；石油烃类裂解生产乙烯的副产品乙烯焦油综合利用后的剩余物——乙烯焦油燃料油；炼焦工业煤热解生成煤焦油副产物，再由煤焦油工业专门进行分离、提纯后可以利用的副产品——煤焦燃料油。

随着世界原油日趋紧张，重油价格持续上涨，所以，现在许多玻璃生产线使用乙烯焦油燃料油、煤焦燃料油和在重油中掺加石油焦，以降低制造成本。

3.1.1.1　重油

重油来自原油，按原油加工工艺过程的不同，可分为直馏重油、减压重油、裂化（催化）重油和混合（调和）重油。

① 直馏重油。当原油在常压蒸馏装置中分馏时，依汽油、煤油、柴油的顺序，从蒸馏塔或塔的侧线分馏出来，分子量较大的重的油分馏不出而残留在塔底，一般称为直

馏重油，也叫直馏渣油或常压渣油，俗称油浆。

② 减压重油。为了从直馏重油中制取轻质油，将其在减压蒸馏装置中再次加热蒸馏时，便从塔顶和塔侧线分馏出轻油和轻质润滑油，这时未能分馏出的高分子重质部分留在塔底，这种重油称为减压重油或沥青重油。减压重油因含沥青较多，黏度太大，使用时需配上一部分柴油，稀释成黏度低一些的燃料油。这种混合后的重油和直馏重油可作为优质重油直接出厂。

③ 裂化重油。为了进一步增产汽油，将直馏重油或减压重油放在裂化装置中，经裂化、蒸馏后留下的称为裂化（催化）重油。

④ 混合重油。由减压重油和裂化重油按一定比例混合在一起的重油称为混合重油。

⑤ 调和重油。由于重质燃料油高温裂化后还能聚合，所以其中含不饱和烯烃较多，而且在裂化过程中产生的碳多呈游离状态混于重油中，不容易燃烧，因此，一般裂化重油要与其他轻质油调和，以提高其燃烧性能，此种油称为调和重油。

多数炼油厂所产重油均为混合重油。由于各厂实际混合比例有时有所改变，故不同时间生产的重油产品，其指标并不完全相同。

太阳能压延玻璃熔窑常用的重油技术指标要求见表3-1。

表3-1 重油技术指标

指标名称	200号重油（相当于）
恩氏黏度（100℃）	≤ 25
闪点（开口）	≥ 140℃
凝点	≤ 40℃
密度（20℃）	≤ 0.95g/cm³
水分	≤ 2.0%
硫分	≤ 1.0%
灰分	≤ 0.3%
机械杂质含量	≤ 1.0%
低热值	≥ 9600 × 4.1868MJ/kg

国内主要产油区所产原油经各炼油厂加工后产生的重油性质范围见表3-2。

表3-2 国内重油性质范围表

闪点/℃	凝点/℃	密度（20℃）/（g/cm³）	水分/%	硫分/%	灰分/%	机械杂质/%	低热值/（MJ/kg）
170 ~ 330	25 ~ 40	0.9 ~ 0.96	0.1 ~ 2.0	0.12 ~ 0.8	0.1 ~ 0.3	0.01 ~ 1.0	40 ~ 42

重油的特点是黏度大，含非烃化合物、胶质、沥青质多。其性质主要取决于原油本性及加工方式，而决定重油品质的主要技术指标包括黏度、硫含量、闪点、机械杂质等。

（1）化学组成和热值

重油是一些有机物的混合物，主要由不同族的液体烃和溶于其中的固体烃组成，它们包括烷烃、环烷烃、芳香烃和少量烯烃。

重油热值的计算可概略取分子式为$C_{12}H_{23}$（$C \approx 87\%$，$H \approx 13\%$）。

国内主要产油区所产原油经各炼油厂加工后得到的重油的可燃元素百分组成及发热值相差不是很大，平均范围见表3-3。

表3-3 重油主要元素组成表

化学成分 /%				低热值 / （MJ/kg）	理论燃烧温度 /℃
C	H	O+N	S		
85 ~ 87	11 ~ 13	0.5 ~ 1.5	0.15 ~ 1.0	40 ~ 42	2158

通常含氢量高、密度小的重油，其热值高；含氢量低、比重大的重油，其热值低。

（2）黏度

黏度是表示液体物质质点之间内摩擦力大小的一个物理指标。

1991年以前，我国普遍使用恩氏黏度（$°E_t$）表示重油黏度，1991年后我国开始实行计量单位国际化，重油的黏度就以运动黏度来表示了。

恩氏黏度是用恩格拉黏度计测出的黏度，其定义是：$°E_t = t$℃时200mL油的流出时间 /20℃时200mL水的流出时间。

运动黏度是指相同温度下，液体的绝对黏度η与同温度下密度ρ之比，用ν表示，即$\nu = \eta/\rho$。它的单位常用厘斯（cSt）表示，1cSt=1mm²/s。运动黏度（ν）用运动黏度计测定。

黏度对重油的输送和雾化都有很大影响。黏度愈大，流动性愈小，重油的黏度随着温度的升高而显著降低。一般来说，温度在70℃以下变化时，对重油的黏度影响很大；温度在70 ~ 100℃时，对重油的黏度影响较小；而在100℃以上变化时，对重油的黏度影响更小。重油的黏度随温度变化的关系与重油的化学组成有关，即不同的油种，其黏度-温度特性曲线是不同的。

我国石油多是石蜡基石油，含蜡多，黏度大，凝点一般都在30℃以上，常温下大多数重油都处于黏滞状态。为了便于输送和燃烧，必须把重油加热，以降低其黏度，提高其流动性和雾化性，通常把重油加热到70 ~ 90℃；为了提高雾化质量，在重油进入喷嘴前，需进一步加热，一般加热到110 ~ 140℃。

我国商品重油牌号是按该种重油在50℃时的恩氏黏度来命名的。例如，20号重油在50℃时，恩氏黏度为20。

20世纪90年代前，生产平板玻璃常用180 ~ 200号的重油做燃料。随着世界原油日趋紧张和加工技术的不断提高，提炼轻质油品后的重油越来越接近沥青，致使市场上很少见到上述牌号的商品重油，即适用于玻璃生产的重油也越来越少。因此，我国平板玻璃生产线现在用的重油大都没有牌号，所采用的重油其100℃时的恩氏黏度大都在20 ~ 40，雾化前大多要加热到130 ~ 140℃。

（3）闪点

将重油在规定条件下加热，重油随温度的升高有可燃蒸气挥发出来，可燃蒸气与周围空气混合后，当接触外界火源时，发生闪火现象，这时的温度就叫重油的闪点。闪点有开口闪点和闭口闪点之分，一般多用开口闪点。不同产地和不同牌号的重油，其闪点不同。通常从原油中提炼出来的石油产品越多，重油越重，黏度愈大，闪点温度就愈高。

我国各主要炼油厂供应的重油，其闪点约在130～150℃。重油的闪点对安全生产有很大影响，闪点低的重油如果加热温度过高，容易引起火灾，所以重油的闪点是控制加热温度的依据，一般要求大于130℃。

重油的闪点比它的着火温度（指能够使重油连续燃烧的温度）低得多，一般重油着火温度在500～600℃。

（4）凝点

重油冷却到一定温度时，就会凝固而失去流动性，开始凝固的温度称为凝点。为防止重油凝固，有必要采取保温和加热措施。重油的凝点与含蜡量和水分有关，含蜡和水分多的重油，凝点高，流动性差。

我国主要炼油厂供应的重油凝点约为24～45℃。

（5）残炭

重油在规定的条件下隔绝空气加热，将蒸发出来的油蒸气点火燃烧，最后剩下不能蒸发的焦炭称为残炭，以质量百分数表示。

一般石蜡基重油，沸点高、黏度大的，其残炭量也大。含蜡多的重油的残炭呈硬焦状，含环烷烃较多的重油的残炭呈软石墨状。

重油燃烧喷嘴在熔窑上连续使用时，残炭一般不会析出，但是在用高温空气或蒸汽雾化和经常关闭喷嘴的情况下，往往会导致残炭析出，造成喷嘴结炭而堵塞。在加热器中残炭会聚集在管壁上。

重油中的残炭在燃烧时能增加火焰亮度，对辐射传热有利。

国内生产的重油其残炭大部分在6.5%～8.0%，个别有高至14%及低至3%的。

（6）安定性

一般直馏重油在安定性方面不存在问题，但裂化重油的安定性较差。安定性差的重油在储存过程中和水起作用时，会产生沉淀和析出胶状物，这些胶状物会堵塞过滤器或附着于喷嘴附近，影响正常燃烧。

（7）密度

重油的相对密度为0.90～0.98（重油20℃时对4℃水的密度）。重油的相对密度随温度有较大变化，油温相差100℃时，体积相差可达5%～9%，所以，在计量和储运中往往不可忽略。

（8）含硫量、水分及夹杂物

重油中的硫是有害物质，国产重油大部分的含硫量小于1%，属于低硫重油。

重油中的水分也是有害杂质，它会降低重油的热值，水分过多时，会导致着火情况变坏，喷嘴火焰跳动。重油水分的来源为：①重油自身的化学变化；②用蒸汽直接加热时带进的水分；③运输、储存过程中混入的水分。

目前一般通过在储存油罐中自然沉淀的方法使油水分离而排除。脱水后的重油要求水分小于1%，进厂重油水分小于2%。

重油中的机械夹杂物也是有害的，因为夹杂物会磨损油泵及导致喷嘴堵塞。机械杂质是运输、储存过程中混入的，可用过滤器滤掉。一般要求机械杂质小于1%。

3.1.1.2　乙烯焦油燃料油

乙烯焦油是烃类裂解生产乙烯时得到的副产品，是裂解原料在蒸气裂解过程中原料及产品高温缩合的产物，其组成极其复杂，主要成分为各种烷烃、$C_8 \sim C_{15}$芳烃、芳烯烃及N、S、O等元素的杂环化合物等，具有侧链短、碳氢比高、灰分含量低、重金属含量很少的特点。其中含量较高的茚、甲茚及其同系物，萘、甲基萘、乙基萘、二甲基萘以及蒽、苊、菲等组分，均为有机化工合成的重要原料，有较高的综合利用价值。

乙烯焦油燃料油是乙烯焦油通过一级蒸馏塔、二级蒸馏塔在245～360℃下经过分馏、结晶、过滤、调和等工序，提取萘、甲基萘、碳纤维沥青、活性炭沥青、石油树脂等后的副产品。经过综合利用后的乙烯焦油燃料油可作为工业锅炉燃料、生产道路沥青等使用。

玻璃熔窑使用的乙烯焦油燃料油在20℃以上为黏稠液体状，不允许有结块现象，不允许在其中夹杂有泥沙及其他矿物等杂质；其成分必须稳定。所供应的乙烯焦油燃料油应达到表3-4所列指标。

表3-4　乙烯焦油燃料油技术指标

名称	指标
进厂油温	60～80℃
运动黏度（100℃）	≤ 10mm²/s（50℃运动黏度 ≤ 90mm²/s）
开口闪点	≥ 105℃
凝点	≤ −10℃
密度（20℃）	≤ 1.06g/cm³
含水率	≤ 0.5%
含硫量	≤ 0.5%
灰分	≤ 0.2%
机械杂质含量	在80目滤网全通过下允许有 ≤ 0.15% 杂质存在
残炭	≤ 10%
低热值	≥ 9300×4.1868MJ/kg

乙烯焦油燃料油各种理化指标与重油基本相同。与重油相比，除热值比重油低，气味比重油稍重外，其他理化指标均优于重油。乙烯焦油的气味比煤焦燃料油要小得多。在重油、煤焦燃料油和乙烯焦油燃料油三者之间，乙烯焦油燃料油的各种性能最好。乙烯焦油燃料油由于含水量低，因此无需脱水，可以直接使用，而重油要脱水后才能使用。

3.1.1.3　煤焦燃料油

煤焦燃料油是在煤焦油中提取可利用的化工原料后剩余的渣油。

煤焦油是煤干馏过程中所得到的一种液体产物。高温干馏得到的焦油称为高温干馏煤焦油（简称高温煤焦油）；低温干馏得到的焦油称为低温干馏煤焦油（简称低温煤焦油）。两者的组成和性质不同，其加工利用方法各异。高温煤焦油呈黑色黏稠液体，相对密度大于1.0，含大量沥青，其他成分是芳烃及杂环有机化合物，包含的化合物已被鉴定达400余种。低温煤焦油也是黑色黏稠液体，与高温煤焦油不同的是其相对密度通常小于1.0，芳烃含量少，烷烃含量大，其组成与原料煤质有关，其中市场中出现的中低温煤焦油较多，其特点含水高，质量不稳定，含有较多对大气、对窑炉有害成分。

煤料在炼焦炉炭化室中受热分解时，首先析出吸附在煤中的水、二氧化碳和甲烷等，当煤层温度达到300～550℃时，发生煤大分子侧链和基团的断裂，所得产物为初次分解产物，即初煤焦油。初煤焦油主要含有脂肪族化合物、烷基取代的芳香族化合物及酚类。初次分解产物少部分通过炭化室中心的煤层，大部分经过赤热的焦炭层及沿着炉墙进入炭化室顶部空间，在800～1000℃的条件下发生深度热分解，所得产物为二次热解产物，即高温煤焦油。高温煤焦油主要含有稠环芳香族化合物。高温煤焦油实质是初煤焦油在高温作用下经热化学转化形成的，热化学转化过程非常复杂，包括热分解、聚合、缩合、歧化和异构化等反应。

煤焦油的组成和物理性质波动较大，这主要取决于炼焦煤组成和炼焦操作的工艺条件。对于不同的焦化厂来说，各自生产的煤焦油质量和组成是有差别的。但通常煤焦油产品应符合YB/T 5075—2010的规定，见表3-5。

表3-5 煤焦油产品技术指标

名　称	单位	指　标	
		1号	2号
密度（20℃）	g/cm³	1.15～1.21	1.13～1.22
恩氏黏度（80℃）		≤ 4.0	≤ 4.2
灰分	%	≤ 0.13	≤ 0.13
水分	%	≤ 3.0	≤ 4.0
萘含量（无基水）	%	≤ 7.0	≤ 7.0
甲苯不溶物（无基水）	%	3.5～7.0	≤ 9.0

煤焦油的闪点为96～105℃，自燃点为580～630℃，燃烧热为35.7～39MJ/kg。

组成煤焦油的主要元素中，碳占90%以上，氢占5%，此外还含有少量的氧、硫、氮及微量的稀有金属等。高温煤焦油主要是芳香烃所组成的复杂混合物，估计其组分总数有上万种，目前已查明的约400种，其中某些化合物含量甚微，含量在1%左右的组分只有10多种。表3-6列出了高温煤焦油中主要芳香烃组分的含量及性质。

通常炼焦生产出来的煤焦油不直接作为燃料使用，而是要进行加工，提取表3-6中的化工产品后，剩余物才作为燃料使用。

生产规模较大的煤焦油加工企业通常采用管式炉连续蒸馏工艺来分离煤焦油中的化工产品。由于煤焦油是出炉荒煤气在集气管用循环氨水喷洒冷却并在初冷器中进一步冷却，通过冷凝回收的，因此含有大量的水，虽经回收车间（澄清和加热静置）脱水，但送往煤焦油精制的煤焦油含水量仍在4%左右，煤焦油中含有较多的水分，不利于煤焦油蒸馏操作，所以，在进行蒸馏之前要对煤焦油进行脱水，脱水分初步脱水和最终脱水两个步骤。初步脱水是在储罐内以静置加热的方法实现的，温度维持在80～90℃，静置36h，水和煤焦油因密度不同而分离。温度稍高，有利于乳浊液的分离，但温度过高，则因对流作用增强，反而影响澄清，并使煤焦油挥发损失增大。静置加热脱水可使煤

表 3-6　高温煤焦油主要芳烃组分含量及性质

名称	密度 /（g/cm³）	沸点 /℃	熔点 /℃	占焦油含量 /%
萘	1.145	217.99	80.29	8 ~ 12
菲	1.058（100℃）	348.4	99.15	4.5 ~ 5.0
荧蒽	1.236	375	109.0	1.8 ~ 2.5
蒽	1.251	340.7	216.04	1.2 ~ 1.8
苊	1.0242	278	93	1.2 ~ 1.8
芘	1.096	394.8	150.2	1.2 ~ 1.8
芴	1.208	294	116	1.0 ~ 2.0
β- 甲基萘	1.029	241.1	34.58	1.0 ~ 1.8
咔唑	1.1035	354.76	244.8	1.5
甲基菲	—	349 ~ 358.6	55 ~ 119	0.9 ~ 1.1
α- 甲基萘	1.02028	244.6	−30.6	0.8 ~ 1.2
氧芴	1.168	287	82.7	0.6 ~ 0.8
二甲酚	—	203 ~ 225	27.5 ~ 75	0.3 ~ 0.5
苯酚	1.0659	181.84	40.9	0.2 ~ 0.5
联苯	1.180	255.2	69.2	0.30
甲苯	0.8669	110.63	−94.97	0.18 ~ 0.25
苯	0.8789	80.09	5.53	0.12 ~ 0.15

焦油中水分降至 2% ~ 3%，虽然脱水时间长，所需储罐容积大，但方法简单，易操作，是普遍采用的一种脱水方法。初步脱水的同时，溶于水中的盐类（主要是铵盐）也随水分一起排出。最终脱水的方法有蒸气加热法、间歇釜法和管式炉法，目前普遍应用的是管式炉脱水。在连续管式炉煤焦油蒸馏系统中，煤焦油的最后脱水是在管式炉的对流段（一段）及一段蒸发器内进行的。如原料煤焦油含水为 2% ~ 3%，当管式炉的一段煤焦油出口温度达到 120 ~ 130℃时，可使煤焦油水分降至 0.5% 以下。

煤焦油中所含的水实际上是氨水，其中所含少量的挥发性铵盐在最终脱水阶段可被除去，而绝大部分的固定铵盐仍留在脱水煤焦油中，当加热到 220 ~ 250℃时，固定铵盐会分解成游离酸和氨。以氯化铵为例：

$$NH_4Cl \Longrightarrow HCl + NH_3$$

产生的酸存在于煤焦油中，会引起管道和设备的腐蚀。此外，铵盐的存在还会导致煤焦油馏分产生乳化作用，给萘油馏分的脱酚操作造成困难。为降低煤焦油中固定铵盐含量，一是基于固定铵盐易溶于水、而不溶于煤焦油的特性，尽量减少煤焦油中的水分含量，特别是煤焦油中乳化水的含量；二是基于荒煤气中夹带的微细煤粉、焦粉、游离碳等会导致煤焦油中乳化水含量增大的事实，在炼焦生产中严格控制集气管压力及入炉煤的细度；三是在煤焦油加入管式炉前连续加入碳酸钠水溶液，使固定铵盐与碳酸钠发生反应生成钠盐，而钠盐在煤焦油蒸馏加热温度下是不会分解的。

脱盐后的煤焦油中，水分小于 0.5%，固定铵含量小于 0.01g/kg 煤焦油，pH 值为 7.3 ~ 8.0。

煤焦油脱水、脱氨盐后即可进行连续蒸馏。连续蒸馏按温度分为以下过程：

170℃，轻油馏分（约占无水煤焦油的0.4%～0.8%）；170～210℃，酚油馏分（约占无水煤焦油的1.4%～2.3%）；210～230℃，萘油馏分（约占无水煤焦油的11%～13%）；230～300℃，洗油馏分（约占无水煤焦油的4.5%～6.5%）；300～330℃，蒽油馏分（约占无水煤焦油的14%～20%）。

经过上述各种馏分，提取了利用价值较高的酚、萘、苊、苯、蒽、菲、咔唑、芘、䓛等化工产品后，剩余的残渣方作为燃料出售。

高温煤焦油通过不同蒸馏温度提出煤焦油中包括硫、苯、萘在内的各种化工产品后，剩余的残渣为煤沥青，为多种高分子多环芳烃所组成的混合物。根据生产条件不同，煤沥青软化点可波动在70～150℃，中温煤沥青的软化温度为75～90℃。煤沥青与蒽油在一定温度下按一定比例（60%～65%煤沥青+35%～40%蒽油）进行调和后，就成为玻璃熔窑可使用的煤焦燃料油，此种煤焦燃料油虽然经过分级提取，降低了煤焦油中对大气的有害成分，但是，也造成煤焦燃料油成分不稳，导致燃烧不稳。

煤焦燃料油在80℃左右为黏稠液体状，不允许有结块现象，不允许在其中夹杂有泥沙及其他矿物等杂质；其化学成分必须稳定。所供应的煤焦燃料油应达到表3-7指标。

表 3-7 煤焦燃料油技术指标

指标名称	煤焦燃料油
进厂油温	60～80℃（可正常卸油）
运动黏度（100℃）	≤ 40mm²/s（80℃恩氏黏度≤8）
闪点（开口）	≥ 100℃
密度（20℃）	≤ 1.2g/cm³
水分	≤ 0.5%
硫分	≤ 0.3%
灰分	≤ 0.10%
机械杂质含量	在80目滤网全通过下允许有≤ 0.15% 杂质存在
含铵盐量	≤ 0.2%
含萘量	≤ 0.1%
残炭	≤ 6%
低热值	≥ 8800×4.1868MJ/kg

重油和煤焦燃料油在物理、化学指标上有一定差别。重油运动黏度较高，一般在120～160mm²/s，在常温下，肉眼看起来比较黏稠，而煤焦燃料油运动黏度一般在40～60mm²/s，常温下比较稀，因此煤焦燃料油供油压力与雾化气压比使用重油要低；煤焦燃料油没有润滑性，对机械磨损加剧；重油无臭味，而煤焦燃料油带有刺激性的臭味，长时间闻到会让人有头晕感及眼睛受刺激流眼泪；若重油和煤焦燃料油在喷前油温高于150℃，均容易在喷枪口积垢结炭，故喷前油温应降至125℃左右。重油和煤焦燃料油混合会产生凝聚状物质，堵塞油路系统，故不能混合使用。

3.1.2 气体燃料

气体燃料的种类比较多，也有天然的，也有人工的，目前国内玻璃工业常用的气体燃料主要有天然气（自然态天燃气、液化天然气、压缩天然气）、液化石油气、焦炉煤气和发生炉煤气。此外，据最新研究表明，可燃冰作为一种新的能源燃料，在价格性能比合理的情况下有可能进入玻璃行业。

气体燃料若作为太阳能压延玻璃熔窑的燃料，除发生炉煤气外，天然气和焦炉煤气的供应工艺相对重油来说，较为简单。通常天然气和焦炉煤气都是天然气公司或焦化厂以管道的形式输送进厂，在厂内经过减压后入窑燃烧。发生炉煤气则是在厂内自己制气后，通过管道直接输送到窑内燃烧。

常用的气体燃料种类和基本组分见表3-8。

表3-8　常用气体燃料种类和基本组分表

燃气类别			组分（体积）/%									低发热值 / (MJ/m³)
			CH_4	C_3H_8	C_4H_{10}	C_mH_n	CO	H_2	CO_2	O_2	N_2	
天然气		纯天然气	98	0.17	0.3	0.4	0.06	0.06	0.35		0.75	36.22
		石油伴生气	81.7	6.2	4.86	4.94			0.3	0.2	1.8	45.47
		凝析气田气	74.3	6.75	1.87	14.91			1.62		0.55	48.36
		煤层气	52.4						4.6	7.0	36	18.84
人工燃气	固体燃料干馏煤气	焦炉煤气	27			2.5	6	56	3	0.5	5	17.2
		连续式直立炭化炉煤气	18			1.7	17	56	5	0.3	2	16.16
		立箱炉煤气	25				9.5	55	6	0.5	4	16.12
	固体燃料气化煤气	发生炉煤气	1.8			0.4	30.4	11.4	2.4	0.2	53.4	6.07
		水煤气	1.2				34.4	52	8.2		4	10.38
		压力气化煤气	18			0.7	18	56	3	0.3	4	15.41
	油制气	重油蓄热热裂解气	28.5			32.17	2.68	31.5	2.13	0.6	2.39	42.16
		重油蓄热催化裂解气	16.6			5	17.2	46.5	7.0	1.0	6.7	17.54
	高炉煤气		0.3				28.0	2.7	10.5		58.5	3.94
液化石油气			1.5	14.5	30.0	54.0						108.44

通常按表3-9中单质成分的低热值来计算气体的热值。

表3-9　各种单质可燃成分低位热值表

成分	H_2	CO	CH_4	C_2H_4	C_mH_n	H_2S
低热值/ (MJ/m³)	10.58	12.627	35.818	59.10	56.04 ~ 146.077	23.417

3.1.2.1　天然气

天然气是指地层内自然存在的以碳氢化合物为主体的可燃性气体。它是由有机物质经生物化学作用分解而成，或与石油共存于岩石的裂缝和空洞中，或以溶解状态存在于地下水中，是一种无毒无色无味，发热值很高的优质气体燃料和化工原料。天然气主要成分是甲烷（CH_4），约占85%～98%，还含有乙烷、丙烷和丁烷，在0℃、101.352kPa时密度为0.7174kg/m³，约比空气轻一半，完全燃烧时，需要大量的空气助燃。1m³天然气完全燃烧大约需要9.52m³空气，着火温度为530℃，理论燃烧温度2020℃。如果燃烧不完全，会产生有毒气体一氧化碳，因而在燃气器具使用场所，必须保持空气流通。在封闭空间内，天然气与空气混合后易燃、易爆，当空气中的天然气浓度达到5%～15%时，遇到明火就会爆炸，因此一定要防止泄漏。

国内外学者以气体来源、天然气成因、化学成分、存在条件为基础，对天然气的分类进行划分，分为自然气态天然气、压缩态天然气和液化天然气。

（1）自然态天然气

根据来源可分为三种：气田气（或纯天然气）、油田气（石油伴生气、凝析气田气）和煤田气（煤层气）。根据气体成分，天然气可分为干气（贫气）、湿气（富气）。干气主要成分为甲烷（含90%～100%），我国四川等地的天然气大都属于这种气体。湿气往往与原油共生，这种天然气除主要成分甲烷外，并含有少量乙烷、丙烷和丁烷。

纯天然气是指从天然气井直接开采出来的，未与石油伴生的气田气，主要成分是甲烷，还有少量的乙烷、二氧化碳、硫化氢、氮等气体，不容易液化，所以又称为干天然气。低热值为33.5～38.5MJ/m³，理论燃烧温度高达1990℃。

石油伴生气是指在开采石油的同时所采出的天然气。石油伴生气的产量很大，每采出一吨石油，就伴生几十立方米到几百立方米的油田气。新开采的油田，油田气的产量更多。油田气含有石油蒸气，亦称油性天然气。油田气中主要成分是甲烷，含量约为80%，乙烷（C_2H_6）、丙烷（C_3H_8）和丁烷（C_4H_{10}）等含量约为15%，低热值高达41.86MJ/m³以上。

凝析气田气除了含有大量甲烷外，还含有少量的乙烷、丙烷、丁烷和2%～5%戊烷及戊烷以上的碳氢化合物，在较低温度下可变成液态的轻质油。

煤田气亦称煤层气，即生成煤炭过程中逸出的天然气，一部分吸附在煤层上成为煤矿瓦斯气；一部分经地层裂隙转移到空隙处被岩石盖住，聚储起来，成为聚煤气；还有一部分则经过地层缝隙跑出地面失散。煤层气与常规天然气的主要成分一致，其主要可燃组分都是甲烷，其含量随采气方式而定。吸附在煤层上的瓦斯气是矿井致爆的主要因素，长期被作为采煤中的有害物对待，在采煤工业中早已被人们所知晓。

自然态天然气由于热值高而稳定、没有杂质，含微量S和V_2O_5，不需加热、过滤、雾化，火焰长度和气氛易于调节、燃烧性能良好，能满足所有的工艺要求，对耐火材料侵蚀轻，且现场使用环境干净，所以是生产玻璃最好的清洁燃料。

（2）压缩天然气

压缩天然气（compressed natural gas，CNG）是天然气在脱水、脱硫化氢后，通过设备施加20～25MPa的高压，并以气态储存在容器中的天然气。所以，其成分、热值等性能与天然气基本相同。1体积CNG能转化为200标准体积的天然气，若用汽车运输，单车运输气量为4550m³，因汽车自重大，运输距离较短，通常运距在250km左右较合适。

（3）液化天然气

液化天然气（liquefied natural gas，LNG），因产地不同成分稍有差异，主要成分是甲烷（93%以上）、乙烷、氮气（0.5%～1%）及少量C_3～C_5烷烃的低温液体，无色、无味、无毒，且无腐蚀性。LNG临界温度为$-82.3℃$，临界压力为$45.8kg/cm^3$，沸点为$-162℃$，着火点为650℃；液态密度为0.420～$0.46t/m^3$，气态密度为0.68～$0.75kg/m^3$；气态热值$38MJ/m^3$，液态热值50MJ/kg；爆炸范围上限为15%，下限为5%；LNG体积约为同量气态天然气体积的1/625，质量仅为同体积水的45%左右。

LNG是先将气田生产的天然气净化处理，再在常压下将气态的天然气经超低温冷却至$-162℃$，使之凝结成液体。产品采用深冷液体储罐储存，液体储罐为双壁真空粉末绝热，LNG的日蒸发率可控制在0.46%之内，储存周期为4～7天。LNG储存效率高，占地少，投资省。由于LNG组分较纯，燃烧完全，燃烧后生成二氧化碳和水，所以它是很好的清洁燃料，有利于保护环境，减少城市污染。LNG气化后密度很低，只有空气的一半左右，稍有泄漏就会立即飞散开来，不致引起爆炸。

3.1.2.2　液化石油气

液化石油气（liquefied petroleum gas，LPG）也称液化气或压缩汽油，是一种适用于工业、商业和民用的优质燃料，是指容易液化、常常以液态运输和储存的"石油气"。

液化石油气的主要成分是丙烷（C_3H_8）、丙烯（C_3H_6）、丁烷（C_4H_{10}）、丁烯（C_4H_8），习惯上又称C_3～C_4，简称为"烃"。它的组成随原料的种类和裂解方法而异，不同性质炼油厂生产出来的石油液化气的组成是不一样的。

在常温常压下，液化石油气是气态；而在常温下升压或常压下降温，就容易从气态转变为液态。人们正是利用了液化石油气的这个特性，在常温常压下是气体，将它做燃料使用；用降温或升高压力的方法，使它从气态转变为液态，以便于运输和储存。

液化石油气可从炼制石油和加工石油化工产品过程中作为副产品而获得的一部分气体碳氢化合物，这些碳氢化合物在常温下经加压而成的液态产品；还可从开采油田伴生气、凝析气田气中分离出液化石油气。目前我国供应的液化石油气主要来自炼油厂的催化裂解装置。

（1）液化石油气的质量标准

液化石油气热值≥45.217MJ/kg；C_5以上组分＜3.0%；总硫含量＜$343mg/m^3$；无游离水；蒸气压（37.8℃）＜1380kPa。

其中对蒸气压的要求限制C_1、C_2的含量，以保证储运和使用的安全；限制C_5及C_5以上的成分以控制残液量（在常温常压下，含4个碳以下的烷烃和烯烃为气体，含5个碳以上的为液体；含16个碳以上的为固体）；限制总硫量，防止硫化物对储罐、管道、阀门等的腐蚀作用；限制水含量，以防止对储罐、管道、阀门等的腐蚀、冻堵危害。

液化石油气虽然发热值高、组成稳定纯洁，不需脱硫化物和除氨，但大量使用时由于运输过程复杂，不含氢，燃烧速度较慢，易冒黑烟，且价格高，所以，在太阳能压延玻璃生产中仅用于冷却部、成形、退火窑加热或做紧急状态下的备用气源。

（2）液化石油气的性质

① 比空气重，比水轻。在15.6℃时，液化石油气的气态密度为$1.5 \sim 2kg/m^3$，是空气的1.5～2倍；液态的液化石油气与4℃水相比，相对密度为0.5～0.6。所以液化石油气在储配、运输及使用过程中，如发生泄漏，气化的石油液化气就会像水一样流向低洼处并积聚，不易挥发，不易被风吹散，或是沿地面漂流；积存起来，很容易达到爆炸浓度，遇火花或明火就会发生爆炸。

② 挥发性强。在常温常压下，液态LPG极易挥发，1L液态LPG经挥发可变成250L气体。气态液化石油气与相近体积的空气混合而形成混合气，其燃烧性能接近天然气。

③ 着火温度低。液化石油气的着火温度约为430～460℃，火柴焰、打火机火星、机械火星、汽车排气管火星等均可点燃液化石油气。

④ 燃烧热值高。在标准状况下，液化石油气态热值为$91.96 \sim 121.22MJ/Nm^3$；1kg液态液化石油气燃烧后，低热值为45.144～45.980MJ/kg，其温度可达2100℃。

⑤ 沸点低。常压下，丙烷的沸点为-42℃，丁烷的沸点为-10℃。因此，在容器中储存的液化石油气，只要温度略有升高，就会引起饱和蒸气压的升高。

⑥ 燃爆危险性大。液化石油气20℃的爆炸极限是1.5%～9.5%，而天然气和煤气分别为5%和4.5%，所以液化石油气遇明火极易燃烧和爆炸。

⑦ 体积膨胀系数大。由于液化石油气常以液态储存，其危险性是它具有较大的体积膨胀系数。在15℃时，液化石油气的体积膨胀系数约为0.003，为水的16倍。因此容器超量灌装液态液化石油气是非常危险的，充装时必须留出一定的气相空间，以供液化石油气液态膨胀时占用。

3.1.2.3 焦炉煤气

焦炉煤气简称焦炉气，是指用几种烟煤配成炼焦用煤，在炼焦炉中经高温干馏后，产出焦炭和焦油产品的同时所得到的可燃气体，是炼焦生产过程的副产品，其产率和组成因炼焦煤质、结焦时间、出焦温度等焦化过程条件不同而有所差别。一般一吨煤在炼焦过程中可产出730～780kg焦炭和300～$340m^3$焦炉煤气（标准状态）以及35～42kg焦油。代表性的焦炉煤气主要成分组成见表3-10。

表3-10 焦炉煤气主要成分组成表

成分	H_2	CH_4	CO	C_mH_n	CO_2+SO_2	O_2	N_2
含量/%	50～60	20～30	5～8	2～4.0	1.5～4.0	0.3～0.8	3～10

焦炉煤气本身是无色有臭味的气体，但由于净化不好，含有少量如硫化氢、苯、萘、氨、焦油、吡啶、氰化氢、氧化氮等其他物质而有异味，因含有CO和少量H_2S而有毒。焦炉煤气热值一般为$16.75 \sim 18.81MJ/m^3$，密度为$0.38 \sim 0.50kg/m^3$，着火温度为600～650℃，空气中的爆炸极限为6%～30%（体积分数）。

焦炉煤气由于含H_2量多，燃烧速度快，火焰较短；火焰透明，火焰黑度较小，影响火焰的辐射传热能力。另外，焦炉煤气中主要组成是H_2和CH_4，密度较小，火焰容易上浮，刚性较差，对于要求火焰具有足够刚性的炉子来说，必须同其他密度比空气大的气体燃料混合后使用，或在喷嘴和小炉方面采取措施，以增加火焰的刚性和黑度。此外，如果焦炉煤气净化不好，将含有较多的焦油和萘，在冬天就会堵塞调节阀和管道，给调火工作带来困难。尽管如此，由于焦炉煤气热值较高而稳定，燃烧性能良好，仍是玻璃熔窑最适宜的燃料之一。焦炉煤气燃烧前不能预热，以免烃类热解。

3.1.2.4　发生炉煤气

发生炉煤气是将固体燃料在煤气发生炉中进行气化而得到的一种人造气体燃料。根据煤气发生炉气化时所用气化剂的不同，我国工业用煤气可分为下列三种：

① 空气煤气。以空气为气化剂与煤炭进行反应而生成以一氧化碳为主要成分的煤气，也称为低热值煤气，这种煤气存在发热值低（4.1～4.32MJ/m³）、气化效率低、炉温不易控制等缺点，目前工业上已不采用这种气化工艺。

② 水煤气。是以水蒸气为气化剂，使水蒸气通过灼热的煤发生反应而生成以氢气和一氧化碳为主的可燃性气体。这种煤气低热值为10.05MJ/m³，理论燃烧温度2210℃，但由于效率低、需用优质无烟煤或焦炭作为原料、工艺和操作复杂，生产成本高，所以，一般只用于制作玻璃工艺品的热源。

③ 混合煤气。亦称为发生炉煤气，它在某种程度上克服了上述两种工艺方法的缺点，是以空气和适量水蒸气的混合气体为气化剂，与烟煤（或无烟煤）进行反应而制得的以一氧化碳和氢气为主要组分的煤气，这种煤气低热值为5.65～6.7MJ/m³，着火温度为530℃，理论燃烧温度为1750℃。

单段或两段煤气发生炉所生产的发生炉煤气，生产简便，煤炭热利率较高，成本较低，发热值和燃烧温度可以满足需要，且在一定距离内可连续稳定供应太阳能压延玻璃生产。所以，目前国内以煤气为燃料的太阳能压延玻璃厂都采用发生炉煤气。

发生炉煤气主要成分见表3-11。

表3-11　发生炉煤气主要成分表

成分	CO	H_2	CH_4	C_mH_n	CO_2+H_2S	O_2	N_2
含量/%	26～31	11～15	0.5～1.5	0.2～0.6	2～5	0.1～0.4	47～52

3.2　玻璃燃料供应工艺

3.2.1　液体燃料供应工艺

液体燃料供应工艺指的是将厂内油罐中的重油（或乙烯焦油燃料油、煤焦燃料油等）通过各种供应设备输送到熔窑喷枪前的工艺过程。本书以重油供应工艺为例进行重点介绍，其他液体燃料供应方式类同。

燃料油供应工艺包括卸油、储油和供油三部分。

燃料油由汽车或火车的油槽车或驳船运到工厂后，先将油卸入有加热装置的低（零）位油罐，然后再用卸油泵送到总油罐，燃料油在进泵前须先经过过滤器，所有输油管道都有保温或加蒸汽管伴热。由于燃料油黏度较大，运输燃料油的车船都是加保温层的特制车船，这样燃料油在运输途中油温能保持在$60 \sim 70℃$，在到达目的地卸油时不需采取加热措施即可自流卸车。特殊情况下在卸油时需要用蒸汽将车、船中的燃料油加热到能自流或能泵送操作的黏度，以加快卸油速度。

由储油罐向熔窑燃烧设备供应燃料油时，须经过过滤、泵送、加热、雾化等环节。燃料油供应工艺按照储油罐的设置情况可以有以下两种流程：

① 不设车间油罐的供油流程

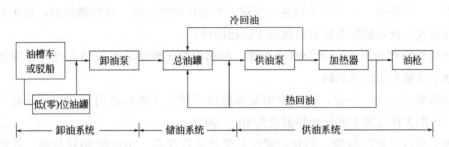

② 设车间油罐的供油系统

当卸油站与用油点距离较远时，应在用油点附近设置车间油罐。当车间内有几座窑炉或同时有几个车间需要供油时，设置车间油罐也可以缩短供油管路的总长度，保证枪前供油压力和流量稳定。

当熔窑与炼油厂中的储罐距离不远时，燃料油也可用管道输入工厂。燃料油经$80℃$左右加热、$1.0MPa$加压，用保温管道从炼油厂或集中油库直接送到用户的储油罐内。

3.2.1.1 卸油系统

常用的卸油方式见表3-12。

表 3-12　常用卸油方式

卸油方式	卸油方法		说　明
上部卸油	虹吸卸油	泵引虹吸	设或不设零位油罐
		蒸汽引虹吸	
	泵强力抽吸卸油		
下部卸油	敞开式自流卸油		需设零位油罐
	密闭式自流卸油		
	泵抽吸卸油		不需设零位油罐

在卸油前槽车内的燃料油温度应保持在$60℃$以上，不得超过$90℃$，以免卸油时发生喷油、烫伤事故。

对于铁路运输，现在我国运输燃料油的槽车大都设有下部卸油设备，可以自流卸油。通过内敷蒸汽管的卸油沟或有蒸汽管伴热的卸油集管，将燃料油输送至零位油罐。只有下部卸油设备失灵或没有下部卸油设备的槽车，才用上部卸油的方法。汽车油槽车的容量小，一般可采用自流卸油或下部泵抽吸卸油。当采用水路运输时，由于水面高度较地面低，不能自流卸油，需要采用上部泵强力抽吸，或用油驳船内自备泵卸油。

3.2.1.2　储油系统

为了保证工厂连续生产，用油单位一般都储存一定数量的燃料油。储存量与用户距炼油厂的远近、炼油厂的生产情况及运输条件和运输方式有关。

储油一般用油罐，油罐除起储存作用外，还起加温和脱水作用。储罐内设有蒸汽管，以便将油加热到必要的温度。

为了满足使用、脱水和清理检修的要求，一般重油储油罐不少于三个，一个用于加热脱水，一个使用，一个用于卸油。但对于乙烯焦油燃料油、煤焦燃料油，由于不需脱水，故在投资许可情况下最多设置两个油罐即可。

油罐按制作材料不同分为钢质油罐、钢筋混凝土油罐；按安装高度可分为地上油罐、地下油罐和半地下油罐。

储油罐应加热、保温，油罐中的最高温度必须低于燃料油闪点10℃，并且不高于90℃，一般工作油罐中部的加热温度为80～90℃。

为了减少油罐的散热，都要对罐壁和罐顶进行保温。20世纪90年代前，保温方式主要采用厚度为60～80mm的石棉硅藻土外抹石棉水泥保护层，或厚度30～50mm的岩棉毡外包0.6mm厚的镀锌钢板（或彩钢板）进行保温。随着保温技术的进步，20世纪末开始采用罐壁30～40mm、罐顶50mm厚的复合硅酸盐保温涂料（主要成分硅酸镁、石棉绒等）进行保温，当达到要求厚度后，在保温层外做一层GPS防水涂料和两层丙烯酸防水涂料的保温方法。这种保温方法与以前的保温方法相比，具有无接缝、防雨水、耐脱落、寿命长、保温效果好等优点，所以得到广泛采用。

3.2.1.3　厂内供油系统

将燃料油储库中的燃料油通过油泵输送到燃烧器——喷枪的系统称为厂内供油系统。厂内供油系统主要由供油泵、过滤器、输油管道、加热器、流量计、调节阀、燃烧换向控制系统和燃烧系统组成。

（1）油泵

油泵通常设置在油罐附近、且低于油罐最低油面、具有良好通风的油泵房内。

玻璃厂的油泵大都选用螺杆泵和齿轮泵。各种不同类型的油泵使用范围见表3-13。

通常根据运输量和卸油速度，卸油泵选用流量大、压力较低的油泵；供油泵的选择则是根据生产耗用、回油量及喷枪前工作压力要求来决定，一般供油泵选用流量小、压力较高的油泵（若采用泵后回油，供油泵额定流量应接近实际耗油量的1.5～2倍；若采用循环回油，供油量为最大耗油量的3～5倍）。

（2）过滤器

燃料油在装卸和运输过程中，不可避免地要混入一些杂质，另外，燃料油在加热过程中也会析出沥青胶和炭化物，这些杂质如不及时清除，将堵塞和磨损管道、油泵和喷嘴，以致影响正常生产。所以，在供油系统中，在油泵前和喷嘴前要设置过滤器。

过滤器的形式和尺寸没有定型，常用的有网状过滤器和片状过滤器两类。网状过滤器结构简单，加工制作方便，过滤能力大，在玻璃厂中用得较多。

过滤器一般都是成对并列装置在管路中，一个使用，一个备用或清洗。

表 3-13 螺杆泵和齿轮泵使用范围表

类型	型号	优点	缺点	适用范围
螺杆泵	LB 型 3U 型 3GY 型 3UY 型	① 流量均匀，供油稳定； ② 容积率高（＞0.9）； ③ 吸程比齿轮泵高； ④ 运行平稳，噪声小； ⑤ 体积小，质量轻； ⑥ 使用耐久性比齿轮泵好，故障率小	① 不能空转，须灌满引液后才能启动； ② 输油黏度比齿轮泵要求严格； ③ 要求螺杆精度高和油洁净（经40目滤网），否则易磨损； ④ 型号多为大流量	适用于黏度较大、流量小、压头高且要求流量稳定的情况，可作供油泵用；输送时适宜恩氏黏度为 5～50，适宜温度为 58～80℃
齿轮泵	KOB 型 2CY 型 CBZ 型	① 体积小，质量轻； ② 结构简单，维护方便； ③ 对冲击负荷适应性好，旋转部分惯性小； ④ 单机价格低	① 齿轮精度不高时，容易磨损； ② 吸程不高（0.5～5m）； ③ 输油量小，压力和流量的选用范围较小； ④ 用油量变化时，泵出口压力波动大，易损坏仪表； ⑤ 噪声大	适用黏度较小的油，可作小量的卸油泵使用，输送时适宜恩氏黏度为 10～80，适宜温度为 52～60℃

过滤器有粗滤、中滤和细滤之分，主要根据油泵的类型和设备要求选用。在卸油时最好先用粗过滤器滤去重油在运输过程中带入的夹杂物；油泵后的过滤器主要是滤去燃料油中的机械杂质；窑头加热器后的过滤器是为了滤去燃料油在加热和加压过程中所分解出来的胶质沥青和油焦等杂质，避免堵塞喷嘴及流量计。各部位过滤器滤网网孔尺寸见表3-14。

表 3-14 各部位过滤器滤网网孔尺寸表

安装部位		网孔/（孔/cm²）
卸油泵前	螺杆泵或齿轮泵	256～576
供油泵前	螺杆泵	576～1024
燃烧喷嘴前	介质雾化喷嘴	576～1024

工厂生产中网孔除用孔（孔/cm²）表示外，还有用目（孔/in）表示的，其关系见表3-15。

表 3-15 过滤器滤网"目"与"孔"的关系

目（孔/in）	10	20	30	40	50	60	70	80	90	100
孔（孔/cm²）	16	64	144	256	400	576	784	1024	1296	1600

有些工厂在燃料油加热器后不装过滤器，而在油泵前用576孔/cm²的滤网，实践证明，泵前太粗的滤网对泵和喷嘴等起到保护作用；过滤网的滤网太细或滤网面积过小，不仅影响过滤效果，而且过滤器前后的压力降显著增大，油泵发出噪声，泵出口压力降低，严重时油泵甚至吸不上油来，在运转中，若滤网严重积垢，也会产生同样现象；在泵后压力线上，阻力过大时滤网会被击穿，因而过滤器的网孔要选择得当。

为了便于检查，在过滤器前后的管上，装上两只压力表（过滤器前吸入管应安装正负值真空压力表），经常指示燃料油通过过滤器时的压力差，若压力差的数据显著增加，就必须进行清洗。泵前过滤器一般每月清洗1～2次，压力线上的过滤器每1～2周清洗一次。

（3）加热器

燃料油的特性之一是凝点高、黏度大。在供油系统中，油的黏度是一个主要矛盾。当加热温度不够时，黏度大，油泵和喷嘴的效率降低，并恶化油的输送和雾化。但是过热会引起燃料油气化和产生泡沫，从喷嘴喷出时形成的气体会发生气阻现象，使喷油时产生脉动并发出噪声，还导致燃烧不稳定。另外，油温太高（＞145℃），由于燃料油的分解和凝聚作用，生成中性胶质、沥青质和碳，产生结焦现象，导致加热器的传热效率下降，并使过滤器容易堵塞。同时，随着油温升高，其黏度下降幅度逐渐减小。所以应根据燃料油性质及技术、经济上的合理性来确定燃料油的加热温度，一般重油以不超过130～140℃为宜，对于乙烯焦油燃料油和煤焦燃料油，加热温度一般以100～115℃为宜。

① 蒸汽加热器

a.套管式加热器。套管式加热器由两个同心管组成，重油在内管流动，蒸汽按逆流方向沿环隙流动。管道截面积不大，油在管内可保持较高的流速，因此，传热效率高，加热能力大，蒸汽消耗少。套管式加热器结构简单，加工容易，检修和清洗方便；缺点是接头多，易漏油，体积和占地面积大，单位加热面积的金属用量较多，适宜于油泵房加热燃料油使用。

b.列管式加热器。列管式加热器又称管壳式加热器，燃料油在列管内流动，蒸汽通过管外侧壁。其优点是加热面积大，结构紧凑，体积小，单位加热面积的金属用量少。缺点是结构复杂，加工要求高，检修不方便；油在管内流速较慢，因而传热系数比套管式低，管径小容易结垢，清洗困难。列管式加热器有单程和双程的，也有多程的。

c.蛇形管加热器。蛇形管加热器管内通蒸汽，管外罐内盛有很大体积的燃料油，燃料油在罐内移动极慢，传热主要是靠自然对流方式进行，所以传热效率低，升温不敏感。但它结构简单，加工容易，检修方便，适用于加热强度小的装置，在中、小型窑炉上通常用作炉前加热器。

蛇形管加热器也可以在管内通燃料油，罐内盛大体积的蒸汽，这样，加热效率有所提高，但蒸汽消耗量亦相应增加。

燃料油的加热温度与油流量、加热面积以及饱和蒸汽的压力等有关。当加热面积一定时，如油量大或者油加热温度要提高，则所需的饱和蒸汽的压力就要高，因为饱和蒸汽的压力高，油与汽之间的平均温度差就大。效率较高的蒸汽加热器的出口油温一般比饱和蒸汽温度低20℃左右，因此，燃料油加热温度的高低，往往受到工厂蒸汽设备条件的限制。例如表压为0.2MPa的饱和蒸汽是不可能把油温加热到120℃以上的；反之，工厂中的蒸汽压力高，则加热器的加热面积可以适当缩小。

加热器出口的油温，可用自动调节设备调节蒸汽流量来保持。

② 电加热器

电加热器可作为蒸汽加热器的补充，或作为蒸汽来源不易解决时的一种加热手段。

电加热器一般做成罐状或管状形式，其内设置1～3个电热元件作间接加热，电功率大小视加热油量与升温要求而定。其优点是结构简单，不需变压器；缺点是加热温度不够均匀，温度调节不够灵活，在更换电热元件时要解决漏油问题。

现在有些工厂采用蒸汽和电联合加热燃料油，即在蒸汽加热器外另装上管状电加热器，或在蒸汽加热器以后串联一个电加热器。

（4）供油管道

供油管道是将储油罐中的燃料油送往喷枪进行燃烧的通道，管道是否畅通关系到燃料油能否连续输送和燃烧能否连续进行。所以，管道材质的好坏，管径选择的是否合理，管道保温是否到位，都对燃料油输送起到至关重要的作用。

① 管道材质的选用。通常供油管道选用无缝钢管，用焊接或法兰连接，以保证在工作压力下的严密性和安装、拆卸的方便。

② 管径的选择。管径的选择除应满足喷嘴所要求的额定油压外，还应考虑燃料油在输送过程中温度、压力等的变化，以及燃料油加热后从燃料油中析出的沥青、胶质和油焦等，不致因管道中燃料油的流速低而在长期运行后沉积在管壁上。当燃料油的黏度较大时，如果流速过大，将导致管内阻力增加，压力将增大，这就得加大油泵的输送功率，并改变其他设备的安装要求；流速大时，因摩擦而发生的静电效应的危险性也增大，这是因为管路中静电荷的集聚与输送速度成正比。若流速太小，管径相应增大，这就增加了不必要的投资费用，同时又因为温降大而引起较多的热损失，增加了蒸汽的耗用量，油中析出物也更容易沉积在管壁上。故在选择管径时，必须权衡利弊，原则是经济、合理，保证供油管道运行畅通。

选择管径时应根据供油系统流程，以每一段管道的最大运输油量计算；根据油的黏度与压力的不同情况取合适的流速；在转弯时曲率半径不能过小，以减少阻力。在输油量较大的供油系统中，管内流速一般为 $0.6 \sim 1.5\text{m/s}$。

③ 管道的保温。由于燃料油黏度大，易凝固，在管道运行过程中，需要一定的温度条件。若油在管道中降温过多就容易失去流动性，再想恢复通畅就比较麻烦，所以必须防止油路系统温降过多。一般通过在油管路系统上加蒸汽伴热和保温的方法来保证燃料油管路的正常运行。当管路距离较长时，还应装置膨胀补偿器及静电接地装置，以保证安全运行。

蒸汽伴热有蒸汽伴管保温和蒸汽套管保温两种方式。

a.蒸汽伴管保温。沿油管平行敷设一根或二根蒸汽管，蒸汽管放在油管下方45°角的范围，两管用铁丝网或薄铁皮共同包扎后，在外面用保温材料和保护层进行保温。通常在保温层和管道之间留有一定的传热空间，这样能使蒸汽放出的热量更有效地传给油管。此法加工制作施工简单，检修方便，油和汽不会相互渗透。但其传热效率比套管法低，保温效果较差。蒸汽伴管保温效果与它的安装和外面保温材料质量、包扎情况密切有关。

b. 蒸汽套管保温。蒸汽套管保温有油管包蒸汽管和蒸汽包油管两种方式。油管包蒸汽管就是蒸汽管套装在油管之中，燃料油通过蒸汽的全部放热面，热量能得到充分的利用，从热利用角度来讲，这是较好的方法。缺点是油管的散热面增大，加热效果差。蒸汽管包油管是油管套装在蒸汽管内，蒸汽的热量没有像油管包蒸汽管那样得到充分的利用，但油管的保温效果较好，目前大多数采用蒸汽管包油管的方法。

蒸汽套管保温，油、汽两根管子应保持一定的间距。间隙过小，阻力增大，流量减小；

间隙过大，浪费材料，增加散热。两管之间的间隙一般保持在8～10mm，不大于15mm。

蒸汽套管保温的传热效率比蒸汽伴管保温法高，但是油管和汽管承受着较大的热应力，焊接点易渗漏，渗漏后不易发现，检修困难，并且加工与拆装较伴管法复杂得多。

若蒸汽压力较低，管线距离不太长，可采用蒸汽管包油管的保温方法，例如，从换向室到喷枪的供油管路系统可采用这种方法；若管线较长，蒸汽压力又高，可采用蒸汽伴管方法，例如，从油罐区到换向室的供油管路系统可采用这种方法。

管道外层常用热导率低、质量轻、使用温度高的岩棉、矿渣棉、玻璃棉等做保温材料。

④ 管道的吹扫和排污。新建的供油管道系统在开始使用时必须打压检漏，并用压缩空气进行吹扫，以清除管道内残留的焊渣等杂物；发生事故后的管道系统在重新使用时，应用蒸汽进行吹扫，以防因燃料油温度降低而凝结。

为了保证每段管道都能吹扫干净，通常在卸油管起端、吸油管末端、供油主管、过滤器、加热器出入口及喷嘴前等处都设置吹扫点。吹扫方向一般是，对于喷嘴及供油支管，向窑内吹，其余则向油罐方向吹扫。过滤器吹扫时必须将滤网取出，以免堵塞。

为了防止在发生事故吹扫时，出现燃料油渗入蒸汽管道内的情况，造成不良后果，最好在需要经常吹扫的管道或设备上装有固定的吹扫头，必要时还应安一些活动吹扫头。固定吹扫头应装有止回阀，以免燃料油倒流。

通常在供油和回油管道上的最低点设置排污阀，供吹扫完毕后放水排污之用。另外，在最高点设置放气阀，以备初次启用时排除管道中的空气。

供油系统的管道除焊接外，都用法兰连接，并用阀门控制油的流向、调节油量和油压。

常用的阀门主要有闸阀、截止阀、止回阀、安全阀、溢流阀、气动薄膜调节阀、电磁阀、针形阀等。

（5）燃烧设备

燃烧设备是供油过程的最后一个环节，是使燃料油雾化，并在熔窑内形成具有一定形状、长度火焰的装置。从油罐出来的燃料油，经过管路系统中的各个环节，经喷枪喷出后，在熔窑内进行燃烧。因此喷枪质量的好坏，直接关系燃烧的质量。

燃烧设备由喷枪、喷枪支架、吹扫阀、针形阀、流量计及空气雾化装置等部件组成，其中喷枪是关键部件。对于玻璃熔窑上使用的喷枪，有下列要求。

a.喷出的油滴要细而均一，黑区（粗雾化区）要尽量短，不能有火星。在垂直于喷嘴中心线的断面上，油滴要分布均匀，不能有空心，并且在喷射的射程上和较大的喷油量调节范围内都要保持不变。

b.喷出的火焰要能控制，火焰刚性不要太强，覆盖面要大，方向性要好，油雾与助燃空气混合要好，燃烧速度要快。

c.油滴不能落入玻璃液面上。

d.雾化介质消耗量要少。

e.结构要简单，便于保证同心度和扩散角，便于制造、拆装、清洗和检修，并且要坚固、耐用、不漏油、不堵塞、不结焦。

f.调节方便，调节幅度要大、精度要高。

g.工作时噪声要小。

3.2.2 气体燃料供应工艺

3.2.2.1 天然气供应工艺

气态天然气从气井内喷出时的压力各不相同。当出井压力低又需要长距离输送时，常建立加压站，根据输送距离使主输送管内的压力保持在 10～15MPa，而在天然气配气站内则降至用户所要求的压力。长距离输送天然气的管道是埋设在地下的，所以通到远方配给网的天然气温度并不高，且在一年内的变化也很小。

从气井内流出的天然气中含有大量矿物杂质、水蒸气，有时还有水，而与石油一起采得的天然气则还有石油。当长距离输送时，为了预防输送管道及其配件和其他器件的损坏和阻塞，天然气须先经分离器净化，预先除去所有的杂质、水分以及硫化氢等有侵蚀性的物质。

当输气管网负荷变化时，供气压力有波动，因此需安装气压自动控制装置，以保证用气压力的稳定。输送到用户处的天然气含杂质少，可用流量计计量，并便于实现流量自控。

为了保证有充分的调节余地，管道天然气进厂压力控制在 0.2～0.3MPa，进玻璃熔窑换向室之前压力控制在 0.15～0.2MPa，经过天然气换向室调压后，将各小炉枪前压力控制在 0.02～0.04MPa，进入窑内燃烧。其供气工艺流程如下：

厂外气态天然气管道进厂→厂内调压、计量撬→车间窑头调压、换向室→各支路薄膜调节阀→分支流量计→熔窑喷枪→窑内燃烧。

天然气在燃烧前不能进行预热，以免碳氢化合物热解。天然气特别是气井天然气中含重碳氢化合物少，故燃烧时火焰的亮度较差，火焰辐射传热能力较低。为了弥补这一缺点，可使天然气在进入熔窑前在小炉中产生局部燃烧（预燃烧），使部分碳氢化合物热解出微粒炭，以增加火焰的亮度及辐射传热能力。

液化天然气和压缩天然气与气态天然气在厂内供气工艺基本相同，不同之处在于，液化天然气和压缩天然气用槽罐车运输到厂后，要经过气化装置气化（或减压装置降压）转换到正常压力后，方可进入厂内天然气管道使用。

天然气液化后可以大大节约储运空间，而且具有热值大、性能高等特点。LNG 的运输方式主要有轮船、火车和汽车槽车等方式，槽车罐体采用双壁真空粉末绝热，配有操作阀安全系统及输液软管等。汽车在 500～800km 运输半径范围内较经济，自重较轻，单车运装能力为 3000～5000m³，采用汽车槽车运输 LNG 是比较理想的方式。

液化天然气（LNG）与压缩天然气（CNG）比较，在相同行程和运行时间条件下，对于中型车辆而言，LNG 汽车燃料成本要低 20%，质量要轻 2/3，同时，供燃系统装置的成本也至少低 2/3。液化天然气正以每年约 12% 的高速增长，成为全球增长最迅猛的能源之一。

3.2.2.2 液化石油气供应工艺

液化石油气通常采用槽罐车从工厂运输到储气点，然后根据不同的用户需求将液化石油气灌充到不同大小的气瓶内，再供诸如家庭、商业和工业用等用户使用。对工业用户其使用和液化天然气一样要经过气化装置气化（或减压装置降压）转换到正常压力后方可进入厂内天然气管道使用。使用液化石油气时应注意以下事宜：

① 由于液化石油气具有较大的体积膨胀系数，当温度升高时，储罐（或钢瓶）内压会缓慢上升，液态体积膨胀，气态空间逐渐被液态挤占。当温度达到60℃时，液态存在整个储罐，如果灌装量超过规定，温度升高，液态体积膨胀，当储罐内完全充满液态时，由于液体近似不可压缩，其膨胀力就会直接作用于储罐，温度每升高1℃时，压力急剧上升，这样很可能在温度不太高时，储罐内的压力就超过储罐的爆炸压力，引起储罐爆裂，造成严重事故。所以在储存液化石油气时，液态液化石油气大约占储罐容积的85%，应留有约15%的气态空间。通常100m³储罐储存约45t液化石油气。

② 注意保温。因为液化石油气由碳氢化合物组成，这些化合物中碳含量越高，沸点就越高，气化时所需温度也较高。在使用过程中，碳氢化合物因沸点不同，气化的顺序不同，最后剩下的是沸点较高的碳氢化合物C_5、C_6，留存在罐内形成残液。液态的液化石油气的密度是水的1/2左右，当寒冬时，外界温度低，液化气的气化率比较低，液化石油气不易挥发，所以液化气燃烧不净，瓶中残液多，不气化。所以，冬天使用石油液化气时应注意防冻保温，并定期排污。

③ 注意冻伤。物质从一种状态转变为另一种形态的过程中，要吸收或放出热量，这部分热量只用来改变物质的状态，而不改变物质的温度，所以称为潜热。1kg饱和液体完全转变成相同温度的饱和蒸气所吸收的热量称为气化潜热。从液化变成气体的过程叫气化，气化有蒸发和沸腾两种形式。液化气的沸点很低，在0℃以下时就达到它的沸点，在常温常压下气化也很快。因此，在实际工作，液化气泄漏喷溅到人体上时就会从人体上吸收热量而气化，使人体降温，造成"冻伤"，液化气储罐"结霜"就是由液化气吸收热量而气化造成的。液化石油气从储罐等容器或管道中泄漏后将迅速气化，需吸收大量的热量，这将导致泄漏的容器及周围环境温度急剧降低，与人体皮肤接触会造成冻伤。所以在储罐附近操作时应注意安全，不要被液化气"冻伤"。

④ 注意防火。各种液体的表面都有一定量的蒸气存在，蒸气的浓度取决于该液体的温度。可燃液体表面的蒸气与空气混合形成混合可燃气体，遇火源即发生燃烧，形成挥发性混合气体的最低燃烧温度称为闪点。在闪点时所发生的燃烧只出现瞬间火苗或闪光，这种现象叫闪燃，闪燃燃烧是不连续的，液化石油气的闪点非常低。所以，在已储存了石油液化气的储罐周围不可进行焊接等动火操作，以免发生意外。

3.2.2.3　焦炉煤气供应工艺

太阳能压延玻璃厂用的焦炉煤气通常是由附近的焦化厂供应的。除个别焦化厂是直接将炼焦的副产品——焦炉煤气供给玻璃厂使用外，大多数的焦化厂是采用以下流程进行供给：

焦炉煤气→脱硫、脱焦、脱水、脱杂质→大型煤气储罐→煤气厂加压至0.15～0.2MPa→管路井脱水→进入玻璃厂→除尘器→换向室→过滤器→总薄膜调节阀调压至0.04MPa→总流量计→各支路薄膜调节阀→分支流量计→入炉前手动调节阀→喷枪。

3.2.2.4　发生炉煤气供应工艺

（1）发生炉煤气的生产

① 煤气发生炉的生产原理。生产太阳能压延玻璃用的发生炉煤气是在单段或两段

煤气发生炉中生产的。

煤气发生炉由金属炉体、金属炉体下部的裙形挡板、金属转动灰盆（灰盘在操作时充满水，水起着水封作用，将煤气发生炉的内部空间与外面的大气隔绝）、灰盆上固定着的炉栅、炉顶的加煤机及附属设备风机、汽包等部分组成。

煤气发生炉工作时，煤仓内的燃料煤通过加煤机进入煤气发生炉，落在炉栅上的灰渣上，气化过程中所生成的灰渣在灰盆转动时自动由灰刀排出。随着气化过程的进行，燃料逐渐下降，在其原来的位置不断进入新的燃料，生成的发生炉煤气聚集在燃料层上部，由出口管引出，进入耐火材料做内衬砌筑而成的热煤气管道。

按照煤气发生炉内生产过程进行的特征，从上到下分为五层：燃料干燥层、干馏层、还原层、氧化层和灰渣层，总层高度约为900～1100mm。最上面的两层组成燃料的准备层，其次的两层是气化层。理论上，发生炉中气体的生成是一种分层式的过程，而实际上在发生炉中各层间并没有明显的界线，一个层可以部分地穿入其他层。

从炉底进入的蒸汽和空气的混合气体，首先通过150～250mm的灰渣层。在灰渣层气体稍微预热，然后进入100～200mm赤热焦炭的火层（亦称氧化层），混合气体中的氧在此与碳发生反应，同时生成反应产物CO_2和CO，其中CO_2的量通常较多，在反应进行中放出大量的热，因此氧化层的温度最高，可达1100～1200℃。在氧化层末端，随着氧气的耗尽，开始出现CO_2和H_2O的还原过程，进入200～400mm厚的还原层，当混合气体进一步向上移动时，CO_2和H_2O的还原过程继续激烈进行，而到还原层末端，CO_2和H_2O的量就所剩无几，由于还原反应是吸热反应，故还原层温度低些，温度为800～1100℃。氧化层和还原层联系紧密，在这两层中，生成发生炉煤气的主要可燃组分为CO和H_2。干馏层位于还原层之上，其厚度一般由煤种和操作规定而决定。煤炭进入炉内经干燥后，在400～550℃下析出挥发分及其他干馏产物变成焦炭，焦炭由干馏层转入还原层进行热化学反应。燃料干燥层是最上面的一层，原煤的水分在这一层被蒸发，为干馏层准备好干燥的原料。

气化层中自下而上发生的反应如下：

$$C+O_2 \Longrightarrow CO_2$$
$$2C+O_2 \Longrightarrow 2CO$$
$$C+CO_2 \Longrightarrow 2CO$$
$$C+H_2O \Longrightarrow CO+H_2$$
$$C+2H_2O \Longrightarrow CO_2+2H_2$$
$$CO+H_2O \Longrightarrow CO_2+H_2$$

煤气由气化层出来时，除了可燃组分CO和H_2外，还有H_2O、CO_2和大量由空气带来的N_2，这些气体具有较高的温度，所以在其进一步向上移动时，能将向下移动的燃料块加热至500～800℃，使后者产生干馏作用，生成焦油和其他液体馏分的蒸气，热分解水汽，可燃气体CH_4、C_2H_6、C_mH_n（主要是C_2H_4）、H_2，不可燃气体N_2、CO_2以及固体残留炭。这些热分解的挥发分与来自气化层的气体混合后，一起上升，能将燃料干燥，使燃料放出水分。

发生炉煤气的热值与组成它的各种气体的热值及其含量有关。由于干馏产物的热值较气化产物 CO 和 H_2 的热值高得多，所以发生炉煤气中干馏产物的含量愈高，其热值则愈高。

② 影响煤气热值的主要因素。煤气质量由煤气组成成分内可燃气体的含量来决定。煤气中可燃气体含量越高，则其热值也越高。影响煤气热值的因素较多，主要有以下几项。

a. 煤中灰分的影响。煤的一切可燃物质完全燃烧后所残存下来的矿物质混合物即称为灰分。

煤中的灰分含量愈低愈好。如果灰分含量高，会降低煤中可燃组分含量，并增加了由灰分带走的热损失；同时由于出灰次数增加，也影响气化过程的稳定进行。灰分过高的煤，在气化过程中由于出现部分表面被灰分覆盖的现象，导致气化反应的有效面积减小，降低了煤的反应能力。煤气发生炉气化用煤的灰分一般要求低于 15%，最好能低于 12%。

b. 煤中水分的影响。煤块在炉上部被上升的高温煤气加热而干燥。少量的水分是不太影响生产的，但水分高时，将耗费大量的蒸发热，降低燃料层和煤气的温度，增加煤气中的水分和 CO_2，降低煤气热值。

当煤中水分增加不多时，如煤气出口温度在标准下限以上，必须增厚煤层以增加水分的干燥时间，否则必然使还原层温度降低，厚度减薄，破坏 CO_2 的还原及 H_2O 的分解，使煤气质量下降。

由于煤中水分对气化及煤气质量有不利影响，一般要求烟煤和无烟煤的水分不大于 8%。

c. 煤中挥发物的影响。煤在高温及隔绝空气的条件下分解，分解出来的液态产物（以蒸气状态逸出）和气体产物称为挥发物质。黏结性煤放出挥发物质后，残存下来的残留物是焦块。

煤中的挥发分具有很高的热值。煤中挥发分越多，煤气热值也越高。一般情况下，泥煤、褐煤等具有较多挥发分；无烟煤挥发分的含量较少。

在挥发分中最主要的是 CH_4，一般发生炉煤气中 CH_4 量为 2.5%～3.5%，C_mH_n 为 0.3%～0.7%，含量均不大。挥发分中的 H_2S 燃烧后生成 SO_2，会增加对熔窑耐火材料的侵蚀和对环境的污染；SO_2 浓度高时还会导致玻璃液面产生芒硝水，严重时会影响玻璃质量，故太阳能压延玻璃工业气化用煤的含硫量要求小于 1.5%。

焦油是烟煤气化的煤气中的重要产品，在煤气中的含量约为 7～20g/m³。焦油在煤气中能增加煤气热值和传热能力。在煤气输送过程中，焦油会逐渐冷凝，堵塞管路，因此，未净化的热煤气，只能短距离输送给熔窑使用，而且温度要保持在 400℃以上。

d. 煤的机械强度的影响。机械强度是指燃料的坚固性。坚固性高有利于在气化前的运输、加工及气化过程中块度的保持。因为煤在进入发生炉气化前，要经过复杂的加工运输过程，如由煤矿装上火车运到使用地点，卸车后，煤还要经过筛分（块度过大的要先经破碎），将不合格标准的块度筛去，再由运输设备将共输送到发生炉上方的储煤仓中，然后经加煤机喂进发生炉中，在这些过程中都有可能使煤块再破碎，产生大量碎煤造成块度不均，使气化过程中炉内阻力增加、阻力不均并降低煤气质量。

试验证明，低挥发分（以可燃质计25%左右）的烟煤可碎性较高，当其成分分别趋向无烟煤和褐煤时，煤的可碎性逐渐降低，也就是从机械强度来说，低挥发分的烟煤强度低，而无烟煤及干的褐煤强度较高。

e.煤的热稳定性的影响。热稳定性是指在高温下加热、干燥、干馏、气化时是否易于崩裂。煤块崩裂成碎片是特别有害的，这不仅使被气流带出的煤尘量增加，且亦造成燃料层阻力增加，并导致阻力分布不均，引起气化过程的恶化，所以热稳定性差的煤不宜作气化用。

f.水蒸气的影响。向发生炉里输送适量的水蒸气，不但可以调节反应层温度，而且可以提高煤气热值。由于气化所需的一部分氧是由水蒸气供给的，因而加入水蒸气后，相应地减少了空气的消耗量，由空气中引入的氮气量也就相应地减少，生成的煤气中的氮含量则降低；同时水蒸气与红热的焦炭中的碳反应生成CO和H_2，这样可燃气体的百分比相应提高，煤气的发热量亦相应的提高。例如，同样以焦炭为燃料，用纯空气鼓风时，所得的空气煤气的含氮量为66.8%，热值为4.17MJ/m^3；用空气蒸汽鼓风所得的混合发生炉煤气的含氮量为52.6%，热值为5.15MJ/m^3。

另外，由于水蒸气与焦炭中的碳的反应是吸热的，这就降低了通过的气体的温度，使气体进入干馏层后，不致因高温使干馏产物中的焦油及其他碳氢化合物产生热分解，这样既保留住了发热值高的可燃物，增加了煤气的发热值，又减少了热损失。

（2）发生炉煤气供应工艺

发生炉煤气通常分为热煤气和冷煤气两种。当利用煤气发生炉生产出的煤气不经冷却，仅经干式旋风除尘器粗除尘后，通过热煤气管道直接以热的状态供应熔窑熔化部使用时称为热煤气；当生产出的煤气经除尘、洗涤、干燥、除焦油等净化装置后，煤气温度由出煤气炉时的450～550℃降低到35℃左右，经加压送往熔窑成形部使用时称为冷煤气。由于冷煤气处理过程较复杂，并且处理后污染物较多，所以，现在大部分的玻璃厂从环保角度出发，不再将热煤气洗涤后制成冷煤气，仅在熔窑熔化部使用热煤气，熔窑成形部使用的冷煤气多用液化气替代，故在此不再赘述冷煤气的生产供应流程，仅简述热煤气的工艺流程。

热煤气的特点是出炉的煤气未经冷却和净化，温度较高，含有焦油雾，由于煤气出口温度较高，焦油没有凝结，与热煤气一起被燃烧，煤气的显热也被利用，故热煤气的热值及含热量都较高，在窑炉中燃烧后火焰的辐射传热能力较强，热效率高。使用不同煤种产生的热煤气热量见表3-16。

表3-16 不同煤种产生的热煤气热量

煤种	煤气温度/℃	含水分和焦油量/（g/m^3）		焦油热值/（MJ/kg）	单位煤气热量/（MJ/m^3 干煤气）			
		水分	焦油		煤气	焦油	显热	总计
泥煤	100	37	300	33.076	5.862	1.223	0.138	7.223
褐煤	125	30	280	33.913	6.071	1.017	0.172	7.26
烟煤	550	15	85	36.006	5.652	0.54	0.758	6.95

　　为了避免煤气中焦油雾的冷凝及减少物理热的损失，热煤气站应尽可能建立在窑炉附近，输送管道不要超过100m，而且所有的煤气管道系统均应进行保温。由于在煤气管道的沿线上有焦油及烟尘沉降，必须经常清扫管道；热煤气温度高，且有烟尘和焦油，不能用煤气加压机加压，因此煤气到达熔窑处压力较低，只有200～300Pa，出炉压力一般低于500～600Pa；由于低压输送，煤气流速低，只有2～3m/s。此外，热煤气较难分配调节，难以进行煤气量的测量和自动控制。

　　热煤气的生产供应流程一般是：原料煤（弱黏结煤）从运输工具上卸下后，按煤种及进厂的先后，分堆存放。如进厂的是中块煤，在使用前只需过筛即可输送到发生炉顶上的煤仓，过筛分粗筛与细筛，粗筛将大于80mm的大块筛出，细筛则将小于12mm的末煤筛出；如进厂的是特大块，还需经过破碎工序。中块煤入发生炉气化成热煤气后，经除尘器进行粗除尘，然后经盘形阀或水封阀导入设有降尘斗的热煤气总管道中，然后送入熔窑内。在盘形阀或水封阀与发生炉之间的煤气管道上，设有与大气相通的放散管，用来在点炉、止炉时放散烟气和煤气。

　　热煤气的生产供应工艺流程如下：

煤堆场 $\xrightarrow{\text{(破碎)过筛}}$ 上煤小车 → 储煤仓 → 加煤机 → 煤气炉 $\xrightarrow{\text{空气+蒸汽}}$ 热煤气 $\xrightarrow{\text{放散}}$ 除尘器

→ 盘形阀(水封阀) → 煤气管道 → 煤气交换机 → 煤气烟道 → 煤气调节闸板 →

（存烟子斗）

煤气蓄热室 → 小炉喷火口 → 熔化部燃烧

　　在太阳能压延玻璃工厂中，如有若干座彼此距离不远的熔窑使用煤气，一般不建立单独和分散的煤气发生炉装置，此时可将煤气的生产集中在一个地方，即组成煤气发生站；如窑炉分布较分散，彼此距离相隔很远，而又需要热煤气时，可建立单独的煤气发生装置。

　　在以上四种气体燃料中，发生炉煤气与天然气、焦炉煤气和液化石油气相比，对环境造成的污染要大，从环保角度考虑，熔化玻璃的气体燃料建议尽量采用天然气、焦炉煤气或液化石油气，而不使用发生炉煤气。

　　天然气由于具有高而稳定的热值、输送和调节方便、没有杂质、燃料消耗量和燃料/空气比例容易控制、节省基建投资、生产的玻璃质量好等优点，所以在供应条件具备的情况下，是熔化玻璃的首选燃料。在天然气中，由于甲烷黑度小，燃烧亮度不够，所以甲烷含量高的气田气比甲烷含量低的油田气传热效率差。

　　与燃料油相比，天然气具有燃烧设备投资低、设备维修费用少、含硫量低、环境污染小，容易操作等优点；但是，由于天然气含重烃类少，火焰黑度小，故燃烧时火焰的亮度较差，火焰辐射传热能力比燃料油低，所以，天然气消耗量为燃料油的1.1～1.2倍。且其火焰发飘，不如燃料油火焰容易调节，此外，天然气采用在小炉下底烧时火根为还原气氛，使玻璃液中的Fe^{2+}较高，生产白色玻璃时颜色偏绿色调。若天然气采用在小炉上侧烧，与助燃空气在小炉内会形成预燃，虽然会消除天然气火焰的还原性气氛，并且克服了天然气底烧形成火焰较长的缺点，但同时易带来火焰发飘，易烧损大碹等不利因素。

3.3 石油焦粉应用

鉴于石油焦粉作为生产太阳能玻璃燃料会对环境造成一定影响，若在熔窑内燃烧不完全时窑内会呈还原气氛，使玻璃颜色呈灰褐色，降低0.1%～0.2%的透光率，故本书中的石油焦粉仅作为普通常识介绍，不建议在太阳能压延玻璃生产中大面积使用。

（1）石油焦理化性质

石油焦又名生焦，是以原油蒸馏后的重油或其他重油为原料，以高流速通过500℃±1℃加热炉的炉管，在高温下经延迟焦化工艺而裂解、缩合生产轻质油品时的副产物，故称之为延迟石油焦，简称石油焦。刚生产出来的副产物，未经过煅烧加工时又称为生焦。石油焦的产量约为原料油的25%～30%。

从外观上看，石油焦是形状不规则、大小不一的黑色或暗灰色块状（或颗粒）的坚硬固体石油产品，带有金属光泽，呈多孔性，是由微小石墨结晶形成粒状、柱状或针状构成的炭体物，其形态随制作程序、操作条件及进料性质的不同而有所差异。

石油焦组分是碳氢化合物，含碳90%～97%，含氢1.5%～8%，还含有一些未炭化的碳氢化合物的挥发分和氮、氯、硫、水、灰及重金属化合物等矿物杂质。其低位热值约为煤的1.5～2倍，灰分含量不大于0.5%，挥发分约为11%左右，品质接近于无烟煤。

石油焦具有其特有的物理、化学性质及机械性质。物理性质中，孔隙度及密度了决定它的反应能力和热物理性质；发热部分的不挥发性碳、挥发物和矿物杂质这些指标决定了石油焦的化学性质；颗粒组成、加工方式、硬度、耐磨性、强度等决定了其机械性质。

由于石油焦是炼油过程中的副产物，它的质量受原油性质的影响，基本属于先天性的；数量也取决于原油一次加工能力和炼油企业二次加工装置配套状况。

（2）石油焦质量标准

石油焦目前还没有相应的国家质量标准。现国内生产企业主要依据中国石化总公司制定的行业标准SH/T 0527—2011生产（详见表3-17）。该标准主要根据石油焦硫含量、挥发分和灰分等指标的不同，分为4个牌号，每个牌号又按质量分为A、B两种。

1号焦适用于炼钢工业中制作普通功率石墨电极，也适用于炼铝业作铝用碳素；2号焦用作炼铝工业中电解槽（炉）所用的电极糊和生产电极（碳素）；3号焦用作生产碳化硅（研磨材料）及碳化钙（电石），以及其他碳素制品，亦用于制造炼铝电解槽的阳极底块及用于高炉碳素衬砖或炉底构筑，也可用作燃料。

（3）石油焦分类

① 根据石油焦结构和外观。根据结构和外观，石油焦产品可分为针状焦、海绵焦、弹丸焦和粉焦4种。

a.针状焦。具有明显的针状结构和纤维纹理，有较低的电阻及热膨胀系数，主要用

表 3-17　石油焦标准（SH/T 0527—2011）

项目	单位	一级品	合格品									
			1A	1B	2A	2B	3A	3B	4A	4B	5#	6#
硫含量	%	≤ 0.5	≤ 0.5	≤ 0.8	≤ 1.0	≤ 1.5	≤ 2.0	≤ 3.0	≤ 5.0	≤ 7.0	≤ 9.0	≤ 12.0
挥发分	%	≤ 12	≤ 12	≤ 14	≤ 14	≤ 17	≤ 18	≤ 20	≤ 14	≤ 16	≤ 18	≤ 18
灰分	%	≤ 0.3	≤ 0.3	≤ 0.5	≤ 0.5	≤ 0.5	≤ 0.8	≤ 1.2	≤ 0.8	≤ 1.0	≤ 1.0	≤ 1.0
水分	%	≤ 3.0										
真密度	g/cm³	< 2.08	< 2.13									
粉焦量	%	块粒 8mm 以下 < 25										
硅含量	%	≤ 0.08										
钒含量	%	≤ 0.015										
铁含量	%	≤ 0.08										
低热值	MJ/kg	34.75 ~ 36										

作炼钢中的高功率和超高功率石墨电极。由于针状焦在硫含量、灰分、挥发分和真密度等方面有严格质量指标要求，所以对针状焦的生产工艺和原料都有特殊的要求。

b. 海绵焦。化学反应性高，杂质含量低，主要用于炼铝工业及碳素行业。

c. 弹丸焦或球状焦。形状呈圆球形，直径0.6 ~ 30mm，比较坚硬，比表面积小，不易焦化，一般是由高硫、高沥青质渣油生产，目前多用作发电、水泥等工业燃料。

d. 粉焦。经流态化焦化工艺生产，其颗粒细（直径0.1 ~ 0.4mm），挥发分高，热胀系数高，不能直接用于电极制备和碳素行业。

② 根据含硫量不同。石油焦分为低硫焦、中硫焦和高硫焦，见表3-18。

表 3-18　石油焦按含硫量分类表

产地	低硫焦	中硫焦	高硫焦
中国	0.5% ~ 0.8%	1.0% ~ 1.5%	2.0% ~ 3.0%
俄罗斯	< 0.5%	0.8 ~ 4.0%	≥ 4.0%

低硫焦可用于钢铁厂生产石墨电极和增碳剂；中硫焦常用于铝厂生产预焙阳极、冶炼工业硅和生产阳极糊；高硫焦则一般用作水泥厂和发电厂等工业的燃料。若石油焦用作燃料，从环保角度考虑，建议使用低硫焦。

③ 按含灰分量不同。石油焦分为低灰焦、中灰焦和高灰焦，分类见表3-19。

表 3-19　石油焦按含灰量分类表

产地	低灰焦	中灰焦	高灰焦
中国	0.3% ~ 0.5%	0.5%	0.8% ~ 1.2%
俄罗斯	< 0.5%	0.5% ~ 0.8%	> 0.8%

（4）石油焦的主要用途

石油焦主要用于制取碳素制品，如石墨电极、阳极糊，提供给炼钢、有色金属、炼铝行业用；制取碳化硅制品，如各种砂轮、砂皮、砂纸等；生焦不经煅烧可直接用于制取碳化钙作电石主料供制作合成纤维、乙炔等产品，生产碳化硅和碳化硼作研磨材料；也可作为燃料，石油焦做燃料时，其热值较煤炭高；挥发物及灰分较煤炭少，但水分及硫分较煤炭高，常被用来取代水泥窑的煤炭。根据统计资料显示，全世界生产的石油焦约有38%用在水泥业，约有12%当工业锅炉燃料。

生焦可直接当做燃料级的石油焦。如果要做炼铝、制镁的阳极或炼钢用的石墨电极，则需对生焦再经1300℃左右高温煅烧，目的是将石油焦挥发分尽量除掉，这样可减少石油焦再制品的氢含量，使石油焦的石墨化程度提高，从而提高石墨电极的高温强度和耐热性能，并改善石墨电极的电导率。

石油焦堆放场地应清扫干净，储存时需按牌号堆放。

（5）石油焦粉的燃烧特性

石油焦粉的颗粒直径、升温速率、挥发分释放特性指数等，都会对石油焦的着火温度及燃烬产生影响。不同颗粒直径的石油焦粉的着火温度和燃烬温度各不相同。通常150～200目石油焦粉的着火温度小于300℃，燃烬温度为580℃；100～150目着火温度为300℃左右，燃烬温度为590℃；1.0mm时着火温度为450℃，燃烬温度为650℃，即随着颗粒直径的增加，着火温度和燃烬温度也随之增高。

石油焦粉的燃烧特性处于烟煤和无烟煤之间，石油焦的着火点及燃烬温度也处于烟煤和无烟煤之间。挥发分的释放有利于石油焦的燃烧，挥发分特性指数大的石油焦，其燃烧特性指数也大。

（6）石油焦与煤的比较

石油焦与煤的性质比较见表3-20。

表3-20　石油焦与煤的性质比较表

序号	项目	单位	石油焦	弱黏结烟煤	无烟煤
1	低热值	MJ/kg	35～39	29.7～30.8	25～32.5
2	挥发物	质量分数（%）	4～18	20～37	≤10.0
3	硫分	质量分数（%）	2.5～5.5	0.4～2.5	≤0.4
4	灰分	质量分数（%）	0.3～0.5	≤12.0	≤10.0
5	水分	质量分数（%）	0.7～1.05	≤3.2	≤3.0
6	碳含量	质量分数（%）	82～97	49～66	72～81
7	密度	g/cm³	1.2～1.8	1.36	1.5

（7）石油焦粉使用质量标准

石油焦粉作为玻璃燃料时，原则上使用碳含量≥95%的1B级海绵石油焦进行加工，加工后成品石油焦粉理化指标应达到表3-21中的要求。

表 3-21　石油焦粉玻璃燃料理化指标

粒度 /mm		成分 /%					灰分 /%	水分 /%	挥发分 /%
< 0.090（170目）	< 0.075（200目）	S	V	Ni	Fe	Ti			
100%	95%	< 1.0	≤ 0.03	≤ 0.03	≤ 0.08	≤ 0.005	≤ 0.5	≤ 3	≤ 14

石油焦粉体积密度为 $0.52 \sim 0.56 g/cm^3$，着火点 ≥750℃，低位热值 ≥35MJ/kg。

第4章

玻璃熔制与熔窑

4.1 玻璃熔制工艺

4.2 玻璃熔窑

4.1　玻璃熔制工艺

4.1.1　玻璃熔制的五个阶段

将混合均匀的配合料高温加热熔融，形成透明、纯净、均匀并适合于成形的玻璃液，这道工序称为玻璃的熔制。玻璃熔制是玻璃生产工艺中最重要的过程之一，它的任务是用气体或液体燃料把符合质量要求的配合料在熔窑中加热熔化，制得化学成分均匀的玻璃液供成形使用。为了达到熔制的目的，必须选用型式结构合理的窑炉，采取一系列合理的操作制度（如温度制度、压力制度、气氛制度等）。与其他平板玻璃一样，太阳能压延玻璃的成品质量主要取决于熔制过程。因为绝大部分的玻璃缺陷是在熔制过程中产生的，所以只有进行合理的玻璃熔制才能生产出优质产品，并保证整个生产过程连续、顺利地进行。另外，加快玻璃熔制过程可以大大提高产量，降低产品成本。

玻璃熔制是一个十分复杂的过程，它包括各种物理变化（如加热、挥发、熔化、排除吸附水、晶型转化等）、化学变化（如分解反应、固相反应、排除化学结合水）和物理化学变化（如气液相的平衡、各组分相互溶解等）。

玻璃的熔制过程可分为五个阶段：硅酸盐形成阶段、玻璃形成阶段、玻璃液澄清阶段、玻璃液均化阶段和玻璃液冷却阶段。这些阶段互不相同，各有特点，但又相互密切联系，在实际的熔制过程中，各阶段之间没有明显的界限。

4.1.1.1　硅酸盐形成阶段

硅酸盐形成是玻璃熔制过程的第一个阶段。在这个阶段，配合料入窑后，在高温下各组分由于加热会发生一系列物理变化、化学变化和物理化学变化。这一阶段结束时，配合料变成了由硅酸盐和游离二氧化硅组成的不透明的烧结物，其中含有大量的石英砂粒、气泡和条纹。

硅酸盐形成的基本过程大致如下：配合料加热时，开始主要是固相反应，有大量气体逸出。一般 $MgCO_3$ 与 $CaCO_3$ 能直接分解，逸出 CO_2，而其他化合物与 SiO_2 相互反应才分解。随后 SiO_2 和其他组分开始相互反应生成烧结物。烧结物的产生，会阻碍气体的逸出。之后开始出现少量的液相，一般是形成低温共熔物，它能促进配合料的熔化。反应很快转向固相与液相之间进行，这时固相向液相的转化是主要的，液相不断增加，液相的增加又促进了固相反应的进行。配合料的基本反应大体完成时，配合料变成由硅酸盐和未反应的 SiO_2 组成的不透明烧结物，硅酸盐形成过程基本结束。

硅酸盐形成阶段的主要反应有水分排除，盐类分解，多晶转变，生成硅酸盐、复盐、低共熔混合物和熔化等。玻璃熔制时，通常由投料机将配合料投入窑内直接加热到1300℃以上，各种变化同时进行，硅酸盐形成阶段的反应只需约 $3 \sim 5min$ 即可完成。硅酸盐形成阶段所需的时间主要决定于温度，另外还取决于配合料的性质、加料速度、投料方式等。

配合料加热时，首先是排出所含吸附水或结晶水，温度继续升高时释放出化学结合水。继续加热至一定温度时，配合料中各种盐类（如碳酸盐、硫酸盐等）分解，生成金属氧化物同时放出气体。

某些组分具有多种晶型，温度变化时晶体结构会发生变化，从一种晶型转化成为另一种晶型。例如，硅砂中的SiO_2有石英、鳞石英和方石英三种晶型；同类的晶型根据温度的高低又可分为α、β、γ三种变态；同类的石英，晶型转变较快，转变温度也低，而不同类的石英，晶型转变速度较慢，转变温度也较高。当配合料加热到575℃时，硅砂中的β-石英就迅速转变为α-石英，这时体积膨胀0.82%；当温度达到1000～1450℃时，α-石英会慢慢地转化为α-方石英，但若在1400～1450℃停留很长时间，α-方石英就会转变为α-鳞石英。若有其他组分与其生成低温共熔混合液相时，α-石英能于1200～1460℃经过介稳的α-方石英转变为α-鳞石英；当温度高于1470℃时，α-鳞石英又变为α-方石英；当温度高于1710℃时，α-方石英熔化。

配合料在形成硅酸盐和玻璃时，其反应极为复杂，但由于多组分是由单组分组成的，所以，可以先从单组分的多晶转变、转化温度、熔点及分解温度来了解各组分在加热熔化过程的变化，见表4-1。

在实际生产过程中，配合料各组分同时加热时，并不按表4-1中各自固有的反应和现象变化，它们常因各组分的相互作用而同时发生其他变化。

表4-1 单组分熔化过程中的反应及反应温度

组分名称		熔化时的转化反应	转化反应的温度
硅砂（SiO_2）	多晶转变	β-石英 → α-石英	575℃
		α-石英 → α-鳞石英	870℃
		α-鳞石英 → α-方石英	1470℃
	熔化	—	1710℃
纯碱（Na_2CO_3）	分解	Na_2CO_3 → Na_2O+CO_2（有SiO_2时反应速度加快）窑炉气氛中有CO_2时对分解有影响	700℃左右开始分解
	熔化	—	849～852℃
石灰石（$CaCO_3$）	分解	$CaCO_3$ → CaO+CO_2	500℃左右开始
	熔化	—	1290℃
白云石（$MgCO_3$）		$MgCO_3$先分解，$CaCO_3$后分解	700℃左右$MgCO_3$完全分解，$CaCO_3$分解很少
芒硝（Na_2SO_4）	多晶转变	无水芒硝（斜方晶系）→偏位芒硝（单斜晶系）	235℃左右
	熔融	—	884℃
	分解	Na_2SO_4 → Na_2O+SO_2	1200℃开始
长石	$Na_2O·Al_2O_3·6SiO_2$ 熔化		1100℃
	$K_2O·Al_2O_3·6SiO_2$ 熔化		1170℃
氧化铝（Al_2O_3）	熔融		2010℃
硝酸钠（$NaNO_3$）	分解	$NaNO_3$ → $NaNO_2$+O_2	350℃左右
		$NaNO_2$ → Na_2O+N_2+O_2	＞350℃
	熔化	—	360℃

在多组分配合料中，碳酸盐分解、硅酸盐形成及熔化等反应开始得早，进行得比较剧烈，终结时的温度也较低，这是由于反应中生成了多种低共熔混合物所致。通常纯晶体物质都有固定的熔点，晶体物质加热到熔点以上，就从固相转变成液相，例如，NaCl的熔点是804℃，Na_2SO_4的熔点是884℃，当对两者的混合物进行加热时，出现液相的温度只有640℃左右，远远低于NaCl和Na_2SO_4各自的熔点，像这样两种物质形成的熔点最低的混合物就是低共熔物，相应的温度称为低共熔点。多组分配合料的硅酸盐形成与玻璃形成时间比单组分、两组分混合物要快得多。多组分配合料加热时的各种变化情况见表4-2。

4.1.1.2 玻璃形成阶段

硅酸盐形成阶段结束后，配合料的基本反应大体完成，变成由硅酸盐和未反应SiO_2组成的不透明烧结物。温度继续升高，硅酸盐和石英颗粒完全熔融，成为含有大量可见气泡的、在温度和化学成分上不均匀的半透明玻璃液，这就是玻璃形成阶段。对于太阳能压延玻璃和浮法玻璃，这一阶段约在1350℃结束，此时熔融物中石英砂粒完全熔融，形成透明的玻璃液，但含有气泡和条纹。

石英颗粒的熔融过程非常缓慢，所以玻璃形成阶段的速度实际上取决于石英颗粒的熔融速率。石英颗粒的熔融过程分为两步，首先在颗粒表面发生熔化，而后熔化的SiO_2自颗粒表面的熔融层向外扩散。这两步中，扩散速率较慢，所以熔融速率取决于扩散速率。扩散速率与熔融体的关系甚大，随着石英颗粒逐渐熔化，熔融物中SiO_2含量越来越高，熔融体的黏度也随着增加。黏度越大，扩散阻力也越大，扩散速率和熔融速率就越小，降低熔融物的黏度就可提高玻璃形成速度。除了SiO_2与硅酸盐分子间的扩散外，还有各种硅酸盐在熔融体内进行的扩散过程，这些扩散过程能使SiO_2更快熔化，还能使不同区域的硅酸盐浓度逐渐均匀。

影响石英颗粒熔融速率的主要因素是熔制温度、玻璃成分和硅砂颗粒的大小。玻璃成分中难熔组分SiO_2和Al_2O_3越多，砂粒熔化速率越慢；助熔组分Na_2O和K_2O越多，熔化速率越快。适当提高熔制温度可加快玻璃形成速度，有条件的地方还可辅助电熔。当然，在提高熔制温度时，窑炉要相应地使用优质耐火材料。在生产中要防止温度过低或温度波动，以免石英颗粒熔融不完全，形成浮渣而留在玻璃液中造成缺陷，影响玻璃的质量。

硅酸盐形成阶段与玻璃形成阶段之间没有明显的界限，在硅酸盐形成过程尚未结束时，玻璃形成已经开始。但这两个过程所需时间相差很大，硅酸盐形成阶段进行极其迅速，而玻璃形成却很缓慢。通常这两个过程约需32min，其中硅酸盐形成只需3～5min，玻璃形成却需要28～29min。由于实际生产过程中多采用高温进料，即配合料进窑的投料口处温度达1300℃，前脸墙内可达1400℃以上，反应进行很快，要划分这两个过程比较困难，因此，可把这两个过程总称为玻璃熔化过程。

4.1.1.3 玻璃液澄清阶段

由于玻璃配合料中含有大量碳酸盐，所以玻璃形成阶段结束时，整个熔融体内含有许多二氧化碳等各类可见气泡，从玻璃液中除去可见气泡的过程称为玻璃液的澄清，它

表4-2 多组分配合料加热反应变化过程

序号	反应温度	加热时的变化	变化过程
1	100～120℃	配合料中的水分蒸发	排除吸附水
2	235～239℃	Na_2SO_4 多晶转变	从斜方晶型转变成单斜晶型
3	约260℃	煤粉开始分解并部分挥发	煤粉分解温度随煤质不同而不同
4	<300℃	生成镁钠复盐	$MgCO_3 + Na_2CO_3 \longrightarrow MgNa_2(CO_3)_2$
5	300℃	$MgCO_3$ 开始分解	$MgCO_3 \longrightarrow MgO + CO_2 \uparrow$
6	340～620℃	镁钠复盐与 SiO_2 反应形成硅酸盐	$MgNa_2(CO_3)_2 + SiO_2 \longrightarrow MgSiO_3 + Na_2SiO_3 + CO_2 \uparrow$
7	<400℃	开始生成钙钠复盐	$CaCO_3 + Na_2CO_3 \longrightarrow CaNa_2(CO_3)_2$
8	420℃	$CaCO_3$ 开始分解	$CaCO_3 \longrightarrow CaO + CO_2 \uparrow$
9	450～700℃	$MgCO_3$ 与 SiO_2 反应	$MgCO_3 + SiO_2 \longrightarrow MgSiO_3 + CO_2 \uparrow$
10	400℃开始，500℃进行的很快	Na_2SO_4 与煤粉之间进行固相反应	$Na_2SO_4 + C \longrightarrow Na_2S + CO_2 \uparrow$
	500℃	开始有 Na_2S 和 Na_2CO_3 生成	$Na_2S + CaCO_3 \longrightarrow Na_2CO_3 + CaS$
11	575℃	石英的多晶转变	β-石英 $\longrightarrow \alpha$-石英
12	585～900℃	钙钠复盐与 SiO_2 反应形成硅酸盐	$CaNa_2(CO_3)_2 + SiO_2 \longrightarrow CaSiO_3 + Na_2SiO_3 + CO_2 \uparrow$
13	600～920℃	$CaCO_3$ 与 SiO_2 反应形成硅酸盐	$CaCO_3 + SiO_2 \longrightarrow CaSiO_3 + CO_2 \uparrow$
14	600～1200℃	$MgSiO_3$ 和 $CaSiO_3$ 反应	$CaSiO_3 + MgSiO_3 \longrightarrow CaMg(SiO_3)_2$
15	620℃	$MgCO_3$ 分解达到最高速度	620℃后分解速度减慢
16	700～900℃	Na_2CO_3 与 SiO_2 反应形成硅酸盐	$Na_2CO_3 + SiO_2 \longrightarrow Na_2SiO_3 + CO_2 \uparrow$
17	740℃ 756℃ 780℃ 795℃ 865℃	生成低共熔混合物 Na_2SO_4-Na_2S Na_2S-Na_2CO_3 Na_2CO_3-$CaNa_2(CO_3)_2$ Na_2SO_4-Na_2CO_3 Na_2SO_4-Na_2SiO_3	玻璃形成阶段开始
18	855℃	未反应的 Na_2CO_3 开始熔融	
19	865℃	Na_2S、CaS 与 SiO_2 反应形成硅酸盐（偏硅酸钠和偏硅酸钙）	$Na_2S + Na_2SO_4 + SiO_2 \longrightarrow Na_2SiO_3 + SO_2 \uparrow + S \uparrow$ $CaS + Na_2SO_4 + SiO_2 \longrightarrow Na_2SiO_3 + CaSiO_3 + SO_2 \uparrow + S \uparrow$
20	885℃	Na_2SO_4 开始熔融	
21	900～1100℃	硅酸盐生成过程剧烈进行	
22	915℃	$CaCO_3$ 分解速率达最大	
23	980～1150℃	MgO 与 SiO_2 反应形成硅酸盐	$MgO + SiO_2 \longrightarrow MgSiO_3$
24	1010～1150℃	CaO 与 SiO_2 反应形成硅酸盐	$CaO + SiO_2 \longrightarrow CaSiO_3$
25	1200～1300℃	石英颗粒、低共熔混合物、硅酸盐熔融	玻璃形成过程完成，玻璃液开始澄清、均化

是玻璃熔制过程中的重要阶段。澄清的目的是消除可见气泡，而不是消除全部气体。此阶段玻璃液中还有条纹，温度也不均匀。

在玻璃熔化过程中，配合料的物理变化、化学反应及物理化学反应致使窑内炉气、玻璃液、气泡中都含有气体，在澄清过程中它们之间将发生复杂的气体交换，交换的形式主要有两种：

① 溶解或结合于玻璃液中的气体→玻璃液中的可见气泡→逸出玻璃液，进入窑气内；
② 玻璃液中可见气泡→溶解于玻璃液内而消失。

在实际生产中，第一种情况是主要的气泡排除方式，其实际过程大致如下：首先是在硅酸盐形成和玻璃形成过程中，碳酸盐和硅砂发生反应，大约有占配合料质量15%～20%的气体（大部分为CO_2）在料隙中逸出，随着反应的进行，配合料颗粒基本完全熔化时，熔体逐渐把未熔融的料包围起来，使后面产生的这部分气体不能顺利逸出而部分溶解于玻璃液中，剩下的气体只是气体生成总量的很少一部分。气体溶解至一定程度饱和后，开始从液相转移成气相，产生微小的气泡。随着玻璃液中气体不断向气泡中扩散，气泡逐渐长大，并上升到液面逸出。

通常玻璃液黏度越小，气泡直径越大，气泡上升速度越快。因此，实际生产中要设法提高澄清温度，以降低玻璃液黏度，促使气泡快速排除，一般将黏度接近100P（10Pa·s）时对应的温度作为澄清温度。

对于第二种情况，即玻璃液中可见气泡溶解于玻璃液内而消失，主要发生在降温过程中。一般气体在玻璃液中的溶解度随温度降低而增大，因此慢速降温有利于气泡溶解于玻璃液中。

玻璃液的澄清过程与配合料的组成、熔化温度、窑内压力、澄清温度、澄清时间等因素有很大关系。配合料组成主要是影响气体率，气体率过大，熔制时形成过多泡沫，不仅延长澄清时间，气泡也难消除；气体比例过小，则气泡对玻璃液的翻动作用较弱，气泡也难消除。另外配合料如发生分层，在熔制时将发生局部化学反应迟缓的现象，这会形成大量小气泡，影响澄清过程。澄清过程中窑内必须保持微正压，正压过大会阻碍气泡上升，不利于澄清；负压过大会使大量冷空气进入窑内，增大玻璃液黏度，也不利于澄清。提高澄清温度，玻璃液黏度减小，气泡体积增大，可以加快气泡上升速度，使气泡迅速排除；但过高的澄清温度常带来相反的结果，主要是温度高会导致玻璃液对耐火材料的侵蚀，带来的气泡较难消除，因为玻璃液在高温时黏度小，极易渗入耐火材料微小空隙中，并将其中所含的气体赶出，这些气体进入玻璃液中会产生微小气泡。在配合料中加入澄清剂也是加速澄清的有效措施，澄清剂能在高温下分解或挥发，在澄清阶段生成大量气体溶解于玻璃液中，使玻璃液中气体呈过饱和状态，提高了它们在玻璃液中的分压，来自澄清剂的气体和玻璃液中原有的气体共同进入气泡，这样就会增大气泡直径，加快气泡排除速度，这些气泡上升时，还能把一部分小气泡带出。

从澄清阶段发生的变化来看，在到达最高温度之前，熔体的温度不断升高，气体溶解度减小，过饱和程度增加，气体有逸出的趋势。再加上澄清剂的分解，熔体中某些气体分压增大，气体不断从熔体转入气泡。随温度升高，黏度下降，气泡很快上浮。因此在澄清阶段的前期，主要是小气泡的长大和大气泡的排除。在澄清阶段的后期，温度缓慢下降，熔体中的气体变成不饱和状态，气泡中的气体开始溶解进入熔体中，小气泡缩小以至消失。因此在澄清阶段的后期，主要是小气泡的消失。

可见气泡的消除是一个复杂的过程，一般来说，除与澄清过程中气体间的转化与平衡、配合料组成、澄清剂类型、熔化温度制度、窑内压力、气泡中气体的性质等因素有关外，更主要是与玻璃的表面张力有很大关系。玻璃液的表面张力在一定程度上决定了气泡的成长、溶解和从玻璃液中排除的速度，而玻璃的表面张力又与上述各种因素是相辅相成的。

4.1.1.4　玻璃液均化阶段

虽然配合料在送入窑头料仓之前已进行过混合，并已采取各种措施力图使各种原料在配合料中处于均匀分布状态，但是，在配合料的输送及窑头料仓储存过程中，部分配合料难免会形成分层，并且配合料在熔制过程中存在组分挥发现象，从而使配合料形成部分不均体；玻璃形成后，玻璃液的化学组成和温度也都是不均匀的，玻璃液中带有与玻璃主体化学成分不同的条纹，对成品将产生有害的影响（如膨胀系数不同会产生应力，黏度和表面张力不同会产生波筋和条纹）。玻璃液的均化就是通过玻璃液的扩散、对流和搅拌作用，消除夹杂的条纹和热不均匀体，使整个玻璃熔融体的化学组成和温度均匀一致的过程。均化温度略低于澄清温度。

实际上均化过程早在玻璃形成阶段已经开始，在澄清的同时，玻璃液的均化也在进行，但主要的还是在澄清之后进行。均化与澄清没有明显的界限，两个过程既有一致之处又有不同的地方。澄清时由于气泡的排出起着很大的搅拌作用，气泡碰到条纹或不均体层时，就能将它们拉成线状或带状，在拉力作用下，条纹越来越薄，从而使均化过程易于进行。生产某些特种玻璃时，均化阶段采用机械搅拌，由于气体扩散加快，气泡直径迅速增大并上升，气泡急剧减少，也有利于澄清。再如均化与澄清两个过程都希望提高玻璃液的温度，因为温度高，玻璃液黏度小，表面张力也小，既便于气泡排除，又利于玻璃液均化。

均化过程主要利用的是分子扩散运动、对流作用和气泡上升而起的搅拌作用。浓度差引起的分子扩散运动，使玻璃液中含某组分较多的部分向含该组分较少的部分转移，玻璃液的化学组成逐渐趋向于均匀。温度差引起的对流，使玻璃液各处的温度趋于均匀。应当特别指出的是，熔体中局部含 Al_2O_3 较多的地方形成的富 Al_2O_3 透明体条纹，在均化过程中是不易消除的，这是由于条纹处的表面张力较大，阻碍了 Al_2O_3 分子向玻璃液中的扩散。因此，引入 Al_2O_3 的原料要在配合料中混合均匀，而且池壁耐火材料的耐侵蚀性要好，防止产生富 Al_2O_3 的条纹。

玻璃液中条纹扩散和溶解的速度决定于主体玻璃液和条纹处玻璃液表面张力的相对大小，如果条纹处玻璃液的表面张力较小，条纹会试图展开成薄膜状，并包围在玻璃体周围，这样条纹很快便能溶解而消失；相反，如果条纹处玻璃液的表面张力较主体玻璃液大，例如 Al_2O_3 的含量较高时，条纹会试图成为球形，不利于溶解，因而较难消除。

加速玻璃液均化所采取的措施基本与澄清相同，如提高熔制温度、延长熔制时间、进行机械搅拌、鼓泡翻腾等。提高熔制温度时也要注意，玻璃液对耐火材料的侵蚀会加剧，尤其是含碱金属或碱土金属成分较高的玻璃液，与耐火材料中 SiO_2、Al_2O_3 反应能力较强，会造成玻璃的缺陷。

4.1.1.5　玻璃液冷却阶段

玻璃液冷却是熔制过程的最后阶段。澄清、均化后的玻璃液黏度太小，不适合成形使用，必须将其冷却，使黏度提高到成形所需的范围。玻璃液的性质和成形的方法不同，冷却过程中玻璃液温度降低的程度也不同。

玻璃液的冷却必须均匀，不能破坏均化的成果，否则会导致原板产生波筋等缺陷。因此一般采取自然冷却方式，即依靠玻璃液面以及池壁池底向外均匀的热辐射来进行冷却，也可以通过向冷却部吹风进行强制冷却。

冷却过程中要特别注意防止产生二次气泡。二次气泡又称再生气泡，是在已澄清好的玻璃液中重新出现的一种小气泡，直径一般小于0.1mm，分布均匀，每立方厘米玻璃中数量可达数千个之多，并且一旦产生无法消除。

二次气泡产生的原因是不合理的冷却过程破坏了澄清时各相已建立的平衡关系。特别是当已冷却的玻璃液由于某种原因被重新加热时，最容易导致二次气泡产生：一方面是由于玻璃液中的硫酸盐受热分解，放出气体；另一方面是由于温度回升使某些气体的溶解度下降，导致从玻璃液中析出气泡。此外，冷却部炉气中存在还原气氛时，也会导致硫酸盐的分解而析出二次气泡。偶尔掉进玻璃液中的还原剂（铁件、焦炭等）和耐火材料中含有的还原剂也有类似的作用。

4.1.2　理论热耗与热效率

理论上，玻璃熔制过程中要消耗的热量包括硅酸盐生成反应消耗的热量、将固态硅酸盐融成玻璃所耗热量、将玻璃液加热到熔化温度所耗热量以及水分蒸发和气体逸出的热耗等。从理论上讲，只需消耗这些热量就可熔制出玻璃。理论热耗可以根据玻璃成分和工艺条件进行估算。根据有关专家的研究，平板玻璃在熔化时的理论热耗约为每千克玻璃液2.94MJ。实际上熔制过程的热量消耗远不止这些，有大量热能浪费掉了，其中包括烟气带走的热量、燃料化学燃烧不完全损失的热量、窑体（包括大碹、胸墙、池壁、池底等各部位）散失的热量、通过孔口和缝隙散失的热量等。目前国内日熔化量900t以上、采用空气进行燃烧的太阳能压延玻璃生产线，实际热耗最低的为每千克玻璃液5.45MJ。

由此看来，实际热耗要比理论热耗高85%以上。通常用热效率来表示对热能有效利用的程度。热效率定义为熔制玻璃时理论耗热与实际耗热之比，一般用百分数表示，这是一个重要的技术经济指标。使用空气助燃的玻璃熔窑，其热效率目前只有30%～35%，个别的能达到40%。热效率低的主要原因是：①目前熔化玻璃采用表面传热方法，传热作用差，料粉和玻璃液的受热面积小；②窑内有大量对流存在，加热回流玻璃液要消耗很多热量；③现阶段熔窑都采用空气燃烧法，空气中的惰性气体氮气变成烟气后要带走大量热量；④向四周散失大量热。

熔窑热效率如此之低说明在能量利用方面存在很大的浪费，也就是说在节能方面还有很大潜力。近些年，无论国内还是国际上都对能源的开发和节约使用问题十分重视，因此降低燃料消耗，努力提高热效率成为玻璃工业当前的一项主要任务。目前，国内外玻璃行业工作者已做了大量的工作：

① 改进熔窑结构（例如设立窑坎，改进小炉结构和卡脖，降低胸墙高度），选用高比热容的耐火材料，合理配置蓄热室格子体。

② 选用高质量耐火材料，密封窑体（因非密封造成的热耗约占总热耗的10%），强化窑体保温。

③ 保持正常的窑压，将窑体所有孔洞的逸出热量降低到最低程度。

④ 燃烧过程采用完全自动调节，连续测定和控制烟气成分，使燃料与空气比例达到最佳比值，换向时间降低到最短限度。

⑤ 使燃料与空气的流速和入射角达到最佳值，使火焰贴近玻璃液面。

⑥ 保证配合料的均匀性和最佳湿度（3.5% ~ 4%）；提高配合料进入熔窑的温度。

⑦ 准确控制玻璃液面。

⑧ 采用鼓泡和机械搅拌等方式提高玻璃液的热均匀性；采用深层水包减少玻璃回流。

⑨ 采用全氧燃烧技术，减少烟气带走的热量；取消蓄热室，采用无换火操作，以减少温度波动，减少能源消耗。

4.1.3 玻璃熔制过程

实践证明，玻璃熔制过程的"四小稳"作业制度（温度稳、压力稳、泡界线稳、液面稳）是提高玻璃产品产量和质量、降低能耗、延长窑龄的重要方法，也是每一个熔化操作工必须掌握的基本功。

4.1.3.1 投料与液面控制

投料是熔制过程中的首要工作，也是重要工艺环节之一，投料影响配合料的熔化速率、熔化区的位置、熔化温度的波动、液面稳定等，最终影响产量和成品质量。

中型以上太阳能压延玻璃熔窑和其他平板玻璃窑一样，多采用两台一组的斜毯式投料机投料，两台投料机同时向投料池推入配合料，投入的料堆呈毯状，扁平且较薄，料层厚度约100 ~ 150mm。这种投料机构造简单，使用和制造方便，为目前的主流设备。

由于压延成形设备需要连续生产，这就要求投料机在单位时间内的投料量与成形的玻璃液量相适应，使二者处于动平衡状态，这样才能保证玻璃液面稳定。生产中是根据液面的变化来调节投料量的，利用图像、激光等多种方式获取液面升降信号，随即经变送器、放大器、高灵敏度继电器等电器元件控制投料机的开停或连续给料的速度，以维持液面的稳定。

（1）投料操作

对投料的要求：

① 投入的配合料要形成薄而小的料堆，料层要充分覆盖玻璃液面，以便接受火焰的辐射热量，加速配合料的熔化。

② 料堆要呈垄形前进，不要偏移，料堆与泡界线要保持一定的距离，对于不同规模的熔窑，其料堆的位置要求有所不同，对于6对小炉的熔窑，料堆一般不超过3#小炉。

③ 投料量要与拉引的玻璃液量相适应，过多或过少都会造成玻璃液面的波动。

④ 配合料入窑时，与玻璃液面的落差要尽量小，防止飞料。

投料工应当掌握玻璃熔化的理论知识，了解投料与液面、泡界线、温度之间的关系，正确使用与维护投料机和液面自控装置，经常检查料堆分布情况、液面升降变化、下料和熔化情况。

料堆发生偏移，应及时调整，其方法一般分为正倒料和反倒料。正倒料就是哪边料堆长，关哪边的投料机。

熔化正常，泡界线稳定时，可采取稳步投料的方法，即投料机闸板全部开大，这样泡界线不易远，熔化又稳定。如发现一边料堆变多，料长，泡界线远，就采取正倒料的方法，适当关小闸板或停车。但停车时间不能过长，一般不超过20min，以防烧坏投料机。

有时料堆均匀，泡界线位置也正常，但另一台投料机侧出现长料，这时可将该机停车或适当调整下料闸板开度，减少下料量，以防料堆偏移。

料堆熔化不良除了和投料有关外，还受到熔化温度的影响。燃料质量和数量的变化会造成火焰长短和熔化温度的变化，因此必须加强观察燃烧情况，出现问题及时与燃料供应部门联系，避免造成火焰忽强忽弱。另外，如果 $1^{\#}$、$2^{\#}$、$3^{\#}$ 小炉两侧火焰长短、大小不同，会导致两侧温度不平衡，对流不一致，两侧熔化速率不同，从而影响正常投料，所以 $1^{\#}$、$2^{\#}$、$3^{\#}$ 小炉两侧温差不应超过 $10 \sim 15℃$。

由于配合料的熔化速率主要取决于石英颗粒的熔化速率，若将石英颗粒表面用水润湿，让助熔的纯碱、芒硝等溶解在这层水膜里，可以加快石英的熔化，所以配合料一般都含有4%～5%的水分。除此之外，配合料中加水还可增强导热性，减少输送过程中的粉料分层现象，并可减少粉料的飞扬。但加入4%～5%水分的配合料有时不易从料仓中落下，常需人工敲打仓壁，有些厂在仓壁上装有振动器，可减轻人工劳动强度。减少配合料含水量虽可使粉料容易从料仓落下，但在运输和投料时，轻质粉料特别是纯碱容易飞散，造成配合料成分不准确，污染空间，腐蚀金属设备和电器元件。

（2）配合料的熔化过程

配合料通过投料机进入投料池后，在投料机的推动下逐渐以料垄的形式进入熔窑内形成料堆，在窑内高温的作用下，先在料堆表面形成一层熔融薄膜，接着开始冒泡，并逐渐沸腾，从而形成含有许多气泡和砂粒的熔融体泡沫，这些泡沫慢慢从料堆上流淌下来，占据料堆之间的液面。同时料堆本身渐渐缩小，最后消失在配合料泡沫之中。这些泡沫最终也从玻璃液面上消失而露出洁净的液面，但是，这时液面中还含有很多小气泡有待澄清。

料堆是一种多孔性烧结体，内部含有大量气体，它的导热性很差，所以熔窑内的料堆表面会被迅速加热，表层熔化后向下流淌，填充了粉料中的空隙，加快了下层配合料的熔化。料堆的熔化速率基本上取决于从熔窑空间和料堆下面玻璃液传递给配合料熔融料堆的热量。料堆中部温度随着配合料的熔化逐渐升高，并接近下面玻璃液的温度（约 $1300 \sim 1350℃$）。通常熔化温度愈高，料堆上泡沫熔融体内的气泡愈容易排除，辐射热也愈容易传给熔融体内的未熔物，料堆熔化速率也就愈快。

① 料堆、玻璃液与火焰的热交换。气体燃料或液体燃料进入窑内燃烧，生成的气

体产物温度高达1500～1600℃，放出大量热量，通过辐射传热和对流传热方式传递给配合料和玻璃液。这两种传热方式中以辐射传热方式为主，大约90%的热量是以辐射方式传递的。根据辐射传热理论，强化传热过程可从提高火焰温度、保证火焰有足够的黑度、扩大传热面积三方面着手。

为提高火焰温度，生产上常采用的措施有：采用高热值的燃料；提高预热温度（当采用蓄热室预热煤气和空气时，预热空气温度每提高100℃，火焰温度可至少提高20℃）；合理供给助燃空气，调节空气过剩系数略大于1；减少向周围的热量散失。

火焰黑度对辐射传热影响很大，燃烧重油等液体燃料的火焰黑度为0.65～0.83，火焰明亮，辐射作用强烈；而发生炉煤气、焦炉煤气、天然气等气体燃料的火焰黑度一般较小，如未净化的发生炉煤气的火焰黑度只有0.25～0.30，对传热不利。使用这些燃料时，可设法掺加少量重油或焦油进行"增碳"，以提高火焰黑度。

为保证火焰与玻璃液之间的传热，还应使火焰尽量贴近玻璃液面，并充分铺展开，以增大辐射换热面积，并充分利用对流传热。

从吸热角度来看，配合料、泡沫层和洁净的玻璃液面三者的吸热程度各不相同。若将料堆吸热量计为1，则泡沫带吸热量为0.5，热点处玻璃带为0.4，洁净的玻璃液为0.3～0.4，因此合理利用配合料、泡沫层和洁净玻璃液面占据的这部分熔化部面积，可以提高熔化率。

就玻璃液本身来说，其热导率很低，因而依靠热传导的方式把表层热量传到深层的热量不多，而直接的热辐射只能透过很薄的一层玻璃液到达液面以下50mm深处，此时热量已被吸收掉近90%。因此可以认为液面上温度最高的薄薄一层玻璃液本身就产生辐射，这种辐射热被下层玻璃液所吸收，下层玻璃液因而被加热，同样也具有辐射能力，这样热量就以玻璃液本身的辐射方式向下传递。这种传热方式与玻璃的吸热性关系极大，无色玻璃的表层温度与深层温度差别较小；而含铁量多、颜色较深的玻璃的上下层温差就大得多，表层温度高，料堆熔化速率快，而且底层温度较低，经由池壁和窑底向外散失的热量也较小。若供给同样的热量，配合料中Fe_2O_3含量减少时，玻璃液透热性增大，通过热点附近的洁净液面向深层玻璃液中传递的热流量也增加。这时用于熔化料堆的热量相对不足，熔化速率降低，玻璃液容易澄清不良。因此，在生产实践中遇到配合料中Fe_2O_3含量明显减少时，应设法增大热量的供给，才能熔化得到透明度高的玻璃。

② 料堆、玻璃液与窑体的热交换。在火焰空间的传热过程中，虽然最终结果是火焰将热量传给配合料和玻璃液，但液面以上的窑体在整个传热过程中仍起着相当重要的媒介作用。火焰不仅直接加热料堆和玻璃液，同时也加热了大碹、胸墙、前脸墙等部位，这些部位的内表面温度虽低于火焰的温度，但高于物料的温度。窑体自身要辐射热量，又能反射回一部分火焰的辐射热，因此，窑体在窑内热交换过程中所起的作用也不容忽视，尤其在烧煤气熔窑上。窑体对玻璃液的辐射除与其内表面温度有关外，还与火焰的黑度有关，火焰黑度很大时，窑体的辐射大部分被火焰气体吸收，这时主要依靠火焰的辐射加热物料。

③ 料堆与其下部玻璃液的热交换。如上所述，配合料料堆虽然主要从上部（火焰和窑体）吸收热量，但也从下部（玻璃液）吸收热量，从上部吸收的热量大约为从下部

吸收热量的1.5 ~ 2倍，料堆下面玻璃液的温度为1150 ~ 1250℃，液面下300mm深处温度达1300℃，这是由于在熔化部存在一个投料回流所致。由热点流来的玻璃液温度最高，带来大量热量，到达料堆覆盖着的区域，与料堆下层进行热交换，使配合料熔融，与此同时玻璃液温度逐渐下降。随着配合料不断熔化吸收热量，玻璃液离投料口越近则温度越低，比重增大而下沉，经由窑池深部流回。根据测定，投料回流量比较大可使配合料料堆在熔化部高温带逗留时间延长，热交换充分，投料回流还能阻止未熔化好的泡沫熔融体越过热点漂浮到熔化部的后端。

（3）液面与液面控制

玻璃液面是以投入配合料的数量来控制的，投入的配合料量和成形用的玻璃液量相平衡时，液面就能维持不变。生产中对液面有一规定高度，其上下波动范围只允许在±0.1mm之内。液面的波动对熔化和成形作业都有影响，因为液面波动一方面造成拉引量变化，使板根不稳定而影响玻璃的产量、质量，另一方面会加剧对池壁耐火材料的侵蚀，不仅污染玻璃液造成许多缺陷，还会严重减少熔窑使用寿命。

测定液面的方法很多，最早使用的是特制的铁钩子，直钩部分刻有刻度，在熔化部耳池选一固定位置，并找一个测量平面，将钩子伸入耳池内玻璃液中停留一定时间，取出钩子，测量铁钩上未被玻璃液粘上的部分的高度，即知液面位置。这种方法测量误差较大。也有用类似一个单筒望远镜的液面镜，即筒体内有一透明刻度片，液面镜安放在耳池池壁的观察孔外，对面池壁上平面放一三角砖或凹形砖作为标记，与液面有一定的距离，因玻璃液面的反射，出现一个类似标记形状的倒影。刻度镜上方的是反射造成的虚影，下方是标记砖的实影，通常将实影固定在一位置上，当液面波动时，因反射角度的变化，虚影位置也上下移动，虚影上移表示液面下降，虚影下移表示液面上升，从刻度片上可以读出液面高度数值。这种测量方法误差较小，精度可达0.5mm左右。

现在太阳能压延玻璃与平板玻璃熔窑一样，广泛采用图像液面仪、激光液面仪或核子液面仪。这些液面仪测量精度高，自控程度高，容易控制，得到广泛认可。

4.1.3.2　温度曲线与火焰控制

4.1.3.2.1　温度曲线

在连续作业池窑里，为将配合料熔化成化学组成均匀和热均匀的玻璃液，必须根据玻璃成分、燃料品种、熔窑结构、生产规模和成形方式等条件建立一个全窑温度制度。温度制度指沿窑长方向的温度分布，一般用温度曲线表示。温度曲线是一条由几个温度测定值连成的折线，20世纪90年代前，平板玻璃池窑一般是用光学高温计测量小炉挂钩砖的温度来建立温度曲线；20世纪90年代后，各大型平板玻璃熔窑大多采用碹顶在线电偶温度来自动控制窑内熔化温度。

玻璃熔制过程中，从熔窑的一端（投料池）加入配合料，从另一端连续成形为玻璃，生产过程是依次连续进行的。未熔化的料堆、半熔化的泡沫层（含有未熔石英砂粒）和全熔化的玻璃液在整个池窑流动的过程中，都有各自相对稳定的区域和相对稳定的运动轨迹。

如前所述，配合料入窑后首先在投料池中预热，被投料机渐渐向熔化部推进，进行剧烈的高温化学反应并熔融，料堆在投料机的推力下克服自热点来的反向回流的阻力而前进，在前进中不断熔融，粉料堆变成泡沫层，停留在热点前。所谓玻璃液的热点，是指玻璃液面表层的最高温度带，并不是一个点，它往往位于大碹碹顶最高温度的拱形白炽带之后。而测温工测的"热点温度"是温度制度中规定的某一对小炉的挂钩砖或小炉垛温度，它反映的是熔窑上部空间的温度，与玻璃液的热点并不一致。这是因为在挂钩砖热点前，玻璃液面上的配合料料堆和泡沫会吸收大量的热量，致使窑上层砖砌体拱形的白炽带下玻璃液温度降低，而这最高温度带下的表面生产流不断向前流动，从而造成玻璃液表面层最高温度带（热点）移位到挂钩砖"热点"之后。

料堆连续熔化，新鲜玻璃液汇入投料回流，在热点处上升并分流成两股，其中一股形成成形流，另一股仍留在投料回流里。玻璃液经过高温和相当长的逗留时间得到澄清和均化，再经过合理冷却进入成形室。

玻璃熔窑的温度制度对熔制过程具有决定性意义。温度制度不合理或受到干扰而不稳定，就会使一系列平衡（特别是玻璃液流动轨迹）遭到破坏，甚至使含有石英砂粒的泡沫层越过泡界线，随成形流进入成形室，造成玻璃的各种缺陷。

为了建立一条合理的温度曲线，必须科学地分配热量，即分配各个小炉的燃料消耗量。

对7对小炉的熔窑来说，4#小炉或其附近是澄清排泡阶段。虽然澄清排泡阶段所需的燃耗热量不足料堆熔化热耗的一半，但为了建立明确的热点，也为了有助于料堆下层熔化和补偿池壁、池底的散热损耗，仍然对4#小炉或3#小炉分配最大燃料量。

温度曲线一经制定，必须维持相对稳定，不能轻易更改。合理的温度曲线呈"山形"，热点突出明显，泡界线清晰稳定，窑池各处液流轨迹也稳定。另一种温度曲线呈"桥形"，最高温度带横跨面积过大，有两对甚至三对小炉的温度都相差不大，热点不明显，热点位置不稳定，液流轨迹也不稳定，燃料消耗大。若桥面偏前，投料口温度与热点温度相差很少，投料回流弱，容易发生跑料现象，化料快，生产流深层玻璃液温度高，同时泡沫层薄，泡界线不整齐，原板质量差；若是桥面偏后，料堆熔化较慢，不整齐的泡界线外的液面上会"烧"出泡沫，燃料消耗大，成形液流深层温度较低，虚温现象加重，原板上气泡较多，生产也不稳定。

拟定"山形"温度曲线时需考虑三个问题：最高温度值、热点位置和热点与1#小炉间的温度差。

热点温度值的确定要根据耐火材料的质量和预期生产周期来确定，目前一般太阳能压延玻璃熔窑热点温度为（1580+10）℃。

使用6对小炉的熔窑，其热点一般定在第4对小炉或稍后一些。对于5对小炉的熔窑，热点在3#与4#小炉之间。国内外在设计和使用熔窑时，最后一对小炉都不开火，或是只开风，开小火。热点位置确定之后，料堆应占据从投料池到第2对小炉末的区域，泡沫层占据第3对小炉的范围，泡界线的顶端就在玻璃液的热点处（或在热点前不远处），泡界线之后应是洁净的液面（镜面区）。

热点与1#小炉温度差一般为100～130℃，1#、2#小炉温度过低会造成熔化不良，芒硝泡不易去除。

在冷却部，玻璃液的降温应缓慢而平稳，特别要防止温度回升，因为温度回升将会导致产生二次气泡。横通路（冷却部）沿纵长方向温降约为$10 \sim 15℃/m$。

对运行中的熔窑进行温度测量的方法很多，目前常用的是热电偶、辐射高温计和红外高温计。在熔化部，热电偶安放在大碹碹顶对应小炉口中心线处的特制电偶碹砖内，通常开窑时电偶碹砖为盲孔（不通孔），电偶插入碹砖内距底部约$20 \sim 30mm$处，盲孔内测出的电偶温度比通孔测出的电偶温度约低$100 \sim 130℃$；辐射高温计安放在末对小炉至熔化部后山墙之间；红外高温计主要用来从每个小炉后墙上的看火孔监测每个小炉垛（或大碹根部）的温度。冷却部也根据需要安装有热电偶。

4.1.3.2.2　天然气和焦炉煤气加热熔窑的温度与火焰控制

天然气和焦炉煤气均属于较干净的气体燃料，相对发生炉煤气热值要高得多，并且对环境污染也小得多，所以，在有条件的地方应尽量使用天然气或焦炉煤气。

在平板玻璃熔窑上，最常用的形式是以$40° \sim 45°$角度在小炉两侧墙布置天然气和焦炉煤气喷枪（侧烧式），也有将天然气喷枪布置在小炉口下方的。

当采用侧烧式时，天然气和焦炉煤气会在小炉预热室与高温助燃空气相遇，形成一个湍流区，并在会合处开始燃烧，然后进入熔窑火焰空间。火焰的控制主要通过扁平式小炉喷火口、喷嘴与喷火口的距离和喷枪上的二次压缩空气来调节。小炉喷火口的扁平程度是根据熔窑规模、火焰覆盖面积设计的。在扁平式小炉喷火口结构形式一定的情况下，喷嘴离喷火口远，火焰较短；喷嘴离喷火口近，火焰延伸较长，火焰的调节范围就大。

通常焦炉煤气在熔窑内燃烧时，由于焦炉煤气成分中含有大量的H_2，所以，其燃烧速率快，但火焰较短，仅能达到熔窑宽度的3/5，窑内温度难于控制，且火焰发飘，易烧损熔窑碹顶。此外，由于焦炉煤气火焰黑度小，传热效率差，所以，无论是从窑内气氛还是从窑内明亮程度上来判断，都与烧发生炉煤气和燃料油的熔窑有相当的区别。

天然气为燃料的熔窑，其火焰与焦炉煤气的基本相同，但由于天然气的热值比焦炉煤气热值高一倍多，所以，天然气的喷嘴比焦炉煤气的喷嘴小得多，这样，其喷射的速度也要比焦炉煤气快，火焰刚性比焦炉煤气要好，且易控制。

4.1.3.2.3　液体燃料加热熔窑的温度与火焰控制

平板玻璃熔窑上常用的液体燃料油大多数为重油，近几年为了降低成本，有些企业开始使用乙烯焦油燃料油或煤焦燃料油，这三种液体燃料除成分稍有差异、对熔窑和管道的侵蚀程度不同外，使用方法大同小异。

（1）平板玻璃熔窑对烧油火焰的要求

熔窑中液体燃料燃烧火焰是否符合要求，对配合料的熔化速率、熔化质量以及作业温度都有极大的影响。正确合理地掌握火焰，是玻璃熔窑操作中一个关键问题，如果火焰掌握得合理，既能节约燃料，又能使玻璃熔化得又快又好；否则就会造成温度波动，熔化不良，浪费燃料，甚至影响生产，烧坏熔窑。

与煤气火焰相比，液体燃料油的火焰有如下几个特点：

① 热辐射能力强。燃料油主要由烃类所组成，热值高，燃烧时产生的火焰明亮，火焰黑度为$0.65 \sim 0.85$（未净化的热发生炉煤气火焰黑度仅有$0.25 \sim 0.35$），辐射能力很强。

② 油雾与气流具有较大的动能，火焰刚性强，方向性强，燃烧时，喷出速度达300～400m/s；而煤气在混合室喷出的速度每秒只有十几米，火焰比燃料油的火焰软。故在烧油时应特别注意控制火焰的方向性，避免熔窑被火焰烧坏。

③ 覆盖面积小。这是因为油雾从喷嘴喷出后，呈圆锥体向窑内扩散，因而火焰覆盖面积受到油雾扩散角的限制，往往比煤气火焰小。

④ 油雾不是离开喷嘴的出口就立即燃烧，一般在喷出口附近有一段黑区，在这一区域内进行油雾的细化、蒸发、热分解等，待与空气相互扩散和混合后，才在高温下燃烧形成火焰，因而火焰的形成和燃烧是在窑内空间进行的，若雾化不好，油滴过粗或不均匀，与空气混合不充分，燃烧不完全时烟囱就会冒黑烟。

为了使液体燃料油在窑内很好地燃烧，通常对烧油火焰有如下一些要求：

a. 油的雾化要良好，雾化介质用量少，燃烧充分，不冒黑烟；

b. 火焰扩散要迅速，火焰清亮有力，不发飘，不分层；

c. 火焰长度要适合窑的宽度，一般以接近对面胸墙为宜，过长会烧坏窑体；

d. 火焰的方向要控制合适，火焰要平直，稍向液面倾斜，不能上倾过大，以免烧坏碹顶，也不能下倾太大直冲玻璃液面。要求火焰紧贴玻璃液面，从而使火焰对玻璃液的热辐射增加，减少热损失，同时由于火焰紧贴玻璃液面，在火焰与碹顶之间存在一个中间空气流层，对碹顶起保护作用；

e. 火焰的温度要根据熔窑温度制度控制，在窑宽方向，火根、火梢温度差控制在20℃左右；

f. 火焰有足够大的覆盖面积，火焰覆盖面积大，对熔化有利；

g. 熔窑各部分火焰因环境气氛不同其性质不同，从直观上可以分辨出来。空气多，燃烧完全，火焰就短而明亮，为氧化焰；火焰稍有些浑为中性焰；火焰发浑为还原焰。为使芒硝还原，要保证1#、2#小炉火焰为还原焰，燃烧是否合理可以从烟气颜色以及火焰的清亮与浑浊程度来判断。

（2）烧油火焰长度与方向的控制

燃烧反应速度是影响火焰长度的重要因素。油雾化得好，油滴能均匀分散在助燃气流中，燃烧充分，燃烧过程就加快，火焰短而明亮，反之火焰长而发浑。

在横火焰平板窑中，火焰的长短应适合窑的宽度。一般说来，火焰短一些是较好的，因为它是燃料充分燃烧的结果，但过短的火焰又会造成窑内局部温度过高，温度分布不合理。过长的火焰会冲击对面的胸墙、小炉口等部位，易烧坏窑体，还会带走部分可燃物，增大油耗。一般来说，油火焰的火梢距对面窑墙0.5m左右为宜。

火焰的方向主要由喷枪控制。喷枪的安装位置根据熔窑宽度、喷嘴规格、扩散角大小、小炉下倾角以及操作工艺而定。喷枪的安装位置一般有小炉口下插式、小炉底插式、小炉顶插式、小炉侧插式几种形式。

① 小炉口下插式安装。通常是在小炉口下面、池壁上沿安装2～3支喷枪，是平板玻璃熔窑普遍采用的方式。其优点是：火焰能贴近玻璃液面，可以提高火焰对玻璃液的给热效率；火焰覆盖面积较大，两股油雾之间互不干扰；可以单独调节。缺点是：检查或更换喷嘴砖和喷枪时操作条件较差；油雾流处于空气流之下，两者的混合条件不够

好，火焰比较长；它受到回火冲击，喷嘴容易结焦和烧坏，喷嘴砖也容易烧损；由于喷嘴砖的存在，相对抬高了熔化部胸墙，增大了散热面积；在换火间隙，由于窑内处于暂时负压状态，易吸入冷空气，增加能耗。

②　小炉底插式安装（见图4-1）。通常是在小炉底炕处插入1～2支喷枪。当需要燃烧时，油枪在气压或液压式汽缸的作用下通过小炉底炕伸到小炉预热室，然后进行燃烧；当不需要燃烧时，油枪在汽缸的作用下收缩回到小炉底炕下。这种燃烧方式的优点是：克服了小炉下插式安装法的缺点；在油与助燃空气充分混合的情况下，提高了火焰效率。缺点是：由于多了伸缩式汽缸机构，投资费用较高；增加了机械维修费用。

③　小炉侧插式安装（见图4-2）。喷枪安装在小炉两侧墙上。这种安装形式的优点是：喷嘴砖不易烧损，这是其最大优势；另外，对气体燃料来说，气体燃料在小炉内预混后，燃烧得更充分。缺点是：检修、调节与拆装喷嘴空间小，操作不方便；同一小炉两喷嘴如果调节不好，火焰会偏斜而失去平衡，影响窑内温度分布；同一小炉喷出的两股油雾（或气体燃料）容易干扰，碰撞，甚至使火焰上下分裂；使用液体燃料时，油雾与助燃空气的混合较差，燃烧速率慢。目前液体燃料很少采用这种安装方式，但气体燃料采用的较多。

图4-1　底插式油枪照片

图4-2　侧插式天然气喷枪照片

④　小炉顶插式安装。喷枪安装在小炉斜坡碹顶部，这种安装方式与小炉底插式仅是上下位置的差异，使用原理与小炉底插式基本相同。优点是：除了具有小炉底插式的好处外，检查、调节、拆装喷枪的操作空间大，这是其最大的优势。缺点是：投资费用较大；在喷嘴砖处要用压缩空气或蒸汽封口，否则当喷枪收缩时，易冒火；维修人员在小炉碹顶检修喷枪时必须有防护设施，否则易受高温伤害；喷嘴砖比底插式更易烧损。国内厂家很少采用这种安装方式。

目前普遍使用小炉口下插式，主要是为了节省投资。

对于小炉口下插式，喷枪在支架上安装的上倾角一般是5°～8°，也有调节到12°的。同一种喷嘴，在较宽的窑上应用时，上倾角大一些较好。

扩散角越大的喷嘴，上倾角要越大。扩散角大小和油嘴与气帽之间的距离及油的黏度有关，油嘴与气帽间距越小，扩散角越大；黏度越大，扩散角越大。一般火焰扩散角在16°～26°，不大于30°。

为了使助燃空气出小炉口后尽快与油雾混合，并使空气流正好扫过玻璃液面，保持液面附近有足够的空气供逐渐扩散的油雾充分燃烧，小炉下倾角一般为20°～25°。小炉下倾角越大，喷嘴的上倾角也要越大。这是因为喷嘴喷出的油雾与小炉喷出的助燃空气混合共同成为火焰喷出方向，在日常操作时，小炉斜坡碹的下倾角是固定的，所以喷嘴上倾角的大小和油雾喷射速度将直接影响火焰的喷射方向。

（3）液体燃料油的雾化

① 液体燃料油的雾化原理。液体燃料油雾化是通过喷枪的喷嘴来实现的。雾化的方法有机械雾化和介质雾化，太阳能压延玻璃采用的是介质雾化方法，雾化介质（或称雾化剂）常用的是压缩空气或过热蒸汽。雾化介质在喷嘴中以一定角度高速喷出，当和液体燃料油流股相遇时，气流便对液体燃料油表面产生冲击和摩擦，这是液体燃料油表面受到的外力作用；而液体燃料油本身的黏滞力和表面张力则力图维持油表面的原有状况，这就是内力的作用。当气流对液体燃料油的冲击和摩擦产生的外力大于液体燃料油的内力时，油流先被拉成夹有空隙气泡的细油流，继而破裂成细带或细线，后者又在油本身的表面张力作用下被破碎成分散的细小油滴——雾滴；当小油滴继续受到外力的作用，而且外力仍大于当时条件下该油滴的内力时，油滴就继续被破碎成更小的油滴，直到油滴表面上所受的外力和内力达到相对平衡，这时油滴就不再破裂，至此完成雾化过程。

通常雾化的油滴越细小，雾滴群中油滴大小的均一性也就越好。

通常用压缩空气和过热蒸汽作为雾化剂。采用蒸汽雾化，比较经济，节约能源，采用压缩空气作雾化剂时，液体燃料油燃烧后的废气中存在氮氧化合物，对人类健康有害。

采用压缩空气和过热蒸汽作为雾化介质时，做以下方面的比较：

a.从雾化效果来看。在雾化介质出口（与油股相遇时），由于压力突然下降，雾化介质发生绝热膨胀（与外界没有热交换的膨胀称为绝热膨胀），导致该处温度下降（因为单位体积的含热量减少）。据实测，20℃时，0.6MPa压力的压缩空气绝热膨胀后温度下降到-100℃。绝热膨胀作用会导致液体燃料油黏度增大，恶化雾化情况。为了弥补绝热膨胀作用所造成的温度下降，压缩空气应预热，饱和蒸汽必须过热。已有不少烧油熔窑在小炉后墙或两侧墙外加装列管来预热压缩空气或过热蒸汽。经试验，压缩空气预热到140℃，蒸汽加热到240℃能改善雾化效果。根据工厂的经验，饱和蒸汽需过热到250～340℃，压缩空气的预热温度则视其本身压力而决定。预热温度与压缩空气压力的关系见表4-3。

表4-3 预热温度与压缩空气压力关系表

压缩空气压力 /MPa	0.2	0.3	0.4	0.6
预热温度 /℃	140	约150	约160	约180

这样加热后才能保持雾化时油的黏度，还能加快雾化剂的流速（可使雾化更好），并提高火焰温度，从而也能减少雾化剂的用量。

饱和蒸汽若不过热，雾化时还会带来一些水分，使火焰产生脉动，不稳定。

b.从火焰来看。用预热的压缩空气时，火焰较短，刚性较强，火根部温度较高；用过热蒸汽时，火焰较长而软，火根部辐射量比用压缩空气时小10%，在火焰全长的1/3处辐射黑度最大（约为0.8），沿火焰行程渐渐减小，在火焰处黑度为0.4～0.2。

c.从热损失和增大窑压来看。用压缩空气时，因其本身参加燃烧（约占燃烧所需空气量的5%～10%），不增加窑内气体量，所以不会增大热损失和窑压。而在用过热蒸汽时，窑内气体量增多，会使损失和窑压略有增大。

d.从设备投资和操作费用来看。用压缩空气，需空气压缩机等设备，要消耗大量动能，投资和操作费用都较大，如果现有的余热锅炉能满足要求，那么用过热蒸汽则经济得多。

② 对液体燃料油雾化的基本要求

a.雾滴要细。最合适的雾滴（即雾状油滴）直径为0.04～0.05mm，这样大小的雾滴已能达到受热面积大、受热量多、气化迅速、燃烧均匀的目的。雾滴过细反而会消耗较多的能量。

b.油流股中各雾滴直径要均一。按空气雾化方法得到的是直径为0.01～0.1mm的雾滴群，在雾滴群中要求直径为0.04～0.05mm的雾滴占85%以上。

c.油流股断面上雾滴的分布要均匀，不希望出现边缘密集，中间空心的现象。

一般雾化的油滴愈细，油滴直径的均一性和油滴分布的均匀性也愈好。

③ 影响液体燃料油雾化的因素。影响油滴大小的因素主要有油的黏度、油的表面张力、油流与雾化介质相交的角度、相对速度、接触时间、接触面积、雾化介质的用量和密度等因素有关。

a.黏度。在一定范围内，液体燃料油黏度与雾滴细度成反比关系，液体燃料油黏度愈大，破裂成的油带、油线愈粗，形成的雾滴愈大，黏度过大，不能雾化。液体燃料油黏度对雾滴细度的影响随雾化介质速度的减小明显增大。提高油温能显著降低油的黏度，在实际操作中可根据黏度和温度的关系图，将油加热到所需要的温度。

b.表面张力。液体燃料油流股在力和速度的作用下破裂的程度均与其表面张力有很大关系。若表面张力大，油细带在尚未充分伸展前就断裂了，分离出来的雾滴就粗；若表面张力小，油带能充分伸展、变薄，断裂时产生的雾滴就细。由于液体燃料油组分是碳氢化合物，不同油品的表面张力值相差不大，且表面张力在100℃以上的变化又很小，所以表面张力的影响是有限的。

c.液体燃料油与雾化介质的交角。在一定程度上油与雾化介质的交角愈大、相对速度愈大、接触时间和接触面积愈大，则雾滴愈细。其中相对速度的影响在雾化介质高速范围内更为明显；交角改变时，相对速度、接触时间和接触面积亦随之而改变。

d.雾化剂的单位耗量。雾化剂的消耗量对雾化质量的影响尤为明显。在高压喷嘴中，由于雾化剂的流速很大，雾化剂的单位耗量可以小一些，但具体用多少合适，则应具体分析。试验证明，当雾化剂的单位耗量从$5m^3/kg$降到$1m^3/kg$时，油滴平均直径增加50%～100%；当由$5m^3/kg$降到$0.5m^3/kg$时，油滴平均直径将增大为3～4倍。但也必须指出，当雾化剂的用量已达到一定量后，再增加雾化剂的用量，对油滴平均直径的减小效果已不太显著。

e.雾化剂压力。当油枪喷嘴断面固定时，雾化剂压力的变化直接影响雾化剂的流速和流量，从而也影响到雾化剂的单位耗量。根据雾化剂压力的大小，可分为低压雾化和高压雾化，与雾化方式相对应，有低压喷枪和高压喷枪。低压雾化多采用加压至$1.96 \sim 14.71$kPa的空气做雾化剂，高压雾化是用$0.2 \sim 0.6$MPa压力的压缩空气或$0.15 \sim 0.8$MPa压力的过热蒸汽做雾化剂，借助高压所产生的高速气流（速度可达$300 \sim 400$m/s）对液体燃料油冲击和摩擦而将油雾化，雾化后平均油滴直径小于0.05mm。雾化剂的单位耗量随工作压力及喷枪结构的不同而有很大的差别。一般情况下，每千克重油使用$0.4 \sim 0.8$m³压缩空气，约占燃烧所需空气量的5% $\sim$ 10%；对于过热蒸汽，每千克重油使用$0.15 \sim 0.4$kg过热蒸汽。

高压喷枪由于雾化剂的压力高，油雾喷出速度大，燃烧的火焰长而刚性好，燃烧能力大，有利于提高燃烧速度和温度；高压喷枪的缺点是动力消耗大，噪声大。目前在玻璃熔窑上大都采用高压雾化的方式，仅在退火窑或其他小型窑炉等要求短火焰的情况下，才采用低压雾化。

f.雾化介质密度。雾化介质密度与油滴大小成正比。雾化介质的密度愈大，对液体燃料油流股的冲击力就愈大，雾滴就愈细小。

g.液体燃料油压力。液体燃料油的压力不仅直接影响液体燃料油的流速和流量，而且也影响雾化质量。用介质雾化时，油压不宜太高，特别是对于低压喷嘴，如果油压过高，油的流速太快，雾化剂会来不及对油充分起作用，或者油流股会穿过雾化剂流股，使油得不到良好雾化。所以使用低压喷嘴时，油压都低些，有的甚至低到0.05MPa。对于高压喷嘴，除了由于上述原因油压不宜太高外，还要考虑高压雾化剂在和油流股相遇时的反压力，应使油压高于该处的反压力，否则油会被雾化剂"封住"而喷不出来，这对于内混式高压喷嘴更要特别注意。

h.油枪喷嘴结构。油枪喷嘴的结构形式对雾化质量的影响很大。在喷嘴结构中，影响雾化质量的主要参数有：雾化剂与油流股的交角，雾化剂的出口断面，油的出口断面，雾化剂的旋转角，雾化剂与油相遇的位置，雾化剂与油出口孔数、各孔的形状以及它们的相对位置等。这些因素之所以对雾化质量有显著的影响，是因为它们都影响着雾化剂对油流股单位表面上的作用力、作用面积和作用时间。一般来说，为了减小油滴平均直径，可以采取以下措施：减小雾化剂和油的出口断面，适当增大雾化剂和油流股的交角，使雾化剂成旋转流动，多级雾化，多孔流出，内部混合。

影响液体燃料油雾化质量的因素很多，而且往往是多种因素共同作用的综合结果。在生产过程中，可根据不同的情况采取不同的措施，表4-4列出的是一些常见的调整方法。

④ 液体燃料油的雾化燃烧。液体燃料油雾化燃烧从物理角度来说分油股雾化、蒸发成气、与空气混合和着火燃烧四个阶段，从化学角度来分包括油滴裂化、物质扩散、化学反应和火焰传热四个过程。即当液体燃料油被雾化成细油滴，并进入助燃空气流中后，油滴受到火焰、窑墙、物料等高温物体的加热，表面层沸点较低的碳氢化合物首先蒸发并燃烧，这时油滴被包围在火焰内部被剧烈加热，油滴表层会裂化产生油焦。当形成封闭的焦壳后，焦壳阻碍了内部压力升高，焦壳膨胀到一定极限后焦壳破裂成几部

表4-4　液体燃料油雾化常见的调整方法

影响雾化质量的作用力	影响作用力的因素		生产中直接调节的参数
内　力	黏度		油温
	表面张力		油温
外　力	雾化剂	流出速度	雾化剂压力、喷嘴面积
		单位耗量	雾化剂流量
		与油流股的接触面积	喷嘴结构
		与油流股的交角	
	油的流出速度		油压、油喷嘴面积

分，这时气体及部分油滴喷出，气体和液体的油很快烧完，剩余的焦壳，如果空气充足，油粒加热及时，而且氧分子向油粒扩散的速度足够，则焦壳也就逐渐烧尽。固体焦粒烧完所需的时间和焦粒直径平方成正比，液体燃料油滴燃烧完毕所需的时间取决于焦粒烧完的时刻。油滴的初始直径越大，破裂后的焦壳粒子直径也越大，其燃烬所需的时间也愈长。

液体燃料油雾化燃烧的过程可概括如下：

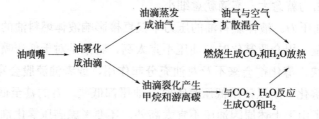

雾化是液体燃料油燃烧过程的关键，如果雾化得不好，轻则增加油耗，重则影响生产。

雾化效果的标志有三个：油滴大小、油滴大小的均匀性和油流股中油滴分布的均匀性，其中以油滴大小最重要。油滴的大小影响着油雾的燃烧速度，雾滴越细，油雾与空气接触表面越大，因此燃烧充分，燃烧过程加速。从喷嘴喷出的油滴大小并不均一，大致在 $10\sim100\mu m$。对燃烧最合适的是 $50\mu m$ 以下的油滴，这样大小的油滴受热面积大，受热量多，气化迅速，燃烧均匀，因此要求喷嘴喷出的雾滴群中小于 $50\mu m$ 的油滴要超过85%。

（4）燃油喷嘴

液体燃料油喷嘴是燃烧系统中非常重要的部件，它的结构直接影响燃烧效果。用于玻璃池窑上的喷嘴应满足下述要求：

① 喷出的油滴要细而均匀，"黑区"尽量短，不能有火星，在垂直于喷嘴中心线的断面上，油滴要分布均匀，不能有空心，并且在喷射射程上保持不变，雾化介质消耗量要少。

② 油滴不得落到配合料或玻璃液面上。

③ 喷出的火焰要能控制，覆盖面积要大，贴近玻璃液面又不冲击料堆。与助燃空气混合要好，燃烧速率要快。

④ 结构要简单，便于制造、拆装、清洗和检修，并要坚固耐用，保证一定的扩散

角和准确的同心角，不漏油、不易堵塞、不易结焦。

⑤ 调节方便，调节幅度要足够大。

⑥ 工作时噪声要小。

目前国内太阳能压延玻璃熔窑小炉底插式喷枪采用中低压内外两级混式喷嘴。

（5）操作参数的变化对火焰的影响

影响液体燃料油火焰的因素很多，归纳起来，有喷嘴规格、油压、油温、雾化压力、助燃空气用量等。

① 喷嘴规格的变更。喷嘴参数中对火焰产生影响的主要是油嘴直径ϕ和油嘴到气帽间的距离d，其中ϕ主要决定油量，d主要决定雾化情况。ϕ一定时，d增大，则雾化介质与油的接触时间增加，有一部分会在喷嘴内部混合，因而雾化较好，燃烧完全。在需要还原焰的小炉中，d要小一些；需要氧化焰的小炉，d要大一些。

在油压和雾化剂压力不变的条件下，流量与油嘴直径几乎呈直线关系，ϕ大则流量大。ϕ增大时，火焰射程长；反之，则射程短。ϕ减小时，火焰扩散角小；反之，则大。当需要的火焰长度一定时，油嘴直径大的，使用较低的油压；直径小的，使用较高的油压。d减小时，火焰较浑而长；d增大时，火焰短而清亮。d的改变对流量也有影响，d变大，流量减小，因为气压较大于油压，阻碍油的喷出，随d增大，气压和油压的调节关系灵敏性变差。d改小时，油压与气压差增大，反之则减小。

② 油压。在正常的生产情况下，若突然增大油压会导致流量和火焰射程都增大，火焰变得长而浑，燃烧不完全，既浪费燃料，又影响作业的稳定。如果继续加大气压，企图来阻止油的喷出，会同时带来另一个缺点，即雾化空气用量增大，火焰更短、更亮，这也不符合熔化所要求的尽量扩大火焰覆盖面积的要求。因此生产中要保持油压的稳定。

③ 雾化气的压力。雾化用的压缩空气量和压力也必须稳定，并且要具有一定的调节余量。生产中有人通过调节雾化气压力的方法来调节火焰的长短和浑亮，觉得比较方便。但气压增大时，油流量及射程都减小，火焰短亮，火根温度高，火梢变窄；气压继续增大，甚至能封住油流阻碍其喷出。气压降低时，火焰发红发飘，火梢湍动不定，刚性下降，严重时甚至冒黑烟。

④ 油温。油的黏度随温度变化很大，油的黏度又直接关系到雾化效果。一般来说，油温高些，油的黏度小，雾化效果好，并且喷出量大，火焰温度较高；油温低时则相反。因此油温的波动会导致熔窑温度的波动。一般采用蒸汽加热或电加热时，利用自控仪表控制油温的稳定。

另外，也要合理控制油罐内液体燃料油的加热温度。液体燃料油的黏度比较大，远不能满足使用要求，因此使用前必须再次加热。与平板玻璃厂一样，太阳能压延玻璃供油系统中，输油距离较远，液体燃料油加热分两次进行，第一次在供油泵出口加热，用来降低燃料油黏度，提高其流动性能，减少液体燃料油在管道内的阻力损失；第二次加热在窑炉前进行，用来提高雾化质量，使液体燃料油充分燃烧。窑炉前加热温度根据喷嘴类型及油品性质而定，用于机械雾化喷嘴的液体燃料油，要求恩氏黏度为4～9，高压喷嘴要求恩氏黏度为4～6。

　　液体燃料油加热温度不够，黏度大，将使油的输送和雾化困难，过热时，不仅浪费热量，还会引起液体燃料油裂化和起泡沫，析出胶质、沥青等沉淀，喷出时发生气阻现象，使燃烧不稳定。因此，合理地加热油温不仅是控制黏度的手段，也是保证良好燃烧的重要因素。

　　加热器种类很多，目前常用的有列管式加热器、套管式加热器和电加热器。

　　列管和套管加热器的油温往往受到蒸汽压力波动的影响，或是蒸汽压力不足，或是因为液体燃料油的黏度愈来愈大，需要更高的过热蒸汽温度，油加热温度达不到要求。用电加热器时油温调节比较灵敏，温度的控制较稳定。

　　根据操作经验，油在喷嘴处的恩氏黏度达3～5时雾化良好。恩氏黏度为3时，雾化后的油滴细小，分布均匀，但往往有显著的"余火"（换火时切断该喷嘴油流后，尚有少量余油断断续续地射出燃烧）。如果控制恩氏黏度为5，"余火"现象大大减少，雾化质量也能满足要求，并可减少加热液体燃料油用的蒸汽消耗量。油的黏度大小随油的质量而变，每次进厂的液体燃料油都需测定。根据测出的100℃时的黏度，查表4-5可找出所用油恩氏黏度为5时所需的加热温度。

表4-5　油温黏度表

100℃时恩氏黏度	恩氏黏度为3时油温 /℃	恩氏黏度为4时油温 /℃	恩氏黏度为5时油温 /℃
5	112	107	100
6	117	112	103
7	121	116	107
8	125	120	110
9	129	124	113
10	132	127	116
11	134	129	118
12	137	132	120
13	139	134	122
14	141	136	124
15	143	138	126

　　⑤ 助燃空气。操作上还须使助燃空气和液体燃料油配合适当，这是改善燃烧的重要措施。液体燃料油燃烧时，空气过剩系数一般在1.1～1.30，而雾化用的空气仅占全部助燃空气量的5%～10%，所以燃烧用的空气主要靠助燃空气量来调节。

　　助燃空气由助燃风机通过风管输送，调节风机进风口和出风口的开度都可以改变入窑的总风量。风管上的蝶形阀是平衡两边进风量大小用的。各小炉进风量可通过小炉闸板升降来调节。

　　⑥ 喷嘴。在使用前，应对喷嘴的孔径、气帽的孔径、安装同心度、油气密封情况和连接螺母进行检查。

　　喷嘴在使用一段时间以后，会发生喷嘴内外结焦、同心度偏移、油嘴口磨损、出风口面积变化、喷嘴角度移动等故障，导致雾化和燃烧条件变差。常见的故障如下：

　　a.结焦。结焦是液体燃料油在高温下燃烧时，由于助燃空气不足裂化而形成的残余物。当雾化效果较好，助燃空气充足时，燃料液滴分解而产生的细小碳粒能完全燃烧掉。如果雾化和混合效果不好，助燃空气量不足时，粗的油滴会燃料不完全而析出游离的碳粒，这种游离碳聚集而结焦，一般发生在喷嘴和喷嘴砖上。喷嘴中一些残油受热裂化或喷口过小，同心度偏斜，也容易产生结焦。

结焦的具体原因如下：

燃烧器的同心度有偏差。当加工或安装而引起油嘴与气帽偏心时，喷出油雾不均匀，这样沿纵向截面积上的油量与雾化空气量分配的比例失调，粗的油滴留在油嘴上，受辐射高温作用裂化成焦黏结在喷口上。喷射偏向的油雾碰到周围的喷嘴上也易产生结焦。

在其他参数相同的条件下，口径越小的喷嘴油流阻力越大，喷出的速度越大，产生的绝热膨胀也越大，因此小口径油嘴一般较大口径油嘴易堵塞和结焦。所以，燃烧器的油嘴孔径最好不要小于3mm。

喷枪安装位置不合适也易结焦，如燃烧器中心与喷嘴砖中心不一致或喷枪伸出太多（离喷嘴砖外墙皮距离太长）。

此外，扩散角、上倾角等与喷嘴砖尺寸不相适应，都容易造成喷嘴砖外部的结焦。

雾化不良，如油压太大等，粗油滴产生易造成结焦。

换火不当，惯性油压喷出的残油滴在喷嘴砖上或喷嘴上。

喷嘴内结焦影响油气的正常喷射，使雾化不良。喷嘴砖结焦会影响到油雾的扩散或产生余火，因此，喷嘴需及时或定期调换和清洗。

b.同心度偏斜。喷嘴内同心度偏斜会导致雾化不均匀，油雾浓密的地方燃烧不完全而冒烟，火焰亮度不均匀，严重时火焰状态不稳定，火焰偏斜，失去方向性。同心度偏斜后，容易产生油滴，当油滴在喷嘴上受热后亦易形成结焦。

c.油嘴磨损。喷嘴受高温油气喷射的磨损，口径逐渐扩大，导致油流量增大，影响雾化和燃烧，这时要相应调整油压和气压等参数，保证雾化良好，必要时须更换油嘴。

d.油口到喷口的距离d的变化。d的变化关系到出风口的环形面积、油和气两流股相遇的交角及汇合点的位置。一般来讲，d大时，雾化条件好，扩散角小；d小时，雾化差，扩散角大。d也不可过大，否则油流将受到高速气流阻塞，使油量供应不足。操作中要经常检查这一距离。

e.喷嘴角度的移动。喷嘴安放角度的移动必然使火焰方向发生改变，故必须经常检查和调整喷嘴角度，控制火焰方向，使之贴近玻璃液面，并保证火焰具有较大的覆盖面积。应避免油雾冲击料堆，否则会大量冒烟。若油雾直冲玻璃液面，油来不及燃烧，在液面上聚积一层石墨硬焦，会使玻璃着黄色。此外，如果油雾直冲对面胸墙或碹碴，会导致耐火砖材熔化。因此，定期清洗喷嘴，校正同心度，检查油嘴直径，调整油嘴至喷口的距离，校正喷嘴安装角度，经常剔除喷嘴砖上的结焦等，都是喷嘴在使用中的重要操作环节。

喷嘴安装位置是在小炉底和池壁砖之间，操作位置狭窄，环境温度很高，火焰辐射强烈，因此，拆装技术员必须操作熟练准确，带好防护手套，事先注意金属软管的方向，对号安装。喷嘴安装之前，必须选择好油气嘴孔径，进行装配，调节好距离d，连接软管。在日常操作中，为简化操作，只拆下喷嘴，换下气帽或对气帽进行清理后就装上，其他都可以不拆。

喷嘴安装步骤：a.先接气管与喷嘴的接头；b.开冷却喷嘴的压缩空气，以免烧坏喷头；c.同时接好喷管与油管的接头；d.调整喷嘴的位置、高度、斜角，而后用螺母固定；e.调整火焰亮度及长度。

在安装拆卸喷嘴时要注意两个问题：第一，安装喷嘴必须在火梢方向进行，因为火梢方向的喷嘴是不喷油的。这样可以避免影响窑的温度制度。第二，油嘴和气嘴安装时要注意规格的配合，否则影响火焰的稳定。

（6）液体燃料的燃烧

当液体燃料从油罐经各种设备、管道的输送到达喷枪进入窑炉后，就进入燃烧阶段。

气体燃料与助燃空气相遇时，由于气体分子的动能较大，能较容易地扩散并均匀混合，在达到着火温度时即能在整个混合物中进行燃烧。在空气充足的情况下，也比较容易达到完全燃烧。

液体燃料油的燃烧过程比气体燃料复杂。首先是液态的油和气态的空气只有在两相界面上才能进行反应；其次是油受热时，有一部分碳氢化合物会从液体表面蒸发出来，并且油气和油还会产生不同程度的热解和裂化。液体燃料油的沸点大约只有 $200 \sim 300℃$，而它的着火温度则在 $500 \sim 600℃$ 以上。也就是说，在液体燃料油进入燃烧反应之前，必然会由于气化而产生大量的油蒸气。实验证明，这些可燃性气态碳氢化合物（油蒸气）的产生，对促进液体燃料油的着火和燃烧很有好处。因为在液体燃料油的燃烧过程中，首先开始燃烧的正是这些分子量比较小的油蒸气。因此，为了加速液体燃料油的燃烧，应当创造条件促使液体燃料油更快地蒸发。

当油及其蒸气在高温下与氧气充分接触时，就可以发生燃烧反应，但若是在高温下未能及时地与氧分子接触，则会发生分解。对于油蒸气来说，这种现象叫作热解，热解的结果是产生固体炭和氢或产生炭和甲烷。在烧油的窑炉上常见到冒黑烟的现象，就是因为火焰中含有固体炭粒的结果。

对于那些还没有来得及蒸发的液态油来说，若在高温下没有及时与氧气接触，就会产生裂化现象。裂化的结果一方面产生了分子量较小的气体碳氢化合物；另一方面那些较重的分子则逐渐变成固态，这就是平常所说的石油焦或沥青。在生产中，喷嘴中发生结焦现象，就是这个原因。

液体燃料油的裂化反应不仅和油本身的碳氢化合物的性质有关，而且还和加热温度、加热时间、周围气体介质的化学性质（特别是氧化性气体的浓度）等外界条件有关。外界条件不同，即使是同一种油，它的裂化产物也可能差别很大，例如有的分子量小，有的分子量大。从有利于完全燃烧的角度出发，不希望发生深度裂化，或者说，希望裂化产物的分子结构越简单越好。实验证明，氧化性气体介质的浓度越小，进行裂化反应的温度越高，就越容易产生大分子量的裂化产物。为了防止出现大分子量的裂化产物，以及因此而产生大的固体炭粒，最好使油在达到其着火温度时能立即进入燃烧反应，这就是说，必须尽量改善油与空气的混合条件。

为了使液体燃料油的反应和蒸发面积尽可能大，使油与空气的混合程度尽量接近气体燃料与空气的混合程度，以达到迅速完全燃烧，一般在油燃烧过程中采取将油进行雾化后燃烧的方式。油雾化的效果是保证燃烧顺利进行的先决条件。只有雾化效果好，油才能迅速加热、迅速蒸发，才能使蒸发产物及油与空气混合得快，混合得匀，才能产生最少、最小的固体分解产物，才能燃烧得快，燃烧得完全，从而达到节能降耗的效果。

为了便于调节喷枪的用油量和保证喷枪稳定燃烧，通常在供油系统中都设有回油系统。由于不同情况下的回油量不同（有的为需用量的几倍，有的为需用量的一半），所以，设置的回油方式不同。

4.1.3.2.4 发生炉煤气加热熔窑的温度与火焰控制

熔制过程中的温度制度控制、熔化速度和熔化质量都与火焰的燃烧是否合理有极大的关系，因此，熔化工应密切注意窑内火焰燃烧情况，合理控制火焰，使其满足熔化作业的要求，做到既能使玻璃熔化得又快又好，又能节约燃料、避免浪费。

（1）熔化作业对火焰的要求

a.温度沿窑的纵向各处火焰温度应依据熔化温度制度来决定，在宽度方向上要尽可能均匀，火根、火梢温差要小。一般来说希望火焰温度能高一些，但这常受到煤气质量的制约，煤气发生炉使用的煤种变化或操作不当都会影响煤气质量，因此需要有煤气工段的配合。

b.光亮度。取决于所用燃料的性质，也与空气、煤气配比（空气过剩系数）有关。火焰主要以辐射方式向玻璃液传热，火焰中放出热辐射的物质包括火焰气体和光亮质点（炭灰粒）两部分，而光亮质点的辐射能力相当大，操作中要尽量掌握明亮的火焰。

c.气氛。窑内气体按其化学组成及具有氧化或还原的能力分成氧化气氛、中性气氛和还原气氛三种。从理论上讲，当窑内空气过剩系数大于1，燃烧产物中有多余的氧，具有氧化能力时称为氧化气氛；当窑内空气过剩系数等于1，燃烧产物中没有多余的氧和未燃烧完全的一氧化碳时称为中性气氛；当窑内空气过剩系数小于1，燃烧产物中含一定量的一氧化碳，具有还原能力时称为还原气氛。

熔制配合料中的芒硝料时，为保证芒硝在高温时充分分解，$1^{\#}$、$2^{\#}$小炉需还原气氛，以不使配合料中的炭粉过早烧掉；$3^{\#}$、$4^{\#}$小炉是热点区，需要中性气氛；$5^{\#}$、$6^{\#}$小炉是澄清、均化区，需用氧化焰。

判断窑内气氛性质除用气体分析方法外，还可按火焰亮度来估计，火焰明亮者为氧化焰；火焰不大亮、稍有点浑浊为中性焰；火焰发浑者为还原焰。采用不同的燃料，火焰状况也不同。

d.长度。火焰长度要根据窑宽确定，一般要求火梢部分距对面胸墙0.5m左右，火焰太长会烧损对面胸墙，并使热量损失太多；火焰太短，则覆盖面积小，局部温度过高，温度分布不均匀。

e.方向。火焰喷出方向大致可分为三种情况：向液面剧烈倾斜的；平行于液面，但实际上是上扬的；向液面稍微倾斜的。火焰向液面剧烈倾斜时，火焰只能射到喷火口至窑中心线之间的区域，由于进行辐射传热能力最大的地方是在小炉口附近，导致局部玻璃过热，产生有害的横流；并且，火焰在很大的角度下反射上扬，造成几乎一半的火焰不覆盖液面，加热不均匀，还容易烧坏大碹；另外，火焰冲击料堆会加剧粉料飞扬，侵蚀窑体，堵塞蓄热室和增加玻璃液中的气泡。火焰平行于液面实际上也是上扬的，传热效果较差，在火焰与液面之间存在一层温度较低的气体（冷气层）阻碍向玻璃液的传热。因此，要求火焰喷出方向是向液面稍微倾斜的，喷射在窑中心线过一点的地方。

f.刚度。希望火焰有一定的刚度，这取决于火焰气体的运动速度。

总的来说，熔化作业要求燃料充分燃烧、火焰温度高、铺展面大，向玻璃液传热充分，且减少对碹顶的加热，满足熔化作业对温度和气氛的要求。

（2）温度与火焰的控制

在大型熔窑中，温度受各种因素的影响。对操作工来说，要随时监视窑内温度与火焰情况，根据如闸板、窑压、煤气情况、生产情况以及风向等进行综合考虑，准确估计温度变化趋势，采取措施减少温度波动，稳定生产。

一般根据以下几个方面观察来估计温度涨落趋势，并加以调节。

a.当煤气质量好、煤气量充足时，风（空气）火（煤气）配比基本合理，能达到合理的燃烧，此时火焰如果白亮有力，温度很有可能上涨，要根据不同情况解决。

b.从熔化情况和窑内颜色来观察，一般熔化情况好，泡界线近，料堆小，窑内白亮，温度很有可能上涨，否则则是下降。如果热点温度降低（即热点不明显），这时沿窑长度方向的温度差减小，回流的力量也随之减弱，相对地讲，料堆前进力量加大，引起泡界线向外移，熔化不良，出现这种情况时，必须突出热点，通过增强火焰使泡界线近移。当泡界线近移的过程中，冷却部的温度反而是降低的，直至泡界线稳定以后，冷却部温度才能上升到正常。

c.总烟道的温度上升时，窑内温度有可能上涨。

d. 5#、6#小炉煤气闸板的开度调节或断落，对熔化部以后的温度有一定的影响。5#、6#小炉闸板开大，熔化部以后的温度上升，5#、6#小炉闸板关小，则相反。如果温度普遍低，泡界线不太远，可开6#小炉火闸板（风量不变）。如果温度普遍高，可关6#小炉火闸板（风量不变）。如果5#、6#小炉闸板断落，会影响玻璃液的对流，导致温度下降，火焰不正常，泡界线远，出现泡沫。因此，要及时检查闸板，发现断落及时更换。

e.大窑压力的变化对温度也有影响，压力大的燃烧速度慢，火焰浑浊，容易造成冷却部温度高。若窑内压力小或负压，吸入冷空气，会导致各处温度下降。

f.太阳能压延玻璃生产时，更换压延机、更换唇砖、断板对熔化温度也有影响。当断板时，去往冷却部的热玻璃液减少，冷却部温度容易下降；反之，当引板时，熔化能力增大，温度会逐渐上升。

g.风向对熔制温度也有影响，一般的是迎风面温度下降。如窑头迎风，则冷却部位压力增大，温度上升。在实际操作中，对风向的变化要引起注意，及时采取措施。

空气、煤气的配比对火焰燃烧情况和窑内温度也有很大影响。空气、煤气的配比应能保证火焰从喷出口喷至对面胸墙将可燃物完全烧尽（还原焰应该是在对面小炉口处有微量的可燃物存在），以充分利用燃料燃烧所生成的热量，并要保证火焰气氛符合熔制要求。如果空气、煤气燃烧比例不合理，就会导致温度制度混乱，火焰气氛发生变化，熔化不良、火大或火小、火浑、火虚等现象都有可能发生，并且浪费燃料。

实际生产中，空气与煤气并不能完全混合均匀，所以燃烧所需空气量总要比理论值略多一些。据某玻璃厂的实测结果，火焰燃烧情况符合要求时，总空气过剩系数在1.1左右，还原焰为1.05左右，氧化焰大于1.2。因此实际操作中，以空气过剩系数为准，换算成空气量和煤气量，通过控制流量来控制燃烧效果。

在熔窑的实际操作中，常发生空气、煤气配比不合理的现象，大体上有两种情况：其一，风（空气）大于火（煤气），即空气过剩系数大于$1.1 \sim 1.15$，窑内火焰短而亮，预燃室可燃物燃烧量较大，废气烟道温度有所降低。这种情况多发生在窑内温度高，过多地关火，而不关风或少关风所致。其二，风小于火，即煤气过剩，火焰不强烈，长而发浑，燃烧不完全，辐射能力减弱。有一部分可燃物进入蓄热室中燃烧掉，使废气烟道温度升高，浪费煤气，热效率降低。这种情况多发生在窑内温度低时，为提高温度而多给煤气，风量给的少所致。

如果风量没有变，而火焰突然发生变化，就要检查煤气的质量和供应量有无变化，小炉闸板是否断落。

通常从以下几个方面鉴别火焰燃烧情况：通过看火眼观察窑内情况；分析小炉废气，看有无可燃物；烟囱冒出的烟气颜色，一般以青白色为好；结合其他情况综合分析。

各小炉闸板的开度要以熔窑温度曲线和熔化时各区域所要求的火焰性质来决定。以6对小炉的熔窑为例，小炉闸板的调整应满足1#、2#小炉为还原焰，3#、4#小炉为中性焰，5#、6#小炉为氧化焰，还要保证各小炉间有一定温度差。以4#小炉为热点，开度最大，其温度差别为1#<2#<3#<4#，4#>5#>6#，小炉闸板的开度也应按此顺序排列。4#小炉（热点）火焰长度要达到对面胸墙附近。

对于连通式蓄热室的熔窑，在调整小炉闸板时，还应注意各小炉的互相影响。

应当指出的是，窑炉结构设计是否合理，砌筑是否合乎要求，以及砖的侵蚀、烧损情况，都对火焰及温度控制有非常大的影响，这些条件常常是不易变动的，在冷修时才能解决。

4.1.3.3 泡界线与玻璃液流的稳定

前面已经分别阐述了温度和投料与泡界线的关系，本节将从窑池玻璃液中的热交换角度进一步讨论玻璃液流对泡界线稳定的影响。

玻璃窑池各部位玻璃液的热交换是一个很复杂的过程。总而言之，在熔化部，窑池中玻璃液主要被加热，而在池壁和池底部分，玻璃液受到冷却作用；在冷却部和成形部，窑池中的玻璃液主要被冷却。整个窑池中的玻璃液在温度差和密度差的作用下，沿着一定轨迹、以不同的速度在运动。

（1）造成玻璃液流动的原因

玻璃液在不同的温度下密度不同，密度较小者上浮，密度较大者下沉。窑池各处玻璃液的温度在纵向、横向和垂直方向上存在差别，这是造成玻璃液对流的主要原因。此外，投料机推动料堆向前行进，成形室拉制玻璃时产生生产流，造成玻璃液的流动，单位时间内投料量与拉引量应当相等。配合料在熔化过程中，已熔化和尚未熔化部分之间存在密度上的差别，较重者先下沉形成局部液流。配合料投入窑内后，配合料下方的玻璃液受到冷却，故其密度增加而沉向池的深处，而配合料的密度约为$1.3g/cm^3$，因为玻璃液的密度为2.2～2.3g/cm³（固态压延玻璃密度约为2.497g/cm³），配合料的密度小于玻璃液密度，所以就浮在上面了。

在玻璃液面上可以看到，较凉的玻璃液不断从热点涌上来，加热后又呈辐射状向四面八方流去。从纵向剖面看，液流有两个主要的回流，即投料回流和成形回流。

投料回流的成因是热点与投料池的温度差。自热点流来的高温玻璃液，从下面经过泡沫层时，不断将热量传给泡沫和料堆，而本身温度逐渐降低而下降。泡沫和料堆熔化完后所形成的玻璃液，因温度较低而下沉，汇入从热点过来的液流中，汇合的液流下沉到距池底某一深度处（由于池底散热，玻璃液温度较低，黏度较大，流动性小，一般不参加回流），而后往回转向，流向热点。这部分液流主要分成两部分，一部分仍旧参加投料回流，另一部分与从成形部回流来的液流汇合为生产流（即成形玻璃液流），在横向温差的作用下，呈螺旋状前进，逐渐冷却，流向成形部。在卡脖、耳池、水管、桥砖等设施附近，有一部分下沉并入回流，经过卡脖吊墙后，在冷却部形成玻璃带，大部分下沉为回流的主要部分，但在较浅的窑池里回流量较小。成形回流在回到熔化部的过程中渐渐被加热上升，再与新熔成的玻璃液汇合成生产流。

在两个纵向回流之间的池窑底部，存在密度较大和颜色较深的相对不动层。热点稳定时，玻璃液流稳定，这部分玻璃液保持相对不动。当热点位置移动时，这部分玻璃液便有可能被带走。如果热点向投料口移动，泡界线近移时，这部分温度较低，密度较大的玻璃液将被成形回流带入生产流；反之，热点向后移动，泡界线远移时，这部分玻璃液被投料回流带入生产流，这样都会严重影响玻璃的质量和生产的稳定。由此可见稳定液流轨迹的重要性。要维持液流稳定，就必须有一个稳定的温度曲线，也就是要有一个唯一的热点。泡界线正是反映窑池内玻璃液流的情况，平时生产上所说的稳定泡界线，实质上是为提高熔化质量而稳定液流。

接下来讨论横向液流的情况。沿窑宽方向看，窑池内玻璃液表层受到加热温度较高，池壁附近温度较低，玻璃液在表层是由温度高的地方流向温度低的地方流动，在底层是从温度低的地方向温度高的地方流动。在池壁附近向下或斜下方流动的液流也称附壁流。

纵向流和横向流在温差作用和生产流的作用下作螺旋状前进，如果窑中部与边部温差小，液流运动偏斜较小，如果温差大，则偏斜也大。

玻璃液流在流动过程中，在卡脖处、耳池处和分隔桥砖前后都会产生涡流。

如前所述，玻璃液产生对流的动力是温差，若没有温差，就没有对流。当然实际上也不可能没有温差。对流过程中，高温玻璃液把热量辐射和传导给温度较低的玻璃液，或是将热量带给池壁和池底，补偿池壁和池底的热散失。因此，从热工角度看，窑池中玻璃液的对流也是热量交换。

如前所述，池窑一端投料，另一端拉引玻璃，在纵长方向上形成两个回流：投料回流和成形回流。投料回流有助于料堆的熔化，并且阻挡未熔化好的料堆或熔化泡沫"跑料"到生产流去。成形流主要是供给成形设备以玻璃液，其回流到熔化部再经过加热。冷却部成形池愈深回流量则愈大，耗热也愈多，因而适当减少深度可节约能耗。在生产过程中玻璃液必然会侵蚀池壁砖，侵蚀下来的富铝氧的波筋可以沿池壁下沉汇入回流中去，在加热过程中获得扩散和均化。熔化部的横向液流对熔化过程不利，容易将料堆和熔化泡沫引到温度较低的池壁附近，石英砂粒熔化困难，容易形成方石英浮渣。横向液流还会加速对池壁砖的侵蚀，因为它不断将池壁表面上黏稠熔融体带走，使池壁又露出新的表面受高温玻璃液的侵蚀。为减少横向对流的作用，可采用减少温差的办法，将池壁液面190mm以上保温起来；另一种办法就是在投料口插入一根约11m长的回形水管。

（2）泡界线的形成与稳定

在正常作业条件下，投料机推动料堆向前的力与从热点而来的相反方向的回流建立了平衡，料堆前进速度很慢，能够在熔化部高温区逗留较长时间，料堆的边缘移动到某一位置上。从窑池的液面上可以看到，泡沫层边缘与熔化好的清洁玻璃液面之间有一条整齐清晰的分界线，这就是泡界线。泡界线一侧的液面有许多泡沫，而另外一侧的液面像镜子一样明亮，是可见气泡排除澄清最有效的区域。在有六对小炉的横火焰平板池窑中，泡界线顶端位于第四对小炉或延伸到第四、五对小炉之间。

泡界线既然是投料和推料前进的力与投料回流的力相平衡的结果，那么，窑内温度分布、玻璃液流状况、成形作业和投料情况等稍有变化，都会在泡界线上有所反映。因此根据泡界线的形状、位置和清晰程度可以判断熔化作业的好坏，并据此予以调节。

从泡界线的形成角度来看，要保持清晰稳定的泡界线，最主要的是要确定热点位置，维持热点到投料口的投料回流。确定热点位置就是要使窑内温度曲线呈山状，最高温度和最低温度所处位置都要稳定不变。热点位置前移或后移都会使泡界线位置变动，若泡界线距离投料口过近，则料层面积缩小，接受的上面热辐射量减少，熔化速度会减慢，在投料量不变的情况下，熔化就不充分。相反，若泡界线远移，将导致料堆占据面积加大，虽然料堆上层熔化速度可加快，但料堆下层熔化减慢，且含有未完全熔化石英砂粒的泡沫区太远，热点模糊，容易发生"跑料"事故，并且生产流温度因泡沫覆盖面积过大而降低，对生产也不利。维持从热点到投料口的投料回流，就是在明确热点的同时，适当降低投料口的温度，增大热点到投料口的温差，加强对流作用。但投料口温度也不可过低，以免造成"冻料"，影响熔化。

影响泡界线变化的因素还有很多，现将熔化过程中实际操作时所遇到的情况概述如下：

① 当实际温度超出作业温度范围时，在调节温度使之符合作业温度标准的过程中，风火量不能大开大关，否则会造成窑内温度波动较大，泡界线不稳定。

② 个别小炉支烟道闸板开度变大，会影响其他小炉的风火量，导致燃烧不合理，打乱温度制度，进而影响到熔化，造成泡界线不稳定。因此应定期检查小炉支烟道闸板，测量其开度。

③ 拉引速度超过熔化能力，会造成熔化不良，泡界线外移，产品质量下降。当成形断板或引头子作业时，由于所需要的玻璃液量发生了变化，熔化能力也随之有了变化，则泡界线相应地也将发生变动。在操作中要注意这一情况，最好实行液面自动控制，不间歇投料，以利于熔化作业的稳定。

④ 燃料质量或数量不足时，火焰短，作业温度下降，熔化变坏，泡界线外移，此时应及时与燃料供应部门联系，提高燃料质量或数量。

⑤ 风火配比要合理，燃料燃烧要完全，否则会造成熔化不良，泡界线外移，能耗加大。

⑥ 小炉支烟道闸板的开度对熔化也有较大影响。小炉支烟道闸板开度不合适，应立即调节。如 $1^{\#}$ 至 $3^{\#}$ 小炉闸板开度过大，会造成泡界线近移，泡界线外有泡沫，泡界线不清楚等；如开度过小，则会造成泡界线远移，料堆大而远等不良现象。

⑦ 投料操作不正常，发生料堆偏、料堆大而远，或两侧火焰不一致，造成泡界线一边远，一边近，都会影响熔化。应立即把料堆倒正，或调整两侧火焰温度一致。

⑧ 当原料中纯碱、芒硝或熟料有增减时，在必要时需考虑调整熔化温度。一般是调节 $1^{\#}$、$2^{\#}$ 或 $5^{\#}$、$6^{\#}$ 小炉支烟道闸板，但仍应注意要使热点位置明确。

⑨ 当原料中水分含量增多时，若配料时控制不当，也会影响熔化，导致料堆大，泡界线远。因为原料投入窑内，首先要把水分蒸发掉，水分增多，蒸发水所需的热量增加，熔化原料的热量就少了。解决的办法是严格控制配合料中水分含量或少许提高料堆区熔化温度。

⑩ 小炉斜坡碹角度和喷出口设计得不合理，熔窑在生产中因受侵蚀、烧损而变得不合理，使燃料与空气混合得不好，或火焰上飘、下倾，都会影响熔化，导致泡界线不正常。

⑪ 由于热修蓄热室或掏炉条碹下炉渣，影响抽力，导致窑内压力增大，助燃风量减少，使燃烧不完全。另外在热修时，未经预热的空气（或煤气）从热修的风洞进入窑内，降低了空气（和煤气）的预热温度，也会使窑内熔化受到影响。在这种情况下，要设法把窑压维持在接近正常生产时的标准，并采取补救措施，如增加熟料维持熔化能力。

4.1.3.4　窑压与窑压控制

（1）窑压的分布

玻璃熔窑内的压力（窑压）分布是一条有多个转折点的曲线，通常有两种：一种是整个气体流程（从进气到排烟）的压力分布；另一种是沿玻璃液流程的空间压力分布。

在熔制玻璃时，需要燃烧液体燃料油或天然气、焦炉煤气和发生炉煤气等气体燃料进行加热，燃烧需要空气（氧气）助燃。燃烧气体燃料时，空气用助燃风机鼓入窑内，气体燃料在鼓风机的压力下送入窑内；燃烧液体燃料时，需要用蒸汽或压缩空气作雾化剂，各种气体在一侧小炉喷出口形成一个综合性正压。

在熔窑空间，燃料燃烧放出热量时，不断产生大量的高温燃烧产物，配合料熔化过程中约有 15%～20% 的挥发分进入熔窑空间，被烟囱或余热锅炉引风机抽走，此时就在出火侧的小炉口造成负压，零压点一般约在火梢小炉口前附近。

通常利用助燃风机通过风管将空气鼓进烟道。在调节闸板以及烟道壁摩擦阻力作用下，气体压力逐渐减小，当到达蓄热室格子体底层处时压力接近零压，当上升到蓄热室时受到高温格子体的预热，密度逐渐变小（室温下密度为 $1.2kg/m^3$，在 800℃ 时约为 $0.33kg/m^3$，在格子体顶部时约为 $0.2kg/m^3$），静压头逐渐增加，从而可以克服气体经过格子体时的摩擦阻力和拐弯阻力。蓄热室中产生的静压头是由蓄热室内外温度差和小炉口与气体进入口的高度差所决定的。

在熔窑空间气体参与燃烧的过程中，气体体积进一步迅速膨胀，配合料熔化又放出大量气体，这就要求另外有一个相应的废气排出系统。在火梢这一侧的蓄热室中，格子体受高温废气的加热，废气的浮力很大，阻碍废气向蓄热室下方运动，为了克服这种蓄热室中的阻力（废气、浮力和格子体阻力），必须有一个抽力系统，工厂生产中通常采用余热锅炉引风机或烟囱。总之，从鼓风机到引风机（或烟囱），要求建立一个基本平衡的压力分布，各处也要求一个相对稳定的压力参数，另外还要求整个系统密闭、保温，不得漏风。

蓄热室、烟道墙体密闭保温的目的是减少热散失，提高格子体蓄热能力，提高空气（煤气）预热温度。另一个目的是防止漏风，漏风会减少烟囱抽力，使窑压升高；此外，空气蓄热室漏进风会降低空气预热温度；煤气蓄热室漏进风，会使煤气在蓄热室中燃烧，在温度较低的地方或在换火排出时有爆鸣的危险。

（2）窑压指标的确定

在熔化部接近玻璃液面的地方，正常情况下应维持零压或微正压。液面上出现负压虽然有利于排除玻璃液中的气泡，但是吸入的冷空气会降低窑温，增加能耗，会打乱窑内的温度分布和气氛分布。但过大的正压也会带来不利，它将使熔窑烧损加剧，向外冒火严重，燃耗增大，不利于澄清和拉引作业的稳定。所以液面上保持零压或微正压，既有利于澄清，也易于维持正常的温度制度。

通常在熔化部末端的大碹顶上或澄清部胸墙处安装取压管，以这里的压力作为窑压控制的标准。

液面处的静压强根据玻璃配合料挥发分和季节的不同而定，一般澄清部胸墙取压力（5～15）Pa±0.5Pa。

窑压确定后应保持稳定，熔化部作业"四小稳"之一就是要求窑压稳。窑压波动会立即影响到成形部，导致成形温度不稳定。据实测，熔化部压力增大0.5Pa，可使冷却部温度升高5～7℃。

（3）窑压过大的原因与处理方法

造成窑压过大的原因一是抽力不够，二是阻力过大。抽力是由烟囱或余热锅炉引风机提供的，通过调节烟道大闸板的开度可调节抽力。如果窑内风火量过多或风火配比不适当，造成废气量多，也会造成窑内压力增大。应根据窑内具体情况，适当调节风火量，加大大闸板开度。如果是因为助燃风量过大而引起的窑压大，应减少助燃风量。

导致阻力过大的原因很多，阻力过大常发生在窑使用的后期；如果蓄热室格子砖倒塌严重，格子体堵塞使废气排不出去，这时应立即热修格子体；如果蓄热室炉条下熔渣等物的堆积，堵塞了废气通道时，应及时掏尽熔渣等物，保证气流畅通；如因暴雨等原因，地下水位上升或烟道内流进地表水，导致截面积减小，应排除烟道内积水。

空气、煤气烟道、总烟道、空气蓄热室门、闸板和空气交换器等处密闭不严，有漏风之处，也会造成窑压增大或两侧压力不等。从全窑整个系统来说，希望每处都能密闭不漏风，因为漏风不仅使窑压增大，还带来其他弊病。如果鼓风机到喷火口一段漏风，会影响煤气质量，降低空气、煤气预热温度，降低窑温；熔窑部分封闭不严或开口过多，会逸出大量气体，带走热量，增大热耗；排烟系统封闭不严，会造成抽力减少，烟气温度下降，余热利用效果不好。

（4）窑压对熔化温度和成形的影响

因阻力变大而导致窑压过大时，窑内火焰浑浊无力，大量废气来不及排出，氧气相对缺少，减慢了油雾或天然气的燃烧过程。严重时熔窑所有的缝隙孔洞，甚至小眼处的测温孔，皆会喷出浓烟。燃煤气窑中，窑压过大使煤气炉内压力增加，煤气炉作业困难，煤气质量降低。燃油熔窑中油雾不能完全燃烧。因为熔化部温度降低，熔化速度减慢，料堆泡界线延伸出去，泡界线模糊，对流轨迹发生变化，造成成形玻璃液流的质量变坏。

窑压过大时，含有油雾的或未完全燃烧天然气的高温气体经过卡脖吊墙下方进入冷却部，导致冷却部空间温度突然升高，对成形玻璃液流的上层进行不合理的加热，致使成形流中流速较快的高温玻璃液流的位置上升，与空间的温差减少。这时成形工常以为熔化工误将温度提高，实际上是窑压变大的作用。

窑压过大还会加剧对窑体的烧损，特别是在胀缝、测温孔、看火孔附近。

（5）窑压的自动控制

窑压测量主要通过气动压力调节器来对旋转闸板实行自动调节，达到控制窑压的目的。

4.1.3.5　熔窑气氛控制

根据化学组成及具有氧化或还原的能力，窑内气体分成氧化气氛、中性气氛和还原气氛三种。熔窑气氛控制实质就是控制窑内各处的气体性质。当窑内空气过剩系数大于1，燃烧产物中有多余的氧，具有氧化能力，称为氧化气氛；当窑内空气过剩系数等于1，燃烧产物中无多余的氧和未燃烧完全的一氧化碳，称为中性气氛；当窑内空气过剩系数小于1，燃烧产物中含有一定量的一氧化碳，具有还原能力，称为还原气氛。

在整个火焰行程上气氛性质是在变化的，即使完全燃烧时也如此，例如喷火口处火焰总是略呈还原性，随着燃烧过程的进行，逐渐变成中性直至氧化性。

太阳能压延玻璃与平板玻璃一样，配合料中都含有芒硝，为了保证芒硝在高温时充分分解，$1^{\#}$、$2^{\#}$小炉为还原焰；$3^{\#}$、$4^{\#}$小炉是热点区，需用中性焰，不能用氧化焰，否则液面会产生致密的泡沫层，使澄清困难；$5^{\#}\sim7^{\#}$小炉是澄清、均化区，为不使玻璃中二价铁过高被着色，需用强氧化焰。

判断窑内气氛性质，除用气体分析方法外，还可按火焰亮度来估计：火焰明亮者为氧化焰；火焰不大亮、稍微有点浑者为中性焰；火焰发浑者为还原焰。

通常利用各支烟道调节闸板的开度来改变空气过剩系数，以调节控制窑内气氛性质。

当熔制太阳能压延玻璃和某些特殊玻璃（例如彩色玻璃）时对窑内气氛性质另有要求，需制造特殊的气氛制度，例如：除控制支烟道闸板开度，调节火焰性质外，还需在配合料中加入氧化剂或还原剂，从而达到强氧化或强还原气氛。

熔窑气氛对玻璃液的表面张力有重要影响，一般来说，还原气氛下玻璃液的表面张力比氧化气氛下约增大20%，由于表面张力的增大，玻璃液表面趋于收缩，这样便促使新的玻璃液到达表面，表面玻璃液继续不断地更新，从而保证了玻璃液的均匀一致。

4.1.3.6　换向设备及操作

现阶段，中型以上平板玻璃熔窑除全氧燃烧池窑外，都采用空气横火焰蓄热室式池窑进行熔制，这种池窑每20min要换向一次（又称换火），改变空气和烟气的流动方向。在火根下的蓄热室格子体里，室温的助燃空气被加热到1200℃左右进入窑内，而火梢下的蓄热室格子体不断吸收高温废气中的热量以提高自身温度，积蓄热量供换火后加热助燃空气用。

要实现换向，必须有一整套支烟道闸板等换向设备、传动装置和控制系统。

（1）烧油、烧天然气熔窑换火操作方法

玻璃熔窑燃料采用油和天然气比用煤气有许多优越性，例如火焰易于调节、热点容易突出、换向操作也比较安全、可靠、简单，现在已全部实现了DCS（自动化中央控制系统）控制。

熔窑换向有自动、半自动、手动三种方式。自动和半自动换向程序全部安装在现场计算机内，只要设定好换向时间，即可自动换向。若需延迟换向，可采用半自动方式。

在设备出现故障、供气（供油）管道出现异常或热修等特殊情况下，可采取手动换向。下面以底插式油枪+侧烧式天然气的油气混烧的手动操作为例进行介绍，单纯烧油或烧天然气熔窑手动换向与其相同。

具体操作过程如下：烧油和天然气的操作盘都打到手动状态→预铃（5～10s）→关燃烧侧天然气→开卸油阀→关燃烧侧油阀→吹扫（程序自动吹扫不用操作）→关燃烧侧雾化气→落油枪→空交机风烟换向→升另一侧油枪→开另一侧天然气→开另一侧雾化气→开另一侧油阀→关卸油阀，完成手动换向。

在换向过程中要时刻注意指示灯的亮灭，确认操作及设备运行是否到位、正常。

（2）烧煤气熔窑的换向设备

烧煤气熔窑的排烟供气系统使用的是煤气交换器。煤气交换器常采用跳罩式（驼背式），空气交换器采用闸板式。

跳罩式煤气交换器由传动装置带动连杆机构变换跳动罩（钟罩）位置，使左边和右边气孔与中央气孔轮流相连通，以达到煤气换向的目的。其流程如下：

煤气由煤气总管进入外壳→跳动罩罩住交换器底座中间气孔和两侧其中一个气孔→以水封住，使跳动罩、外罩密封→煤气进入通往玻璃熔窑的烟道→熔窑内废气排出至烟道。换向以后跳动罩跳到另一位置上，煤气从另一侧进入熔窑。

这种交换器结构简单，操作方便，气密性好，适用于煤气换向，可用于较高温度，便于实现自动控制。缺点是温度过高时跳动罩变形，气密性变差。为减少气流阻力损失，交换器内气流速度不宜太大，一般小于5m/s。

闸板式空气交换器上部外壳与空气管道相通，下部为空气烟道。当右边闸板放下时，关闭通向烟道的门孔，打开助燃空气进风孔，这时空气进入空气烟道和蓄热室，同时左侧废气进入总烟道。换火后右侧闸板提起，左侧降下，两块闸板的牵引钢绳在同一传动机构上。这种换向器的气流阻力小，气密性较好，被广泛使用。

（3）烧煤气熔窑换火操作方法

烧煤气熔窑换火是将燃烧所需要的空气、煤气分别轮流送入两边的空气、煤气蓄热室，将废气轮流通过两边蓄热室加热格子砖。为了稳定熔化温度，避免格子体上部温度过高（不超过该种格子砖所允许的工作温度），减少窑体耐火材料的烧损，必须按一定的时间间隔进行换火。一般相隔20min换一次火。在换火行程中，交换器有短时间的中立，为减少煤气浪费和影响窑内温度，要求换火操作时间越短越好。

通常换火操作有人工操作和电动操作两种方法。

① 人工操作。用人工摇交换器进行换火，先摇煤气交换器，后摇空气交换器。人工换向劳动强度大，行程时间长。

② 电动操作。分自动、半自动两种。常用的是自动换火，因为自动换火是按一定的时间间隔进行的，若有热修等情况，需要缩短或延长换火时间间隔，自动换火就受到限制，这时可临时改为半自动换火。半自动换火是人工通过电钮启动交换器，一般运行时间在15～20s，换火操作时先换煤气、后换空气，否则会因烟道温度低（特别是在冷修烤窑时）造成爆炸。

换火操作注意事项：

① 换火前首先要弄清火焰的方向、电压的大小（电压小于负荷限度不能换火），然后再进行换火。若窑炉在进行热修，换火前须通知热修人员。

② 换火时注意煤气、空气交换器启动后电流的大小和换火行程时间长短，如中途突然停止时，可先恢复交换前的位置，检查原因，再行交换。但应注意煤气、空气流动方向，切勿把方向搞错，造成顶向。

③ 当电压太低或电动设备发生故障时，改用人工换火。

4.1.4 影响玻璃熔制的主要因素

从上述配合料的熔制操作过程可以看出，玻璃熔制是一个复杂的过程，是多因素综合作用的结果。但总的来说，影响玻璃熔制质量的因素主要有以下几点。

（1）原料颗粒度

原料的种类及性质对玻璃熔制质量的影响很大，如硅砂颗粒的大小和形状，所含杂质熔融的难易，配合料的气体率和所含气体的化学组成，矿物及化工原料的合理选用，以及配料所用的碎玻璃的质量、块度及用量等。

在原料成分稳定的情况下，原料颗粒度就成为影响熔化的主要因素之一。玻璃形成过程的反应速率取决于反应表面的大小，原料颗粒愈细，反应表面就愈大，反应就愈快。在太阳能压延玻璃配合料中，对熔制过程影响最大的是硅砂的颗粒度，其次是白云石、纯碱及芒硝的颗粒度。但在实际生产中，所使用的硅砂不宜太细，否则会引起加料时粉料飞扬和使配合料分层结块，破坏配合料的均匀性，使玻璃成分发生变化，同时也会使澄清时间延长，影响玻璃的质量。

通常生产太阳能压延玻璃用的硅砂，颗粒度为0.1～0.5mm的占90%，不含0.7mm以上的颗粒；纯碱采用颗粒度与硅砂相匹配的重质碱，也控制在0.1～0.5mm，这样不仅有利于熔化，而且易于配合料混合、减少飞扬，减轻因纯碱飞扬而造成蓄热室的堵塞；配合料中碎玻璃的使用量和块度对熔化速度影响较大，如碎玻璃添加量超过配合料的35%，会降低玻璃质量，使玻璃发脆；碎玻璃的块度一般控制在5～60mm为宜，过细的碎玻璃由于先与纯碱发生反应，使最后溶解到熔体中的SiO_2较多地剩留下来，在开始时得不到足够的反应机会，延长了澄清时间，因此对熔化反而不利。

（2）配合料的成分和混合

配合料的化学组成不同，熔化温度亦不同。配合料中助熔剂含量愈多，即配合料中碱金属氧化物和碱土金属氧化物的总量对二氧化硅的比值愈高，配合料愈易熔化。

当配合料中各组合原料的比例确定后，其混合的均匀性对玻璃液的质量和熔制速度就起着至关重要的作用。配合料混合的均匀程度与配合料的颗粒组成、湿润、温度等有关。

配合料中的粒级匹配主要影响配合料输送储存过程的分层，若粒级匹配不合理，配合料在输送和储存过程中就会出现分层，从而影响到配合料的均匀性。

配合料保持湿润能改善配合料的均匀性。因为配合料中保持一定的水分（通常为4.0%），能使配合料中纯碱和芒硝等助熔剂覆盖黏附于硅砂颗粒的表面，提高内摩擦系数，并使配合料颗粒的位置相互巩固，减少分层现象，并减轻飞料，同时还有利于配合料的热传导。配合料中的水分汽化时对玻璃液起着强烈的搅拌作用，从而促进玻璃的熔化。但水分过多会造成大量热损失，影响熔化。

混合好的配合料温度应维持在36℃以上，若低于36℃，纯碱的一水化合物将转变为七水化合物或十水化合物，使配合料产生胶结作用。

（3）料层厚度

在太阳能压延玻璃生产线中，配合料进入熔窑时，大多采用斜毯式投料机或垄式投料机，也有采用辊筒式投料机的。无论使用哪种投料机，最好采用薄层投料的方式，即将进入投料池的配合料厚度控制在100mm左右。因为采用薄层投料，配合料上层可由辐射和对流获得热量，下层可由玻璃液通过热传导取得热量，配合料中各组分容易保持分布均匀，使硅酸盐形成和玻璃液形成速度加快；而且由于料层薄，有利于气体的排出，也缩短了澄清所需的时间。

（4）熔窑内的温度和窑压

熔制温度决定玻璃的熔化速率，温度愈高硅酸盐生成反应愈强烈，硅砂颗粒熔解愈快，玻璃形成速度也愈快。在耐火材料承受能力许可时，应尽量提高熔制温度。

通常窑内压力保持微正压是非常重要的，微正压可以避免冷空气进入而增加能耗，同时便于玻璃液中的气体容易逸出，有利于澄清。

4.2 玻璃熔窑

玻璃熔制过程是在玻璃熔窑中进行的，熔窑是玻璃生产的关键热工设备，它在玻璃生产中起着十分重要的作用，可以比作玻璃生产线的"心脏"。

在生产过程中，玻璃熔窑所使用的耐火材料性质、窑炉结构、施工质量和使用是否正确都极大地影响着玻璃产品的产量、质量和成本。如果使用质量不高的耐火材料，不但限制熔制温度，缩短窑炉寿命，降低熔窑的产量，而且还会使玻璃带有各种缺陷（结石、条纹等），降低玻璃的质量；如果熔窑受到损坏，就会直接影响或破坏熔化的热工状态和正常的工艺制度，使产品产、质量下降，使成本提高。因此，除了设计先进的熔窑结构，科学合理配置耐火材料，正确砌筑熔窑外，还要很好地使用熔窑和加强对熔窑的维护，这样才能达到延长熔窑寿命的目的。

4.2.1 玻璃熔窑基本结构

玻璃熔窑的窑型有平板池窑、横焰流液洞池窑、马蹄焰流液洞池窑、小横焰池窑、换热式单碹池窑、换热式双碹池窑、换热式单元窑、换热逆流式池窑、换热式双马蹄焰池窑、分部式池窑、日池窑、双式窑、蛇形窑和换热式垂直马蹄焰池窑等十余种，通常根据产品特性及产量、质量要求、熔化温度制度、成形制度、燃料种类、投资费用等因素选用不同的窑型。对于太阳能压延玻璃来说，与普通平板玻璃一样选用平板池窑。

太阳能压延玻璃熔窑按不同的分类方法可分为不同的类型，通常按下述方法进行分类。

（1）按熔窑规模分类

太阳能压延玻璃与平板玻璃熔窑一样，按生产工艺和规模不同，有大、小之分。

日熔化量≤150t（一窑一线）为小型熔窑，日熔化量250～500t（一窑两线、四线）为中型熔窑，日熔化量650～900t为大型熔窑，日熔化量900t以上为特大型熔窑。

从国内熔窑结构设计和耐火材料配置来看，考虑到太阳能压延玻璃工艺侵蚀性大于浮法玻璃等其他工艺，故配置要高些。

目前也有按照玻璃液热耗来划分熔窑规模的，通常玻璃熔窑规模越大，生产效率也越高，其玻璃液单位热耗也就越低。

（2）按加热方式分类

玻璃熔窑按加热方式可分为燃料加热熔窑和电加热熔窑。

根据燃料种类不同，燃料加热熔窑又可分为燃油玻璃熔窑、燃煤气玻璃熔窑和燃天然气玻璃熔窑。这类玻璃熔窑的共同特点就是采用横火焰蓄热室，由于加热过程是在玻璃液上方进行的，也称为热顶操作。而电加热玻璃熔窑是靠玻璃液本身在导电过程中发热进行的，生产过程中玻璃液上方覆盖着玻璃配合料，窑炉顶部温度相对较低，故称为冷顶操作。相对而言，热顶操作比冷顶操作的窑炉占地面积大，热耗高，材料用量多，投资巨大，对环境带来的影响较大。但是，由于人们长期使用这种窑炉，并且这种窑炉的规模可以达到1000t/d及以上，随着全氧燃烧技术的应用和推广，热顶操作窑炉的缺陷逐渐改善。电熔窑虽然优点较多，但是到目前为止还不能做得规模太大。

（3）按火焰流动方向分类

太阳能压延玻璃与平板玻璃熔窑一样，目前大都是使用燃料加热的连续作业蓄热式熔窑，通常按窑内火焰流动的方向将熔窑分马蹄焰池窑、横火焰池窑两种。随着全氧燃烧技术的成熟，不需要蓄热室、不需要换向的全氧燃烧熔窑正在被许多厂家所采用。

连续作业是指玻璃熔制过程中从投料、熔化、冷却到成形是在窑内不同部位同时连续进行的，窑内各处温度是稳定的。

蓄热式熔窑是利用蓄热室内码砌的格子体耐火砖作蓄热体，蓄积回收从窑内排出烟气的部分热量，换向后用来加热进入蓄热室内的空气或煤气。蓄热室结构简单，可将气体加热到较高温度，但蓄热室系间歇作业，加热温度不稳定，窑内温度波动频繁，占地面积较大。

马蹄焰池窑只有一对小炉，火焰从一个小炉喷出，火焰充分延伸，完全燃烧后，通过另一个小炉排出废气，从而使火焰在熔窑内形成马蹄状流动，故称为马蹄焰池窑。此种熔窑火焰行程长，占地小，投资少，操作维护简便，但火焰覆盖面积小，在窑宽方向温度分布不均匀，在窑长上难建立必要的热工制度，仅适用于小型压延玻璃熔窑。

横火焰池窑窑内火焰方向与熔窑长度（玻璃液流动）方向相垂直，火焰通过小炉从窑的一侧喷向另一侧，横越熔窑的宽度。根据生产规模不同，小炉对数也不同。横焰窑火焰覆盖面积大，窑长方向的温度分布、压力、气氛制度和泡界线容易控制，所以横焰窑的作业制度稳定，玻璃液均匀性好，质量易于控制。中型以上的压延玻璃熔窑都是"连续作业的横火焰池窑"。

目前国内绝大部分太阳能压延玻璃熔窑结构都是空气蓄热式横火焰池窑（仅少量全氧燃烧熔窑），是由投料池、熔化部、澄清部、卡脖（空间分隔设备）、冷却部（成形作业室）、小炉、蓄热室（余热利用设备）、窑体保温以及窑体钢结构等部分组成。所以，本书重点介绍空气玻璃熔窑结构，全氧燃烧玻璃熔窑的结构、材料配置使用、技术数据可参考相关书籍和资料。

4.2.1.1 投料池

投料池是指熔窑的起端到前脸墙的一段窑池。其主要作用是承接由投料机投入熔窑的配合料，此外在保证配合料下部的玻璃液不"冻结"的情况下，还能起到预熔配合料的作用，使入窑的料堆表面呈烧结状态，这样不但能加速配合料的熔制过程，更能减少窑内粉料飞扬，减轻对1#蓄热室格子体的侵蚀。

投料池由黏土质的池底和电熔锆刚玉质的池壁两部分组成。投料池池底与熔化部池底在同一个标高平面，属熔化部池底钢结构的延伸，故其钢结构形式和池底保温形式与熔化部相同。一般池底大砖厚300mm，宽400～600mm，长700～900mm；池壁砖厚度300mm（比熔化部和冷却部厚50mm），宽度400～450mm，高度比浮法玻璃熔窑的1250～1350mm高150mm左右。池壁砖砌筑在池底砖上，干码砌完毕后用硅钙板进行简单保温。池底和池壁均采用角钢加顶丝予以顶固。

投料池有等宽（与熔化部同宽）投料池、准等宽投料池和窄投料池几种形式，目前大多采用等宽投料池。

4.2.1.2 熔化部和澄清部

熔化部和澄清部是指投料池末端（前脸墙）到卡脖前的一段。对于现在大多采用的火焰表面加热的熔化方法来说，熔化部和澄清部是由熔化配合料和盛装玻璃液的窑池及窑池以上包围火焰空间的熔窑上部结构两大部分组成。配合料通过投料池进入熔化部，经高温加热熔化成玻璃液后在澄清部进行澄清和均化，熔化部和澄清部是一个窑池中功能不同的两部分。

熔化部和澄清部的分界线为末对小炉中心线外1m处，即熔化部是指L形吊墙以内到末对小炉中心线外1m的一段窑池，它主要起熔化配合料使其成为基本合格玻璃液的作用；澄清部是指末对小炉中心线外1m到卡脖处的一段窑池，它主要是将熔化基本合格的玻璃液进行澄清，去除玻璃液体中的部分残留气泡。

（1）熔化部窑池结构

窑池由池底钢结构、池底大砖和池壁三大部分组成，起熔化配合料和盛装玻璃液的作用。窑池建筑在由窑下混凝土立柱支承的钢横梁上，整个窑池耐火材料的重量和其中所盛的玻璃液重量均由窑底混凝土立柱承担。

① 池底结构。池底由池底钢结构（见图4-3）和池底大砖组成。整个池底坐落在深入地层内部硬质岩石的钢筋混凝土立柱上，在立柱顶面铺有钢板，立柱钢板上面架设沿窑长方向的四根人工焊接的工字钢主梁，主梁上表面涂抹用机油搅拌的石墨粉后安放工字钢次梁，次梁与主梁垂直，次梁间距依据池底砖尺寸而定，一般为400～600mm，每块池底砖下面一般放两根次梁，次梁应避开窑底的砖缝。在次梁上的两端部安装支撑熔窑胸墙、大碹的工字钢立柱，在次梁上面铺设由18a槽钢制作的垛梁，方向与其垂直，窑底垛梁以1#小炉中心线和熔窑中心线为基准定位，两根相邻的垛梁底部用85mm×40mm×4mm的扁钢焊接成相互错位的三角形，在扁钢上放置2mm厚的薄钢托板，以铺设硅钙板和硅酸铝纤维毡，垛梁上铺设黏土质垛梁砖（见图4-4、图4-5），垛梁砖上铺设池底大砖。

图4-3　熔窑池底钢结构照片

图4-4　垛梁上砌筑的垛梁砖照片

图4-5　垛梁砖与池底保温

图4-6　垛梁砖上砌筑的池底大砖

由于池底砖要承受全部玻璃液的重量，为了使其有足够的热稳定性和结构强度，池底砖均用大型黏土砖砌筑。一般大型池窑多用厚300mm、宽400～600mm、长900～1000mm规格的黏土砖，采用干砌法，砖缝中不抹泥浆。砌筑池底砖时要使得窑的纵向和横向砖缝贯通，以便下面支撑部分的位置按需要配置，且在受热膨胀时池底砖可以得到一定程度的自由膨胀和移动。池底大砖四周均用角钢和顶丝顶牢。

一般池底大砖可用十几年。若在黏土砖上覆盖一层75～100mm厚的锆钢玉砖或α-β刚玉砖，可延长使用寿命，提高玻璃质量。目前，太阳能压延玻璃生产线和浮法玻璃生产线一样，都采用多层结构的复合窑底，即上层是锆钢玉砖或α-β刚玉砖，下面是锆质捣打料、池底大砖和保温砖（见图4-6）。

② 池壁结构。池壁是组成窑池的重要部分，它既起到盛装玻璃液容器的功能，又要经受1250～1600℃的高温烧蚀，还要承受配合料在熔化过程中的化学侵蚀和玻璃液对流及液面上下波动时所形成的冲刷（特别是玻璃液面线附近的池壁损坏较快）。所以，池壁砖均选用耐高温和耐侵蚀的耐火材料，如氧化法加强浇注锆刚玉砖或α-β刚玉砖砌筑，见图4-7。由于窑池拐角侵蚀的更为严重，所以拐角砖必须采用比其他部位更高档次的41#氧化法加强浇注锆刚玉砖。对生产质量要求高的玻璃熔窑来说，一般是采用厚度250mm，宽度300～450mm，高度比浮法玻璃熔窑1250～1350mm尺寸高150mm的大砖，竖缝干砌，并且在制造时进行预排。池壁砖砌筑完毕后，在外部依次用锆质密封料、低气孔黏土砖和无石棉硅钙板进行保温。但是，对池壁砖缝和池壁上平面以下250mm的部位不要进行保温，而应进行吹风冷却。

为防止池壁在玻璃液的压力下形成外移，在两侧工字钢立柱上通过顶丝和角钢对池壁进行加固，见图4-8。

图4-7 熔化部池壁照片

图4-8 角钢加固池壁照片

（2）熔化部上部结构

在玻璃液面以上，由前脸墙（L形吊墙）、胸墙、大碹和后山墙所包围着的充满火焰的整个炉膛空间，叫作熔化部上部结构，也称为火焰空间。此空间不仅是一个火焰燃烧空间，还是一个火焰气体将自身热量传给玻璃液、胸墙和大碹的传热空间。

火焰空间的大小与窑的规模、燃料种类、燃料消耗量有关。熔化量越大，燃料总消耗量愈大，燃烧所需的空间愈大，火焰空间的尺寸则愈大。采用燃料油为燃料时，由于燃料油在窑内的燃烧与气体燃料不同，燃料油的雾化、油滴的蒸发、热分解、扩散、混合及燃烧等过程都是在火焰空间内进行的，因此必须有足够的燃烧空间以保证油雾完全燃烧。所以从燃烧角度来讲，燃油池窑的火焰空间要比气体燃料的池窑稍大些。对同样使用燃料油的熔窑来说，采用池壁上平面插入燃料油喷枪的形式，由于喷嘴砖抬高了小炉喷火口，所以，其燃烧空间大于在小炉底坑或小炉顶插入燃料油喷枪的形式。

从节能方面来看，采用小炉底炕或小炉顶插入燃料油喷枪的形式比采用池壁上平面插入式要好。

一般火焰空间的宽度较窑池宽一些，每侧各宽出250～300mm。因为池窑砖内侧在熔窑投产后很快就会受到侵蚀，容易损坏，为了保护胸墙及防止铁件烧损，所以将胸墙砌得靠外些。

火焰空间的高度等于胸墙高度加大碹碹股。火焰空间的大小必须满足燃料燃烧所需要的空间，因此火焰空间的高度主要决定于熔窑使用的燃料种类和用量大小，同时需考虑减少熔窑向外散热及窑碹的稳定性。由气体燃料改为燃料油，以及小炉改为插入式后，提高了胸墙的高度，但火焰空间也不能过高，否则既增加了窑体散热，又增加了窑体内的无用空间，使火焰软而发飘，不利于窑内传热。因此，在保证喷出口截面积及大碹稳定性的前提下，可压低火焰空间的高度，以利于火焰及大碹对配合料和玻璃液的传热，并减少窑体向外界的散热损失。

① 前脸墙结构。前脸墙（L形吊墙）是熔化部火焰空间的前部端墙，它和大碹共同组成熔化部的前端空间。其主要作用是阻挡熔窑前端投料口处的热气流喷出以节约燃料，减轻高温对投料机和窑头料仓的热辐射。

现在使用L形吊墙做前脸墙的较多，L形吊墙不仅结构合理，不需热修，而且热力强度大大优于以碹拱加平吊墙为主要结构的前脸墙。

L形吊墙由上下两部分钢结构和砖结构组成（见图4-9～图4-12），其下部结构（通常称鼻区）有45°、30°和60°（鼻区斜面与水平面的夹角）几种形式，常用的是45°风冷吊柱式吊墙。L形吊墙的鼻区使用33#氧化法无缩孔电熔锆刚玉砖面砖和烧结锆莫来石背衬砖复合的锆质复合砖；鼻部最下端由于温度低，仍采用烧结锆刚玉砖；直形区处均采用优质硅砖，锆质复合砖与优质硅砖的结合部采用一层烧结锆英石砖过渡。各种砖材在通过特制的吊钩吊挂在耐热铸钢件上时，均使用耐火泥砌筑。生产时冷却风进入充气箱桁架后，分流到若干根垂直的气柱管道中，耐热钢铸件爪钩也紧固在该管道上，气流对爪钩直接进行冷却。正常生产时，要求吊墙钢结构和砖结构组成的空腔内风压高于熔窑压力40～60Pa，温度不得大于110℃，极限瞬时温度不超过160℃。为了便于控制风压与温度，通常单独使用风机进行调节。

L形吊墙鼻区两侧投料池池壁上部与熔化部胸墙结合部处的短墙称为翼墙，翼墙通常采用33#氧化法普通浇注电熔锆刚玉砖和高纯耐崩裂锆英石砖进行砌筑，其作用主要是弥补吊墙密封不到的地方；L形吊墙顶部与熔化部大碹结合部使用优质硅砖封顶；吊墙外部用硅钙板进行保温后再用1.5～3mm厚的镀锌板做护板密封。

由于L形吊墙下部对窑内的火焰做不到完全封堵，所以在L形吊墙鼻区前贴近配合料的部位采用前脸水包或吊墙进行封堵。

② 胸墙结构。胸墙支撑在熔窑两侧的工字钢立柱上，主要由下巴掌铁、胸墙托板、挂钩砖、胸墙砖组成。胸墙需保证在高温下有足够的结构强度，其中挂钩砖是关键部位，它的作用是保护胸墙托板和下巴掌铁等铁件，有的熔窑挂钩砖本身又由下间隙砖和小砖保护。熔化部胸墙通常用锆刚玉砖砌筑，澄清部胸墙和冷却部胸墙一般用硅砖砌筑，锆刚玉砖与硅砖的接合部采用锆英石砖过渡。胸墙厚度一般为400～500mm，主要

图4-9 L形吊墙钢结构正面

图4-10 L形吊墙钢结构背面

图4-11 L形吊墙下鼻区复合砖结构

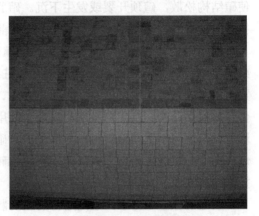

图4-12 L形吊墙照片

是为了减少热量损失。

胸墙高度与大碹碹股相加即为火焰空间高度。因此胸墙高度也关系到火焰空间大小和窑体向外散失热量的大小。胸墙高度根据使用的燃料和与之相适应的小炉喷出口高度不同而有所不同，一般太阳能压延玻璃与浮法玻璃生产线的胸墙高度均为1400～1700mm。

胸墙受力传递途径：胸墙重量→挂钩砖→胸墙托板→下巴掌铁→钢立柱→窑底次梁→窑底主梁→窑底混凝土立柱。

胸墙的保温：熔化部胸墙从里到外采用30mm厚锆质密封料和65mm厚轻质高铝砖进行冷态保温，澄清部胸墙从里到外采用80～140mm厚的轻质保温涂料进行热态保温。

③ 大碹结构。大碹和胸墙一样也是支撑在熔窑两侧的工字钢立柱上，主要由钢碹碴、边碹砖、大碹砖和拉条组成。由于熔化部处于全窑的高温区域，为了保证熔化部钢碹碴的安全，要对熔化部钢碹碴采用风冷式冷却，澄清部钢碹碴不进行冷却。

大碹的作用：与胸墙组成火焰的燃烧空间，同时还可以作为火焰向配合料和玻璃液辐射传热的媒介，即吸收燃料燃烧时的热量，再辐射到液面上。从辐射和散热的角度来看，大碹越接近液面，反射给玻璃的辐射热越多，散热越少，所以，在保证大碹结构强度的前提下，尽可能压低大碹，压低的主要方式是减小碹股。

大碹砖选材：由于熔化部大碹受到高温作用，故采用空气燃烧的大碹全部选用耐高温的优质硅砖砌成（全氧燃烧的熔窑选用33#锆刚玉砖和α-β刚玉砖）。大碹砖的长度一般为350mm，碹跨10m以上的用450mm，特殊的承重碹可用500mm。大碹分为几节砌筑，各自独立，并且在两节大碹之间留有膨胀缝，以适应点火烤窑时硅砖的膨胀。冷修时可以拆除烧损最严重的一节或二节，而不必将大碹全部更新。砌筑时质量要求严格，泥缝要小。硅砖大碹的内表面可以是平面，也可以是蜂窝式，蜂窝式硅砖大碹比平面式热辐射率高15%。但蜂窝式硅砖制作成本较高，所以，目前使用的较少。

碹股与跨度：从热工角度考虑，大碹低一点是有好处的，可尽量使热辐射沿整个横面均匀分布，反射给玻璃液的辐射能也愈多。降低大碹有两种方法，一种是降低胸墙高度，另一种是减小大碹碹股。但降低胸墙高度是有一定限度的。降低碹股，还要考虑窑碹的结构强度。因为窑碹有横推力，高温时愈剧。若拉条过松或过紧或松紧不一，都会使碹结构松散，碹顶开裂或发生下沉。碹股越小，横推力越大。所以只能在保证足够结构强度、钢结构作用和一定的火焰空间的前提下尽量减小碹股。

大碹受力传递途径：大碹重量→钢碹碴→上巴掌铁→钢立柱→窑底次梁→窑底主梁→窑底混凝土立柱。大碹两侧钢立柱柱脚固定在次梁上，柱头由横跨碹顶的拉条拉紧，以承担大碹的水平推力。胸墙、大碹、窑池分成三个独立支承部分，最后都将负荷传到窑底钢结构。熔化部胸墙与大碹之间用边碹砖（以前用上间隙砖）封严，澄清部胸墙与大碹之间用上间隙砖封严，以保护大碹钢碹碴，使其不被火焰和辐射热烧损。有的熔窑胸墙与窑池之间由下间隙砖保护挂钩砖，在下间隙砖上摆一排电熔护头砖，以保护挂钩砖和铁件。

大碹的保温：由于大碹是熔窑的主要散热部位，所以为了节能降耗，必须对大碹进行必要的保温。各企业对保温材料和保温技术认知的程度不同，采用的保温程序各不相同。典型的方法是，清理干净大碹外表面后，依次在其上浇灌一层5mm厚的硅质泥浆，以确保砖面完全密封→抹30～50mm厚的硅质密封料→干码砌2～3层65mm厚的轻质硅砖→抹50～60mm硅质可塑料→抹80～100mm厚的轻质保温涂料→抹40～50mm厚轻质高强保温涂料做保护层。采用保温措施后，不仅可使大碹外表温度大幅度降低，起到减少散热，节约能源的作用，更主要是缩小了大碹砖内外温度梯度，增加了砖内表面温度，增加了大碹对玻璃液的热传递，使配合料熔化更快，澄清更好，玻璃质量更高。

④ 反碹结构。反碹结构主要用在烧发生炉煤气的熔窑上。在烧发生炉煤气的平板玻璃熔窑中，小炉喷出口与大碹的连接部位采用反碹式结构。

反碹与大碹方向垂直，其作用是将小炉喷出口上面的大碹重量分别传到喷出口两侧的大碹碹碴上，再由熔窑两侧立柱承担。这种结构可以大大降低横火焰窑的胸墙高度，减少散热损失。若不采用反碹结构，小炉喷出口插入大碹碹碴下，会造成胸墙较高，散热面积大。反碹由于在喷出口与大碹的连接部位，没有铁件，因此也就没有因钢结构损坏带来的危险。

反碹及碹碴也是大碹的一部分。反碹与碹碴处不留胀缝，砌筑质量要求很严，需将砖材预先加工并预排编号，以保证足够的结构强度和严密性。反碹和大碹一样采用优质硅砖砌筑。反碹砖应采用四个侧面（也有六个侧面）均为大小头的碹砖砌筑，这样既满足大碹方向的圆弧，也满足反碹方向的圆弧。同样的喷出口宽度，反碹跨度大一些，可保证反碹碹碴被小炉垛保护，不易烧坏；但跨度太大，结构强度会降低。

⑤ 后山墙。后山墙是熔化部末端的一道墙，由在矮碹（又称承重碹）上直接砌墙形成。主要起分隔气流和密封作用。该墙除观察孔和摄像孔使用耐崩裂锆英石砖外，其他部分全部使用优质硅砖砌筑。有些生产线的熔窑采用双"J"形吊墙或"U"形吊墙代替熔化部和冷却部处普通的后山墙，能够很好地密封气流，但这种结构复杂，投资较大。

（3）熔化部窑池基本工艺尺寸

熔化部窑池平面呈长方形，基本参数有长度、宽度、深度和熔化面积。

① 熔化部长度。确定熔化部长度时，主要考虑玻璃液熔化、澄清、均化过程能否进行得完全。一般根据熔窑规模和熔化工艺对温度制度的要求，定出小炉对数（通常为3～9对小炉），再通过小炉粗略计算得出小炉喷出口宽度，并确定第一对小炉与前脸墙的距离、各个小炉间距及末对小炉至卡脖的距离，然后得出熔化部长度。

各小炉喷出口宽度根据燃料消耗量、助燃空气用量计算而定。两小炉外墙之间的距离要考虑热修操作的需要和火焰对液面的覆盖，从热修角度考虑至少在1m以上。

为了减轻1#小炉对前脸墙的蚀损，通常增大第一对小炉到前脸墙的距离，但此距离过大会造成投料池温度过低，料堆前进困难。采用重油为燃料的熔窑，由于火焰辐射能力强，1#小炉至前脸墙的距离可适当加大，一般为≥3.5m。

② 熔化部窑池宽度。窑池的宽度一般与燃料品种、火焰的长度、窑池面积等因素有关，按窑池容积不同，窑池宽度为8～14m。

③ 熔化部窑池深度。窑池深度直接关系池底砖对玻璃质量的影响。由于玻璃液导热性差，透热性更差（实验证明，在深150mm处辐射热减少10%，在深250～300mm处，辐射热几乎不能觉察），所以窑池越深，窑池底部玻璃液温度越低，流动性越差，形成的相对不动层越厚。当窑内温度、玻璃液透明度或玻璃液面变动时，底层不动层的玻璃液也会变动，其中一部分可能参与到玻璃液流中而被带到成形部，影响玻璃质量，同时也会加剧对池底砖的侵蚀。此外，窑池愈深投资费用愈高。为了既不影响玻璃质量又降低投资费用，大多数熔窑将窑池深度控制在1200mm，同时在池底黏土砖上面铺一层耐侵蚀的锆刚玉砖。对低铁压延玻璃及特殊要求的熔窑，为维持玻璃液的相对不动层，以保护底砖，窑池深一些为好，太阳能压延玻璃熔窑深度通常控制在1500mm左右。

在投资条件充许的情况下，采用池底鼓泡等新技术，并保证熔化带的窑池比澄清带深一些，这对减少池底侵蚀、提高玻璃液质量、增加玻璃产量是有好处的。因为，熔化带窑池深一些，可在池底形成相对不动层，在稳定操作的情况下，生产上采纳的是中间层高质量的玻璃液流，此时若澄清带窑池比熔化带浅一些，可相对提高该处的玻璃液温度，减小深度上玻璃液的静压，有利于气泡的排出，从而提高玻璃质量。

目前池底多采用阶梯式，从前到后依次是：熔化部比卡脖深，卡脖比冷却部（成形部）深，以减少玻璃液的回流和节约热能。

此外，池深还要满足玻璃液的黏度及透明度的要求。当玻璃液要求铁含量低、透明度高、透热性好时，窑池需深一些，例如低铁玻璃窑池深度为1500mm。

由于燃油火焰温度比气体燃料的温度高，辐射力强，所以燃油熔窑池底略深一些。当采用鼓泡技术时，由于鼓泡搅动了附于池底相对不动的玻璃液层，提高了底层温度，也就增加了对底砖的侵蚀。为了减轻鼓泡后对池底砖的影响，所以池底也需深一些，或者铺一层厚100mm的锆刚玉砖保护池底砖，这样池底可设计浅一些。

④ 熔化面积。从投料池末端到熔化部后山墙的面积称为熔化部面积。其中，从投料池末端到最末一对小炉中心外1m处的面积称为熔化面积；最末一对小炉中心外1m处到熔化部后山墙的面积称为澄清部面积。不同规模的熔窑，其窑池的熔化面积不同。

⑤ 熔化能力。熔化能力（又称熔化率）是指单位熔化面积的窑池在单位时间内的熔化量，它反映了熔窑的熔化能力和整个熔制作业的水平。常用的单位是$t/m^2 \cdot d$，主要用于比较不同熔化面积的熔化量。

熔化能力是一项综合性指标，它与玻璃配方、配合料颗粒组成、投料方法、熔化温度、燃料的种类和质量、耐火材料质量、制品的质量要求、熔窑的规模、玻璃颜色、熔窑结构（如小炉结构、火焰覆盖面积、熔化部与冷却部面积之比、分隔设备的完善程度）以及是否采用新技术（如鼓泡、电助熔、利用富氧）等有关。在以下情况下，熔窑的熔化能力较大：玻璃熔化温度较低；制品质量要求一般；熔窑规模较大；使用高热值燃料；火焰覆盖面积大；燃料燃烧完全；有足够的冷却面积和冷却措施；采用薄层投料和有效的强化措施。

⑥ 生产能力。生产能力是指每天熔窑将配合料熔化成玻璃液的能力，单位是t/d。

⑦ 燃料消耗量。为了比较不同产量的熔窑的热量消耗情况，常用每千克玻璃液消耗的热量作为衡量指标，单位为kJ/kg。

⑧ 窑龄。也叫熔窑使用周期，指熔窑两次冷修之间，从开始生产到放玻璃水的使用时间，它是反映熔窑结构使用寿命的经济性指标。窑龄和耐火材料的配置、配合料成分、燃料种类、玻璃品种、熔窑操作水平、拉引量等因素有关。

4.2.1.3 小炉

小炉是玻璃熔窑利用燃料进行燃烧的主要设备。除使用发生炉煤气的小炉结构较为复杂外，使用天然气、焦炉煤气、重油和煤焦燃料油的小炉结构都比较简单，而且基本相同。

（1）小炉的作用

使用发生炉煤气的小炉，主要是起导入助燃空气和煤气的通道、空气和煤气预燃室及喷火口的作用。当煤气和空气分别由各自的蓄热室预热后，经过垂直通道和由小炉舌头碹组成的水平通道进入预燃室，在预燃室内进行预先混合和部分燃烧，并以一定方向和速度通过喷火口喷入窑内继续燃烧，烟气则进入对面小炉。由于从蓄热室过来的煤气与空气在小炉舌头碹的作用下呈两股扁平气流相遇，故接触面积较大，混合较完全。

使用天然气、焦炉煤气、重油和煤焦燃料油的小炉，主要是起导入助燃空气和排出废气的通道作用。此种熔窑取消了煤气通道及煤气蓄热室，仅有空气通道及空气蓄热室，在结构上较简单。

在烧天然气、焦炉煤气、重油和煤焦燃料油的熔窑中，当燃烧喷枪布置在小炉底部时，小炉仅作为空气通道，空气气流与油雾（或天然气）在窑内相遇，小炉没有起预混的作用。由于气流与液滴（油雾）相遇时，空气气流呈平流股，喷出的油雾呈圆锥体流股，二者接触与混合就不如煤气好，此时在烧天然气、焦炉煤气、重油和煤焦燃料油的窑中，一般空气过剩系数较烧煤气时为高；当燃烧喷枪布置在小炉内（无论侧烧、顶插还是底插）时，小炉不仅作为空气通道，而且也作为预燃室，此时小炉的作用与烧发生炉煤气的小炉相似。

（2）对小炉的要求

① 对于烧发生炉煤气的熔窑，空气和煤气在小炉中进行部分混合预燃，当从喷出口喷出火焰后，能以最少的过剩空气达到完全燃烧；

② 无论使用何种燃料，其喷出的火焰要有一定长度和亮度，呈一定的下倾角贴近料堆、液面进入窑中，火焰不分层不发飘，对液面覆盖面积大；

③ 火焰长度要合适，并满足窑的温度分布和气氛性质；

④ 结构要紧凑、牢固，散热损失要小，小炉之间的间距既要便于维修和调节，又要不降低火焰的覆盖面积；

⑤ 烧发生炉煤气的小炉喷出口、预燃室和舌头碹通常用锆刚玉砖砌筑。

（3）小炉的结构

小炉的结构对于火焰喷出的方向、速度、空气煤气混合程度和火焰长度有决定性影响，空煤气的预热温度以及空气过剩系数，决定了火焰的气氛和火焰的燃烧温度，所以小炉结构对于窑内的传热情况及玻璃的熔化过程有重要作用。

对烧液体燃料和天然气、焦炉煤气的熔窑来说，小炉结构较为简单，仅有小炉喷出口和水平通道。对烧发生炉煤气的熔窑来说，小炉除有喷出口和水平通道外，还有预燃室、小炉舌头碹、空气上升道、煤气上升道。

① 喷出口。也叫喷火口，是向窑内喷出火焰的地方，也是从窑内吸走废气的地方。当空气（和煤气）的流量和火焰的燃烧温度一定时，喷出口的截面积就决定了火焰喷入窑内的速度，也影响着火焰的长度。而当喷出口截面积一定时，喷出口的长与高的比，决定了火焰对玻璃液面的覆盖面积。

火焰速度过大或过小都不利于熔制过程的正常进行。如果速度过大，燃料来不及燃烧完全，而延伸到对面小炉内，甚至到蓄热室内燃烧，这既不利于窑内玻璃的熔化，也易烧坏对面小炉、蓄热室及格子砖等，同时火焰速度过大会把粉料带入对面小炉内，侵蚀小炉各部位砌体及堵塞格子体。如果火焰速度过小，火焰发飘，软弱无力，不利于对玻璃液及配合料的传热，而且易烧坏小炉喷出口平碹。为了增加火焰覆盖面积，要求尽量增加喷出口宽度，喷出口截面积为扁平形式，以满足覆盖面积。通常根据窑内温度制度的要求不同，喷出口的宽度也有所不同。对7对小炉的熔窑来说，1#、2#、3#、5#、6#小炉宽度一样，4#小炉喷出口宽度稍小，7#小炉喷出口最小。

喷出口顶部的碹叫作小炉前平碹，喷出口两侧的墙叫小炉垛（也叫小炉腿），下面是小炉挂钩砖（见图4-13）。由于火焰喷入窑内或窑内高温气体排出均经过喷出口，火焰冲刷和飞料侵蚀造成恶劣的使用环境，所以，喷出口各部位使用33#氧化法普通浇注电熔锆刚玉砖砌筑。

一般希望喷出口与液面的距离愈小愈好，以使火焰贴近液面，利于传热。一般喷出口底砖与玻璃液面距离在400～600mm。

② 预燃室。对烧发生炉煤气的熔窑来说，从舌头碹端部到喷出口外沿处的小炉空

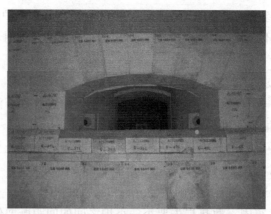

图 4-13　小炉喷火口结构照片

间称为预燃室。预热的空气和煤气由舌头碹上、下分别进入后，在舌头碹前面相遇，互相扩散、撞碰而混合，进行一定程度的燃烧，并以一定的角度喷入窑内。预燃室对保证煤气在窑内完全燃烧起到很大作用，因此预燃室长度（即空、煤气混合燃烧的路程）也反映出混合燃烧的时间，是一个重要的结构指标。

对于通过在小炉上侧插、顶插或底插喷枪的形式进行燃烧的熔窑来说，小炉内的空间称为预燃室。对于通过小炉底部燃烧液体燃料和天然气的熔窑来说，小炉内的空间称为空气通道。

预燃室（或空气通道）由斜坡碹、小炉侧墙和小炉底板组成。其中，小炉底板由底砖、铸钢板或布置有序的槽钢组成；斜坡碹的横推力由小炉两侧工字钢立柱之间的拉条承担。预燃室的结构对于全窑火焰的组织非常重要。预燃室的砖砌体与高温火焰接触，所以斜坡碹、侧墙使用33#氧化法普通浇注电熔锆刚玉砖，小炉底砖使用33#氧化法无缩孔电熔锆刚玉砖，斜坡碹和侧墙从里到外依次用锆质密封料、高铝保温砖和保温涂料进行保温。小炉底从里到外依次用锆质密封料、高铝砖进行保温，再下面有扁水包隔热，以降低检查更换喷嘴的操作环境温度。

③ 小炉下倾角。对烧发生炉煤气的熔窑，小炉斜坡碹与水平面的角度构成了空气流股的下倾角，小炉底板与水平面的角度构成了煤气流股的上倾角。上、下倾角构成了煤气与空气流股相遇的交角。两流股交角愈大，混合愈强烈。由舌头碹端部到喷出口断面之间的距离为预燃室长度，预燃室愈长，则煤气与空气混合的程度愈高，同时，当空气和煤气的流量及温度一定时，其混合程度与空气和煤气水平通道的断面比有关。煤气和空气在预燃室内的混合程度还与煤气接触面积有关，即在相同的空气、煤气水平通道断面比的情况下，扁平形式预燃室流股的混合程度较高。对于烧发生炉煤气的平板玻璃熔窑来说，小炉预燃室形式多采用"小交角"长预燃室。长预燃室舌头碹有探出，火焰平稳、较长，火根与火梢温差较小，容易控制，检修方便，一般空气下倾角为20°～26°，煤气上倾角为0°～5°，即空气和煤气的相交角为20°～30°。

在燃液体和天然气的底烧式小炉中，空气通道的斜坡碹下倾角是个重要参数。为了使空气与油雾混合均匀、迅速，又使火焰贴近液面，下倾角一般取20°～25°。喷嘴允许上倾角为5°～12°。小炉底板没有上倾角，一般砌成平面或阶梯式，这样可以使助燃空气经小炉口进入窑内时尽快与油雾混合，保证喷嘴附近有足够的空气供逐步扩散的油雾充分燃烧，并使火焰正好掠过玻璃液面。这一角度必须与其他条件相配合，如小炉高宽比、小炉与燃烧器的距离、小炉与液面的高度如何等，从而选择最为合适的角度。

④ 小炉水平通道。对燃油和天然气、焦炉煤气的熔窑来说，空气经蓄热室预热，上升到顶部转弯进入小炉水平通道，在斜坡碹的作用下改变气流角度后经喷出口喷入熔窑。小炉水平通道既作为引入预热空气的通道，也作为排出废气的通道。

空气经蓄热室上升至水平通道转弯处，流动方向改变后，气流比较不稳定，为了稳定气流，水平通道要有一定的长度，因为长度增长有利于气流的稳定。另外，水平通道加长后扩大了小炉下的操作空间，方便调整、装拆和维护喷枪。

由于转弯处温度波动较大，且气流对耐火材料有一定的冲刷，所以，此处（蓄热室和斜坡碹之间的后平碹及垛砖）选用较耐侵蚀的33#氧化法普通浇注电熔锆刚玉砖砌筑。

⑤ 小炉舌头碹。小炉舌头碹仅针对烧发生炉煤气的熔窑，其主要作用是形成分隔空气和煤气的水平通道。舌头碹的结构和尺寸是影响空气、煤气混合程度及入窑火焰的另一个重要结构因素。舌头碹的长短、厚薄、形状对火焰的长短、角度、温度分布及对喷出口的侵蚀情况等都有影响。

舌头碹的长度：在小炉其他尺寸固定后，舌头碹愈长，空气和煤气相遇点距喷出口愈近。横火焰熔窑要求火焰具有足够的长度、方向和刚性，一般采用锆刚玉砖的舌头碹。

舌头碹厚度：当小炉外形尺寸确定以后，舌头碹厚度关系到空气和煤气相交点的远近，它影响空气和煤气的混合程度和火焰角度。从结构强度考虑，舌头碹也应有一定厚度，太薄会引起透火现象严重，加剧烧损，一般舌头碹为250mm厚。

（4）烧液体燃料和天然气燃料喷枪的一般安装位置

① 安装位置要求。喷枪的安装位置对燃烧、传热、玻璃液质量和窑炉寿命都有很大影响，其位置的确定应考虑下列因素：a.与助燃空气混合要好，在窑内达到完全燃烧；b.喷出的火焰应符合熔化工艺要求，如温度分布、气氛性质、火焰长度、喷射方向及与液面的距离等；c.燃烧器喷嘴要便于操作、检查、调节与更换，要有较长的使用寿命，不易烧坏和结焦；d.对窑体损坏要小，油滴不污染玻璃液面。

② 喷枪有窑内和窑外两类安装方法。窑内安装的燃烧器温度高，需用水冷却，否则，燃烧器易结焦、烧坏。另外，在换火时要将燃烧器抽出至窑外，这样较难维持其稳定操作。窑外安装位置较多，有在小炉口下部安装、从小炉底部插进小炉内、从小炉顶部（斜坡碹）插入小炉内、从小炉两侧插入小炉内几种形式。

为了减少投资，绝大部分的平板玻璃池窑采用在小炉口下部安装的形式。在小炉口下部安装燃烧器有以下优点：a.喷出的火焰离玻璃液面近，能紧贴玻璃液面；b.小炉结构简单；c.燃烧器结构简单，易于制造及维护，投资少；d.有冷却风保护喷嘴，燃烧器不易烧坏；e.熔窑长宽尺寸之比不受限制，小炉对数不限制。

在小炉口下部安装燃烧器有以下缺点：

a.操作条件较差，温度高，更换喷嘴和喷嘴砖较困难等；b.小炉下的空间要适当放大，并需要建立人员操作通道，否则在小炉下部空间狭窄时，安装困难；c.由于在池壁上面加了喷枪砖，所以相对抬高了胸墙，增加了散热面积，增加了能源消耗；d.由于喷枪燃烧时压力较大，喷枪周围的冷空气被吸入窑内，造成火根温度降低，不利于熔化。

（5）小炉的保温

① 斜坡碹和后平碹的保温。熔窑烘烤过大火后，开始对小炉斜坡碹和后平碹进行热态保温，从里到外依次使用的材料是：30mm锆质密封料→120～140mm高铝浇注料→50～100mm轻质保温涂料。

② 侧墙保温。冷态下对小炉侧墙进行保温，从里到外依次是：30mm锆质密封料→114mm轻质高铝砖，熔窑烘烤过大火后再在轻质高铝砖外抹一层50mm左右的保温涂料。

③ 小炉底保温。冷态砌筑小炉底砖时，先在小炉底的支撑槽钢上平铺一层65mm厚的高铝保温砖，然后铺一层67mm厚半干的锆质密封料，再在其上砌33#氧化法电熔锆刚玉砖。

4.2.1.4　玻璃池窑的分隔设备

为了满足玻璃液熔化和冷却时对温度制度的不同要求及减少能耗，通常在熔化部和冷却部的结合部设置气体空间分隔设备和玻璃液分隔设备。

（1）气体空间分隔设备

为了使熔化澄清好的玻璃液迅速冷却，并减少熔化部作业制度波动对冷却部玻璃液的影响，保证各自独立的作业制度，在熔化部和冷却部之间的火焰空间交界处设置分隔装置——矮碹和吊墙。

① 矮碹。处于熔化部和冷却部之间且低于两者的窑碹称为矮碹。矮碹的主要作用是通过减少熔化部与冷却部之间的通道截面积来减少熔化部气体对冷却部的影响，取消胸墙或降低胸墙高度。与卡脖配套的矮碹一般是两幅碹或多幅逐步压低的碹，矮碹采用优质硅砖砌筑。矮碹处未分隔的气体空间的截面积称为矮碹开度，开度越小分隔作用越大。矮碹一般可降低空间温度40～70℃。

受到结构强度的影响，矮碹不能砌筑得太低。为了增大分隔作用，矮碹下面的窑池处采用卡脖结构，这样可减小矮碹跨度，矮碹开度也相应减少，逐级降低的矮碹可以使矮碹开度更小。

② 卡脖吊墙。卡脖吊墙又称为卡脖吊平碹，是在卡脖处的矮碹旁，用带水包的大型工字钢钢架固定若干特制的挂钩吊夹，吊夹吊挂相互咬砌的烧结莫来石砖或硅线石砖，形成一面厚度为230mm的平挡墙（见图4-14），其下平面离池壁上平面约25～35mm。吊墙下平面距玻璃液的高度也称为"卡脖开度"。通常卡脖吊墙与矮碹组合使用（见图4-15）。因为吊墙可以降得较低且不受窑池宽度的限制，因此能调节矮碹的开度，有利于成形作业的稳定。吊墙降温效果较大，可降低空间温度100℃左右。吊墙开度决定了冷却部受熔化部作业制度波动影响的灵敏程度。在生产上，从成形工艺角度要求，希望玻璃液的温度均匀稳定，避免过多的熔化部气流带过来的"虚热"。从这点出发，吊墙开度要合理，但吊墙开度还应和冷却部面积、保温情况、降温速率等因素相适应。

有的熔窑在卡脖前后处使用双"J"形吊墙，既起到了气流分隔作用，又代替了熔化部和冷却部山墙，其结构形式与L形吊墙类同。

图 4-14 卡脖吊墙

图 4-15 卡脖吊墙与矮碹组合使用

（2）玻璃液分隔设备

玻璃液的分隔设备有浅层分隔和深层分隔两种。浅层分隔设备有卡脖、冷却水管，深层分隔设备有熔窑挡坎等。玻璃液分隔设备的作用是阻挡熔化部未熔好的配合料浮渣等物，防止其流入冷却部，调节玻璃液的对流量，减少能耗，降低玻璃液温度。

① 卡脖。卡脖是指熔化部末端和冷却部前山墙之间缩窄的一段窑池。它是配合矮碹和吊墙使用的一种分隔设备（见图4-16）。

图 4-16 卡脖及与卡脖组合使用的矮碹、吊平碹、窑坎

卡脖的主要作用有三个：一是组织液流，使玻璃液从"压缩"到"释压"，起到进一步均化玻璃的效果。二是分隔空间，防止气流窜动，稳定作业制度。如果熔窑的空间分隔不好，会导致较冷的气流窜入熔化部，不利于高温澄清，较热的气流窜入冷却部，妨碍玻璃液对浮游气泡的吸收，这种气流窜动在换火时尤为明显。三是起到降温作用。通过卡脖的玻璃液可以降温100℃左右，这样，澄清后的玻璃液有一个突然温降，有利于玻璃液体对微气泡的吸收，也能防止"重沸"现象；突然降温时紧接着对玻璃液进行搅拌，可维持玻璃液成形流的温度均匀性。

窑池缩窄后，熔化部进入卡脖的拐角处受玻璃液的侵蚀冲刷较严重，所以要选择致密度高、耐侵蚀性好的41#氧化法加强电熔锆刚玉砖砌筑。进入卡脖后的池壁采用33#或

36#氧化法加强电熔锆刚玉砖砌筑，其外形尺寸与熔化部的相同，池壁砖外采用角钢加顶丝的方法顶固。

② 冷却水管。为了防止熔化部未熔好的配合料等物体进入冷却部，通常在熔化部与冷却部交界处的玻璃液里设置水包分隔设备。冷却水管是常用的水包分隔设备，它是通有冷却水的无缝钢管，横放于卡脖处的玻璃液表面层中，其中水管横截面的3/4～2/3浸入玻璃液中，1/4～1/3露在液面上。水管附近的玻璃液受冷后，形成黏度很大的不流动层，构成了一道表层挡坎挡在玻璃液面上，可以在一定程度上减少玻璃液的循环对流和挡住液面上一些未熔化好的浮渣。冷却水管在水压0.25～0.3MPa时可使表层玻璃液降温30℃左右。若使用得当，冷却水管不仅能降温，还能收到很好的节能效果；使用不当时，会造成窑宽上玻璃液的温度不均。冷却水管的不足之处主要是用水量大，还增加能耗，通常冷却水管的出口水温度控制在55℃以下。

③ 窑坎。窑坎是指在熔窑澄清部以后池底的不同部位，以门槛或斜坡（台阶）的形式将池底某一部位抬高一定高度的装置。通常在熔化部进入卡脖处设置斜坡（台阶）式窑坎，在卡脖进入冷却部处设置斜坡（台阶）式窑坎。

窑坎的作用：一是起浅层澄清作用，迫使澄清带的玻璃液流全部流过窑池上层并呈一薄层，这样玻璃液温度可进一步提高，有利于气泡排除，能大大加快澄清速度和改善玻璃液质量；二是延长玻璃液在熔化池内的停留时间，并阻止池底脏料流往工作部；三是减少玻璃液对流的热损失，降低能耗。

设置在熔化部最高温度带下面的窑坎，其作用与上述三种不同。它的作用是通过稳定窑池中投料回流和成形回流的运动轨迹，避免因熔化温度的波动而造成玻璃液的质量不均。这是改善平板玻璃均匀度的一项措施，它用锆刚玉砖砌筑成，有实心和空心两种形式。

4.2.1.5　冷却部

太阳能压延玻璃工艺的冷却部与浮法生产工艺冷却部稍有差异，对浮法工艺来说是指卡脖末端到流道前的熔窑部分，对压延工艺来说是指卡脖末端到成形室的横通路、支通路等熔窑部分。它的作用是保证熔化部熔化好的玻璃液能继续均化并冷却到成形所必需的温度和黏度。生产规模不同，所需玻璃液的成形温度不同，冷却部面积也不相同。熔窑的生产能力越大、产量越大，玻璃液流入冷却部愈多，需要的冷却面积也就愈大。

冷却部结构与熔化部基本相同，也是由窑池和窑池上面包围气体空间的上部结构组成。冷却部窑池一般比熔化部浅150～300mm。

① 池底。池底大砖与熔化部相同，大砖上面的铺面砖通常采用33#无缩孔氧化法锆刚玉砖或α-β刚玉砖。有的熔窑用硅钙板和硅酸铝纤维毡对池底进行保温。

② 池壁。由于冷却部较熔化部温度低，因此池壁砖使用条件较熔化部好一些，但由于它要承担成形所需的优质玻璃液，所以对砖材的要求与熔化部有所不同。现在池壁砖一般都用厚度为250mm，宽度300～450mm，高度1250～1350mm的大型33#氧化法加强浇注锆刚玉砖竖缝砌筑，对高质量的熔窑采用α-β刚玉砖砌筑。浮法玻璃生产线的冷却部池壁砖通常不保温，压延工艺的生产线冷却部（横通路、支通路）池壁砖通常

采取硅钙板保温方式，在保温时要预留出砖缝。

③ 胸墙和大碹。为了减少散热，使玻璃液缓慢降温，冷却部胸墙高度和冷却部碹股高度均小于熔化部。

冷却部胸墙和大碹均用优质硅砖砌筑，其间用硅质上间隙砖进行密封。碹顶根据生产需要可在两肋加保温材料保温，以降低冷却速度，维持较高的玻璃液温度指标。当冷却面积不够大时，碹顶可不必保温。

冷却部大碹和胸墙受力传递途径与熔化部大碹和胸墙相同。

④ 前、后山墙。冷却部的前山墙结构与熔化部后山墙的结构形式一样，均采用承重碹上砌墙的方法，使用优质硅砖砌筑。冷却部后山墙中部坐落在使用β刚玉砖砌筑的平碹上，两侧坐落在胸墙托板上，使用优质硅砖砌筑。

冷却部的砌体由于使用温度比熔化部温度低，又有矮碹、吊墙挡隔，不与火焰接触，所以一般一个生产周期中不必热修。此外，冷却部周围还布置有一些操作孔，如稀释风孔、液面控制测视孔、液面镜孔、观察孔、各热电偶插入孔及捞渣孔等。

为了稳定成形温度和冷却部压力，可采用往冷却部微微吹（热）风的方式。

4.2.1.6 余热利用设备

在使用空气助燃的平板玻璃熔窑内，热量主要分为三大部分：第一部分是熔制玻璃所需的有效热量，大约占总热量的30%～40%；第二部分是窑体散热带走的热量，大约占总热量的25%；第三部分是通过烟气带走的余热，约占总热量的30%～35%。烟气从窑内排出时的温度约为1400～1520℃，烟气在这样的高温情况下，含有大量热能，因此，在使用空气助燃的玻璃熔窑中，烟气余热利用是降低玻璃生产能源消耗的有效途径。同时，熔窑内要求火焰温度在1500～1600℃，除了燃料燃烧提供热能外，将助燃空气以及煤气（在燃油、燃天然气和焦炉煤气时只有助燃空气）预热也是保证火焰加速燃烧、提高火焰温度、节省燃料的重要条件。所以在使用空气助燃的玻璃窑内都设有烟气热能利用设备，包括蓄热室、余热锅炉、余热发电及加热配合料。

蓄热室利用耐火砖作蓄热体，蓄积从窑内排出的烟气的部分热量，用来加热进入窑内的空气和煤气；余热锅炉利用烟气余热产生饱和蒸汽，供生产线上加热燃料油等使用；对于一处场地有两座以上大型熔窑的玻璃企业，余热发电是节能降耗，减少环境污染，提高烟气余热利用率的一种有效方法，中国建材国际工程集团有限公司自主开发的玻璃行业烟气余热发电技术已在许多玻璃生产线上成功使用，证明余热发电是行之可靠的节能措施；余热加热配合料是目前正在研究的一种将热能利用到配合料上的新技术。

采用余热利用设备，既能提高熔窑热效率，又能提高空气、煤气预热温度，所以，既能提高火焰温度，又能降低燃料消耗。因此，合理采用余热利用设备即符合环保要求，又符合熔化工艺、热工操作、降低成本的要求。

（1）蓄热室

蓄热室作为余热回收及空气或煤气的预热设备，主要使用在以空气助燃的熔窑上。它的使用应首先满足熔化工艺要求，即具有足够的受热面积和蓄热能力，既保证有高的预热温度，又减少预热温度的波动，使气体流动与分布尽量均匀；从经济观点考虑，应有较高的换热效率，并应具有足够的结构强度，特别是高温下的结构强度；应减少气体流动阻力和占地面积；操作上应便于调节流量、吹扫及热修。值得提出的是，在使用空气助燃的平板玻璃熔窑中，格子体的堵塞和倒塌是蓄热室效率降低和影响熔化操作的一个大问题。因此，采用耐高温、抗侵蚀的碱性耐火材料，加宽炉条孔，及时吹扫以及操作中避免窑压过大等是非常必要的。

① 对蓄热室的要求。保证空气、煤气有一定的预热温度，预热温度要稳定；能充分利用烟气热量；气流在蓄热室横截面上应分布均匀，气流阻力要小；结构简单，紧凑牢固，便于检查、清扫和热修；所使用的耐火材料不与进入蓄热室的飞料起化学反应，抗侵蚀性要强。

蓄热室对气体的加热作用是间歇的，但池窑的生产是连续的。因此，必须有两套设备轮换工作。所以蓄热室总是成对使用，与蓄热室相配合的小炉也是成对的。

② 蓄热室的工作原理和一般结构

a.工作原理。当窑内高温烟气流经蓄热室格子体表面时，将热能以辐射和对流传热形式传递给格子砖，格子砖体内部通过传导传热形式被加热，在这一周期内，格子砖的温度逐渐升高；火焰换向后，格子体将蓄积在砖内的热量以对流和辐射换热形式传给流经此格子体表面的空气或煤气，从而达到预热空气或煤气的目的，在这一周期内格子砖温度逐渐降低。对于中间传热介质格子砖来说，一个周期是它的加热期，另一个周期是它的冷却期，如此周而复始地反复进行。所以蓄热室的作用就是将烟气所含的热能通过格子砖的蓄热作用，传给空气和煤气，将其加热到一定的温度。这个传热过程受到烟气进口温度、气层厚度、烟气中含灰渣及不完全燃烧的情况、气流速度、格子砖厚度、导热系数、外壁散热损失及漏风情况、气体通道内的积灰及阻力情况等的影响。

在使用发生炉煤气的平板玻璃熔窑中，一般煤气预热到800～1000℃，空气预热到1000～1200℃，烟气出蓄热室的温度为600℃左右。使用燃料油、天然气和焦炉煤气的熔窑，空气预热温度和烟气出蓄热室的温度都较使用发生炉煤气的熔窑高50℃左右。

b.结构。蓄热室结构包括六个部分：蓄热室碹、蓄热室墙、蓄热室隔墙、格子体、炉条碹和底烟道。对于烧发生炉煤气的熔窑，空、煤气蓄热室的下部分分别为空气、煤气烟道。每个蓄热室都有一个掏灰坑门，烟道顶部砌有炉条碹，炉条碹支承蓄热室内格子体的重量，为了提高其强度，一般在空当中加筋（见图4-17）；炉条碹上砌爬碹砖找平，爬碹砖空档码砌T形砖（见图4-18），然后码砌格子砖（见图4-19和图4-20）。炉条碹砖、炉条碹碹砖、筋砖、爬碹砖、T形砖通常选用低气孔黏土砖砌筑，若资金富裕，也可选用硅线石砖砌筑。底烟道用普通黏土砖砌筑。

蓄热室顶部碹用优质硅砖砌筑，碹的横推力由蓄热室立柱之间的拉条承担。为了保持蓄热室内的温度，通常在蓄热室的墙外加砌保温砖。由于蓄热室需热修及经常掏灰，所以，在蓄热室墙上留有热修门，在烟道处安排掏灰坑门。

蓄热室有连通式、分隔式及两两分隔式三种。

连通式：即熔窑一侧各小炉下面的蓄热室没有隔墙连成一个室。

分隔式：熔窑一侧各小炉对应下面的蓄热室各自砌筑有隔墙，分别为独立的室，由各支烟道相通。

图4-17 炉条碹和加筋砖

图4-18 爬碹砖和T形砖

图4-19 炉条碹上砌筑的条形格子砖

图4-20 条形砖上砌筑的筒形格子砖

两两分隔式：是连通式和分隔式的结合，即熔窑一侧前端两个小炉的蓄热室两两分隔连为一个室，末端小炉蓄热室自成一个室。

三种形式中，分隔式蓄热室优点较多。其中分隔式与连通式蓄热室的详细比较见表4-6。

一般烧液体燃料和天然气、焦炉煤气的蓄热室可以比烧发生炉煤气的蓄热室砌筑得更高，其内装的格子体高度增加，相应受热面积加大，所以比烧发生炉煤气的蓄热室截面积要小20%～30%。蓄热室围墙和隔墙从下到上依次使用低气孔黏土砖、直接结合镁铬砖和98%的高纯电熔镁砖，高纯电熔镁砖与蓄热室硅砖碹的过渡层使用锆英石间隙砖。

由于镁铬砖中的铬在使用前是以三价铬形式存在，当在蓄热室中使用时，在高温作用下会变成六价铬，在冷修拆窑后六价铬会对环境造成污染，所以，为了保护环境，有些厂家开始使用镁锆砖或镁橄榄石砖代替镁铬砖。

c.格子体。格子体是蓄热室蓄热和传热的重要组成部分，要求格子砖能耐高温，耐侵蚀，蓄热多，传热快，耐急冷急热性好。

表4-6　分隔式与连通式蓄热室优缺点对比

	分隔式蓄热室	连通式蓄热室
优点	① 由于各蓄热室互不连通，当调节各小炉的空气、煤气流量时，互相影响小，对保证熔窑的火焰要求、泡界线控制及窑长方向的温度制度等工艺要求有利，窑内熔化操作稳定； ② 各小炉空、煤气闸板放在蓄热室下面空、煤气支烟道处，此处温度低，调节方便，闸板使用寿命长； ③ 窑炉使用后期还能保证格子体的畅通，可以合理安排定期热修而互不影响；生产后期窑压增加不多，有利于延长窑炉寿命； ④ 热修方便，热修操作条件较连通式大为改善（可将垂直通道和下面支烟道闸板全部关死），同时热修时对熔化操作、玻璃生产影响不大；热修比连通式快	① 烟道阻力较分隔式小，换火煤气损失小； ② 烟道占地面积较分隔式小，掏灰比分隔式方便； ③ 若蓄热室有一处堵塞，烟气可通过其他部位排出； ④ 无隔墙，所以节省投资
缺点	① 由于烟道长，拐弯多，阻力较连通式大，换火时煤气量损失较连通式大，散热大； ② 蓄热室下面有空、煤气支烟道，占地面积大	① 各蓄热室互相连通，当调节某号小炉闸板时，对邻近小炉空、煤气流量也有影响；对严格控制熔窑热工制度不利； ② 窑炉生产后期堵塞较重，热修不如分隔式能灵活安排，因而窑压升高，砖体侵蚀加剧； ③ 热修时蓄热室内温度高，对熔窑生产有一定影响

　　蓄热室蓄热效果通常通过格子体的受热面积来衡量，即格子体能够进行热交换的表面积。蓄热面积愈大，积蓄的热量愈多，放出热量愈多，从而能充分提高空气、煤气的预热温度，对燃料的燃烧愈有利。

　　根据蓄热室顶、上、中、底几个部位的温度不同和飞料多少，采用不同的碱性格子砖。

　　顶部（1400℃以上）温度高、飞料多，易与砖体生成液相，这样容易粘飞料和使砖体产生应力，因此，顶部采用高温下具有极好抗蠕变性的锆质砖或98高纯镁砖（由于高纯镁砖中的MgO与飞扬进入蓄热室的配合料超细粉SiO_2反应会生成低温共熔物，所以，易进入飞料的$1^\#$～$3^\#$顶部格子体多采用锆质砖，不受飞料影响的末端蓄热室格子体多采用98高纯镁砖）。

　　上部（1000～1400℃）飞料沉落较少，可用高纯镁砖。

　　中部（800～1000℃）飞料已经很少，但它是硫酸盐凝聚区域，易使镁砖与飞料反应形成硅酸镁（$MgSiO_3$），同时配合料中芒硝反应过程和燃料燃烧过程中形成的SO_2、SO_3也易与氧化镁反应：$MgO+SO_2 \longrightarrow MgSO_3$；$MgO+SO_3 \longrightarrow MgSO_4$。

　　生成的硫酸镁或亚硫酸镁在固相和液相之间反复转化，体积膨胀而导致镁砖结构破坏，所以此部位选用热稳定性好、气孔率低的直接结合镁铬砖（DMC-12）（在环保要求高的区域不允许使用镁铬砖，常使用方镁石+镁橄榄石砖）。

　　底部（800℃以下）温度冷热交替，荷重大，受碱性物料侵蚀少，需要热稳定性好、承重好的材料，通常使用低气孔黏土砖（DN-12、DN-13或DN-15）或硅线石砖。如果不考虑各种碱性砖的性能而笼统使用，则会在格子体某一部位受损时影响到其他格子体，从而降低整体格子体的寿命。由于大多数碱性耐火砖，包括镁铬砖，在含有裂解烃类的气氛（还原气氛）下易被损坏，因此，碱性砖只能用于空气蓄热室，不能用于煤气蓄热室中。

对于易受到飞料侵蚀的蓄热室格子体，常用的格子砖配置方式从下到上依次为：低气孔黏土砖或硅线石砖→含12%铬的直接结合镁铬砖（或镁锆砖、镁橄榄石砖）→96%高纯电熔镁砖→98%高纯电熔镁砖→2～4层镁锆砖（VZ）或烧结锆刚玉砖。为了节省投资，对飞料侵蚀较少的最后1～2对蓄热室格子体，顶部可以不使用镁锆砖或烧结锆刚玉砖，而是直接将98%的高纯电熔镁砖码砌到顶。

随着耐火材料科学的进步，格子砖已从条形砖发展为筒形砖和十字形砖，格子体的码砌方式也从传统的条形砖编篮式、井子式码砌演变为目前的筒形砖和十字形砖直接码砌，改进后的格子砖不仅施工方便，而且砖体结构更合理，砖体之间结合的稳定性更高，从而使码砌高度大幅度提高，蓄热能力更强。条形砖、筒形砖和十字形砖码砌比较见表4-7。

表4-7　几种格子砖性能比较表

比较内容	条形砖及传统码砌	筒形砖	十字形砖
码砌速度	慢而复杂	方便快捷	方便快捷
稳定性	差	好	最好
换热面积	1[①]	+60%	+60%
质量	1	−35%	−35%
每平方米热交换面积成本	1	−50%	+50%
热效率	一般	高	最高
节能	1	20%	20%
格子体堵塞趋势	严重	低	一般
使用寿命	1	延长一倍以上	延长一倍以上

① 这里的 1 是假设量，筒形砖和十字形砖的数据以此为基准，进行比较。

③ 蓄热室内气流的分布。蓄热室格子体内气体通道平面上的气流分布越均匀，格子体越能充分的参加热交换，气体预热温度就越高，烟气离开蓄热室时的温度就越低，所以，蓄热室内格子砖水平断面上气流分布均匀程度对蓄热室的正常操作和提高换热效率、提高换热温度、降低烟气出口温度具有重要意义。

对于蓄热室内的气流，被冷却的烟气应当自上而下流动，被加热的空气应当自下而上流动，这是气体在格子体断面上均匀分布的前提。如果流动方向相反，格子体断面上气流的不均匀性会愈来愈严重，促使局部过热而烧损。

蓄热室的平面尺寸也影响气流分布的均匀程度，平面尺寸过大则气流分布均匀性降低。为了缩小平面尺寸又同时满足换热面积的要求，可增加蓄热室高度。如果单从气流分布均匀性考虑，采用窄而高的立式蓄热室效果较好，但蓄热室过高会增加厂房的高度和热修的难度。除了蓄热室的平面尺寸影响气流分布外，格子体孔的尺寸大小、格子体的码砌方式、气流入口通道的方向、气体的流速、熔窑后期格子孔堵塞程度等都会影响气流分布。

④ 提高蓄热室蓄热效率的方法

a.保温。由于蓄热室的表面积大，所以其散热面也大，常用的做法是，在砌筑蓄热室墙体时，除外部用黏土质隔热标砖和高铝质隔热标砖与墙体耐火材料同步进行保温砌筑外，在熔窑烘烤完毕后，对二层楼面以上温度较高部位的蓄热室墙体用80～100mm厚的轻质保温涂料进行保温，二层楼面以下温度较低部位的蓄热室墙体用50～60mm厚的轻质保温涂料进行保温。蓄热室碹顶采用与熔化部大碹相同的保温方法进行热态保温，只是在厚度上稍有减薄。

　　b.在蓄热室中高温区选用热导率、比热容、密度等物理参数大的砖材做格子体，不仅可提高空气预热温度，有利于传热，而且可延长格子体使用寿命。

　　c.采用不同形状的格子砖，例如筒形砖、十字形砖，以增加受热面积。

　　d.加强蓄热室砌体的密封性，尽可能减少漏风。

（2）余热锅炉

余热锅炉是利用窑炉烟气的余热来获得饱和蒸汽的装置，它和普通锅炉最大的区别是其传热作用全部依靠对流和气体辐射，而不是依靠火焰或燃料层的辐射。安装余热锅炉的主要目的是回收热量、节约燃料，降低烟气温度，其生产的蒸汽可用来加热燃料油、油管伴热、冬季取暖、餐饮、员工洗澡等。

玻璃熔窑余热锅炉的运行方式，按烟气通过所装设锅炉的总分额，可分为烟气部分通过和全通过两种方式。

部分通过，即熔窑的烟气在整个窑龄期，仅一部分通过余热锅炉。这种运行方式烟道短、漏风点少、烟气进入锅炉时温度较高，引风机电能消耗较低，锅炉始终处于最经济的情况下运行，但余热未能得到最大限度的利用。当余热锅炉的低温烟气经大烟囱排出时，会降低大烟囱抽力。

全通过，即熔窑的烟气在整个窑龄期自始至终全部通过余热锅炉，锅炉引风机组直接承担稳定窑压的任务。这种运行方式，风机可形成强大的抽引力，窑压比较容易控制，对于大烟囱高度较低、抽力不足的玻璃熔窑，这是一种稳定熔窑作业、最大限度利用余热的有效方法。但此种系统比较复杂，锅炉台数多，烟道长，漏风可能增加，锅炉和引风机机组必须有备用，引风机电能消耗较大，在某些情况下锅炉、引风机组不能处于最经济合理的工作情况下运行。在余热锅炉烟道适当位置，安装防爆门，若一旦发生爆鸣，锅炉本身可无损失。玻璃熔窑大多采用这种运行方式。

根据生产线的规模不同，余热锅炉选用的型号各不相同，一般多选用蒸发量大于4t/h的热管式余热锅炉。

为减少余热锅炉蒸发器和过热器的积垢和腐蚀，对余热锅炉炉水和过热蒸汽品质有一定要求。当锅炉工作压力≤2.5MPa时，锅炉炉水的水质应符合表4-8标准。

表4-8　锅炉炉水的水质标准

悬浮物/（mg/L）	总硬度/（mmol/L）	pH（25℃）	油/（mg/L）	溶解氧/（mg/L）
≤5	≤0.03	≥7	≤2	≤0.05

（3）余热发电

平板玻璃生产过程中，1400～1520℃左右的烟气除通过蓄热室格子体利用一部分热能外，到达烟囱大闸板的温度仍高达500～550℃。烧燃料油的厂使用余热锅炉把这部分热能生产成蒸汽后加热燃料油，北方的工厂除加热燃料油外，还利用其在冬季取暖，但利用率都不高。南方烧天然气的工厂既不加热燃料油，也不需要采暖，所以，这部分热能就白白浪费掉了。随着热能发电技术的日益成熟，利用玻璃生产过程中产生的烟气余热发电已成为玻璃生产线节能减排的标准配置。

烟气余热发电是利用玻璃生产过程中产生的烟气余热作为热源，整个发电过程不需要燃料（煤、油或天然气），对大气环境不增加任何污染物的排放，与火力发电厂相比，除可节约能源外，还可减少二氧化碳及烟尘的排放。烟气余热在以前利用率不高，属于通过烟囱排放的废弃物，现在将废弃的烟气热能转换成电能，不仅提高了能源的利用率，而且相应降低了企业成本，为企业带来了一定的经济效益。

余热发电工作原理：利用余热锅炉回收500～550℃烟气的余热热能，将锅炉中的水加热后产生2.5MPa（G）、450℃左右的过热蒸汽，过热蒸汽经隔离阀、主汽阀、调节阀进入汽轮机中膨胀做功，汽轮机将热能转换成机械能，进而带动发电机发出电力，实现热能→机械能→电能的转换。做过功的蒸汽（乏气）从汽轮机排至凝汽器，在凝汽器中冷却后形成冷凝水，冷凝水与补充水混合在一起作为余热锅炉的给水，经给水泵再送回到余热锅炉中循环使用，这样就完成了一个热力过程。

通常进余热锅炉的烟气温度为500～550℃，通过余热发电利用后，其烟气温度可降至180～200℃。

余热发电设备主要有余热锅炉、抽凝式汽轮发电机组及相应的辅助设备组成。抽凝式汽轮发电机组主要由主蒸汽系统、轴封系统、疏水系统、凝结水系统、真空系统、循环水系统、给水除氧系统、锅炉给水系统、锅炉排污系统、补给水系统、炉水化验及加药等系统组成。发电用的余热锅炉与普通的余热锅炉不同，它首先应克服玻璃熔窑烟气流量小、余热温度不高、玻璃生产过程中换火期间热工参数（温度、流量、压力）的波动、烟气中有害物质的腐蚀及烟尘堵塞等不利因素，方能保证烟气余热发电机组安全、稳定、可靠运行。

4.2.1.7 烟道与烟囱

（1）烟道作用及分布

燃料在窑内燃烧后的烟气从小炉下行到蓄热室，再经烟道和烟囱排入大气。烟道的作用是气体通道，可以通过烟道上设置的各种闸板开度来调节气体流量和窑内气体压力，烟气在总烟道的流速一般为2～3m/s。

对烧液体燃料和天然气、焦炉煤气的玻璃熔窑，只有空气烟道。空气完全经空气交换机进入一侧的空气烟道，经空气支烟道进入各空气蓄热室，然后进入小炉，喷入窑内助燃，再由另一侧小炉排出废气，进入对面一侧的空气蓄热室，并经各空气支烟道进入总烟道，然后从大烟囱排出。

对烧发生炉煤气的熔窑，烟道系统一般包括空气、煤气分支烟道；空气、煤气支烟道；中间烟道；总烟道及通向余热锅炉的烟道。此外，在熔窑两侧的煤气烟道相交处设有煤气交换机；两侧的空气烟道相交处设有空气交换机。在连通式蓄热室中，空气经过空气交换机和煤气经过煤气交换机后，分别进入同一侧的空气和煤气烟道，通过各自蓄热室下的炉条而进入同一侧的空气、煤气蓄热室，然后进入小炉燃烧，喷入窑内。由另一侧小炉排出的烟气进入空气和煤气蓄热室，再经空气和煤气烟道，在空气和煤气交换机后汇合到一起从大烟囱排出。

烟道一般砌在地下，也有的是地上烟道或半地下烟道，这一般由地下水位决定，尽力避免地下水进入烟道。为了增加烟道抽力，要尽量减少烟道散热，故对烟道也应进行保温。

（2）对烟道的要求

① 烟道的布置要避免死角，以保证烟道的路线短，拐弯小，上下坡度变化不大，以减少阻力和换火时的煤气损失；

② 烟道要有足够大的截面，烟道截面积的大小取决于废气流量。由于整个烟道系统内烟气流程上的降温和烟道漏风（外部冷空气被吸入烟道），所以各处的烟气流量不同。除了烟道漏风外，生产中烟道的主要问题还有烟灰堵塞。烟气中含有粉尘、烟灰和耐火材料等颗粒，在烟道内流动过程中会逐渐沉降下来，使烟道断面逐渐减小，特别是在烟道拐弯处、交换器、闸板等处较易积灰。烟道内积灰会使窑压增大而影响窑内正常的热工制度。所以，考虑到熔窑生产后期烟道积灰，烟道截面应留有余量。

③ 烟道应尽量布置在车间内。如地下水位低，可采用地下烟道，有利于保温。总烟道布置在露天地段的长度应尽量缩短，并采用水泥砂子或沥青砂子做防水层。在地下水位高的地区要注意防水措施，烟道底铺防水层或挖地下水井定时抽水，以防烟道积水。

④ 烟道与厂房柱基或设备基础应有一段距离，如距离较近需在烟道外壁采取隔热措施，否则会使基础受热损坏。

⑤ 为了便于检修和吹扫，在烟道适当位置留有清灰孔和清灰坑。

⑥ 烧煤气熔窑的烟道内应设有防爆门，以免发生爆炸事故。

⑦ 烟道与蓄热室、烟道与烟囱接口处必须留有沉降缝，以免因沉降事故而开裂。

⑧ 为了避免爆鸣，烟道必须严密，尽量减少冷风渗入烟道，并注意保温，保证烟道内温度高于500℃。

⑨ 熔窑操作应谨慎合理，尽量减少可燃物进入烟道。

（3）烟道的结构形式

由于废气温度较高，故烟道内层用黏土砖砌筑，外层用保温砖，底部用耐热混凝土做基础。为避免混凝土温度过高，一般铺设硅藻土保温砖，在保温砖上砌筑黏土砖。地上烟道或室外烟道碹顶和侧墙要加保温层，以防止温降过大。烟道砌筑应严密，防止漏风和减小温降。

（4）各种闸板及其使用

烟道闸板的设置因熔窑使用的燃料和烟道布置的不同而不同，但基本作用相同。通常设置有支烟道调节闸板、换向闸板、窑压调节闸板、总烟道闸板和余热锅炉烟道闸板。

① 支烟道调节闸板。设置在所对应的每个小炉的支烟道上，主要是调节进出该小炉的空气量和废气量，起到控制窑炉气氛的作用。支烟道调节闸板传动方式有升降式和旋转式两种，均由闸板、闸板箱（框）、开度标尺、传动齿轮、卷扬机、手轮等组成，通常为手动操作。

② 换向闸板。又称为空气交换机，换向闸板有设置在对应的小炉支烟道上的，也有设置在不对应小炉的支烟道上的，但其主要功能都是在规定的时间内向熔窑内输送助燃空气和从窑内排出废气，起到转换空气和废气流动方向的作用，即在一侧进助燃空气的同时，另一侧排出废气。

换向系统主要由闸板、闸板框架、上部壳体、底座及设置于交换器壳体上的传动装置组成，其中传动装置由减速机、电机、链轮、离合器及主令控制器组成双套电传动系统。换向闸板采用电动直联式链条传动，自动操作。其工作原理是：换向时电路接通，电机减速机通过控制柜启动后，制动器同时通电松开闸轮，减速机通过离合器与链轮相连，链轮将链条牵引的闸板提起、放下，同时通过联轴器带动主令控制器和行程开关，使电机停电停转，制动器抱住闸轮，完成一次换向。当再次换向时，电路系统又使电机反转，重复上次动作。

换向闸板安装时倾斜角度为7°～15°，以利于设备运行。

③ 总烟道调节闸板。也称旋转闸板或窑压调节闸板，安装在总烟道截断闸板之前的总烟道上，一般由两块可旋转0°～90°的闸板、闸板盖、定心座、拉杆、插销、底座及气动执行机构组成。闸板工作时通过电-气动定位执行器，以气动的形式连续调节控制旋转闸板的开度，来调节通过的废气量，达到精确控制熔窑压力的目的，闸板开度（闸位）信息通过角位移变送器反馈。通常有手动、半自动和全自动三种形式。

④ 总烟道截断闸板。简称大闸板，装设在总烟道至烟囱的一段总烟道上。大闸板的作用是开启总烟道与烟囱之间的通路，调节烟囱抽力，粗略调节窑内压力，使之保持稳定。大闸板可分为垂直式和倾斜式传动两种，其中倾斜式主要由闸板、闸板框架、立柱、闸板箱、横梁、拉杆、绳轮、配重、卷扬机等组成。框架放在烟道中，截断或开启时，闸板在框架上滑动，密闭性较好，但安装麻烦，价格较高。倾斜式传动也可不用绳轮、卷扬机和配重，直接配手拉葫芦，手动操作。垂直式主要由闸板、立柱、闸板箱、横梁、拉杆、绳轮、配重、卷扬机等组成，此种形式安装方便，经济实用。

⑤ 余热锅炉闸板。总烟道上通向余热锅炉的支烟道称为余热锅炉烟道，在其上装置的闸板称为余热锅炉闸板，用来调节进入余热锅炉的废气量，即控制废气进入余热锅炉的百分比。余热锅炉闸板为手动操作。

⑥ 空、煤气支烟道闸板。烧发生炉煤气熔窑的分隔式蓄热室中，在空、煤气支烟道上分别设有空、煤气支烟道闸板，通过卷扬机控制闸板的开度，分别调节各小炉的空、煤气量。它有自动和手动两种。

所有烟道闸板、闸板框、闸板盖材质均采用含硅耐热（650～750℃）球墨铸铁（RQTSi-4）制造。

（5）烟囱

烟囱为排出废气的设备，是窑炉不可缺少的通风设备。利用烟囱的高度产生一定的剩余几何压头（即抽力）来克服窑炉系统的阻力，使空气能以一定速度喷入窑内，燃烧后的产物（即烟气）能自窑内排出。为保证将窑内的废气排出，烟囱须有足够的高度，当空气温度为20℃，烟囱入口处温度为250～300℃时，每一米高的烟囱约能产生5.5Pa的抽力，对650t级的太阳能压延玻璃生产线来说，烟囱高度为90m。废气温度相同时，烟囱越高，抽力愈大。但烟囱越高，基建投资也愈大。

烟囱的优点是操作可靠，不消耗电能，使用年限长，但其主要缺点是基建费用大，通风能力以及调节窑压制度的能力有限。

在烟囱的使用过程中应充分估计烟道积水、积灰、烟囱砌体的严密程度、夏季最高温度时空气密度、湿空气和当地气压对抽力的影响。

通常用钢筋混凝土或红砖砌筑烟囱，内衬采用酸性黏土质耐火砖和保温砖。

4.2.1.8　熔窑风机

为了保证熔窑正常运行和延长使用寿命，通常在熔窑下设置不同功能的固定风机。

① 助燃风机。用于为熔窑燃料燃烧提供足够的空气。助燃风机产生的风根据各小炉需求量通过风管送往各支烟道，在换向时进入蓄热室，经蓄热室格子体加热后，送入窑内。通往各小炉的助燃风现在多采用热式气体流量计进行风量自动控制（以前采用孔板流量计）。

② 钢碹碴风机。用于冷却熔化部的钢碹碴（熔化部的钢碹碴内腔设有气流导板和出风口），使其保持一定温度，增加其刚度。

③ 池壁冷却风机。池壁冷却有风冷和水冷两种方法。当使用风冷时，通常用风管连接风机和风嘴，通过布置在熔化部池壁液面下40～50mm的鸭嘴式风嘴对池壁上层进行吹风冷却，以降低池壁砖的内表面温度，降低与砖内表面接触的玻璃液温度，增大玻璃液的黏度，降低其流动性，减弱其对砖的渗透能力，减轻玻璃液对池壁砖的侵蚀强度，达到延长熔窑使用寿命的目的。一般在熔窑前期吹较小的风，到后期加大吹风，为了合理使用风量，减小电耗，现在多采用变频电机对风机进行风量控制。经验数据表明，新窑冷却效果不明显，所以新窑池壁砖侵蚀较快，通常料堆与泡界线交接处的池壁砖一年便可被侵蚀掉砖厚的50%左右，当池壁砖厚度减至100～120mm时，冷却效果较好，此时，侵蚀明显减缓。

④ L形吊墙风机。由于L形吊墙是采用钢结构吊挂耐火砖，钢结构长期在高温下容易出现结构性疲劳，为了降低吊挂部位的温度，延长吊墙寿命，使用吊墙内部吹风的方法。

⑤ 稀释风机。为了稳定冷却部温度，给玻璃成形创造一个好的条件，浮法玻璃线在冷却部会通入一定量的微弱风，稀释风机通常采用变频电机控制风量。太阳能压延玻璃线预留了吹风口，但一般不使用。

4.2.2　中档空气助燃玻璃熔窑耐火材料配置举例

在玻璃工业中，熔窑耐火材料的质量对于提高玻璃产品产量和质量、节约燃料、延长熔窑使用寿命、降低玻璃生产成本具有重要的意义。质量不好的耐火材料不但限制了熔窑作业温度，而且会严重地损坏玻璃的质量，导致玻璃产生结石、条纹、气泡、不必要的着色等缺陷，从而大大影响熔窑的生产率。熔窑各部位的工作状态不同，对耐火材料的性能的要求也不同，对于玻璃熔窑用耐火材料，基本要求大致如下：

① 必须具有足够的机械强度，能经受高温下的机械负荷；②要有相当高的耐火度；③在使用温度下须有高的化学稳定性和较强的抗熔融玻璃液侵蚀的能力；④对玻璃液没

有污染或污染极小；⑤有良好的抗热冲击性；⑥在作业温度下体积固定，重烧线收缩和热膨胀率很小；⑦固体耐火材料应易于加工并尺寸准确，不定形耐火材料应与相匹配的材料性能相同。

根据熔窑作业部位和工业特点的不同，合理选配各种耐火材料，使熔窑各部分充分发挥作用，可以增加产量，提高玻璃质量，平衡窑体各部位使用周期，从而达到延长熔窑使用寿命，减少燃料消耗和降低产品成本的目的。只要掌握各种耐火材料的性质和特点，了解熔窑各部位的工作状况，研究耐火材料受侵蚀的机理，就可以正确合理地选配耐火材料。

根据太阳能压延玻璃熔窑生产工艺形式、规模、玻璃质量、熔窑寿命、投资者的经济实力等要求的不同，配置的耐火材料也大不相同，例如使用寿命小于6年的和大于10年的熔窑所配置的耐火材料有着天地之差。为了提高玻璃质量，减少玻璃成品中的缺陷，在投资资金允许的情况下，设计熔窑时应尽量合理配置耐火材料，选用高质量的耐火材料。

下面是一例中档投资规模的650t级空气助燃太阳能压延玻璃熔窑的耐火材料配置情况，其窑体砖材和熔窑保温材料配置见表4-9和表4-10。

表4-9　窑体砖材配置情况表

序号	部位	名称		耐火材料配置
一	熔化部			
1	池底	铺面砖		33# 电熔AZS砖（氧化法无缩孔）
		池底密封料		锆英石捣打料
		池底砖		黏土大砖（BN-40a）
2	池壁	熔化带		36# 电熔AZS砖（氧化法加强浇注）
		澄清带		33# 电熔AZS砖（氧化法加强浇注）
		拐角砖		41# 电熔AZS砖（氧化法无缩孔）
3	胸墙	熔化带	挂钩砖	33# 电熔AZS砖（氧化法无缩孔）
			其他	33# 电熔AZS砖（氧化法普浇）
		澄清带		优质硅砖
4	大碹			优质硅砖
5	前脸墙	L形吊墙		电熔AZS镶嵌砖，烧结锆质砖，上部优质硅砖
		翼墙		33# 电熔AZS砖（氧化法普浇）
				优质硅砖及锆英石砖
6	后山墙			优质硅砖
二	卡脖			
1	池底	铺面砖		33#AZS砖（氧化法无缩孔）/α-β刚玉（无缩孔）（厚75mm）
		池底砖		黏土大砖（BN-40a）
2	池壁	拐角砖		41#AZS砖（氧化法无缩孔）
		其他		33#AZS砖（加强浇注）

续表

序号	部位	名称	耐火材料配置
3	吊平碹		烧结莫来石砖
三	冷却部（通路）		
1	池底	铺面砖	α-β 刚玉砖（氧化法无缩孔）（厚75mm）
		池底砖	黏土大砖（BN-40a）
2	池壁	池壁砖	α-β 刚玉砖（氧化法普浇）
3	胸墙		优质硅砖
4	碹		优质硅砖
5	后山墙	山墙	优质硅砖
		过桥砖	β 刚玉砖
四	小炉		
1	小炉底	上部	33#AZS 砖（氧化法无缩孔）
		中部	烧结硅线石砖
		底部	高强高铝质保温砖
2	小炉侧墙	内侧直段	33#AZS 砖（氧化法普浇）
		内侧斜段	33#AZS 砖（氧化法无缩孔）
		外侧	黏土大砖（BN-40a）
3	小炉顶碹		33#AZS 砖（氧化法普浇）
4	小炉喷嘴砖及其间隙砖		33#AZS 砖（氧化法无缩孔）
五	蓄热室		
1	顶碹		优质硅砖
2	墙体	上段	高纯镁砖（DM-98）
		中段	直接结合镁铬砖（DMC-12）
		下段（炉条以上）	低气孔黏土砖（ZGN-42）
		下段（炉条以上）	黏土砖（N-2a）
3	炉条碹		低气孔黏土砖（ZGN-42）
4	1#~5#格子体	顶层	镁锆砖（3~4层）
		上段	高纯镁砖（DM-98）
		中段	高纯镁砖（DM-96）
		下段	镁铬砖
		底层	低气孔黏土砖（ZGN-42）
5	6#格子体	顶层	高纯镁砖（DM-98）
		上段	高纯镁砖（DM-98）
		中段	高纯镁砖（DM-96）
		下段	镁铬砖
		底层	低气孔黏土砖（ZGN-42）
六	烟道	烟道碹、墙、底	黏土砖（N-2a）

表4-10 熔窑保温材料配置情况表

序号	部位	熔窑硬砖	第一层	第二层	第三层	第四层
一	池壁					
1	投料口	33#AZS电熔（300mm）	硅酸钙保温板（30mm）			
2	熔化部	36#AZS电熔（250mm）	锆质密封料（50mm）	高强高铝保温砖（100mm）	硅酸钙保温板（30mm）	
3	卡脖	33#AZS电熔（250mm）	高强高铝保温砖（50mm）			
4	冷却部	α-β刚玉砖（200mm）	高强高铝保温砖（100mm）	硅酸钙保温板（30mm）		
二	池底					
1	熔化部	33#AZS电熔捣面砖（75mm）	锆英石质捣打料（25mm）	黏土大砖 BN-40a（300mm）	硅酸铝纤维毯（28mm）	硅酸钙保温板（90mm）
2	卡脖坎前	33#AZS电熔捣面砖（75mm）	锆英石质捣打料（25mm）	黏土大砖 BN-40a（300mm）		
3	卡脖坎后	α-β刚玉砖（75mm）		黏土大砖 BN-40a（250mm）		
4	冷却部	α-β刚玉砖（75mm）		黏土大砖 BN-40a（250mm）	硅酸铝纤维毯（28mm）	硅酸钙保温板（130mm）
三	胸墙					
1	熔化带	33#AZS电熔砖（350mm）	锆质密封料（25mm）	轻质高铝砖（114mm）		
2	澄清带	优质硅砖（380mm）	轻质硅砖（65mm）	保温涂料（140mm）		
3	卡脖	优质硅砖（300mm）				
4	冷却部	优质硅砖（450mm）				
四	碹顶					
1	熔化部	优质硅砖（450mm）	硅质密封料（40mm）	轻质硅砖（130mm）	保温涂料（140mm）	
2	卡脖	优质硅砖（300mm）				
3	冷却部	优质硅砖（300mm）	硅质密封料（40mm）	轻质硅砖（130mm）	保温涂料（50mm）	
五	小炉					
1	底	33#AZS电熔砖	烧结硅线石砖（67mm）	轻质高铝砖（67mm）	硅酸钙保温板（50mm）	
2	侧墙	33#AZS电熔砖（230mm）	锆质密封料（6mm）	黏土大砖 BN-40a（75mm）	高铝纤维板（50mm）	

续表

序号	部位		熔窑硬砖	第一层	第二层	第三层	第四层
3	顶		33#AZS 电熔砖 (250mm)	铬质密封料 (30mm)	轻质高铝砖 (136mm)	保温涂料 (30mm)	
六	蓄热室						
1	墙体(炉条以上)	上部	高纯镁砖 (346mm)	轻质高铝砖 (232mm)	保温涂料 (140mm)		
		中部	直接结合镁铬砖 (346mm)	轻质黏土砖 (232mm)	保温涂料 (100mm)		
		下部	低气孔黏土砖 (462mm)	轻质黏土砖 (116mm)	保温涂料 (50mm)		
	墙体(炉条以下)		黏土砖				
2	顶喘		优质硅砖 (350)	硅质密封料 (40mm)	轻质硅砖 BN-40a (130mm)	保温涂料 (140mm)	
七	烟道						
1	底		黏土质浇注料 (68mm)	黏土砖 (68mm)			
2	侧墙		黏土砖 (230mm)	轻质黏土砖 (117mm)	建筑红砖 (125mm)		
3	顶		黏土砖 (230mm)	轻质黏土砖 (68mm)	建筑红砖 (63mm)	水泥砂浆抹层 (20mm)	

第5章

压延玻璃成形与退火工艺

- 5.1 压延玻璃成形工艺
- 5.2 压延玻璃退火
- 5.3 压延玻璃原片切割与包装

　　玻璃成形是熔融玻璃液在一定温度范围内转变为具有固定几何形状制品的过程。玻璃液在成形时除做机械运动外，还同周围介质进行连续的热传递。由于冷却和硬化，玻璃首先由黏性液态转变为可塑态，然后再转变成脆性固态。在生产中，压延玻璃的成形过程和其他塑性材料相同，分为成形和定型两个阶段。第一阶段是赋予制品以一定的几何形状，第二阶段是把制品的形状固定下来。玻璃的成形和定型是连续进行的，定型实际上是成形的延续，但是定型所需的时间比成形所需要的时间要长。影响成形阶段的因素是玻璃液的流变性，即黏度、表面张力、可塑性、弹性以及这些性质的温度变化特征；影响定型阶段的因素是玻璃液的热性质和周围介质影响下玻璃的硬化速度。

　　在成形过程中，玻璃液的黏度随温度下降而增大的特性是玻璃制品成形和定型的基础；而表面张力使表面尽量缩小的倾向在气泡的排出、条纹的去除和表面抛光中有重要作用。

　　平板玻璃的成形工艺有许多种，有已淘汰的垂直引上法（主要有槽垂直引上、无槽垂直引上、对辊法三种），有正在使用的水平拉引法（主要有压延成形、浮法成形、平拉成形）和溢流下拉法。

　　压延成形玻璃又可分为建筑装饰压延玻璃和太阳能压延玻璃。

　　建筑装饰压延玻璃由于花纹和含铁量较高的原因，透光率较低（3～4mm 厚度玻璃89.5%左右），主要用于建筑的室内间隔、卫生间门窗及既需要透光又需要阻断视线的各种场合。

　　太阳能压延玻璃主要是指用于太阳能组件方面的压延玻璃，它借鉴了传统建筑压延玻璃生产工艺，其不同之处主要是：玻璃配方有差异；原料品位高，特别是含铁量低；在原料各个环节增加了防铁、除铁装置；产品花形少，品种单一；玻璃熔窑窑池深；窑内气氛要求不同；3.2mm 厚度玻璃透光率在91.5%以上。

5.1　压延玻璃成形工艺

　　压延玻璃因玻璃液是在压延机的上、下辊之间压制延展而成，故名"压延玻璃"，因玻璃产品上压有花纹，又称为压花玻璃，其成形工艺称为压延法。

　　压延法的工艺过程为：玻璃液从熔窑支通路经过溢流口的内尾砖和外尾砖，进入唇砖，通过液面的静压差和压延机上下辊的牵引力，进入上下辊中间，压延辊中间通冷却水，使流经上下压辊间的玻璃液迅速冷却，由液态变成塑性状态，当玻璃液从正在转动的上下压辊的间隙出来时，就形成了所要求厚度的玻璃板。压延辊与玻璃带之间的摩擦力使玻璃带运动，出压延辊的玻璃带经过副辊（或水箱托板）的冷却和拖动，然后经过活动辊道（过渡辊台）进入连续退火窑前端定型后进行退火。上述过程连续进行，熔融玻璃液就形成了连续玻璃带。

　　太阳能压延玻璃是单面或两面有花纹图案的透光不透明的新型平板玻璃。生产双面压花玻璃的压延机，上下压辊都刻有花纹；生产单面压花玻璃的压延机，上辊是光辊（或绒面辊），下辊是刻花辊。压延玻璃质量除取决于熔化质量外，压辊表面质量也有很大影响。

　　压延玻璃的特点为：成形温度低（1020～1080℃），生产过程中不易析晶，压花玻璃对入射光有散射作用，能形成均匀而柔和光透过效果。

5.1.1 压延玻璃成形原理

压延玻璃成形主要是生产出符合用户要求的厚度和宽度的无缺陷玻璃，而在厚度和宽度二者中，如何控制玻璃厚度是成形中最关键的环节。

玻璃液的厚度，在无外在压力作用的条件下，主要取决于其表面张力和重力。表面张力试图使玻璃液收缩增厚，减小其表面积；而重力试图使玻璃液变薄展开，来达到减小其位能的目的。当玻璃液所受重力和表面张力达到平衡时，玻璃液有一个固定值，称为平衡厚度。因为玻璃液的表面张力随温度变化，所以平衡厚度也随条件不同而略有差异。

在实际生产过程中，溢流口处的玻璃带是张力状态。若溢流口玻璃液温度过高，则玻璃液进入压延辊前将展薄，易于压延；若溢流口玻璃液温度过低，则玻璃展薄有限，压延辊需增大压力。在有拉引力作用、无压力的自然条件下，玻璃厚度小于7mm，约为5.7～6.8mm，平均厚度为6.3mm。

由于成形过程中玻璃液表面张力、黏度、重力的综合作用，玻璃液的展（拉）薄单凭提高拉引速度是不够的，例如拉引速度增加25%，厚度仅减少5%，而宽度却损失15.3%；当低于某一拉引速度时，玻璃液可以明显增厚。玻璃带难以拉薄主要有以下两个原因：

① 玻璃带横断面受力不够。玻璃带在摊平后待拉薄前的黏度约为$10^4 \sim 10^5$Pa·s，要把该黏度下的玻璃带拉薄，必须有足够的拉力。

② 玻璃表面张力增厚作用显著。玻璃液摊平后，随着温度的降低，玻璃液的黏度和表面张力都有增加，但玻璃黏度在高温时变化不是很明显，而表面张力使玻璃板宽收缩的作用却十分明显。表面张力有力求维持平衡厚度的作用，并力图与拉薄玻璃的拉引力相抗衡，因这时玻璃液黏度不大，不足以有效阻止玻璃液的收缩，所以，尽管加大拉力，玻璃液还是继续接近6mm的厚度。

为了生产出符合太阳能行业要求的小于6mm的玻璃，并增加透光率，需要使用有一定压力的压延机进行成形。通过调整压延辊压力、转速，使它同玻璃带拉引的速度产生速度差，以此改变玻璃带的拉引力，达到控制玻璃厚度的目的。

压延辊在成形过程中主要作用是：

① 节流作用。压延辊的转速小于玻璃带的拉引速度，因而可形成一个速度差，保证了压延过程不受速度影响。

② 压薄作用。在溢流口唇砖处，进辊前5mm处的玻璃液温度为1020～1080℃，通过压延机将玻璃压薄。通常在拉引力作用下，玻璃带的宽度和厚度成比例收缩，当在唇砖结合部设置压延机后，上下压延辊就制止了玻璃带横向收缩，这相当于在保证成形板宽的同时横向上压薄了玻璃。

5.1.2 压延玻璃成形口结构

玻璃原料在熔窑内完成硅酸盐的形成、玻璃液形成、澄清、均化，然后合格的玻璃液通过卡脖或流液洞输送到横通路、支通路冷却。横通路、支通路也是一窑N线的分流结构，支通路又称为工作部。压延玻璃熔窑与其他平板玻璃熔窑最大区别在于玻璃液出口——成形口，即溢流口。

溢流口是窑炉的特殊结构端，玻璃液通过这个特殊的成形口结构，在压延机组、过渡辊台等其他设备的共同作用下完成压延玻璃成形过程。压延玻璃生产的主要设备压延机定位安装在熔窑与退火窑之间，熔化好的玻璃液经过工作部、溢流口、唇砖流过上下辊之后，通过压延机上下辊的挤压作用，玻璃液就形成了一定厚度的带有花纹图案的平板玻璃，然后玻璃板通过过渡辊输送进入退火窑，完成玻璃液变成带有花纹图案玻璃板的成形过程。

溢流口是为满足玻璃液压延成形、方便操作而设计的特殊形式的结构，合理的溢流口结构可减轻操作人员的体力，方便操作，并间接影响玻璃质量。溢流口结构主要由四部分组成，第一部分是由池底砖、池壁砖、铺面砖、八字砖组成的窑体下部结构，接触玻璃液的池底和池壁部分全部由高档耐火材料砌筑而成；第二部分是出口山墙和溢流口碹组成的火焰空间部分，墙体用规格较大的优质硅砖砌筑而成，溢流口碹则选用硅线石或莫来石砌筑；第三部分是挡焰砖、盖板砖、钢闸板组成的悬挂系统，砖材用热稳定性好的硅线石或莫来石，吊挂件和钢闸板用特种耐热钢材加工；第四部分是尾砖、唇砖及支架、挡边砖及固定件组成的玻璃液输出结构系统。这几部分共同组成溢流口的主体结构。通常溢流口尾砖距操作地面高度1130～1170mm，溢流口尾砖池壁深130mm（其中玻璃液深80～100mm，液面距池壁上沿30～50mm），溢流口唇砖外沿与退火窑$1^{\#}$辊面距离2400～2500mm，退火窑辊面高度900mm。溢流口结构剖面见图5-1。

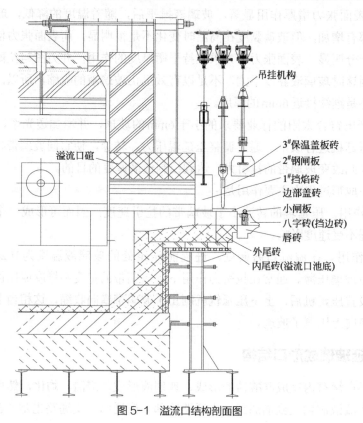

　　吊挂机构

　　$3^{\#}$保温盖板砖
　　$2^{\#}$钢闸板
　　$1^{\#}$挡焰砖
　　边部盖砖
　　小闸板
　　八字砖(挡边砖)
　　唇砖
　　外尾砖
　　内尾砖(溢流口池底)

溢流口碹

图 5-1　溢流口结构剖面图

① 溢流口池底、池壁。全部选用α-β刚玉砖砌筑。α-β刚玉砖突出优点是：1350℃以下具有优异的抗玻璃液侵蚀性，结构致密，有良好的耐磨损性和机械强度，气孔率低，玻璃相少，即使侵蚀也不会对玻璃造成污染。

② 溢流口碹。溢流口碹的上部支撑整个出口山墙墙体，下部留有玻璃液进入成形口的通道。材质选用抗侵蚀、耐剥落的硅线石或莫来石质，按一类砌体的技术标准和要求砌筑，砖缝要小于1mm，砖材外观质量按标准要求制作，砖材不能有较大的缺棱缺角，砌筑完成后的碹体内表面必须整齐光滑，不能有里出外进的台阶状接口存在。由于换机作业较为频繁，该处经常受到气流、火焰、急冷急热的冲击，有缺陷的砖材会剥落污染玻璃液，有台阶处易结存氧化物、凸出部位受冲击剥落杂物的可能性很大，所以在施工时要重点把控质量关。

③ 工作部山墙。是出口端火焰、气流分隔设备的结构墙体，全部由硅砖砌筑而成，整个外墙体不需要进行保温。

④ 轨道梁。由槽钢或工字钢焊接而成，每条生产线溢流口上方配备三根，也有的放两根，最佳的状态应该是三根轨道梁。轨道梁横跨在工作部出口端立柱上，末端延伸至出口外侧，便于引出和导入溢流口的三道控制挂件，同时用来承载挡焰砖、闸板、盖板砖及其吊挂件的悬臂钢结构。悬臂工字钢因为在高温环境中使用，受窑炉热膨胀可能会发生较大的位移。另外，钢件高温受热膨胀会扭曲变形，甚至有可能从焊接处断开，为了便于悬挂件的后期调节和结构的安全，要求纵向、横向钢梁都开长孔，纵向、横向工字钢的连接用螺丝和螺母连接固定，不能用焊接的方法处理。工字钢梁前期的加工制作、定位安装必须准确，并留有活动的调节空间，在使用一段时间后，生产上根据膨胀后的位置重新将悬挂系统进行定位调整，以达到和满足成形操作的需求。

⑤ 挡焰砖。由钢挂件和砖材组合吊挂在溢流口玻璃液火焰空间上方，和溢流口的碹砖形成很好的密封作用，可阻挡工作部火焰，降低窑压对成形的影响，减少窑内废气对压延辊的热冲击和腐蚀。挡焰砖也用于调节溢流口玻璃液的温度，特别是在更换压延机时，可短时间提高溢流口钢闸板前的玻璃液温度，有利于引玻璃操作。生产中挡焰砖以放到最低且不接触玻璃液为最佳状态。对于材质要求，因挡焰砖的内侧长期接触高温，受火焰和气流的冲刷，而外侧则暴露在空气中，与内侧的温差较大，生产中有时需要进行上下调整的操作，所以挡焰砖的耐急冷急热性能要好，要求表面光滑不剥落、不掉渣、机械强度高。材质一般是硅线石或锆莫来石，普通压延玻璃生产时也可用低气孔黏土砖。

⑥ 保温盖板砖。吊挂在溢流口上部，由多块耐火材料拼接组合而成，与钢件配合形成一体完整的结构，起到保温和反射热量的作用，以减少溢流口玻璃液热量的散失，缩小溢流口的横向温差。因溢流口是敞开式结构，受外界气流影响很大，玻璃液进入该区域会大量散失热量，通过保温盖板砖调节能很快控制辊前的玻璃液温度，使其满足成形的需要，避免了通过调节熔化温度来控制成形温度，从而避免了给熔化带来不稳定因素。通过保温盖板砖的调节可使辊前的玻璃液温度控制在20℃左右。保温盖板砖的尺寸可根据溢流口敞开面积进行计算，以能够覆盖辊前的敞开部分、不碰触压延辊和上游的闸板为基础。耐火材料要选择抗压强度大、抗侵蚀性能好、不剥落、热稳定性好的，如

硅线石砖、锆质莫来石砖、黏土砖；钢件采用抗拉强度好、耐腐蚀、耐长期高温、耐疲劳的铸钢件。

⑦ 钢闸板（又称大闸板）。是成形换机作业必要的生产工具，也是紧急情况下所使用的必要工具，悬挂在溢流口的上部或使用后放置到成形口一侧，规格要求与溢流口的宽度基本一致（常用的规格有2000mm×150mm、2300mm×320mm），材质要求耐热性能好、抗氧化、抗剥落，常用材质Cr25Ni20或Cr20Ni80。

⑧ 小闸板。因小巧灵活，制作简单，作为快速换机使用的工具被很多公司所使用。小闸板一般在砖机分离式压延机使用较多，起到换机不换砖的作用；它可以和钢闸板配合使用。小闸板的制作过程：14#槽钢加工成与唇砖上八字砖内宽相同的长度，用锯末、砂子、耐火土均匀搅拌后加水，填入槽钢的凹槽内夯实晾干后即可使用。

⑨ 唇砖。是压延玻璃生产过程中的关键设备之一，用在成形压延辊前部位，直接接触玻璃液，与尾砖和压延机体形成一个很好的连接作用，将熔化好的玻璃液连续不断地均匀地送入上下压延辊之间。唇砖的材质、形状、尺寸和安装位置，均对玻璃的质量有影响。

唇砖材质选用原则：要求唇砖本身排泡时间短，使用寿命长，具有良好的热稳定性和良好的抗碱侵蚀性。表面要平整光滑，尺寸误差小，无裂纹。唇砖常用的材料有硅线石砖、锆莫来石砖和黏土砖。之前生产普通装饰压延玻璃所使用的唇砖都为黏土砖，由于太阳能压延玻璃的质量要求高，加之换机周期长，因此用硅线石唇砖和锆莫来石唇砖替代了黏土唇砖。

唇砖长度设计：唇砖的长、宽、高主要依据玻璃液的拉引量、板宽、溢流口尺寸等因素来确定，其中长度是主要的。唇砖的长度对玻璃原板宽度影响很大，唇砖太短将影响原板宽度，使切板尺寸受限；太长将增加唇砖膨胀量，导致炸裂的概率增大。此外，玻璃液经过唇砖进入压延辊会有一个向外的延展，这个延展尺寸比唇砖长度大，单面延展宽度约50～100mm。所以，在设计唇砖长度时，不仅要考虑压延辊体长度，还要结合玻璃液的延展宽度来综合确定唇砖的安装定位：唇砖安装时，中心线必须与熔窑、溢流口、退火窑的中心线一致，唇砖高度左中右与压延机轨道一致，唇砖嘴的左中右与压延辊平行度要一致，否则会造成由此流入上下辊子的玻璃液左中右厚度不均，从而导致辊前玻璃液产生温差；中心线不一致，出去的玻璃板跑偏，会影响退火质量。唇砖的安装与压延辊的配合尺寸将直接影响辊前温度和玻璃板的质量，通常唇砖嘴与压延机下辊的间距应为5～10mm左右；唇砖嘴前端上表面一般与压延机下辊上表面保持−5～30mm左右的落差（通常冷态时在唇砖安装完毕后测定其与压延机下辊表面外缘即可，热态时不再细致测量），落差的高度会影响溢流口内的玻璃液深度，通常溢流口玻璃液深度为80～100mm左右。

新到公司的唇砖，应放在窑炉两侧烘干水分；安装前应充分预热，尽量排除砖体内的游离水，让膨胀量释放一些，这些对缩短唇砖排泡时间和延长唇砖使用周期都是非常有益的。

⑩ 八字砖。是可以移动更换的活动结构（也有固定式，不方便板宽调整），控制着溢流口及原板的宽度，放置在唇砖两侧边部，外部用铁件顶丝固定，有的考虑到唇砖的

膨胀，单侧增加弹簧。活动的八字砖可根据生产板宽的需要调节二者之间的距离，以达到缩板和扩板的目的。八字砖的材质现在大部分选用锆莫来石、硅线石材质，也有尝试使用耐热钢的，但钢材长期高温下使用难免会出现侵蚀，再加之玻璃液接触钢材温度会更低，边部易析晶，不是理想之选。八字砖边部的保温加热很重要。

⑪ 边部盖板砖。放置在八字砖和挡边砖上的条形耐火砖称为盖板砖，起边部保温和热反射的作用，并能平衡溢流口玻璃液的横向温差。由于从工作部进入溢流口的玻璃液两侧温度比中部温度低，而溢流口敞开式的结构和边部砖材的滞留作用导致边部温度更低，造成成形的玻璃板中间薄两侧厚。边部盖砖板放置在靠近玻璃液的上方，既起到了保温作用，又能够依靠玻璃液加热砖产生的反射热量加热玻璃液，最终达到减少边部玻璃液温度散失、控制玻璃板厚薄差的目的。边部盖板砖的尺寸一般根据出口纵向的敞开宽度而定，没有固定尺寸。长度主要考虑伸入玻璃液空间的覆盖面和放置时的稳定性，宽度尽可能覆盖从挡焰砖到辊子的宽度距离，厚度主要考虑的是结构强度，材料首选黏土砖，其次硅线石。

5.1.3 压延机的装配

压延机是压延玻璃成形的关键设备，它处于玻璃溢流口和退火窑之间。太阳能压延玻璃生产线使用的压延机有砖机分离式压延机和砖机一体式压延机两类，目前砖机分离式压延机市场占有率约80%左右。本书以中国建材蚌埠凯盛工程技术有限公司通过自主创新技术改进制造的砖机分离式压延机为例进行介绍，砖机一体式压延机除唇砖与主机结合为一体及传动结构稍有差异外，工艺原理相同。

在适当的玻璃液黏度下，压延玻璃的厚度主要通过上下压延辊的间隙、自重、竖向压力和玻璃板纵向拉引速度的引张率来调整。通常压延机由主机、接应辊（副辊）和过渡辊台三大部分组成（砖机一体式压延机有唇砖和托板水箱）。

主机由上下压延辊、机座、压力装置、冷却装置（风、水）组成，通过计算机对压延机的转速、压力进行控制。压延辊的转速通过变频电机、万向轴传递而实现；压延辊的压力通过压杠系统（分机械式和气缸式两种）调节。为了保持压延辊连续运行，生产过程中上下辊表面温度能够得到有效控制，通常在上下压辊筒中通水进行水冷却。为了便于压延后的玻璃板尽快成形，在接应辊处设置风嘴对玻璃板进行微冷却，增强出压辊的玻璃板冷却强度，提高板面的平整度。当更换唇砖或压延机时，停止使用的压延机可以通过轨道自由退出生产线。

接应辊通常是3～4根钢辊（砖机一体式压延机用托板水箱），钢辊表面包覆陶瓷层，内孔通冷却水冷却。接应辊与主机连接在一起，同下辊保持一定的角度，可以单独调节速度，接应辊主要是在压延辊和过渡辊台之间起到承接已成形玻璃的作用。

过渡辊台通常是8根钢辊，钢辊表面包覆陶瓷层来提高辊面的硬度和光洁度，内孔通冷却水冷却，也有自然通风冷却的。它独立于压延机主机和退火窑之间，运转速度可以单独调节，当换机、换唇砖时可以自由退出生产线进行检修，除和接应辊一样在压延机和退火窑之间起到承接成形玻璃的作用外，还起到为引头子提供操作空间及降温的作用。

5.1.3.1　砖机分离式压延机的装配

所谓砖机分离式压延机就是唇砖与压延机分别安装。唇砖预先组装在唇砖支架上，压延辊预先安装在压延机上；当进行引头子（上炉）作业或砸头子（打炉）作业，需要更换压延机、更换唇砖或二者都更换时，可分别或同时进行。

（1）压延辊的选用

砖机分离式压延机使用的辊筒辊径一般在$\phi220\sim300$mm，个别的辊径可达到$\phi360\sim400$mm。厂家根据熔窑吨位、溢流口尺寸、产品厚度来确定压延辊筒的内外直径和辊体长度。辊径小，重复使用周期短，相同拉引量下辊子的转速快，生产中出现粘辊、发热现象的概率要大。如果辊径相同，辊子转速就相同，此时若要避免出现粘辊发热现象，可采取增大辊子内径，增加进水量的方法，达到冷却的目的。所以设计辊筒外径的同时必须合理设计内径。考虑到辊筒的使用寿命和抗弯强度，一般都会采用大辊径。生产上配对选辊的原则如下：

① 提高生产的有效性。考虑到上下辊花纹深度不同，压延辊运转时玻璃液拉引速度也不同，一般下辊的花纹深度大于上辊花纹深度（普通装饰玻璃压延时上辊使用的大都是镜面辊），为弥补这一点误差，通常在辊径的选择匹配上会选择上辊径小于下辊径$1\sim5$mm左右。也有选择同样大小辊径的，在生产中不使用电机同步运行情况下，通过速度调整来弥补，这样做能获得更好的板面质量。

② 提高玻璃厚度均匀性。为保持最小厚度公差，辊子的弯曲度要控制好，一般辊子刻花后跳动要求$\leqslant0.1$mm，在选配辊子时要求辊子跳动$\leqslant0.15$mm。

（2）投入生产前压延辊的检查

① 装配前对压延辊进行清洗，用干纯棉布擦净辊子的表面，再用喷射器将93#汽油喷到辊子表面，用干棉布反复擦洗，除去表面油物。

② 外观检查。检测灯：2个×2600W/个，左侧可左右移动。外观检查的标准为：无辊伤，无划伤和裂纹，无线道，无暗条纹。

③ 检测方法。辊子高度1300mm；灯高度2100mm，水平方向与辊子距离为800mm，与托架角度约45°，见图5-2。

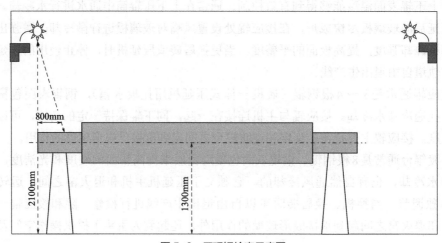

图5-2　压延辊检查示意图

④ 局部检查和花型检查

a.用8倍的放大镜和40倍的显微镜对花纹的形状尺寸做大致的检查；

b.用粗糙度检测仪在距辊面左右边缘各200mm和中点处进行粗糙度检测；

c.用深度测试仪在距辊面左右边缘各200mm和中点处对花纹深度进行检测。

⑤ 辊子弯曲度和内外径检查

a.弯曲用百分表。在辊体距辊面左右边缘各200mm和中点处测量辊体和轴的最大和最小偏心值，并做好标识；辊子本体偏心最大值的点和轴径最大值的点在同一方向时，辊子本体的偏心是两者的差，否则为两者的和，所以可以通过调整轴径来降低辊子本体的偏心。

b.外径测量。在距辊面左右边缘各200mm和中点处用大外径千分尺测量外径两次，第二次测的时候要将辊子旋转90°再测量。

c.内径测量（辊坯时测量）。距辊面左右边缘各200mm和中点处测两次，第二次测的时候要将辊子旋转90°再测量。

检查完成，符合标准，装配使用。

（3）轴套和轴瓦（DU轴承）的组装

轴瓦是消耗性材料，每次装机前先与轴套装配在一起。传统的方法是先将轴套放在专用底座上，人工把轴瓦与轴套对齐，放好顶盖，然后用大锤敲打。但这种方法有很大的弊病，装配的精度不高，轴瓦表面不平甚至变形，严重的会损坏轴套和轴瓦；而且该项工作与人的操作水平和精心程度有很大的关系，这种装配方式决定了装配的精度不高。为了保证装配的精确度，有的厂家用液压机，甚至有的厂家直接从工厂订购装配好的轴套和轴瓦。在实际玻璃生产中，装配的精度对玻璃的表面质量影响很大，轴瓦内表面有很小的变形都会造成辊子跳动，反映到玻璃上就可能是一条或多条连续（不连续）的凹凸辊印。用DU轴承的厂家不需要自行安装这一步骤，只需考虑轴承的精度和与辊筒轴头的配合精度就可以了。

（4）压延辊与DU轴承的安装

首先对辊子轴头颈部和辊子两侧轴头用棉布蘸柴油擦洗（不要用柴油浸泡DU轴承盒），确保辊子与DU轴承盒能很好地结合。

然后进行DU轴承盒与辊轴颈的配合安装。首先确认辊子一侧带有两个凹槽的轴头为传动端，在此端安装卡簧-铜圈-DU轴承盒，然后再安装铜圈-卡簧，工具使用大型的卡簧钳。

（5）水芯的安装

砖机分离式压延机压延辊筒中间都有水芯（也叫四芯棒），水芯材料有铝合金和聚乙烯。通过在芯棒主体上均匀分隔四个等份，开槽嵌入木条或铝合金板材，将水芯分隔成四个凹槽装入辊筒。水芯把辊筒内径分隔成4个互不串通的输水区，生产中一侧进水另一侧出水，均匀地对辊面进行冷却，还可任意调节每一区的出水量。通常在厚度出现公差大，辊筒出现了弯曲的情况下，会对四区出水量进行调节来修正辊筒的弯曲现象。考虑到水芯要易于安装和拆卸，因此在安装时必须与辊筒内壁留有一定的间隙，尽量不要窜水。为了防止四区互相窜水，许多厂家会选择在芯棒上嵌入木条，木条有遇水膨胀的作用，所以它能很好地将辊筒内的四个区域分隔，保证密闭不窜水。水芯与轴头之间要密封连接，若出水管和阀门结垢，应清理干净后再装好，保证不漏水，否则会对玻璃成形造成影响。

（6）上下辊与压延机组装

① 将上辊的两侧支座抬起临时固定。

② 用行车将下辊吊起，注意吊辊筒一定要用软吊带，防止对轴头、辊体造成划伤。

③ 用行车慢慢将辊筒保持水平放下，先将进水口一端放入DU轴承盒，注意要把DU轴承盒上的销子与DU轴承盒底座凹槽口对准嵌入，辊两侧DU轴承要能平稳放入压延机底座支架上，最后锁紧即可。

④ 放下上辊两侧的DU轴承盒支架，打开DU轴承盒支架上盖，确定上下辊的DU轴承盒支架放入辊后，两根辊面不会接触。如妨碍两侧调节厚度的提升装置，将其向厚度加厚的方向旋转，直到确保两根辊不碰触到。

⑤ 按照安装下辊的方法，将上辊安装到DU轴承盒支座内，盖好DU轴承盒支座上盖，并将其锁紧。

⑥ 上辊与下辊之间垂直度的调节：上下辊有时候外径不一样，这时就需要调节校正，（大辊径−小辊径）/2=小辊径单面要增加的尺寸，以此作为依据，调整两根辊筒中心线一致。用一个水平仪竖直靠在辊子外侧，将塞尺夹在水平仪与上辊间，用增减算出来数据，先两侧校正，最后左中右校正，根据水平仪的变化调节上辊支座的移动螺栓，调整好后锁紧。

（7）旋转水头与轴头、万向轴的连接

旋转水头一侧与辊子的轴头相连接，另一头与万向轴相连接，用螺丝紧密固定。装配时检查密封圈要卡到位，拧紧螺丝，不得有漏水现象。

（8）压延机的调整（见图5-3）

将上下辊、旋转水头、万向轴组装在机架上后，应进行试运行调整，以满足成形生产的需求。一般需要调整压延机的高度，确认压延机移动是否灵活，调整唇砖与辊子的落差（见图5-3A），上下辊间距（见图5-3C），唇砖与下辊的平行度和距离（见图5-3D），辊子轴向中心线（一般为0°）等。

① 压延机的高度。理论上新使用的压延机下辊上平面标高与唇砖唇沿上平面标高持平（见图5-3A），但实际生产中或压延辊使用一定周期后，对3.2mm及以上厚度的玻璃，压延机下辊上平面标高比唇砖唇沿上平标高会低约10～30mm，对2.5mm及以下厚度的薄玻璃则反之。通常在推进压延机后，根据唇砖上平面高度，调整压延机下辊高度，尽量使其接近唇砖高度。

② 唇砖与辊子的平行度。唇砖的唇口切线和压延辊的轴向切线要求是平行线（见图5-3中引线D），装好的压延机若不平行，必须进行调整。因为二者不平行或偏差较大，流经此处的玻璃液会形成不一致的唇头，造成唇砖侵蚀，砖嘴大小不一样，对玻璃板厚度、宽度、板面线道的控制稳定生产均有影响，严重时会发生一侧唇砖与辊子间距太小，唇口磨到辊子，而另一侧间距很大漏玻璃水的事故。因此，压延机推到位置后，在辊子不直接接触唇砖的前提下，要反复调整左右砖嘴和下辊面的平行度，力求是两条

平行线,该间隙越小越好,在安装时一般控制在10～20mm,引板前可稍大一点,但要注意不能流玻璃液。在生产中唇头与辊间隙的大小也应根据板面情况进行再调整。

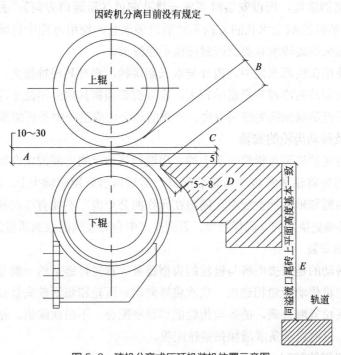

图5-3 砖机分离式压延机装机位置示意图

A—唇砖与下辊面落差;B—上辊面与唇砖沿口间距;C—上下辊间距;D—唇砖与下辊的平行度和距离;
E—唇砖上表面与压延轨道间距

5.1.3.2 砖机一体式压延机的装配

所谓砖机一体式压延机就是将唇砖预先组装在唇砖支架上,然后将唇砖支架一起固定在压延机上。压延成形过程中,引头子(上炉)作业或砸头子(打炉)作业时,唇砖和支架随同压延机一起进出成形口。

（1）辊筒选用和检查

砖机一体式压延机的辊筒选用与砖机分离式相同。砖机一体式压延机所用辊筒的外径都比较大,常用的一般在$\phi 330 \sim 360$mm,特殊要求的可达到$\phi 450$mm。大辊径的辊筒,重复使用周期长,辊筒的变形小,有利于提高产能,控制厚度,另外在产能相同的前提下,大辊径辊筒转速慢,玻璃板面的外观质量较好,生产中局部出现发热变形的现象较少,所以如果有条件,最好选择大辊径辊子。

已经加工好的辊筒,装机前要仔细检查上机的辊筒质量和上下辊径的匹配选择。上下辊径的匹配原则是：上辊要比下辊小。辊径差在$1 \sim 6$mm都可装配使用。装配前要清洗干净辊筒的表面,仔细检查辊筒的辊面情况,在确认没有色差、伤痕、斜纹、明暗条纹、斑点等肉眼能观测到的加工缺陷后,方可进行辊筒的装配。

（2）冷却水管的清洗和安装

砖机一体式压延机冷却水管的进水管是一根通长的钢管,安装在辊筒的内孔中,两头加工有丝扣与水套连接,中间加工有两排相互垂直的出水孔,为辊筒内壁提供水源。

管径ϕ6.35～25.4mm或12.7～25.4mm时，一般用不锈钢或铜管制作。进水管上两排互相垂直的出水孔的孔径、密封以及安装是冷却的关键，否则会影响实际生产中对辊筒的冷却效果和玻璃的质量，所以安装时要求一排孔向前（溢流口方向），另一排向上（垂直于地面）。安装时控制出水孔的方向不动后再装水套，使用过程中自始至终水孔方向不变，水管的接头和旋转水套要求密封连接不能漏水。

　　水管长期使用在较高水温中，内外与水长期接触，水对其侵蚀很大，结垢、生锈以及出水孔堵塞对辊筒的冷却效果影响较大，安装前必须将其内外清洗干净，所有的孔全部疏通，否则不但影响辊筒的使用寿命，严重的还会造成生产中不正常换机。

　　（3）轴承及传动齿轮的安装

　　轴承及齿轮是预先装在辊筒轴头上的，用键销将轴承的内圈固定在轴头的卡槽位置上，每次装机前先将轴承和传动齿轮装配好，然后再装到辊筒轴头上。需要注意的是，必须保证轴承内圈和轴头严密配合，间隙在允许的公差内，不能有滑动和松动，键销磨损或键槽磨损必须更换新的并确保精度，否则生产中会对玻璃的表面质量造成很大影响。

　　（4）链条的安装

　　驱动辊筒转动的是连接电机与链轮的齿型链条。首先将链条的一侧与传动齿轮相连接，另一头与电机传动齿轮相连接，依次将导向轮、压轮和张紧轮安装在链条的固定位置上，要求链条松紧度合适，链条与齿轮能够紧密配合，不出现跳齿、错位现象。如果出现链条松动，可缩短链条或增加张紧轮配重。

　　（5）压延机组的装配

　　将带有水管和旋转接头的上下辊、链条、唇砖托架等组装在压延机架的工作叫作装机。

　　① 将装配好的压延下辊，用行车调至压延机体上方。

　　② 移动压延机体至易于安装位置。

　　③ 在压延机上面每侧各一人调整轴承盒，使其适合放入载重架。

　　④ 保持辊子水平，慢慢放入。

　　⑤ 安装楔形垫板及垫片，将调整木块放在下辊两侧上平面上，用来调整上下辊间隙，还可避免上下辊不小心碰伤，放入上辊方法同下辊相同。

　　⑥ 找出适合于上下辊间隙之内的衬垫片，将其放在载重架中央楔形垫板上。

　　⑦ 调整木块使上下辊间隙保持在5mm，此时垫片应在1/2位置，组装时在3/4位置。

　　⑧ 装机后需要对压延机的高度、唇砖与辊子的距离、唇砖与辊子的平行度、上下辊间距、辊轴向中心线、托板水箱的角度等按相互之间的定位进行调整。

　　a. 唇砖与辊子间距调整。砖机一体式压延机的唇砖支架是安装在压延机架上的，也有将唇砖支架自行改装后固定在溢流口的，不管装在哪里，唇砖与辊子需要留出一定的间距，以辊子运转时不碰到唇砖为前提。结合生产操作需要调整唇砖与辊子的平行间距在10～20mm，间距过小引头子作业时和生产调整中，容易磨伤下辊，间距过大会影响板面质量和唇砖的使用寿命，并且在实际生产中可能发生漏玻璃水的生产事故。在生产过程中，砖机一体式压延机间距调整相对较麻烦一些，只能通过升降压延机的上下辊载重架来实现对唇口与下辊间隙的调整。为了避免调整间距的过程中唇砖碰伤辊子，需预先在辊子上垫柔软的材料，隔离开唇砖与辊子后再慢慢调整。

　　b. 唇砖与辊子平行度调整。唇砖的唇口切线和辊筒的轴向切线要求为平行线。唇砖及其支架装到压延机上后必须进行该项调整工作，若二者不平行或偏差较大，流经此处的玻璃液会形成不一致的唇头，造成唇砖侵蚀，砖嘴大小不一样，对玻璃板厚度、宽度、板面线道的控制、稳定生产均有影响，严重时会发生一侧唇砖与辊子间距太小，唇口磨到辊子，而另一侧间距很大漏玻璃液的严重事故。因此，在安装压延机唇砖时，要用制作好的木质标尺对唇砖嘴与辊子间距、平行度（见图5-4中 C、A）反复进行调整，使二者的平行度、间距保持一致。

　　c. 辊轴向中心线调整。上下辊的轴向中心线一般在同一平面内，辊子在使用一段时间后辊径会逐渐不一致，有时上辊会比下辊大许多。当下辊数量比上辊数量少许多，选不出合理的辊子搭配时，就要进行上下辊轴向中心线的调整。以下辊中心线为基准，前后调节上辊使其中心线与下辊中心线对齐，角度大都为0°。

　　d. 上下辊间距的调整。一般来说，上下辊间隙（见图5-4中 B）在5～6mm左右为好，这个间距既有利于正常生产时厚度的调整，又可避免引板操作时杂物和凉玻璃造成辊子受伤。当然由于料性不同，各个厂家的成形温度不同，间隙的大小也是可变的。如果停炉时间较短，溢流口玻璃温度较高且杂物不多，就可以调整间隙的大小，调整时以不伤害辊子有利于快速恢复生产为原则。

　　e. 托板水箱的调整。托板水箱用来托起刚出压辊的玻璃板，对玻璃板再次进行降温和摊平。托板水箱与下辊存在一定的角度落差和间隙，落差和间隙过大会使玻璃板下沉严重，造成叠板；落差和间隙过小，玻璃出压辊后边部叠起，有托板水箱磨下辊的风险。所以综合考虑玻璃板的平衡摊平度、阻力、划伤等情况，结合速比对托板水箱角度和间隙进行规定（见图5-4中 D）。

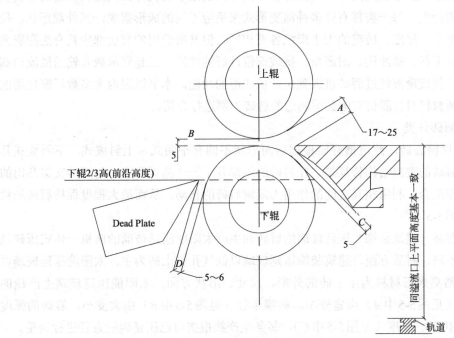

图5-4　砖机一体式压延机组装示意图

A—唇砖嘴与上辊间距；B—上下辊间隙；C—唇砖嘴与下辊间距；D—托板水箱与下辊间隙

　　f. 压延机的定位安装。由于压延机较笨重，它的移动是靠电机驱动行走轮或人工推行来完成的，因此在初次推入压延机时，唇砖托架外侧与尾砖之间一定要留有较大的空间，约50～70mm，避免互相磕碰。压延机纵向中心线与窑炉中心线对齐后，摇动纵向移动的手柄，来使压延机慢慢靠近尾砖，最终结合后的缝隙在10～35mm。

　　g. 压延机高度调整。调整压延机高度是为了满足唇砖与尾砖、压延辊与唇砖的相对位置要求，使其符合生产工艺要求。通常调整时以尾砖的上平标高为基准，唇砖装在压延机上后，调节压延机的升降机构，使唇砖的上平标高与尾砖基本一致。实际生产中，溢流口的结构高度、玻璃液的深度、辊径的大小、溢流口设计标高决定着压延机的高度。

　　h. 过渡辊台的调整。过渡辊台上游连接压延机接应辊，下游连接退火窑，整个过渡辊台通过轨道进出生产线。压延机定位后用水平尺调整过渡辊的高度，要求调整到过渡辊的切线与压延机接应辊（或托板水箱）上平面基本重合。

5.1.4　压延玻璃成形用耐火材料

　　唇砖、尾砖、挡边砖、挡焰砖、八字转、盖板砖、莫来石纤维毡、保温棉等，都是压延玻璃成形时所用到的耐火材料，它们的形状、材质、用途不同，但在压延成形中都是不可缺少的材料，尤其是唇砖，其形状、尺寸、材质对成形的影响很大。成形用耐火材料应能适应成形作业操作要求和高温环境，使用寿命长，玻璃缺陷少，且经济实用。

5.1.4.1　唇砖

　　唇砖是压延玻璃成形的关键材料，是玻璃液经溢流口进入压延机的通道。根据溢流口是否有内外尾砖、所用压延机为何种类型以及唇砖固定方式不同，唇砖的结构形式有所差异，但基本的形状大同小异。按外观不同分为适用于砖机分离式结构和适用于砖机一体式结构两类。每一类都有许多种演变形式来适应不同的成形需求，其外观形状、尺寸大小、宽窄、厚度、砖嘴的大小形状各不相同，但其所选用的材质都应具有热膨胀系数小、气孔率低、抗冲刷、耐磨损、抗玻璃侵蚀好的性能，以起到承载和输送溢流口高温玻璃液、使玻璃液经过唇砖进入到压延机成形的功能。本书以国内大多数厂家使用的浙江康星新材料科技股份有限公司制造的唇砖为例进行介绍。

　　（1）唇砖分类

　　① 燕尾槽唇砖。燕尾槽唇砖根据砖面形状不同有平面式、上斜坡式、下斜坡式几种。这种唇砖的突出结构特征是，在唇砖的尾部开了一个燕尾凹槽，与唇砖支架凸出的燕尾钢件相配合，利用相互之间的作用力限制唇砖的移动，从而最大程度保持唇砖的稳定性，见图5-5。

　　生产普通（建筑装饰）压延玻璃的唇砖和生产太阳能压延玻璃的砖机一体式压延机唇砖有所不同。材质方面，建筑装饰压延玻璃以低气孔黏土砖为主，太阳能压延玻璃以硅线石和锆莫来石材料为主；砖的外形、尺寸、形状方面，太阳能压延玻璃生产线的唇砖宽度（见图5-5中A）由宽变窄，砖嘴半径（见图5-5中B）由大变小，唇砖的弧度（见图5-5中D）、长度（见图5-5中C），每条生产线根据自己压延辊的直径进行调整。

　　带有燕尾槽的唇砖适用于砖机一体式压延机。采用砖机一体结构的压延机，当生产

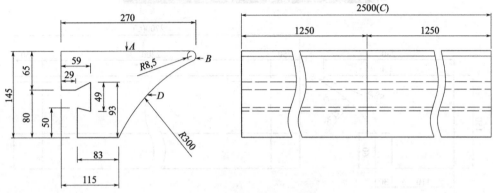

图 5-5　燕尾槽唇砖剖面示意图

普通（建筑装饰）压延玻璃时，为满足不同客户对产品花型、品种、规格的要求，压延辊的更换频率就很高，只要更换压延辊，唇砖就会更换一次，导致唇砖使用周期比较短，因此唇砖的更换也就较为频繁。为了降低产品成本，使用价格较为低廉的低气孔黏土质唇砖较多。

燕尾槽唇砖优点：a.整体结构较稳定，在进出移动压延机的过程中，唇砖与压延机的相对位置不变；b.高温状态下，唇砖线性膨胀阻力小，拼接唇砖发生错位的概率小；c.能精准定位唇砖与压延辊的前后、高低相对位置，安装尺寸精确；d.不需在线组装和定位压延机、唇砖，劳动强度低，换机作业周期短。

燕尾槽唇砖缺点：a.难以实现换机不换砖的实际生产操作和快速换机（15min换机）需求；b.燕尾槽唇砖虽能够很好地固定，但因它是卡槽固定方式，对唇砖的自由膨胀不利，容易导致唇砖受热后开裂；c.分离唇砖与尾砖的结合密封相对较差一些，主要是侧重点不一样，它要求砖嘴与压延辊的尺寸配合精确，这样就照顾不了唇砖尾部的尺寸；d.限制了压延机的前后、左右移动，对生产过程中玻璃出现的隐线、透明点、线道等缺陷的处理带来不方便。

② 无燕尾槽唇砖。无燕尾槽唇砖适用于采用砖机分离式压延机的生产线，唇砖装在溢流口尾砖沿口支架上，依靠支架两侧的顶丝和前端的挡板螺丝来固定唇砖，和压延机体是独立分开的。砖机分离式压延机可独立进出，可以通过上下、左右、前后移动来调节引头子时玻璃液唇头的大小。图5-6是砖机分离式压延机常用的无燕尾槽唇砖结构。

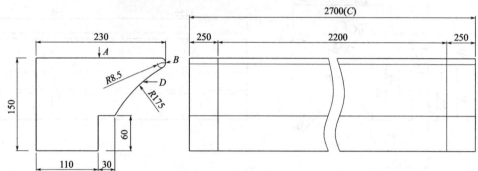

图 5-6　无燕尾槽唇砖示意图

根据溢流口结构不同，每条生产线唇砖的高度、宽度、长度、砖嘴尺寸稍有差别，但均在一定的范围：宽度（见图5-6中A）尺寸为150～250mm；砖嘴（见图5-6中B）半径R 2.5～8.5mm；唇砖弧度（见图5-6中D）和长度（见图5-6中C）根据该条线压延辊的直径确定。唇砖在长度使用上有整块、两块拼接、三块拼接等形式；材质主要以硅线石和锆莫来石为主。

无燕尾槽唇砖优点：a.在移动压延机进出时，不受唇砖的制约；b.可实现快速换机；c.压延机可灵活上下、前后调节，处理生产缺陷高效、实用；d.可实现换机不换砖的实际生产需求，节省用砖成本，同时相对新砖也减少了排泡时间。

无燕尾槽唇砖缺点：a.不能精准定位唇砖与压延辊的前后、高低相对位置，全凭经验操作；b.唇砖需在线定位，安装不方便，劳动强度大，作业环境相对较差；c.若唇砖在线组装，质量难以保证，拼接唇砖易发生错位，不好控制安装质量；若唇砖与支架离线组装好，则可避免上述情况发生；d.换机、换砖作业周期较长；e.不换砖时候，难以保证每次唇砖嘴的质量，对玻璃板面质量会有影响。

③ 特殊结构唇砖。图5-7是较为特殊的唇砖，该结构形式的唇砖目前也还在压延玻璃生产线使用或试验，有的已经把后面的圆弧改成倾斜状。使用这种唇砖目的是为了便于安装手砖，在生产中方便缩边，还有的是为了改变溢流口标高从而改变玻璃液深度，达到将更好的玻璃液供给压延机的目的。

使用这种唇砖，玻璃液从尾砖处就开始爬坡，唇砖起到了挡坎的作用，深层的玻璃液有一定量的回流。因此，玻璃液无论是干净程度还是化学均匀性、温度均匀性，都比目前使用的平面唇砖好，在实际生产中因杂物而产生线道、暗条纹、气泡疤的概率也低。另外，该结构形式的唇砖对于减小玻璃横向温差、减少局部发热十分有利。这种结构唇砖不能普及使用的原因是：a.挡边砖是带有弧度的嵌入式或替代部分唇砖组成的拼接式结构，装配困难，生产中无法实现扩板和缩板的操作需求；b.圆弧形表面换机时玻璃液推不干净，残留太多的玻璃液而造成浪费；c.挡边砖上下带弧度，材质要求高，加工制作难度大，当然成本费用也高，不经济。目前还没有报道证明使用这种唇砖在生产中有特别明显的优势。

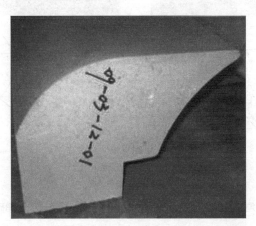

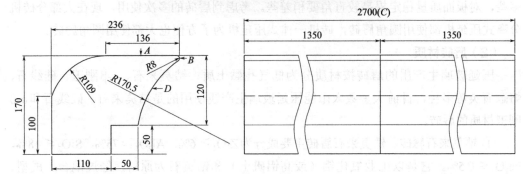

图 5-7　特殊结构唇砖示意图

④ 唇砖嘴的选择。砖嘴的形状、厚度对玻璃板面质量有直接的影响，选择砖嘴时候要考虑到使用的时间、唇机是否一体、唇砖是否一次一用等。目前太阳能压延玻璃生产线使用较多的是圆角砖嘴（见图5-8），直角砖嘴（见图5-9）在生产普通压延玻璃时候使用较多，这和压延机唇砖的安装方式有一定关系。如果考虑到两种砖嘴对玻璃质量的提高，直角砖嘴要好于圆角砖嘴。

无论砖机一体式压延机还是砖机分离式压延机，考虑到唇砖的多次使用，在换机不换砖的情况下，直角砖嘴都不是很好的选择，因为二次使用时，直角砖嘴更容易损坏，损坏的砖嘴容易导致玻璃板上出现暗线道。直角砖嘴的好处在于，玻璃液经过唇砖嘴时顺唇砖嘴再往下渗的范围会很小，主要是因为受到直角的作用被止住，这样唇砖嘴的下表面析晶就会减少甚至没有，有利于提高玻璃质量；圆角砖嘴因是圆弧状，没有角，在使用中经过侵蚀后也相对圆滑，二次使用时不容易崩角。相比直角，它的缺点是唇砖的嘴部下沿口更容易结冷导致玻璃析晶，主要原因是玻璃液沿着圆弧的砖嘴下渗透的会更

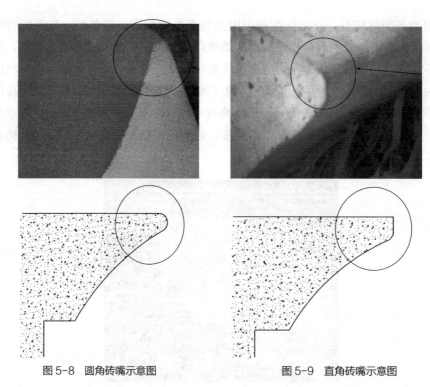

图 5-8　圆角砖嘴示意图　　　　　图 5-9　直角砖嘴示意图

多些，对板面质量稳定提高较直角要稍差些。考虑到唇砖的多次使用，现在大部分砖机分离式压延机都使用圆角唇砖，砖机一体式压延机为了方便也大都使用圆角唇砖。

（2）唇砖材质

压延玻璃生产用的唇砖按材质分为低气孔黏土质、锆莫来石、α-β刚玉、硅线石、熔融石英等多种，目前大多数太阳能压延玻璃生产线使用的是锆莫来石、硅线石和α-β刚玉材质的唇砖。

① 锆莫来石唇砖。锆莫来石唇砖主要成分为$ZrO_2 \geqslant 6\%$，$Al_2O_3 \geqslant 75\%$，$SiO_2 \leqslant 18\%$，$Fe_2O_3 \leqslant 0.5\%$。它是以工业氧化铝（或高铝矾土）和锆英石为原料，经过混合、成型、干燥，在梭式窑内利用反应烧结工艺，高温烧制而成。锆莫来石唇砖具有晶体结构致密，高温下机械强度高，耐磨性好，热震稳定性能好，重烧收缩和高温蠕变小等特性，并具有极高的化学稳定性及抗碱性介质侵蚀性。其常温耐压强度$\geqslant 100MPa$，荷重软化开始温度$\geqslant 1670$℃，体积密度$2.8g/cm^3$，空冷性$\geqslant 10$次。由于锆莫来石唇砖的耐磨性好，使用周期长，排泡时间短，唇头磨损后对成形的影响小，性价比高，所以越来越多地使用在太阳能压延玻璃生产线。

② 硅线石唇砖。硅线石，分子式$Al_2O_3 \cdot SiO_2$，理论化学组成为Al_2O_3 62.93%，SiO_2 37.07%。通常硅线石的矿物成分中$Al_2O_3 \geqslant 55\%$，$SiO_2 \leqslant 37\%$，Fe_2O_3、TiO_2、CaO、MgO、Na_2O、K_2O等$\leqslant 5\%$，是一种优质高铝原料。硅线石在$1500 \sim 1750$℃下高温烧结不可逆转地转化为83.96%莫来石（$3Al_2O_3 \cdot 2SiO_2$）和16.04%硅酸盐玻璃相，称为硅线石的莫来石化。硅线石莫来石化后可制备出气孔率小于3%的高致密度熟料，将其粉碎后制成耐火材料，可用于制作唇砖。由硅线石制成的唇砖，可用于1650℃高温作业，具有高温

强度大、气孔率低、体积稳定性和热震稳定性好、耐玻璃液侵蚀等优点，所以，硅线石唇砖也使用在太阳能压延玻璃生产线中。

③ α-β 刚玉唇砖。刚玉唇砖制品是采用氧化铝≥94%、$Na_2O \geqslant 3.2\%$ 和 $Fe_2O_3 \leqslant 0.02\%$ 的原料，在电弧炉中经2000℃以上的高温氧化熔融、铸造而制成。α-β 刚玉制品由 α-氧化铝和 β-氧化铝构成，两者结晶交错构成了非常致密的组织结构，耐强碱性优良。在1350℃以下的温度区域内，其抵抗玻璃液侵蚀的性能和抗冲刷性好于锆刚玉砖，具有很好的机械强度，使用周期长；因几乎不含有 Fe_2O_3、TiO_2 等杂质，基质玻璃相极少，气孔率≤2%，体积密度3.4g/cm³，在与玻璃液接触时极少产生气泡等异物，因此是制作唇砖的最好材料。但是 α-β 刚玉唇砖热稳定性差、易炸裂、价格昂贵，限制了其在太阳能压延玻璃线唇砖上的普遍使用。

无论唇砖材质是什么，其外观质量均要求达到：上表面平整光滑，不得有熔洞；唇砖口不允许有裂纹，更不允许有豁口或残缺伤痕；工作面和所有接触面必须精磨，精磨度达到±0.5mm；唇砖的弧度一致。

（3）唇砖拼接前的加工

唇砖运到压延玻璃生产厂后，如果长度大于所需要的长度，或表面不光滑，则需要用切砖机将唇砖加工成所需的尺寸或打磨。

① 首先切割唇砖的下沿口，应逐步加工，反复进行，保证加工面光滑平整，弧度良好。

② 加工唇砖上表面时，也应逐步加工，反复进行，保证上表面光滑平整。

③ 每块唇砖的底部要平整，其目的是保持唇砖和砖架支撑的稳定。

④ 唇砖预拼装后，要保证唇砖嘴部之间接触面严密性小于1mm；若结合不严密，须进行打磨处理；唇砖的后面在保证唇嘴严密基础上尽量密合，要求小于1.5mm。

⑤ 保证唇砖的内侧尺寸公差不大于5mm。

⑥ 根据唇砖状况，用铝合金靠尺、墨线将加工唇砖嘴部位标志清楚。

⑦ 将加工完成后的唇砖放到窑炉边进行烘烤至少72h。

⑧ 烘烤好的唇砖用夹具夹好安放在唇砖支架上，安装边砖并加以固定。

⑨ 唇砖加工注意事项：a. 切割唇砖时注意预留5mm左右的长度供加工时处理；b. 粗加工时用气动磨砖机，精加工时必须用电动金刚石刀轮的角磨机；c. 加工唇砖接触面时需要反复上下精加工，要注意把握力量，不要用力太猛；d. 加工唇砖接触面精度要求较高时，必须用磨石手工打磨，不可用电动角磨机；e. 在用气动角磨机时注意磨砖的方向，防止小砖块、粉尘直接冲向脸部，并戴好防护用品，以防脸部受伤；f. 搬动唇砖时注意轻拿轻放，要求唇砖的唇嘴部位不要接触到地面，同时在地面铺好硬纸板，防止唇砖碰坏；g. 因为唇砖加工是细活，时间需要一到两天，所以唇砖加工必须及时进行，一旦更换压延机，能立即安装使用。

（4）唇砖拼接

压延玻璃成形用的唇砖有用一整块的也有用几块砖拼接而成的，选择用一块整砖还是几块拼接要考虑到许多主客观原因和条件因素，如砖材质量、砖材费用、作业运行周期、生产玻璃的规格、人员操作技术水平等。基本原则是利于产品质量，使用时不产生缺陷，并经久耐用。

①整块唇砖（见图5-10）。整块唇砖长度根据压延辊长度确定。使用整块唇砖的优点是：a.不受玻璃规格的限制，能满足各种规格玻璃的裁切需求；b.运行过程中稳定性好，基本不发生位移、倾斜的情况；c.与支架装配结构紧凑、稳定牢固。缺点是易发生断裂，严重的会出现4～5道裂纹；砖体较长、较重，组装、转运受场地制约，不方便。

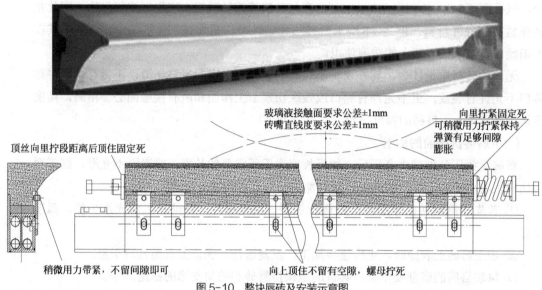

图5-10　整块唇砖及安装示意图

②两块唇砖拼接（见图5-11）。一套唇砖由两块拼接而成，每一块长度为压延辊长度的1/2。两块拼接的优点是：a.分散释放了唇砖受到各种作用力，炸裂概率变小；b.单砖重量小，组装、运输、移动都较方便。但是，使用两块组拼缺点很多，表现在：a.难以保证拼接的质量，主要是砖与砖之间的接缝较大、唇砖上表面易出现错台阶现象，造成整体不平；b.运行过程中砖缝变大、倾斜、位移甚至错位的情况经常发生；c.组装作业周期长，也耗时费力。

采用两块唇砖拼接，其拼接方法有以下三种。

方法一：在唇砖拼接面的两侧面距离砖嘴上平面10mm向下开半圆形槽，两块砖拼接好后，砖的两侧面的半圆形凹槽会形成一个圆孔，再将圆孔内灌入泥浆，保证孔内的泥浆填满，两侧固定后放入窑炉旁边高温烤一段时间即可。此时孔内的耐火泥已经干成一体，若砖材遇热膨胀，所形成的圆柱状耐火材料也不会掉落下来，密封住了两块砖的拼接缝隙。因此没有空气进入，减少了气泡的释放量，对周围玻璃液温度的影响也会降低。

方法二：将厚度＜1mm的陶瓷纤维纸在玻璃水里浸泡后，拿出贴于唇砖一侧面，然后进行对接拼接，完成后放在窑炉旁进行烘烤即可。

方法三：干拼接。将两块吻合度较好的唇砖进行对接，中间拼缝应＜1mm，然后两侧用螺丝紧固后使用。

图 5-11 两块唇砖组拼示意图

③三块唇砖拼接。一套唇砖由三块拼接而成（见图5-12），中间一块长度为2～2.2m，两边各对接一块250～350mm的唇砖拼接头。其优点是：a.两道对接缝能更多地释放唇砖膨胀产生的挤压力，降低了产生炸裂纹的概率；b.中部砖体的长度能够满足各种规格玻璃的生产需求。缺点是：a.结构不稳，难以保证拼接的质量，接缝处的唇砖上表面出现错台现象时会给扩板、缩板带来难度；b.运行过程中有发生倾斜、位移的可能性；c.在线组装时需要进行更多的固定件安装作业，周期较长。

图 5-12 三块唇砖组拼示意图

无论是一整块或多块唇砖组拼使用，唇砖都必须组拼安装并固定在支架上。使用砖机分离式压延机的生产线，起初是采用在线组拼，但经过一段时间的摸索后，发现在线组拼既不方便又保证不了质量，所以现在有很多公司都采取了离线拼接，即拼接好后用移动小车运至溢流口，并安装定位在出口。使用砖机一体式压延机的生产线采用离线组拼，即在生产线外将唇砖组装拼接好固定到支架上，然后再整体吊运安装到压延机机架上。

组拼唇砖时，上平工作面作为基准水平面，通过加工砖材或底部加找平垫片使唇砖处于水平状态，与尾砖的接触面为垂直状态；唇砖与唇砖的对接砖缝必须平直，而且对接缝要尽量小，组拼好的接缝要小于1mm；唇砖嘴不能有错位现象，沿切线方向上唇砖嘴保持在一条直线上；拼接成的几块砖的弧形面必须在同一个面上，不得有错位或存在台阶现象；唇砖与唇砖、唇砖与尾砖、唇砖与挡边砖、唇砖与支架之间，全部用莫来石纤维纸分割开。唇砖的中心线纵向与生产线一致；切线方向与沿口平行；法线方向与唇砖上平面垂直。

在线组拼唇砖是在狭小区域高温作业，除作业时间长（约需1～2h），高温作业唇砖与支架、支架与压延机的组装质量不如离线组拼外，还会给窑炉温度制度造成一定影响。

离线组拼作业环境好，工人劳动强度低，不占用换机作业时间，有充足的时间和空间进行组拼，能精准定位唇砖与辊子的前后、左右间距，如果砖材、钢件等不合适，可进行线下加工处理，确保唇砖与支架、支架与压延机的组装质量，省去了装砖的时间，换机作业1h左右就能完成，窑炉温度变化不大，影响较小，有利于快速恢复生产。但是砖机一体式压延机一旦定位，唇砖相对位置不能再移动，生产上缺少了一种处理缺陷的手段。实际生产过程中，在引头子作业时两侧边部会造成辊伤，特别是习惯窄板引头子的操作，一旦边部有伤就只能换机，换机时连唇砖一起换，而分离唇砖与尾砖作业时间长、工作环境差、劳动强度大；砖机一体的耐热铸钢唇砖支架抗变形能力差，高温使用易弯曲，变形后难以恢复进行再次使用，造成浪费。

（5）唇砖产生断裂纹的原因及预防措施

唇砖是一种较为特殊的异形耐火材料，原料组成配方、成形制造工艺、装配等环节无不对其使用寿命造成影响，特别是在砸头子作业和引头子作业的操作过程中，砖体要承受上百摄氏度温差的冲击。因此不管是选择用一块整砖，还是几块砖拼接组合，都存在炸裂问题。下面列出了唇砖产生断裂纹的原因及预防措施。

① 砖材本身抗压强度小、热稳定性差、材料热膨胀系数大，当受到热冲击时，砖体抗张强度小于膨胀热应力而被强行拉断。为了消除此因素，除设计好配方、选用好材料外，固定唇砖用的顶丝、挡铁与唇砖的接触面要垫柔性材料，铁件不能直接接触砖体。

② 烧成温度低、结晶水脱水阶段时间短，砖体内部结晶水在高温脱水过程伴随着原有结构的破坏和新的矿物质的产生。为避免这种情况，除确定唇砖配方时，尽量避免矿物结构水较多的成分外，砖坯浇注完成后还要充分干燥才能入窑烧制，并根据矿物组成在结晶水的脱水温度区域增设保温时间段。

③ 唇砖背靠尾砖，前面和左右都有顶丝作用于砖体上，受热时四个方向的作用力作用于砖体局部，顶丝制约了砖体的膨胀移动，但也容易导致砖体在外力作用下被挤裂。预防措施：唇砖固定在溢流口支架后，将支架用顶丝、螺丝顶住，但不能紧死，应留有膨胀间隙，然后用火烘烤，缓慢升温至700℃以上，使唇砖充分膨胀，引头子前再顶紧顶丝。

④ 使用前烘烤时间短，未排出砖体游离水。为了消除此因素，可在使用前将唇砖放置到较高温度的环境中，充分排除游离水，或现场砌筑烤砖窑烘烤。

⑤ 使用变形的唇砖支架可能会导致唇砖出现裂纹，甚至断裂。所以不能使用变形的唇砖支架，尤其是与唇砖的接触面变形的支架。

（6）唇砖更换

压延玻璃产线运行一段时间后，如果因唇砖侵蚀、磨损使玻璃产生了缺陷，这时就需要更换唇砖。

新唇砖更换前要在高温环境下烘烤72h以上，以排除因加工、运输或其他原因残留在砖体内的游离水。烘烤可采取自然烘干法：将砖放在窑炉旁，依靠窑炉散发的热量来烘烤，由于是自然烘烤，因此需要较长时间，而且只能排除部分游离水，烘烤并不彻底。也可采取预热炉烘烤法：用耐火材料砌筑烤砖窑，唇砖按照升温曲线升温，在200～300℃下烘烤24h后再组装到溢流口，压延机定位安装后再继续升温到1100℃进行引头子作业，该方法需要有特制的吊装、安装工器具，而且在高温下作业难度较大，但能保证唇砖不炸裂。还可采用在线烘烤：唇砖、压延机定位安装在成形口后用排枪进行烘烤，该方法采用逐步加温的方式，有足够时间使唇砖的游离水、结晶水充分排出，此种方法可降低唇砖产生裂纹甚至炸裂的概率。

更换唇砖前还要准备好管钳、内六角、扳手、钳子、水平尺、卷尺、1～3mm铁皮、方木、莫来石纤维纸等更换工具。

退出压延机更换唇砖时，先用大锤和气动锤打掉旧唇砖，然后用电动铲清理干净尾砖（尾砖面不能有残留的玻璃，不能有凹凸不平），在尾砖接触面粘一层3～5mm厚的高温莫来石纤维纸后，在唇砖支架上按要求组拼唇砖或将已在支架上组拼好的唇砖安装在尾砖处。最后推进压延机定位，检查无问题后，再用排枪缓慢烘烤唇砖到引板，完成更换操作。

5.1.4.2 唇砖支架

压延玻璃生产线都有一套承载固定唇砖的钢材机加工件或焊接组合件装置，称为唇砖支架，根据成形口结构和使用的压延机不同选择不同结构的支架。

（1）砖机一体式压延机唇砖支架

砖机一体式压延机唇砖支架是用耐热铸钢制造的。

耐热铸钢支架选用20Cr13材质浇注成厚度为36～50mm的实心长方体，然后再机械加工成一定规格形状。所有固定支架、唇砖的螺丝孔、铆槽都根据压延机座、唇砖尺寸精准定位制作而成。安装在压延机机座上的耐热铸钢支架没有冷却水装置，但支架有较大的通风空间，支架底部暴露在外部，不接触任何物体，可部分散失唇砖的传导热和玻璃的辐射热，保证其使用寿命。图5-13为常用耐热铸钢支架结构示意图。

图5-13 常用耐热铸钢支架结构示意图

为了保证耐热铸钢支架能反复使用，在吊装或拆卸时要轻拿轻放，严禁重锤敲打和磕碰；换机时必须第一时间安排专人拆卸支架及支架上的唇砖；支架表面及所有螺丝和螺丝孔除污、除锈，清理干净后水平放置到规定的区域；备用的支架放置到干燥的地方，避免雨淋或洒水溅湿。

（2）砖机分离式压延机唇砖支架

砖机分离式压延机唇砖支架由水包组成，安装在溢流口尾砖处。

水包唇砖支架是耐热钢板焊接成水包的托架组合结构，主要由水包、唇砖固定板、挡边砖固定钢件三部分组成，每一部分相对独立但又相互依托，共同形成唇砖、挡边砖的承载功能。见图5-14。

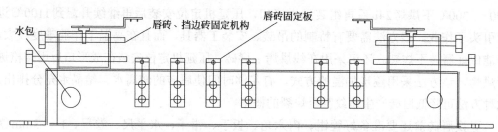

图5-14　砖机分离式压延机唇砖支架结构示意图

① 水包支架主要部件

a.水包。水包尺寸根据溢流口宽度、唇砖宽度、支撑固定方式及位置尺寸等设计，冷却水从水包一侧的下部进入，再从另一侧的上部排出，这样冷却水能充满整个结构空间。水包是承载唇砖的主体，也是挡边砖及唇砖固定、移动机构的承接平台。其基本外形如图5-15所示。

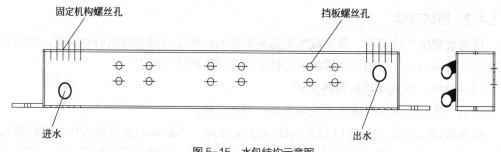

图5-15　水包结构示意图

b.唇砖、挡边砖固定机构。唇砖、挡边砖固定机构是放置在水包上、从两侧夹紧唇砖和固定移动挡边砖的装置。图5-16中，件1是挡边砖固定件，用耐热钢加工制作，用于固定挡边砖；件2是框架支撑机构，为钢板加工焊接件，用螺丝固定在水包顶部；件3是挡边砖移动螺杆，旋转螺杆可移动挡边砖进出，实现扩板、缩板操作；件4是唇砖顶丝螺杆，作用于唇砖两侧，旋转螺杆可改变其作用力的大小。

c.唇砖挡板。由钢板机加工而成，用于唇砖前端的固定，两排固定的螺丝将自身牢固连接在水包侧壁上，利用顶部的调节螺丝来固定和调整唇砖的状态。

② 水包唇砖支架基本要求

a.组焊水包的钢板厚度要求≥8mm，确保有足够的结构强度和承载力；

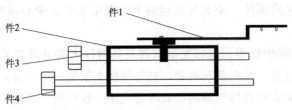

图 5-16 唇砖、挡边砖固定机构示意图

b.焊接水包用的焊条要与钢板同材质，保证焊接质量；

c.焊接好的水包打压≥1MPa，保压24h无渗漏；

d.与唇砖底部接触的上平面要求平整，长度方向上最大挠度要≤2mm；

e.支架和尾砖的接触面、固定唇砖压板的工作面同样要求平整；

f.在保证强度的前提下质量要轻，各个面的变形要小；

g.能抗高温氧化、抗腐蚀、结构简单，拆卸维修方便。

③ 水包支架的优点

a.大部分由普通钢板机加工而成，制造成本较低；

b.长期通水冷却，抗变形能力相对较好；

c.通水的支架对唇砖有间接冷却作用，有助于延长唇砖的使用寿命；

d.使用水包支架，压延机前端下部操作空间较大，有利于生产操作；

e.支架独立安装在成形端出口，安装和拆除操作空间大；

f.砖机分离，清理溢流口、进出压延机互不影响。

④ 水包支架的缺点

a.支架、唇砖、挡边砖整体质量较大，离线组装后搬运和吊装稍有难度；

b.机构复杂、结构疏松，整体的稳定性较差；

c.在线安装唇砖，作业时间长、工作环境差、劳动强度大；若离线安装可避免此种情况；

d.完全依靠挡板固定唇砖的作用力无法调整释放，发生砖体炸裂的可能性增大；

e.水包使用一段时间后会积垢，影响冷却效果；

f.没有足够的时间和空间定位唇砖与压延机的相关位置。

⑤ 使用注意事项

a.支架水包的进出水要注意经常检查，如水量的大小、有无渗漏，否则出现问题会影响使用寿命，甚至造成生产事故；

b.通水的胶皮管要有足够的长度并固定好，保证能完全插入到下水管中，压力变化、操作磕碰不会掉落，老化严重或使用很久的换机时检查更换，避免生产运行过程中发生水管爆裂；

c.注意对水质质量的监控，预防水包积垢；

d.拼接组装的唇砖上平面达不到平整度要求时，最好加工砖材，垫片找平也需要面接触，避免点接触产生阻力影响砖体的膨胀；

e.用于固定唇砖前端的顶丝和两侧的顶丝，在安装唇砖时不可以用工具紧死，用人手的力带紧就可以；

f.调节支架水包的螺丝，使支架水包的上表面呈水平、中心线与窑炉中心线重合、切线与中心线垂直。

⑥ 唇砖支架的维护保养。唇砖支架水包及其附件大部分是普通钢材加工焊接而成的，生产上一台压延机一般都备有两套，通常唇砖支架是一用一备。在线使用的一套长期处于荷重、高温和有腐蚀性气体的作业环境之中，在使用一段时间以后，会出现碳化残缺、氧化产生锈蚀物、螺丝滑丝、弯曲变形等现象，为了保证使用，需进行维护和保养工作。

a.备用的水包、支架附件水平放置在干燥的地方，用钢丝刷或其他打磨工具彻底清理表面锈蚀物，所有螺丝孔都要除锈处理后加注机油；

b.使用一段时间后的水包支架应拆卸下来，对内侧用清洗剂清理结垢或锈蚀物质，所有螺母用煤油或除锈剂除锈处理，螺丝孔除锈处理后用丝锥重新套一遍，如果弯曲变形必须彻底矫正变形，修整好的支架放置在干燥的环境中保存。

（3）耐热钢和水包组合支架

这种支架是实心的不通水机加工件和通水的水包结合在一起的组合结构，主要依靠钢件自身强度和韧性来支撑唇砖，水包附在钢结构主体的下部，起到冷却支架和加强筋的作用，能减少原耐热钢支架的热变形量。水包用螺丝和卡件临时固定在耐热钢件上，不能焊接，换机换下以后进行拆除维护，见图5-17。

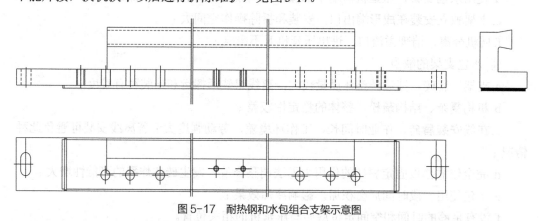

图 5-17　耐热钢和水包组合支架示意图

（4）水包和耐火材料组合支架（见图5-18）

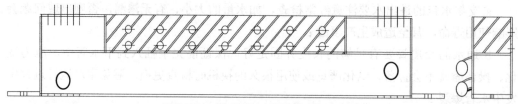

图 5-18　水包和耐火材料组合支架示意图

基本结构及其他附件都与水包唇砖支架相同，不同点是唇砖接触部分是耐火材料，这种支架优点是：a.普通钢板机加工而成，质量较全水包结构的轻，制造费用相对较低；b.接触唇砖部分使用的耐火材料，唇砖上下的温差较小，下部通水冷却，具有一定的抗变形能力；c.组装在溢流口，不占用生产操作空间；d.压延机单独进出，安装和拆除唇砖空间大。缺点是：强度小变形量较大，耐火材料表面不平，唇砖膨胀摩擦阻力大，唇砖炸裂的可能性增加。

5.1.4.3　挡边砖

挡边砖是压延成形口的结构组成部分之一，相当于成形出口端池壁部分。每条生产线每次配套使用两块挡边砖，分别放置在唇砖上平面的两侧，用耐热钢加工的固定件固定好。挡边砖起控制玻璃液流和玻璃原板宽度的作用。挡边砖的材质有黏土质、硅线石质、锆莫来石质几种。黏土质由于结构强度小、耐磨损性能差、使用寿命短，已不在太阳能玻璃压延线上使用。目前太阳能玻璃压延线上常用的是硅线石质和锆莫来石质。挡边砖高度、宽度、弧度、结构形式及安装位置根据压延玻璃生产线成形口的结构不同而不同。

（1）挡边砖结构形式

目前常用的挡边砖有图5-19所示的几种结构形式，按照外形划分为两大类，每一种类型都有五种形状。

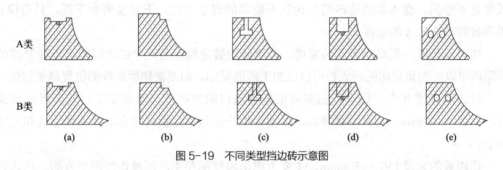

图5-19　不同类型挡边砖示意图

A类从（a）～（e）砖的基本形状相同，只是挡边砖所用固定件的位置和固定件开孔、槽的位置、形状不同而已；B类的（a）～（e）也是基本形状相同，用于固定挡边砖所用固定件的位置和固定件开孔、槽的形状不同。但A类和B类挡边砖的形状、功能、作用是完全不同的，A类挡边砖与唇砖接触部分完全是平面，B类挡边砖接触唇砖的部分有一个向下和向上的弧度角，细微的差别在实际生产中会起到关键性的作用。

A类挡边砖只有一个大的弧度面，接触唇砖部分没有向下和向上的弧度角，结构简单，移动阻力小，生产中可实现收缩边方便操作的需求，但为了避免伤辊，挡边砖不能离辊子太近，装砖时与上、下辊的距离较大，导致玻璃板无效的自然边较宽，也就是较宽的原板只能切割出较窄的合格板，降低了成品率，增加了生产成本。凉边线外的边宽度大于80mm，整板去边大于180mm，影响生产的成本控制，直接反应在成品率上，按目前常规的玻璃规格计算，往往原板宽增加10mm就要降低0.5%的成品率，自然对成本是一个大的影响。

B类挡边砖除有一个大的弧度面外，接触唇砖嘴部分还有一个向下的弧度和向上的弧度，向下的弧度与唇砖唇嘴的弧度接近，装砖时卡在唇砖嘴上，确保挡边砖与唇砖的间隙缝很小，玻璃液不会从接触缝隙向外渗漏；向上弧度与下辊的弧度接近，挡边砖能接近辊子却磨不到辊子上；这样的结构虽然有点复杂，扩板、缩板时移动阻力大，稍显费力，而且挡边砖嘴巴部分强度较小，很容易断掉，但生产中能有效控制板边的宽度，大幅提高了成品率降低了生产成本。选用这样的挡边砖，凉边线外的边宽度可控制到50mm以内，整板去边小于120mm。

（2）挡边砖尺寸

挡边砖尺寸主要是指弧度、长度、高度和宽度。

挡边砖靠近上辊的面是一个较大的弧度面，其作用是使挡边砖能靠近上辊而不接触压延机的任何部位，且不影响生产的操作。弧度面越靠近上辊，越能有效控制玻璃带边子的宽度，挡边砖与辊子的间距就越小，玻璃液溢出挡边砖的量就会越少，无效的边子就窄而有效，玻璃板的切割宽度就越大。理论上两块挡边砖的距离就是玻璃原板的宽度，但实际生产中溢出挡边砖的玻璃液形成的无效板边增加了原板的宽度，有的原板宽度达到2300mm以上，而实际能切割的板面宽度仅有2000mm左右，凉边线每侧的宽度有的超过200mm，实际上边子控制在100mm以下就完全可以切割。挡边砖弧度尺寸取决于辊径的大小，基本上和辊子的辊径相同或略小于辊径，这样尺寸的挡边砖上部就能最大限度贴合辊径而不碰到压延机的任何部位。但要实现控制原板宽度的目的，仅仅有弧度是不够的，像A类挡边砖的结构就不能靠的辊子太近，下部会磨到下辊，只有像B类形状的挡边砖才能实现。

挡边砖长度一般略小于唇砖宽度，挡边砖安装定位后与八字砖之间留出小砖厚度的间隙就可以，如果定购的砖太长可自己加工砖的尾部，但要兼顾固定件的位置避免错位。

挡边砖高度在生产线设计初期就根据溢流口的玻璃液深度确定了，其高度比玻璃液面高20～30mm，与八字砖等高，以便于生产中边部盖板砖牢靠放置在挡边砖和八字砖上。

挡边砖的宽度150～300mm，主要考虑保温性能和生产可操作性两个方面。挡边砖越宽保温性能越好，两侧边部的玻璃液凉得慢，成形的玻璃液横向温差小，有利于控制玻璃板厚度；但太宽的挡边砖本身比较重，加上玻璃液的黏结力，在扩板、缩板时挡边砖的移动较困难，另外较宽的挡边砖内外温差大，内侧嘴尖部分很容易出现裂纹并在来回移动过程中断掉。如果选择的宽度较窄，要考虑八字砖的内径尺寸和外部保温措施。

安装挡边砖时，挡边砖与唇砖的接触面用莫来石纤维纸隔开，不平时用莫来石纤维纸找平；与八字砖的间隙要小，用莫来石纤维纸包住小砖分割开八字砖与挡边砖；砖嘴部分尽可能靠近上下辊但必须留有间隙不能接触到辊子；挡边砖压铁固定件用铁板找平螺丝拧紧，确保挡边砖处于水平状态，不翘曲；两侧顶丝与砖外侧的接触面用平整的铁板间隔，不能直接顶在砖上；两侧顶丝用人手的力量拧紧就可以，不要用工具紧死，以留有膨胀余地。

5.1.4.4　挡焰砖

压延玻璃窑炉每个工作部出口端全都有挡焰砖结构，是由耐火材料和吊挂钢件组成的活动挡焰组合墙体，每一套挡焰砖墙体由十几块挡焰砖单体拼装在一起，定位吊装在工作部出口端小碹火焰空间。该结构既属于窑炉的结构组成部分，又可以定义为溢流口独立的火焰空间组成结构，它阻隔了支通路工作部内部的火焰、气流进入成形口，属于工作部火焰和气体分隔设备。

（1）挡焰砖结构形式

挡焰砖材质使用较多的是硅线石和烧结锆莫来石砖，这两种材料都具有高温热稳定性好，抗侵蚀、抗剥落、耐磨损、抗压强度高的特点。

单块挡焰砖有图5-20所示的几种结构样式，尺寸不同、吊挂端结构不同，但功能和作用是相同的。图5-20（a）适用于溢流口长期使用保温盖板砖，且换机作业时挡焰砖不上下移动的情况；图5-20（b）、（c）兼顾保温盖板砖的作用，换机作业时挡焰砖要进行上下移动操作，在实际生产中一般调整的高度范围在±50mm左右。每一套挡边砖都由十几块砖组成。

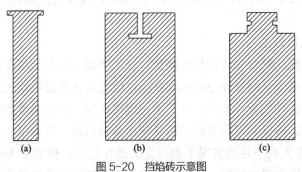

图5-20　挡焰砖示意图

挡焰砖尺寸根据成形口的长宽和小碹高度来确定：a.挡焰砖的高度是小碹的股高、小碹的厚度另加100mm的调节量之和；b.图5-20（a）主要起阻挡火焰的作用，砖材厚度较小，厚度一般为90～110mm；图5-20（b）、（c）兼顾部分保温的作用较厚，一般为厚度250～300mm，甚至更厚；c.宽度是结合溢流口的整体宽度确定的，由十几块挡焰砖组成。在满足强度要求的前提下，要求砖体越小越好，便于生产调节使用或维修时更换。

（2）挡焰砖的安装

新建窑炉的挡焰砖在点火烤窑前就安装完成，砖体的四周覆盖硅酸铝纤维毡保温，引头子前将保温毡彻底清除干净，随窑炉一起升温到规定的温度，这样能很好地保证砖材在升温过程中不因温差而造成破坏，保证材料、结构的完整性。

已经使用一段时间的挡焰砖，在出现剥落、炸裂等影响生产的情况时需要进行更换，为了保证更换的质量，必须严格按操作步骤做好各项前期工作，具体的要求及注意事项如下：a.选择无裂纹、无缺棱、无缺角或竖向有轻微裂纹的砖使用，有横向裂纹和有大的缺棱、缺角的砖不能使用，尤其是下口不能有缺陷，否则在使用过程中可能会剥落砖渣，污染玻璃液甚至损伤辊子；b.选好的挡焰砖放置在较高温度区域预热，充分排出砖体内的游离水；c.组装挡焰砖时，砖与砖之间留出2～3mm的膨胀缝；d.将组装好的挡焰砖推到溢流口上方，悬吊在溢流口一定的高度后不要急于降落到位，用小火先慢慢加热到外部砖体发红停止加热；e.降低悬挂的高度，利用玻璃液辐射的热量和给玻璃升温的加热火枪继续加温；f.逐步缓慢加温逐步降低挡焰砖的高度到正常生产需要的高度为止。

5.1.5　压延玻璃成形工艺

压延玻璃成形工艺内容包括：装唇砖、装挡边砖、装机、压延机定位、烧火、引头子、调速、调厚度、控制玻璃板的厚度、宽度、砸头子等作业，其中引头子和砸头子作业，是生产中最重要的操作步骤。本节从生产角度出发，介绍不同形式压延机在玻璃生产中的操作步骤、要点及注意事项。

5.1.5.1　引头子作业

引头子（上炉）是玻璃成形生产工艺的首要作业程序，也是最关键操作之一。无论哪种玻璃生产工艺均有引头子过程，只是成形溢流口结构不同，引头子的操作方式不同而已。

压延玻璃生产的砸头子、引头子主要根据产品规格、花型要求、生产中的一些意外事故及玻璃缺陷决定。为了加快压延机的更换速度、减少生产损失，熟练掌握砸头子、引头子作业是必需的。

（1）引头子人员分工

引头子是多人相互配合完成的操作项目。分工明确、各负其责在引头子操作中体现得尤为突出。由于引头子的操作空间比较狭小，而玻璃液流过时间较短，需要在较短的时间内完成烧火、提升闸板、推料、引头子、调整原板、控制速度等操作，也要防止刚出来的玻璃液缩板、断板、弯曲变形，还要防止杂物伤辊。通常引头子时操作人员按表5-1进行分工，但在人员不足的情况下也可交叉进行作业，例如引头子操作工在未引头子前，可以协助闸板工提升闸板，闸板工在闸板提升后也可协助接头子、跟头子。除引头子操作人员外，钳工、电工也应在现场予以应急配合。

表5-1　引头子操作人员分工表

岗位	人数	操作位置	岗位职责
现场指挥	1	压延机操作面板	指挥、操作控制面板，控制玻璃板质量
闸板操作工	2~4	溢流口两侧	升降钢闸板
引头子操作工	4	压延机、退火窑两侧	接、跟头子，使玻璃安全出退火窑

（2）吹扫清理

投产前或生产线运行一段时间后，溢流口周边附近有许多挥发物，需在换机前进行清理，否则这些挥发物会在生产运行中对生产造成影响，甚至对辊子造成伤害。所以在换机前必须对所属线的压杆平台、溢流口碹、挡焰砖、盖板砖及周边进行彻底吹扫，并检查挡焰砖、盖板砖、八字砖有无烧损，是否需要更换。一窑两线吹扫方向要背向正常进行的玻璃生产线的一侧，如果是一窑多线须做好其他生产线的防护，避免脏物对正常生产线造成影响。

（3）压延机、过渡辊、退火窑参数设定

具备引头子条件后，需在现场操作屏上初步设定引头子的上下辊、过渡辊、退火窑运行参数，引头子参数设定要根据溢流口玻璃液温度、玻璃液黏度、操作工熟悉程度而定。玻璃引出后将根据窑炉的熔化量、厚度、退火能力来设定工艺参数逐步达到要求。

引头子主要工艺参数设定范围如下（根据生产线规模大小略有差异）：

　　　　玻璃厚度　　　　　　　　5mm
　　　　液面高度　　　　　　　　80~100mm
　　　　溢流口温度　　　　　　　1160~1200℃

溢流口压力	微正压
上辊速度	70～100m/h
下辊速度	70～100m/h
下辊速度可快于上辊速度	2～10m/h
接应辊速度	80～85m/h
活动辊速度	85～120m/h
退火窑速度	90～120m/h
引张率	20%～25%
进水压力	≥3kg/cm²

（4）唇砖的安装检查

① 检查唇砖各部位安装尺寸是否符合标准，多余部分应切除或磨削；唇砖上表面平整，高度要一致，检查唇砖的水平度；

② 检查唇砖外侧至地面轨道外侧的宽度，使后者大于前者，保证玻璃压延机顺利推入流液口；

③ 检查唇砖是否有裂纹、缺口等现象；

④ 唇砖唇沿加工一定要整齐，不能有凹凸不平现象，否则会导致下表面与下辊间的缝隙不均；

⑤ 唇砖与尾砖接触的端面要齐，一般要满足接缝处不大于1mm泥缝，在砖侧（砖缝）抹上高温耐火泥；

⑥ 检查唇砖尖部及上、下表面有无凹凸不平（一般在1mm以下）；

⑦ 检查唇砖垫铁和压板是否固定好，螺丝是否拧紧。

（5）烧头子

由于砸头子后溢流口的玻璃液不流动，玻璃液的温度会比正常生产时低很多，而且玻璃液在工作部停留的时间越久温度越低。所以，推入压延机并调整好后，要在溢流口闸板根处玻璃液上方使用天然气或石油液化气烧火升温，必要时工作部靠近溢流口方向也要进行烧火升温，将溢流口的玻璃液加热到引头子所需的温度。温度越低烧火时间要越长，以确保玻璃液能顺利流过压延机。烧火时间根据玻璃液的黏度来判断，基本上达到正常生产的温度或高于生产温度即可。

（6）挑杂物

更换压延机或更换唇砖时，难免会在溢流口玻璃液上掉进一些杂质，或在引头子前烧火时有一些凉玻璃液并没有完全烧透软化，这些物质一旦通过辊子肯定会磕伤辊面。所以引板前要人工挑料清除杂物，以确保引出玻璃液时无硬杂物通过辊子。

（7）引头子操作

① 所有操作人员各就其位，服从现场指挥指令，各岗位要求高度协作，连贯操作不允许脱节。

② 推入备好的压延机，接电、接水启动运转，调整好下辊与唇砖嘴的间隙（整个过程要快速完成，不能碰坏唇砖嘴），同时控制盘操作人员及时输入新的辊径，调整好上下辊、接应辊、活动辊、退火窑速度和速度比。

③ 再次检查确认唇砖嘴与下辊间隙（下葱头），确认冷却风、水系统正常开启，压延机、退火窑设备运转正常，方向正常；校核压延机、活动辊台、退火窑辊道速度参数；所有设备、设施检查无误；引头子的工器具摆放好便于操作，水槽中已注入冷却水。

④ 根据溢流口玻璃液面高度、玻璃液温度、黏度确定引头子时间，引头子时避开熔窑换火时间。

⑤ 当玻璃液烧透，钢闸板能前后摇动，并能较轻易提升时，在现场指挥的领导下，溢流口两侧人员控制好闸板，一人操作手拉葫芦提升闸板，开始时需要慢慢提升，提起时两边人员要将闸板扶稳不能摆动，待闸板下部离开尾砖面后，眼观玻璃液的流动程度判定黏度来控制闸板速度，黏度大流动不畅，要快速提升闸板，让溢流口内部的玻璃快速覆盖过来，避免玻璃液温度低黏度大，导致引头子困难，必要时候需要两侧人员或退火窑上人员用工具向压延机方向拉玻璃液，使玻璃液尽快出来，确保引头子的成功。提升闸板时玻璃液流动快，说明玻璃液黏度小，温度高，此时提闸板的速度要控制好，不能快速提升闸板，避免玻璃液温度高流动过快，导致出压延辊控制不好头子钻下辊事故；当闸板提升完全离开玻璃液时，钩断闸板下的玻璃液后快速将其推离溢流口，放置在铺有保温棉的地方；拖出闸板时操作工要注意安全，避免烫伤。

⑥ 钢闸板离开溢流口后，推料时要注意溢流口玻璃液中的夹杂物和凉玻璃，发现应及时挑出。

⑦ 玻璃液从上下辊子之间流出，此时推料时，要先将中部和前部的热玻璃液推到两侧，再将边部的冷玻璃液推向中部前端，进行冷热交替。需要注意的是，边部容易出现冷玻璃轧伤辊道，因此边部要烧好边火枪和注意保温，切记不能将凉的玻璃液推入压延机辊子之间；若推料工具粘连玻璃液，要小心连同工具放入水槽。

⑧ 玻璃头子出压延辊时，接头子人员使用木质工具将头子挑上输送辊；不能钻入下辊与接应辊的缝隙，一旦出现此情况要快速用木质工具挑起，速度控制人员快速放慢整体速度或放慢上辊速度。出现玻璃出压延辊头子严重上翘时，速度控制人员可适当加快上辊速度，接头子人员用木质工具稍微压一下避免翘的太高。玻璃带从压延辊全部引出后，通过过渡辊台，进入退火窑，玻璃头子保持稍微上翘，但不可高于50mm，以免触碰退火窑内部热电偶，卡住玻璃带的行走；玻璃头子也不能低头，防止钻入退火窑辊道下面。整个接头子过程，操作人员用的工具不能碰辊子和溢流口结构。

⑨ 玻璃进入退火窑后，送头子人员逐个打开退火窑观察孔，观察头子行进情况，并目送玻璃头子出退火窑，运行中遇到阻碍玻璃头子的碎玻璃或热电偶，要立刻去除。

⑩ 引出头子后，待玻璃液温度稳定、玻璃板面质量基本无问题后，开始调整玻璃厚度、板面、板宽等，进入正常生产程序。

（8）引头子操作注意事项

① 提升闸板操作。溢流口两侧的闸板操作工在提升闸板前，要一边前后摇动闸板一边试着向上抬起，如果闸板动不了，千万不能生扯硬拉，以免损坏成形口的砖体结构，特别是尾砖。有的生产线是用手拉葫芦来起重闸板的，玻璃液截流时间越长闸板粘的越牢，提升越费力。若提升闸板费力，则应再烧火，一旦闸板能够顺利提起，根据玻璃液黏度情况，就要尽快提高约300mm以上或第一时间拉出去，以免影响下一步的操作。

② 推料操作。为了使溢流口挡边砖两侧低温玻璃液温度尽快与中间玻璃液温度一致，操作工应用钩子或耙子将挡边砖两侧的低温玻璃液推往中间高温区，中间的热玻璃液往两侧拉，这就是推料。在两种情况下采取推料操作：a.若溢流口闸板截流玻璃液时间过长，溢流口玻璃液长时间不流动，玻璃液温度大幅度降低，烧火后玻璃液外表和中间虽软化，但挡边砖两侧玻璃液温度仍较低，在引头子前采用推料搅动，可加速玻璃液温度均匀上升；b.若引头子后感觉挡边砖两侧的玻璃液温度比中间低、黏度大，此时也可采用推料方式搅动玻璃液，使玻璃液温度一致。推料操作要不间断进行，一直到玻璃带宽度、厚度稳定为止。推料的同时还需要烧边火给玻璃液持续加温，确保持续不断地供应高温玻璃液。需要注意的是，即使玻璃液正常通过压延机，也必须有人时刻观察溢流口的情况，特别是闸板截流时间越长越要注意，因为如果支通路的玻璃液长时间不流动，凉的玻璃液和杂物会造成断流和伤辊。

③ 接头子操作。当玻璃液从压延机两辊之间流出时，由于下辊的设定速度在引头前都会高于上辊，因此一般开始时玻璃头子都会上翘，然后随着加速，温度变高，玻璃板变软，以及重力的作用，玻璃板会下弯。此时，两侧引头子操作工用木制工具先将玻璃板轻微地压在接应辊（或托板水箱）上，然后再挑上过渡辊台并压住，头子不能翘的太高，防止进入退火窑后卡住，也不能太低防止钻到下辊或退火窑辊下面。随辊道的转动玻璃板被送入退火窑。如果玻璃液温度较高或压延辊子速度设置的不对，通过压延机的玻璃头子也可能下弯，钻到压延辊与副辊（或托板水箱）的缝隙中，这就需要反向操作，挑起头子先通过接应辊（或托板水箱），再挑上过渡辊台压住送入退火窑。

④ 跟头子操作。这项操作比较简单，但却十分关键，有的生产线由于不注重该环节或根本没有这步操作，出现了大的问题，严重的造成二次打炉上炉作业。这是因为刚刚引出的玻璃板宽窄、厚薄都不一样，玻璃板温度和退火窑温度都很低，极易导致玻璃板炸裂，当玻璃炸裂后有些大块玻璃就会卡在退火窑辊道间隙中，导致玻璃板输送不出去，堆积在辊道上的玻璃越来越多，最后被迫停机。所以此项工作要求操作人员责任心强、认真负责。具体操作要求是，自玻璃进入退火窑就一路跟踪，若发现有玻璃卡在辊道处就用工具打掉，确保玻璃板能顺利通过退火窑。

（9）引头子完成后的调整操作

玻璃顺利引出后需要进行一系列的调整操作，这是因为支通路玻璃液的温度、黏度、化学均匀性都还处于变化状态，受溢流口玻璃液温度和压延辊辊面温度不稳定的影响，玻璃板很不稳定。一般需要进行以下调整。

① 缩边的调整。边部易凉，导致缩边，也就是板面变窄。为了避免出现缩边现象，需要控制好边部的燃烧火枪和注意保温处理，必要时临时将边部冷玻璃向里推与热玻璃液融合。

② 边部叠边。刚出玻璃后由于厚度还没有调整，可能偏厚。这时如果边火枪燃烧力度过大，边部温度过高，由于压延下辊与接应辊（或托板水箱）本身存在一定角度，容易发生边部重叠现象。

③ 压延下辊与唇砖嘴间隙的调整。刚出玻璃后，玻璃液温度会随拉引速度的加快逐渐升高，这时要注意唇砖嘴与下辊的间隙，防止唇砖炸裂或缝隙过小导致砖嘴磨下

辊，应保持好安装时候的尺寸，对缝隙的大小眼观随时调整。对炸裂或拼接的地方如有冷玻璃渗入，要及时用工具小心处理或调整压延机拉大缩小的缝隙，防止磨伤下辊。

④ 边火枪的调整。最好的边部处理是加盖一块保温砖，烧一支燃气火枪，火枪的燃烧位置紧靠边砖与上辊缝隙处，燃烧的火焰不宜过大，火苗要求有点力度，火苗不能飘，确保边砖缝隙处和边砖嘴处玻璃液不析晶。

⑤ 叠板调整。叠板是由于压延机的辊子速度高于退火窑拉引速度，或玻璃板出压延辊温度过高所致。出现叠板应紧急降低压延机辊子速度或提高退火窑辊子速度。

⑥ 翘板调整。翘板是由于退火窑辊子速度快于压延机辊子速度，或玻璃板出压延辊温度过低所致。出现翘板应紧急提高压延机辊子速度或降低退火窑辊子速度。

（10）压板（调整厚度）操作

玻璃引头子正常后，需要一定的时间来平衡玻璃温度、稳定玻璃板宽、板厚和排出唇砖的大部分气泡。该阶段时间的长短取决于唇砖的质量、砸头子和上炉作业周期的间隔时间、熔化对温度的控制和支通路温度恢复时间。上述情况基本正常后，就可以开始进行玻璃厚度的调整——压板。

压延玻璃厚度的调整有许多方法。厚度调整涉及温度控制、主传动速度和辊子间距调整等，以哪个参数为主因生产线而异，尚不能确定哪种方法是最好的，但是不论采取哪种方法，都必须按基本步骤进行操作。

① 调辊子间距。生产上主要是通过调节两压延辊间的间隙来生产不同厚度的玻璃。旋转压延机侧面的调节螺杆，减小或增大上下辊之间的间隙，旋转顶部的压杆螺栓加压或减压，在这两方面力的作用下，实现玻璃的厚度调节。调整厚度时，两侧要同时进行，尽量保持一致。

② 调速比。主要是调整上辊和下辊、压延辊与接应辊及过渡辊与退火窑输送辊的速比，为保证玻璃带花纹不变形，退火窑、过渡辊、接应辊速度应比压延辊快 15% ～ 30%。

③ 调整成形温度。调节进水压力、水温，出水口温度稳定在 50 ～ 55℃；调整盖板砖位置，减少横向温差；调整挡焰砖的高低，减少窑压对出料口液面温度的波动和对辊子的氧化腐蚀。

④ 调整退火窑温度，严格按退火曲线要求调节。

⑤ 薄板改厚板。薄板改厚板时调整步骤为 2mm → 2.5mm → 3.2mm → 4mm。

第一步，降低主传动速度和压延辊速度。在控制面板预先设定压延辊速度和退火窑主传动速比后，根据设定值降速。如在不降速的情况下就先提高厚度，由于拉引量增加，通路温度上升，将导致高温玻璃液流出，使压延辊表面温度上升，容易造成粘辊事故；玻璃带温度高还会引起凹型现象及叠板、钻下辊现象，此时在玻璃原板状态允许的范围之内，应尽可能迅速降速。

第二步，逐步提高厚度。先降低压力装置的压力或松掉压力弹簧，再使用摇把或扳手调整辊子间距。间距调整时的摇把方向：提高间距 → 左右侧均顺时针方向摇；降低间距 → 左右侧均逆时针方向摇。

⑥ 厚板改薄板。厚板改薄板时调整步骤为 4mm → 3.2mm → 2.5mm → 2mm。

第一步，降低辊子间距；第二步，逐步提高压延辊速度和退火窑主传动速比；第三步，增加压力或施加弹簧压力；第四步，再次逐步提高压延辊速度和退火窑主传动速比。

⑦ 改厚度时应检查事项。在操作前要切实掌握上下辊状态、通路温度、供水、排水状态，这样在生产中一旦出现问题，就能迅速解决。

a. 具体操作前，先大致调整速度和厚度与生产拉引量相适应。

b. 检查上辊壁厚，辊子是否有偏心。

c. 操作前计算辊子间距的升降调整次数。

d. 降低厚度要迅速，提速要分步进行。和降厚度速度相比，主传动速度更快的话，容易造成粘辊、凹型及粘辊、钻下辊现象。提速时尽可能慢一点，要考虑到退火窑里玻璃产品的慢冷定型状态。

e. 玻璃板的厚度在合格范围内向比最小值稍微厚的方向控制。

f. 调整辊子间距时左右两侧的操作应均衡一致，调节后细心观察从辊子里拉出的玻璃带颜色并调整一致，以保证玻璃板左右两侧没有温差。

g. 不论薄改厚还是厚改薄，调整操作完成后都要在原板上做记号，以便使冷端操作工知道操作的完成。

h. 生产厚板玻璃时速度较慢，如等切裁区操作人员通知操作结果后再做调整操作的话，会造成大量过渡板损失。因此，成形工在退火窑强冷区，敲碎玻璃，抽样对玻璃厚度进行检测，如果发现问题及时调整。

i. 操作人员做完操作后必须及时确认操作结果。

j. 检查压延机螺旋千斤顶的吃力程度（砖机一体式压延机检查梯形压铁），目测两边厚度是否一致。

k. 压延机上下压延辊速度设定：通常下辊速度设定为比上辊速度要快 2 ～ 10m/h。

5.1.5.2 正常生产时的成形作业

随着耐火材料性能的提高和工艺技术的进步，太阳能压延玻璃生产线单座熔窑的生产规模越来越大，但无论小吨位熔窑还是大吨位熔窑，正常生产时成形工艺参数理论上基本相同，不过由于受窑龄寿命、压延机类型、压延机使用周期、压延辊壁厚、唇砖使用周期、人员操作习惯等因素影响，每条生产线的工艺参数有一定的差异。即使是同一条生产线，在不同时期，受上述因素影响，其工艺参数也有差异。所以，在正常生产中，工艺参数不是一成不变的，应根据玻璃产品质量的实际情况及时进行调整。现列举常用主要成形工艺数据供参考，见表5-2。

应该指出的是：①拉引速度受到玻璃液面高度、溢流口玻璃液温度、压延辊温度、玻璃厚度、玻璃板宽度、拉引量、退火等影响，各生产线各不相同；②压延辊转速与接应辊转速、过渡辊速度及退火窑主传动速度之间的速比，根据生产线自身的自动化控制程度和装备水平各不相同而有不同的设定。

5.1.5.3 砸头子作业

当生产普通压延玻璃需要更换花色，或生产太阳能压延玻璃板面存在某些质量缺陷时，在生产过程中解决不了，需要临时停产处理，就要用钢闸板对溢流口处的玻璃液进行截流，此过程称为砸头子（俗称打炉）。

表 5-2　正常生产时常用主要成形工艺参数范围表

厚度/mm	液面高度/mm	张引率/%	进水温度/℃	进水压力/MPa	溢流口温度/℃	辊前温度/℃	上辊面温度/℃	辊子压力/t	风刀/风管
1.6	70 ~ 80	35 ~ 40	32 ~ 34	0.25 ~ 0.35	1220 ~ 1250	1060 ~ 1070	540 ~ 560	3.5 ~ 4.5	关
2	70 ~ 90	30 ~ 35	32 ~ 34	0.25 ~ 0.35	1200 ~ 1250	1055 ~ 1070	520 ~ 560	3.0 ~ 3.5	关
2.5	80 ~ 100	25 ~ 30	32 ~ 34	0.25 ~ 0.35	1180 ~ 1200	1040 ~ 1060	520 ~ 560	1.5 ~ 1.8	关
3.2	80 ~ 100	10 ~ 16	32 ~ 38	0.25 ~ 0.35	1180 ~ 1200	1025 ~ 1050	500 ~ 580	1.0 ~ 1.8	开
4	80 ~ 100	8 ~ 13	35 ~ 38	0.25 ~ 0.35	1160 ~ 1180	1025 ~ 1050	500 ~ 580	0.8 ~ 1.0	开

（1）截流闸板

截流闸板是压延成形砸头子作业必须用到的工具，有钢闸板的和钢+耐火材料组合两种结构，分别适用于不同操作的需求。

① 钢闸板。钢闸板俗称大闸板，以前多用于作业时间较长的换机换砖操作，现在有些厂家换机不换砖时也使用。

钢闸板是由耐热铸钢板为主体，长度 500 ~ 600mm 的厚壁钢管手扶把手和耐热钢吊挂环为附件组成，外形示意图见图 5-21。

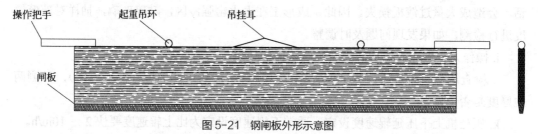

操作把手　　起重吊环　　吊挂耳

闸板

图 5-21　钢闸板外形示意图

钢闸板主体采用耐热钢实心浇铸成形后，将下部加工成宽度 50 ~ 100mm 楔形体，然后焊接上扶手和吊挂耳环等附件。

钢闸板应选择抗高温氧化、抗热弯、抗变形、不剥落脱皮的材质。可选用的材质有 0Cr25Ni20、40Cr25Ni20、3Cr24Ni7SiN（RE）、2Cr20Mn9Ni2Si2N、3Crl8Mn12Si2N 等。这种材料使用温度可高达 1000 ~ 1250℃。

钢闸板外形尺寸通常为：宽度 260 ~ 300mm、厚度 30 ~ 50mm，长度根据溢流口的宽度决定，通常略小于尾砖长度 10mm 即可。闸板尺寸确定的主要原则是变形小、质量轻、制造成本低。

引头子时钢闸板从溢流口推出来后仍处于高温，应马上水平放置在铺有保温棉的平地上，凸面朝上、凹面向下，并在凸面上放置较重的物体（砖或铁）再覆盖保温棉，以防止或矫正轻微的变形。若钢闸板冷态下弯曲变形严重，则应矫正变形后再使用。钢闸板接触玻璃液的部分黏附玻璃液形成的玻璃釉，在闸板冷却后用砂轮机磨掉。钢闸板日常应悬挂在空中，避免淋水锈蚀。

② 钢砖闸板。钢砖闸板俗称小闸板，主要用在作业时间较短、换机不换砖过程。钢砖闸板是以普通耐热钢为框架，内嵌耐火材料作为主体，操作手柄和吊挂件为附件组成的钢砖结构。

钢砖闸板制作：耐热钢焊接成框架结构，下部加工成宽度50mm的锥体，将按框架尺寸加工好的耐火砖镶嵌在内，然后焊接上操作手柄和吊挂耳环等附件。框架选用抗高温氧化、抗热弯、抗变形、不剥落脱皮、抗晶界腐蚀的1Cr18Ni9Ti普通耐热钢材质；砖材选用强度大、耐火度高、组织致密、气孔低、热震稳定性好、抗剥落而且价格较便宜的低气孔黏土砖。闸板长度小于尾砖的间距，宽度180～200mm、厚度60～70mm。闸板的宽、厚尺寸主要考虑强度，在满足使用的前提下尽可能减小其质量，以方便操作。钢砖闸板示意图见图5-22。

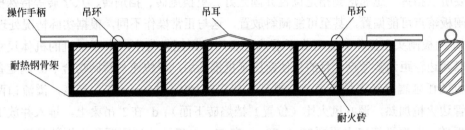

图5-22 钢砖闸板示意图

通常使用后的钢砖闸板需要重新修理，主要是清除框架表面碳化物、矫正框架的变形、更换损毁的耐火砖、补焊烧损残缺部位的加强筋；待用的钢砖闸板要放置在温度较高的窑炉边上烘烤。

（2）砸头子操作

a. 准备工作。熔化工做好减少投料的准备；成形工相关人员检查好钩子、耙子、扁铲等工具，清理干净钢闸板、抬起挡焰砖，取下边部盖板砖。

b. 调整压延辊间距及退火窑主传动与上下压延辊速度，玻璃厚度调整到5mm或松掉压力装置。

c. 用压缩空气风管对溢流口部位进行清扫。

d. 待溢流口吹扫下的杂物完全被拉引完后，缓慢落下闸板并放好位置。为了方便更换唇砖，闸板落在唇砖与外尾砖的上部，在接近玻璃液面时快速压入玻璃液中。

e. 控制速度人员加大速比、加快拉引速度，利用玻璃液的余热，趁玻璃液黏度小，尽可能快速带走唇砖上的玻璃液。

f. 用耙子将闸板后面尾砖和唇砖上的玻璃液从两侧边部快速推向中间压延辊附近，通过压延辊尽可能地多带走些玻璃液，最后温度低的玻璃液不能完全拉走的，人工用铲子铲除清理出去。

g. 为了防止辊子急停产生偏心现象，在更换唇砖和生产任务不紧张的情况下，可使压延机在原位处暂留5～10min左右，使压延辊有一个冷却过程。

h. 摇开压延机，并确定压延辊和唇砖嘴不发生碰撞，停冷却水，拔下插头，停止压延机运转，拆除压延机上的风管，推出压延机（整个过程要快速完成，不能碰坏唇砖嘴）。

i. 将压延机推到指定位置，待检修备用。

j. 清理出料口的凉玻璃，检查挡焰砖、尾砖、边砖，如有损坏进行更换。

k. 清理碎玻璃及周边杂物，停退火窑风机，开启电加热，保持退火窑的温度。

（3）砸头子注意事项

① 闸板准确定位和固定。正常换机作业时，闸板一般定位于距尾砖外沿20mm左右处，有外尾的落在外尾的边缘；需要更换外尾砖时，闸板落在内尾砖上。闸板外侧尾砖留有的距离与溢流口的结构有关，也与操作人员的操作习惯有关，过大过小都不好。距离过大，残留凉玻璃多，清理时间长，延长了换机时间；距离过小，闸板可能卡到唇砖与尾砖的接缝处，导致抬起闸板困难，影响新唇砖的安装，还有可能伤到唇砖。所以落闸板时，两侧操作人员一定要注意闸板的落点，落闸板辅助操作人员和升降闸板操作人员要听从指挥，迅速落到指定位置并固定好。更换尾砖、挡焰砖、八字砖等特殊操作时，闸板落点可能偏置，甚至可能倾斜放置，这与正常操作不同，根据实际情况处理。

② 闸板闸头子操作。a. 砸头子前确定备用的压延机与生产中压延机的机体尺寸一致，以两边轮距为参考点，目的是使新压延机推入后，能快速与唇砖吻合；b. 确定备用压延机的压延辊已经擦拭干净；c. 提高 $1^{\#}$ 挡焰砖100～150mm左右高度，溢流口两侧用直管边火枪加热，调好风火比（位置 $1^{\#}$ 挡焰砖下面）；d. 在 $2^{\#}$ 吊梁上，推入并放下保温盖板砖，距离溢流口上平面30～70mm左右；e. 确认边砖间距和闸板的长度，间距要大于闸板约20～40mm；f. 推入准备好的闸板（大闸板或小闸板），两侧人员同时抬起闸板，在辊前100mm左右位置落下至唇砖上，两侧人员稳定好不要动，待唇砖上玻璃液拉引完后再加以固定。

③ 清理溢流口玻璃液的要求。闸板截住玻璃液流，退出压延机后，接下来的工作就是快速清理闸板外的凉玻璃，热态下用的工具是扁铲和推耙，要求快速推、铲溢流口的玻璃液。尾砖与唇砖的接触面和上表面残留的凉玻璃通常用外购的耐高温、有冲击力的电动气锤、气动扁铲、砂轮片等工具小心快速磨掉清理。断流后的玻璃液凉的很快，必须在短时间内清理出大部分的玻璃液。重点清理的部位是尾砖与唇砖接缝处的玻璃以及外尾砖上的玻璃，该部位的玻璃清理得越干净，唇砖与尾砖越易分离开，尾砖上残留的玻璃越少对尾砖越好，而且对下一步更换唇砖和清理沿口的工作快速完成很关键。

④ 唇砖与尾砖的分离。唇砖与尾砖的接缝处在生产时会有玻璃液渗入，温度降下来以后，黏稠的玻璃液将二者黏结在一起，随着温度的降低黏结会越来越牢固，必须尽快实施分离。

砖机分离结构压延机一般是压延机退出后再进行二者的分离，清除唇砖用大锤、撬杠等工具，操作方法是从下向上敲或翘动，切不可从上往下操作，黏结牢固的部位不能使用力量型的操作方法，应采用电动或气动工具一点一点清理掉，保护好尾砖。

对于砖机一体式压延机，在钢闸板落下后，用推耙清理唇砖与尾砖的时候，压延机纵向横向开始轻微移动，防止玻璃液黏结住外尾砖与唇砖间隙，目测尾砖与唇砖上玻璃液不多的情况下，快速将压延机纵向摇开一定间距，脱开尾砖与唇砖。然后开出或推出压延机，推出压延机后清理外尾砖。要注意观察唇砖是否能移动，若唇砖不能移动，千万不能生拉硬拽，用工具敲打玻璃使二者完全分离后再动压延机。

5.1.6　影响压延玻璃成形的因素

压延玻璃成形时，当原板宽度稳定后，剩余的就是控制玻璃板厚度。

国家标准GB/T 30984.1—2015《太阳能用玻璃 第1部分：超白压花玻璃》中规定，玻璃最大允许厚度偏差："2.5mm±0.2mm，3.2mm±0.2mm，4.0mm±0.3mm"；玻璃最大允许厚薄差："2.5mm±0.2mm，3.2mm±0.25mm，4.0mm±0.35mm"。所以，生产出厚度符合国家标准要求的超白压延玻璃产品是生产中最重要的控制指标之一。

压延玻璃的厚度主要通过控制压延机上下压辊间隙来实现，而影响压辊间隙及压延玻璃厚度差的因素较多，常见的有设备、工艺、环境、操作等。

5.1.6.1　设备对成形的影响

（1）压延机

压延机零部件制造精度和装配精度低会造成玻璃厚度的变化。压延机组是由多个独立单元配套组成的系统，每一个结构单元都有制造精度和安装精度的要求，即使制造的精度很高，但是在使用一段时间后，特别是发生生产事故后，精度也会变化，尤其是装配精度超出了要求，这样装配在一起的结构单元会出现较大的累积误差，引起玻璃厚度变化。

压延机机架结构发生变化也会造成玻璃厚度变化。机架变形、传动件受力点改变、移动轮磨损、结构紧固件松动、支撑结构件及升降机构发生位置变化等原因，都会造成机体位置精度的变化，导致压延机在实际生产使用时不能稳定的运行，并发生倾斜、抖动、跳动等现象，引起玻璃厚度变化。

为了防患于未然，通常在压延机使用一段时间后要进行彻底的维修，内容包括：机架、辊座、压力压杆、升降机等矫正；减速机、变速箱、传动轴等校核精度。使用砖机一体式压延机要注意对有磨损或跳齿现象的齿型链条和链轮进行更换，确保各个执行机构精度在设计允许的误差范围内。

（2）压延机的手轮升降机构

压延机的手轮升降机构是控制和调节玻璃厚度的装置，通过两侧的手轮旋转，提升或降低上辊的高度，改变两辊之间的间隙。当生产的玻璃偏厚时，降低上辊，间隙变小使玻璃变薄；当生产的玻璃偏薄时，抬高上辊，间隙变大使玻璃变厚。玻璃整体偏厚或偏薄时就动两侧的手轮，需要调整哪一侧的厚度就动哪一侧的手轮。砖机一体式压延机所采用的是垫片加滑块的方式，通过调节螺母来完成厚度的变更。

手轮驱动机构失效是造成玻璃厚薄差的主要因素：一是升降机卡死，转动手轮上辊不能升降，失去调节作用；二是升降机已经脱离了支点，上辊的支撑机构失去依托成悬空梁导致在运行过程中发生抖动现象，使玻璃的厚度难以控制。

（3）压延机的压杆

砖机分离式压延机有外置压力压紧装置，砖机一体式压延机有压力螺杆装置，它们的作用均是作用外力在上辊上，保持上辊在垂直方向上移动，稳定上辊与下辊之间有一个相对的间距。当生产较薄的玻璃时，可以强制性增加压杆压力来克服玻璃产生的反作用力，从而压薄玻璃。当压杆、螺旋升降螺杆、弹簧等出现弯曲、疲劳变形及传感器损坏或灵敏度变差时，往往会影响玻璃的厚度，生产中表现为压杆压力显示值远离正常的波动区间，导致玻璃厚度的实际测量值时厚时薄，很不稳定。

（4）压延机的位置

压延机的位置是指压延机的高度位置和纵向间距，都是相对唇砖而言的。在生产中，唇砖固定，压延机是可以移动的。唇砖上平标高和压延机下辊的上平标高差就是压延机的高度，唇砖的弧度切线和与唇砖弧度平行的下辊切线间距，决定了压延机的纵向位置。理论上将高度差控制在5～20mm，二者的平行间距控制在10～20mm的范围内有利于生产。

抬高或降低、前移或后移压延机，玻璃厚度随之发生变化。移动压延机远离唇砖叫分机，移动压延机靠近唇砖叫靠机。分机和靠机操作引起厚度变化的原理是：分机时拉大了唇砖嘴与下辊的间距，唇头变大，回流的玻璃液多，进入成形的玻璃液温度低，玻璃板变厚；反之，靠机时缩小了唇砖嘴与下辊的间距，唇头变小，回流的玻璃液少，进入成形的玻璃液温度较高，玻璃板变薄。降低压延机实际就是减少玻璃液接触下辊的面积，玻璃液温度相对较高，所以玻璃才变薄；抬高压延机是增大玻璃液接触下辊的面积，成形时的玻璃液温度变低玻璃变厚。

通过分机、靠机，升降压延机一定范围内能够改变玻璃板的厚度，但由此操作也会带来其他负面影响，比如原板宽度发生变化、液流变化出现的气泡、线道等玻璃缺陷。因此，压延机一旦定位就不要轻易移动压延机，除非需要处理玻璃缺陷时再移动压延机。

（5）压延辊的圆跳动

压延辊加工有一定的精度要求，一般新加工好的辊子圆跳动控制在≤0.1mm，超出此范围时，生产中玻璃的厚度就很难控制。压延机上、下辊及压延机圆跳动的叠加要求≤0.35mm，所以要严格控制加工的精度，上机测试圆跳动较大时最好不用，换新的辊子再装机测试。

（6）压延辊弯曲

压延辊弯曲表现在热弯，新加工的辊子上机前检验是合格的，但接触高温玻璃液后短时间内就变弯，导致玻璃板表现出同一条直线上周期性的厚、薄不均现象，观测两侧玻璃板边子不是一条直线，边部呈现出波浪状的变形，俗称"荷叶边"。辊子出现热弯大的原因主要是辊子重复使用的次数较多，加工前没有进行退火处理，钢材已经达到了疲劳极限。

（7）压延辊的壁厚差

压延辊在每次使用后都要进行再加工，凸出部分加工削切量大，凹陷部分加工量小或加工削切量小，这样就造成了辊子的壁厚不均现象，导致生产使用时辊面温度不一致，对玻璃的冷却效果不同造成玻璃板的厚度差。这种厚度差表现在局部，结合玻璃板边部看，边部直线度较好，所以多次使用过的辊子要测量冷弯值，超过50μm的不能再加工使用，小于50μm的需先经过退火矫正后再加工。

（8）风刀和风管

砖机分离式压延机接应辊处的吹风口称风刀嘴，属于压延机的结构组成部分，外置管路和风机是一套独立的风系统，其作用和砖机一体式压延机用的风管一样，生产中控制固定安装在压延机上的手动阀或在操作面板上输入开度值就可以进行调节。操作控制手动调节阀和设定参数时要注意量和度的把控，避免调节幅度过大。

砖机一体式压延机使用托板水箱作为玻璃的接应装置，直接在水箱上加装吹风的风管或在压延机座上加装吹风的风管，外接压缩空气，风压大，风力强劲，能起到很好的作用。加装吹风装置的目的有两个：其一吹在上下辊和水箱之间的间隙缝吹风托起玻璃板，防止玻璃板下表面有划伤；其二冷却玻璃板使之快速定型，风量的大小要控制合适。

砖机分离式压延机风刀在使用一段时间后，由于锈蚀剥落铁屑，口径发生了变化，设定的参数并不一定是实际的风量，导致玻璃板吹风不均，反映到玻璃板面上就是板面会出现局部不平整。风刀风量的大小平衡调整需根据玻璃板的平整度来进行调节。

无论是砖机分离式压延机的风刀还是砖机一体式压延机的风管，管道都要进行维护和保养。使用压缩空气作为风源的，要保证压缩空气是干净、干燥的，使用风机的要保证进风口干净，最好恒温。

（9）冷却水

压延主辊、接应辊、过渡辊全部用水冷却，主辊和接应辊采用的是内部通冷却水直接冷却的方式，过渡辊是内部通水管的间接冷却方式。直接冷却和间接冷却的效果不同，其中，对厚度真正产生影响的是进出水方式。砖机一体式压延机是两侧进水两侧出水，冷热水相互交融，辊面温度相差不是很大，出水温度也基本恒定，水压的大小只影响辊面温度的高低而不会改变温差；砖机分离式压延机则不同，它采用直通式的一侧进一侧出，进出水端存在较大的温差，水压的变化不仅能改变辊体表面温度的高低，而且还能改变温度的变化区域。表面温度高的区域玻璃薄，表面温度低的区域玻璃厚，特别是压延机压延辊的表面温度。为保证厚度的稳定性，生产上要控制好水温和水压。

（10）水管和水芯（四芯棒）

砖机一体式压延机使用的是水管，有两个进水口和若干个出水孔。进水口和出水孔压延机厂家根据生产规模、辊内径、水压等已经设计好，生产口主要是水孔堵塞会对厚度的影响。水孔局部堵塞，该处辊面温度高、玻璃变薄。砖机分离式压延机使用的是水芯，分有四个区，弯曲或局部漏水是辊面温度不一致的根源。弯曲或局部漏水导致水流不畅、窜水，热传导不均，局部辊面温度高从而影响玻璃厚度。

（11）轴瓦或轴头

轴瓦或轴头是刚性接触的，使用一段时间后会出现磨损间隙，间隙较大时，就容易出现跳动现象，跳动使局部玻璃板产生很大的厚薄差，这时候的玻璃板不但厚度不合格，而且板面上还会出现很深的辊印。因此，轴瓦和轴套、链条链轮要勤加油以减少接触磨损，保证不出现跳动。

5.1.6.2 工艺对成形的影响

由于压延玻璃成形是在瞬间强制辊压急冷定型，故生产中对压延玻璃成形工艺有特殊的要求：a. 在辊压前，玻璃液应有较低的黏度，以保持良好的可塑性，使辊压时花纹清晰；b. 辊压后的玻璃带的黏度应随温度的降低急剧增加，使玻璃迅速固型，保持花纹稳定；c. 玻璃液应具有较小的表面张力，成形后保持花纹清晰、棱角分明；d. 生产过程中不易发生析晶现象；e. 化学稳定性好；f. 深加工过程中不易发生破损，加工的成品质量好。

　　压延过程是连续进行的，一方面是靠压延辊的拉力，另一方面则靠玻璃液的静压差，静压差是玻璃液面高于两压延辊间隙形成的，所以压延成形要有稳定的液面高度。一般来说，影响成形的因素除了一些固定的因素外，主要在压延辊前的溢流口和辊后的退火窑之间，例如，玻璃液面的高度，溢流口处的窑压，玻璃液的温度及横向温差，压延辊速度及压延辊的表面温度。以上五个因素中有一个发生变化都会引起生产情况相应变化。除此之外还有料性、玻璃液质量、溢流口结构是封闭或是散开、压延机辊径、退火窑、唇砖与下压辊上母线高差、接应辊和活动辊冷却强度等，甚至外界气温变化亦会对其产生影响。

　　（1）料性

　　玻璃的料性表征的是玻璃液在高温状态下的一种成形性能，是玻璃液黏度在一定时间内随温度变化的快慢。根据黏度变化快慢玻璃可分短性玻璃和长性玻璃，黏度随温度变化快（硬化快）的称为短料性玻璃，黏度随温度变化慢（硬化慢）的称为长料性玻璃。一般压制成形的玻璃要求料性短一些，吹制成形的玻璃要求料性长一些。

　　连续压延玻璃生产成形过程中，料性短，硬化快，易于快速成形，花纹变形小。但是料性短玻璃液冷却的快，特别是表面硬化很快，对热应力的释放不利，正常生产过程中，机械硬辊印一旦产生很难消除，过短的料性对实际成形有很大的影响，特别是厚度调难整。所以要根据生产实际确定合适的料性，一旦料性发生变化就要及时调整料方。

　　（2）玻璃液均匀性

　　由于原料产地、品位、供货单位发生变化或熔化操作者水平不同，造成玻璃液温度或高或低，从而使玻璃液黏度和均匀性发生改变，这都将导致成形时玻璃厚度的变化。

　　玻璃液温度高，黏度小，延展性好，压制出的玻璃板就薄；温度稳定厚度就稳定。过低的成形温度会造成压制困难；较高的成形温度虽有利于薄板的压制生产，但高温成形易导致辊子出现发热、卷边、粘辊、包辊、花纹变形、花纹不清、辊印加重等情况，甚至引发生产事故。

　　玻璃液的均匀性是指液体内部物理性能和化学组成的一致性，如果玻璃液的均匀性不好，玻璃会出现厚薄不均甚至超标现象。若相同温度和成形条件下，玻璃板的同一位置发生厚度变化，其主要原因是玻璃成分发生了变化，在熔窑内形成物理或化学不均匀，引起黏度变化。若玻璃出现厚薄不均的情况，可采取卡脖搅拌方式，提高玻璃液的均匀性。

　　玻璃液热不均匀也会引起厚度变化。成形过程中引起玻璃液热不均匀的原因有：横通路使用了稀释风，风量、风温的变化引起玻璃液局部或整体的变化；支通路孔经常性的打开或关闭、支通路使用空间水包调节温度等。

　　为了预防上述情况的发生，应尽可能选择品位高、矿物杂质少、重金属含量少，特别是化学成分、颗粒度、水分稳定的原料，做到配料称量准确、混合均匀。熔化过程严格遵循"投料稳、温度稳、窑压稳、液面稳"的工艺制度。

　　此外，有些压延玻璃生产者为了加大拉引量，建议在溢流口前端支通路内玻璃液上布置水冷却器，以降低该区域的温度，增加玻璃液黏度，为提高玻璃带拉引速度创造条件。但是，在此处布置水冷却器后，该处玻璃液处于强制冷却阶段，造成局部玻璃液上下温度不均，会给玻璃板面带来诸如波纹等光学缺陷，且水冷却器上若凝聚窑炉气体中的附着物，掉落后易对玻璃液造成污染。条件允许的情况下，可对澄清部、横通路采用低温度操作，使玻璃液自然降温，尽量不在支通路使用强制冷却手段。

（3）玻璃液面高度

成形口液面高度也是溢流口玻璃液的深度，它是生产线设计时就确立的参数之一。设计上考虑玻璃液深度主要根据玻璃品种、玻璃料性、成形口结构和成形落差高度进行确定。对太阳能压延玻璃生产线来说，溢流口液面深度在80～100mm最佳。玻璃液深度确定后要控制在一定的范围，波动允许在±0.1mm之内。液面的波动对熔化和成形都会有影响，因为液面的波动会造成拉引量变化，还会引起辊前玻璃液温度、上下辊面温度和液层不稳。当液面高时，溢流口和辊前的玻璃液温度增高，辊面温度增高，原板宽度变宽，负载自然加大；液面低时，溢流口和辊前温度下降，辊面温度降低，造成边部容易冷却、析晶、板会缩窄，拉引量自然会下降，严重时会造成玻璃液供给不足。液面的波动也会导致玻璃的厚度不稳定，液面高时，辊前温度会偏高，玻璃液的黏度变小，厚度相对变薄；液面低时，辊前玻璃液温度会变低，黏度增大，厚度相对会变厚。这主要是因为溢流口为敞开式结构，受外界气流影响很大，厚的玻璃液层散热会慢些，薄的玻璃液层散热会快些。经常性的液面波动还会加剧对池壁耐火材料的侵蚀，不仅污染玻璃液造成许多缺陷，影响窑炉的使用寿命，还会缩短压延机的运行时间，影响正常生产。

（4）溢流口窑压

正常情况下窑内压力应维持微正压。液面上出现负压虽有利于排除玻璃液中的气泡，但是负压会导致吸入冷空气降低整个窑炉的温度，增加能耗；会打乱整个窑内的温度分布和气氛分布。因溢流口是敞开式结构，窑压过小或呈负压时，冷空气从溢流口进入，长此以往会造成冷凝物积聚增多，一旦受外界波动或窑压波动，会造成冷凝物掉落，导致辊面轻微的压痕，影响产品质量，而冷凝物掉落导致需要进行擦中辊，洗辊等处理，这又会影响玻璃产量。不能够很好的解决负压问题，成形的压痕将会频繁发生。严重的负压会导致溢流口温度急剧下降，导致边部过冷，冷玻璃增加，板宽、厚度、板面质量都会受到影响。但过大的窑压也会带来不利，它将使窑炉烧损加剧，向外冒火严重，能耗增大，不利于澄清和拉引作业的稳定。废气从溢流口喷出对辊子的腐蚀加强，辊面温度升高，辊子对玻璃板的冷却减弱，易粘上辊，出现热圈等弊病，而且废气中的硫化物会冷凝并积聚在辊子表面。这一层硫化物的垢层遮盖了光洁的辊面，使成型后的玻璃表面光洁度大大下降，也很容易造成辊伤出现。所以液面上保持稳定的微正压，既有利于澄清，也易维持正常的温度制度，保证生产的正常连续。

（5）玻璃液温度

玻璃液温度过低或过高都会造成压延成形困难。当玻璃液温度过低时，成形部位容易析晶，玻璃板上容易出现橘皮，光洁度不好，而且易出现冷裂、冷条纹等。当玻璃液温度过高时，压延辊对玻璃液冷却强度不够，易造成花纹不清晰、变形，产生热裂纹、玻璃成形后钻接应辊或托板水箱等问题。

（6）压延辊表面温度

压延辊表面温度过高，玻璃液冷却不了，压延速度上不去，容易造成粘上辊、下辊发热等问题，成形后的花纹不清晰，而且花纹易变形；辊子表面温度过低，在成形时辊面对玻璃板冷却强度太大，容易出现冷裂、线道、玻璃表面光洁度下降、板面橘皮严重、下板面花纹模糊不清楚、影响花纹深度等缺陷。

（7）速比参数

速比是指生产过程中压延机下辊、接应辊、过渡辊、退火窑主传动之间按依次增大原则设定的线速度差之比。该参数设定是否合理影响玻璃板的宽度、厚度甚至玻璃板面的外观质量。速比大，牵引力就大，体积不变厚度变薄，反之，厚度变厚。利用这一原理，在一定范围内可调整玻璃的厚度和板宽，速比大玻璃板薄，速比小玻璃板厚。

（8）压延辊速度

压延辊速度由窑炉的熔化量来决定，同时也受到成形机械的影响。拉引速度过快或过慢对拉引量、成形的辊面温度、溢流口玻璃液温度、退火温度都会造成一定的影响。拉引速度过快，超出了拉引量，会导致熔化困难，熔化工艺制度被打乱，容易出气泡、结石等。成形过程中，压延辊速度快导致辊面的温度升高，溢流口玻璃液流速度增快，温度升高，玻璃板进退火窑时间缩短，散热减少，导致退火困难，辊面温度升高还容易发生粘辊事故。拉引速度过慢，会使负载变低增加能耗，溢流口玻璃液温度变低，压延辊面温度变低，玻璃板进退火窑时间延长，散热增大，必要时还需要开电加热补偿。速比的变动会影响玻璃板的花纹、厚度、板宽。所以变动压延辊速度将影响整个生产工艺的稳定，对生产不利。

5.1.6.3　环境对成形的影响

（1）气温

一年四季环境温度的变化是很大的，即使是同一季节，白天和晚上的温差有时也能达到10～20℃。在开放式的成形作业环境中，环境温度的变化导致溢流口的玻璃液、辊子表面、冷却水等温度发生变化，这些会直接反映到成形温度上；气流对成形也有直接的影响。生产中经常出现白天玻璃薄需要提厚度，晚上玻璃液受气温下降的影响，成形时要适当增加压延辊压力，以保证玻璃厚度。这就是环境温度变化引起的。

可根据季节变化，对溢流口和成形周边采取封闭或保温措施，以减少环境温度变化对玻璃厚度造成的影响。但需要注意的是，溢流口两侧不能直接用保温棉覆盖，避免硅酸铝纤维带入或吹到玻璃液中或辊子上。

（2）门窗

成形作业周边的门窗对厚度、夹杂、辊伤也有很大的影响，即使是远离成形口60～70m的冷端分隔门开关，都能造成成形支通路5～10℃的温度变化。所以，成形部周围所有的门、窗要关闭好，不得随意开启。

（3）封闭隔离措施

为了保证成形作业环境的干净，减少气流对成形的影响，有的生产厂制作了封闭隔离墙放置在成形口的周边，对成形过程起到了很好的防护作用，减少了外界对成形过程的直接影响。隔离墙在阻挡了外界空气流的同时，也阻碍了玻璃液的散热，使成形玻璃液温度升高导致玻璃厚度变薄。

5.1.6.4 操作对成形的影响

（1）析晶清理

溢流口挡边砖两侧边部的玻璃液，由于温度低、流速慢很容易析晶，越靠近挡边砖越容易析晶。若不及时清理析晶或清理不彻底，玻璃原板就会变得越来越窄，导致边部厚度超标。通常采用火枪烧、钩子压、钩子或其他工具挑出析晶料的方法来清理析晶。

（2）压杆和手轮的使用

压杆和手轮是调节厚度的主要手段。调整厚度时，不正确的操作方法会造成上辊的支撑机构悬空脱离升降机或上辊没有被压紧，这些都会造成压延机不稳定，导致生产的玻璃厚度不稳定甚至不合格。

（3）洗辊

清洗下辊是清除灰斑的日常操作，基本上每天都要进行一次。水接触辊面的长度方向上清洗时间不一致，会造成一段时间内玻璃厚度有较大的变化。

5.1.7 压延成形工具和器具

压延玻璃生产成形操作需要用到许多工具和器具，各生产厂家会根据自身的实际情况进行购置和制作，虽然规格尺寸各不相同，但功能和作用是相同的，常用的一般有以下几种。

（1）钩子

钩子，是压延成形操作使用较多的工具之一，见图5-23，由圆钢加工而成。生产中用于处理玻璃析晶料、凉玻璃、气泡疤（透明点）、线道、挑杂物等。钩子材料一般用普通钢加工制作，普通压花玻璃生产用的钩尖部分用碳钢加工，可以节约成本费用，而超白压延玻璃生产用的钩子，钩尖部分必须用耐热钢加工，避免铁锈对玻璃造成污染。使用时要注意，钩子不能碰触到辊子以免损坏花纹，用钩子推动玻璃水时考虑到温度，钩子在玻璃水里时间不宜太长，用完要及时拿出放回冷却水槽。在唇砖上使用时，钩子的深度、角度、距离一定都要把握好，特别是钩子达到唇砖前端时一定要小心，避免被粘住的玻璃液和拉力带到运转的辊子里，导致换机的事故发生。

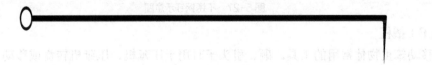

图5-23 钩子示意图

（2）扁铲

扁铲是清理凉玻璃、推料、赶料、挑大的杂物、砸、引头子时常用到的工具，在砸、引头子时用得最多，砸头子时用来清理溢流口的玻璃液，引头子时用于推料操作。扁铲的规格尺寸需满足操作要求，手柄和铲杆部分使用碳钢制作，扁铲头可以用普通钢，但最好用不锈钢加工，能最大程度避免污染玻璃液。形状见图5-24。

使用时要注意扁铲不能碰触压延辊，换机和砸头时需要清理唇砖上的玻璃液，要小心操作避免被带入压延辊中间。

图 5-24　扁铲示意图

（3）推耙

　　砸、引头子时用得较多，砸头子时两边人员用推耙将玻璃液从边砖边部和唇砖边部推向中间，使玻璃液尽快被压延辊带走。引头子时，推耙可以用来清理边部凉玻璃、引出中部热玻璃，生产上也用于处理溢流口底部暗藏的杂物等。推耙的手柄和铲杆部分使用碳钢制作，推耙头可以用普通钢，但最好使用不锈钢加工。形状见图 5-25。推耙操作时除了会不小心碰触上辊外，其他的安全隐患较少。

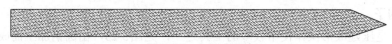

图 5-25　推耙示意图

（4）木剑（木刀）

　　用木板加工成剑的形状，是引头子的专用工具，也是生产中处理玻璃粘辊子的操作工具。引头子、处理异物或辊子发热导致玻璃液粘辊子时，用木剑操作，在接触辊子时不会损伤辊子，特别是引玻璃头子，操作接触辊子较多，用铁制工具会损伤辊子，因此用木头制作引头子的工具使用越来越普遍，其外形见图 5-26。

图 5-26　木剑示意图

（5）不锈钢钎

　　生产中用于处理唇砖和辊子之间、挡边砖与唇砖之间粘夹的异物或凉玻璃。用耐热钢丝加工而成，直径约 10mm。生产中处理异物时，由于唇砖与辊子间的空间狭小，其他工具进不去，只能用细小的不锈钢钎。在刚引玻璃头子时，溢流口的凉玻璃或窑内拉出的杂物很容易卡在唇砖和辊子之间，全靠不锈钢钎来处理掉这些杂物。其外形见图 5-27。

图 5-27　不锈钢钎示意图

（6）撬杠

　　移动笨重物体常用的工具。砸、引头子时用于压延机、压延机转盘或移动平台、过渡辊台等的移动和定位，也可用于清理溢流口凉玻璃。一般用螺纹钢加工制作，要求具有一定的强度和刚性。很多生产厂家都配有大小不同粗细不等的若干件，由于用途广泛，最好多备用几把，其外形见图 5-28。

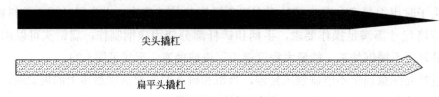

尖头撬杠

扁平头撬杠

图 5-28　撬杠示意图

（7）边部吹风管

边部吹风管是压延玻璃生产一定要用的器具。实际生产中，压延成形的玻璃板，两侧边部的玻璃卷边或局部发热是常有的事，玻璃从压延辊出来后，在其两侧上部吹风，能使玻璃快速从塑性黏结变成硬化状态，既能避免玻璃发生变形，也可使玻璃快速定型。使用时要注意，风嘴的位置和力度要适中，不能影响其他环节。边部吹风管通常用普通镀锌管和铜管制作，其外形见图5-29。

图 5-29　边部吹风管示意图

（8）压延辊吹风管

压延辊使用一定时间后，辊筒内若有水垢会导致局部发热，或者是压延辊虽然用的是新辊，但辊子热弯较大，导致玻璃板中部厚度偏薄，这时用风管吹上辊的局部，可以起到解决发热、增加玻璃中部厚度的作用。由于风管在高温环境中使用，因此选用不锈钢材质加工，形状见图5-30。

风管有长短之分，短风管可用于局部吹风冷却，也可通天然气做局部加热用；长风管管壁上布置有均匀密集的小孔，可作为压延辊的整体冷却用，也可通天然气做整体加热用。无论是用长的风管对辊整体冷却或加热，还是用短风管局部冷却或加热，都要保证风管的吹风力度和位置合适。正确的使用位置示意见图5-30（c）。

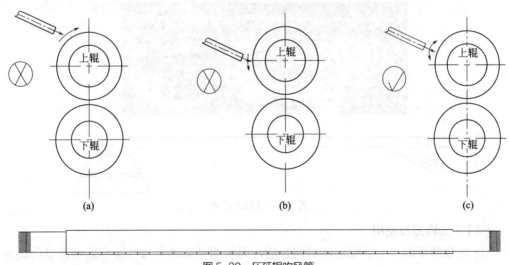

图 5-30　压延辊吹风管

（9）铜刷和钢丝清洁球

铜刷和钢丝清洁球是用来擦拭去除压延辊上黏附氧化物、硫化物等异物的工具。压延辊在使用一段时间后，上下辊会产生一层氧化物，玻璃液中的异物、窑内的飞散物、环境的灰尘也会粘在辊子上，造成玻璃质量下降，此时就需要用刷子对其进行清理。在使用过程中，铜刷长期使用不会给辊面造成任何伤害，作为首选。但铜刷材质比较软，对于硬的黏结物有时没有办法清除，这时就要考虑使用钢丝清洁球。使用钢丝清洁球擦拭时要顺着钢丝清洁球的正常缠绕方向使用，这样对辊面的损害较小，但不要长期使用，以免造成辊面色差。铜刷和钢丝清洁球可在市场上购买，铜刷外形见图5-31。

图5-31　铜刷外形

（10）烧火枪

烧火枪是压延玻璃生产中成形阶段经常用到的器具。烧火的目的是：达到引头子时玻璃液的温度要求；处理生产过程中边部产生的凉玻璃和析晶料；提高边部玻璃液温度，减小玻璃板边部与中部的厚度差。烧火枪外形见图5-32。枪身用普通无缝管制作，枪头用耐热钢加工。还有一种枪没有枪头，全部用耐热无缝管制作，用来处理局部产生的凉玻璃或用于狭小空间玻璃液的加热。

使用边火枪时，要调整火枪角度和风火配比到合适位置，不能发飘或过大，否则会导致火直接烧到辊面，时间长了辊面会出现局部氧化和发热现象，给生产薄玻璃带来粘辊的危险；长时间的柔火苗会导致边部析晶和出现蓝边；过于强力的火焰时间长了会出现边部发黄。所以要求火焰力度中性偏硬一点。

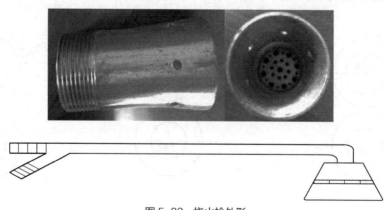

图5-32　烧火枪外形

（11）洗辊器及使用

① 洗辊的目的。上下辊运转时间长后，因长期受玻璃窑内气体和玻璃液里的成分影响，通水冷却时压延辊面会附有氧化物（Na_2O，SO_3，Sb_2O_3），氧化物脱落会留下印记在玻璃板面上，这时需要用水对辊面进行冲洗，严重时需配合铜刷进行刷洗。下辊温度比上辊低，花纹比上辊稀疏，所以和黏附在下辊面的氧化物很容易脱落，经过下风吹撒，在玻璃板面上会形成白色点状，俗称白色黏附或灰斑，所以下辊的清洗频率明显高

于上辊。

② 洗辊器的形状。各生产线使用的洗辊工具略有不同，大多使用不锈钢或钨钢的扇形高压喷嘴，用起来简单方便。不论哪种喷嘴其目的和要求是一样的，要求洗辊的喷头出水均匀、雾化良好、水要有一定的压力。洗辊器外形见图5-33，其喷嘴用不锈钢材料制作，枪杆用普通无缝管制作。

③ 洗辊要求。洗辊时要根据压延辊的运行时间和氧化层积聚的厚度来判断给水量和压力，长时间没有清洗，积聚的氧化层较厚时考虑加大给水量，目的是避免洗辊后留下水渍印。如果洗辊较为频繁，可减少给水量。洗辊时要按照辊子的周转，每一周压住头缓缓推进，洗辊的喷头尽量匀速推进，保证洗辊后辊面的均匀，避免漏洗。洗辊时位置也很重要。清洗上辊时，喷嘴要靠压延辊前半部分的中间偏下一点，喷嘴略微下斜，防止太高水喷溅进溢流口，但也不能太低，否则水冲到玻璃板上容易鼓起和炸板，所以在清洗上辊时，水头冲洗辊面反冲下来的水用木板再接一下，不要让水直接冲击到玻璃板上。清洗下辊和清洗上辊的方法基本相同，其位置要偏下辊的下沿部分，防止水喷溅到唇砖或间隙处，导致冷玻璃和砖的炸裂。

洗辊前将水的雾化、压力调整好，如果是自制的喷嘴，在雾化时要先开水阀再开压缩空气阀，分步将压力和雾化效果配比好。

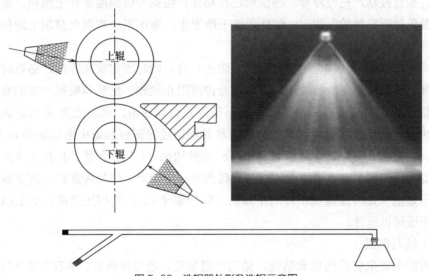

图 5-33 洗辊器外形及洗辊示意图

（12）其他常用标准工器具

其他常用标准工器具有扳手、钳子、螺丝刀、锤子、管钳、角磨机、水平尺、卷尺等，这些工具在实际生产中经常会用到，应常备。

5.1.8 压延成形紧急事故预防和处理

5.1.8.1 紧急事故处理

（1）玻璃液粘辊和包辊

在成形过程中，流经辊子的玻璃液有时会与辊子局部或整体粘连，出现玻璃板上浮的现象，称为粘辊。玻璃液粘上辊的可能性远大于下辊。在下列情况下容易出现玻璃液粘上辊，一旦粘到辊子上的玻璃液处理不及时，短时间内玻璃液就会缠过辊子演变为包辊：a.提速度、关水、局部结垢、长时间未洗辊导致吸附物太厚、局部玻璃板偏厚、溢流口压力过大，热冲击上辊等，均可导致上辊局部或整体辊面温度高于正常成形温度，造成粘辊；b.生产的玻璃较薄时，压延辊的转速快，上辊表面温度很高，如果玻璃液中有异物可能造成玻璃液粘辊子；c.在使用过程中辊子局部表面硫酸盐沉积物或氧化物脱落，该处温度升高造成粘辊；d.上辊表面粗糙度出现明显的差异，导致通过辊子的玻璃液温度变化大，造成粘辊；e.洗辊操作时残留的氧化层厚度不同，也会导致玻璃液粘上辊的现象发生；f.杂物、凉玻璃、析晶料都会损伤辊子的表面，辊伤较深时，流经此处的玻璃液会发生粘连现象；g.上下辊速比不合理，拉引速度过快可能会发生包辊事故。

玻璃液粘上辊轻则伤辊，重则包辊，甚至造成非正常换机的严重生产事故。预防措施：a.成形温度需要控制在合适的范围内，避免忽高忽低；b.不管辊伤大小，出现辊伤时必须第一时间处理；c.勤巡查压延辊冷却水出水温度，出现异常及时处理；d.换机作业时彻底清理溢流口的杂物，特别是挡焰砖与出口碹之间的硫酸盐物质；e.边部烧火枪不要离辊子太近，盖板砖不要离液面太近；f.清洗辊面作业时，硫酸盐或氧化物要清理彻底；g.看机作业人员时刻关注溢流口，发现异物和黏性杂物要及时挑出去；h.若玻璃液多次、多点被粘，充分冷却、擦洗后还在粘连，应第一时间准备好上闸板，随时准备落下，避免包辊事故的发生；i.保持现场干净卫生，施压平台和退火窑顶上避免人员经常走动。

处理：在玻璃上浮时可用木刀阻止，防止包辊，同时固定吹风冷却，必要时可先整体降速度再固定冷却，紧急时还用水进行冲洗阻止包辊；然后再根据产生的原因采取处理措施。若以上这些措施都采取了还不能阻止包辊事故，则应立即采取紧急换机措施：a.快速停止上下辊运转，保护电机（尽量保证过渡辊台和退火窑辊运行）；b.放下钢闸板，位置落在外尾砖中间部位落下；c.关掉边部"L"形火嘴；d.打开冷却风、给水；e.提起压力杆；f.迅速使压延机与唇砖离开一定距离，停掉传送辊，拔下插头，关水推出压延机（此时压延机不可向下移动，保护辊子）；g.吹扫压延机，插上插头启动电源，使压延机运转。

（2）结石伤辊

结石的主要危害是伤辊和粘辊，结石经过处还可能出现色差。结石主要来自原料颗粒、受侵蚀的耐火材料或外来难熔化物质。当带有结石的玻璃液经过辊子时，它可能会被辊子黏附，在辊子黏附处，结石会将沉积在该处的硫酸盐挤压剥落而形成圆锥状坑。

预防和处理：a.控制原料中的超细粉和难熔大颗粒料，防止产生粉料结石的难熔物质；b.碎玻璃场地是最易带入难容异物的场所和环境，改善环境、精细操作，预防水泥块、石子、铁钉等杂物进入原料；c.投料口及上部空间、投料机等处产生的沉积飞料、结料，清理、维修设备产生的废料，要及时清理出去，避免带入窑内；d.压延操作工要经常观察溢流口的玻璃液，发现异常物体应及时把它取出，若黏附在辊子上，则立即用木刀击落；e.异物通过压延机后玻璃一般不合格，这时就要擦洗辊子，擦辊要避免损伤辊子，洗辊应仔细，保证清洗干净。

（3）玻璃液从尾砖与唇砖渗出

溢流口下部结构由池底、池壁、八字砖、尾砖组成，其中尾砖部分有外尾砖和内尾砖组成的，也有不分内外的尾砖结构，该处众多砖砌筑，致使拼接砖缝较多。此外，在使用时间较长的生产线上，由于尾砖用的太久已经残缺不全，换机操作时尾砖与唇砖的接触面清理的不干净，唇砖与尾砖留有较大的间隙，在实际生产和换机操作过程中，如果温度发生过高变化，极有可能从较大接缝处渗漏出玻璃液来。一旦发现玻璃液从尾砖与尾砖、尾砖与唇砖间的间隙中流出来时，必须用压缩空气或冷却水将它凝固，直至玻璃液夹缝中颜色变暗，玻璃不再渗出，方可停止，另外派操作工不间断地观察。

为了避免出现玻璃液渗漏的情况，溢流口玻璃液的温度不要定得太高，且要保持稳定，能满足生产需要即可；有外尾砖结构的不管使用时间长短，换机时最好换掉外尾砖；没有外尾砖结构的要仔细清理干净与唇砖的接触面。

（4）挡焰砖或盖板砖掉落

挡焰砖或盖板砖都是悬挂在溢流口上部的火焰空间结构，在使用一段时间以后，由于作业操作时工具的碰撞或操作需求移动，都有可能造成挡焰砖或盖板砖部分或整块掉落在溢流口玻璃液中，发生生产事故。

① 挡焰砖、盖板砖掉落的原因

a. 挡焰砖、盖板砖砖材断裂。挡焰砖的内外侧温差大，内侧长期受高温火焰和腐蚀性气流的冲刷，外侧则处于相对较低的温度环境中；盖板砖的上下面温差大，换机作业时经常进出溢流口受到急冷急热的冲击，这些原因造成砖体膨胀、收缩炸裂。

b. 工艺操作原因。日常生产中，为处理某种玻璃缺陷，有时需要上下移动挡焰砖。砸头子、引头子作业时移动得较多，砸头子时向外移动挡焰砖清理氧化物；引头子前留出烧火、挑杂物、推料等的操作空间，引头子后又要向下移动挡焰砖尽可能封闭火焰和气流进入溢流口的通道。多次移动作业操作可能导致挡焰砖的砖体破坏。

c. 人员操作磕碰砖。操作工具多次接触挡焰砖，对砖产生磕碰，或清理挂到砖上的玻璃时损坏了砖体，造成脱落。

d. 吊挂件疲劳拉直或烧损断裂。吊挂钢件长期高温、高负荷使用，达到疲劳极限后强度变小、承载力下降，会出现整块掉落的现象。主要原因是吊钩处被拉直砖与吊钩脱开掉落。

e. 砖的卡槽有裂纹。挡焰砖、盖板砖在制造过程中有裂纹缺陷，特别是卡槽薄弱处，重力作用下断开，造成下部砖体掉入溢流口玻璃液中。

② 预防和处理措施

挡焰砖或盖板砖掉落的根本原因是吊挂件和砖材出现了问题，因此要从预防的角度出发来避免事故的发生。首先，吊挂钢件、砖材选用一定要仔细认真，焊接质量差的钢件和有裂纹的砖坚决不用；第二，已经使用了一段时间的组合结构，在每次换机时都要检查，变形的钢件、有裂纹砖全部换掉，不要将就使用；第三，制定详细的日常操作规程，并严格执行；第四，操作工要经常观察和时刻注意溢流口的情况，发现有砖渣时要高度重视，及时处理和汇报。

如果在生产过程中发生了掉砖事件，按以下办法处理：较小的砖块会随玻璃液流动伤到辊子，操作工发现时应第一时间用扁铲或钩子取出；较大的砖块掉到玻璃液中会沉入溢流口的底部，短时间内该处周边玻璃液会"冻结"，如果不能及时取出砖会造成停产的严重后果，必须组织人员尽快捞出，必要时局部烧火加热。

（5）水管渗水或漏水

唇砖支架、上下辊、接应辊和过渡辊台等都是长期用水的设备，接入设备通用的是胶皮管。胶皮管出现渗水或漏水时，在高温环境下使用，出现皱褶的部位极易发生爆裂，一旦水管爆裂停止供水，就会出现设备变形报废、停产的严重后果。因此须制定相应的应急措施。

a. 日常工作要注意对所有用水胶皮管进行检查，发现有表皮老化、渗水的要加固处理；

b. 准备与管径相匹配的喉箍和胶皮，换机时套在胶管上，一旦有漏水、渗水，就用这些材料捆绑，防止突然爆管。

c. 所有连接水头和设备的水管都要备用一套相同尺寸的备用管及紧固件。

d. 压延机进水管爆裂后应紧急降低拉引速度，同时做好砸头子的准备工作。过渡辊胶皮管发生爆裂短时间内影响不是很大，但需进行紧急更换处理，首先全线大幅降低速度，然后再更换上备用的管子恢复通水。

5.1.8.2　停水事故处理

停水事故会对整个设备造成严整损害。若因成形水管爆裂等问题造成短时间停水，则首先要放慢拉引速度，薄玻璃改成厚玻璃。若厂内循环水系统出现故障停止供水，水塔供水30min后仍不能供水，则应立即砸头子。

（1）压延机机组某根水管出现停水

若压延机机组某根水管因供水不足或供水头脱落导致无水，首先应确保其他辊子正常运转，如果供水头脱落可临时用备用水头接上供水，同时通知维修工找原因进行处理，如果无法修复，按正常换机操作更换压延机。

（2）整体停水

压延机的供水通常有两个来源，平时用循环水，出事故时，可使用水塔供水30min。若都出现停水时，则应立即停止生产，按砸头子程序砸头子，退出压延机机组。

停水时辊子里会产生蒸汽，操作时要注意避免烫伤。

5.1.8.3　停电事故处理

外线停电时，UPS（应急电源）会保证压延机机组及退火窑的主传动不间断地正常运转，在UPS（应急电瓶）供电期间（可持续30min），电工应立即启动备用发电机恢复供电，保证生产线主要设备正常运转。当UPS（应急电瓶）故障，备用发电机未能供电时，则应紧急砸头子（停电时注重观察压延机的运转情况）。

5.2　压延玻璃退火

与平板玻璃一样，压延玻璃在成形过程中要经受由高温塑性状态转变为室温固态的温度降低过程，由于玻璃是热的不良导体，在温降过程中，其内外层存在着温差。玻璃的硬化速度不一，会在玻璃带中造成不均匀的内应力，这种内应力如果超过了玻璃的极限强度，就会自行破裂，为了最大限度地防止或均衡这种内应力而进行的热处理，称为退火。退火就是运用适当的温度制度，连续地把成形后的玻璃带降至室温，使玻璃中残留应力减小到所允许范围的过程。退火的目的除了防止或消除玻璃制品中所产生的残留应力外，还要清除玻璃生产过程中产生的光学不均匀性以及稳定玻璃内部结构，提高玻璃机械强度和热稳定性，以保证玻璃的正常使用。

5.2.1 玻璃应力

玻璃中的应力分为热应力、结构应力和机械应力三类。

（1）热应力

简单地说，玻璃中因温度差而产生的应力称为热应力。从理论上讲，玻璃制品在高温下成形后，处于弹性状态的玻璃在冷却过程中，由于其导热性较差，在退火温度下限以前始终存在着厚度方向上的温差，这样它的外层和内层就产生了温度梯度，靠近表面的外层温度比内层低，外层先硬化并试图收缩，但温度较高的内层却予以阻止，此时因存在温度差而产生了不同程度的热应力。根据玻璃冷却过程中热历史的不同，热应力分为暂时应力和永久应力；压延玻璃退火过程中的应力，又可分为厚度上的应力和平面上的应力。

① 暂时应力。玻璃在冷却时，玻璃表层受张应力，内层受压应力；反之，在加热时，玻璃外层受压应力，内层受张应力；当玻璃中温度梯度消失，玻璃内外层温度一致时，上述应力也随之消除。这种取决于温度差的应力就是暂时应力或称为温度应力。玻璃在退火过程中，沿厚度方向内外均降到退火温度下限后，全部硬化，但内外层仍存在温差，内外收缩不一致，致使玻璃产生内应力。而内外温度均大于室温时，温差消除，应力也随之消除。暂时应力对玻璃也有破坏性，暂时应力大于玻璃所能承受的极限时玻璃也会破裂，所以，在压延玻璃生产过程中，也要很好的控制暂时应力。

② 永久应力。又叫残余应力或内应力。成形后的热态玻璃进入退火窑后，玻璃在退火温度区域开始逐渐冷却，此时外层已硬化，处于弹性状态，内层还处于塑性状态，内层冷却要收缩，硬化的外层阻止其收缩，这样外层就受压应力，内层就受张应力。这种应力与暂时应力相当时，玻璃内表现为无应力存在。但当玻璃内温度梯度消失，暂时应力也随之消失后，玻璃内部仍存在不可消除的残余应力时，这种应力就成为永久应力。窑体结构不合理或操作不当都会引起永久应力。

对于玻璃的每一点而言，它是三维应力的矢量和，即厚度上的应力、纵向应力和横向应力。横向应力是平面应力中的一种，横向应力和厚度方向上的应力所引起的形变是多种多样的，应力过大会引起玻璃带弯曲不平，甚至炸裂，所以在退火温度下限以前，要求温差要小，冷却速度要慢。

永久应力在玻璃中分布不均匀，它会大大降低玻璃制品的机械强度和热稳定性，对玻璃的各种性质，如热膨胀系数、密度、光学常数等都有影响。玻璃的退火就是最大限度地消除或减弱玻璃制品中的残余应力和光学不均匀性，并稳定玻璃内部的结构。

玻璃的退火主要是通过在合适的温度范围内控制玻璃带温度均匀缓慢降低，以消除或减少玻璃带在成形时产生的永久应力。玻璃的退火范围是指：玻璃在最高温度下经过3min能消除95%应力，在最低温度下经过3min能消除5%应力的区间。压延玻璃带的最高退火温度为570～590℃，最低退火温度为350～380℃。

（2）结构应力

结构应力是指由于玻璃化学组成不均匀，导致结构不均匀而产生的应力，它属于永久应力的一种，这种应力在退火过程中无法消除。例如，如果玻璃中存在结石、条纹、结瘤等缺陷，就会在这些缺陷的内部及其周围的玻璃体中引起很大的结构应力。

玻璃的退火温度与其化学成分有关，凡能降低玻璃黏度的成分也能降低退火温度。例如，碱金属氧化物能显著地降低玻璃的退火温度，其中 Na_2O 的作用大于 K_2O 的作用。SiO_2、CaO 和 Al_2O_3 会提高退火温度；MgO 的作用很小。

（3）机械应力

机械应力是指外力作用在玻璃上时引起的应力，这种应力正比于施加的作用力，作用力一旦消除，机械应力也随之消失，玻璃恢复原状。

5.2.2 压延玻璃退火原理

压延玻璃与浮法玻璃退火原理基本相同，但是，压延玻璃由于成形工艺的特殊性（瞬间强制辊压急冷成形），即成形过程中，在进入压辊前，玻璃液温度高黏度低，辊压后玻璃的温度快速降低，黏度急剧增加，使玻璃迅速固化。玻璃出压延辊进入退火窑之前会经过一个开放式过渡区，受花型、玻璃成分、环境温度、工艺操作等方面的影响，相比其他玻璃的退火控制，要求更加严格。

成形后的压延玻璃通过接应辊、过渡辊台进入退火窑，出压延辊的玻璃板温度一般在720～800℃左右，此温度高于退火温度上限，玻璃带不会有任何热应力。由于压延玻璃接应辊、过渡辊台属敞开结构，玻璃带经过过渡辊台时往往散热较快且不均匀，导致局部温度低于退火温度上限，此温度足以因局部弹性变形和塑性变形，而使玻璃产生应力，为了消除其内应力，必须在玻璃带进入退火窑时控制在合适的温度内（约660℃左右）；若过渡辊台处玻璃温降较快，则放下退火窑入口处玻璃板上部的保温板，使玻璃带缓慢均匀降温；若过渡辊台处玻璃温度较高，则打开退火窑入口处玻璃板上部的保温板。

玻璃带经过过渡辊台进入退火窑的初始温度一般为700～650℃，通过预均热阶段，把存在的永久应力均化或消除掉，然后，用很慢的冷却速度使玻璃带通过容易产生永久应力的范围——退火温度上限到退火温度下限，使玻璃带不致重新产生永久应力。在这个阶段，如果冷却速度较快，会形成下段无法消除的永久应力，即残留在玻璃制品中。

在退火区域以下冷却时，应保持一定的降温梯度，以免产生过大的暂时应力。在实际退火过程中，因考虑经济效益，必然要增加拉引速度或限制退火窑长度，此时欲使应力完全消除是不可能的。在退火区域内，内应力的产生决定于冷却速度和玻璃在退火温度下冷却过程中热弹性应力的松弛速度。因此，玻璃退火的主要关键是如何正确地确定和控制玻璃在退火区域内的冷却速度。

5.2.3 退火窑退火工艺

为了满足压延玻璃的退火要求，现代的玻璃退火都按照玻璃退火原理设计成连续隧道式退火窑，它们一般由A、B、C、D、Ret、E、F 7个区段组成。A区为均热预退火区，B区为重要退火冷却区，C区为间接冷却区，D区为过渡区，Ret区为快速冷却区，E区为自然冷却区，F区为强制冷却区。其中最主要的是A、B、C、Ret、F 5个区。根据生产规模不同，还可将各区分成几个小区，其作用相同。如将B区分成B_1、B_2区，F区分成F_1、F_2、F_3、F_4区等，各区内依据玻璃板温度不同采取不同的电加热冷却系统，以便完成合理的降温，达到良好退火的目的。

连续隧道式退火窑各区的温度设置是依据玻璃退火原理按温度曲线设计的，其作用是严格按照退火温度曲线进行降温同时达到消除应力的目的。玻璃退火温度的调节则是通过调节各区冷却器中的换热介质量来实现的。退火窑退火有热风循环和冷风循环两种工艺方式，其工作过程如下。

（1）热风循环退火工艺

A区和B区结构一样，工作过程相同，都采用间接冷却方式。A、B区上部采用"热风循环退火工艺"，下部采用"冷风循环退火工艺"。

压延玻璃在生产前，首先要对退火窑进行升温烘烤，主要是利用A、B区的电加热器加热换热介质——空气。当电加热器和上部引风机开启后，在引风机的抽力作用下，室温空气自车间通过进气阀进入循环系统中被加热，其运行方向是由A、B区后端逆向前端，再经引风机后，部分排出，部分再进行循环，通过热空气加热退火窑内的波纹管或方管冷却器，向窑内进行辐射散热，来达到加热烘烤的目的。正常生产的冷却过程和加热烘烤过程基本相同，在生产过程中对进窑参与冷却的换热介质要有一个稳定的温度，这个温度值由自动装置控制。当进口风温高于设定值时，自动装置会部分开启室内抽气阀，抽取一定量的冷空气进行测试调节，直到达到设定值为止。而当进口风温低于设定值时，自动装置会将室内抽冷气阀门关闭适量，以达到升温的目的。因进入窑内参与换热的空气温度低于玻璃板温度，这样通过控制进口风温来实现间接降温和消除应力的目的。

A、B区下部冷却系统都单独使用一台引风机。

C区上、下部全部采用"冷风循环退火工艺"，它与A、B区相同的是：都是采用间接冷却方式；不同的是：C区的风管尺寸大于和数量多于A、B区，且C区上部和下部共同采用一台引风机。

（2）冷风循环退火工艺

A、B、C区引风机启动后，在系统内产生负压，车间室温空气直接由各区尾端的上、下进气孔进入循环冷却系统，在退火窑内通过波纹管或方管冷却器进行换热冷却，最后由引风机将换热介质排放到车间外，这样构成一个循环冷却过程。该区域玻璃温度可通过控制进风量来调节，退火窑风量由一个自动比例调节系统控制，可通过调节比例系数达到目的。

总体来说，由于A、B、C区玻璃温度高，采用冷却强度小的间接冷却方式，在Ret

（D）、F区内玻璃板温度较低，采用空气直接对流冷却方式，以尽快地将玻璃降至玻璃切割时的工作温度。Ret区和F区所不同的是，冷却空气是由窑内热空气和室温空气混合，具有一定温度（100～200℃），直接喷吹在玻璃板表面，使玻璃冷却加快的同时，不至于因暂时应力过大而导致玻璃板破裂。

5.2.4　退火温度区划分

为了保证退火后玻璃带的应力在允许的范围，玻璃带在退火窑内需要按退火曲线进行冷却。通常把退火窑分成五个区，即均热区、重要冷却区、缓慢冷却区、快速冷却区和急速冷却区。

① 均热区。玻璃带从压延机经过过渡辊台进入退火窑，为减小玻璃带进入退火窑时的温差，在玻璃带进入退火窑后必须进行均热，把温度均匀地控制在退火温度的上限，一般该区温度控制在550～650℃。

② 重要冷却区。该区温度控制在450～550℃，这个温度范围是玻璃产生永久应力的重要区域，所以必须逐渐而又均匀地将玻璃带温度降低到退火温度下限，一般退火窑在该区的平均温降为4℃/m。

③ 缓慢冷却区。该区温度控制在320～450℃，这个温度范围是玻璃产生暂时应力的重要区域，冷却速度不宜太快，太快会导致玻璃产生过大的暂时应力而炸裂，一般冷却速度控制在6℃/m。

④ 快速冷却区。该区温度控制在180～280℃。玻璃带到达此区域温度已经较低，即使有温差存在，也不会产生过大的暂时应力。因此，此区可敞开，利用自然冷却较快降温，一般控制冷却速度为8℃/m。

⑤ 急速冷却区。该区是退火窑的最后一段，温度已比较低，虽有温差但产生的暂时应力不会太大，为了便于玻璃的切割，采用吹风强制冷却，尽快将玻璃带温度从150℃降至70℃。一般温降速度控制在10℃/m。

5.2.5　退火窑结构

压延玻璃和平板玻璃一样在成形后都必须经过退火，通俗地说，就是玻璃液在高温下成形后必须将玻璃带的温度逐渐降到70℃左右。若不经退火令其自然冷却，则很可能在成形后的冷却、存放以及机械加工的过程中自行破裂。玻璃若退火不好，轻者使玻璃在切裁过程中出现多缺角、爆边缺陷，或出现切割困难，重者使玻璃板产生翘板，更甚者玻璃在退火窑内炸板，不能成板。

压延法、浮法和平拉法的退火都是在连续式隧道退火窑内完成的。隧道退火窑有全钢结构和砖结构两种形式，压延法和浮法玻璃退火窑采用全钢结构全电加热连续式隧道退火窑，这种退火窑密封和保温性能好，可适应不同厚度的玻璃生产。

压延玻璃退火窑主要由壳体、辊子、传动装置、电加热装置、风机、自动控制系统等部分组成。

现代的压延玻璃退火窑主要有比利时克纽德（CNUD）公司的冷风循环退火工艺、法国斯坦茵（STEIN）公司的热风循环退火工艺和二者结合的冷热风混合退火工艺几种，各有利弊。冷风循环退火工艺的换热介质直接采用室内空气；热风循环退火工艺指高温区（A、B区）上部冷却器中的换热介质不是室温空气，而是比玻璃带温度低的热空气，热空气温度一般控制在300～420℃。

对一座退火窑来说，除了合理的退火曲线、高质量的设备、高配置的自动控制手段外，精细安装更是关键。某压延玻璃生产线曾因退火窑安装不精细，出现风阀反装，热电偶、电加热器接线方向不正确等重大失误，造成近一个月玻璃在退火窑内出现翘板、炸板、切割困难等严重事故，给投资者造成巨额经济损失。

现代退火窑在退火工艺上都采用"快-慢-快"退火工艺，使玻璃的温降速度在A区、C区快，B区慢。即：在550～650℃的A区，由于玻璃的结构基团能够位移，应力松弛能顺利而迅速地进行，允许降温速度加快；在450～550℃的B区，玻璃处于弹性体初态，分子能够位移，应力松弛不但迟滞，而且已不可能继续进行，不允许温降速度太快，应尽可能降低温降速度；在320～450℃的C区，玻璃处于完全弹性体状态，玻璃降温速度可以大到不至于使其破坏的程度，此时提高降温速度只会增大暂时应力，不会增加永久应力，所以可加大降温速度。

现代退火窑在结构上采用全钢全电结构、逆流方式冷却（即冷却器中换热介质的流向和玻璃带的运动方向相反），由若干节组装而成。下面以冷风循环退火工艺为例介绍退火窑结构。

5.2.5.1　退火窑壳体

如前所述，退火窑一般由A、B、C、D、Ret、E、F 7个区段组成。A、B、C区分别为退火窑的均热预退火区、重要退火区冷却和间接冷却区，是退火窑的关键区，直接影响玻璃的退火质量。这三区壳体采用隔热保温的形式，在窑内配制合理的电加热冷却系统，进行横向分区控制，有效地控制玻璃板的冷却速度和横向温差。

A区（均热预退火区）：其作用是使从过渡辊台出来的700℃左右的玻璃带均匀降温至玻璃退火上限温度550℃左右，并根据不同厚度玻璃板的生产要求，调整玻璃板的横向温差。A区冷却系统采用顺流工艺，窑内板上、板下各布置1层冷却风管，降低A区末端玻璃板的冷却速率，使之与B区前端玻璃板的冷却速率接近。A区板上、板下都设置有边部活动电加热抽屉，加热玻璃板边部，以满足不同厚度玻璃的生产需要。

B区（重要退火冷却区）：其作用是将已处于退火温度上限的玻璃带以一定的冷却速率进行均匀冷却，从而将玻璃板内的永久应力控制在允许的范围内，该区的温度范围为450～550℃。B区采用冷风逆流工艺，窑内板上、板下各布置1层冷却风管；在B区板上设置边部活动电加热抽屉，加热玻璃板边部。板下不设电加热。

C区（间接冷却区）：其作用是使B区出来的低于退火温度下限的玻璃带以较快的冷却速率进行冷却，其温度范围为320～450℃。在该区玻璃板只产生暂时应力，不产生永久应力。C区采用冷风逆流工艺，窑内板上布置2～3层冷却风管、板下布置1层大冷却风管；在C区板上设置边部活动电加热抽屉，加热玻璃板边部。板下不设电加热。

D区（过渡区）：介于C区和Ret区之间，起连接作用，长度仅3m左右，结构形式为一简单封闭结构。

　　Ret区（快速冷却区）：为循环热风直接对流冷却区，它是利用退火窑内的热风配以一定的室温风，通过风机将一定温度的热风（180～280℃）重新直接喷吹到玻璃板上，利用其强制对流使玻璃带快速冷却，其温度范围在150～200℃。为保证玻璃的正常生产，热风与玻璃板的温差不能太大，否则会引起玻璃板的炸裂，从而影响玻璃生产成品率。Ret区尽量密闭，并在该区后设置活门，冷却风温度由热电偶和风调节阀闭环控制，便于控制具有不同温度梯度的热风，获得平滑的玻璃温降曲线。Ret区冷却系统采用热风循环系统，板上冷却风嘴横向分若干区，板下风嘴横向不分区，并在风机进风口处设自动执行器，控制进风量。Ret区不设电加热器。

　　E区（自然冷却区）：该区玻璃带直接暴露在空气中，利用自然对流冷却玻璃带。

　　F区（强制冷却区）：为室温风直接强制对流冷却区，它是将车间内的室温风直接吹到玻璃板表面上，利用其强制对流实现玻璃板的快速冷却，板上冷却风嘴横向分若干区，板下风嘴横向不分区。其温度范围在70～150℃。

　　冷风循环退火工艺和热风循环退火工艺比较见表5-3。

表5-3　冷风与热风循环退火工艺比较表

区号	温度区间/℃	电加热位置	冷风循环退火工艺	热风循环退火工艺
A$_0$	650～700			直接加热
A	550～650	板上、板下	顺流冷风辐射	板上逆流热风辐射 板下逆流冷风辐射
B	450～550	板上	逆流冷风辐射	板上逆流热风辐射 板下逆流冷风辐射
C	320～450	板上	逆流冷风辐射	逆流冷风辐射
D	280～320		封闭式，自然对流	E$_1$区：封闭式，自然对流
Ret	180～280		直接热风强制对流	D区：直接热风强制对流
E	150～180		敞开式，自然对流	E$_2$区：敞开式，自然对流
F	70～150		冷风强制对流	冷风强制对流

5.2.5.2　退火窑传动装置及输送辊道

　　退火窑设置两个互为备用的辊道传动站，工作时一个承受荷载持续运转，另一个以低于工作转速5%的速度空转，并设有手摇装置，在停电时可以手动转动主轴或其任何附属部分；传动站采用运行精度高、调速范围广的交流永磁同步电机变频调速。传动站通过过桥齿轮箱驱动地轴转动，设于过桥齿轮箱内部的超越离合器使其不承受载荷，当工作的传动站出现故障时，另一个传动站自动投入正常运行。

　　每个传动站包括：1个固定在地板上的机架、1台永磁同步调频电机、1台齿轮减速机、1个带有超越离合器的过桥齿轮箱。

　　在退火窑内，玻璃带由辊道支承并受辊道的牵引作用随着辊道的转动前进。太阳能压延玻璃退火窑的辊道由若干根材质为ZG40Cr25Ni20和ZG30Cr20Ni10的耐热钢辊及石棉辊组成。ZG辊体采用离心浇铸钢管（表面预加工）制造，离心浇铸的目的是使钢管表面无缩孔，只允许在内壁有些缺陷，但不能影响使用。壁厚允差小于5%，这样可使辊子不平衡度控制在1.5kg之内。离心浇铸的另一个好处是使晶体定向排列，降温时辊子外皮有冷硬层的白口组织结构，在运输和使用过程中不至于弯曲变形。辊子采用氩弧焊进行组焊，焊后整体进行热处理，消除铸造和焊接应力。通常在高温区使用耐热钢辊，为了降低投资和防止辊子擦伤玻璃，在B区后半段以后的区域使用石棉辊。

5.2.5.3　退火窑的控制

退火窑温度采用可控硅调功器进行控制，设置电加热/风冷却分程控制、单风冷却控制、单电加热三种控制方式，并在DCS上显示电加热功率；风系统执行机构为气动蝶阀。

通常在A区进口设置1个红外仪，B区出口设置3个红外仪检测玻璃板温度。

退火窑所有热工参数全部进入DCS进行集中显示或控制。退火窑冷却风机的运行故障信号也进入DCS进行监视、报警。退火窑主传动采用交流变频调速，主传动速度可在DCS上设定和显示。

由于现在的压延玻璃退火窑都使用了高质量的保温材料和先进的控制手段，所以，一般在生产操作过程中，只需要根据不同玻璃厚度制定相适应的退火曲线，控制横向板面温差小于10℃，控制板上和板下温差不大于5℃，做好轴头密封工作，减少温度波动次数。

生产的玻璃厚度不同时，退火窑温度要做相应的调整。玻璃越薄，厚度方向温差越小，应力产生的速度越慢，玻璃越厚，厚度方向温差越大，应力产生的速度越快。因此生产薄玻璃时，冷却速度可适当加快，生产厚玻璃时可适当减慢。薄玻璃改厚玻璃时，退火区适当延长，退火速度适当放慢，A区指标按原控制指标的下限控制，B区按上限控制，C区温度按原指标的上限控制；厚玻璃改薄玻璃时，退火区适当缩短，退火速度适当加快，A区指标按原控制指标的上限控制，B区按下限控制，C区温度按原指标的下限控制。

5.3　压延玻璃原片切割与包装

玻璃带从退火窑出来后，通常玻璃板的温度能降至70℃左右，在正常情况下，经过纵向切割、横向切割、在线玻璃质量检测（自动或人工）、板面吹扫、掰边、分片等工序，得到玻璃成品，玻璃成品经过人工或自动包装后入库。有些优质玻璃生产线还配置有在线厚度检测仪、在线应力检测仪、在线清洗设备、在线防霉设备、优化切割系统、自动装箱机等设备。

在玻璃的切割过程中，最易造成的玻璃质量缺陷是，因玻璃退火原因或刀轮质量问题引起玻璃的爆边、多缺角等；在包装过程中最易造成的玻璃质量缺陷是玻璃板面划伤。

由于太阳能压延玻璃原片必须经过钢化深加工后方可使用，所以，现在有条件的生产线均采用压延原片玻璃生产线直接与深加工生产线连线的方式，这样不仅减少了包装工序，而且降低了制造成本，提高了工作效率，是未来的发展方向。

第6章

压延玻璃成形设备

6.1 玻璃压延机种类及区别

6.2 玻璃压延机参数

6.3 玻璃压延机主要部件

6.4 压延机装机与试车

6.5 生产前玻璃压延机检查及换机检修

6.6 玻璃压延机维护及故障处理

6.7 压延玻璃花型设计

6.8 压延机对玻璃厚薄差的影响

6.9 玻璃压延机的安全管理

压延玻璃成形设备主要是指玻璃压延机系统。玻璃压延机主体由上下两个压延辊和接应辊（副辊）组成，是压延玻璃生产线成形的关键设备，它和过渡辊台组成一套压延成形系统，一起安装在压延玻璃生产线玻璃熔窑与退火窑之间。玻璃液从熔窑溢流口通过唇砖流入上下辊之间，由上下辊将熔制好的玻璃液压制延展转变成具有固定形状、一定厚度和表面具有特定花型的平板玻璃，成形后的玻璃带通过接应辊道和过渡辊台输送进入退火窑进行退火。因其是压制延展而成，故名压延玻璃。

6.1　玻璃压延机种类及区别

我国湖南株洲玻璃厂于1965年自行设计建成国内首条建筑装饰压延玻璃生产线，20世纪90年代后，国内一些企业为了增加品种、降低制造成本、提高玻璃质量，陆续从德国、法国及我国台湾地区购入压延机，建设建筑装饰压延玻璃生产线。由于国内建筑装饰压延玻璃市场需求有限，所以，建筑装饰压延玻璃在国内发展很慢。21世纪初，随着绿色能源太阳能行业的崛起，与之配套的太阳能压延玻璃成为朝阳产业，在传统建筑压延玻璃基础上又"老树发新芽"，快速发展起来，工艺技术也得到了大幅提升。现在压延玻璃生产线使用的玻璃压延机主要有砖机分离式和砖机一体式两类。

6.1.1　砖机分离式玻璃压延机

砖机分离式玻璃压延机由压延成形装置、驱动单元、可移动的底座、过渡辊台、控制系统五部分组成。为保证能适用于不同玻璃窑炉和满足不同厚度玻璃的生产要求，玻璃压延机配备了各种调整装置，如玻璃厚度调整装置、设备高度调整装置、上辊水平调整装置及接应辊斜度调整装置等。砖机分离式玻璃压延机组构成示意见图6-1。

砖机分离式压延机的特点：a.顾名思义，是唇砖与玻璃压延机分离，分别安装，砖和机不在一体。玻璃压延机组还包含一组接应辊和一组过渡辊台，作用是在压延玻璃进入退火窑前，使玻璃冷却到退火窑入口需要的工艺温度。b.调节手段多，更适合生产高质量压延玻璃使用。c.自动化程度高，整机工作可靠。d.压延辊直径较小，一般为$\phi180 \sim 300mm$。

砖机分离式玻璃压延机组主要构件有上下压延辊筒、接应辊（副辊）、过渡辊台、驱动系统、冷却系统、调整系统、控制系统等。

（1）压延成形装置

压延成形装置包括上辊筒、下辊筒、接应辊、冷却装置及相应的调整装置。

① 压延辊筒。上辊筒和下辊筒均为刻花辊筒。下辊两端轴承固定，依靠上辊两端的升降机传动手轮调整上辊，达到调节玻璃厚度的目的。玻璃压延机辊速从$0.4 \sim 9m/min$，按照0.01m/min的速度增减可调。

② 压延辊筒支撑。上辊筒和下辊筒在DU轴承上运行，安装在2个特殊设计的支架上。下辊筒同轴承坐落在两个对开式半圆固定的主轴承支架上；上辊筒轴承是一个特殊设计的调心轴承，其轴承座由升降机支撑，用于调节玻璃厚度。轴承上的上辊筒升降装置通过手轮可以更精确地垂直调节。

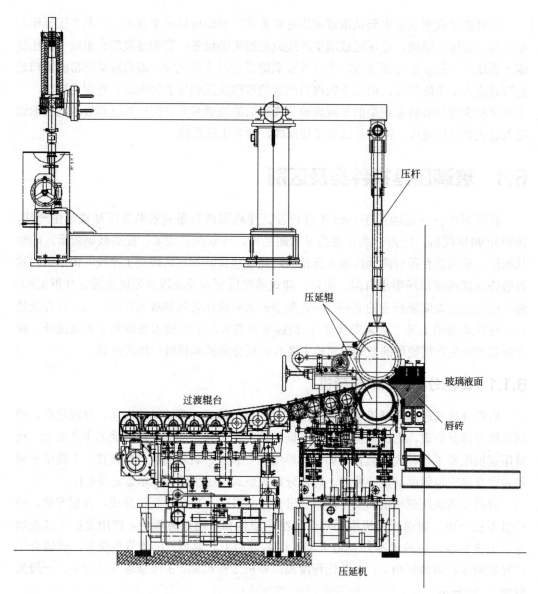

图6-1　砖机分离式玻璃压延机组构成示意图

③ 压杆。压杆主要是压紧上辊筒，保证上下辊筒之间的间距不变。在正常生产期间，上辊筒的位置能够调整，用来生产不同厚度的玻璃。

④ 风刀。在相邻的两个接应辊之间，有吹风嘴，从下面支撑玻璃带以免玻璃带下垂，同时也可使玻璃快速冷却。

每个风刀分成几个不同的分区，分布在玻璃带的整个宽度上，每个吹风嘴的风量可单独调整。

风冷装置管路连接玻璃压延机底部进风口，通过安装在压延机底部风刀分区的分配器的阀门后连接风刀；从控制盘可以对阀门进行调节，控制风量大小。

⑤ 上辊筒移动装置。在向退火窑的水平方向上，依靠一个带有平行螺旋装置的手轮，上辊可水平移动约50mm，用来调节玻璃厚薄差和上下辊筒的温度调节等。

⑥ 过渡辊。在玻璃带的运行方向上，上下辊筒后跟随有过渡区，过渡区包含有接应辊和过渡辊台。接应辊和过渡辊的表面均采用Al_2O_3陶瓷包覆，以减少玻璃下表面的缺陷。

⑦ 水冷装置。由于上辊筒、下辊筒、接应辊、过渡辊都和玻璃板接触，受热后温度会上升，所以使用通过式冷却水冷却。每一根辊中通过的水流量可单独调节，保证每个辊可以稳定地保持所需要的温度状态。过渡辊台上的过渡辊，可采用水直接冷却的方式，也可以采用间接冷却方式。

（2）驱动单元

驱动单元包含3套带有变频控制交流电机的特殊传动装置。上辊筒、下辊筒和副辊的驱动由电机通过万向联轴器来实现。为满足高温生产环境的要求，现场电机采用的是绝缘等级为H级的产品。驱动单元示意见图6-2。

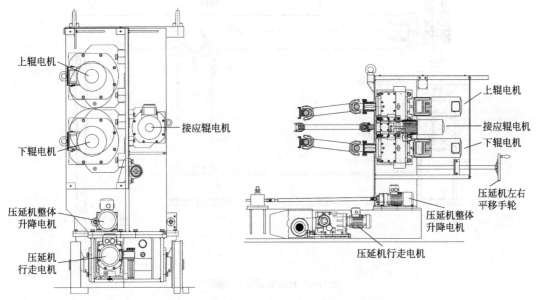

图6-2 砖机分离式玻璃压延机驱动单元示意图

砖机分离式玻璃压延机的驱动装置包括上辊筒驱动电机、下辊筒驱动电机、接应辊驱动电机、玻璃压延机行走驱动电机、玻璃压延机升降电机和手动左右平移手轮。

① 上辊筒单独变频驱动电机。安装在机架上，电机减速机通过万向联轴器、旋转接头与上辊筒连接，驱动上辊旋转。在触摸屏上可设置相应的参数，实现无级变速控制。

② 下辊筒单独变频驱动电机。与上辊筒相同，不同的地方是，下辊筒速度调节后，其余辊的速度要跟随被调整，如接应辊、过渡辊等。

③ 接应辊单独变频驱动电机。与上辊筒相同，不同的地方是，下辊速度调节后，其速度跟随被调整。

④ 玻璃压延机升降驱动。玻璃压延机和过渡辊台，均通过驱动螺旋升降机组在垂直方向移动，尽可能准确地调节玻璃压延机和窑炉上唇砖的高度位置，使其有一个合理的高度，可以是电机驱动，也可以是手轮。

⑤ 玻璃压延机行走驱动电机。通过驱动链条，带动机架上的辊轮在辊道上移动，将玻璃压延机从检修平台送到工作位置或者从工作位置移出送到检修平台。

以上传动驱动装置均安装在机架上，可随机器本体一起运动，在操作盘上，通过设定相应数据，可实现无级变速控制。各个辊的速度可同步调整，如调整下辊筒的速度，其他辊的速度也相应被调整，如上辊筒、接应辊和过渡辊。为了改善玻璃的品质，也可单独提升或降低调整某一个辊子的速度。

（3）压延辊筒压紧装置

压延辊筒压紧装置由螺旋升降机、压力传感器、弹簧机构、杠杆和压杆组成，见图6-3。

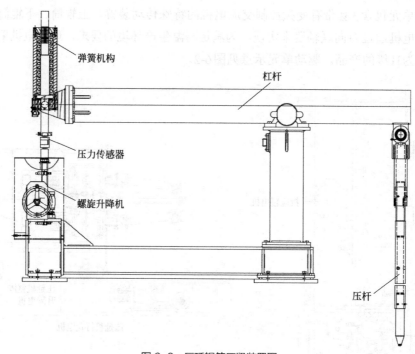

图 6-3　压延辊筒压紧装置图

压延辊筒压紧机构工作原理：设定压力参数后，电机减速机驱动螺旋升降机向上或向下运动，压力传感器和缓冲弹簧通过支点靠杠杆作用，将力量传递给压杆，最终将压力作用到上压延辊筒上。当压力传感器检测到压力达到设定值时，将信号传递给控制系统，电机停止运转。

缓冲弹簧的作用是缓解压延辊筒的压力变化。在控制系统中，压杆压力设置时有一个允许的压力变化范围，当压延辊压力不超过设定的压力变化范围时，电机减速机不会启动，而是依靠弹簧克服压力变化；当压力变化超过设定的压力变化范围时，电机驱动螺旋升降机将压力调整到设定的压力值。

压杆压紧机构还具有紧急状态下快速提升上辊筒的功能。上辊筒两端有压杆压紧，当辊子承受的压力超过设定压力时，辊子被抬起，避免辊子被损坏。

（4）过渡辊台

过渡辊台位于玻璃压延机和退火窑之间，用作玻璃带的传输、冷却，可移动和调节。过渡辊台架上安装有过渡辊，过渡辊的数量根据需要配置，见图6-4。过渡辊采用免维护DU轴承支撑，并且为调心支撑轴承。过渡辊装有水冷装置，可以直接水冷或间

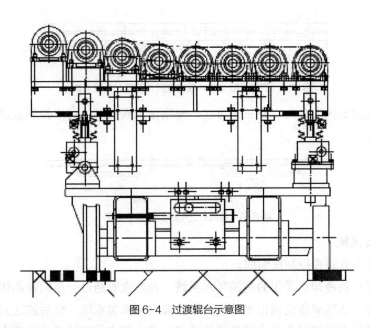

图6-4 过渡辊台示意图

接水冷，所有辊子表面包覆陶瓷层。

过渡辊通过高精度链条传动来驱动，辊子间隙不同链条松紧度可调。耐高温电机安装在基座下面，可以上下调节。

带有滚轮的移动底部框架是支撑下部基座的支架，下部基座依靠两个螺旋单元来进行辊子斜坡面的上下调整；底部框架在水平方向可移动90mm；框架倾斜度（角度）也可调。所以过渡辊台按照所需要的高度和角度，既可以向玻璃压延机方向移动调整，也可以向退火窑方向移动调整。

（5）风冷系统

风冷系统由风刀、管路和控制阀组成。

玻璃压延机风冷采用集中供风的形式，用几台高压风机（其中有一台备用）供应所有玻璃压延机的冷却风。高压风用不锈钢管路送到每个玻璃压延机旁边，通过一根耐高温软管与玻璃压延机相连。

玻璃压延机上至少有三个风刀，分别位于下压延辊与第一根接应辊之间、第一根与第二根接应辊之间和第二根与第三根接应辊之间。

在玻璃带的宽度方向，通过风阀单独地调节风嘴的风量，以保证玻璃板面质量。

风刀的作用是产生气垫，气垫有两大作用。其一，起到托举玻璃带的作用，因为玻璃带在刚出压延辊时温度高，玻璃带处于软化状态，在玻璃带引头子作业时，如没有气垫的托举容易造成玻璃带掉板，正常生产时，如没有气垫的托举会造成玻璃带变形。其二，气垫系统还可以对玻璃带进行冷却，并起到调整玻璃带横向温差的作用。熔窑沿口玻璃液横向温差较大时，会造成玻璃带出压延辊筒后的横向温差较大，由于气垫系统在横向有多个分区，可通过调节每个分区的风量来调整玻璃带的横向温差。特别是第一道气垫有五至七个分区，能很好地调节刚刚辊压成形的玻璃带的横向温差。

下压延辊与第一根接应辊之间的风刀分为五到七个分区，分别由风阀控制，可以精确地控制玻璃带温度和温差，见图6-5。

图 6-5　下压延辊与第一根接应辊之间风刀布置示意图

接应辊之间的风刀分为二到三个分区，分别由风阀控制，可以控制玻璃带温度和温差，见图6-6。

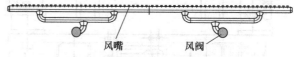

图 6-6　接应辊之间风刀布置示意图

（6）水冷系统

水冷系统由管路和控制阀组成。

玻璃压延机的冷却水采用的是循环水系统。循环水管通过一根软管和快速接头与玻璃压延机相连。从玻璃压延机出来的热水先回流到热水房水池，然后被送到凉水塔进行冷却，再回循环水系统对生产线设备进行冷却。其中保安水塔始终处于蓄水状态，当循环水泵出现故障时，单向阀关闭，保安水塔可向生产线提供25min紧急用水。

冷却水的作用是保证辊子在高温下的正常工作，并且对成形的玻璃进行冷却，所有辊子都采用直接水冷方式。其中，压延辊水冷流程见图6-7，接应辊水冷流程见图6-8。

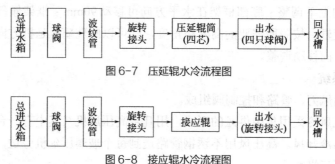

图 6-7　压延辊水冷流程图

图 6-8　接应辊水冷流程图

（7）移动式底座

玻璃压延机机身整体安装在一个带有滚轮（在免维护自润滑的普通轴承上运行）的可移动底座上，所有的辊子和调节装置均安装在底座上，辊子可以在底座上沿不同方向进行调整（上下、左右、升降）。

6.1.2　砖机一体式玻璃压延机

砖机一体式玻璃压延机，顾名思义，是唇砖安装在玻璃压延机上，砖和机形成一体。砖机一体式玻璃压延机结构见图6-9和图6-10。

砖机一体式压延机特点：a.过渡辊由退火窑提供。采用砖机一体式结构可节约换机时间，但是浪费唇砖。b.压延辊直径大，一般为$\phi300\sim600$mm，辊子变形小，生产的玻璃板面质量好。c.玻璃压延机与退火窑距离短，玻璃进入退火窑的入口温度高。d.控制系统简单，操作简单。e.整机体积和质量大。

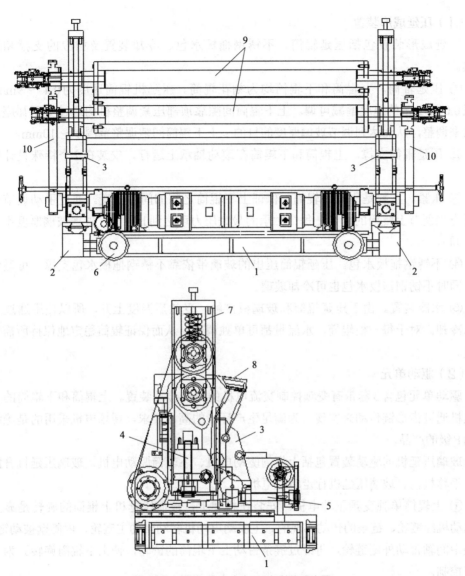

图 6-9 砖机一体式玻璃压延机结构示意图

1—机座；2—左右燕尾支撑座；3—左右侧壁；4—顶升机构；5—平移机构；6—行走机构；7—顶部压紧调整机构；
8—冷却机构；9—上下压延辊机构；10—链轮链条传动机构

图 6-10 砖机一体式压延机图片

（1）压延成形装置

压延成形装置包括压延辊筒、不锈钢拖板水包、冷却装置及相应的支撑和调整装置。

① 压延辊筒。上辊筒和下辊筒均为刻花辊筒。压延机辊筒速度为0.4～9m/min，按照0.01m/min的速度增减可调。上下辊筒间隙靠顶部压紧调整机构通过上下瓦座间的斜铁来调整，从而达到调节玻璃厚度的目的；上下辊筒间隙调整范围0～10mm。

② 压延辊筒支撑。上辊筒和下辊筒在滚动轴承上运行，安装在2个特殊设计的支架上。

③ 压紧。主要是压紧上辊筒，保证上下辊筒之间的间距不变。通过手动调节弹簧的压力来调节上辊筒的压力，每个轴承的最大压力可达到1～3t（根据玻璃厚度不同压力不同）。

④ 不锈钢拖板水包。压延辊筒压出的玻璃带依靠不锈钢拖板水包支撑，可避免下垂，同时不锈钢拖板水包也可冷却玻璃。

⑤ 水冷装置。由于压延辊筒和玻璃板接触，受热后温度上升，所以使用通过式冷却水冷却。对于每一根辊筒，水流量都可单独调节，从而保证辊筒稳定地保持所需要的温度。

（2）驱动单元

驱动单元包含3套带有变频控制交流电机的特殊传动装置。上辊筒和下辊筒的驱动由电机通过齿形链传动来实现。为满足生产环境的高温要求，现场电机采用的是绝缘等级为F级的产品。

玻璃压延机的驱动装置包括上辊筒驱动电机、下辊筒驱动电机、玻璃压延机升降电机、平移机构、玻璃压延机行走驱动电机。

① 上辊筒单独变频驱动电机。安装在机架上，玻璃压延机上辊筒的旋转是靠主驱动电动机经链轮、链条的传动实现的。主驱动电动机转动带动主链轮、内侧壁被动链轮，又经中间轴带动外侧链轮，再经过链条带动上下辊筒的链轮，使上下辊筒旋转。为无级变速控制。

② 下辊筒单独变频驱动电机。与上辊筒驱动基本相同，不同的是，下辊筒速度调节后，其余辊筒的速度会随着被调整。

③ 玻璃压延机升降电机。升降电机可使上下辊筒同时沿垂直方向上下移动，以调整辊筒与窑炉水平面平行，顶升机构垂直移动范围0～100mm。

④ 玻璃压延机的平移机构。平移机构通过电动机可使左右侧臂靠近窑炉或远离窑炉，也可手动移动，移动范围0～150mm。

⑤ 玻璃压延机行走驱动电机。行走驱动电机接电后，通过电机轴上的链轮，经链条传给链轮，经过底座车轮轴上的轮链带动车轮转动，进而使玻璃压延机整体移动，将玻璃压延机从检修平台送到工作位置或者从工作位置移出送到检修平台。

（3）冷却系统

玻璃压延机上下辊筒内腔冷却、拖板水箱的冷却及主驱动电机的冷却水套，均通过全厂的循环水系统实现，冷却水压力范围0.25～0.3MPa，循环冷却。

6.1.3 砖机分离式和砖机一体式玻璃压延机主要区别

两类玻璃压延机的区别主要体现在以下几个方面：压延辊的布置形式、压延辊结构与辊径、压延辊的冷却方式、压延辊支撑轴承、压延辊压紧装置、压延辊筒传动方式、压延辊筒间隙调整、压延玻璃支撑冷却方式、机架等。

（1）压延辊的布置形式

按照上下压延辊的布置和可调整情况，主要有固定式垂直布置、垂直-倾斜可调整布置和固定式倾斜布置三种类型，见图6-11。

砖机一体式玻璃压延机采用固定式垂直布置，下辊固定，通过上辊沿导轨的上下运动调整辊筒间隙，上下辊中心连线在垂直方向上，见图6-11（a）。砖机分离式玻璃压延机采用垂直-倾斜可调整布置，下辊固定，通过上辊绕固定点的旋转调整辊筒间隙，并且上辊可以沿水平方向移动约50mm。上下辊中心连线可以在垂直方向上，也可以与垂直方向成一定的角度，见图6-11（b）。一些微晶玻璃压延机和某些企业自制的玻璃压延机采用固定式倾斜布置，下辊固定，通过上辊沿倾斜导轨的上下运动调整辊筒间隙，见图6-11（c）。

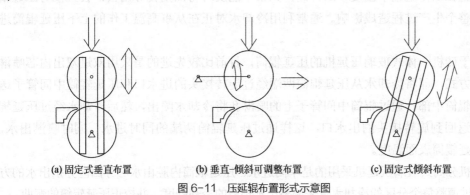

(a) 固定式垂直布置　　(b) 垂直-倾斜可调整布置　　(c) 固定式倾斜布置

图6-11　压延辊布置形式示意图

玻璃压延机的压延辊采用倾斜布置形式，有以下优点：

a.有利于缩小上下辊的温差。玻璃液在下辊上的包角更大，因此下辊的温度会升高；上辊离熔窑较远，减少了熔窑热能对上辊的影响，降低了上辊的温度，提高了玻璃板面质量。

b.有利于玻璃带的输出。在传送过程中，玻璃液的重力可以作为一部分拉力，且上下压辊成一定角度更方便输送。当玻璃液经过上下压辊后，由于在高温下，仍是软固体状，在重力的作用下玻璃带便会呈现一定角度的弯曲，然后输送到接应辊上，这样更便于整个生产过程中的生产。

c.垂直-倾斜可调整布置的机械结构虽然比固定式垂直布置机械结构复杂，但是为玻璃生产的调整提供了极大的便利。

（2）压延辊结构与辊径

砖机一体式压延机采用辊径较大的组合式压延辊（见图6-12）。采用大径辊可以克服压延辊受压力和受热膨胀产生的弯曲应力，减少玻璃的厚度差。

砖机分离式压延机采用辊径较小的整体式压延辊（见图6-13）。

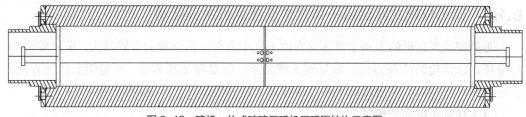

图6-12　砖机一体式玻璃压延机压延辊结构示意图

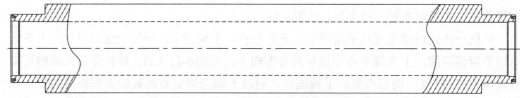

图6-13　砖机分离式玻璃压延机压延辊结构示意图

（3）压延辊的冷却方式

由于溢流口玻璃液的温度在1050～1100℃，因此上下压延辊一直处在高温环境下工作，且在工作过程中温度不断升高，如果不能及时将热量传导出去，会直接对压延辊筒以及整个生产过程造成影响。通常利用冷却水对正在从事高温工作的上下压延辊筒进行降温。

对于砖机一体式玻璃压延机的压延辊筒，目前比较先进的是采用双进双出内芯喷淋的冷却方式，即将冷却水从压延辊筒两端经过旋转接头的进水口和压延辊筒中间管子送到压延辊筒中部，通过辊筒中间管子上的喷淋孔将冷却水喷出，然后冷却水经过压延辊筒内腔返回到旋转接头的出水口，这样通过压延辊筒两端的同时进水、同时喷淋出水，控制压延辊筒表面温度。

砖机分离式玻璃压延机采用的是单向进水、压延辊筒内腔由水芯分四区分别出水的方式，通过调整每个分区的冷却水量来调整压延辊筒的冷却强度，并校正压延辊筒的弯曲。

（4）压延辊筒支撑轴承

玻璃压延机的下辊筒轴承座固定，上辊筒的轴承座是可升降的，通过调整升降可调整两辊筒之间的间隙。轴承座内的轴承钢套是球面的可调心套筒零件，上辊筒两端的调心轴承钢套能补偿在间隙调整过程中由于心度不同和生产过程中辊筒挠度造成的误差。

砖机一体式玻璃压延机采用八套滚动轴承，传动阻力小，辊筒转动灵活，但是辊筒的整体结构变大。

砖机分离式玻璃压延机采用四套DU轴承，见图6-14。辊筒的整体结构小，可使用水芯调整辊筒弯曲，但是传动阻力稍大。

（5）压延辊筒压紧装置

砖机一体式压延机以及早期的砖机分离式压延机，采用弹簧压紧方式，即压延机两端固定架内设有上辊筒和下辊筒，在上辊筒和下辊筒之间设有间隙调节块，上辊筒上方设有压紧弹簧，压紧弹簧上设有压板，压板上设有压紧丝杠，通过调节压紧丝杠压缩弹簧来调节对压延辊筒的压力，见图6-15和图6-16。这种结构虽然简单，便于维修操作，但是调整压力时操作不方便，丝杠容易锈死。

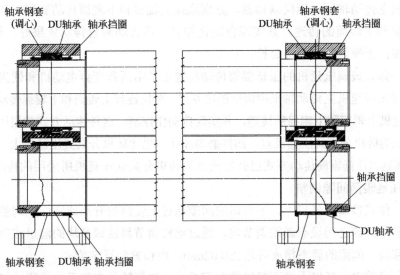

图6-14　砖机分离式玻璃压延机辊筒支撑轴承示意图

图6-15　转机一体式玻璃压延机压紧弹簧

图6-16　早期的砖机分离式玻璃压延机压紧弹簧

现在使用的砖机分离式压延机采用压杆压紧方式，即电机驱动带有压力传感器的升降机压缩弹簧，通过杠杆作用将作用力传递给压杆。这种压杆结构复杂，操作简便，实现了自动控制，见图6-17。

图6-17　砖机分离式玻璃压延机压杆图

（6）压延辊筒传动方式

砖机分离式压延机的压延辊筒传动装置由两台变频电动机和硬齿面减速机组成，硬齿面减速机主传动轴通过万向联轴器，分别连接上辊筒和下辊筒传动装置，从而调整压延机上辊筒和下辊筒的转速，并实现自动化控制。该传动装置传动效果好，传动平稳，部件无磨损，无噪声，使用寿命长。

砖机一体式玻璃压延机的压延辊筒传动装置也是由两台变频电动机和硬齿面减速机组成，硬齿面减速机主传动轴采用齿形链轮方式，分别连接上辊筒和下辊筒传动装置，从而调整压延机上辊筒和下辊筒的转速，并实现自动化控制。这种传动方式效果比采用万向联轴器方式的砖机分离式压延机差，部件磨损和噪声也比砖机分离式压延机大。所以，砖机一体式压延机压延辊筒传动方式已开始改进为砖机分离式压延机所采用的传动方式。

（7）压延辊筒间隙调整

砖机一体式玻璃压延机上、下辊筒的间隙通过上辊筒的升高或降低来调整。固定架内上辊筒和下辊筒之间设有斜铁调节块，通过丝杠调节斜铁调节块的前进或后退，完成上辊筒的移动。间隙的静态精度可达±0.02mm，由锁紧装置定位。

砖机分离玻璃压延机上、下辊筒的间隙通过上辊筒轴承支架下的升降丝杠装置进行调整，支架升降装置由蜗轮蜗杆升降机和手轮组成，蜗轮蜗杆升降机安装在机架上，通过棘轮锁死升降机，手轮每转动一个齿，上辊筒上升或下降0.006mm。

（8）压延玻璃支撑冷却方式

玻璃液通过上、下辊筒压制成形后，得到的玻璃带仍处于软化状态，需要支撑并继续冷却。砖机一体式压延机与砖机分离式压延机的支撑冷却方式有所不同。

砖机一体式玻璃压延机一般通过在不锈钢拖板水包上安装不锈钢条来支撑玻璃带（见图6-18）。由于玻璃带直接在水包上拖动摩擦，使用一段时间后，不锈钢条会磨损，玻璃板下表面将会出现擦伤，需要换机更换不锈钢条；另外采用这种方式玻璃板面的温度不能调节控制。

砖机分离式玻璃压延机使用三根（或四根）接应辊（副辊）加气垫支撑，见图6-19。采用副辊支撑，支撑辊的转动与玻璃板面之间没有摩擦，不会擦伤玻璃下表面；气垫支撑是由冷却风分成几个区的风刀组成，安装在两根副辊中间，通过调节各区的风量，可以控制玻璃板面的温度，提高玻璃质量。

图6-18　砖机一体式玻璃压延机拖板支撑图　　图6-19　砖机分离式玻璃压延机副辊支撑图

（9）压延机机架

两种玻璃压延机的机架都带有动力装置，电机减速机通过链条传动带动整机行走，方便推入或退出生产线使用。

砖机一体式压延机底座由铸铁组成，自身质量大，压延机移动比较困难，但是工作时振动小。

砖机分离式压延机底座为焊接结构，自身质量小，压延机移动比较容易，机电配置较先进。

6.2 玻璃压延机参数

6.2.1 玻璃压延机工作原理

压延机上辊和下辊在传动电机的带动下转动，高温玻璃液在辊筒摩擦力的作用下被带入辊隙，经过两个辊筒的滚动、碾压、并迅速冷却后成形，初步成形的玻璃带再用冷却风冷却，使玻璃带上的花纹定型，成为所需要的片状玻璃带。玻璃带在压延辊筒转动产生的摩擦拉力的拉伸下，通过接应辊（副辊）和过渡辊台进入退火窑退火，在过渡辊台输送过程中继续对玻璃带进行降温，达到进入退火窑要求的温度。

压延辊筒表面花纹不同，压成的图案不同，这样在辊压过程中，就在玻璃带上压制出了相应的花纹，形成压花玻璃。玻璃压延机上、下辊筒之间的间距是可以调整的，这样就可以生产不同厚度的压花玻璃板。玻璃压延机的底座可以上下、前后、左右调整，这样可以保证压延机与后面的过渡辊台、退火窑协调一致，有利于产品质量的稳定与提高。玻璃压延机上的压杆可保证上辊在玻璃液压制过程中不被顶起。

根据压延机工作原理，玻璃压延机应满足以下条件：

① 由于压延成形工艺强制辊压、瞬间急冷成形的特殊性，因此玻璃压延机应具有使玻璃迅速固化、且保持花纹清晰稳定的能力；

② 压延辊筒转动时，玻璃液与辊筒的摩擦角必须大于它与辊筒的接触角，因为只有压辊与玻璃液之间具有足够的摩擦力，玻璃液才能被拉入辊间，并随辊筒的转动而前行，然后经托辊（托板）进入退火窑；

③ 压延辊筒的直径、内径设计要充分考虑冷却水的水温、水量、水压、水垢的影响；

④ 各结构部件、传动部件、辊筒、传动轴承等应具有抵抗高温的能力；

⑤ 应能够上下、前后移动调节，具有通过液面高度和葱头大小控制辊筒温度的能力；

⑥ 具有上下辊筒的角速度和角速度差调节能力；

⑦ 压延机下辊筒的上母线与唇砖几乎是平的，应考虑压延机与唇砖之间的间距大小。

6.2.2 玻璃压延机特征参数

玻璃压延机的主要特征参数有压延辊筒长度和直径、辊筒速度和速比、辊筒横压力（玻璃最小厚度和厚度公差）、驱动功率、生产能力等。

（1）压延辊筒长度和直径

压延辊筒的长度和直径是指压延辊筒工作部分的长度和直径，这是表征压延机规格的特征参数。

① 压延辊筒长度。压延辊筒长度决定了压延玻璃板面的最大幅度，即最大板宽。

② 压延辊筒长径比。压延辊筒工作部长度和直径的比值叫长径比。压延辊筒的长径比（或压延辊筒直径）主要影响压延玻璃的厚度尺寸精度。

③ 压延辊筒直径与功率、长径比与刚度的关系。压延辊筒直径越大，横压力越大，所需驱动功率也越大。压延辊筒的长径比主要影响辊筒的刚度，长径比越大，刚性越差。

④ 辊筒长度、直径和长径比的确定。压延辊筒长度、直径和长径比主要根据玻璃的生产工艺要求确定，即根据被压延玻璃的厚度和宽度范围、压延辊筒的压延速度（即产量要求）等要求确定。

为了确保压延玻璃的厚度尺寸精度，根据生产实践经验，常用的压延辊筒尺寸为：砖机分离式压延机辊筒直径较小，一般为ϕ180～300mm，辊面长度一般为2400～2600mm；砖机一体压延机辊筒直径较大，一般为ϕ300～600mm，辊面长度一般为2600～3600mm。

（2）辊筒速度与速比

压延机辊筒线速度系指辊筒的圆周速度，以"m/min"表示，压延辊的线速度是表征玻璃压延机生产能力的一个参数。

① 压延辊筒速度。压延辊筒速度应能满足压延玻璃工艺操作的要求，即辊速应是可调的，同时需要与退火窑辊道速度匹配。

② 调速范围。压延辊筒可以无级变速的范围叫调速范围。根据加工玻璃的厚度，为了既满足玻璃成形的工艺要求，同时又满足生产能力、慢速启动及操作的要求，一般压延机的调速范围在0.4～9m/min。最高速度主要根据生产能力的要求确定，最低速度主要根据设备启动、操作安全和方便来确定。

③ 速比。由于上下辊筒的辊径不同，同时为了满足压延工艺要求，上下压延辊筒的转速不同。上下辊筒速度一般为1：1.01～1：1.1。

为了减少板面厚薄差，当上下辊筒的弯曲方向一致时，可采取使角速度相同然后调整上下辊线速度的方式，使两者具有相应的速比。

（3）辊筒横压力（玻璃最小厚度和厚度公差）

玻璃液通过上下压延辊筒的间隙时，对上下压延辊筒产生径向作用力和切向作用力，径向作用力垂直于辊面，试图将辊筒分开，这个力就叫横压力，也叫分离力。横压力也是玻璃压延机的一个重要参数，它决定了玻璃压延机可以生产的玻璃的最小厚度。

① 压延辊筒横压力特征。玻璃液通过压延机上下压延辊筒的辊隙时，玻璃液的厚度由大变小，玻璃液由软变硬，压力逐渐上升。

玻璃液通过压延机时，在辊隙中央部位速度较慢，两端部位最快，但随着玻璃液前进，这一速度差逐渐减少，当各部位的速度相同，压力达到最大值，当到达辊距处，玻璃速度在辊隙中央部位大于辊隙两边部位，压力也就逐渐地下降，直至玻璃对压延辊的压力降为零。所以，辊隙中玻璃的横压力是不均匀的，最大值出现在辊距稍前处。

② 影响横压力的因素。在压延过程中影响横压力的因素有多个，主要有：

a.玻璃液的黏度不同，横压力不同，黏度越大，横压力越大。

b.压延玻璃的厚度。玻璃厚度越小，辊隙越小，分离力越大。当辊隙缩小时，辊筒间将产生极大的分离力，这是因为辊隙越小，玻璃越薄，辊筒间将形成刚性挤压，导致分离力急剧上升，引起压延辊筒弯曲变形，加大玻璃厚薄差，最终影响产品质量。

c. 压延辊筒直径和压延辊筒辊面宽度。压延辊筒直径和压延辊筒辊面宽度越大，所产生的横压力也越大。

d. 玻璃液面高度。玻璃液面越高，压延辊筒工作面积越大，横压力也就越大。

e. 压延辊筒的速度。压延辊筒转速增加时，单位时间内压延玻璃的数量增加，致使横压力增加。

（4）驱动功率

驱动功率也是玻璃压延机设计的一个重要参数，它很难用理论公式准确求得，通常用经验公式近似地计算：

$$N(\text{kW})=aLv$$

式中　　a——计算系数；

　　　　L——压延辊工作部长度，mm；

　　　　v——压延辊线速度，m/min。

借助已知若干台压延机的特性和功率消耗，计算出系数a，再用上式计算压延机的功率。

（5）生产能力

生产能力Q是压延机重要特征参数之一。

$$Q(\text{kg/h})=10^{-6}vhb\rho$$

式中　　v——玻璃板拉引速度，m/h；

　　　　h——玻璃板厚度，mm；

　　　　b——玻璃板宽度，mm；

　　　　ρ——玻璃密度，kg/m³。

（6）压延机的其他常规技术指标（见表6-1）

表6-1　压延机其他常规技术参数表

类别	技术参数	技术指标	备注
生产能力	玻璃压延机的出料量	按要求设计	例如150t/d
	毛板宽	按要求设计	例如2200mm
	净板宽	按要求设计	例如2000mm
	玻璃厚度	按要求设计	例如2~8mm
	拉引速度	0.4~9m/min	
	厚度偏差	±0.15mm	
设备精度指标	上压延辊筒调整精度	0.006mm	
	压延辊筒径向跳动精度	0.05mm	
	接应辊径向跳动	0.15mm	
	接应辊上母线的平面度	0.25mm	
	过渡辊台辊筒径向跳动	0.15mm	
	过渡辊台上母线的平面度	0.25mm	

续表

类别	技术参数	技术指标	备注
安装尺寸及工艺要求	玻璃液面距操作楼面高度	按要求设计	例如 1200mm
	唇砖距操作楼面高度	按要求设计	例如 1120mm
	机架轮距宽度	按要求设计	例如 1434mm
	玻璃液面相对于唇砖高度	按要求设计	例如 80mm
	熔窑出口宽度	按要求设计	例如 2400mm
	熔窑出口至退火窑 1# 辊之间净宽	按设计要求	例如 2135mm
	退火窑辊顶部距操作楼面高度	按要求设计	例如 900mm
	整机上下升降距离	按要求设计	例如 0 ~ 100mm
	整机左右移动距离	按要求设计	例如 0 ~ 50mm

6.3 玻璃压延机主要部件

玻璃压延机的主要部件为：压延辊筒、压延辊筒轴承、接应辊、过渡辊、机架、传动系统、辊距调节装置、辊筒挠度补偿装置、辊筒加热与冷却温度控制系统、电器控制系统及其附属装置。

6.3.1 压延辊筒

压延辊筒是玻璃压延机最主要部件，通过制造辊坯和辊坯刻花两大工序加工而成。辊坯材质、加工精度和刻花质量直接影响玻璃产品的品质。由于压延辊筒在使用过程中不断地和玻璃液接触，产生磨损，当辊子表面花纹磨损到一定程度或出现其他缺陷时，就要重新进行加工刻花，所以，压延辊筒又属于消耗品。

6.3.1.1 辊筒辊坯材质

要做出一根高质量的辊筒，首先要严格选用辊坯材料。在辊坯制造过程中，要针对不同辊坯采用相应的调质、回火、退火等热处理工序；其次，在加工进程中，还必须进行应力消除，为提高表面硬度还要进行表面镀铬处理等。

由于玻璃压延辊在高温等恶劣条件下工作，因此对辊坯的强度、表面硬度、耐磨性、耐热裂性、耐剥落性等性能都有较严格的要求。辊坯材料应具备以下性能：

① 具有较高的抗压强度和良好的刚性，确保在重载作用下，弯曲变形不超过许用值；

② 辊身工作层组织均匀，硬度一般要求达到HV800（维氏硬度）以上，保证全辊面有均匀的耐磨损性和耐疲劳性能，以降低辊耗；

③ 具有较强的耐腐蚀能力，以抵抗生产过程中高温、润滑或冷却介质的腐蚀；

④ 具有良好的韧性，以避免断辊、辊身产生裂纹和表面剥落；

⑤ 压延辊筒工作表面壁厚要均匀，内腔须经机械加工，否则会导致压延辊筒表面温度不均匀，影响制品质量；

⑥ 压延辊筒的材料应具有好的导热性，采用锻钢或钼铬合金钢，保证辊子表面的

温度均匀；

⑦ 压延辊筒工作表面应精细加工，以保证尺寸精度，不能有气孔或机械损伤；

⑧ 压延辊筒的结构与几何形状应能保证沿辊筒工作表面温度分布均匀，防止应力集中。

为了达到上述要求，通常选用抗高温氧化、抗热弯、不起泡、不脱皮的镍铬钼耐热合金钢，45#钢也可以使用。压延辊筒常用的金属材料牌号一般为20CrNiMo、C45、20Cr13等。由于压延辊筒的材质不同，对生产的影响也大不相同。辊坯材料的化学成分应符合表6-2要求。

表6-2 辊坯材料成分表

名称	辊坯材料成分							
	C	Si	Mn	P	S	Ni	Cr	Mo
20CrNiMo	0.17 ~ 0.23	0.17 ~ 0.37	0.60 ~ 0.95	—	—	0.35 ~ 0.75	0.40 ~ 0.70	0.20 ~ 0.30
C45	0.42 ~ 0.50	0.17 ~ 0.37	0.50 ~ 0.80	≤ 0.04	≤ 0.04	—	—	—
20Cr13	0.2	≤ 0.6	≤ 0.7	≤ 0.03	≤ 0.03	—	13	—

C45是一种普通钢，价格便宜，但在制造和生产过程中极易出现裂纹或沙孔，影响压延辊筒的使用寿命。20Cr13材质中含有Cr成分，常用于制造上辊，但在生产中因其导热性能低，所以玻璃液易产生粘辊现象，从而影响玻璃质量。20Cr13也可用于下辊，但是因其硬度高，比较难刻花。20CrNiMo是一种合金钢，既不像20Cr13那么硬，也没有其价格高，使用情况比C45好，常用于制造下辊。

玻璃压延辊坯必须使用锻钢辊坯，锻造能将钢锭内部的疏松、缩孔等冶金缺陷锻合，破碎粗大的铸造组织，从而获得组织致密、成分均匀的高质量辊坯。

锻钢辊坯与铸钢辊坯的区别在于能承受的单位压力不同。锻钢轧辊组织致密，具有良好的力学性能和耐磨性，能承受较大的单位压力，组织内部缩孔、裂纹等缺陷少，表面刻花基本无缺陷；铸钢辊组织较疏松，所承受的单位压力小于锻钢辊，组织内部缩孔、裂纹等缺陷较多，不利于表面刻花。

玻璃压延辊坯的制造工序为：钢坯→电渣→锻造→粗加→热处理→精加工。

6.3.1.2 辊筒结构及加工要求

压延辊筒的辊体为圆柱状（上辊筒表面为镜面或绒面，下辊筒表面有花纹），其内部结构为中空式。中空式辊筒结构简单，制造方便，成本低，可通过冷却水调节辊筒工作表面温度。中空式辊筒根据制造方法不同分整体式和组合式两种。

辊坯加工好后，要进行以下检查试验：①按照工艺要求，采用渗透探伤检查、涡流探伤检查、内窥镜检查、X光检查、超声波探伤等检查方式，对辊子做相应的探伤检验；②对辊坯做静平衡试验；③对辊坯进行化学成分分析；④对辊坯进行材料金相和力学性能检验；⑤辊坯外观表面要求无裂纹、无线道、无细小划伤；⑥辊坯在玻璃压延机上安装后加热检验（在辊坯表面600℃时，连续运行5h检测），辊坯无变形、表面无裂纹。

6.3.1.3 辊坯制造和使用过程中常见缺陷

压延辊在制造过程中，如果熔炼、锻造、热处理和加工工艺的不合理或操作不当会产生缺陷，严重的缺陷将导致压延辊报废。压延辊制造缺陷有锻造缺陷、热处理缺陷以及尺寸、成分、组织和性能缺陷等。按照缺陷的形态可以分成裂纹和表面硬度不均。

（1）辊坯表面裂纹（见图6-20）

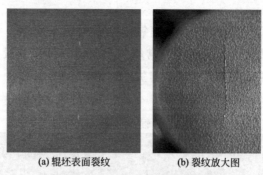

(a) 辊坯表面裂纹　　　(b) 裂纹放大图

图6-20　辊坯表面裂纹及其放大图

① 产生裂纹的主要原因

a.辊坯材质：辊坯材质影响的主要是锻造裂纹。锻造裂纹是指辊坯在锻压变形过程中因操作不规范产生的裂纹。锻造裂纹一般先形成微裂，然后再扩展成宏观裂纹，裂纹方式有沿晶和穿晶两种。产生原因主要是锻造温度不当，当钢锭表面和内部有缺陷时更加剧了锻造裂纹的产生。锻造后的辊坯如不及时入炉退火，也常出现锻后裂纹。

b.辊子使用时间过长、压延辊筒使用时间过长，容易在压延辊筒表面产生一层疲劳层，导致表面硬度发生变化，最终产生裂纹。另外，当对辊筒进行加工时，如果疲劳层没有完全车削下来，再次使用时会导致热裂纹发展。

c.没有完全消除内应力。压延辊筒在制造过程中，冷却到金属弹性状态以下时，如内应力过大或收缩受阻碍就会引发冷裂纹。冷裂纹通常在精加工时才显现出来。冷裂纹主要是冷却不均匀以及局部过热诱发的，另外，不适当的化学成分和组织也会加剧辊坯的冷裂倾向。

d.使用过程冷却不均匀，产生热裂纹。压延辊筒正常使用时产生的裂纹叫热裂纹。热裂纹是由于多次温度循环产生的，热应力造成辊面逐渐破裂，是发生于辊面上的一种微表面层现象。热裂纹的产生原因有：压延辊的壁厚相差太大，冷却水造成冷却速度不同。

e.工作层厚度不均。压延辊筒上一端与另一端的玻璃液厚度或者葱头大小不均匀，或工作层厚度相差太大，使辊筒表面温度不均，也会产生温度应力从而产生裂纹。

② 裂纹防范措施

a.在压延辊坯刻花之前，可在磨削操作时消除引起疲劳剥落的各种因素，如可适当增加压延辊的磨削量，以便于将压延辊在线使用时所产生的疲劳层全部修磨干净。

b.压延辊坯必须采用电渣重熔（ESR）技术制造，根据经验，没有采用电渣重熔的压延辊，在磨床上用超声波探伤仪检测，总能检测出裂纹。

c.在压延辊使用过程中，保持压延辊筒温度均匀，避免产生内应力。

（2）辊坯表面硬度不均

辊坯表面硬度不均指辊筒表面的某些地方与辊筒表面其他地方硬度值相比差异较大，通常这些区域的硬度值要比基体材料的硬度低。一般情况下，硬度较低的区域用肉眼是分辨不出来的，但是用硝酸酒精溶液腐蚀以后，这些区域会呈现一片暗色。

硬度不合格主要是由于化学成分的偏差以及炉料、冶炼和热处理工艺不当，造成组织不合格，导致辊身自表面起沿径向的硬度差过大。

成分合格的辊坯，常由于工艺不当造成组织不合格，导致辊子性能低。组织不合格的表现主要有：锻钢辊中有不当的显微组织（碳化物形态、分布不良、基体组织太硬或太软、过量的奥氏体）；晶粒过大或不均匀；晶界状态不良；热处理或锻造加热过程太长导致辊坯表面氧化层和脱碳层太深等。

成分、组织和性能不合格均是辊坯报废的主要判据。

对于硬度不均匀的辊坯，首先通过磨床上的涡流探伤仪找出辊坯表面的硬度不均区域，粗磨结束后，再次用涡流探伤仪对辊坯进行检测，如果发现缺陷的脉冲信号大于设定值，则继续进行粗磨，直至缺陷完全消除，即脉冲信号小于设定值时，才能对辊坯继续进行半精磨和精磨的磨削，然后进入刻花工序。

通常认为，车削辊面的时候降低进刀量，可避免车削产生辊面加工硬化而影响硬度值。

（3）气孔和针孔

在锻造压延辊坯过程中，同样会产生普通锻件中的析出性、侵入性和反应性气孔和针孔缺陷。金属液脱气不足、严重氧化及二次氧化等，是造成上述缺陷的因素。辊坯锻造时扩散脱氢处理不良是压延辊坯中生成白点的重要原因。

（4）尺寸和精度不合格

加工工艺不合理或操作不当，会造成成品压延辊的尺寸和精度不符合图纸尺寸和精度要。

（5）压痕

主要是在生产过程中异物压入造成的，在辊面产生连续或不连续分布的无规则形状的凹坑。

6.3.1.4 压延辊坯刻花

压延辊坯刻花是指在压延辊坯表面雕刻设定的花纹图案，只有雕刻了花纹的辊坯才能成为真正的压延辊使用在压延玻璃生产线上。

（1）压延辊坯安装的技术要求

压延辊坯刻花时要将其安装在刻花机上，其安装的技术要求是：辊子偏心度误差（内、外径）的最大值0.07mm；平直度≤0.05mm；跳动≤0.03mm；同轴度≤0.03mm；圆度≤0.01mm。

（2）刻花和镀铬要求

对于第一次刻花的新辊筒，对辊筒表面进行处理后，即可进行刻花和镀铬；对于从玻璃生产线更换下来的旧辊筒，要首先车掉旧的花纹，内孔除锈抛光，然后磨削抛光后，才能进行刻花和镀铬。刻花和镀铬应达到以下要求：

① 刻花时辊筒上刻的花型深度、宽度、间隙距离、长度等尺寸要均匀一致，无暗影和水波纹线条。

② 上辊筒表面的粗糙度符合图纸要求。

③ 辊筒所有表面应无任何气孔、裂纹和其他有害缺陷。

④ 镀铬后硬度达到HV1000（HRC62），铬层厚度0.03～0.05mm，不得有脱落、龟裂的现象。

⑤ 打标记。辊筒刻花工作完成后，在辊筒辊坯制造单位的辊筒编号后用字头打上刻花单位的标记和刻花可追溯标记。

⑥ 质量控制点记录及报告。a. 100%辊筒几何尺寸检验记录、100%辊筒精度检验记录、100%辊筒静平衡试验记录；b. 100%辊筒镀铬记录和镀铬硬度测试记录；c. 100%辊筒具有可追溯性检验报告和识别；d. 100%辊筒检验报告和辊筒合格证。

⑦ 加工的所有辊筒的花纹，均要求没有暗纹、螺旋纹、麻点、花纹顶部凹陷等缺陷；在加工过程中，一刀加工完，中间不停顿；加工完成后，由专职人员在灯光下用放大镜检验。

⑧ 压延辊筒刻花外观表面要求无裂纹、无线道、无细小划伤、无暗影和水波纹线条。

⑨ 辊筒在压延生产线上机安装使用后，要求连续压延生产出来的玻璃表面花型尺寸均匀一致，花纹无弓形变形、倾斜变形和波纹变形，玻璃表面无白线、无划伤。

⑩ 辊筒在最初20天的使用过程中，辊筒镀铬层不允许有剥落和磨损。

（3）辊坯刻花工艺

压延辊坯刻花是制版工艺的一种。压延辊坯常用的刻花工艺与其他行业的辊坯刻花工艺一样，都是采用机械辊压雕刻、激光雕刻、喷砂雕刻、手工雕刻等工艺方法。

① 机械辊压雕刻。即压纹雕刻，它适用于精细花纹和几何图案的雕刻，通过轧压作用形成花纹，工艺相当繁复。主要过程是：刻制滚花模→淬火→辊坯压纹。玻璃压延辊是利用机械辊压雕刻的。

② 激光雕刻。激光雕刻加工以数控技术为基础，激光为加工媒介，利用辊坯表面在激光照射下瞬间熔化和气化的物理变性，达到加工目的，或者利用激光进行雕刻后再腐蚀，完成刻花过程。激光雕刻的特点是，与材料表面没有接触，不受机械运动、材料弹性、柔韧影响，表面不会变形，加工精度高，速度快，应用领域广泛。

③ 喷砂雕刻。喷砂采用压缩空气为动力，形成高速喷射束将喷料（钢丸、钢砂、石英砂、金刚砂、铁砂）高速喷射到辊坯表面，辊坯表面在磨料的冲击和切削作用下，获得一定的花型和不同的粗糙度。喷砂时，将花型纸覆盖到辊坯表面，未覆盖部分通过喷砂可获得所需要的花型。喷砂也是辊坯刻花工艺中的一道工序，喷砂刻花能使辊坯表面力学性能得到改善，提高辊坯的耐疲劳性，把表面的杂质清除掉，使辊坯表面残余应力和表面硬度提高；喷砂能清理辊筒刻花表面微小毛刺，并使工件表面更加平整，消除毛刺的危害，另外喷砂能在辊坯表面花型交界处打出很小的圆角，使花型显得更加美观、更加精密。

④ 手工雕刻。目前完全依靠手工雕刻辊筒已很少见，多数是与缩小雕刻配合使用。手工雕刻是使用各种形状的钉子（如尖、平、扁、云纹、杂纹等）和刻刀及敲击用的榔头在辊坯上雕刻花纹的过程。手工雕刻虽有艺术性高、花型活泼等优点，但生产效率太低。

（4）刻花工序

辊坯刻花加工的最终效果，一方面受到加工技术的影响，另一方面受到花型图纸的影响。辊筒花纹加工是依据图纸的要求来进行的，图纸越详尽，辊筒加工起来越方便越细致，效果也就越好。

刻花加工包括刻花前处理（车磨）、刻花和刻花后处理（喷砂、镀铬、静平衡）。主要工序为车削加工、焊接加工、辊筒毛坯处理、二次车削加工、花纹加工、镀铬层、辊筒静平衡校正。

刻花前处理是指在雕刻花型前，将选择好的辊筒经车削、磨光后供给刻花工序使用。辊筒上的花型雕刻完毕后，再进行打样、喷砂磨光、镀铬，这些是辊坯雕刻的后处理工作。辊筒表面的每个单元花样之间，必须相互衔接，以保证花样连续。因此在花样雕刻前，首先要根据花样尺寸和辊筒的直径，为滚轮选择适当的角度，滚轮在辊筒表面的轨迹是螺旋线。

如果旧辊筒表面留有使用过的花纹，在使用前必须将这些旧花纹车去，同时磨光。

辊筒刻花完成后，由于经过各工序的反复操作，辊筒表面往往会有细微的毛刺等现象，因此刻花后必须将辊筒喷砂磨光，并进行镀铬、静平衡处理。

辊筒的准备工作任务比较繁重，无论是机械辊压雕刻、激光雕刻、手工雕刻等方法，都离不开辊筒的前后处理工作，而辊筒的最终刻花质量，将直接影响花样在玻璃上的效果。

① 刻花前处理。车削加工是将辊坯的各部位粗车、精车至要求尺寸的过程，目的是去除机械碰伤、微裂纹、气孔、表面疲劳层等。

辊坯的工作表面粗糙度应不大于 0.016mm；辊坯的工作面对两端轴支撑面（轴承安装部位）径向跳动允差为 0.02mm；辊坯工作面的圆度为 0.03mm；轴承配合按图纸精度加工。辊坯的圆周大小要求一致，误差不应超过 0.05mm，否则易造成对花不准。

磨削加工：对现代工业中各种大型的、长径比很大的轴类工件的外圆和管类工件的内圆表面的加工，利用砂带磨削十分方便。由于压延辊坯是长径比很大的工件，常采用电动砂带磨削。砂带磨削是弹性磨削，是一种具有磨削、研磨、抛光多种作用的复合加工工艺。砂带磨削工件表面质量高，主要表现在：磨削温度低，所以工件不易变形，表面不易出现过烧等缺陷，具有较好的表面质量。

表面粗糙度小，砂带磨削目前已可达 R_a 0.01mm，达到了镜面磨削的效果，而对于粗糙度在 R_a 0.1mm 以上的情况，则非常容易达到。

残余应力状态好，表面无微观裂纹或金相组织变化等现象，砂带磨削工件表面残余应力多呈压应力状态，所以砂带磨削非常有利于强化工件表面，提高工件疲劳强度。

② 辊坯刻花。压延玻璃辊筒刻花加工大多采用滚压工艺。滚压加工是将高硬度刻花母轮与光滑金属表面滚压接触，使其表面层发生局部微量的塑性变形，以此来改善表面状态的一种塑性加工方法。辊坯在表面滚压加工后，表层得到强化，极限强度和屈服点增大，工件的使用性能、耐疲劳强度、耐磨性和耐腐蚀性都有明显的提高。滚压加工辊坯硬度上限值为 HRC40。

a.刻花母轮的设计制作工艺。刻花母轮上花纹的形状由压延辊筒上的形状翻刻而成，生产压延辊筒所使用的压花母轮决定了玻璃花型的优劣。刻花母轮见图6-21。

刻花母轮的设计制作是压延辊筒生产中的核心技术。

刻花母轮制作采用特殊材料，用电子数控设备雕刻各种花型，雕刻成型后采用特殊的热处理工艺进行淬火处理，因此刻花母轮的生产制作工艺非常复杂。

b.刻花工艺原理。刻花工序就是对钢质压延辊坯进行压花，最终在压延辊坯表面形成所需要的花纹的过程。

压花系统主要由变频器控制的机床、压花机构等组成，其中主动件是光滑的圆柱形辊坯，从动件是刻花母轮。当从动件刻花母轮切入主动件辊坯一个切深时，辊坯就带动压花母轮作相对挤压运动。光滑工件在转完一圈时，接受了压花母轮对它的分度，并有了一定的牙深。这种分度在首尾衔接处并不均匀，通常会有瘦齿、肥齿的出现，也就是有正负不完整的齿。当进入第二圈相对挤压时，主动件的辊坯继续以原有的速度转动，从动的压花母轮随机变化着速度和角度，遇到瘦齿，压花能顺利地被拔动，遇到材料堆积的肥齿，压花母轮的运动就会受阻，在相对挤压力的作用下，辊筒表面肥瘦齿继续产生塑性变形，把堆积的材质沿着压花母轮的推压方向向下个齿推进，连续运动下去，使每齿材质大致均匀，齿形协调，基本消除瘦齿。

c. 刻花操作（见图6-22）。上辊筒利用滚轮将辊坯表面滚压成具有一定粗糙度的表面；下辊筒利用刻有许许多多凸出的、有较大的锥度硬压头的内凹花型轧点的刻花母轮，在辊坯表面滚压出有一定高度、宽度、间隙距离的花型轧点。采用不同花型结构和尺寸的滚轮，能满足不同辊筒的参数需求。

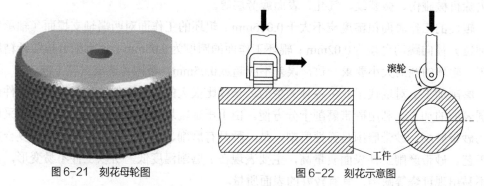

图6-21　刻花母轮图　　　　　　图6-22　刻花示意图

上、下辊筒刻花要根据辊坯的材质，反复滚压3～10次以上，直至花纹凸出达到要求为止。

花型不同，刻花母轮与辊坯的角度也不同，一般要做到滚花无乱纹、无螺旋暗纹和环形暗纹。

刻花时，辊筒转速一般不能超过100r/min，进刀进少点，走刀0.3～1.5mm/r。在刻花母轮开始滚压时，挤压力要大且猛一些，使工件圆周上一开始就形成较深的花纹，这样就不易产生乱纹。

刻花母轮开始接触工件后，由于滚压加工是利用刻花母轮碾压进行加工，将产生细微金属粉末，影响表面质量和加速滚压头的损耗，所以刻花母轮滚花时，应充分浇注切削液，以润滑滚轮，并应经常清除滚压产生的碎屑，防止滚轮发热损坏。

刻花母轮滚压加工时应使用黏度低的切削液。黏度高的切削液虽然润滑性好，可是清洗性能差，不适于滚压加工。一般在低黏度切削液中掺入5%的润滑油，即可满足要求。

花纹不同，采用的加工工艺不同，但不论采用哪种加工工艺，滚压出的产品都要达到花型线条清晰，花纹精美，层次丰富，尺寸精确。

③ 刻花后处理（喷砂、镀铬、静平衡）。辊筒刻花完成后，对辊筒表面进行喷砂处理，然后电镀硬铬，铬层厚度为0.03 ~ 0.05mm，铬层硬度可达 HV1000。另外还要对辊子进行静平衡处理，要求成品辊筒同轴度≤0.02mm。

④ 滚花注意事项

a. 滚花加工时，对压延辊筒表面花纹进行维护，不要损坏压延辊筒纹路，否则，会造成压延辊筒的报废。花型一旦雕成，不可更改。

b. 加工时，压延辊筒表面有横纹、环形纹、螺旋纹等，主要检查辊筒传动是否平稳，检查压力、角度、转速、进给量、气压等，找出故障原因，达到预期效果。

c. 刻花加工后，要检查花纹深度和花型大小是否均匀一致，花型顶部要完全闭合，不可有未闭合的花型顶，见图6-23。

图 6-23　压延辊上未闭合的六角花型图

（5）辊筒弯曲原因分析

为了保证压延辊坯刻花后的几何精度，消除辊筒弯曲对玻璃压制过程厚度的影响，压延辊筒弯曲变形需控制在0.02 ~ 0.03mm，即辊面跳动在0.04 ~ 0.06mm。压延辊筒弯曲通常有以下两种原因：①压延辊筒在玻璃生产过程中，由于长期反复受"升温-降温"这一循环过程影响，产生内应力而弯曲。针对此种现象，先采用去应力退火处理，热处理后再进行压延辊坯刻花。②压延辊坯在刻花加工过程中，由于受力不均匀，产生加工应力，导致压延辊筒弯曲变形。针对此种情况，首先，在辊坯安装时应做好工件对直平衡安装工作；其次，在压延辊筒设计时，要考虑到刻花时压延辊坯的挠度弯曲变形问题；再次，在刻花母轮滚压力作用下，受到移动集中载荷的弯曲应力，在压延辊坯辊面宽度2/3处弯曲变形量最大，所以，刻花加工时要针对不同的辊坯截面采取不同的刻花压力参数。通过改变受力截面，改变应力集中区，可以改善辊筒的抗弯能力，从而提高压延辊筒滚花后表面几何精度。

6.3.1.5　辊筒镀铬

压延辊筒工作时，辊筒表面直接与玻璃液接触，为有效地保护辊筒表面的花型不被刮伤、刮坏、高温氧化，提高辊筒使用寿命，压延辊表面在完成刻花后，要在辊子表面电镀一层在高温下耐腐蚀、耐磨、硬度均匀的高硬度金属铬层。

（1）铬基本性质

金属元素铬，分子式Cr，分子量52，单质密度$7.19g/cm^3$，单质熔点1857℃，单质沸点2672℃，莫氏硬度9。

铬是一种具有银白色光泽的金属，无毒，质极硬，有延展性，有很高的耐腐蚀性，主要用于制造不锈钢、汽车零件、工具等。在金属上镀铬可以防锈。

金属铬的还原能力相当强，能慢慢地溶于稀盐酸、稀硫酸和高氯酸，而生成蓝色溶液，再与空气接触则很快变成绿色（Cr_2O_3）。但铬在其他酸中会形成保护性氧化膜，即使王水也不能溶解它。

铬在高温下被水蒸气所氧化，在1000℃下被一氧化碳所氧化。在高温下，铬能与氮反应，并被碱所侵蚀，可溶于强碱溶液。铬具有耐腐蚀性，在空气中，即便是在炽热状态下，氧化也很慢。铬不溶于水、不溶于浓硝酸，在高温下，能与卤素、硫、氮、碳等直接化合。

全球铬矿资源丰富，铬在地壳中的含量为0.01%，居第17位，自然界不存在游离状态的铬，主要含铬矿石是铬铁矿，化合价有+2、+3和+6三种。铬的天然来源主要是岩石风化，由此而来的铬大多是三价铬。铬铁矿是中国的短缺矿种，储量少，产量低，每年消费量的80%依靠进口。

铬在不同环境中有不同的价态，其化学行为和毒性亦不同。如水体中，三价铬可吸附在固体物质上而存在于沉积物（底泥）中；六价铬则多溶于水中，比较稳定，但在缺氧条件下可还原为三价铬，三价铬的盐类可在中性或弱碱性的水中水解，生成不溶于水的氢氧化铬而沉于水底。三价铬和六价铬对人体均有害，六价铬的毒性比三价铬要高100倍，是强致突变物质，可诱发肺癌和鼻咽癌；三价铬有致畸作用。

（2）镀铬的基本原理

镀铬的基本原理是：在电镀槽中加入含有铬金属的化合物、导电的盐类、缓冲剂、pH调节剂和添加剂等组成的电镀溶液，将需要镀铬的零件浸在电镀液中作为阴极，铬金属作为阳极。接通直流电源后，阳极铬的金属离子进入电镀液中，铬金属离子在电位差的作用下移动到阴极零件上沉积，形成所需要的镀铬层。镀铬是电镀的一种。

（3）镀铬层的特点

① 有很高的硬度；

② 有高度的耐磨性；

③ 有很好的耐热性，在大气条件下，能长久地保持其原来的光泽，仅在400～450℃时才开始在表面上呈现氧化色，硬度无明显变化；大于700℃才开始变软；

④ 在碱、硝酸、硫化物、碳酸盐及大多数的气体与有机酸中，都有很高的化学稳定性；

⑤ 易溶于氢卤酸类（如盐酸）和热的浓硫酸。

（4）镀铬层常见种类

① 硬铬。硬铬也称耐磨铬、工程镀铬，是在一定条件下沉积的铬镀层。硬铬具有很高硬度和耐磨损性能。

镀硬铬还可用于修复被磨损零件的尺寸公差。

镀硬铬的优点：表面粗糙度好，表面比较美观，不会生锈，镀的过程中原零件变形小；如果零件尺寸有磨损，可以通过加铬来达到合格尺寸。

镀硬铬缺点是：价格高，镀后还要再加工；不适合表面比较复杂的零件；厚度太薄，一般只有0.05～0.15mm；对零件表面的粗糙度要求比较高。

压延辊筒在高温条件下使用，要求耐高温、耐磨，基于硬铬层的上述特点，对压延辊筒镀硬铬是比较好的一种方法。铬镀层厚度一般在5～80μm，以保证铬层有很高的硬度、很好的耐磨性及化学稳定性。

② 防护-装饰性镀铬。防护-装饰性镀铬，俗称装饰铬。它具有防腐蚀和外观装饰的双重作用，是在锌基或钢铁基体上，先镀一层以上足够厚的中间层，然后在光亮的中间镀层镀上0.25～0.5μm的薄层铬。

一般要求装饰镀铬的镀层光亮，镀液的覆盖能力要好。

③ 乳白铬镀层。乳白铬镀层是在较高温度（65～75℃）和较低电流密度（20A/dm²）条件下，获得的乳白色的无光泽的铬。乳白铬镀层韧性好，硬度较低，孔隙少，裂纹少，色泽柔和，消光性能好，常用于量具等镀铬。在乳白铬上加镀光亮耐磨铬，称为双层镀铬。

④ 松孔镀铬。松孔镀铬是在镀硬铬之后，用化学或电化学方法对铬层的粗裂纹进一步扩宽加深，以便吸藏更多的润滑油脂，提高其耐磨性。松孔镀铬层应用于受重压的滑动摩擦件及耐热、抗蚀、耐磨的零件等。

⑤ 黑铬。在不含硫酸根而含有催化剂的镀铬中，可镀取纯黑色的铬层，黑铬层以氧化铬为主要成分，故耐蚀性和消光性能优良。

（5）镀铬工艺流程

镀铬工艺流程一般为：检验零件→零件上挂→有机溶剂除油→热水洗→化学除油（或电解除油）→水洗→除锈→水洗→酸活化→水洗→镀硬铬→水洗→烘干→检验。

一般采用全浸式标准化镀铬工艺，在50℃、40A/dm²条件下进行，由此可获得HV820的铬层硬度。

基于电化学处理的特性，电镀液浓度越小，电镀速率越慢，形成的镀层就越致密，硬度越大；反之硬度就越低。温度、电流密度及镀液组成对镀铬效果也有影响，在镀硬铬的过程中，电流密度和温度是影响镀层硬度的主要因素，必须严格控制，但二者又是紧密相连的，当其中之一改变时，另一个也要随之改变。在温度低与电流密度高的情况下，沉积出的镀层灰暗，虽然硬度较高，但镀层脆性很大，结晶粗，这种镀层使用价值低。在温度高与电流密度低的情况下，可沉积出乳白色镀层，特点是结晶细致，无网状裂纹，但硬度低。对于标准镀铬溶液，在温度55℃、电流密度60A/dm²时硬度最高。实际生产中，一般使用温度为55～60℃、电流密度35～50A/dm²的工艺，得到的镀层硬度高（HV700～HV900），镀层光亮，结晶细致。

镀液中的三价铬虽不直接参与电极反应，但它们的存在和含量对镀铬层质量至关重要。若三价铬含量低，镀液的覆盖能力差；若三价铬浓度高，会导致结晶粗糙，镀层暗而无光泽。镀铬过程中一定要严格控制铬酐与硫酸的比例，在正常条件下，铬酐与硫酸的比例应该保持在100 ： 1。铬酐浓度低时，得到的镀层硬度高。提高硫酸含量，铬层的硬度也相应增高，但在二者比例达到100 ： 1.4时，再提高硫酸含量硬度值反而会下降。

镀铬过程中，一定要严格控制镀铬液温度稳定，在较高温度（65～75℃）下，由稀溶液镀出的铬层比由浓镀液镀出的铬层硬度高15%～20%；在较低温度（35～45℃）下，由稀溶液镀出的铬层与由浓镀液镀出的铬层硬度没有多大差别。

镀铬温度应控制在50～60℃，最佳为52～55℃。镀铬温度高，铬层软，温度每降低1℃，硬度会提高HV60。

（6）镀铬质量控制

为了提高镀硬铬产品的质量和合格率，保证产品的性能稳定、均一，必须对电镀质量加以规范和控制。

① 镀铬工艺控制

a. 除油。采用三氯乙烯、过氯乙烯或专用除蜡水除油。

b. 水洗。水洗须彻底，零件润湿须均匀。

c. 除锈。用15%～20%的稀硫酸溶液除锈。

d. 阳极腐蚀。阳极：铬酐120～350g/L，硫酸10g/L；阴极：与镀铬阳极相同。温度与镀铬温度相同；电流30～50A/dm²；时间视基体而定。

e. 镀铬。给电前预热，使零件温度接近或等于镀液温度；合金钢件镀铬采用阶梯式给电；铬上镀铬先进行阳极浸蚀，然后阶梯式给电。

② 镀铬槽液控制

a. 镀铬槽液的成分及工艺条件：CrO_3 240～260g/L；H_2SO_4 2.4～3.0g/L；Cr^{3+} 2.2～2.8g/L；LHCRH31 20mL/L；温度50～55℃；阴极电流密度25～35A/dm²；阴极面积：阳极面积=1 ：（2.5～3）。

b. 每周对槽液进行两次分析，控制槽液成分在工艺范围内。

c. 根据化验结果补加材料，要求溶解好后加入镀槽中，同时每补加1kg CrO_3，需补加40mL LHCRH31，并做好记录。

③ 镀铬设备的控制

a. 电源。直流电源应发挥其应有效率，一般利用率不低于65%，不高于85%；波纹系数不高于5%。

b. 铜排、阴阳极杆应根据电源的要求配制，以免在生产过程中发热，损失电能，使电流不能有效输出。

c. 阳极。阳极面积应是阴极的2.5～3倍，在实际生产中以挂满为标准。

d. 挂具。挂具应根据产品的不同而设计，总的原则是导电性能好。

e. 槽体。溶液体积大一点，成分变化小，同时可适应大工件操作。

④ 镀铬操作控制及注意事项

a. 做好半成品毛坯的检查，对不合格毛坯能修复的做好修复工作，不能修复的另行处理；

b. 经检验合格的毛坯按公差分类，转入下一道工序；

c. 按镀硬铬的工艺流程进行操作；

d. 毛坯前处理应干净；

e. 毛坯在槽液中预热应充分，工件温度应接近槽液温度；

f. 电镀过程中温度变化应控制在±2℃范围内；

g. 镀铬零件进入槽液内离液面不应低于50mm。

（7）压延辊筒镀铬层质量标准

① 压延辊筒表面光洁，不能有脱铬、针眼、斑点、刮伤等弊病；镀铬层应无毛刺、凹点、凸粒，侧圆处光滑；

② 镀铬层单面厚度符合技术要求，铬层太薄会影响铬层各项保护性能；

③ 铬层硬度符合CY/T 9—2017《电子雕刻凹版质量要求及检验方法》规定（HV800～HV1000）；

④ 铬层硬度均匀一致。

（8）压延辊筒镀铬质量问题和铬层失效

① 压延辊筒镀铬质量问题分析。压延辊筒对镀铬质量有较高的技术要求。由于压延辊筒面积大、质量大、尺寸公差等级较高，加上镀铬工艺本身具有分散能力差、电流效率低、对夹具要求高等缺点，因此容易导致镀铬层不合格。镀铬层不合格的表现主要有：镀层不完整（缺镀）、镀层结合力差（鼓泡、起皮）、镀层有夹杂或黏附物（铬坑、铬梗）、镀层粗糙、针孔等，还有基体机械损伤、碰伤、腐蚀等。具体情况见表6-3。

表6-3　压延辊筒镀铬质量问题及产生原因表

现象	产生的原因
镀铬层不完整（缺镀）	零件深凹处因镀铬液分散能力差或装卡方式不当所致，或是镀铬液成分和电流密度配合不当
镀层结合力差（鼓泡、起皮）	① 镀前处理不彻底； ② 在镀铬时采用低温度、大电流密度，导致镀层应力大； ③ 中途断电，镀铬层钝化，重新起镀时未进行阳极处理或阴极小电流活化处理； ④ 零件进电镀槽没预热或预热时间太短； ⑤ 镀液温度和电流密度变化大； ⑥ 硫酸根浓度太高
镀层有夹杂或黏附物（铬坑、铬梗）	镀铬前或镀铬时，某一时刻颗粒异物黏附于基体或镀层上形成夹杂与黏附物
镀层粗糙、针孔	① 电镀时阴极电流密度偏大； ② 阴阳极距离太近； ③ 硫酸根浓度不足； ④ 镀铬液中铬离子偏高，导致镀层结晶粗大粗糙
基体腐蚀、机械损伤和碰伤	机加工、运转和存放过程中不小心造成

② 压延辊筒铬层失效。压延辊筒在高温下使用时，由于铬层失效，导致玻璃板面出现色差、斑块、黑点等。铬层失效形式为镀层剥落、镀层腐蚀、镀层锈蚀、镀层厚度不均等，其产生原因见表6-4。

③ 提高镀层与基体金属结合力。一般来说，随着铬层厚度的增加，镀层与基体金属的结合力降低。对镀层结合力起决定性作用的是镀铬前处理，根据基体金属的材质进行适当的阳极处理，去除表面污物和氧化皮，然后镀铬，这样能保证镀层的结合力。

表 6-4   压延辊筒铬层失效原因表

现象	产生的原因
镀铬层剥落	① 镀层表面有针孔及孔隙造成的锈蚀； ② 辊筒表面有裂纹、有疏松； ③ 辊筒表面镀前除油除锈不彻底； ④ 直径大于 $\phi300mm$ 的辊筒，镀前没有消除加工应力和镀后去氢； ⑤ 镀前处理不彻底，辊筒表面有氧化皮、斑点、凹坑等缺陷
铬层腐蚀	铬层受到盐酸、硫酸的腐蚀
辊筒锈蚀	磨损造成镀层减薄，当镀层全部被磨损就会产生锈蚀
镀层厚度不均	① 镀铬时电流不稳定； ② 镀铬时转速不稳定； ③ 镀槽端子变形严重； ④ 镀槽端子结构造成电流分布不均； ⑤ 镀层通过两次电镀形成

6.3.1.6   压延辊筒运输包装、入厂验收、储存和维护保养

（1）压延辊筒运输包装

由于压延辊筒在刻花完成后，其表面不能有任何机械损伤，因此压延辊筒必须用坚固的木箱进行包装，并采取防潮、防雨、防锈、防腐蚀、防振动及防止其他损坏的必要保护措施，从而保证货物能够经受多次搬运、装卸及长途运输。

① 压延辊筒的包装要求为软包装，用发泡塑料纸和腈纶毯包装入箱，确保辊筒在装箱和运输过程中辊面不受伤害，辊筒支撑要合理，确保辊筒不变形。

② 包装要有防潮和防雨措施。每根辊筒都要单独做防潮包装，要用不透水的密封材料密封，包装物的密封口要黏结好，使辊筒与空气隔绝，内放干燥剂防止受潮，有条件的情况下抽真空。

③ 如果使用原辊筒木箱包装，须小心拆卸和保管，若有损坏，须重新制作相同的木箱。木箱的制作要求如下：a.木箱应使用非针叶木制作；b.木箱的木板厚度要求 ≥30mm；箱内两端轴头采用圆弧形固定托架进行固定，固定托架的木板厚度 ≥200mm；木箱下面固定 4 个截面为 80mm×80mm 的方木；辊筒在木箱内夹紧固定好。

④ 木箱上不能有字迹和污迹，公司制造标签只能用固塑纸张贴于木箱上；

⑤ 在包装箱的制造标签上要标明产品的名称、数量、规格、净重、毛重；包装箱上显著地标明"小心轻放""请勿倒置""保持干燥""防潮"等字样以及其他国际国内运输中通用的标记，还应在包装箱上标明重量、重心和挂钩位置；

⑥ 用钢打包带进行封箱。

（2）压延辊筒入厂验收

压延辊筒到厂后，使用单位须在第一时间对压延辊筒进行验收。验收时将刻花辊筒拆箱检验，主要看刻花辊筒的花纹及其参数是否与图纸要求一致。使用过程中则要看刻花辊筒生产的产品有无问题，产品无问题即可认为刻花辊筒为合格品。

① 压延辊筒检测的主要项目。有压延辊筒检查的主要内容是：同心度，圆柱度，铬层厚度和硬度，辊面上是否有水波纹，有无色差、白斑、针孔，有无爪印的线道、断续的直

线线道、点状物、片状暗纹、螺旋暗纹、环装暗纹等缺陷，是否进行了静平衡处理等。

对于新辊筒，第一次刻花后，要测量辊筒各部分尺寸，主要包括辊筒总长，辊身长度与直径，辊筒轴颈的长度、直径，辊筒两端轴头的各台阶长度与直径，辊身与辊筒轴颈及各台阶圆柱的同轴度等。

对于使用过的辊筒，由于使用过程中轴径与轴承的磨损，下机后要测量辊筒轴径的磨损量。重新刻花后的辊筒要重点测量辊身直径、辊子轴径误差以及辊身工作圆与支承圆（轴颈）的同轴度等。

如果压延辊筒的辊身轴心与轴颈轴心不同轴，将导致玻璃压延机运转不稳定，从而导致压制的玻璃板产生厚薄不匀、波浪弯曲、凸凹边缘等缺陷，不仅严重影响产品质量，还会减少玻璃压延机、轴承等机件的寿命。

目前测量压延辊筒的同轴度的方法主要有两种：

第一种是将被测压延辊筒支撑在加工机床上测量。磨床有两种，其中一种是带有测量系统的高精度磨床，其测量精度较高，但由于这种磨床价格昂贵，目前国内很少有生产厂家具备这种条件。现在大部分厂家采用的磨床不带测量系统，在这种磨床上测量辊筒同轴度，就需在机床溜板上安置量表，在被测辊多个截面的不同方向上，按测量跳动的方法来测量，读出各截面的最大值与最小值之差，取其中的最大差值数据作为辊筒的同轴度误差。用这种方法测量，机床的自身跳动误差会带入测量结果，其测量精度不高，且测量时必须在机床上进行。

第二种是用便携式的专用辊筒同轴度测量仪测量，仪器的结构与测量原理见图6-24。由于该仪器结构简单、操作方便、测量精度高，现在已经有很多厂家采用该方法测量辊筒的同轴度。

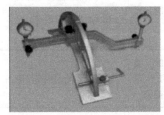 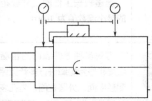 

图6-24 辊筒同轴度测量仪结构与测量原理图

② 检测辊筒常用测量器具。压延辊筒到厂之后，必须由相关专业人员依据设计或加工图纸及相关技术要求进行检测。检测仪器及量具必须是经过专业机构检测、校验或认可的计量器具，见表6-5。

③ 压延辊筒检测方法。辊筒的检测要求必须是有经验的专人负责。

a. 收到辊筒后，在一周内完成辊筒验收工作。

b. 拆卸包装时，特别是使用刀具割开包裹图案的包装物（如毛毯、塑料薄膜）时，要慎重小心，以免划伤辊面花型。打开包装后，首先检查辊面花型是否有磕碰划伤现象。

c. 起吊辊筒时，要使用负载能力足够的专用吊带，吊带要系在辊筒两端的轴上，切勿将吊带系在辊筒的中间。起吊过程中，操作者应站在辊筒侧方，严禁站在辊筒正下方，以免发生意外。起吊辊筒时，要轻吊轻放，以免碰伤辊面花型。

表6-5 检测辊筒常用测量器具表

名称	图片	用途	检测项目
游标卡尺		测量工件的长度、内径、外径以及深度等，按分度值分为 0.1mm、0.05mm、0.02mm 三种	—
外径千分尺（螺旋测微器）		比游标卡尺更精密的长度测量，分度值是 0.01mm	测量辊身直径和轴头直径
内径千分尺		用于内尺寸精密测量	测量辊筒内径；辊筒内径止口直径
百分表		用于形状和位置误差以及小位移的长度测量，分度值为 0.01mm	用于辊筒跳动的测量
千分表		用于形状和位置误差以及小位移的长度精密测量，分度值有 0.01mm 和 0.001mm 两种	用于辊筒跳动的测量
水平仪		用于测量水平位置和垂直位置等	测量压延机的水平；唇砖的安装水平等
钢板尺		最简单的长度量具，它的最小读数值为 1mm	用于一般尺寸测量
钢卷尺		测量较长工件的尺寸或距离，它的最小读数值为 1mm	用于一般尺寸测量
粗糙度仪		可对多种零件表面的粗糙度、波纹度和原始轮廓进行多参数评定，可测量平面、外圆柱面、内孔表面等	测量上辊筒的粗糙度等
深度千分表（尖测针）		适用于测量普通千分表难以测量的外圆、小孔和沟槽等，刻度值为 0.001mm	用于辊筒花纹深度的测量
放大镜（带刻度带调焦）		通常用来观察物体细节，即用于检查基板表面的品质、颜色的校正等，常见倍率在 10～20 倍以下	检测压延辊筒表面花纹
版辊超声硬度计（便携式）		准确检测版辊镀铜层、镀铬层硬度	用于检测上下压延辊筒表面镀铬层硬度
涂层厚度测量仪（便携式）		进行涂、镀层厚度的精密测量，便携、快速、无损	用于检测上下压延辊筒表面镀铬层厚度

d. 用专用测量工具，对照图纸，对辊筒进行检测。检测合格后，方可入库，等待装配调试生产。

e. 辊筒入厂检验要清洗，建议用温的纯水，所以需要增加热水器和纯水机。

f. 检验灯管要离辊面1.5m高度、以45°方向照射辊面，光源采用强光源，如白炽灯或镁光灯等。

g. 辊筒检验需要在机床上进行，检验测量辊筒的几何精度。

h. 检验新辊坯的时候在辊子上标定4个点，每次使用后检查辊子弯曲方向，做好记录，这样下次使用时就能知道辊筒同方向的壁厚情况。

i. 验收辊筒时，如发现辊面有磕碰划伤等异常现象，应立即与刻花厂家取得联系，及时解决，避免发生合同纠纷。

j. 辊筒检测时，严禁接触有腐蚀性的物品（盐酸、硫酸等），严禁磕碰划伤。

k. 将检测内容如实填写在"压延辊筒入厂检测记录表"上，签字确认后交仓库管理员，方可办理入库手续。

（3）压延辊筒储存和维护保养

① 检验合格后的压延辊筒按品种、规格放置在辊筒架上。压延辊筒堆放要整齐、平稳、牢固，不准歪斜。压延辊筒支架应根据辊筒规格建立专用支架，按类摆放整齐，并在轴头下垫有软质材料，且每根辊筒的辊面必须用软质材料保护、隔离，防止辊面碰伤。所有辊筒支架上必须建立单独卡片，注明压延辊筒的品种和参数等。

② 在放置压延辊筒时，要保持两端轴部支撑放置，避免辊面直接着地和挤压，定期对辊架上的压延辊筒进行转动，否则压延辊筒长时间放置后容易弯曲变形，不仅影响使用，还会对寿命造成影响。

③ 当月不使用的压延辊筒，要及时在辊筒上涂防锈油，防止生锈。在辊架上（或者没有在辊架上）的压延辊筒，要求辊身距离地面不少200mm，防止辊身受潮、腐蚀。

④ 压延辊筒吊运时必须使用布吊带，严禁使用钢丝绳起吊。吊带必须经过检查，不得使用破损或起重重量低于压延辊筒重量的吊带。每一次只移动一根压延辊筒，避免辊筒与辊筒接触；绝不许用电磁吊车搬动压延辊筒。吊运中遵守低位平稳原则，吊运路线下不得有人员或设备存在。吊运应放置在指定区域，按类整齐存放。

⑤ 压延辊筒储存在干燥通风的环境里，避免辊身的温度突然变化；确保储存地、支架无残余磁粉，无腐蚀性溶液。

6.3.2 压延辊筒轴承

砖机分离式玻璃压延机的压延辊筒采用DU轴承，砖机一体式玻璃压延机的压延辊筒一般采用滚动轴承。

（1）玻璃压延机对压延辊筒轴承的要求

玻璃压延机的工作环境很差，压延机辊筒承受的载荷大并长期接触1000℃以上的玻璃液，压延辊筒轴承的工作温度也在200℃以上。这种在高温重载条件下工作的轴承，应具备以下性能要求：

① 强度和刚度高，能够承受较大的负荷不变形，有足够长的寿命；

② 材质要有良好的导热性，散热快，尽量降低轴承的工作温度；

③ 材质的热膨胀系数要小，以保证高温下压延辊筒轴颈与轴承配合间隙良好；

④ 当选用滑动轴承时，轴承在高温下要有自润滑性能，避免高温下润滑加油困难的问题，减少辊筒转动时功率的消耗；

⑤ 辊筒轴承座应设计有加注润滑油系统，滑动轴承内应有十字润滑槽；

⑥ 辊筒轴承在热态下工作时，辊筒两端的轴承间隙要一致。

（2）DU轴承

DU轴承是国外的叫法，在国内称为聚四氟乙烯复合轴承。它是由卷制而成的三层自润滑复合材料衬套组成：基体为低碳冷轧钢板（青铜板），中间层为球形青铜粉，摩擦表面层为改性聚四氟乙烯（PTFE）和铅的混合物。轴套壁厚为 $0.7 \sim 2.5mm$，摩擦表面层厚度为 $0.02 \sim 0.06mm$，钢板防腐可选用镀锡或镀铜。

DU轴承是一种滑动轴承，具有摩擦系数小、耐磨性好、耐腐蚀性好和无油润滑的特点，在玻璃压延机压延辊筒轴承上获得了广泛的应用。在玻璃压延机中，DU轴承衬套先安装在钢套内，然后再安装到玻璃压延机轴承座上。DU轴承的特点如下：

a. 可以在无润滑条件下工作，摩擦阻力小，耐磨损，使用寿命长，可在淡水或海水中使用；

b. 使用温度范围宽，为 $-200 \sim +280℃$；

c. 机械强度高，可以承受较大的稳定载荷和动载荷，对机械振动有缓冲作用；

d. 良好的化学稳定性，无电化学腐蚀现象，耐腐蚀性好，可以在各种腐蚀性介质（包括液体和气体）中工作；

e. 动、静摩擦系数基本接近，低速时，可以克服"爬行"现象，运动平稳。

f. 适合于各种转动、滑动、摆动、往复运动，不产生和不集聚静电；

g. 一般为薄壁结构，结构紧凑，质量小，占有体积小，价格低；

h. 可通过压入、冷装、黏结等方式装配；

i. 尺寸稳定；

j. 材料中不含有石棉或对环境有毒、有害物质。

DU轴承缺点是轴径容易磨损，不可重复使用。

① DU轴承材料。玻璃压延机压延辊筒用DU轴承，一般选用添加润滑剂、耐高温干运转、低摩擦的材料配方。

耐高温DU轴承在 $0 \sim 40N/mm^2$ 负荷下的静摩擦系数为0.25，动摩擦系数为0.13。许多因素都会对轴承的摩擦系数产生影响，特别是配合表面的表面粗糙度、承载压力及清洁状况。在压缩负载下，DU轴承材质不能出现永久变形。对于静态用途的DU轴承，最高负载是 $80N/mm^2$，对于动态用途的DU轴承，最高负载是 $40N/mm^2$。

② DU轴承润滑。玻璃压延机在高温环境下运行，轴承的温度比较高，所以不建议用润滑脂润滑，避免润滑脂干燥后阻碍轴承运转。可采用二硫化钼粉末或者WD40润滑，如果使用其他润滑剂需要进行细致的试验。

③ DU轴承与钢套和轴的配合。DU轴承的制造公差见表6-6。

表 6-6 DU 轴承制造公差表

轴承外径 /mm	制造公差 /mm
10 ~ 200	0.05
201 ~ 400	0.10
> 400	协商

a. 与钢套的配合。DU 轴承与钢套要过盈配合安装，并且在轴承的整个长度范围内都要有支撑。过盈量根据轴承尺寸确定，并且要在轴承承受的压力与周向应力之间取得平衡。轴承与钢套之间的过盈配合会产生一个压力，这个压力要大于一个最小值，以防止工作时轴承移动，但是，太大的过盈量会导致轴承的周向应力超过材料的承受极限，这会导致材料永久性破坏。过盈量还随轴承壁厚以及工作中可预期的温度的不同而变化。

轴承安装的过盈量要求钢套直径的加工必须符合一定的公差要求，钢套的内径公差通常是 H7。

b. 与轴的配合。设 DU 轴承轴径为 D，则油润滑和水基介质润滑时，轴承的配合间隙为 $0.001D$；干摩擦或油脂润滑时，轴承的配合间隙为 $0.002D$。

上述两种情况所适用的最小间隙值均须大于 0.1mm。轴承安装好后，其与轴之间的间隙取决于轴承、钢套和轴的尺寸及公差。在安装好后对轴承内孔进行加工，可以更好地控制间隙。为了可以更好地控制间隙，轴径公差应取 g6。

轴承过盈配合安装后，轴承外径的减小量会转化为内径的减小。对于壁厚较薄的轴承，大的过盈量会导致壁厚增大，从而可以 100% 地转化为内径的减小。

c. 配合面的粗糙度。配合面的表面粗糙度最好能达到 $0.1 \sim 0.8\mu m$。

④ DU 轴承安装。由于玻璃压延机压延辊筒用 DU 轴承的工作温度在 65℃以上，因此安装轴承时应尽可能使用胶水。由于 DU 轴承采用过盈配合安装，较高的工作温度又会产生热膨胀，所有这些都会使轴承承受很大的应力。一旦轴承变形超过弹性极限，当温度降低的时候，轴承与钢套之间的配合就会变松，因此负载很大时，应使用挡板或金属垫圈固定，也可以沉孔螺栓紧固。

DU 轴承安装钢套应适当倒角，以免损坏轴承。安装时，可以用推压或拖拽的方法来进行，不要用有尖角的铁锤敲打轴承，建议使用专用的冲头协助安装。另外，也可以用液氮或干冰进行冷冻安装，这样轴承就不会有任何破碎损坏的危险。

⑤ DU 轴承的壁厚。DU 轴承安装的过盈量要在轴承承受的压力与周向应力之间取得平衡，为了达到这个平衡，轴承有一个最小壁厚要求。

由于热膨胀作用，壁厚过大时，需要更大的间隙来容纳轴承；壁厚较薄时，最终的轴承尺寸可以控制得更加精确，因此一般情况下，使用壁厚较薄的轴承。通常使用黏结剂来配合薄壁衬套，或者作为对开的环来设计，安装在闭式钢套中。

（3）滚动轴承

砖机一体式玻璃压延机压延辊筒采用滚动轴承，其特点如下：

a. 无轴颈的磨损及拉伤问题，轴颈的表面状况对轴承寿命无影响，不必镶钢套；

b. 滚动摩擦代替了滑动摩擦，可节省功率消耗 10% ~ 20% 左右；

c. 减少压延辊筒回转时产生的偏心及浮动；

d.承载能力大，寿命长，减少维护费用；

e.滚动轴承可重复使用。

（4）轴承入厂验收

轴承入厂按表6-7所列内容进行验收。

表6-7　轴承入厂验收表

检验项目	检验内容	检验工具
外包装	① 外包装清楚，完整，字迹清晰，流畅，无断墨模糊现象； ② 外包装产品标识与产品合格证一致	目测
内包装	① 内包装完好无破损； ② 外层牛皮纸；内层塑料纸	目测
合格证	合格证上应注明 ① 制造厂名； ② 轴承代号，标准代号； ③ 包装日期，检验者； ④ 纸张大小，材质与样本一致； ⑤ 合格证上有防伪码	目测
轴承标识	① 每套轴承上必须有轴承代号，商标号；精度等级；并呈正三角形排列； ② 标识内容完整清晰，且与合格证上的内容一致	目测
加工精度	① 注油孔倒角圆滑无毛刺； ② 内外滚道无磨损痕迹； ③ 滚动体表面无斑点，裂纹和剥皮； ④ 保持架不松散，无破损； ⑤ 表面加工细腻，无硬点，碰伤痕迹	目测
质量检验	称重质量和封样轴承质量一致	电子秤
内外径尺寸	采用两点法，在不同位置测量，测量结果符合国标规定	千分尺或内径量表
宽度	轴承的内外圈处于自由状态，在圆周几个位置测量内外圆单一宽度，符合国标规定	千分尺
振动及噪声	转动法，用一只手夹持轴承内圈，另一只手转动外圈，轴承应灵活转动，无异常响声	双手

（5）轴承的存放和保管

轴承是一种精密的机械零件，对其存放和保管有较严格的要求。

a.存放温度要求。轴承出厂前均涂有防锈油，温度过低或过高都会导致防锈油变质，室温应控制在0～25℃。

b.存放湿度要求。过高的湿度会导致轴承锈蚀，仓库的相对湿度应保持在45%～60%。

c.存放环境要求。轴承最好单独存放，当必须与其他物品共同存放时，同存的其他物品不得是酸、碱、盐等化学物品，轴承摆放应离开地面，远离暖气管道。

d.定期检查。按轴承产品防锈规定，每10～12个月定期检查一次，若发现油封包装有生锈现象，应重新进行油封包装。

（6）轴承的判废标准

① 滚动轴承的判废标准

a.内外圈滚道剥落，严重磨损，内外圈有裂纹；

b.滚珠失圆或表面剥落，有裂纹，滚珠破碎或有麻点；

c. 保持架磨损严重，不能将滚子收拢；

d. 转动时有杂音和振动，停止时有制动现象及倒退反转；

e. 轴承的配合间隙超过规定游隙最大值，内外圈滚道与滚子的配合间隙大。

② 滑动轴承的判废标准

a. 轴套内径超过规定的最大值；

b. 轴承合金严重磨损，其厚度减薄1/2以上时；

c. 轴承合金层脱壳，龟裂严重，面积达1/3以上时；

d. 轴承合金层严重烧损；

e. 轴承合金与轴的接触角大于120°，无法再用铲刮瓦口平面的方法来调整接触角或侧间隙过大无法调整时；

f. 轴承合金层烧熔的；

g. 轴承合金层磨损不太严重，但不能保证检修间隔期时。

（7）轴承的维护与监测

① 按规定选好润滑剂的种类，定期足量加注润滑剂，保持良好的润滑。

② 定期检查密封件的密封情况，及时更换损坏的密封件。确保轴承的密封性能，以防止水、氧化铁皮进入轴承，防止轴承润滑剂的外漏。

③ 对轴承运行状况进行监测。运转中的检查项目有轴承的滚动声、振动、温度、润滑状态等，具体如下：

a. 轴承的滚动声（噪声监测）。正常运转时应是平稳的嗡嗡声，定期监测并与正常时的声音相比较，及时发现异常情况；采用测声器对运转中轴承滚动声的大小及音质进行检查，轴承即使有轻微的剥离等损伤，也会发出异常音和不规则音，用测声器能够分辨。

b. 轴承的振动。轴承振动对轴承的损伤很敏感。例如剥落、压痕、锈蚀、裂纹、磨损等，都会在轴承振动测量中反映出来，所以，通过采用特殊的轴承振动测量器（频率分析器等）可测量出振动的大小，通过频率分析可推断出异常的具体情况。测得的数值因轴承的使用条件或传感器安装位置等而不同，因此需要事先对每台机器的测量值进行分析比较后确定判断标准。

c. 轴承的温度。轴承的温度，一般通过轴承室外面的温度就可推测出来，如果利用油孔能直接测量轴承外圈温度，则更为合适。通常，轴承的温度随着运转开始慢慢上升，1～2h后达到稳定状态。轴承的正常温度因机器的热容量、散热量、转速及负载而不同。如果润滑，安装不合适，则轴承温都会急骤上升，会出现异常高温，这时必须停止运转，采取必要的防范措施。

d. 润滑剂监测。正常润滑剂应是清亮洁净的，如果润滑剂已变脏，就会有磨损的微粒或污染物。

e. 建立记录卡，记录轴承在线使用的天数，温度、噪声、振动的维护监测状况等，加强对轴承运行状况的管理。

6.3.3　万向联轴器

万向联轴器主要用于两轴有较大的偏斜角（最大可达到35°～45°）或在工作中

有较大角位移的地方。万向联轴器之所以能补偿偏斜，是由于叉子与轴销之间构成了可转动的铰链连接。如果在工作中偏斜角也变化时，还应将联轴器的一个叉子轴及其连接轴构成一个可以滑移的动连接，通常为花键连接。

砖机分离式玻璃压延机上，电机减速机和压延辊筒共同旋转传递扭矩的机械零件为万向联轴器。由于玻璃压延机电机减速机与压延辊筒不在同一个轴线上，所以玻璃压延机的驱动连接需要采用可伸缩式万向联轴器和链条传动来补偿位移。

万向联轴器具有较大的角度补偿能力，承载能力大，传动效率高，运载平稳，噪声低，装拆维护方便。万向联轴器常见类型有通用型、高转速型、微型、可伸缩型、大扭矩万向联轴器等。

（1）万向联轴器的选择

选择万向联轴器时应考虑：①所需传递的转矩大小和性质以及对缓冲减振功能的要求；②被连接两部件的安装精度、回转的平稳性；③联轴器的工作转速高低和引起的离心力大小；④两轴相对位移的大小和方向；⑤联轴器的可靠性和工作环境；⑥对于高温、低温、有油、酸、碱介质的工作环境，不宜选用以一般橡胶为弹性元件材料的挠性联轴器，应选择金属弹性元件挠性联轴器；⑦联轴器的制造、安装、维护和成本。

（2）大伸缩型十字轴式万向联轴器

大伸缩型十字轴式万向联轴器不但结构简单，而且装拆方便，可用于低速、刚性大的传动轴，具有良好的综合能力，能满足使用性能的要求。目前砖机分离式玻璃压延机万向联轴器，采用的是大伸缩型十字轴式万向联轴器，见图6-25。

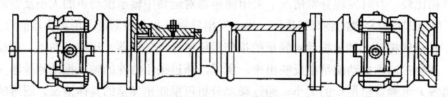

图6-25　大伸缩型十字轴式万向联轴器示意图

① 主要特点。能使不在同一轴线、轴线折角较大或轴向移动较大的两轴等角速连续回转，并可靠地传递转矩和运动。这种万向联轴器具有较大的角度补偿能力，轴线折角可达$15°\sim25°$。

② 十字轴式万向联轴器传动原理。十字轴式万向联轴器主要缺点是，当两轴不在一轴线时，即使主动轴以恒定的角速度ω_1回转，从动轴的角速度ω_2也将在下列范围内做周期性的变化：$\omega_1\cos\alpha\leqslant\omega_2/\cos\alpha$。为了消除这一缺点，常将万向联轴器成对使用，这时就称为双万向联轴器。

在使用双万向联轴器时，应使两个叉子位于同一个平面内，而且应使用主、从动轴与连接轴所成的夹角α相等，这样才能使主动轴和从动轴的角速度随时相等。

a.单万向联轴器。用来传递两相交轴间的转动。单万向联轴器示意图见图6-26。

当主动轴回转一周时，从动轴也随着回转一周，但两轴的瞬时角速度并不总是相等，即主动轴以角速度ω_1回转时，从动轴作变角速度ω_2回转。设定主动轴转角的初始位置为φ_1，从动轴转角的初始位置为φ_2，两轴角速度比的关系为：

$$\frac{\omega_1}{\omega_2}=\frac{\cos\alpha}{1-\sin^2\alpha\cos^2\varphi_1}$$

b. 双万向联轴器。用来传递两偏斜轴间的转动。双万向联轴器示意图见图6-27。

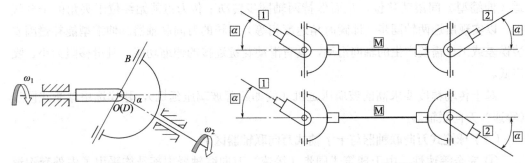

图6-26 单万向联轴器的示意图　　　　　　图6-27 双万向联轴器示意图

双万向联轴器采用一个中间轴M和两个单万向联轴器将主动轴1和从动轴2连接起来，有Z型或W型布置两种方式。在传递运动中，由于主、从动轴的相对位置发生变化，两万向联轴器之间的距离也相对发生变化，因此中间轴做成两部分用花键滑动连接，以自动调节中间轴长度的变化。

对于连接相交的或平行的两轴的双万向联轴器，如要使主、从动轴的角速度相等，即角速度比恒等于1，则必须满足：a.主动轴与中间轴的夹角必须等于从动轴与中间轴的夹角，即$\alpha_1=\alpha_2$；b.中间轴两端的叉面必须位于同一个平面内；c.主、从动轴和中间轴三轴的轴线应在同一平面内三个条件，方可使$\omega_1=\omega_1$。

③ 选用原则。大伸缩型十字轴式万向联轴器在传动时存在非线性，当轴间角不为零时，从动轴转动存在波动现象，波动现象随轴间角增大而变剧烈。当轴间角20°时，其速度变化可达7%。因此，十字轴式双万向联轴器应用于主、从动轴空间位置变化小且载荷大的场合。在玻璃压延机设计时，应最大限度减小轴间角的大小，并必须满足上述三个条件，从而保证传动速度不波动。

（3）球笼式同步（等速）万向联轴器

球笼式同步（等速）万向联轴器分为固定式和轴向能移动的滑移式两大类。

球笼式同步（等速）万向联轴器的结构紧凑、转速同步性好、传动效率高、密封好，轴夹角可达35°～42.5°，但要求零件制造精度高、材料热处理质量优良。

球笼式同步（等速）万向联轴器的内部结构采用的是内外套沟道中心等距离偏置原理：①实现完全等速传动，能抑制由于转速和转矩变化对相连设备所产生的各种振动和冲击的不良影响，对于玻璃压延机玻璃消除玻璃板面辊印有不可比拟的优势，所以，玻璃压延机传动优先选用球笼式等速万向联轴器；②适用于连接两个有角向偏移的传动轴系，当所连接主、从动轴两轴伸很近，且两轴中心线相交时，可采用单节球笼式同步（等速）万向联轴器，一般情况下应采用双节球笼式同步万向联轴器；③设计时无须受Z型或W型布置的限制，均能保证同步性，但在使用中尽可能使轴夹角小一些。

球笼式同步（等速）万向联轴器是通过球笼、外环和星形内环分别与主、从动轴相连，将6～12个钢球分别置于与两轴连接的内、外星轮的球面凹槽组成的滚道间，两个球面的中心与万向联轴器的中心重合，为了保证所有钢球中心都在两轴轴线间夹角的平分面上，钢球装于球笼内，从而保证了联轴器主、从动轴之间的两轴有角向相对偏移，夹角变化时，传力钢球可在内、外星轮的偏心圆弧滚道（固定型）或直线滚动道（伸缩型）间滚动移位，从而保持两轴同步转动；传力点能始终位于夹角的平分线上，以实现所连两轴同步（即瞬时角速度相等）运转的万向联轴器。伸缩型能补偿因安装误差或工作需要产生的轴向滑动，具有滑动花键连接的伸缩功能，且滑移阻力小、噪声低。

对于传动精度要求高的玻璃压延机（例如超薄玻璃压延机），建议选用球笼式同步（等速）万向联轴器。

（4）球笼式万向联轴器与十字轴式万向联轴器区别

① 完全等速性。由于球笼式同步（等速）万向联轴器内部结构采用了内外套沟道中心等距离偏置原理，实现完全等速传动，能抑制由于转速和转矩变化对相连设备所产生的各种振动和冲击的不良影响。球笼式同步（等速）万向联轴器由于加工误差，速度最大变化不到1%，而十字轴在摆角20°时，其速度变化达7%。在生产压延玻璃时，球笼式同步（等速）万向联轴器的匀速传动比十字轴式万向联轴器具有无可比拟的优越性能。

② 传动效率高。球笼式同步（等速）万向联轴器具有很高的传动效率，其功率损失在轴倾角变化范围内近似成线性变化，选用时传动效率可近似取1，一般情况下可取0.98。

③ 具有缓冲、吸收振动和冲击的能力。由于球笼式同步（等速）万向联轴器能同时实现转动和滑移，具有缓冲、减振性能，可降低噪声，自动循环润滑，所以它能吸收对连接传动设备有害的振动及冲击，对系统起到保护作用。

④ 摆角范围大。球笼式同步（等速）万向联轴器轴向 X 和径向 Y 补偿量均较大，尤其是轴向 X 无须外联花键即可实现；球笼式同步（等速）万向联轴器摆角范围可由0°至42.5°，而十字轴式万向联轴器最大只能达到25°。

⑤ 动平衡精度高。由于球笼式同步（等速）万向联轴器的转动沟道制造精度高，而且各构件都是均匀回转体，高速轴都进行严格的动平衡实验，所以球笼式同步（等速）万向联轴器动平衡精度高。

⑥ 承载能力大。在相同回转直径和倾角下，球笼式同步（等速）万向联轴器可提高 $0.5 \sim 1$ 倍的承载能力。

⑦ 密封性能好。由于采用金属密封罩、金属密封片实现完全或多层密封，球笼式同步（等速）万向联轴器密封性能好，从而避免了频繁维护，减少了工人劳动强度。

⑧ 有过载保护装置。在球笼式同步（等速）万向联轴器上设置过载保护装置，当传递扭矩意外发生突变时，过载保护装置可以切断动力传动，对整个系统起到有效的保护作用。

（5）万向联轴器安装、拆卸、维护时注意事项

① 安装时，先将传动轴上两端法兰与外套上连接螺栓拆下，安装两端法兰，然后用螺栓将两端法兰与万向轴连接、紧固。用于高转速设备联轴器的螺栓还必须称重，保证新螺栓与同一组法兰上的连接螺栓重量一样。

② 法兰与外套连接螺栓采用（8.8级）高强度螺栓（GB 5782—2000），并加垫圈。

③ 联轴器不应用锤子敲击，用螺栓将传动件压入，否则有可能造成内部零件的破坏。

④ 联轴器安装减速机时，应检查传动中央轴线，其误差不得大于所用联轴器的使用补偿量。

⑤ 安装时应确保传动轴内充满复合锂基润滑脂，润滑脂占内腔空间的 $1/3 \sim 1/2$。

⑥ 拆装过程谨防污物进入关节腔内。

⑦ 拆卸联轴器时一般先拆连接螺栓，对于已经锈蚀的或油垢比较多的螺栓，常常用溶剂喷涂螺栓与螺母的连接处，让溶剂渗入螺纹中去，还可采用加热法，加热温度一般控制在200℃以下，通过加热使螺母与螺栓之间的间隙加大。

⑧ 对联轴器的全部零件进行清洗、清理及质量评定是联轴器拆卸后一项极为重要的工作。零部件评定是指每个零部件在运转后，对其尺寸、形状和材料性质的现有状况与零部件设计确定的质量标准进行比较。如果零件出现损坏或达不到合格要求，应及时更换新的零件。

⑨ 万向联轴器使用专用的 MoS_2 复合锂基润滑脂3#，使用期间无须加注润滑脂，一般情况下每半年加注一次即可。

（6）万向联轴器的验收

① 万向联轴器的传动轴、各零件不允许有裂纹等缺陷；

② 万向联轴器应去除毛刺和飞边；方轴、套管及柠檬管每米长度直线度不大于0.88mm；

③ 节叉与轴或管如采用焊接时，应采用拉力不小于480MPa的焊条，焊缝高度不小于管的厚度；

④ 定位销表面应镀铬，其他各零件未加工表面涂底及面漆；

⑤ 两节叉装配后应转动灵活，不得有卡滞现象；

⑥ 万向联轴器传动轴组装后，伸缩轴应伸缩灵活，不得有卡滞现象；

⑦ 万向联轴器的安装尺寸、传动轴的长度与订货要求一致；

⑧ 万向联轴器传动轴或万向节十字轴与轴承、节叉等零部件应附有制造厂的检验部门的质量检验合格证。

（7）万向联轴器故障诊断及排除方法

在使用万向联轴器的时候，有时会产生振抖。万向联轴器振抖的原因主要有以下几个方面：

① 万向联轴器上的平衡片或元件未进行动平衡补偿；

② 装配时，同一万向联轴器两个万向节不在同一平面；

③ 万向联轴器弯曲、轴管凹陷、传动轴装配时未将标记对正或万向联轴器万向叉和花键轴与轴管焊接时歪斜，破坏了原件的动平衡；

④ 万向联轴器法兰盘连接螺栓松动，导致万向联轴器位置发生偏斜；

⑤ 万向联轴器花键轴与套管的花键磨损过多，造成间隙过大。

万向联轴器振动故障排除办法：a. 先检查万向联轴器法兰盘连接螺栓是否松动，视情况予以紧固；b. 检查万向联轴器轴管是否有磕碰凹陷，如果有大面积凹陷损伤，则需要更换该节传动轴；c. 拆下传动轴总成，在平衡机上进行平衡试验，不平衡度非常差时，要进行平衡补偿；d. 检查伸缩节是否对准标记安装。

6.3.4　旋转接头

旋转接头是一种可以360°旋转的零部件，是一种将流体介质从静态系统输入到动态旋转系统的过渡连接密封装置。通常我们所说的旋转接头是指同时通气、通油、通水等多种介质的接头，并不包括导电旋转接头，通常将导电旋转接头称为导电滑环。一般来说，旋转接头用于向旋转设备之上的执行机构等输送介质。

（1）旋转接头基本组成

旋转接头由外壳、主轴、轴承、卡簧、密封件组成；外壳一般由碳钢、不锈钢、黄铜或铝合金制造，内部安装轴承和密封件；主轴为空心轴，一般由碳钢、不锈钢制造；卡簧为标准件，用于固定密封件和轴承的位置；密封件在旋转时起隔离液体的作用，密封件的旋转密封面根据结构不同，使用橡胶、碳粉石墨、青铜、不锈钢等抗磨损、耐腐蚀、寿命长、不泄漏材料。

（2）旋转接头的类型及选择

① 单回路旋转接头。单回路旋转接头是指介质只从接头进入，而不从该接头流出，故称单回路。单回路旋转接头传输介质入口可依工作情况自由选择侧边或后端进入。旋转接头内部有精密轴承，运转平稳持久、坚固灵活、摩擦系数小，可高速运转。常见的有单向流通式，即在辊筒的两端安装旋转接头，流体从一端进入，另一端排出，不使用内管。

② 双回路旋转接头。双回路旋转接头是指介质只从接头进入，也从该接头流出，故称双回路。双回路旋转接头可分为双回路固定式和双回路旋转式旋转接头。双回路内有独立管路，外壳与转轴由精密轴承支撑，使旋转转动时灵活轻巧，摩擦力小，液体介质可包括水、油、空气等，运用行业甚广。常用的有以下几种：

a. 双向流通式（内管固定）。在辊筒的一端安装旋转接头，同时在此端进行流体的导入和排出，内管相对于辊筒的旋转是静止的。

b. 双向流通式（内管固定）。与上一种不同之处在于，辊筒内装有不同型式的虹吸管，将冷凝液排出，多用于蒸汽类型。

c. 双向流通式（内管旋转）。此种类型用于内管与辊筒相对固定在一起并随辊筒同步运转的结构，流体由内管导入，外管排出。

d. 双向流通式（内管旋转）。在辊筒的内部装有随辊筒同步运转的虹吸器，将冷凝液排出，多用于蒸汽类型。

③ 旋转接头的选型

a. 首先根据与旋转接头连接设备的结构确定使用旋转接头的类型：如果设备的结构决定了输入介质与输出介质在设备的同一侧实现，那么必须选择双通路型旋转接头。如果设备的结构决定了输入介质与输出介质分别在设备的两侧实现，那么必须选择单通路型旋转接头。

b. 如果设备要求同时输送多种介质或将介质输出送到多个位置时，应考虑选用多通路型旋转接头。

c. 根据所需输入、输出介质流量选择旋转接头的通径。

d. 根据介质的压力及设备的转速选择具备相应性能的旋转接头。

e.根据设备与旋转接头连接结构形式确定埋入式、法兰式或螺纹连接及内管旋转式或固定式连接。如果选择螺纹式连接的旋转接头,必须明确设备的旋转方向。

④选型时注意下列有关参数:设备与旋转接头连接的结构形式及相关尺寸;设备转数及方向;介质名称及其温度、压力;提供旋转接头与金属软管相连的接口形式及尺寸。

(3)玻璃压延机上的旋转接头

玻璃压延机上常用的旋转接头是通冷却水的旋转接头,是内管旋转的旋转接头,即内管和辊筒相对固定在一起,并随辊筒同步运转的结构,使用环境温度较高。常用的有三种:①压延辊筒使用的水冷旋转接头;②接应辊传动使用的旋转接头;③接应辊和过渡辊使用的水冷旋转接头。

① 压延辊筒使用的水冷旋转接头

a.砖机分离式压延机压延辊用旋转接头。砖机分离式压延机压延辊是一端进水,通过压延辊内部四芯棒后,另一端四个出水管出水,所以采用单向流通式的旋转接头,见图6-28。

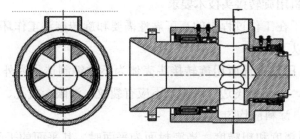

图6-28 砖机分离式压延机压延辊用旋转接头图

旋转接头上的内管法兰与压延辊连接,内管另一端与万向联轴器连接。电机减速机通过万向联轴器和旋转接头内管驱动压延辊旋转,此旋转接头有传递动力的作用。

b.砖机一体式压延机压延辊筒用旋转接头。砖机一体式压延机压延辊筒是两端进水,通过压延辊筒内部的中心水管在压延辊筒中间出水,通过中心水管外侧和压延辊内腔回到旋转接头,所以采用双向流通式的旋转接头,见图6-29。

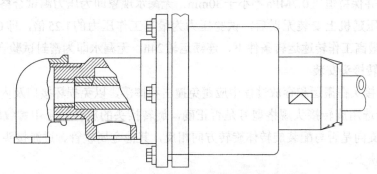

图6-29 砖机一体式压延机压延辊筒用旋转接头图

旋转接头上的内管与压延辊筒内部的中心水管连接,内管法兰与压延辊法兰连接,压延辊筒的驱动通过安装在压延辊上的链轮实现而不是旋转接头。

②接应辊传动旋转接头(主动接应辊)。砖机分离式压延机上的接应辊是一端进水,另一端出水,所以采用单向流通式的旋转接头,见图6-30。

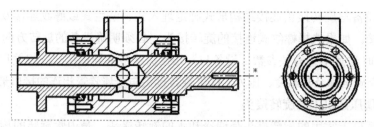

图6-30　接应辊传动旋转接头图

旋转接头上内管的法兰与接应辊连接，内管另一端与万向联轴器连接，电机减速机通过万向联轴器和旋转接头内管驱动接应辊旋转，此旋转接头有传递动力的作用。

③ 水冷旋转接头。砖机分离式压延机上的从动接应辊和过渡辊是一端进水，另一端出水，所以采用单向流通式的旋转接头。

由于玻璃压延机有左右装配形式之分，根据辊子的旋转方向，要选用左旋螺纹和右旋螺纹的旋转接头，此旋转接头仅仅是出水的作用。

（4）玻璃压延机用旋转接头技术要求

玻璃压延机由于在工作过程中的高可靠性需要和旋转接头工作环境条件差的情况，其旋转接头应符合以下要求：

① 外观质量。压延辊筒所用旋转接头壳体为不锈钢制造，内外表面应光洁平整，无凸凹不平等现象，手感无飞边、毛刺，不应有裂纹、沙眼、气孔、缩松等表面缺陷，表面进行防锈处理，涂料应均匀、牢固。

② 密封件表面精度和粗糙度。当密封面为平面时，其平面的平面度≤0.0009mm，表面粗糙度R_a≤0.4μm；当密封面为球面时，其球面度应≤±0.01mm，表面粗糙度R_a≤0.4μm。

③ 产品使用寿命。在合理使用情况下，使用寿命不低于5000h。

④ 在玻璃压延机上安装时，应与压延辊筒配合良好，其余的安装尺寸正确；在玻璃压延机上安装无误后，通水做压力试验，试验压力为最高工作压力的2.5倍，即加压至0.7MPa，并保持恒压0.7MPa不小于30min，无漏水现象即为压力测试合格。

在玻璃压延机上安装无误后，试验压力为最高工作压力的1.25倍，即0.4MPa，玻璃压延机在最高工作转速运转条件下，连续运转24h，无漏水即为密封试验合格。

（5）旋转接头安装

① 旋转接头在搬运和存放过程中应避免撞击和摔落，以免损坏接口及内部零件。

② 检查选用旋转接头规格型号是否正确，旋转接头的旋转轴采用螺纹连接时，应检查螺纹的旋向是否与配装旋转体旋转方向相反，其他金属软管、过渡接头、内管等连接零件是否缺少。

③ 对于库存太久或者对配置有滚动轴承的旋转接头，应检查出厂日期，并试查转动轴的运转。

④ 做好设备旋转体内部及固定管路的清洁工作，严禁杂质进入旋转接头内部，严禁擅自改旋转接头任何部位的尺寸。

⑤ 安装所需台钳、扳手、生料带等工具和材料准备得当。

⑥ 螺纹连接的旋转接头在安装时，应注意内、外管的螺纹向是否与辊筒的旋转方向对应，且内外管的螺纹旋向也应一致。

⑦ 螺纹连接的旋转接头安装时，用扳手夹紧旋转接头转动轴（一般都设有扳手位），对准设备连接螺纹孔的中心旋进去，直至旋紧为止，尽可能装机同心，以保证旋转接头的良好运转。

⑧ 法兰连接旋转接头安装时，应在轴头端或者法兰盘密封面上加一厚薄均匀的垫圈或者加O形圈，然后根据设备的设计情况用螺栓对锁法兰盘，锁时要注意对角且力矩相同，最后均拧紧为止。

⑨ 旋转接头与管道之间的连接，必须使用软管相连接（推荐使用挠性好的金属软管），绝对禁止刚性连接。金属软管在装机完毕后需达到用手可作轻微晃动最佳，严禁有拉伸和扭曲现象，使整个旋转接头能处在允许范围内、自由状态下工作。

⑩ 安装时，应保持辊筒及管道的清洁，对新设备应特别注意，必要时需加过滤器，以避免异物对旋转接头造成异常损坏。

⑪ 拆下并打开旋转接头时，应注意装配顺序，并保持内部零部件的原始状态，以分析原因。

⑫ 内管的装配，注意尺寸的配合及重量的辅助支撑，内旋式旋转接头的内管与接头的配合一般使用H8/e7的公差配合。

（6）旋转接头使用与维护

① 旋转接头的进出口一定要装配挠性好、长度合适的软管，禁止用硬管直接与旋转接头对接，旋转接头与软管之间不允许加装阀门等部件，控制阀门装在软管与管道的连接处。

② 旋转接头不要长期空转，在未接通水时，应避免长时间让旋转接头的密封面干摩擦运转，以免缩短密封寿命。

③ 长时间停机会导致旋转接头生锈、损坏，如再开机时应全面检查、加油，以免发生卡死或严重泄漏情况发生。

④ 因机器长期不使用会导致旋转接头内部的结垢与起锈，请注意如再使用时会有卡死或滴漏情形的发生。

⑤ 旋转接头应轻拿轻放，严禁受冲击，以免损失接头构件。

⑥ 严禁异物进入旋转接头内部。

⑦ 定期给注油嘴加注润滑脂，以确保旋转接头轴承运转的可靠性。

（7）旋转接头泄漏原因及处置对策

① 空心轴与配用旋转体同心度不够：检查尺寸精度，调整与旋转体的固定连接。

② 壳体或底盖底孔与空心轴周围间隙不等（密封环倾斜）：调整吊挂、支承或导向杆结构及金属软管松紧度，保证空心轴、壳体与配用旋转体的同心度。

③ 配装机器精度低（端面垂直度、径向轴向间隙大），振动大：查找原因，修配配装设备。

④ 摩擦密封面未磨合：待磨合使用一段时间达到平衡粗糙度后，将会停止泄漏。

⑤ 硬度较高颗粒状固体、淤浆、污垢等异物，在装配或安装使用时进入摩擦副密封

面间：研磨摩擦副摩擦面或更换备品；系统加过滤网或除污器，改造旋转接头的类型。

⑥ 使用压力、温度、转速等超出选配旋转接头范围：对操作条件进行研究，改配旋转接头类型。

6.3.5 压延机用减速机

砖机分离式玻璃压延机采用硬齿面齿轮减速机，砖机一体式玻璃压延机大多选用摆线针轮减速机。

（1）减速机的选用原则

玻璃压延机用减速机的选型，通常根据玻璃压延机对减速机的要求和玻璃压延机的使用条件选择。

① 玻璃压延机用减速机要求运行平稳，无振动，承载能力大，可靠性高。根据减速机的技术参数和减速机的性能，通过类型、品种、机型尺寸、传动效率、承载能力、质量、价格、信誉及售后等的对比进行选择。

② 根据减速机的使用工作条件，确定机械系统使用系数，根据这个使用系数选择减速机。

③ 确定机械额定扭矩，选择减速比，额定扭矩要小于产品样本提供的额定输出扭矩，同时还要考虑减速机的过载能力，还有在实际工作运转中减速机所需要的最大工作扭矩（所需的最大工作扭矩要小于额定输出扭矩的两倍）。

④ 确定以下三个参数：输入转速、传动比 i（或输出转速）、输入功率 P（kW）。

玻璃压延机用减速机是变频调速，输入轴的转速是可变化的，所传递的功率也是变化的。因此，要特别注意机号的选择，首先应先决定工作条件是"恒功率"还是"恒转矩"，如果是恒功率，按最低转速取机号，如果是恒转矩，按最高转速取机号。

⑤ 玻璃压延机减速机是在高温环境下运行，所以减速机选用黏度大、耐高温的润滑油。

⑥ 减速机电机的选择。在减速机满足以上条件后，再选择一台符合条件的体积最小、经济性最好的减速机电机。

a. 玻璃压延机减速机电机通常为变频调速，工作环境为高温环境，所以电动机一般选用绝缘等级为H级或F级，带强制冷却风扇的电动机。

b. 电机参数主要包括：电机的规格型号、功能特性、防护型式、额定电压、额定电流、额定功率、电源频率、绝缘等级、安装方式等。

c. 电机轴承需使用高温润滑脂。

（2）硬齿面齿轮减速机

砖机分离式玻璃压延机使用硬齿面齿轮减速机。由于硬齿面齿轮减速机可靠性高，使用寿命长，现在被大部分玻璃压延机选用。

① 硬齿面齿轮减速机主要特点。a. 齿面硬度高，齿轮精度高，接触性好，传动效率高，运转平稳，噪声低；b. 体积小，质量小，使用寿命长，承载能力高；易于拆检，易于安装；c. 采用油池润滑，冷却效果好。

② 硬齿面减速机常见故障及处理。如果齿面硬度未能达到要求的硬度，或者使用周期

过长，或超负载的情况下，则会加速硬齿面齿轮的磨损，从而影响传动系统的正常运行。

为了保证压延辊传动的平稳性，齿轮参数要经计算机优化设计，啮合齿轮的重合度要大；齿轮材料采用优质低碳合金钢，经渗碳、淬火、磨齿，齿部精度6级，齿面硬度在HRC54～HRC62之间，满足承载能力大、体积减小、噪声低、传动效率高的要求；减速机配备的润滑系统满足齿轮啮合部位及轴承的润滑充分、可靠。

（3）摆线针轮减速机

砖机一体式玻璃压延机以前多使用摆线针轮减速机。由于玻璃压延机使用环境比较恶劣，摆线针轮减速机齿轮箱、轴承箱、螺纹密封、机械密封等部位长时间大扭矩机械运动后，齿轮箱啮合间隙变大，易造成较大的噪声及设备振动；加之密封部位长期处于高温状态下运行，密封部位渗漏油情况时有发生，因此，给安全生产和现场环境带来众多弊端。现在新设计的砖机一体式玻璃压延机选用摆线针轮减速机的越来越少。

① 摆线针轮减速机主要特点

a. 运转平稳，噪声低。摆线针齿啮合齿数较多，重叠系数大，运转平稳，过载能力强，另外具有机件平衡的机理，能保证振动和噪声在设备运行初期限制在最低程度。

b. 结构紧凑体积小。由于采用了行星传动原理，输入轴、输出轴在同一轴心线上，能使其机型获得尽可能小的尺寸。

c. 摆线针轮减速机允许使用在24h连续工作的场合，同时允许正、反两个方向运转。

d. 维修方便，容易分解安装。

e. 卧式安装的摆线针轮减速机工作位置均为水平位置。安装时最大水平倾斜角一般小于15°，超过15°时应采用其他措施保证润滑充足和防止漏油。

f. 摆线针轮减速机的输出轴不能受较大的轴向力和径向力，在有较大轴向力和径向力时须采取其他措施。

② 摆线针轮减速机常见故障及处理。摆线针轮减速机在长期运行中，常会出现磨损、渗漏等故障，主要有以下几种：

a. 摆线针轮减速机轴承室磨损，其中又包括壳体轴承箱、箱体内孔轴承室、变速箱轴承室的磨损。

b. 摆线针轮减速机齿轮轴轴径磨损，主要磨损部位在轴头、键槽等。

c. 摆线针轮减速机传动轴的轴承位磨损。

d. 摆线针轮减速机结合面渗漏。

针对磨损问题，传统解决办法是补焊或刷镀后机加工修复。补焊时，高温产生的热应力无法完全消除，易造成材质损伤，导致部件出现弯曲或断裂；而电刷镀受涂层厚度限制，容易剥落，且以上两种方法都是用金属修复金属，无法改变"硬对硬"的配合关系，在使用时，仍会造成再次磨损。另外，对于一些大的轴承，企业无法现场解决磨损问题，多要依赖外协修复，更换费用高，费时费力。

当前较好的方法是使用高分子复合材料修复。应用高分子材料修复，可免拆卸、免机加工，既无补焊热应力影响，修复厚度也不受限制，同时产品具有金属材料所不具备的弹性，可吸收设备的冲击振动，避免再次磨损的可能，并大大延长设备部件的使用寿命，可节省大量的停机时间。

针对渗漏问题，传统方法需要拆卸并打开减速机，更换密封垫片或涂抹密封胶，不仅费时费力，而且难以确保密封效果，在运行中还会再次出现泄漏。当前比较好的方法是选用具有优异的黏着力、耐油性好的高分子材料，可现场治理渗漏，克服减速机振动造成的影响，解决减速机渗漏问题。

（4）减速机的安装使用

① 在减速机的输出轴上加装联轴器、链轮等连接件时，不允许采用直接捶击的方法，因为减速机的输出轴结构不能承受轴向的捶击力，可用轴端螺孔旋入螺钉压入连接件。

② 减速机上的吊环螺钉只限起吊减速机用。

③ 安装减速机时，应校准减速机安装中心线标高、水平度及其相连部分的相关尺寸，校准轴的同心度不应超过联轴器所允许的范围。

④ 减速机必须刚性固定在坚实的基础面上，所有地脚螺栓须加弹簧垫圈，联轴器的安装误差应不超过其允许偏差值。

⑤ 减速机在出厂前均经过试运转检验，各项指标符合要求，可以直接投入使用，使用前应按照使用说明书注入规定的润滑油至油标上限。

6.3.6 齿形链

齿形链是砖机一体式玻璃压延机压延辊筒传动所用的一种齿形链带。齿形链带又叫无声链条或无声齿形链带，是用链片、销轴和垫圈穿制而成的一种齿形传送带，齿形链带通过电机减速机上齿轮的带动，平稳地将动力传送到压延辊筒。为了增加韧性和耐磨能力，齿形链带都进行过特殊热处理工艺淬火，达到里软外硬的效果。

（1）齿形链传动特点

齿形链又称无声链，属于传动链的一种形式，相关的国家标准有GB/T 10855—2016《齿形链和链轮》。与滚子链相比，主要特点如下。

① 工作平稳、噪声小。齿形链通过工作链板与链轮齿的渐开线齿形进行啮合传递动力，与滚子链和套筒链相比，其多边形效应明显降低，冲击小，运动平稳，啮合噪声较小。

② 可靠性较高。齿形链的链节是多片式结构，当其中个别链片在工作中遭到破坏时并不影响整根链条的工作，发现后能够更换。

链片采用专用带钢锻压而成，抗拉力强，在高温环境下作业运转不变形，不打滑，运转平稳，不丢转，能连续作业，经久耐用。链片热处理层厚度0.2mm，外硬内软，使用寿命大大延长（正常使用下3～5年）。

③ 运动精度高。齿形链各链节磨损伸长均匀，可保持较高的运动精度，承受冲击载荷能力较好，轮齿受力较均匀。

④ 齿形链比套筒滚子链结构复杂，装拆困难，价格较高，且制造较难，质量较大，并且对安装和维护的要求也较高，多用于运动精度要求较高的传动装置中。

（2）齿形链结构

齿形链传动是利用特定齿形的链板与链轮相啮合来实现传动的。链板的齿型角为30°，两工作侧面间的夹角为60°。齿形链由一系列的齿链板和导板交替装配，通过销轴或组合的铰接元件连接组成，相邻节距间为铰链连接，见图6-31。

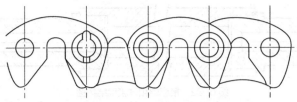

图 6-31　齿形链结构示意图

（3）齿形链故障及处理

玻璃压延机上的齿形链在长时间使用后可能会出现故障。常见故障如下：

① 磨损失效。磨损失效是最常见也是最明显的一种表现形式，齿形链在使用过程中极易发生磨损。出现这一故障的原因有很多，主要原因是链条材质较差和操作不当。

齿形链条整体最容易出现磨损的部位是链轮和销轴，这两个部位出现磨损主要是由于局部润滑不足；链片热处理硬度低也会出现快速磨损失效的问题。

② 疲劳失效。由于玻璃压延机是24h连续生产，因此，齿形链带常常会过度使用，出现疲劳失效而发生故障，也就是说链条在运行过程中承受了过度的负荷，导致受力不均匀，出现断裂或者被挤压的情况。

③ 过载拉断失效。在玻璃压延机传动过程中，过载拉断也是一种常见的失效形式。链条在一定使用寿命下，润滑密封不良，或者工况恶劣时，就会加速磨损，导致极限功率大幅下降，出现过载拉断故障。

④ 链片断裂失效。链条在使用过程中，各个链片热处理硬度不同，在使用过程中会出现硬度大的链片断裂失效的问题。

⑤ 链条变长。由于玻璃压延机使用环境恶劣，如果润滑密封不良，就会引起铰链磨损，链条铰链发生磨损后链节变长，工作时容易引起跳齿或者脱链，降低链条使用寿命，加速链条失效。

为了避免磨损失效这类现象的发生，应注意经常检查润滑效果，及时添加润滑油，检查润滑油里是否有磨料，或者改变润滑方式。链轮出现轻微磨损后，可以将链轮反装，让磨损较轻的一面朝向链条。另外，选用材质好、热处理硬度高、淬火层厚度适当的外硬内软的链片，可解决零件的耐磨和疲劳失效问题。齿形链带的链轴采用扁轴，扁轴代替圆轴工艺，可解决链带在运转中的断轴现象。

6.3.7　接应辊和过渡辊

砖机分离式玻璃压延机上的接应辊、过渡辊使用的是表面有陶瓷涂层的中空不锈钢辊子。接应辊常见的尺寸一般为ϕ110mm，数量为3～4根；过渡辊常见的尺寸一般为ϕ140mm，数量为7～8根。

（1）接应辊和过渡辊的结构

接应辊和过渡辊为中空轴结构，一般为组合式，见图6-32，分为焊接式和螺栓组装式，应具有耐磨性、抗剥落性、硬度均匀性，同时还应具备精确的加工精度等几个基本要求。

（2）接应辊和过渡辊的材质

接应辊和过渡辊常选用镍铬钼耐热合金钢，这种材料能抗高温氧化、抗热弯、不起

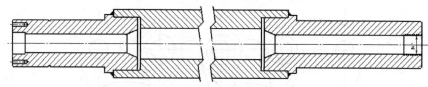

图6-32　接应辊和过渡辊结构图

泡、不脱皮，材质可选用4Cr25Ni20、45CrNiMo、34CrNiMo、1Cr17Ni2等。

（3）接应辊和过渡辊表面处理

接应辊和过渡辊接触的玻璃带温度高达900℃，这时玻璃带还处于软化状态没有完全成形，如果辊子表面不处理，会造成玻璃下表面擦伤。目前最新表面处理技术是在接应辊和过渡辊表面喷涂Al_2O_3耐热陶瓷涂层。陶瓷涂层是在传统的陶瓷材料基础上发展起来的新型复合材料，它具有耐高温、抗磨损、耐腐蚀等优点，同时保持了基体材料的结构强度，由于陶瓷涂层的厚度通常都在1mm之内，大大地减少了零件的重量，其抗热冲击性能优于整体陶瓷。

① Al_2O_3陶瓷涂层的特点。Al_2O_3耐热陶瓷涂层具有十分优异的强韧性、耐磨性、抗蚀性、抗热震性及良好的可加工性能，有着较长的使用寿命和可靠性。此外，由于价格低廉和避免污染的优点，它还是硬铬镀层的替代品。陶瓷涂层技术可以明显提高辊子耐磨抗蚀性能而减少寿命周期成本。另外，还可与所覆盖的基体材料一起变形。

Al_2O_3耐热陶瓷涂层充分利用了陶瓷材料高绝缘、高绝热性（即热导率低）的优点，相当于辊子穿上了一层"防火铠甲"，起到了传导热的屏蔽作用，还能有效抑制并屏蔽红外线的辐射热的热量。

Al_2O_3耐热陶瓷涂层不仅耐高温，还有耐热冲击和耐磨等性能。通过涂覆Al_2O_3涂层，可对金属、耐火材料进行表层改性，以达到提高基体材料的使用性能的提高基体材料使用寿命的目的。

② 陶瓷涂层技术指标

a. 耐1000℃高温。

b. 抗热震性。耐高温耐磨陶瓷骨料由Al_2O_3、WC、SiC组成，混合后涂覆于辊子表面制得陶瓷涂层。调胶比（氧化铜与磷酸盐的配比）和骨胶比（胶粘剂与陶瓷骨料的配比）对金属基陶瓷涂层耐高温及抗热冲击性能的影响较大。对于接应辊和过渡辊而言，要求能长期承受600℃以上的高温作用和1300℃的瞬时高温作用，能承受住1000℃/25℃，16次循环试验，陶瓷涂层无裂纹、无剥落、无起皱。在压延机正常生产时，清洗压延辊筒时，不弯曲变形、不脱皮。

c. 耐磨性：可通过磨损试验测量涂层的磨损速率来进行表征。

d. 耐腐性。24h浸泡70～80℃的酸、10%NaOH、溶剂、水、盐水，涂层无异常。

e. 不沾性。对色素、油脂抗污染性强。

f. 热导率。常用来确定陶瓷涂层热导率的方法有激光法和调制波法等。纳米陶瓷涂层的热导率一般为：0.4mm厚的陶瓷涂层，在1350℃高温工作时，陶瓷涂层的隔热效果要达到100～150℃。

g. 硬度。陶瓷涂层硬度的测量最好采用显微硬度，且应取多个测量点，以其均值作为涂层硬度值。外力铁钩子操作时不会被损坏。当使用颗粒度微米级 Al_2O_3-40% TiO_2 陶瓷涂层时，其硬度约为400～600HV；当使用颗粒度纳米级 Al_2O_3-40% TiO_2 陶瓷涂层时，其硬度值能为1000HV以上。

h. 结合强度。陶瓷涂层的结合强度包括涂层与基体界面结合强度和涂层自身黏结强度，一般采用拉伸法检测涂层的拉伸结合强度，也可通过剪切试验检测涂层与基体界面的剪切强度。当使用颗粒度微米级 Al_2O_3-40% TiO_2 陶瓷涂层时，其结合强度13MPa；当使用颗粒度纳米级 Al_2O_3-40% TiO_2 陶瓷涂层时，其结合强度55MPa。

i. 断裂韧性。是反映材料抵抗裂纹失稳扩展的性能指标。陶瓷涂层断裂韧性的定量表征缺乏统一的标准，一般是在涂层样品上落下 ϕ25.4mm 直径的钢球，引起的涂层变形，在冲击凹坑的中心变形最大而在边缘减少到零，要求常规陶瓷涂层无明显的宏观裂缝和剥落现象。

j. 孔隙率。适当的涂层孔隙率对于润滑摩擦和高温隔热性能而言，是极为有利的，但对耐腐蚀、高温抗氧化和高温抗冲刷等性能极为有害，这一特点可对涂层系统设计提供重要的参考价值。测定涂层孔隙率的方法很多，大致可分为直接观测法和间接测量法。直接测量可使用光学显微镜、扫描电镜、X射线散射仪来测量开放或封闭的孔隙，配合专门的计算软件加以分析。间接测量法包括称重法、浮力法、水银孔隙仪、放射线照相法等。其中，称重法简单、实用，且无需特别仪器，但准确度稍差，在测量时，先测涂层的质量算出密度，再将该密度与涂层材料的真密度比较，进而求出涂层的孔隙率。一般要求孔隙率为0.98%。

（4）接应辊和过渡辊的入厂验收

① 外观检测。a. 在500mm×500mm的范围内，划伤长度最大值≤1mm的缺陷要少于2处；b. 辊子表面不允许有针眼、凹凸、裂纹等缺陷；c. 不允许有散布性反射。

② 辊坯组织结构均匀，组织无点状偏析和组织疏松。

③ 耐热检测试验。在需方生产中测试，在测试温度600℃时保持5h无裂纹无变形，陶瓷层无裂纹和无剥落现象，热变形≤0.05mm/m。

④ 辊身外表面及轴头外表面镀陶瓷，耐热陶瓷涂层厚度0.5mm，陶瓷涂层均匀、无表面缺陷，陶瓷黏结要牢固，附着力强无剥落。

⑤ 随辊子到货，应附辊子加工检测报告和耐热陶瓷检测报告。

⑥ 辊子的性能和精度应完全符合工艺要求和行业标准。

6.4 压延机装机与试车

6.4.1 压延辊筒轴承装配

压延辊筒轴承的装配指轴承内圈和轴颈的连接，轴承外圈与轴承座的连接。玻璃压延机压延辊筒使用的轴承有DU轴承和滚动轴承两种。轴承的主要装配项目有：清洗轴承及相关零部件、检查相关零部件的尺寸及精度、安装轴承、轴承安装后进行检查、填充润滑剂。

（1）轴承装配方法

装配轴承时，最基本的要求是要保证施加的轴向力直接作用在所装轴承的端面上。装配的方法有锤击法、压力机装配法、热装法、冷冻装配法等。

① 锤击法。用锤子垫上紫铜棒以及一些比较软的材料后用手锤击打的方法。要注意避免铜末等异物落入轴承内，不要用锤子或冲筒直接敲打轴承的端面，以免影响轴承的配合精度或造成轴承损坏。

② 螺旋压力机或液压机装配法。对于过盈公差较大的轴承，可以用螺旋压力机或液压机装配，在加压前要将轴和轴承放平，并涂上少许润滑油，压入速度不宜过快，轴承到位后要迅速撤去压力，防止损坏轴承或轴。

③ 热装法。热装法是将轴承放在油中加热到80 ～ 100℃，轴承内孔胀大后套装到轴上，这样可避免轴和轴承损伤。带防尘盖和密封圈、内部已充满润滑脂的轴承不适用热装法。

④ 冷冻装配法。冷冻装配法是将轴承放在液氮中冷却，轴承外径缩小后套装到钢套上，可避免钢套和轴承损伤。

（2）DU轴承装配

① 装配前，准备好专用的DU轴承装配工具，检查钢套和DU轴承的外观和规格尺寸并清洗干净。

② 在钢套的内表面和DU轴承的外表面涂上润滑油，以便轴套能方便地安装。

③ 装配时由于DU轴承尺寸过盈量一般都较大，须用压紧工具把轴套压入；钢套一般壁厚较薄，压装时注意钢套变形。

注意：轴承压入时，根据压力大小估计过盈量，如果过盈量小，配合太松，会影响使用寿命。

④ 有油孔的DU轴承要对准钢套上的油孔；修整装配毛刺。

⑤ 压入后，其内孔往往发生变化，用内径百分表检验，使轴套与轴颈之间的间隙达到规定要求。

采用铰孔或刮削的方法进行修整，使轴套与轴颈之间的间隙及接触点达到规定要求。

压延上辊筒用DU轴承安装在调心轴承钢套内；压延下辊筒用DU轴承是安装在圆柱轴承钢套内。

由于玻璃压延机辊筒用DU轴承直径较大，且玻璃压延机辊筒更换频繁，轴承规格单一，DU轴承装配工作量较大。为了保证安装精度和提高装配效率，需单独制作压延辊筒用DU轴承装配工具，一般由三件组成，分别为底座、压入轴和压出轴。

① 底座。底座是向轴承钢套内安装或从轴承钢套内拆卸DU轴承时，用于支撑轴承钢套的。使用时，将DU轴承钢套放置于底座上面的卡槽内，卡槽的外径略大于轴承钢套外径，底座内径略大于DU轴承外径，便于拆卸DU轴承时，DU轴承能顺利进入底座并从底座内取出。

② 压入轴。压入轴是向轴承钢套内安装DU轴承时，用于支撑DU轴承和导向的。

使用时，将DU轴承套在压入轴的外径上面，压入轴的外径略小于DU轴承内径。

安装DU轴承时，先将轴承钢套放置于底座上，在轴承钢套内涂润滑油，然后将套有DU轴承的压入轴对准轴承钢套，用压力机将DU轴承慢慢压入轴承钢套内。

③ 压出轴。压出轴是从轴承钢套内拆卸DU轴承时，用于拆卸DU轴承和导向的。使用时，将压出轴的止口放置于带轴承钢套的DU轴承内。压出轴的外径略小于DU轴承外径，止口外径略小于DU轴承的内径。

拆卸DU轴承时，先将带轴承钢套的DU轴承放置于底座上，将压出轴止口放置于DU轴承的内孔，压出轴对准轴承钢套，用压力机将DU轴承慢慢压出轴承钢套。

（3）滚动轴承装配

滚动轴承的制造精度较高，轴承装配不正确，或装配质量不好，是轴承过早损坏的重要原因之一。轴承装配不正确会直接引起轴承发生不正常磨损、发热，导致滚动体表面剥落、刮伤和出现麻坑，导致套圈出现裂纹、磨成深坑而致使轴承报废。

滚动轴承装配前应做好以下准备工作：

① 按照所装配的轴承准备好所需的量具和工具。

② 检查所有与轴承配合的零件尺寸、表面粗糙度等，并将各零件清洗干净。

③ 核对轴承型号、润滑油脂。

在装配前对轴承进行清洗：

① 热清洗。热清洗的方法是将轴承用蒸汽冲、热水淋和热油泡等。三种洗法都要注意，不要让轴承温度超过130°，否则将接近或达到轴承钢的回火温度，使轴承硬度下降，寿命缩短。热清洗冷却后，要用汽油或煤油清洗一次，此法适用于防锈油脂防锈的轴承。

② 冷清洗。冷清洗就是用清洗剂在常温下清洗。清洗剂要根据防锈剂确定。对于防锈油保护的轴承，宜用汽油或煤油清洗，对于用气相剂、防锈水和其他水溶性防锈材料保护的轴承，宜用皂类或其他清洗剂清洗。

清洗过的轴承要用压缩空气吹干，然后就可以开始装配。滚动轴承装配前要做好配合工作，一般滚动轴承的内圈和轴采用基孔制配合，内圈具有一定的公差，用改变轴的公差求得轴和孔的配合；轴承外圈和轴承座采用基轴制配合，外圈具有一定的公差，用改变轴承座孔的公差求得外圈和轴承座的配合。

滚动轴承（如向心球轴承等）一般按座圈配合松紧程度决定其安装顺序。当轴承内圈与轴颈配合较紧、外圈与壳体孔配合较松时，应先将轴承装在轴上，压装时，以铜或软钢作的套筒垫在轴承内圈上，然后，连同轴一起装入壳体中。当轴承外圈与壳体孔为紧配合、内圈与轴颈为较松配合时，应将轴承先压入壳体中，这时，套筒的外径应略小于壳体孔直径。当轴承内圈与轴、外圈与壳体孔都是紧配合时，应把轴承同时压在轴上和壳体孔中，这时，套筒的端面应做成能同时压紧轴承内外圈端面的圆环。总之，装配时的压力应直接加在待配合的套圈端面上，决不能通过滚动体传递压力。

轴承的压装方法主要根据配合的过盈量确定。当配合过盈量较小时，可用铜棒套筒压装法，注意严格禁止用锤子直接击打滚动轴承的内外圈；当过盈量较大时，可用压力机压装；当过盈量很大时，常采用热装法（温差装配法）。

轴承一般在油中加热，加热时应注意将轴承挂在油中或放在网栅（该网栅距槽底50～70mm）上，不应放在槽底上。因为容器底部至油面温度递减，容器底部直接受热，温度比其他部位高出许多，温度计也要挂在油中，温度计下端要与轴承下端所处高度基本一致，才能准确反应油温，加热前要根据过盈量确定加热的终温，轴承内孔受热膨胀的大小。

安装时应先将内圈加热到90～100℃，切勿超过120℃，以防止内圈冷却后回缩不彻底。加热方法可用油槽加热也可用感应加热，但禁止用明火加热。

（4）轴承安装后的检查

① 一般检查。转动零件是否与静止零件相摩擦；轴向紧固装置的安装是否正确；润滑油是否顺利地进入轴承内；密闭装置是否可靠。

② 安装精度检查。检查轴承内圈与轴的相互位置，轴承内圈（对推力轴承为紧圈）要贴紧轴肩，检查方法有漏光法和塞尺测量两种方法，轴承外圈与轴承座挡肩的相互位置主要用塞尺检查。

6.4.2　压延机装机

本书主要介绍砖机分离式玻璃压延机的装机，砖机一体式玻璃压延机的装机与此类似。

玻璃压延机装机作业一般由经过培训的、有资格的装机专业人员进行。装机作业的主要工作内容包括：材料和工具准备、轴承组装、压延辊筒组装和安装、冷试车等。

（1）装机专业人员职责

① 保证玻璃压延机装配质量，从而保证压延成形的稳定生产；

② 负责入厂压延辊筒的检验、验收和辊筒储存计划，保证压延成形正常生产需要；

③ 负责压延辊筒的清洗、检验、包装、保管维护、运输、起吊、异常处理等工作；

④ 负责玻璃压延机的备品备件计划和准备工作；

⑤ 负责玻璃压延机的巡回检查和维护，并对压延辊筒和备品备件存放仓库进行清扫和整理。

（2）装机常用的主要工器具

百分表、千分尺、内径量表、粗糙度仪、硬度计、深度计、水平尺、游标卡尺、直尺、卷尺、内六角扳手、专用弹簧卡钳、管钳子、电脑等。

（3）装机顺序

① 首先将玻璃压延机表面打扫干净，特别是安装压延辊筒轴承的轴承座需要清洗干净；

② 将准备好的一对压延辊筒（上、下辊筒）放置到装配支架上，组装的时候，压延辊筒应该在浸油纸和防护毯包裹的包装条件下组装，防止压延辊筒被划伤；

③ 在压延辊筒（上下辊筒）上的驱动端和出水端轴头分别安装已经准备好的两边带卡环的DU轴承；

④ 将冷却水芯轴从出水口插入压延辊筒（上下辊筒）内孔里面，安装带有球阀开关的密封头；

⑤ 在压延辊筒（上下辊筒）进水端轴头上安装进水头旋转接头；

⑥ 组装上下辊筒时注意侧面导向槽，对轴承壳间隙大约 2 ～ 3mm ；

⑦ 抬起上辊筒轴承座旋转到最大位置，以便安装下辊筒；

⑧ 安装下辊筒：使用起吊装置用吊带起吊组装好的下辊筒轴头两端（注意质量平衡，加上两端轴承以后的辊子质量大约1000kg），起吊装置需要使用双速电动葫芦，将组装好的下辊筒平稳放到轴承座位置上，并对准销孔位置的锁紧和固定下辊筒轴承；

⑨ 安装下辊筒的万向联轴器，将旋转接头与驱动万向联轴器连接起来；

⑩ 将翻上去的上辊筒轴承座放下到位；

⑪ 为了防止在安装上辊筒时，上辊筒辊体与下辊筒辊体误碰，损伤辊子表面，必须使用手动高度旋转手轮，将上辊筒轴承座升起一定高度；

⑫ 上辊筒安装重复上面⑧和⑨的操作；

⑬ 使用手轮调整上下辊筒的平行度，必须两端同时做调整上辊筒平行的工作；

⑭ 使用检测装置检测上下辊筒之间的间隙，使用手轮按照玻璃生产厚度调整；

⑮ 检查压延辊筒安装是否正确，装机工作完成；

⑯ 检查各转动部位，确认无障碍物时，进行正反盘车；使压延辊筒转动各一周以上，转动灵活，方可进行空运转试车；

⑰ 连接电缆，单独启动电动机，检查其旋转方向是否正确；

⑱ 启动运转，进行冷试车。

（4）玻璃压延机的冷试车

压延机装配好后至少空运转2h，检查如下内容：

① 连接冷却水管，打开阀门，检查一下出水口情况，冷却水流动是否正常，有无泄漏的情况；

② 连接风管并且启动风机，检查出风口出风是否正常，通过控制盘上调整按钮将所有阀门开启度调到最大，阀门调节正常；

③ 启动开关，压延辊筒和接应辊保持旋转；

④ 检测压延辊筒（上下辊筒）驱动端和出水端的跳动情况，并做好记录；

⑤ 调整不同的速度，检查组装是否合适，上下辊筒同步检查；

⑥ 电流、电压有无波动情况，主电机消耗功率不得大于额定功率的15%，电流表负荷电流不得超过允许的最大负荷电流；

⑦ 玻璃压延机的上下辊筒高度调整、左右调整、上下辊之间的间隙调整均灵活可靠；

⑧ 运转中，玻璃压延机不得有明显振动及周期性噪声；

⑨ 运转中，压延辊筒轴承温度不得有骤升现象，温升不超过20℃。

6.5 生产前玻璃压延机检查及换机检修

压延机的操作使用者，要熟悉玻璃压延机的结构和功能；熟悉操作控制面板的界面，熟悉各种开关的功能作用；能够准确熟练地操作玻璃压延机；操作中认真执行安全技术操作规程，正确设定玻璃压延机的工艺参数；工作中，还要做到能及时发现生产中的工艺缺陷现象，并及时调整参数，尽快排除生产中出现的缺陷。

6.5.1　生产前压延机检查

生产前玻璃压延机的检查，一般由生产操作者进行。

① 检查上下压延辊筒间隙是否是规定的间隙尺寸（大于玻璃厚度，一般为8mm）。在压延辊筒开始启动之前，通过操作手轮控制盘进行间隙调整（注意只能在冷态下手动调整）；

② 使用水平仪检查上下辊筒水平度和平行度；

③ 整体检查接应辊，包括接应辊、进出水连接头、轴承、链条等；

④ 检查上下辊筒的表面质量及粗糙度，确认上下辊筒的直径、花型；

⑤ 检查进水管、风管的管道接头是否接上，管道走向是否正确；

⑥ 玻璃压延机开车试运转，检查上下辊筒是否有跳动现象，装配好的玻璃压延机辊筒工作表面相对于轴颈的径向跳动不大于0.02mm；

⑦ 电流、电压有无波动情况；

⑧ 检查各润滑点是否加好油；

⑨ 旋转接头经1.5倍工作压力的水压试验，无渗漏现象；

⑩ 连接供电电源并且按钮启动控制系统（这个工作只能是合格的技术人员来执行）；

⑪ 检查所有连接管线，检查速度调整，检查线速度（0.4 ～ 9m/min）可调，上辊速度可以变化范围在+/-10%，检查所有监视装置是否正常；

⑫ 检查唇砖和过渡辊台的平行度和水平度；

⑬ 调整检查压延辊筒相对于唇砖高度的平行度；

⑭ 检查玻璃压延机上的接应辊相对于过渡辊台的平行度；

⑮ 检查显示器上任何报警信息；

⑯ 设定工艺参数和速度；

⑰ 检查压延辊筒（上下辊筒）的同步状态：如果使用不同直径的辊子，可以通过几个不同点输入辊子直径参数，通过确认按钮可以输入参数，以便得到准确的同步速度（玻璃压延机上下压延辊的同步速度分线速度同步和角速度同步两种，可按实际情况选用）；

⑱ 通过控制器检查压延辊筒的加速度和减速度，按下急停按钮以后所有辊子的速度将减低到最小速度，当紧急情况发生的时候，能够起到保护作用；

⑲ 检查玻璃压延机的上升下降的调整；通过手轮（前进后退）调整，检查玻璃压延机的水平调整，玻璃压延机可以平行地向前（窑炉方向）或者向后（过渡辊台）方向调整，辊子外表面距离唇砖位置大约为5 ～ 8mm；

⑳ 检查冷却水和冷却风的状态，检查电流表负荷；

㉑ 当玻璃压延机在生产线上就位和所有辊子旋转起来以后，完成参数设置和冷却连接以后，可以提升闸板开始引板。

6.5.2　换机检查检修

换机时的技术准备工作，一般由装机专业人员、相关技术人员和生产操作者共同进行。每次换机时，对备用玻璃压延机和退火窑做如下检查，以保证玻璃压延机正常工作。

① 退火窑相邻接的内外钢壳的宽度错位误差不大于3mm；

② 退火窑总长度玻璃跑偏偏差不大于10mm；

③ 退火窑每根辊子辊面对水平基准的平行度公差为0.12mm/m，全长公差为0.5m；

④ 退火窑辊道的上表面纵向在同一平面内，可能有缓和波浪形误差，其波峰与波谷对于基准尺寸高度的偏差不超过±0.5mm；

⑤ 玻璃压延机辊筒中心线与退火窑辊道中心线垂直度公差不超过0.1mm/m；

⑥ 玻璃压延机和退火窑相邻两辊道的中心线，其平行度公差在水平方向为0.2mm，垂直方向为0.3mm，相邻两辊子中心偏移方位相差为180°；

⑦ 减速箱、传动箱、润滑油槽和接头等不出现泄漏油；

⑧ 防护罩安全可靠，起重吊耳牢固；

⑨ 设备接地符合相关安全规定。

更换后的玻璃压延机的维修：

① 更换压延辊筒，对压延辊筒轴承检查确认，耐磨层损坏大于70%时，必须更换轴承；

② 对压延辊筒上辊筒调整机构进行清洗、加油（机油），保证蜗轮蜗杆运转轻松自如；

③ 对冷却风调整手柄、闸线、滑块进行检查，要求状态良好，满足工艺要求；

④ 对旋转接头、冷却水管路进行检查，保证不能有漏水现象；

⑤ 对接应辊轴承进行开盖检查，进行加油，对损坏的进行更换；

⑥ 对整机升降机构、左右移动机构进行检查确认、加油，保证手动、自动调整装置灵活到位；

⑦ 对玻璃压延机底盘滚轮进行检查，轴承进行清洗或更换；

⑧ 对所有链条进行张紧调整，并加220#机油。

对换机时退出来的活动辊台进行以下检修：

① 活动辊台推出后，首先保持运转状态，当辊子表面温度低于100℃时才能停机维修；

② 对所有轴承进行检查，加注高温润滑脂；

③ 对所有链条进行张紧调整，并加220#机油；

④ 对所有紧固部位进行检查；

⑤ 更换间接冷却水管；

⑥ 检查冷却水系统（旋转接头、阀门、软管等）；

⑦ 检查辊台地脚滚轮是否灵活；

⑧ 检查辊台升降丝杠和左右移动装置是否灵活，并润滑。

每次换机前，备用玻璃压延机必须保证完好，达到以下要求：

① 运行正常，效能良好，装配质量符合要求；设备运转平稳，无异常振动，无异声。正常运转时不超过额定电流值。

② 主要机件无损坏，质量符合要求，辊筒表面无损伤；辊筒的跳动符合检修规程规定的要求；各调节丝杠升降机灵活可靠，升降自如。

③ 机体整洁，零部件齐全好用，整机无漏水、无漏油现象；设备表面涂层完整。

④ 旋转接头密封装置无泄漏，泄漏量不超过20滴/min；各管线路安装符合规程要求，标志显明；电气控制系统、调距装置、刹车装置、联系信号装置、防护罩及仪表齐全好用。

⑤ 技术资料齐全准确，包括设备卡片、设备缺陷记录、检修及验收记录、易损件图纸。

6.6　玻璃压延机维护及故障处理

玻璃压延机的结构组成较为简单，它主要由辊筒、传动装置、润滑系统、控制系统等组成。玻璃压延机在使用过程中整体性能比较稳定，安全系数高，所以一般不容易出现机械故障或者是机械损坏问题。但是，为了能够让玻璃压延机在使用的过程中达到更好的使用效果，必须注意基本的日常维护。

6.6.1　玻璃压延机维护

（1）玻璃压延机日常维护

① 定期检查，清洗减速机箱，定期换油，以确保运转良好；

② 每个班次对主传动系统上的链轮、链条加润滑油时，最好用喷枪，保持一定距离，确保安全；

③ 压延机在正常运转时，安全防护装置齐全可靠，手或身体不能触摸运转中链轮和链条等，以免造成设备人身事故；

④ 减速机的润滑按减速机生产厂家的用油要求和规定处理；

⑤ 压延机压延辊筒轴承，每小时加1次相匹配的润滑油；

⑥ 在使用压延机顶升机构和平移机构时，丝杆露出燕尾导轨面应擦洗干净，涂上润滑油；

⑦ 压延机上下辊筒的调距丝杆，应在每次换机换辊及时更换一次合成高温润滑脂；

⑧ 压延机左右侧壁张紧轮在每次调整前应加相匹配的润滑油；

⑨ 压延机上的绳轮在每调整链轮松紧时，沿着油嘴加油一次；

⑩ 压延机所有调整丝杆必须擦净，加上润滑油；所有油嘴处每班加油一次。

（2）压延机的润滑管理

润滑是指将具有润滑性能的物质加入机器中做相对运动零件的接触表面上，形成一种润滑油膜，两个摩擦表面能够被润滑剂有效地隔开，这样，零件间接触表面的摩擦就变为润滑剂本身分子间的摩擦，从而起到降低接触表面摩擦、磨损的作用。

润滑的作用一般可归结为：控制摩擦、减少磨损、降温冷却、防止摩擦面锈蚀、冲洗作用、密封作用、减振作用（阻尼振动）等。润滑的这些作用是互相依存、互相影响的。

正确使用各类润滑材料，并按规定的润滑时间、部位、数量进行润滑，以降低摩擦、减少磨损，从而保证设备的正常运行，延长设备寿命，降低能耗，防治污染，达到提高经济效益的目的。

① 玻璃压延机的润滑点（见表6-8）

表6-8 玻璃压延机润滑点表

部件	说明	加油量	油品	备注
机器升降用螺旋升降机	玻璃压延机和辊台共8个	每个用油枪打2次	高温润滑脂	每次换机时进行
机器升降用轴承	玻璃压延机和辊台共8个	每个用油枪打2次	高温润滑脂	每次换机时进行
丝杠	润滑脂	每个用油枪打2次	高温润滑脂	每次换机时进行
厚度调节升降机	润滑脂	每个用油枪打2次	高温润滑脂	每次换机时进行
上辊移动丝杠	润滑脂	每个用油枪打2次	高温润滑脂	每次换机时进行
万向联轴器	润滑脂			参考说明书
接应辊齿轮箱	定期换油		250#	每300h
主传动齿轮箱	定期换油			参考说明书
链条			WD40	每100h
主辊轴承			WD40	随时

② 加油或换油标准操作规范。a. 加油或换油时必须将器具或装置清洗干净；b. 润滑油"三级过滤"的滤网要符合表6-9规定；c. 压延机所用润滑油的规格、加油数量、润滑点、加油周期等必须严格按规定进行；d. 发现跑油、漏油时要及时查明原因，立即消除，避免跑漏油；e. 除加油、换油、清洗油外，润滑部位要处于封闭状态，防止灰尘落入。

表6-9 玻璃压延机加油三级过滤网表

油品	一级过滤网	二级过滤网	三级过滤网
透平油、压缩机油、机械油、车用油	60目	80目	100目
气缸油、齿轮油	40目	60目	80目

（3）玻璃压延机的点检

所谓点检，是按照一定标准、一定周期，对设备规定的部位进行检查，也就是按规定的路线和规定的项目在规定的时间范围内去检查设备，以便尽早发现设备故障隐患，及时加以修理调整，使设备保持其规定功能。值得指出的是，设备点检制不仅仅是一种检查方式，而且是一种制度和管理方法，点检的手段大多为目测或者使用简单的便携式工器具。

设备点检制的特点是：定人、定点、定量、定周期、定标准、定点检计划表、定记录、定点检业务流程。

点检管理的要点是：实行全员管理，专职点检员按区域分工管理。点检员本身是一贯制管理者；点检是按照一整套标准化、科学化的轨道进行的；点检是动态的管理，它与维修相结合。

玻璃压延机是压延玻璃生产的核心设备，必须按照规定的制度进行点检和维护工作。玻璃压延机应定期进行保养维护，在有故障时要进行维修，严禁设备"带病"工作，因为这将可能产生设备和人身事故，应绝对避免。保养和维护的方法应按用户操作手册中的要求定期进行，对于重点部位如变频传动控制等，应做到每天检查，保证设备工作在良好状态。

① 机械部分日检项目。逐项点检并填写点检记录，见表6-10。

表 6-10　玻璃压延机设备日检项目表

点检项目	点检内容
压延机本体、压延辊压紧装置、辊台、闸板及吊装机构	有无异常
目视检查压延辊、接应辊及过渡辊台动作	是否平稳，声音是否正常
各部位轴承	是否有杂音
各驱动减速机、万向联轴器运转状况，链条、螺栓连接	是否松动
闸板变形状况及吊装机构的变形、氧化程度	定期更换吊装钢丝绳
冷却风机的运行状况	运行是否平稳
冷却风机的电机和叶轮轴承的运转状况	是否正常
冷却风机机壳、出口阀各连接处	有无破裂、漏风现象
冷却风管路及接螺栓	有无松动漏风
各区域蝶阀的开关状态	是否灵活，有无卡死
风机滤网	定期清洗
冷却水管路及接头	是否漏水
链条	是否缺油
各处轴承润滑状况	润滑油干燥程度
万向联轴器的润滑和转动	是否缺油

② 电气日检项目（见表6-11）。

表 6-11　电气日检项目表

点检项目	点检内容
上辊筒驱动电机运行状况	电机温度、电流、有无异音
下辊筒驱动电机运行状况	电机温度、电流、有无异音
接应辊驱动电机运行状况	电机温度、电流、有无异音
辊台辊驱动电机运行状况	电机温度、电流、有无异音
压紧装置左侧调整电机运行状况	电机冷却状况
压紧装置右侧调整电机运行状况	电机冷却状况
控制柜温度	温度
各变频器的状况	温度
玻璃压延机风机	电机温度、电流、有无异音

6.6.2　玻璃压延机故障处理

　　玻璃压延机的结构比较简单，可靠性比较高，但是作业环境恶劣，所以，在玻璃压延机生产线上，故障发生是不可避免的。

（1）常见故障及处理（见表6-12）

表 6-12　玻璃压延机常见故障处理表

设备及部位	故障现象	故障原因	处理办法
压延机	压延辊运转不平稳，电流大	① 轴承配合紧； ② 润滑油固化； ③ 轴承损坏	换机处理

续表

设备及部位	故障现象	故障原因	处理办法
压延机	旋转接头漏水	装配不良，密封损坏	更换密封件
	调距螺旋卡死	① 高温变形卡死； ② 润滑油固化	加大螺旋丝杠间隙
	压延辊供水量不足	① 管路堵塞； ② 球阀损坏； ③ 管路漏水	清理管路 更换阀门 更换水管
	风阀卡死	① 调节电机损坏； ② 风阀卡住； ③ 弹簧断裂	在线拆开，手动调节；换机时更换
压杆	压力显示不正确	压力传感器在高温下的数据不准确	更换并屏蔽热源和冷却
	压力减振弹簧支撑活塞与外套之间卡死	直径加工偏差较大，与外套之间间隙过小	将活塞拆下，将活塞直径减小
	驱动减速机损坏	① 环境温度高； ② 轴承损坏	屏蔽热源和冷却
	升降螺旋卡死	① 高温变形卡死； ② 润滑油固化	将螺旋丝杠间隙加大
	升降螺旋连接压力传感器接头断裂	① 安装不正确； ② 材质未热处理	更换螺旋丝杠
过渡辊台	过渡辊供水量不足	① 管理堵塞； ② 阀门损坏	清理
	过渡辊轴承卡死	① 环境温度高变形卡死； ② 润滑油固化； ③ DU 轴承损坏	在线割开，换机时更换
	链条断裂	长期使用磨损	用管钳对辊道进行盘车，在线更换链条

（2）紧急事故处理（见表6-13）

表6-13 玻璃压延机紧急事故处理表

事故现象	事故原因	造成的后果	解决办法
上辊筒或下辊筒停转	① 变频器故障：玻璃压延机面板报警； ② 玻璃压延机系统故障，按同步按钮时上辊筒停转，下辊筒过载	上辊筒停转后，玻璃表面形成严重的波浪状；下辊筒通过玻璃液带动上辊运转，造成上辊筒万向轴反向运转并脱落。 下辊筒停转可能导致玻璃液从唇砖和下辊筒的缝隙间流出，造成设备烧伤	① 切换备用变频器； ② 消除故障，启动变频器，恢复运转； ③ 一旦不能及时启动，可降低整体速度，特别注意此时压力装置禁止抬起，防止玻璃过厚发生其他事故； ④ 问题不能得到解决时，通知人员准备换机
压延机停机	① 压延机两侧使用的是免维护 DU 轴承，长时间使用会导致轴承内结垢，上下辊运转负载加大，玻璃压延机电路系统会进行过载保护而停机；	原片车间停产； 压延机上下辊筒弯曲	按照应急预案操作； 通知人员准备换机

事故现象	事故原因	造成的后果	解决办法
压延机停机	② 全厂大面积停电,备用电源供应不足; ③ 玻璃压延机系统程序故障; ④ 发生重大安全事故,紧急停机	原片车间停产; 压延机上下辊筒弯曲	按照应急预案操作; 通知人员准备换机
压延机停水事故	① 循环水泵故障,水塔内备用水用尽; ② 主进水管脱落或断裂; ③ 上下辊筒进水管单独脱落	原片车间停产; 玻璃压延机上下辊筒弯曲; 玻璃液粘辊筒	按照应急预案操作; 通知人员准备换机; 一旦停水,操作人员要尽量降低玻璃压延机速度,防止其他事故发生
退火窑主传动停机事故	① 全厂大面积停电,备用电源供应不足; ② 主传动电机故障,备用电机不能启动; ③ 控制程序错误,主传动得到错误信号	需要砸头子; 退火窑辊道弯曲	① 对主传动辊道进行盘车; ② 清理退火窑内碎玻璃; ③ 按照应急预案操作; ④ 通知人员准备换机
玻璃粘辊筒事故	① 压延上辊筒温度高和表面有硫酸盐沉积物; ② 引头子时,玻璃带温度高,在退火窑内缠到辊筒上	需要砸头子; 原片车间停产	① 按照应急预案操作; ② 通知人员准备换机

6.7 压延玻璃花型设计

压延玻璃花型是指各种压延玻璃的表面图案,表现出的是压花玻璃独特的花样设计及排版。如果给它进行分类,可以分为装饰用压延玻璃花型和太阳能压延玻璃花型。

压延玻璃的花型是一种凹凸结构,在设计具有一定花型效果的凹凸组织时,首先要设计凸起的花纹轮廓,绘出纹样图,确定经纬的排列比,并构成一个单元,作为花型组织循环的基础。

设计花型时,不仅要考虑平行光线垂直照射到压延玻璃上由直射光变为折射光,而且还要考虑部分散射光形成的雾度。所谓雾度,是指部分平行光中偏离入射光2.5°角以上的散射光透射光强(透光量)占总透射光强的百分数。压延玻璃的雾度由花型和粗糙度决定,雾度值越大,玻璃光泽、透明度尤其成像度越低。雾度对建筑装饰压延玻璃来说具有隐私屏护作用和一定的透视装饰效果;对太阳能压延玻璃特别是智慧农业温室房屋用压延玻璃来说具有不产生阴影、降低太阳光的辐照强度并提高光照效率的好作用。通过在压延辊筒上设计不同形状、深度和不同粗糙度的花型,结合精良的压延工艺技术,方能制造出雾度值70%,透光率91.5%以上的高质量透光不透视的太阳能压延玻璃。

压延玻璃厚度一般只有1.6~8mm,玻璃上的花纹深度一般不超过0.2mm,否则会对玻璃退火后的平整度和后续钢化玻璃的平整度造成一定的影响。

6.7.1 压延玻璃花型介绍

(1)装饰用压延玻璃花型

① 上辊表面:没有花型,为镜面光辊。

② 下辊表面：刻花花型有布纹、香梨、雨花、海棠花、金丝、银霞、钻石、四季红、千禧格、银河、七巧板、甲骨文等一百多种。众多的花型，给了消费者更多的个性化的选择，这里不做详细介绍。

（2）太阳能压延玻璃花型

由于太阳能玻璃上花纹形状、尺寸不同，其透光率、反光率也就不同，进而影响到太阳能玻璃的光透过性能。

一般认为太阳能压延玻璃上压花的作用主要有两种：一是提高玻璃的透光率；二是增加与玻璃下层EVA（乙烯-醋酸乙烯共聚物）之间的黏结强度。

① 上辊表面。多刻为绒面，见图6-33。绒面主要技术指标是粗糙度R_a，其值通常为 4.5 ~ 6.5μm。

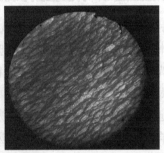

图 6-33　上辊绒面图片

② 下辊表面。刻花花型有四角、正六角、扁六角、绒面、香梨等几种，见图6-34和图6-35。

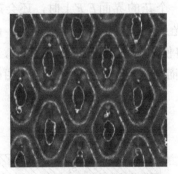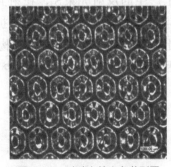

图 6-34　玻璃上的四角花型图　　图 6-35　玻璃上的六角花型图

花型的技术指标有花型类型、目数、花纹深度等。目数常用的为32目和36目；花型和花纹深度各生产线根据客户需求确定，大部分厂家花纹深度一般为0.05 ~ 0.18mm。

太阳能超白压延玻璃的上表面是绒面并镀减反射膜（又称增透膜），下表面均匀连续排布，为凹面形的正四边形或正六边形布纹面花型（不同厂家花型各不相同）。从物理光学角度分析光线照射的原理，绒面和镀膜是为了减少玻璃表面的阳光反射，从而增加太阳光的入射量；四边形或六边形布纹面花型一方面有效地抑制了太阳光的反射，一方面增加了玻璃的透光率，增加了与电池组件EVA（POE、PVB）的黏结面积。它比超白高透过浮法玻璃阳光接受率高出2%，透光率可达到91.5%以上。

a. 正六角形花型。正六角形花型在太阳能超白压延玻璃下表面均匀连续排布，花型凹面的下部为正六角形，凹面的上部为球冠形，球冠与六棱台的六个侧面相交，球冠所在球的球心落在六棱台的中心线上。

压延辊上的刻花花型尺寸为：正六棱台底面的边长为0.4mm，球冠底面的直径为0.38mm，凹面的深度为0.13～0.18mm。这种太阳能超白压延玻璃，其底面的花型结构独特，并且为均匀连续排布，能使大部分进入玻璃内的光线产生二次，甚至三次、四次折射，因此反射回的光线将大大减少，从而增强了光线的透光率。

b.正四角形花型。正四角形花型比较简单。压延辊上的刻花花型尺寸为：四角形边长0.84mm，中间圆点直径0.41mm，深度0.08～0.12mm，见图6-36。从光学角度上来说，这种花型对光线的漫散射效果更理想，有利于增强光线的透过率。

6.7.2　太阳能压延玻璃花型结构设计原理

玻璃的反射率是由折射率决定的，通过在玻璃压花面做一些结构设计可减少玻璃的反射损耗，使本该反射掉的光线在通过该玻璃结构时发生全反射、反射和折射等光学现象，改变反射光线的传播方向，使其最终能够全部或者部分透过玻璃，减小反射损耗，从而达到提高太阳能玻璃透光率的目的。

太阳能压延玻璃有两个表面：一面是光滑面，一面是压花面，压花面朝向电池片的方向放置。影响太阳能玻璃透光率的主要因素有吸收损耗和反射损耗，吸收损耗与玻璃的透光系数有关。

光束S在射入玻璃绒面A-B面时，一是产生反射光S_1，二是产生折射现象，即光束S_2，而光束S_2前进到花型C-D界面时，又产生二次折射光束S_3，进入玻璃板下层空间，而在C-D面上产生的反射光束S_4，在射到另一个花的界面E-F上时，还会产生一次折射，反射光束S_5进入玻璃板内反射回，折射光束S_6进入玻璃板下层空间。由于此种花型在玻璃板上密集排布，以及其独特结构，将使大部分光线能够产生二次，甚至三次、四次折射，因此反射回的光线将大大减少，从而增强了光线的透光率，见图6-37。

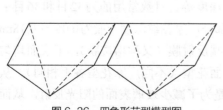

图6-36　四角形花型模型图

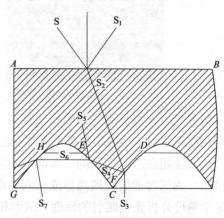

图6-37　压花玻璃的透光原理图

由于太阳能超白玻璃的透光系数比较高，几乎可以不考虑玻璃本身的吸收损耗。反射损耗与玻璃的折射率有关，当光线入射于玻璃表面时，反射率与玻璃的折射率存在着一定的关系，所以，对于太阳能压延玻璃，提高透光率的途径是降低玻璃的反射损耗。

由太阳能压延玻璃折射率为 1.5，可以得到玻璃的反射率为 4%，其余 96% 的光线到达第二个表面，在玻璃的第二个表面同样也存在反射损耗，玻璃总的反射率为 7.84%，所以玻璃的透光率不会超过 92.16%。

根据物理学原理，光从一种介质进入另一种介质时，只要密度不同，都会产生折射和反射，而随着入射角的增大，折射角也随之增大，当折射角增大到 90° 时，将产生全反射，此时将不会有光线折射进入另一种介质，全部反射回第一种介质。

光线由玻璃的绒面入射，根据光线的折射定理，光线在绒面的入射光线分布在 41.8° 的角度范围之内，当入射角大于临界入射角 41.8° 时，会发生全反射现象。

6.7.3 太阳能压延玻璃花型结构设计原则

光透过玻璃光面到达花型面，并在花型面上发生反射和折射，花型角不同，到达花型面光线的入射角不同，折射后透过花型角的光线能量也不同，因此会影响压延玻璃的透光率。同一花型下光线的入射位置不同，其在玻璃内部的传播路径也不同。

玻璃压花结构花型角度的大小直接影响玻璃的透光率。花型角度的选择需满足以下条件：a. 使得太阳能光线入射角度范围尽可能的宽；b. 使得所有入射角度光线的透光率大于常规太阳能玻璃的透光率；c. 任何入射角度的光线都能够在压花结构中全反射、折射，使得原本反射损失掉的光线得以重新利用；d. 减少玻璃表面对光线的反射和散射。

例如，一种太阳能玻璃四角花型的透光率与入射角的关系见表 6-14。

表 6-14 太阳能玻璃四角花型透光率与入射角关系表

入射角	玻璃反射率 /%	常规太阳能玻璃透光率 /%	新花型理论透光率 /%
0°	4	92.16	92.71
10°	4.002	92.15	93.20
20°	4.027	92.10	93.84
30°	4.152	91.86	95.03
40°	4.573	91.06	96.00
45°	5.024	89.79	95.12
50°	4.765	88.80	93.91
55°	6.973	86.54	92.48
60°	8.919	82.95	88.27
65°	12.051	77.35	82.59
70°	17.304	68.71	76.81
75°	25.306	55.79	64.05
80°	38.770	37.49	48.63

可见，只需设计特殊角度和尺寸的太阳能玻璃压花结构，无需另外增加成本就可以增加透光率，对玻璃生产具有非常重要的应用意义。

6.7.4 太阳能压延玻璃花型设计

太阳能压延玻璃作为太阳能装置的重要配件之一，其透光率是最重要的指标。例如，玻璃透光率高，对光伏组件来说，光电转换率就高，组件发电效率就高；对智慧农业阳光房来说，其农产品产量就高。实践证明，玻璃的透光率除与玻璃成分、玻璃颜色、玻璃厚度有关外，与玻璃的花型也有很大关系。所以，通过设计特殊的太阳能玻璃花型结构来提高太阳能玻璃的透光率，也是太阳能玻璃行业关注的重要课题。

（1）太阳能压延玻璃花型参数与透光率的关系

太阳能压延玻璃透光率与花型种类、花型角度和花型深度有着密切关系。当光线入射玻璃时，表现为反射、吸收和透射三种性质。光线被玻璃阻挡，按一定角度反射出来，称为反射，以反射率表示；光线通过玻璃后，一部分光能量被损失，称为吸收，以吸收率表示；光线透过玻璃的性质，称为透射，以透光率表示。三者之间的关系为：

$$反射率 + 吸收率 + 透光率 = 100\%$$

根据上式可以看出，如想提高透光率，就必须降低反射率和吸收率。

对于平面玻璃，在入射角不大于30°的情况下，反射率基本取决于折射率。

对于压延玻璃，尤其是压花深度较大的表面，因为入射光投射到压花面的入射角各点变化极大，反射率不仅与折射率有关，更多的是与入射角有关，也就是与花型有关，即通常所说的花型形状、尺寸大小、倾斜角度等因素。

太阳能压延玻璃的一面以不同程度的朦胧纹面（俗称绒面）处理减少光的反射，另一面用特殊花型极大地增加了斜角度的太阳光透过率，加上产品本体高透光率，能确保太阳能压延玻璃在太阳光长期照射下保持优质的透光率和透能率，从而使太阳能电池组件具有更高的光能转换率。

目前常见的太阳能压延玻璃通常一面为绒面，另一面为六边形、四边菱形、四边形及双绒面等。在实际生产中，通过对几种花型玻璃透光率比较，发现双绒面玻璃的透光率要比单绒面高1%～2%，但受到成形工艺及压延辊制作工艺的限制，目前双绒面玻璃的生产和使用还没有大范围推出。

（2）压花面朝下时花型角对光学性能的影响

太阳能压延玻璃在光伏组件上使用时，大多数厂家是绒面朝上，压花面朝下，即阳光从绒面射入，压花面与EVA（乙烯-醋酸乙烯共聚物）或POE塑料黏结，光线通过EVA（或POE）后到达电池片。

① 垂直入射时花型角对透光率的影响。光线从压延玻璃光面射入、花型面透出，从折射率较高的玻璃穿过到折射率较低的空气中。根据全反射原理，如果光线在花型面上的入射角大于临界角时会发生全反射现象，即没有光线从花型面透过玻璃。压延玻璃的折射率为1.52，空气的折射率为1.0，可知发生全反射时的临界角为41°，即当光线垂直入射时，如果花型角小于98°（入射角＞41°），就会在花型面发生全反射，如图6-38所示的花型角α为90°（入射角R=45°）的光线传播路径图。

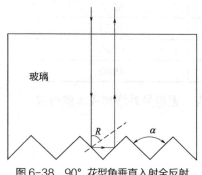

图6-38　90°花型角垂直入射全反射示意图

光透过玻璃光面到达花型面，并在花型面上发生反射和折射，花型角不同，到达花型面的光线的入射角不同，折射后透过花型角的光线能量也不同，因此会影响压延玻璃的透过率。同一花型下光线的入射位置不同，其在玻璃内部的传播路径也不同。

有专家研究了100°、110°、120°、130°、140°、150°和160° 7种花型角对光学性能的影响，结果发现，光线经过2次反射、折射后，100°、110°花型角的光线透过能量，即透光率要远小于无花型的平面玻璃；120°、130°、140°花型角的光线透过能量，即透光率要大于无花型的平面玻璃；150°、160°花型角的光线透过能量，即透光率接近无花型的平面玻璃。

② 斜入射时花型角对透光率的影响。在光线斜入射的条件下，入射光线穿过玻璃到达花型面时，随着入射光线位置的不同，会在花型角两个侧面产生两种不同的情况：花型一侧入射角较小，透光率大于无花型的平面玻璃；花型另一侧入射角较大，透光率小于无花型的平面玻璃。综合看，斜入射时，带花型的压花玻璃透光率不如平面玻璃。

玻璃表面的花型设计要综合考虑太阳光直射、斜射以及太阳能设备应用地的气候条件等。在低纬度地区，由于太阳光在各个角度都很强，为充分利用高角度斜射光，建议采用90°花型角；在中高纬度地区，为尽量提高40°区间的透光率，建议采用110°花型角。

（3）太阳能压延玻璃花型深度、花型大小对透过率的影响

① 花型深度对透光率的影响。如果太阳能压延玻璃板下板凹坑的形状曲线平滑、饱满、深度较浅，则入射的光线绝大部分都能经过二次折射透射过玻璃，而且反射能量会很小，入射光线仅仅在凹坑的底部侧壁会发生全反射，此时，透光率会达到非常理想的状态。

如果玻璃下板凹坑的形状曲线突兀、尖锐、深度较深，则花型反射斜面越大，只有凹坑顶部相对较少入射光线能够经过二次折射透射过玻璃，而且反射能量会较大，入射光线发生全反射的就会相对很多，透光率就要降低。

② 花型大小对透光率的影响。现在常用花型是32目和36目。花型越大，反射面也越大；花型越小，反射面也越小，反射面总数量增加，所以花型大小设计要权衡总的反射面积。

6.8 压延机对玻璃厚薄差的影响

压延玻璃生产过程中，除了气泡、辊伤、热擦伤等质量问题外，还有很重要的一点就是玻璃板的厚薄差问题。一般装饰玻璃对厚薄差要求比较低，而太阳能玻璃产品因为需要做深加工钢化处理和热压制成太阳能组件，如果厚薄差过大，会直接影响到钢化成品率和组件的成品率。因此，在生产太阳能压延玻璃时，一定要对玻璃的厚度严加控制。

压延机是在高温情况下使用的，温度是影响压延操作的重要参数之一，辊筒温度分布会影响压延玻璃的质量。同时，辊筒因温差而引起的温度应力与辊筒所受的弯矩应力及扭矩剪切应力的复合，还会影响辊筒的强度，并会加大辊筒的变形，从而使压延玻璃产生较大的厚度误差。

6.8.1　压延机产生厚薄差的原因

压延玻璃生产过程中，从玻璃压延机两辊筒出来的玻璃总会产生厚薄不均的误差，出现中间薄两边厚或者两边厚中间薄的情况。玻璃板上的厚薄差分为横向厚薄差和纵向厚薄差。

造成玻璃厚度变化的主要因素有：玻璃成形温度、压延辊筒材料、压延辊筒受横向力变形的挠度、压延辊筒表面温差、压延辊筒速度参数、玻璃板面宽度、压延辊筒的壁厚不均、压延辊筒加工跳动、辊筒表面电镀层厚度、压延机装配配对精度及辊缝变化等。

除了生产工艺会影响玻璃的厚薄差外，压延机也会导致玻璃产生厚薄差：一是压延机辊筒产生的厚薄差；二是作用力产生的厚薄差；三是温度使辊筒变形产生的厚薄差。

（1）压延机辊筒产生的厚薄差

压延机辊筒产生的厚薄差主要有辊筒加工的几何精度、轴承状况、水芯等。

① 辊筒加工精度。压延辊筒在室温下是圆的，没有偏心，如辊筒出现偏心，两辊筒之间的间隙会发生周期性的变化，产生厚薄差；压延机辊筒轴承的圆度精度也可能引起过大的偏心。装机完成时，几种误差叠加后，压延辊筒的这种偏心度将增大，此偏心度在压延机空转且辊筒之间有微小间距的时候，用千分表比较容易检查出来。

② 轴承间隙。如果轴承间隙过大，在压延成形时，将会由于辊筒离心力的不同而导致辊筒移位，这些状况将会对压延玻璃的厚度控制造成影响。

③ 辊筒壁厚不均。辊筒内表面状况的一致性及精度若差的话，极易造成辊筒受热不均产生不规则热变形，导致辊面跳动过大，严重影响玻璃厚薄差。

④ 辊筒内水芯通道。压延机辊筒内的水芯将辊筒内部分成几个水流通道，如果这些水流通道水流不均匀，那么辊筒就会发生传热不均匀，导致辊筒局部发热，出现热变形，影响玻璃薄厚差。

（2）作用力产生的厚薄差

① 横向力产生的厚薄差。由于横向压力的作用，呈简支梁结构的压延辊筒将产生不同程度的弯曲变形，造成"中厚"现象，产生横向厚薄差。一般来说，玻璃厚度越小、玻璃板面越宽，作用在压延辊上的横向力就越大。见图6-39。

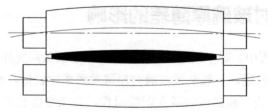

图6-39　辊筒中间弯曲变形示意图

② 压延辊筒挠度产生的厚薄差。在压延过程中，由于压力（实际上是合力）的作用，使压延辊筒产生弹性弯曲，弹性弯曲导致的压延辊横截面形心沿与轴线垂直方向的线位移称为挠度。压延辊的挠度是弯矩产生的挠度和剪应力产生的挠度两个挠度的总和，当压延辊中部挠度与压延玻璃板边缘挠度产生差时，就会出现压延辊筒挠度差，辊筒挠度差就会产生玻璃厚薄差，长径比越大剪应力的挠度越大。

（3）辊筒变形产生的厚薄差

压延辊筒在转动一周的过程中，首先与高温玻璃液接触，压延辊表面温度迅速升高，当压延辊转动通过玻璃液后，在压延辊内部冷却水的作用下，压延辊表面温度又降低，如此周而复始；而且压延辊工作过程中，工作面接触玻璃液，两端不接触玻璃液，所以压延辊两端温度与中间温度不一致。下辊筒的受热仅为接触玻璃液的传导热量，上辊筒除了接触玻璃液传导热量外，还受到熔窑内玻璃液辐射热的作用。因此，不仅压延辊筒表面温差较大，而且上下两根辊子表面在同一时间的温差也不相同。

① 辊面轴向温差的作用

a. 辊面中间与两端轴向温差的作用。在实际生产中，辊筒中部温度往往要比两端高，因此，辊筒中部直径方向的膨胀程度比两端大，导致两辊筒的间隙中间小两端大，造成压延玻璃中间薄两端厚，横向厚度不均匀，产生横向厚薄差，见图6-40。

辊筒辊壁厚度的温升呈线膨胀，因其壁厚一般为50～80mm，因此温差对壁厚径向尺寸的影响可忽略。

辊筒直径方向的尺寸较大，其温升线膨胀正比于辊筒直径增长，因压辊直径较大，其径向变形不容忽视，一般温差若达到10℃，其不规则形变造成的直径方向尺寸不均，足以对玻璃厚薄差带来影响，见图6-41。

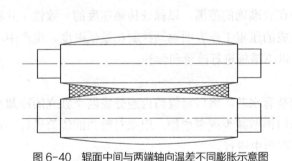 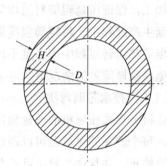

图6-40 辊面中间与两端轴向温差不同膨胀示意图　　图6-41 辊筒径向膨胀示意图

温差影响辊径尺寸的增量可按下式计算：

$$\Delta D=(D-H)\alpha\Delta t$$

式中　ΔD——温差影响直径变化的直径增量差，单根辊筒对辊间隙的影响为$\Delta D/2$；

D——辊筒直径；

H——辊筒壁厚；

α——辊筒的热膨胀系数；

Δt——辊筒的温差。

b.辊面各圆柱段轴向温差的作用。平行于辊筒轴线的辊面母线方向，因辊面宽度尺寸很大，温度在辊面各圆柱段的分布不一致，若不同圆周的辊壁母线，因温度不同必然带来线膨胀不同，使压辊热弯曲和直径的变化，见图6-42，造成辊面跳动过大，使压延玻璃厚薄纵向偏差过大，产生纵向厚薄差。

② 辊面圆周方向温差的作用。在辊筒的辊面母线上下方向上，接触玻璃液的辊面母线温度高，远离玻璃液的辊面母线温度低，温度沿圆周方向分布不均，其圆柱母线膨

胀不均，导致辊筒弯曲变形，见图6-43。一般温差若达到10℃，导致辊面跳动造成玻璃厚度不均，产生横向厚薄差。

图6-42 不同温度下不同圆周辊壁母线辊筒直径变化示意图

图6-43   辊筒母线膨胀不同辊筒弯曲变形示意图

温差影响辊面母线尺寸的增量根据经验估计，辊面高温母线比低温母线长度增加0.1mm，辊子弯曲跳动将增加约0.2mm。

6.8.2　压延机玻璃厚薄差补偿

为确保玻璃的厚薄均匀度，首先要严格控制压延机辊筒的设计、制造、材质选择和机械加工，保证压延辊筒材质均匀，机加工时保证辊筒内腔表面与外圆柱同轴度；其次在压延生产过程中，将辊筒温度维持在较准确的范围，以保证传热速度的一致性；并将压延辊筒热运转过程中因温度不均造成的压辊工作表面跳动控制在最低限度。生产中不可避免产生厚薄差的情况下，可采取以下措施进行改善和弥补。

（1）四腔水芯调弯法

砖机分离式压延机的压延辊筒内装有水芯，将压延辊筒内腔分成四个独立的冷却水腔室，每个腔室的水流量可以通过阀门调节减少或者增加，用来对弯曲的辊筒进行一定程度的修正，并且这个修正可以在生产当中进行。

在生产中，找出图6-44中所示的变长的一面和短的一面，手动调节冷却水腔室出水口对应的阀门，调节各个腔室内冷却水流量，使得辊筒各个区域段的冷热不同，达到矫正辊筒弯曲度的效果。

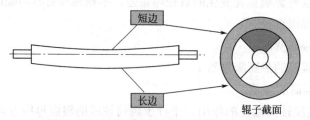

图6-44   四腔水芯调弯法调整辊子弯曲示意图

（2）辊筒辊型设计补偿（中高度补偿法）

在玻璃压延生产过程中，玻璃板的形状和横向厚度主要取决于工作状态下的辊缝形状和大小。同时，由于压延辊筒的机加工几何精度和在压延玻璃生产过程中受热和冷却影响，沿辊身长度和直径方向温度分布不均，多数情况下，辊身中部温度高于端部，因而造成热膨胀沿辊身的不均匀分布以及横向力的作用等，这些都能影响压延过程中辊缝的形状，使空载时平直的辊缝在压延时变得不平直，造成玻璃板的横向和纵向厚度不均。

为了补偿上述因素造成的辊缝形状变化，可预先将辊筒表面加工成具有一定凹凸的形状，这样辊筒在受到上述因素影响时仍然能保持平直的辊缝。

为了消除玻璃板厚薄差的情况，当玻璃出现两边薄中间厚时，通过辊型补偿有意识地将压延辊筒工作表面加工成中部直径较大，两端直径较小的凸形（类似腰鼓形）；当玻璃出现两边厚中间薄时，通过辊型补偿有意识地将压延辊筒工作表面加工成中部直径较小，两端直径较大的凹形，这种两端直径和中部直径之差的补偿方法称为中高度补偿法。

在实际生产中，原始辊型并不是或不完全是依靠计算选定的，而主要是依靠经验估算。在大多数情况下，一套行之有效的辊型是经过一段时间生产试验，反复比较其实际效果之后才最终确定下来的，并且随着生产条件的变化还要适当地修正。检验原始辊型的合理与否应从产品的质量、设备情况、操作的稳定性以及是否能有利于辊型控制与调整等因素来衡量。

目前，一些辊筒加工厂使用大型数控磨床，采用了电脑自动控制操作台进行曲线运动，这样磨出的辊面是一个曲线形状，基本上能与热变形曲线相符合，满足玻璃生产的要求。

（3）辊筒轴交叉法

对于中间厚两边薄的情况，还可以采用辊筒轴交叉法给予补偿。

所谓辊筒轴交叉，就是使上辊筒的轴线相对于下辊筒的轴线偏转一个极小角度φ，使辊筒产生轴线交叉，形成两个相邻辊筒表面间距离的改变（从中央向两边逐渐扩大），用以补偿辊筒的挠度。

实际操作时，只要根据辊筒的挠度差值将辊筒进行偏离交叉，就可以对辊筒的挠度变形进行补偿，获得较高的压延精度。也就是说，轴交叉的补偿量可以根据压延工艺实际需要通过调整轴交叉角度而进行选择，因此满足了多种不同压延补偿的需要，扩大了机台的适用范围，提高了机台的通用性，所以广为使用。

在现代压延机上，通常将辊筒轴交叉法与辊筒中高度补偿法联合使用，以提高通用性。

（4）控制玻璃厚薄差的其他措施

① 压延辊筒壁厚控制。压延辊筒使用之后，会出现弯曲情况，压延辊筒在重新刻花时，如果只对辊体表面进行车削加工，在压延辊筒刻花若干次后就会产生辊体壁厚不均的现象。这样，在该辊筒用于生产前，如果只对压延辊筒做偏心检测，可能无法反映壁厚不均问题，再用于生产后就可能由于壁厚不均而造成对厚度的影响。所以对多次使用的压延辊筒，应尽可能做静平衡试验，试验结果不良的压延辊筒，有必要时应对其进行内径加工，以解决压延辊筒在热态时的变形不均问题。

② 压延辊筒跳动。压延辊筒跳动来源于两个方面，一是在精加工辊筒表面过程中，加工精度不足产生的；二是在刻花过程中，母轮压力导致的辊筒弯曲变形。因此，在压延辊筒刻花加工过程中，为避免此类现象发生，就要求辊筒刻花厂家在刻花过程中，提高加工精度，尽可能减少进给量和降低走刀速度（特别是在压延辊筒加工刻花的后期），从而减少母刀对压延辊筒的挤压力，避免由于压延辊筒中凸而造成厚度不良。

③ 压延辊筒电镀层。压延辊筒完成刻花后，为了增加其表面硬度，需要对压延辊筒表面进行电镀处理，要求根据压延辊筒的辊径和承受生产量的负荷来决定电镀层的厚度。一般来说，在电镀过程中接触液面的上表面电镀层厚度要稍大于底部，两侧要大于中间，这样在生产中就会导致压延辊筒的表面导热性不同，出现温差而导致辊筒的膨胀不同，从而影响玻璃厚度。

④ 压延辊筒的装机配对。压延辊筒装机时，保证上下辊筒轴之间的间隙；在选择压延辊筒配对时，除了直径外，跳动参数应基本一致，这样在压延玻璃生产中，可通过角速度同步，消除玻璃的厚薄差。

⑤ 压延辊筒水芯。如果压延辊筒水芯隔板与辊筒内腔密封不严，内腔四个分区的水流量将无法控制，会导致辊筒冷却不均匀，使辊筒变形，影响玻璃薄厚差。另外，如果内腔四个分区较大，水的流速控制不好，也会影响辊筒局部温度差，影响玻璃薄厚差。

6.9　玻璃压延机的安全管理

和其他设备一样，玻璃压延机运转中，机器和环境对操作者本身会带来一定的危险，所以在生产中，要明白存在危险的地方，然后提高警惕，规避风险。

导致事故发生的直接原因有：人的不安全行为、物的不稳定状态、作业环境不良，这些危险在一定的安全投入、良好的安全管理和操作者注意规避危险的情况下是可以避免的。

生产现场，每一位员工除了坚持按照6S（整理、整顿、清洁、清扫、素养，安全）的要求去管理"人员、机器、材料、方法、环境"等生产要素外，还要熟悉压延机存在的危险源，并严格做好安全预防措施。

（1）玻璃压延机的危险源

① 玻璃压延机辊筒之间卷入或碾压的危险。主要发生在：a.启动时；b.正常操作中；c.清理或清洗过程中；d.玻璃压延机的设定、过程转换、故障排查或维护操作中。

② 接应辊筒之间卷入或碾压的危险。

③ 直接或间接接触导电部件引起的电击或灼伤。

④ 接触玻璃压延机热部件或热玻璃引起的灼伤。

⑤ 红外辐射引起的灼伤。

⑥ 换机或装机时，过多人力引起的危险。

⑦ 控制系统引起的危险。原因是：a.意外启动；b.控制模式失效，包括设定、启动、清洗、故障检查、维护；c.意外的速度变化；d.安全装置失灵。

⑧ 在工作岗位、到工作岗位或离开工作岗位时引起的滑到、绊倒或跌落危险。

⑨ 轴承加油或维护检查时，链轮、联轴器卷入衣服的危险。

（2）安全措施

① 压延辊筒处的安全措施。

a.沿整个玻璃压延机长度上设置一个固定防护装置；b.备用玻璃压延机上下辊的转动方向设定为同一个方向（同为顺时针或者逆时针方向）；c.备用玻璃压延机控制系统应该

设计防护跳闸装置，只要有人的手指触及危险区域，备用玻璃压延机就应停止运转。

② 急停装置的安全措施。a. 生产中的玻璃压延机控制箱上安装急停开关。按下急停开关，迅速降低运行速度便于处理危险，但不得停止，避免玻璃液流出产生更大的事故。b. 备用玻璃压延机控制箱上安装急停开关，按下急停开关，玻璃压延机需立即停止运行。

③ 玻璃压延机洗辊安全措施。玻璃压延机洗辊筒时要配置清洗工具，保证操作者自由的清洗辊筒，在危险时能够撤离。

④ 热危险安全要求和措施。为防止因玻璃压延机热部件无意接触产生灼伤，应在易接触的部件处设置防护装置、热屏障或隔热装置，这些热部件应在防护装置上贴警示标志。

⑤ 红外辐射灼伤安全措施。通过安装防护罩或者隔离方式消除。

（3）玻璃压延机现场安全

① 玻璃压延机装机和维护时，身体任何一部分要进入运动机构时，必须关闭"电源"；必须挂好"有人维修，禁止开机"的警示牌。

② 引头子时，玻璃压延机周围不允许站立非操作人员，防止钩子碰伤和钩子带玻璃液伤人。

③ 非装机和维修人员，不允许进入到"压延机隔离围栏中"。

④ 换下的玻璃压延机，周围要隔离，避免压延辊筒烫伤人员。

⑤ 引头子时刚吊出的闸板，要迅速覆盖，避免烫伤人员。

⑥ 现场清理干净，不得有油污，防止滑倒。

⑦ 吊装、拆卸压延辊筒注意安全，工作人员不允许站在被吊物品下面。

⑧ 加强电线检查，防止被压断漏电。

第 7 章

太阳能压延玻璃深加工工艺

7.1 玻璃上片

7.2 玻璃磨边工艺

7.3 玻璃钻孔工艺

7.4 玻璃清洗干燥工艺

7.5 太阳能玻璃镀膜工艺

7.6 太阳能玻璃丝网印刷工艺

7.7 玻璃钢化工艺

7.8 玻璃深加工危险源评估和安全措施

太阳能玻璃二次制品即为深加工玻璃，它是以一次成形的平板玻璃（压延玻璃、浮法玻璃等）为基板（原料），根据使用要求，采用不同的加工工艺制成的具有特定功能的玻璃产品。

我国普通平板玻璃深加工产品品种繁多、种类齐全、加工体系完整，玻璃深加工产品主要有钢化玻璃、镀膜玻璃、中空玻璃和夹层玻璃等。

太阳能压延玻璃深加工产品主要有钢化玻璃和镀膜玻璃两种，其深加工生产线布置较为简单。通常借鉴已经成熟的普通平板玻璃深加工生产工艺技术，同时选用新材料、新技术和新设备，将各种功能的单台设备进行连线工艺布置，从而使太阳能压延玻璃深加工产品质量满足客户的要求。

太阳能压延玻璃深加工生产线连线工艺布置时一般要考虑以下因素：

① 生产能力。整条太阳能压延玻璃深加工生产线的产能取决于钢化炉的产能。随着深加工技术的发展，一条生产线的单线产能已由初期每年$200\times10^4m^2$提高到$800\times10^4m^2$。产能越大，生产效率越高，成本越低，竞争力越强。

② 加工的玻璃规格。生产线加工的玻璃规格主要根据市场决定，例如，目前晶硅光伏电池主流组件规格为60片电池片和72片电池片，对应玻璃规格1634mm×985mm和1950mm×985mm（长×宽），玻璃厚度规格有2mm、2.5mm、3.2mm、4mm等。所以，生产线加工的最大规格一般按照（1000 ~ 1200）mm×2000mm布置。

③ 生产线总成品率。由于整条生产线的工序较多，经过多道工序后，总成品率一般应不低于95%。

④ 全年工作日。在扣除节假日和每天的交接班时间后，一般全年工作时间按照每年330天，设备每天运行22h，设备年时基数7260h计算。

⑤ 质量标准。2.8 ~ 6mm钢化玻璃质量标准，符合国家GB/T 30984.1—2015《太阳能用玻璃》标准；满足太阳能组件对玻璃材料的要求。

⑥ 能耗。生产线的能耗主要取决于钢化炉的能耗，钢化炉生产能力越大，能耗越低。钢化炉的能耗在$2.2 \sim 3.5kW \cdot h/m^2$之间，生产线的综合能耗在$2.8 \sim 4.0kW \cdot h/m^2$之间。

⑦ 玻璃运行方向布置。玻璃在深加工生产线上的运行方向，分为纵向运行和横向运行两种方式。

早期的深加工生产线，玻璃是横向进入钢化炉的，主要特点是钢化炉产量大。横向进入钢化炉最大的缺点是，生产出来的玻璃产品有"大小头"倾向，即钢化后的玻璃两个长边尺寸不同，最大相差1mm左右，不能满足玻璃的尺寸精度要求。为了避免这种现象，目前大多数厂家采用玻璃纵向运行的方式。

产生"大小头"的原因是，玻璃进入钢化炉后，玻璃头部和尾部在钢化炉内加热时间有差别，导致玻璃头部和尾部的温度不同，在出炉钢化时，收缩量不同。采用纵向运行方式后，由于玻璃短边尺寸较小，相对来说，"大小头"尺寸差就小，可以满足玻璃精度要求。

⑧ 太阳能压延玻璃深加工工艺流程。太阳能压延玻璃深加工工艺流程见图7-1。玻璃原片通过上片机进入双边磨边机组，四周经打磨后进入清洗机洗掉油垢、玻璃粉等，

清洗后进入AR镀膜室，在镀膜机的作用下涂镀AR膜，然后进入钢化炉钢化，钢化后的玻璃经过清洗后出线检测，检验合格后，被下片机装箱，人工打包入库。需要的主要工艺设备有：上片机（带定位台）、玻璃双边磨边机（带倒角）、玻璃清洗干燥机（带除静电棒）、AR镀膜机（带烘箱）、玻璃钢化炉、下片机（带铺纸机）、玻璃检验设备。

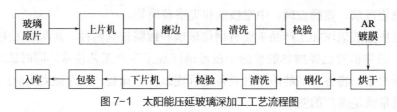

图7-1　太阳能压延玻璃深加工工艺流程图

7.1　玻璃上片

如果太阳能压延玻璃原片是外购的或原片玻璃生产线与深加工生产线未连线，则需要将玻璃从包装箱中取出放到深加工生产线的端头，这个过程就是玻璃上片。若原片玻璃生产线与深加工玻璃线是连线的，则不存在上片过程。

玻璃上片有人工上片和自动上片两种方式。

自动上片通过玻璃自动上片机来实现。上片机通过吸盘将玻璃架子上垂直放置的玻璃转换为水平放置，不需要人工操作。上片的方式有三种：①大臂吸盘的方式，见图7-2；②龙门架吸盘升降的方式，见图7-3；③机器人吸盘抓手的方式，见图7-4。这三种方式均可自动完成取片功能。

图7-2　大臂吸盘上片机

图7-3　龙门架吸盘升降上片机

图7-4　机器人吸盘抓手上片示意图

操作人员将装有玻璃片的玻璃架放到上片台上，由上片机吸盘吸取并进行上片，上片完成后，输送线通过动力辊道将玻璃靠边定位，然后将玻璃片传送到1#磨边机的工位。

上片机主要包括大臂吸盘、传送台、定位台、电源等。吸盘为抽真空吸盘机构，同时配置有真空泵、过滤器、真空元件开关等。

上片机的主要技术指标：最大加工尺寸1200mm×2000mm；加工玻璃厚度1.6～8mm；辊道输送速度最大为6～20m/min；定位精度≤±0.5mm；抓取玻璃最大质量30kg；生产节拍10～15s。

7.2 玻璃磨边工艺

磨边是太阳能压延玻璃深加工的第一道工序，是将切割成的不同形状与尺寸的毛坯原片玻璃边部的微裂纹和锐角进行磨边、抛光、倒安全角，达到需要的几何尺寸。磨边加工能显著改善玻璃的脆性断裂性状，并提升玻璃的美学价值和安全性能。一般情况下，粗磨掉玻璃的锋利边角即可，而工艺饰件则要求通过多次磨削后，使不同形状、尺寸的毛坯玻璃，逐渐接近于设计所要求的工件几何尺寸和表面粗糙度。

原片玻璃生产切割后，玻璃的边部比较锋利，也不规则，往往需要磨边，玻璃磨边后可以起到以下几个作用：

① 磨掉切割时造成的锋利棱角，防止使用时划伤人；

② 原片玻璃边缘因切割形成的小裂口和微裂纹被磨去，消除了局部应力集中，增加了玻璃强度；

③ 经磨边后的玻璃几何尺寸公差符合要求；

④ 对玻璃边缘进行不同档次的质量加工，即磨成粗磨边、细磨边和抛光边。

太阳能玻璃仅仅需要磨掉锋利边角，一般磨成圆弧边，所以，选用玻璃双边圆边磨边生产线。玻璃磨边线由1#直线双边圆边磨边机、玻璃全自动直线转向台、2#直线双边圆边磨边机（带伺服安全角）组成。整条生产线具有粗磨、精磨、倒安全角等功能，可以实现四边一次通过成形。

7.2.1 磨削原理

玻璃磨边主要采用金刚石磨轮。金刚石磨轮磨削玻璃边要经过两个过程：先是用具有锋利尖角的金刚石磨轮接触玻璃边部，使其发生脆性破裂、成屑而被磨削，这一过程被磨削的区域温度不高，磨削能耗也很低。继而进行变圆或变平的磨削过程，它应用的是一种黏塑性磨削机理，即玻璃被磨圆区域温度骤升至玻璃的软化点（一般在700～750℃），因结合力减小而被磨削，这一过程伴随很高的磨削温度，需要很大的能耗。在玻璃被磨削的过程中，这两种磨削机理一般同时发生，只不过根据玻璃成分、磨轮特征和设备运行参数不同，其中一种占主导地位而已。由于金刚石颗粒保持锋利尖角的时间要远大于一般磨料，因而在磨削玻璃的过程中，黏塑性磨削方式占有的比重很小，相应地，其磨削能耗很低（仅相当于SiC磨轮的10%左右）。磨削后的玻璃边磨面呈不透明的乳白色。

　　最初，人们认为磨料在玻璃表面的划擦和滚动使玻璃表面层产生脆性锥状裂纹，这些裂纹互相交叉而裂为碎片。这种脆性破坏的机理基于玻璃具有无规则的网络结构，但实际加工中和在研究划痕硬度时发现，在低压下金刚石快速划切玻璃时能产生和金属磨屑相同的连续磨屑，而不产生裂纹。由此认识到玻璃等硬脆性材料磨削加工过程中的破坏现象不只是脆性破坏，同样还存在着磨削与塑性滑移现象。同时，还发现用于脆性破坏的能量只是总能量的一小部分，能耗中有很大一部分转化为磨削工具和玻璃材料之间的磨削与摩擦热。因此，对玻璃磨削工艺而言，应该认为玻璃（至少是玻璃表面）是稍有序的结构，近似于硬化的金属层。

　　平板玻璃的磨削加工通常都是磨削玻璃的边缘，过程十分复杂，其磨削过程分为三个阶段，依次为磨粒对玻璃边部表面的滑擦、刻划和切削形成，见图7-5。

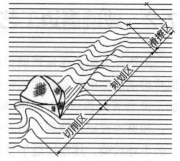

图7-5　磨削三阶段示意图

　　磨削过程的三阶段与磨削时磨粒的切削厚度有关，单个磨粒磨削的切削厚度很薄，只有0.005～0.05mm。当磨粒的磨削厚度在这个磨削厚度以下时，磨粒只在玻璃表面产生滑擦和刻划，而不产生切屑。

　　磨削脆性玻璃材料时，形成挤裂切屑，磨削过程中，在产生的高温作用下，切屑可熔化成为球状或灰烬形态。

　　磨削玻璃的过程，在滑擦阶段、刻划阶段和切削阶段消耗的能量，绝大部分转换为热量产生磨削热，如果没有冷却液，很容易产生火花。

　　磨削热温度：指磨粒磨削点的温度、磨削区的温度和玻璃边的温度。

　　磨粒磨削点温度：指磨粒切削刃与切屑接触部分的温度，是磨削中温度最高的部位，可达1000℃左右，是研究磨削刃的热损伤、砂轮的磨损、破碎和黏附等现象的重要因素。

　　磨削区温度：指磨轮与玻璃接触区的平均温度，一般约为500～800℃，它与磨削烧伤和磨削裂纹的产生有密切关系。

　　玻璃边平均温度：指磨削热传入玻璃边引起的玻璃温升，它影响玻璃断面烧损或破裂，要尽可能降低玻璃平均温度并防止局部温度不均。

　　影响磨削温度的因素：磨轮速度、玻璃速度、径向进给磨削量、磨轮硬度与粒度。

　　磨削玻璃的过程还会产生磨粒"再生"现象。由于磨粒与玻璃表面强烈摩擦，除使玻璃表面一层被磨掉外，磨粒的棱角也逐渐被磨平变钝，降低磨粒对玻璃表面的刮削能力；同时，钝化的磨粒与玻璃表面之间的摩擦力也随之增大，磨粒受力也增大，导致磨粒破碎或脱落，从而产生许多新刀刃，令磨粒"再生"。

7.2.2　金刚石磨具

（1）常用的玻璃磨削类型

　　玻璃在直线磨边时，分为两种情况，一种要求加工出来的直边为圆弧状［或称C形，见图7-6（c）］，另一种要求加工出来的直边两侧有45°棱角，见图7-6（b）。

　　磨边加工机器分为两种，一种为玻璃直线磨边机（圆边）；另一种为玻璃直线磨边机（平板倒角）。主要区别是磨轮的形状不同和磨削电机的布置结构不同。

| (a)磨边前玻璃边 | (b)磨边后平边倒角 | (c)磨边后圆弧边 |

图7-6 玻璃磨边后形状示意图

无论是直边两侧有45°棱角的平边倒角边，还是直边是C形的圆弧边，都需要金刚石磨轮倒棱。玻璃直线磨边机至少要使用3～4个金刚石磨轮才能完成工艺要求。

玻璃C形（圆弧状）磨边限定了玻璃的最后形状，直接导致了对玻璃位置精度和磨削运动控制精度的要求。C形磨削时，磨削量是平边倒角磨削量的5～8倍。

（2）常用的磨具类型

常用的磨削玻璃的磨具按形状不同有砂带、磨轮（砂轮）、磨块（条）、磨膏等，按磨料组成不同有SiC、金刚石、立方氮化硼等。目前，磨块（条）、磨膏磨削在平板玻璃深加工中应用较少，砂带磨削在磨边时边缘成形形状不好，致使该工艺在磨边时很少使用，磨轮磨削已成为平板玻璃磨边的主要磨削方式。金刚石砂轮以其高效、耐用、高质量、低成本的磨削效果成为当前玻璃磨削的主要工具。

玻璃磨轮常用的形状有平形和碗形两种。平形磨轮，主要有圆弧磨轮、倒棱磨轮、安全角磨轮，形状为平面形，金刚砂在磨轮的圆周上，玻璃平面与磨轮旋转中心垂直，见图7-7。圆弧磨轮和安全角磨轮的尺寸见表7-1。

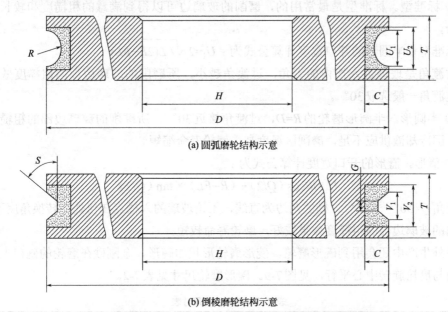

(a)圆弧磨轮结构示意

(b)倒棱磨轮结构示意

(c)安全角磨轮图片　　　　(d)圆弧磨轮和倒棱磨轮图片

图7-7 各种磨轮示意图

表7-1　圆弧磨轮和安全角磨轮尺寸表

磨轮	外径 /mm	内径 /mm	厚度 /mm	目数
圆弧磨轮	50/100/150/175/00	22/50	根据玻璃厚度	80 ~ 100/140 ~ 170/200 ~ 240
安全角磨轮	50/80	20	20	200

圆弧轮的槽型形状在很大程度上决定了所磨削玻璃边的粗糙度。按照圆弧的形状不同，可分为标准型、半圆形和篮形，见图7-8。

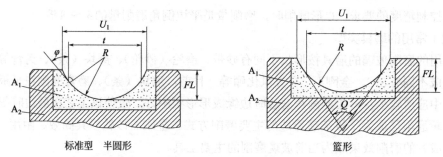

图 7-8　圆弧轮形状示意图

U_1—开口宽度，等于玻璃厚度 t+0.5mm；t—所磨削的玻璃厚度，mm；FL—槽深，mm；
R—槽半径，mm，$R > FL$；Q—包角，（°）；φ—过渡角，（°）；A_1—磨轮金刚石黏合体；A_2—磨轮机体

① 标准型。标准型是最常用的，磨削的玻璃边可以得到满意的粗糙度和较长的磨轮寿命。

标准型和半圆形的开口宽度计算公式为：$U_1 = 2\sqrt{FL(2R-FL)}$

过渡角是玻璃进入槽内的夹角，过渡角越小，所磨削的玻璃边部的粗糙度效果越好。过渡角一般选取30°。

② 半圆形。半圆形磨轮的 $R=D$，过渡角接近30°，所磨削的玻璃边部的粗糙度效果好，因冷却液供应不足，磨削区温度高，磨轮寿命缩短。

③ 篮形。篮形的开口宽度计算公式为：

$$U_1 = R/\cos(Q/2) - (R-FL) \times \tan(Q/2)$$

包角 Q=50°～60°，槽的两边为直线，不论玻璃的入槽点在何处，转换角度不变，所磨削的玻璃边部的粗糙度效果较好，磨轮寿命较短。

另外生产中还会用到碗形磨轮。碗形磨轮形状如碗形，金刚砂在磨轮的碗口上，玻璃平面与磨轮旋转中心平行，见图7-9。碗形磨轮尺寸见表7-2。

表7-2　碗形磨轮尺寸表

磨轮	外径 /mm	内径 /mm	目数
碗形磨轮	130/150	12/22/50	80 ~ 100/140 ~ 170/200 ~ 240
带齿碗形磨轮	150/175		80 ~ 100

（3）磨轮的组成

磨轮是由磨料加结合剂在轮坯上烧制而成的。磨轮的组成示意见图7-10，其中，磨粒主要起切削作用，气孔主要起容屑和冷却作用，结合剂主要起黏结作用。

决定磨轮特性的要素有磨料、粒度、结合剂、硬度及组织。

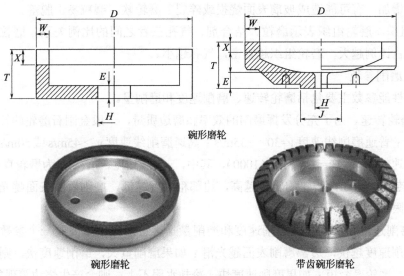

图 7-9 碗形磨轮示意图

① 磨料。磨料应具备的条件是硬度高、硬性好,有一定的强度和韧性,有锋利的边刃。玻璃磨削采用的主要是显微硬度 HV10000 以上的人造金刚石磨料。金刚石是自然界中最坚硬的物质,有许多重要的工业用途,如精细研磨材料、高硬切割工具、各类钻头、拉丝模。金刚石还可作为很多精密仪器的部件。莫氏硬度标准(Mohs hardness scale)共分 10 级,金刚石为最高级,第 10 级。

磨粒在磨轮工作表面上是随机分布的,每一颗磨粒的形状和大小都是不规则的,其刀尖角为 90°～120°,磨粒的切削刃有几微米至几十微米的圆角,经过修正,磨粒上会出现微刃,见图 7-11。

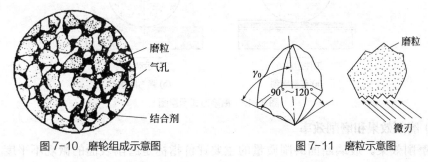

图 7-10 磨轮组成示意图   图 7-11 磨粒示意图

② 粒度。指磨料颗粒的尺寸大小,一般 80～100 目为粗磨;140～170 目为半精磨;200～240 目为精磨;目数越大,磨料越细。粒度的选择取决于加工表面粗糙度的要求。

③ 结合剂。将磨粒黏合在一起,使砂轮具有一定的强度、气孔率、硬度和抗腐蚀、抗潮湿等性能,它直接影响砂轮的强度、耐热性和耐用度,玻璃磨料的结合剂为青铜。

④ 硬度。硬度指磨粒与结合剂的黏结强度。磨轮硬,磨粒不易脱落,但是磨轮受的磨损阻抗大,导致磨削力与温度上升,易使金刚石结晶体在 700℃以上时将变成石墨而失效,温度达 800℃以上,也将导致树脂结合剂碳化或降解。另一不利影响在于,结合剂太硬引起温度上升的同时,玻璃固有的微裂纹的尖端应力增加,裂纹快速扩展及裂

纹数快速增加，有可能造成玻璃表面烧损或碎裂；磨轮软，磨粒易于脱落。

⑤ 组织。磨轮组织表示磨粒、结合剂、气孔三者之间的比例关系，磨粒在磨轮总体积中所占比例越大，磨轮组织越紧密，气孔越小。

（4）磨削参数

磨削性能参数主要包括磨轮转速、磨削速度和磨削量。

① 磨轮转速。为了充分发挥磨削的效率和磨边质量，一般金刚石磨轮的转速要满足以下要求：普通磨削线速度 v=30 ～ 35m/s；高速磨削线速度 v＞45m/s 或 50m/s。线速度与磨轮转速的关系为 $v=\pi Dn/(60\times1000)$，其中，v 为线速度，m/s；D 为磨轮直径，mm；n 为磨轮转速，r/min。磨轮的转速越高，边部粗糙度越低，磨削后的表面越光滑，但是受黏合剂限制，转速不能太高。

② 磨削速度和磨削量。磨削速度和磨削量是磨边操作很重要的一个参数。磨削量越小，磨削速度越快，边部磨削表面越光滑；如果磨削量大，磨削速度快，则边部磨削表面粗糙，磨轮寿命短；如果磨削速度快，冷却水跟不上，则会产生烧边等现象。因此，磨削量和磨削速度必须合理。

③ 磨轮的强力切削。按照磨轮的旋转方向与玻璃的移动方向来分，有普通磨削和强力磨削两种磨削方式，见图7-12。普通磨削的磨轮切向速度方向与玻璃移动方向相反；强力磨削的磨轮切向速度方向与玻璃移动方向相同。与普通磨削相比，强力磨削的特点是：材料去除率高，磨轮磨损小，磨削质量好，磨削力和磨削热大。

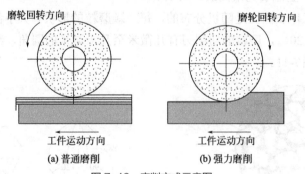

图 7-12　磨削方式示意图

（5）磨削效果和磨削效率

① 磨削效果。玻璃断面磨削质量的主要评价指标是磨削表面的微观不平度（表面粗糙度），表面粗糙度要达到 0.08 ～ 0.8μm。降低边部粗糙度的主要措施有：

a. 根据磨削要求合理选择砂轮的粒度，提高单位面积上的磨粒数，并且磨粒切削刃高度的等高性越好、磨粒越细，边部磨削越光滑；

b. 增加磨轮的转速；

c. 减小磨削量，选择合适的磨削用量和适当的光磨次数；

d. 减小磨轮振动；

e. 选取较软的磨轮；

f. 保持砂轮在锋利条件下磨削，并选择适宜的润滑性能较好的切削液，以减小磨粒与工件间摩擦等；

g.采用有效的冷却方法。

② 磨削效率。磨粒在砂轮表面是不规则分布的，在磨削过程中，磨粒的滑擦、刻划和切削并存，这三种作用的随机组合决定着玻璃的磨削效率。单从磨轮的磨削机理来说，提高磨削效率主要是控制金刚石单晶磨粒的均匀排布，将多面体金刚石单晶的锐角朝向最有利于切削的方向排布，在径向和轴向尽可能多地安排磨层的数量。

（6）磨轮失效

磨轮的失效过程分为三个阶段，第一阶段的磨损主要是磨粒的破碎；第二阶段的磨损主要是磨耗磨损；第三阶段的磨损主要是结合剂破碎。

磨削过程中，在磨轮失效的第一阶段和第二阶段，由于磨削力和磨削热的作用，磨轮工作表面磨粒会逐渐磨钝和破碎，这将影响被加工表面的质量和几何精度。因此需要对磨轮进行定期的修整。磨轮失效的第三阶段，磨轮表面出现钝化磨平，这将增大磨削力及磨削热，如果磨轮堵塞还将出现振动或噪声甚至烧伤。这些现象都预示着玻璃磨轮的寿命即将终结。

磨轮的寿命一般根据工作面磨损后所产生的现象目测判定。可以通过以下现象来判定：磨削过程出现振动，工件表面出现再生振纹，磨削噪声增大，工件表面出现磨削烧伤，磨削力急剧增大或减小。

（7）磨轮的平衡

一般直径大于$\phi125mm$的金刚石砂轮都要进行平衡，保证砂轮的重心与其旋转轴线重合。不平衡的砂轮在高速旋转时会产生振动，影响玻璃的加工质量和精度，严重时还会造成机械损坏和砂轮碎裂。

引起不平衡的原因主要是砂轮各部分密度不均匀、几何形状不对称以及安装偏心等。因此金刚石砂轮在安装之前都要进行平衡，砂轮的平衡有静平衡和动平衡两种。

安装时金刚石玻璃磨轮只需作静平衡，但在高速磨削（速度大于50m/s）时，必须进行动平衡。

平衡时将砂轮装在平衡心轴上，然后把装好心轴的砂轮平放到平衡架的平衡导轨上，砂轮会做来回摆动，直至摆动停止。平衡的砂轮可以在任意位置静止不动。如果砂轮不平衡，则其较重部分总是转到下面，这时可移动平衡块的位置使其达到平衡。平衡好的砂轮在安装至磨边机主轴前，先要进行裂纹检查，有裂纹的砂轮绝对不能使用。

（8）平型磨轮技术要求

太阳能玻璃磨削使用平型磨轮，其技术要求如下：

① 外观：磨轮槽口色泽一致，无斑点、气孔、发泡、夹杂、裂纹和边棱损坏，表面无凹坑、无锈斑等；

② 磨削材质：金刚石；结合剂：金属；粒度：$80^{\#}\sim320^{\#}$；

③ 工作线速度：<200m/s；

④ 磨轮外径：$\phi200mm$，内孔尺寸精度为H7；

⑤ 磨削玻璃厚度：$1.6\sim4mm$；

⑥ 磨边类型：圆弧边；

⑦ 几何尺寸精度：径向跳动0.05mm；端向跳动0.05mm；圆度0.05mm；圆柱

度 0.05mm；

⑧ 静平衡：0.5g（厚度与直径之比≤0.2的盘类零件，只做静平衡）；

⑨ 磨轮寿命：＞15000m；

⑩ 磨轮磨边过程中满足磨削力强、磨削效率高，玻璃无毛刺、爆边、烧伤等现象。

（9）磨轮磨削量及分配

玻璃磨削量按照表7-3中的标准来确定。

表 7-3　玻璃磨削量表

玻璃厚度 /mm	磨轮直径 /mm	转速 /（r/min）	单边磨削量 /mm	原片玻璃尺寸 /mm
2 ~ 3	φ200	2800/3600	0.25 ~ 0.5	成品尺寸 +（0.5 ~ 1）
3 ~ 4	φ200	2800/3600	0.5 ~ 0.75	成品尺寸 +（1 ~ 1.5）
5 ~ 6	φ200	2800/3600	0.75 ~ 1	成品尺寸 +（1.5 ~ 2）

太阳能玻璃磨边根据磨边机磨头的配置数量，来确定磨轮的配置。一般来说，磨粒较粗的磨轮主要是去除材料，磨轮磨削力强，磨削量可以多分配一些；磨粒较细的磨轮主要是降低边部的粗糙度，磨轮结合剂较软，磨削量要分配少一些。如果磨削量分配不合理，一方面会使金刚轮的消耗加快，另一方面容易导致加工的玻璃破裂。磨轮磨削量的调整通过手轮来进行，手轮上刻度表每一小格为0.1mm。

磨边机的最大磨削量不宜超过3mm，单边不超过1.5mm，按磨削总量分配磨削时可参考表7-4。

表 7-4　磨削参数表（玻璃厚度 3.2mm）

磨轮配置	磨削速度 /（m/min）	1# 磨头	2# 磨头	3# 磨头	4# 磨头
2 磨头	6 ~ 8	80 ~ 140 目，70% 磨削量	170 ~ 200 目，30% 磨削量	—	—
3 磨头	8 ~ 12	80 ~ 100 目，70% 磨削量	140 ~ 170 目，20% 磨削量	200 ~ 240 目，10% 磨削量	—
4 磨头	10 ~ 15	80 ~ 100 目，70% 磨削量	140 ~ 170 目，20% 磨削量	200 ~ 240 目，5% 磨削量	270 ~ 320 目，5% 磨削量

7.2.3　磨边工艺设计

太阳能玻璃磨边一般选用带倒角的双边圆边机组。大多数选用直线布置的方式，也有直角布置方式。转向台有直线转向台、90°转向台、吸盘转向等。早期的磨边机采用90°转向台，但由于90°转向台故障率高，影响生产，并且与生产线连接，在工艺上很难布置，现在已基本淘汰。现在一般有先磨短边后磨长边然后倒角或先磨长边后磨短边然后倒角两种方式。

先磨短边后磨长边然后倒角的过程示意见图7-13。这种方式的优点是，玻璃磨边完成后，在生产线上是纵向运行，符合纵向布置的生产线要求，不需要再次转向。其缺点是，1# 磨边机没有发挥最大生产能力，因此制约磨边产能的是2# 磨边机。由于2# 磨边机需要将玻璃的四个角倒安全角，倒角装置需要有运行空间，因此根据磨边速度不同，2# 磨边机两片玻璃之间的间距必须在500 ~ 600mm。同样的一片玻璃，2# 磨边机磨的是长边，还要倒角，磨完一片玻璃需要的时间比1#磨边机磨短边要长，所以这种布置，一般1#磨边机的产能有所浪费。

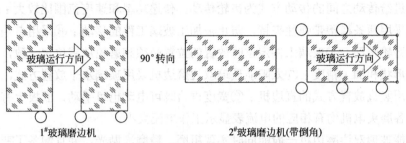

图7-13 先磨短边后磨长边然后倒角的方式

先磨长边后磨短边然后倒角的过程示意见图7-14。这种布置方式的优点是，1#磨边机和2#磨边机的生产能力相当，1#磨边机的玻璃间距可以控制在100mm以内，2#磨边机的玻璃间距控制在500～600mm，生产能力是匹配的。其缺点是不符合纵向布置的生产线要求，需要再次转向。

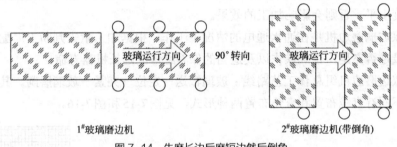

图7-14 先磨长边后磨短边然后倒角

两种方式相比较，按照 1634mm×985mm 的太阳能玻璃规格计算，先磨长边后磨短边比先磨短边后磨长边的生产能力每分钟多一片以上，如果是正方形玻璃，两种方式没有区别。

7.2.4 玻璃磨边机结构

玻璃磨边机是玻璃深加工设备中用量最大的机械设备之一。随着玻璃深加工产业的不断发展和壮大，玻璃磨边机的种类和规格也越来越多，并且技术越来越先进，功能越来越全面。常见的磨边机有直线磨边机、单臂异形磨边机和仿形磨边机。

① 直线磨边机。有立式单边磨边机和卧式双边磨边机。直线磨边机是各类磨边机中品种、规格最多的磨边机，按磨削的直线边不同，它又可分为可以磨削圆边、鸭嘴边的圆边机，可以磨削3°～20°斜边、各种波浪花纹的斜边机，以及只能磨削平底边及两棱角的直边机三种。其特点是：用途单一，只能磨各类直线边；可连续磨削，生产效率较高；可磨削尺寸较大的太阳能压延玻璃。

② 单臂异形磨边机。结构简单，制造成本相对较低，价格比较便宜，可以磨直边，也可磨圆边、鸭嘴边，还可磨斜边。

③仿形磨边机。磨出的玻璃形状准确、尺寸统一、生产效率较高、利用专门制作的模板准确定位，可精确磨削圆形或异形玻璃的直边、圆边、鸭嘴边、斜边等。

太阳能压延玻璃使用的磨边机是直线磨边机中的双边直线圆边磨边机（简称为双边磨边机），其工作特点是：①主传动采用变频器调速，可以使电机获得各种所需转速；主传动与进给传动之间的传动方式为齿轮传动，传递功率和速度范围比较大；②玻璃的夹紧方式采用两条橡塑带弹性夹持，防止被加工玻璃工件的移动；③采用普通的交流电动机驱动磨轮转动；④玻璃工件定位时放置的位置必须和磨轮放置位置一致，以保证加工工件的形状和加工精度；⑤太阳能玻璃双边磨边机采用玻璃水平放置方式，有别于浮法玻璃采用竖直放置方式的直边机；⑥宽度进给既可电动也可手动，面板上有数字显示装置；⑦各磨头电机均有相应的电流表显示工作电流大小。

太阳能玻璃双边磨边机一般能同时实现粗磨、精磨、抛光，并且配备了变频电机能调整加工速度，具有双直线导轨和双丝杆导轨结构，操作方便，结构简单，加工尺寸准确稳定，加工速度快。一般双圆边磨边机有16磨头、20磨头、26磨头和28磨头等。

玻璃磨边机主要通过磨头电机和磨轮来实现玻璃的磨削抛光，普通单边/双边磨边机可以实现粗磨、精磨、抛光一次完成。可以根据加工要求来选择不同的磨轮。玻璃磨边机的安装和其他玻璃磨边机的安装要求一样，需要保证地面平整，安装后要保证机器的各个角度水平，否则会影响加工的效果。

要确保玻璃磨边机是在通水通电的情况下工作，根据加工量来判断工厂配置的落地水箱供水量是否充足，正确操作以及适当的保养维修能延长机器寿命。

玻璃双边磨边机组总体工艺路线：玻璃输送→定位→夹紧→玻璃磨削。其工艺布置根据场地不同有直线布置和直角布置两种形式，见图7-15和图7-16。

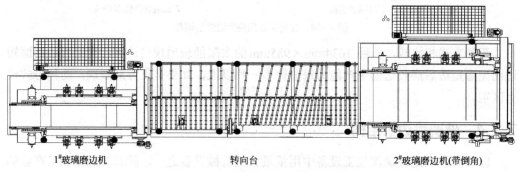

1#玻璃磨边机　　　　　　　转向台　　　　　　2#玻璃磨边机(带倒角)

图7-15　双边磨边机组直线布置示意图

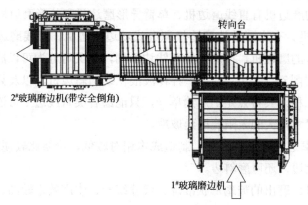

图7-16　双边磨边机组直角布置示意图

7.2.4.1 双边直线圆边磨边机结构

双边直线圆边磨边机的结构示意见图7-17。

图7-17 双边直线圆边磨边机结构示意图

1—底座；2—下皮带架；3—上皮带架；4—移动开合丝杠导轨；5—移动边；6—移动桥开合传动；7—水泵；8—固定桥；
9—控制面板；10—固定边电控柜；11—固定边磨头电机；12—主传动电机；13—电缆；14—移动边磨头电机；15—移动
边电控柜；16—主传动轴；17—安全倒角装置

玻璃磨边机上单边3～4个磨头，两组磨头对称分布，平行双边同时磨削，两组磨头其中一组固定，另一组相对可作平行移动。采用同步皮带双带双侧夹持，同步驱动传送玻璃，上带可根据加工玻璃厚度上下调整。磨头调整有三种运动（垂直升降、水平进退、摆转±15°）。玻璃导入有纵向、横向定位，上压紧和侧压紧。玻璃安全倒角由安全倒角装置进给和跟踪运动完成。通过以上运动来完成对玻璃的加工，用于磨削不同厚度的玻璃。

（1）底座和开合移动系统（见图7-18）

① 底座是整台设备的基础，是一个钢结构，它必须选用优质整体型钢，选用的型钢应具有良好的抗拉、抗弯、抗扭曲强度，而且必须具备良好的刚性，这样才能保证传动平稳，振动小。

② 直线导轨和滚珠丝杆安装在底座上，可减少阻力与磨损，设定加工参数后，能一次完成加工，保证了玻璃加工尺寸的精确度。直线导轨决定了移动边整体运行的平稳性，滚珠丝杆消除移动间隙决定了宽度开合的精度，保证重复定位。直线导轨和滚珠丝杆的润滑和防水至关重要，直接影响使用寿命。

③ 固定边箱体和移动边箱体必须选用较厚的优质钢板，以减少设备振动，磨轮跳动，提高玻璃磨削的精度和亮度。

移动边的开合由变频器控制，为了减小移动边的定位误差，提高开合定位尺寸的准确性，移动边总是以慢慢闭合的方式达到所设定的尺寸。当需要改变的尺寸大于当前的尺寸时，移动边打开的尺寸大于设定的尺寸，然后再慢慢闭合到所需要的尺寸；当需要改变的尺寸小于当前的尺寸时，移动边慢慢闭合到所需要的尺寸，见图7-19。

（2）定位对中系统

玻璃由输送装置送至定位装置时，移动边的弹性辊给玻璃一个推力，使玻璃紧贴固定边完成定位，玻璃下端同步传送带通过摩擦带动玻璃直线行走，见图7-20。

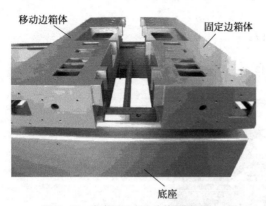

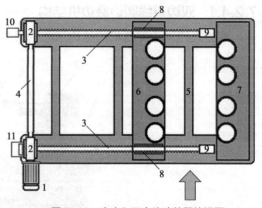

图 7-18　底座和开合移动装置侧视图

图 7-19　底座和开合移动装置俯视图

1—移动边开合电机；2—减速机；3—滚珠丝杠；4—连接杆；
5—底座；6—移动边；7—固定边；8—丝杠螺母；9—丝杠轴
承座；10—编码器；11—位置计数器

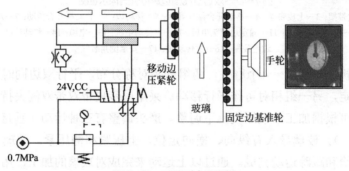

图 7-20　玻璃对中原理图

　　定位对中系统的作用是调整磨边玻璃板的偏移，以保证多片玻璃进入磨边机成一条线，保证两边的磨削量一致。玻璃边超出传送皮带边的距离要相等，超出的距离一般为 15 ～ 35mm。

　　图 7-20 中的手轮用来调整玻璃到固定边磨轮的距离。举例来说，如果设置单边磨削量为 1mm，通过手轮移动固定边基准轮 1mm，玻璃将往固定边移 1mm。移动边靠气缸推动压紧轮，压紧玻璃与固定边基准轮，确保玻璃定位对中。

　　移动边压紧还有一种方式，即不采用气缸压紧，而是采用一组相互独立的带弹簧的导向压紧轮，推动玻璃靠紧固定边基准轮，见图 7-21。虽然没有气动系统的定位对中，但其运行效果是一样的，弹簧的压力可调。

　　（3）对角线定位装置

　　该装置用于磨边机组中的第二台机器。玻璃在第一台双边磨边机中完成两个边加工后，进入第二台磨边机。虽然玻璃已经过定位对中加工，但这并不意味着加工结束后获得的是矩形。事实上，如果玻璃原片不是矩形，而是平行四边形，那么按照上述程序，最终获得将是平行四边形。这就需要在第二台双边磨边机上设计一组摆正装置（挡爪），也就是一个使玻璃前边与侧边（玻璃运行方向）完全垂直的装置。在玻璃原片到达第二台磨边机后，磨边机的固定边和移动边都对玻璃进行阻挡，玻璃在垂直装置的作用下定位后，通过磨轮加工，这样将获得一个完美的矩形。检查矩形的办法是测量对角线长度。如果加工的玻璃两条对角线不相等，磨边机在玻璃进入磨边机时，则需要调整挡爪位置，纠正玻璃的偏斜，见图7-22。

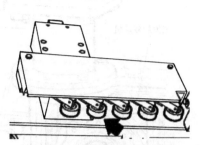

图 7-21 移动边压紧轮示意图

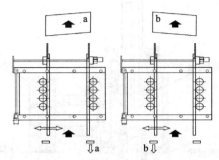

图 7-22 对角线定位装置示意图

当出现a情况时，向前调整移动边的挡爪位置或者向后调整固定边的挡爪位置；当出现b情况时，向后调整移动边的挡爪位置或者向前调整固定边的挡爪位置。挡爪由气缸控制。当玻璃进入磨边机时，固定边和移动边的挡爪翻转挡住玻璃，纠偏后，挡爪翻转下去，玻璃进入磨边机皮带主传动开始磨边。挡爪原理示意图见图7-23。

另外，在挡爪处设置了玻璃检测装置，该装置主要收集玻璃的位置数据，当玻璃进入磨边机时，触动检测装置，PLC开始精确计算玻璃头部进入双边机的位置，然后当尾部离开检测装置时，检测装置复位，PLC可以确定玻璃的长度和位置，见图7-24。

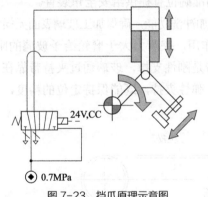

图 7-23 挡爪原理示意图

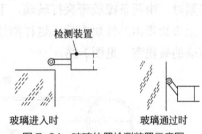

图 7-24 玻璃位置检测装置示意图

（4）主传动系统

主传动系统输送玻璃通过皮带与玻璃之间的摩擦实现。磨边机的主传动采用变频调速，可随时调节玻璃加工输送速度。

固定边的电动机和减速机产生的动力先传到主传动轴上，再通过圆锥齿轮箱驱动固定边和移动边的上、下同步带，保证在任何情况下上、下皮带线性速度的同步，见图7-25。

皮带与同步带轮之间采用紧密配合，没有间隙，可避免装配间隙对两条同步带的同步速度产生影响，从而避免产品出现对角线、崩边、碎角等问题。

固定边和移动边各有一个圆锥齿轮箱。圆锥齿轮将上压梁的皮带和托玻璃的下梁皮带传动连接起来，受到轴向、径向及法向三个方向的力。如采用深沟球轴承，会导致轴承过早磨损，间隙增大，齿轮传动不平稳，噪声增大，以致无法工作，所以采用成对圆锥滚子轴承。

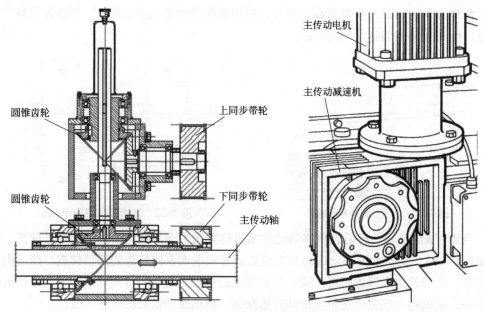

图 7-25　主传动系统的结构示意图

电动机由一个变频器控制磨削速度，如果由于加工需求，电动机处于低速运转时，电动机将出现过热，因此配备一个独立的冷却风扇提供空气流动。

主传送编码器采集机器内部数据，将玻璃的准确位置提供给安全角装置。

输送同步带采用PU下同步带，各条同步带增加冲洗功能，确保加工玻璃表面无损伤。

同步带在输送玻璃时，还起到夹紧玻璃的作用，夹紧力大于磨轮给予玻璃的阻力。玻璃夹紧时，由两条橡胶带夹持玻璃，下夹紧带是刚性支撑，玻璃通过夹持带靠在支撑板上；上夹紧带由弹性块支撑。这样刚性定位，弹性夹持，既能保持定位的精度，又能降低玻璃的破损率，见图7-26。

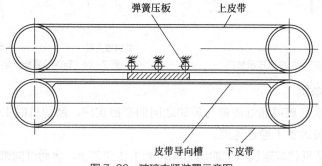

图 7-26　玻璃夹紧装置示意图

下皮带在塑料制成的皮带导向槽里运行，减小了皮带前进过程中的摩擦力。在PU同步带的表面，与玻璃接触的部分采用其他材料，以避免损伤玻璃表面，增加皮带与玻璃的摩擦力。

上梁采用整体提升结构，上皮带安装在上压梁上。上皮带槽由多个导向块组成，每个导向块固定在上压梁的弹簧板上，通过上下调整上压梁，可以调整弹簧对导向块的压力，从而调节皮带对玻璃的夹紧程度，见图7-27。

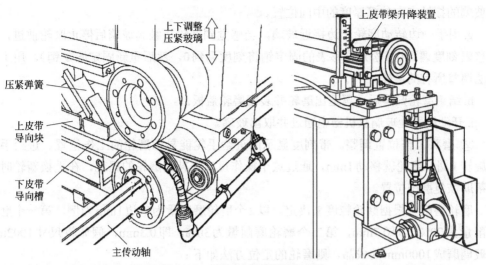

图 7-27　玻璃夹紧调节装置示意图

磨边机对同步带的要求：

① 有足够的拉伸强度和弹性模量，以达到在要求距离内输送材料时所需的传输功率，在负载状态下和允许最低装载情况下，同步带的运转伸长率不超过其额定值。

② 有良好的负载支撑及足够的宽度，以满足运输物料所需的类型和体积。

③ 有柔性，能连接成环形，目的在于在长方向上能围绕滚筒弯曲，如果需要的话，希望在横向形成槽形。

④ 尺寸要有稳定性，使输送带平稳。

⑤ 承载面的覆盖要经受得起承载物体的负载冲击，并且能帮助恢复弹性，传动时覆盖胶能与滚筒有足够的摩擦力。

⑥ 组分之间有良好的黏合力，避免脱层。

⑦ 耐撕裂性能好，耐损伤。

（5）磨头调整

磨边机在固定边和移动边分别安装有 3～4 个磨头，每个磨头上安装不同粒度的磨轮，一组粒度从粗到细的磨轮组成一个磨削组合，玻璃依次通过完成磨削工作。

① 磨头 0 位调整

a. 选取一块尺寸为 1000mm×500mm，厚度与磨轮匹配的玻璃，玻璃尺寸必须保证能接触到所有的磨轮，最好是用已经磨好的玻璃，保证其表面与磨轮的正确接触。

b. 将入口（对中装置）的位移表设置为 0，表示磨削量为 0。

c. 将机器工作宽度设为 500mm，并把移动桥开到此位置，位移表设置为 0，将 500mm 宽的玻璃放入入口，并靠紧固定侧的滚轮，此时玻璃边部一定是超出传输皮带（下皮带）边部 15mm，如果不是，检查玻璃尺寸是否正确或再次打开机器。

d. 通过磨轮手动调节手柄，将磨轮退回。

e. 开动传输皮带将玻璃输送至接触所有磨轮的位置，在玻璃进入磨边机时检查固定边的滚轮是否一直接触玻璃。若滚轮没有接触到玻璃，则按下急停按钮并打开磨轮盖板。

f. 通过磨轮手动调节手柄让磨轮接触到玻璃。正确的位置是，磨轮垂直玻璃，并且与玻璃的接触点在玻璃厚度的中间位置。

　　g.用手一边转动磨轮一边接近玻璃，当感觉到磨轮接触到玻璃后停止磨轮前进，将位移表刻度调到0（松开位移表的固定销将刻度调到0，然后重新固定固定销），用上述方法调整所有的磨轮。

　　h.结束磨轮归零后，再退出磨轮并装回磨轮盖板。

　　i.开动机器让玻璃从机器中通过并取出玻璃。

　　② 磨头工作位置调整。带刻度显示的进给手轮能显示磨轮的工作位置。进给手轮每旋转1圈，磨轮就移动1mm，通过这个操作可以来补偿磨轮的损耗，在更换新轮时可以帮助恢复磨削位置。

　　磨轮磨削量根据磨轮粒度来决定。以2个磨轮磨削量为单边1mm为例，第一个磨轮磨削量为70%，即0.7mm，第二个磨轮磨削量为30%，即0.3mm，假如将尺寸1002mm的玻璃磨成1000mm的成品，则磨轮的定位方法如下：

　　可将入口导轮调节手柄回退1mm（从零点开始，后退量是单边的磨削量），这样磨削量由两边平均分配；第一个磨轮磨削0.7mm，先进给1mm（进给量是单边的磨削量），再后退，后退量为单边磨削量减去磨削量，即1mm-0.7mm=0.3mm；第二个磨轮磨削进给1mm（进给量是单边的磨削量），后退量为剩余磨削量减去本磨轮磨削量，即不后退，这样第二个磨轮磨削1mm-0.7mm=0.3mm。

　　在此基础上磨削玻璃，磨轮损耗后需要恢复磨削量，可通过手轮的水平移动进行调节。见图7-28。

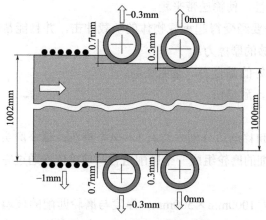

图 7-28　磨头工作位置调整示意图

　　③ 磨头旋转调整。通过改变角度，可以用较厚的磨轮加工多种规格的玻璃（如4mm厚的玻璃用7mm磨轮加工）。用倾斜磨轮主轴的方式使磨轮槽截面与玻璃平面成0°～15°角，用它加工不同厚度的玻璃板，见图7-29。

　　松开紧定螺钉，将主轴倾斜到需要的角度，数值可以在刻度标上读出，进行加工之前再一次拧紧螺钉。要考虑到主轴角度改变，也就改变了磨轮的高度，因此必须调整磨轮高度。

　　④ 磨头高度调整。玻璃板总是下表面接触皮带，因此玻璃的厚度不同，中心高也会改变，所以需要改变磨轮的高度，使圆弧的中心与玻璃板的厚度中心吻合。磨头高度

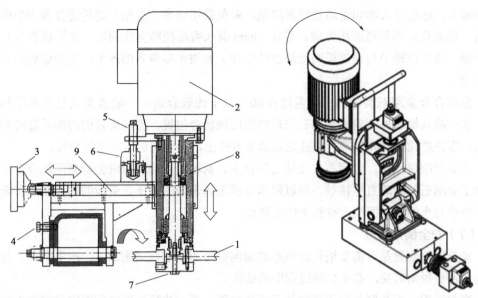

图 7-29 磨头旋转调整示意图

1—磨轮；2—磨轮电机；3—带刻度显示的进给手轮；4—锁紧螺钉；5—磨轮升降螺杆；
6—支座；7—磨轮紧定螺钉；8—主轴滑座；9—进给滑座

调整通过调整升降螺钉完成。

各磨头电机均有相应的电流表来显示工作电流大小，以便估计磨轮磨损情况和磨削量。

（6）冷却水系统（见图7-30）

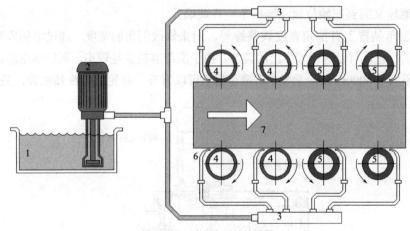

图 7-30 冷却水系统俯视图

1—水箱；2—水泵；3—分流器；4—金刚石磨轮；5—抛光轮；6—铜喷嘴；7—玻璃

双边磨边机采用循环水进行冷却，即水泵从水箱抽水至磨轮，接着将玻璃粉和磨料带回水箱。管道一定要保持通畅，每次水箱换水时，都要检查水泵的滤网是否破损和堵塞。每天在开始加工玻璃前，单独启动水泵，观察各磨轮旁边的冷却水管出水是否通畅，如有堵塞，要及时疏通。

每个磨轮有一个喷嘴，喷水的位置必须在磨轮与玻璃之间的磨削点。循环水箱用于玻璃粉的沉积。根据玻璃粉的沉积量，定期对水槽进行清洗。水泵用来供应冷却水，如果水箱里的水不足，不得运行水泵，否则会造成损坏。分流器用来把水分配到不同的磨轮喷嘴上，这些分流器和管道要经常清洗，避免管道堵塞。金刚石磨轮选择强力磨削的方向；抛光轮采用普通磨削方向。直径10mm铜水嘴用塑料支座固定，定期检查位置是否正确，以保证轮子与玻璃板间接触点的冷却；如果水嘴位置的改变，会造成磨边不良等问题。

金属合金金刚石磨轮的工作温度在60°以下比较合适，一般需要充足的水压和水量。水一般从磨轮外侧射向金刚石与玻璃的接触磨合位置，流向磨轮的内部并旋转向下流出，保证磨轮冷却和玻璃渣快速向玻璃下方排出，有效避免玻璃脏污划伤。

玻璃磨削过程中，金刚石与玻璃之间存在玻璃粉渣，玻璃粉渣会研磨消耗合金层且不利于金刚石与玻璃直接接触，所以应尽可能选择带齿的轮子，带齿的结构增加了金刚石工作层与水的接触面积，有利于快速降温。

（7）安全倒角装置

安全倒角装置是对需要钢化的矩形玻璃的矩形四角进行磨削加工，产生倒角，目的是为了避免锐角破损，避免加热过程中的破碎。

磨削过程：安全倒角装置最初处于等待位置，当一片矩形玻璃前面的角到达指定位置（PLC会计数玻璃板的位置）时，安全倒角装置纵向滑动，开始与玻璃同步向前推进（跟踪玻璃角），同时倒角装置横向向前移动，磨轮缓慢地对玻璃前角进行加工，加工完成后，安全倒角装置迅速退回到等待位置；当矩形玻璃的尾部角到达指定位置时，安全倒角装置纵向滑动开始与玻璃同步向前推进（跟踪玻璃角），同时倒角装置横向向前移动，磨轮缓慢地对玻璃尾角进行加工，加工完成后，安全倒角装置迅速退回到等待位置。这样磨轮又回到起始位置，等待下一片玻璃。

安全倒角装置上有倒角宽度调整螺母，用来修改倒角的宽度，通过增加或减少上层滑座运动的行程，可以进行较广泛的调节。由于倒角磨轮直径较小，所以倒角磨轮转速很高，一般不低于6000r/min。磨轮的升降位置也可以调节，磨轮配备冷却水管，见图7-31。

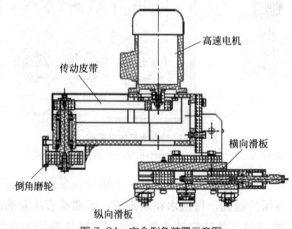

图7-31　安全倒角装置示意图

7.2.4.2　双边直线圆边磨边机技术要求

根据太阳能压延玻璃深加工生产线的设计，一般选用1600×2500型玻璃双边直线圆边磨边机组。

（1）基本参数

① 加工玻璃厚度：2～8mm。

② 最大加工尺寸：1600mm×2500mm。

③ 最小玻璃宽度：250mm×250mm；自动转向并高速倒安全角的最小尺寸为350mm×350mm。

④ 磨头配置：8磨头（单边4磨头），磨轮转速≥3600r/min。

⑤ 平行度误差：≤±0.20mm/m。

⑥ 对角线误差：≤0.5mm/m。

⑦ 安全角误差：≤1mm，45°±2°。

⑧ 传送带速度：1～12m/min。

⑨ 单边最大磨削量：0.5～3mm可调（单边磨削量为1mm时，磨边速度要达到10m/min）。

⑩ 装机功率：21kW；电源：380V/50Hz。

（2）零部件

玻璃双边磨边机的所有零部件应符合设计要求或有关标准的规定，外购件和原材料应有生产厂出具的合格证。

（3）磨轮

应符合设备的设计要求。

（4）外观要求

① 表面涂层色泽应均匀一致，无堆积、剥落、起泡、划伤等缺陷。

② 电镀零件镀层光亮，无剥落现象、无麻点。

③ 金属件无表面处理时应涂油防护，无腐蚀。

④ 非金属件表面应清洁、无油污。

⑤ 管线应排列整齐、美观，电线无裸露。

（5）几何精度

① 开合导轨直线度公差：0.1mm/500mm；开合导轨平行度公差：0.15mm/500mm。

② 开合移动重复精度不大于0.5mm。

③ 传送带导轨平面度公差：0.05/500mm；传送带导轨之间平行度公差：0.06mm/500mm；传送带导轨高低差不大于0.08mm/全长。

④ 磨头主轴径向跳动不大于0.03mm，轴向跳动不大于0.03mm。

（6）整机性能

① 各部位轴承温升不大于45℃，最高温度不大于85℃。

② 整机空载噪声≤85dB（A）。

③ 电气系统工作安全可靠，动作顺序正确、准确，数据显示清晰、准确，绝缘电阻≥1MΩ。

④ 气路系统正确，动作准确，无泄漏，工作气压范围0.2～0.6MPa。

⑤ 冷却水充分，无堵塞和阻滞，水路无泄漏。

⑥ 传动机构动作可靠准确，不得有冲击和爬行现象。

⑦ 磨头进退刻度及数显准确，不得有阻滞。

⑧ 油路系统不得有堵塞及渗漏现象。

（7）磨边外观质量

玻璃磨削加工后外观效果的检查，应在良好的自然光或散射光照条件下，距离玻璃磨削边正面约300mm处，观察被检玻璃边，缺陷尺寸应采用精度为0.1mm，读数显微镜测量。

允许缺陷数：宽度在0.1mm以下的轻微刀痕划伤，每米允许条数3；宽度在0.1mm以上的刀痕划伤不允许有；磨轮磨削网状条纹宽度在0.1mm以上的不允许有。

（8）空运转试验

低速启动玻璃双边磨边机，运转不少于5min后，调整速度，从低速到高速逐步增速运转，在最高速度时运转时间不少于30min后，按要求检验。

（9）负荷试验

空运转试验及精度检验合格后，应进行负荷试验，取加工范围内的任意三种厚度三种尺寸的玻璃试样进行磨削加工，按要求检验。

（10）加工产品精度检验

① 用塞尺检验玻璃试样底边直线度误差。

② 用卷尺检验玻璃试样对角线。

③ 玻璃磨削加工后外观效果的检查，应在良好的自然光或散射光照条件下，距离玻璃磨削边正面约300mm处观察被检玻璃边。

（11）噪声测定

① 在距离地面1.5m，距磨边机前、后、左、右各1m处，用声级计分别测量四个位置的噪声，其噪声测量值的算术平均值应不大于85dB（A）。

注意：测量噪声前，应先测量背景噪声，测量位置与本机相同。

② 玻璃直线双边磨边机各测量点的噪声值应比其背景噪声值至少大10dB（A），当相差值小于10dB（A），大于3dB（A）时，按表7-5进行修正，若相差值小于3dB（A），其测量结果无效。

表7-5 噪声修正值表

测量噪声值与背景噪声值之差 /dB	3	4 ~ 5	6 ~ 9
应减去的背景噪声修正值 /dB	3	2	1

7.2.5 玻璃磨边机操作

正确合理地使用、维护磨边机，不仅能保证生产正常进行，还会起到延长机器寿命的作用。

7.2.5.1 磨边机作业指导书

磨边机是一种高速旋转设备，因此每位操作工都必须先经培训，熟悉磨边机性能、功能和操作技巧，取得相应资格后方可上岗，严禁无关人员上岗操作，以免造成安全事故。

（1）对磨边操作人员的要求

上班前必须戴好防护用品，必须戴手套。在磨削大块玻璃时，必须戴好安全帽。仔细阅读生产任务单。

（2）开机前检查

① 检查电源、电气系统和冷却水系统是否处于正常工作状态，水管、阀门是否漏水，水箱水位是否在规定范围内。

② 检查各行走部位、导轨面有无障碍，若有，应及时予以清除。

③ 按规定班前给各润滑部位加润滑油。

④ 领用符合要求的磨轮，并准确安装，检查磨轮槽位是否正常。

⑤ 检查按钮开关有无损坏，行程开关是否灵活可靠。

⑥ 对加工单中所要加工的内容及每项具体要求必须理解透彻。

⑦ 检查并核对所运到机前的玻璃的品种、数量和规格是否与要加工的内容相符，经确认后方可正式作业，切忌马虎盲从，并应做好有关记录备查。

⑧ 试车，看磨边机工作是否正常，有无异样，行走是否平稳，有无爬行现象。

⑨ 检查挡水风刀角度，应与玻璃运动方向成78°夹角。

⑩ 保持设备的清洁，并做好日常维护工作。

（3）开机

① 打开设备供水阀门、压缩空气阀门，调节气压至0.6～0.8MPa。

② 用钥匙打开设备控制电源（将钥匙顺时针方向扭动）。

③ 观察触摸屏显示画面，查看是否有故障报警。

④ 根据玻璃加工单要求，点击触摸屏设置图标进入设置画面，依次设定玻璃宽度、厚度、传送速度、夹紧时间、定位时间、倒角尺寸等参数。

⑤ 第一次起动传动，均必须在30s后，才可放玻璃进行加工。

⑥ 依次启动磨轮，水泵，并检查旋转方向。整机启动完毕观察1min无故障报警后，开始从玻璃上片台工位上片磨边，从下片工位取片装架。

（4）正常作业操作

① 加工前，调整玻璃夹紧力，夹紧玻璃时夹紧力大小要适当，太松会影响磨削质量，太紧会使机器负荷增大，易产生抖动爬行现象，磨薄玻璃时还容易夹碎玻璃。夹紧力大小可用一块稍大的玻璃夹在机器上进行测试，即将玻璃夹在机器中部，停机状态下双手用力扳动玻璃，感觉夹紧力调到刚好双手搬不动时为合适。

② 加工磨削玻璃前，需认真复验原片玻璃尺寸，先测量待加工玻璃宽度值，设定宽度参数（按测量宽度值输入），最终要求加工的宽度应该等于测量宽度值减去磨削量（即加工后宽度=加工前宽度－磨去量），根据玻璃加工生产要求调整磨轮高度、正确分配个磨轮的磨削量，使玻璃磨边质量合格后，才能继续进行玻璃磨边加工。

③ 加工前，检查玻璃外观质量，玻璃是否有刮伤、发霉以及其他的缺陷，是否有磨削不能消除的大爆边、缺角等。玻璃如有裂纹，则不能进行磨边加工，避免对设备、人员造成伤害。外观质量检查应按照加工要求的玻璃原片质量外观进行检查。

④ 设定好玻璃宽度、厚度值和速度等参数后，手动操作将玻璃送入，然后上压紧、

对中以及落下横向挡块，玻璃开始进入，当玻璃进入到1#磨头位置，将传送带停下，调整磨轮的磨削量，当调好后，再启动传送带，依次调整好每个磨轮。

⑤ 当调整完毕，重新将玻璃送入加工，动作无误，将操作转换到自动操作，重新将玻璃送入加工，动作均能达到要求后，开始检查磨边质量，微调各磨轮的位置，精调整磨削速度，检查磨出来的玻璃质量和规格是否达到生产要求（如粗糙度、平整度、倒角等）。

⑥ 生产过程中，应严密监控各电流表的动向，一般正常状态下，电流在2.5～3A。随时对磨轮进行检查、调整、校正。循环水应保持清洁，循环管要保持畅通，必须做到勤换水。

⑦ 对磨边后的玻璃的外观尺寸和质量进行检查，不合格的产品不流入下道工序。

⑧ 磨削量与进料速度之间，要合理匹配，以免破损玻璃。

⑨ 更换新磨轮必须开刃后才能加工产品。

⑩ 磨边机内已有玻璃加工时，不能调节玻璃传送速度，如需调节，可暂停放入玻璃，待机内没有玻璃后，方可调节到所需的速度。

（5）应急处理

控制箱操作面板上以及磨头操作部位均设置了紧急停机按钮，当出现紧急状态时，先停止当前的各种操作，按"停止"功能键停机。

① 生产过程中，一旦发生异常情况或出现玻璃烂片，应立即按下红色急停按钮，停止设备运行。

② 复位紧急停止按钮，手动旋转夹紧传送皮带，手轮松开皮带，取出烂片。

③ 电机过载。检查有关电路，热继电器、电动机等。

④ 限位开关报警。手动开动相应开关，使限位开关离开限位处，检查限位开关、编码器是否松动等，电路是否完好。

（6）关机

① 关机前，确定上片台工位、下片工位及设备内无玻璃。

② 为防止损坏变频器，在关机时请先按停止键，再关闭系统电源。

③ 关机时，用钥匙关闭设备控制电源（将钥匙逆时针方向扭动）。

④ 关闭设备供水阀门、压缩空气阀门。

⑤ 下班前工具及时收拣归箱，检查水电开关是否关闭，清洁场地卫生后，方可下班。

7.2.5.2 磨边机安全事项

① 玻璃磨边时，必须保障磨轮与玻璃磨削处冷却水充足。

② 玻璃磨边过程中，注意观察磨边质量，适当调整磨轮与磨边速度。

③ 玻璃磨边机正常运行时，禁止任何人进入设备内部，防止发生意外。

④ 未经考试合格或未授权的人员，禁止操作设备任何开关。

⑤ 禁止未授权人员打开电控柜的门和防护罩，防止发生意外。

⑥ 安装和拆卸设备运动部件必须严格遵照安全规程操作。

⑦ 机器用电要求完全符合正常用电安全规范，特别注意电器检修时，须先停机、

停电，并在开关处挂上"严禁合闸"字样的警示，方可进行，电源配置一定要按安装条件中的要求。

7.2.6 磨边机的维护保养

① 磨边机润滑。每班工作前后，将设备擦拭干净；清洁储水箱、过滤网，打开排水阀门放掉污水，并加入清洁自来水到规定范围内；向高速运转的位置和相对运动表面（如导轨、滑轨、轴承等）加入润滑油，见表7-6，在设备容易生锈处涂防锈油；填写《设备日常点检表》。

表 7-6　磨边机润滑表

部位	操作	油品	润滑周期
金刚轮滑动底座润滑	喷洒润滑油至两侧的滑动轨道	ISO VG220	每两个月，以及设备处于不良状态时
金刚轮轴套润滑	使用随机手动油枪，用黄油对轴套进行润滑	2# 锂基润滑脂	每两个月，以及设备处于不良状态时
黄油润滑所有主轴（金刚轮和抛光轮）、水平和垂直移动丝杆	使用常规刷子涂抹黄油在丝杆上	2# 锂基润滑脂	每两个月，以及设备处于不良状态时
倒角系统纵向和横向滑轨润滑	喷洒润滑油至轨道上	ISO VG220	每两个星期，以及设备处于不良状态时
更换所有主轴 V 形圈	拆除磨轮法兰盘，第一个 V 形圈安装在法兰盘里，第二个装在主轴上	新的 V 形圈（安装时）必须涂抹黄油	每 12 个月
黄油润滑定位系统	使用常规刷子涂抹黄油在定位系统上	2# 锂基润滑脂	每两个星期，以及设备处于不良状态时
更换变速齿轮箱油	在齿轮箱的底部有加/排油孔	ISO VG220	设备工作每 1000h
移动桥开/合移动（轨道及丝杆）润滑	检查润滑油箱内润滑油油量	ISO VG68	移动桥每开/合 3~4 次，打 1 次油
对中、定位、导入等所有系统移动部分润滑	喷洒润滑油于滑动部分，但是不允许涂抹黄油在这些部位，以免造成玻璃无法固定	ISO VG220	每两个月，以及设备处于不良状态时

② 机器的润滑及说明。

a.自动油泵。机器配有自动供油系统（稀油电动润滑泵），负责对本机磨头滑动座纵向移动的双直线滚动导轨、双滚珠丝杆进行润滑，程序控制机器自动泵油、缺油报警。

b.滑动座纵向移动时加油。

c.定时加油。玻璃直线双边磨边机工作8h缺油报警，按界面上油泵按钮，滑动座纵向移动加油（加油时机器内不能有玻璃）。

d.手动加油。用户根据需要，需加油时，按界面上油泵按钮，滑动座纵向移动加油（加油时机器内不能有玻璃）。操作工应经常检查油箱油位，油位低于正常位置时应及时加油。

e.本机上其他轴承座上配有油嘴，可对相应部位加油用，每一工作日应加油一次。

f.传送驱动减速机的油量至油标中部。各齿轮传动副、滚动副，每使用3～4个月，应涂抹一次润滑脂。

③ 冷却是否充足对磨削效果也有较大影响。要经常检查冷却管路有无堵塞现象，特别是直线磨边机的管路容易被刷毛堵塞，且堵后不易被察觉，会造成冷却不足影响磨边质量。

④ 磨边机的工作方式都是通过压板夹紧玻璃并带动其直线运动进行磨削的。夹紧玻璃时夹紧力大小要适当，太松影响磨削质量，太紧会使机器负荷增大，易产生抖动爬行现象，磨薄玻璃时还容易夹碎玻璃。特别是两边的夹紧力大小要一致，否则玻璃容易跑偏。

⑤ 经常检查自动润滑装置的润滑管路是否畅通，否则会过早磨损而影响机器的正常使用寿命。

⑥ 每天使用完后要及时清洁磨边机中的玻璃粉末、水，打开机盖，保持机内干爽。坚持每天循环水，可减少砂轮的磨损，延长寿命。

⑦ 每天加工后，请更换加工水，以免水箱内污垢引起水管堵塞。换水时，请排掉废水，并清洗水箱内和过滤网上的粉垢。

⑧ 清洁喷水口。喷水口一旦堵塞，水量减少或无水，将导致加工能力降低甚至无法工作。清洗喷水口时，请将喷嘴拔下，用细针清除喷嘴内部堵塞物。

⑨ 清洁磨边室。长时间加工，会使磨边室内壁附着切削粉尘、碎玻璃等，若不及时清除，会划伤玻璃片。

⑩ 清洁磨边机同步带和同步带轮。长时间工作，会使切削粉尘附着在同步带和同步带轮上，如不及时清洗，切削粉尘将会固化，难以清除，从而影响传动速度，甚至导致玻璃跑偏。每天加工结束后，请用刷子和喷水容器清洗。

⑪ 清洁磨边机外壳。每天用完机器后，必须立即清洁。若放几天后再清洗，切削粉末会固化在机壳上，难以除去。请用软布蘸中性清洗剂清洁外壳。

⑫ 预防在使用、清洁过程中有水渗漏到电路板上或电线的接线上。水箱换水时，请不要用湿手去拔水泵电源接头，不要让水泵电缆线或接插件沾上水，以免造成电击伤害。

⑬ 对磨头移动的装置，要定期加润滑油。

⑭ 定期检查各电缆的连接是否正确，接地是否牢靠。

⑮ 经常检查水泵工作是否正常，是否有异常噪声，应随时检查净水箱里的水是否够用，脏水箱里的水是否快溢出，水管和喷水嘴是否堵塞。

⑯ 检查橡胶密封是否有破损，若有，请更换新的。

⑰ 清洁玻璃粉尘时，小心扎破手指。

⑱ 交接班前，应清理所属生产区域的卫生擦干双边机洗片机的水渍，并安排员工更换磨边机水箱内污水。关掉水、气、电源，清理碎玻璃倒至车间外玻璃仓。

7.3　玻璃钻孔工艺

现在大多数太阳能晶硅光伏组件的结构为"玻璃盖板+EVA（或POE、PVB）+硅片+EVA（或POE、PVB）+塑胶片背板+接线盒+铝框"。背板位于晶硅光伏组件背面，除对电池片起保护和支撑作用外，还要具有一定强度，具有绝缘、密封、阻水、耐老化等性能。由于塑胶片背板在使用过程中具有一定的水汽透过性，在湿热、紫外线环境条件下存在降解的可能，导致老化，从而出现组件背板强度降低的风险，导致组件寿命缩短。

随着太阳能光伏技术的发展，由玻璃背板取代塑胶背板加工而成的高效双玻组件和双玻双面电池组件应运而生。玻璃背板透水率为零，耐候性更好，强度更高，并可增加发电量。随着双玻组件的广泛应用，玻璃背板也得到了广泛的应用。

太阳能光伏组件电能的输出是用导线将电池片组串成几组，在背板上开孔将导线引出，组件背面引线处黏结一个接线盒子，用于电池与其他设备或电池间的连接。因此背板玻璃上必须钻孔，以满足双玻组件引线的需求。

常用的双玻组件背板玻璃参数见表7-7。

表7-7 常用双玻组件背板玻璃参数表

背板玻璃的种类	压延玻璃、浮法玻璃
背板玻璃厚度	1.6mm，2mm，2.5mm
钻孔直径	ϕ10mm，ϕ12mm，ϕ25mm
背板玻璃规格尺寸	1970mm×990mm，1634mm×987mm

背板玻璃孔位置见图7-32所示。

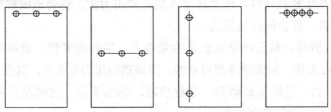

图7-32 背板玻璃钻孔位置示意图

玻璃钻孔方式有机械式钻孔和激光式钻孔两种。

7.3.1 玻璃机械式钻孔

7.3.1.1 玻璃机械式钻孔原理

玻璃机械钻孔原理：用金刚砂做成锋利的研磨钻头，钻头在高速旋转时，给钻头上施加一定的压力，钻头依靠其端面露出的金刚砂对玻璃进行研磨切削，完成钻孔。

玻璃属于脆性材料，硬度大，不能采用机械加工金属、塑性材料的原理钻孔，只能采取研磨的办法。由于研磨时会产生大量的热，因此在钻头中心通冷却水对钻头和玻璃加以冷却，以保持钻孔的持续进行。

为提高钻孔效率，机械式玻璃钻孔采取套料的办法，即钻头为空心钻，钻孔时能在钻头内孔中套出一根圆柱形棒料，刀缝约1mm宽。

由于玻璃是脆性材料，钻孔时容易爆边，所以，玻璃机械式钻孔采用在玻璃双面钻孔的工艺，即先在玻璃的一个平面上钻孔，深度约为玻璃厚度的1/3～1/2，然后在玻璃的另一个面，在同一个钻孔中心将孔钻通。这样除了不爆边之外，套料的圆柱形棒料

（玻璃柱）不会塞在空心钻头里，钻穿之后玻璃柱会自动掉下。

　　玻璃钻孔的钻头可增加倒角器，将产品孔的边缘磨削成45°角，除了美观之外，还可以防止后续钢化时玻璃孔裂开。

　　玻璃机械式钻孔特点：a.采用金刚研磨钻头，6000～10000r/min的主轴高速转动，加工孔壁质量好；b.加工速度快、生产效率高；c.上下钻头分别钻孔，上下一次性倒角，玻璃边缘不易崩边、破损；d.上下半孔的同心度可控制在±0.02～±0.05mm；e.可配合玻璃磨边机和玻璃清洗机组成加工生产线，实现产品连续批量化的生产。

7.3.1.2　影响玻璃机械式钻孔质量的因素

　　一般加工6mm及以上厚度的玻璃时，玻璃孔不容易破碎，爆边也少；当加工厚度5mm以下玻璃时，破片频繁，成品率低；而且太阳能压延玻璃表面不像浮法玻璃是光滑的，比浮法玻璃钻孔难度要大，因此容易出现质量问题。

　　（1）钻孔时玻璃破碎

　　① 机器的振动。钻孔机是由电机带动的，转速很高，钻孔时机器有振动，振动越大，越容易引起玻璃破碎。

　　② 钻头的转速。钻孔时应根据钻孔尺寸，合理选择钻头的转速。转速过快时，机械振动加剧，容易引起玻璃破碎；转速过慢时，钻头磨损加速，影响钻头寿命。

　　③ 工作台。工作台不平整，压盘压住玻璃时玻璃受力不均，钻孔时造成玻璃破碎；工作台上的压板在压紧玻璃时，压紧速度太快，冲击力大，也会造成玻璃破碎；另外工作台与钻头不垂直，打出的孔是斜孔。

　　④ 钻头的进给量。钻孔时钻头的进给量越大，钻孔速度快，效率高，但是孔壁粗糙。如果进给速度太快，研磨速度相对就慢，给玻璃的压力就太大，就会造成玻璃破碎。

　　⑤ 钻头不锋利。当钻头研磨到一定程度时，钻头变钝，这时在正常进给速度的时候，进给压力变大，造成玻璃破碎。

　　⑥ 上下钻头的同心度。上下钻头不同心不仅会造成上下半孔错位，影响孔和孔位的尺寸精度，而且有时也会造成玻璃破碎。

　　（2）爆边

　　① 冷却水。金刚石钻头研磨玻璃时候会产生大量的热，必须要用冷却水冷却钻头和玻璃，钻孔才能继续。当缺水时，热量导致玻璃膨胀造成爆边。另外，缺水时还会造成钻头的快速磨损。

　　② 钻头的进给速度和转速。当钻头接近玻璃表面时速度过快的话，钻头接触玻璃时产生振动冲击，造成爆边；另外机器振动大也会造成爆边。钻头转速低，磨削量会下降，造成玻璃爆边。

　　③ 钻孔深度。钻孔深度要控制好，如果钻头钻的太深，钻头旋转摆动会造成爆边。

7.3.1.3　玻璃机械式钻孔机结构

　　玻璃机械式钻孔机分为立式玻璃钻孔机和卧式玻璃钻孔机。

　　立式玻璃钻孔机玻璃与水平面几乎垂直放置（倾斜约4°），玻璃立放在有导轨的同步带上，可移动定位，玻璃两面的两个钻头可上下移动，满足玻璃上任意点的钻孔。立式玻璃钻孔机为PLC自动控制，操作时只需将玻璃放在传送带上，输入钻孔位置数据，启动后，玻璃自动定位后钻所有孔位，完成工作后自动停机，钻孔效率高，孔位准确，适用于建筑玻璃与家具玻璃的加工。

卧式玻璃钻孔机是玻璃水平放置，通过对玻璃的定位，上下钻头分别实现在玻璃上钻孔的目标。卧式玻璃钻孔机采用自动控制设计，气动夹紧玻璃，进刀采用伺服控制技术，随意调整上下钻头自动钻孔时间及速度，上下钻头先后套料、钻孔。工作台采用气动升降，配有活动定位及自动接料装置，对批量加工玻璃工件定位快捷准确，可加工大尺寸玻璃，适用于各种玻璃行业的钻孔要求。

太阳能玻璃深加工生产线采用卧室玻璃钻孔机。

（1）卧式玻璃钻孔机结构

卧式玻璃钻孔机由机架、上下钻孔主轴、控制部分、冷却水系统、启动系统等组成。见图7-33。

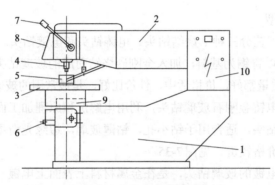

图7-33　卧式玻璃钻孔机
1—底座；2—弓形工作臂；3—工作台；4—主轴；5—玻璃压紧装置；6—上下钻头进给调节装置；
7—操纵杆；8—操作面板；9—玻璃芯收集装置；10—电控箱

① 机架。机架由底座、弓形工作臂和工作台组成。

机架是机器的基础，支撑钻孔机所有的工作部分。底座上装有X（或Y）方向的滚珠丝杠和导轨，采用伺服驱动，实现在X（或Y）方向孔的位置确定。采用气动装置夹玻璃，气缸通气后，推动压盘压紧玻璃后才可钻孔操作。

② 上下钻孔主轴。上下钻头主轴转动由变频电机驱动，转速可调；上下钻头主轴进给由伺服自动进给，先后自动进给钻孔和倒角，进给速度可调，在空闲段快速移动，接近玻璃时慢速移动到钻孔的进给速度。可随意调整上下钻头自动钻孔和倒角时间及速度，上下钻头先后套料、钻孔。上钻头可手动进给，满足调试时的需要。

③ 控制部分。采用PLC程序控制和人机触摸屏操作自动化控制，参数设定后一次加工完成；钻孔机配有手动和自动两功能，自动操作系统中，自动定位，钻头能自动调速，自动开关水。

（2）卧式玻璃钻孔机设备性能

全自动卧式玻璃钻孔机设备性能除应符合ZBJ/HB 027—2007《普通卧式玻璃钻孔机》规定的技术标准外，还应满足以下技术要求。

① 上下两半孔的同心度应达到±0.05mm以内；

② 钻孔直径$\phi 4 \sim 80mm$；采用带倒角的钻头，使成品孔带$0.1 \sim 0.2mm$的倒角；孔间距精度$\leqslant \pm 0.3mm$；

③ 钻头的径向跳动$\leqslant 0.02mm$，轴向跳动$\leqslant 0.03mm$；

④ 对不同的钻孔直径，钻头转速$0 \sim 6000r/min$，可调；

⑤ 采用滚珠丝杠和直线导轨的伺服控制横向X方向（或纵向Y方向）移动的功能，移动距离为$0 \sim 1000mm$（或$0 \sim 2000mm$）；机体X（或Y）方向移动速度$0 \sim 5m/min$；钻头Z（W）轴向移动速度$0 \sim 5m/min$；

⑥ 加工玻璃厚度$1.5 \sim 6mm$；

⑦ 工作台面对主轴的垂直度$\leqslant 0.1mm$；

⑧ 带接料抽屉和气动接料器，接住钻孔套料的料芯，保护下钻头；

⑨ 具备修钻头功能、自动润滑功能。

7.3.1.4　玻璃钻头

（1）玻璃钻头类型

玻璃钻头按制造工艺分三种：烧结钻头、电铸钻头和电镀钻头。

烧结玻璃钻头是以青铜为基料，加入金刚砂烧结而成的玻璃钻头，薄厚玻璃都可以用，钻头寿命和钻孔质量都好，价格适中，性价比好，是最常用的玻璃钻头。见图7-34。

电铸玻璃钻头是电铸金刚石玻璃钻头，利用电解沉积原理加工而成，是在基料上沉积金刚砂制成的玻璃钻头。适合用于钻小孔，钻薄玻璃，边缘光滑不爆边，是目前寿命最长的玻璃钻头，但价格较贵。见图7-35。

电镀玻璃钻头是电镀的玻璃钻头，是在金属材料上表面上电镀一层金刚石颗粒制成的玻璃钻头。电镀玻璃钻头很便宜，钻孔数有限，不推荐使用。见图7-36。

图 7-34　烧结玻璃钻头　　　　图 7-35　电铸玻璃钻头　　　　图 7-36　电镀玻璃钻头

玻璃钻头由钻柄和工作部分组成，钻柄由金属制成，工作部分结合在钻柄上；钻头为中空钻头，中心通冷却水冷却钻头和玻璃。钻头工作部分的壁厚一般为1mm左右，壁厚越厚，钻头越钝；壁厚越薄，钻头强度越差。

对于大型钻头和钻孔深度较深的钻头，为了方便排出钻头研磨出的玻璃粉末，增加钻头的锋利度，需要在钻头工作部分沿轴向开约1mm宽的槽，槽的数量以钻头大小决定；槽的深度为2mm，开槽不应该影响钻头的强度。

（2）玻璃钻头使用与修复

金刚石玻璃钻头不用于加工韧性过大的材料。钻头的在钻床上安装，采用G1/2螺纹连接。

① 玻璃钻头的使用。钻头在玻璃钻孔机上安装好，启动机器，待机器转动平稳后方可使用；钻孔的进给速度和工作压力要合适，压力过高会产生挤压现象反而降低磨削效率。钻头的转速选用也要合适，防止钻头跳动而降低工具使用寿命。在钻孔时，必须冷却，防止磨头烧焦或过早磨损。

② 玻璃钻头的修复。玻璃钻头钻孔时，由钻头端面上青铜支撑的金刚砂磨削玻璃。当玻璃钻头使用一段时间后，钻头端面金刚砂磨损严重，青铜接触玻璃面积增加，钻头变得不锋利，钻头压力加大，容易造成玻璃破碎，这时需要对钻头进行修复，重新恢复锋利。修复的方法是：用氧化铝片研磨钻头端面，磨掉青铜，露出新的金刚砂即可。

7.3.1.5　玻璃机械式钻孔机操作规程

（1）钻孔机操作

① 生产前，穿戴好劳保用品。

② 玻璃进行磨边、倒角等边部处理后，才可以进行钻孔操作。

③ 启动设备前，检查或更换循环水箱水，检查补水、电、气路连接是否正确，气源三联体压力调整到不小于0.6MPa。合上电控柜电源，进入系统后，检查急停开关；打开急停开头后，确定操作界面上的按钮有效。在手动模式下调试钻孔参数。

④ 手动模式下，启动电源按钮，检查上下电机的运转和上下主轴的进给，检查上下压紧气缸的动作情况。

⑤ 按照客户图纸上孔的直径选择相应规格的钻头，并正确安装到设备主轴钻上。设定钻头转速，根据玻璃厚度调节上下钻头的钻孔深度，一般下钻头深度为玻璃厚度的1/3～1/2，上钻头为玻璃厚度的1/2。钻孔深度在操作界面上调节。

⑥ 上下钻头的进给速度根据钻头的质量和直径、玻璃的种类和厚度按照经验值确定。原则是：钻薄玻璃或小孔时，玻璃易碎，进给速度必须很低，对玻璃的压力必须小；钻厚玻璃或大孔时，进给速度可快点，对玻璃的压力可大点。

⑦ 玻璃压紧压板，压力在0.50～0.60MPa，保持玻璃固定。

⑧ 手动模式下启动，机体会移动到对应的位置，按照下夹板夹紧→上夹板夹紧→下钻冷却启动→下钻启动→下钻进给→下钻回退→下钻停止→下钻冷却水停→上钻冷却启动→上钻启动→上钻进给→上钻回退→上钻停止→上钻冷却水停的顺序钻玻璃。必要时重复以上动作，直到加工参数满意为止。

注意：钻孔时一定要有冷却水，遇有任何不利情况应立即按下控制面板上的急停按钮，以免事故扩大，确保人机安全。

⑨ 手动模式下调试完成后，检验钻孔质量和孔的尺寸等，合格后可进行下一步操作。

⑩ 调试操作后，即可进行批量生产。在全自动模式下，设备就会自动完成在玻璃上所有孔的钻孔加工过程，再自动移出玻璃。

在自动模式下，玻璃钻头走到第一个孔位后钻孔，钻孔完成后，走到下个孔位，完成第二个孔的加工，如此就能完成所有孔的加工，钻头自动回到零位，玻璃移出到输出端。

⑪ 工作结束后，清除钻孔机上的玻璃粉及一切污物，保持设备的清洁干净。如实填写生产记录卡，数据准确。

⑫ 下班前：进行设备日常清洁、保养；玻璃、材料、配件等摆放整齐；工具器材清点摆放整齐；地面环境打扫干净；质检记录记好；水、电、气各种阀门关好。

（2）钻孔机的维护

① 开机前，检查上下钻轴运转有无异常，钻头是否磨损；检查所有行程开关工作是否正常、控制方向是否正确，待一切正常后方可开始工作。

② 接料抽屉中的芯料应及时进行清理，否则料芯堆积太多会卡死接料器。

③ 机器启动时不要触及运动部位和带电部位。

④ 有紧急情况，立即按下急停按钮或拉下空气开关。

⑤ 随时保持水箱的冷却水量充足、水质清洁，以免烧损磨轮和玻璃，并及时清理进出水管路的磨削杂质，保持水路畅通。

⑥ 工作结束，用清水冲干净工作台面上的玻璃粉末及碎片，滑动部件注好润滑油，排除气水分离器中的积水，油雾器杯中加满油。

7.3.2　玻璃激光式钻孔

7.3.2.1　玻璃激光式钻孔原理

激光束在空间和时间上高度集中，利用透镜聚焦，将光斑直径缩小，达到$10^5 \sim 10^{15} \mathrm{W/cm}^2$的激光功率密度。利用激光束在玻璃上精确加热一条直线或曲线，从而实现高质量、高速度的切割钻孔，这种用激光加工过程称为激光钻孔。其原理是，当激光聚焦到玻璃上后，在激光作用区内，玻璃吸收激光光波，利用高强度激光热源对玻璃进行加热，随后再喷射冷气或气/液混合物进行冷却，并用气流吹走熔融的玻璃。

玻璃激光钻孔的方法从原理上可以分为两种：一种是熔融（蒸发）钻孔法；另一种是裂纹控制法（热裂法）。

（1）熔融（蒸发）钻孔法

玻璃处在软化温度时具有较好的塑性和延展性，用聚焦的激光照射到软化的玻璃表面，激光具有较高的能量密度，导致玻璃融化，然后用气流吹走熔融的玻璃，产生沟槽，从而实现玻璃的熔融钻孔，见图7-37。

熔融钻孔法多使用在激光束以一定的形状及精度重复照射到工件固定的一点上，在和辐射传播方向垂直的方向上，没有光束和工件相对位移的工件上。例如，太阳能组件玻璃背板上的钻孔就使用此方法。该法的特点是可使工件上能量的横向扩散减至最小，并且有助于控制孔的大小和形状。

（2）裂纹控制法（热裂法）

对玻璃表面进行激光加热，较高的能量使该处的温度急剧升高，表面产生较大的压应力，用冷却气体或者冷却液对该区域进行急冷，使玻璃表面产生较大的温度梯度和较大的拉应力，从而使玻璃表面沿着预定划线的方向开始破裂，实现玻璃的切割钻孔，见图7-38。

裂纹控制法多使用在装饰玻璃上，加工表面的形状由激光束和被加工工件相对位移轨迹决定。激光器既可以在脉冲状态下工作，也可以在连续状态下工作，特点是可把孔加工成任意轮廓形状。

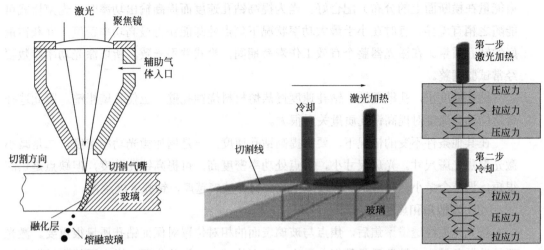

图 7-37 熔融法激光切割钻孔原理　　　图 7-38 热裂法激光切割钻孔原理

7.3.2.2 玻璃激光钻孔的特点

与传统的机械式钻孔相比，玻璃激光钻孔技术有不可比拟的优势：

① 钻孔速度快，精度高，稳定性好，孔壁细腻，无需冲洗、打磨、抛光，成品率高，玻璃边缘保持了光学性能，降低了制造成本；

② 玻璃孔不产生微裂纹、孔壁精度高，平均粗糙度（R_a）小于 $0.5\mu m$，玻璃孔断面强度高，抗破裂性好，不需要再对玻璃孔边缘的锐角进行倒角研磨处理；对后续玻璃钢化加工成品率的提高有较大帮助；

③ 因为激光是非接触加工工艺，没有磨损问题，无工具材料损耗等。激光加工玻璃时，无直接作用力，不易损伤玻璃和玻璃表面；

④ 可以在 0.1mm 及以上薄玻璃上钻孔；

⑤ 不仅可以钻 $\phi 1 \sim 3mm$ 的玻璃小孔，还可打 $\phi 0.001 \sim 1mm$ 的微孔；适合于数量多、高密度的群孔加工；

⑥ 可直接加工圆孔、方孔、阶梯孔（沉孔）、形状复杂的异形孔、任意曲线图形等；

⑦ 对玻璃装夹要求简单，易实现生产线上的联机和自动化；

⑧ 可选择性去除玻璃表面材料，实现玻璃雕刻；

⑨ 钻孔过程不排放和废弃物，符合环保要求。

7.3.2.3 影响玻璃激光钻孔质量的主要因素

在使用激光钻孔机过程中，要保证玻璃的钻孔质量，就必须控制好激光脉冲能量和脉冲激光的重复频率、发散角和焦距、辅助气体压力、玻璃在工作台上定位夹紧等参数或因素。

（1）激光功率

如果激光器的每个脉冲功率较大，钻孔速度就快，但是钻孔过程中的汽化爆炸能量也较大，会产生较强的冲击波，引起玻璃炸裂和孔型不规则；如果激光器的每个脉冲功率小，钻孔速度就慢。所以要选择合适的钻孔功率，并且需要激光功率和光束模式（光束能量在横断面上的分布）配合好。当为提高钻孔速度而提高输出功率时，光束模式可能随之稍有差异。有时在小于最大功率状况下焦点处却能获得最高功率密度，并获得最好的钻孔质量。在激光器整个有效工作寿命期间，模式并不一致，所以激光功率参数要经常试验调整。

钻孔速度快，孔壁粗糙；钻孔速度慢热熔材料烧蚀孔壁，也使孔壁粗糙。因此选择合适的钻孔速度对提高钻孔质量关系很大。

在其他条件不变的情况下，要想提高钻孔速度，一是增加激光功率密度，二是减小激光聚焦光斑尺寸。光斑尺寸小，焦点处功率密度高，可提高钻孔速度，但缺点是焦深很短，调节余量小，只适用于薄玻璃钻孔。另外玻璃越厚，钻孔速度越慢。

（2）发散角和焦距

激光光束经透镜聚焦后，焦点与玻璃表面的相对位置对保证钻孔质量很重要。激光器的发散角越小，钻孔质量越好；激光钻孔有热畸变产生热焦距，激光器依靠谐振腔调节激光发散角。激光在一定频率下工作时，由于焦点处功率密度最高，大多数情况下，钻孔时的焦点位置刚处在玻璃表面。通常将光束焦点调整到刚处于喷嘴下。

（3）辅助气体压力

辅助气体常使用压缩空气或惰性气体。辅助气体与激光束同轴喷出，保护透镜免受污染并吹走钻孔区底部的玻璃熔渣，同时抑制钻孔区的过度熔融。

气体压力是个极为重要的参数。当对薄型玻璃钻孔时，需要较高的气体压力，以防止切口背面粘渣（热渣粘到玻璃上还会损伤切边）。当对厚玻璃钻孔时，钻孔速度慢，则气体压力宜适当降低。

（4）玻璃的材质

激光钻孔与玻璃的密度、玻璃的透光率和玻璃的表面粗糙度也有较大关系。玻璃密度大，需要的激光能量高。玻璃是透明材料，激光透过率高，吸收率低，这对钻孔速度影响较大。另外，玻璃表面粗糙度也会引起表面吸收率的明显变化。

（5）喷嘴

喷嘴变形或者堵塞，气体在喷嘴中形成涡流，在高速钻孔的情况下，会阻碍熔渣的排出，导致钻孔性能明显变差。喷嘴口与聚焦光束不同轴，会改变切缝宽度，使钻孔尺寸错位。

喷嘴与玻璃表面的距离太小，也会减弱对熔渣的排出能力，对钻孔质量有不利影响；但距离太远又会造成不必要的能力损失。所以要合理设定距离参数。

（6）透镜污染

透镜镜片受到杂质污染或飞溅物黏结，或者镜片冷却不足，都会影响光束能量传输，使光路准直度飘移而导致透镜过热和焦点失真，危及透镜本身和钻孔速度与质量。

7.3.2.4　玻璃激光钻孔机结构

一般玻璃激光钻孔用的机床是既简单又通用的三维机床。玻璃激光钻孔机一般由机架、激光器、电气控制系统、光学系统、三坐标移动和工作台等组成。

① 激光器。激光器是激光钻孔设备的重要组成部分，它的主要作用是将电源系统

提供的电能以一定的转换效率转换成激光能。激光器可分为气体激光器、固体激光器、半导体激光器等。

用于钻孔的气体激光器主要有二氧化碳激光器，而用于钻孔的固体激光器主要有红宝石激光器、钕玻璃激光器和钇铝石榴石（YAG）激光器等。

但由于二氧化碳激光器的对焦、调光都不方便，在激光钻孔设备中没有绿光、紫外激光器好。绿光和紫外激光波长短，聚焦光斑极小，能在很大程度上降低玻璃的变形，使加工热影响小，适合应用在要求精细钻孔的太阳能光伏玻璃加工上。

② 光学系统。光学系统的功能是将激光束精确地聚焦到工件的加工部位上，为此，它至少含有激光聚焦装置和观察瞄准装置两个部分。

③ 三坐标移动。三坐标移动用于实现激光头的运动轨迹。X、Y坐标轴在水平面运动，并相互垂直，Z轴与X、Y平面垂直，每一维可通过伺服电机带动滚珠丝杠在直线导轨上运行，这样能完成所有形式的钻孔任务。

④ 电气控制部分。激光钻孔机的电气控制是数控装置，采用一种位置控制系统的CNC（computer numerical control）形式，以程序化的软件形式实现数控功能。CNC系统根据输入数据插补出理想的运动轨迹，然后输出控制三维坐标轴运行，加工出所需的曲线轨迹。因此，数控装置主要由输入、处理和输出三个基本部分构成，而所有这些工作都由计算机系统程序进行。

⑤ 工作台。工作台是固定玻璃的装置，有定位点和夹紧装置，保持玻璃位置准确。在玻璃表面施加一个正向压力，或是在玻璃反面用负压吸住，负压有助于钻孔过程中清除汽化材料。工作台上方的聚焦物镜下设有吸、吹气装置，以保持工作表面和聚焦物镜的清洁；工作台上的玻璃下面装一个光电探测器，可以及时探测到工件穿透与否。

⑥ 玻璃激光钻孔机技术参数。

激光波长：氩激光（绿光）514nm，氦氖激光（绿光）543nm；

钻孔速度：2mm玻璃，ϕ10mm的孔，＜10s；4mm玻璃，ϕ10mm的孔，＜20s；

加工孔位精度：≤±0.2mm；

加工玻璃厚度：0.1～8mm；

冷却方式：恒温水冷；

工作环境：温度15～30℃，相对湿度＜85%（非凝结）。

7.3.2.5 玻璃激光式钻孔机操作

作业流程：输入图形→准备工作→上料至平台→切割钻孔（先行首件加工）→首件检查→批量生产→下道工序

（1）玻璃激光钻孔作业指导书

① 输入图形，将用户提供的钻孔尺寸和孔的位置图形输入电脑，转换成CNC程序。

② 确定激光钻孔切入点。异形孔的直线段，由直线部位切入；圆孔（或圆弧）由切线部位切入，见图7-39。

③ 玻璃钻孔操作前检查以下项目：电源、辅助气压力等情况，数控系统各部动作正常方可开机，设备如有问题及时处理。

图 7-39　切入点示意图

④ 根据玻璃的板厚确定激光功率、辅助气体流量、辅助气体压力、钻孔速度。辅助气体的气电转换器应调节在适当位置，以确保气压低于一定值时停止钻孔，保证聚焦镜片的安全。

⑤ 调整工作台上玻璃的定位点，并确定玻璃原点（零点）位置，归零时要先将 Z 轴归零，并注意激光头位置，以免归零时碰损。检查激光机光缝是否垂直于玻璃。

⑥ 核对玻璃的品种、数量，检查玻璃的尺寸大小和厚薄差及表面质量。

⑦ 首件钻孔：确定激光头的原点后，开始钻孔。

⑧ 首件检查：每种玻璃钻孔的首件都要检查，操作人员钻孔完成后请工艺人员、质检人员到场检查，测量线性尺寸和检验孔壁质量，检查合格后，方可开始批量生产。如果不合格，继续调整激光参数和玻璃定位点。

⑨ 首件检验合格后，在批量生产过程中，质检人员和操作人员要不定时检查玻璃，查看孔的位置尺寸、孔的尺寸大小、孔壁的粗糙度。如有偏差，及时查找原因，查明导轨直线度误差。查看喷嘴是否磨损，速度是否太快，是否缺少辅助气体，如有问题及时停机。

⑩ 关机：先关激光器，再关辅助气体，最后关闭控制系统和电源。

⑪ 记录当天运行情况，如有故障发生，必须详细记录，以便诊断维修。

⑫ 清理现场：清除污渍、脏物，保持机器外观整洁；清除工作台中钻孔的废料。

（2）激光钻孔安全操作规程

① 操作人须经过培训，熟悉设备结构、性能，掌握操作系统有关知识。

② 在操作过程中要按规定穿戴好劳动保护用品，保护身体的薄弱部位，如眼睛、暴露的皮肤等，不宜用眼睛直视钻孔中的激光，在激光束附近必须佩戴符合规定的眼镜。

③ 严格按照激光器启动程序启动激光器。设备开动时，操作人员不得擅自离开岗位或托人代管，如的确需要离开时，应停机或切断电源开关。

④ 开机后，手动低速沿 X、Y 方向移动机床，检查确认有无异常情况。

⑤ 在操作过程中，不能打开激光器和电路控制柜，防止高压电对人身体产生危害。

⑥ 在加工过程中发现异常时，应立即停机，及时排除故障或上报主管人员。

⑦ 保持激光器、工作台及周围场地整洁、有序、无油污。

⑧ 不钻孔时要关掉激光器或光闸；不要在未加防护的激光束附近放置纸张、布或其他易燃物，要将灭火器放在随手可及的地方。

⑨ 维修时要遵守高压安全规程，在维修前一定要关闭电源，待维修完毕方可通电检验。

（3）激光钻孔机的维护

激光钻孔机主要是外光路系统的维护。外光路光学元件应定期检查，及时调整，确保当激光器在玻璃上方运行时，光束正确地传输到透镜中心，并聚焦成很小的光点，对玻璃进行高质量的钻孔。镜片表面如果有油渍或灰尘、脏物、水分，容易吸收激光，损坏镀膜；轻则激光束量下降，重则无激光束产生。其中任何一光学元件位置发生变化或受到污染，都会影响钻孔质量，甚至造成钻孔不能进行。

① 日常维护工作

a.清理抽风口过滤网上的杂物，保证通风管畅通。

b.每周润滑各运动部件一至两次。

c.每天检查压缩空气气路中气体过滤器，及时排除过滤器中积水杂物等。

d.定期检查反射镜及聚焦镜表面的污染情况，保持其清洁，以保证使用寿命（清洁镜片要严格按照操作规程进行，以免损坏镜片）。

e.定期检查行程开关支架及撞块支架，防止螺钉松动。

② 激光器保养

a.每日保养。每日开机前，检查激光气体一次，测量压力值、冷却水流量，检查镜头的污染情况。

b.每周保养。检查高压电缆是否有损坏；检查冷却水是否堵塞；检查清理激光器谐振腔内部所有镜片，包括前窗镜、尾镜、反射镜等。清理激光器内所有镜片后，应重新调整激光器的模式。

③ 镜片清洁操作

镜片清洁步骤：当镜片是平面（例如反射镜）且无镜座时，使用镜头纸清洁；当镜面是曲面（例如聚焦镜）或镜面带镜座时，使用棉签清洁。

用镜头纸清洁：a.吹掉镜片表面灰尘（用吹气球）。b.把擦镜头纸折叠，用分析纯丙酮浸湿；水平移向操作者方向，将镜头纸慢慢抽出，重复上述操作几次，直到镜片表面清洁、没有污垢和残存痕迹留在镜面。擦拭镜头表面时，切忌用干燥的镜头纸直接在镜面上拖拉，注意不能用手指压镜片。c.用干空气吹干。

用棉签清洁：a.用吹气球吹掉镜面上的灰尘。b.取干净的棉签，用新醮有酒精的棉签从镜片中心沿圆周运动，擦洗镜片，重复此次操作数次（使用过的棉签不要再用）。c.用干净布清洗镜片，去掉残痕（当心不要划伤镜面），将清洗好的镜片拿到光线充足的地方观察，若反射情况良好，表明已清洁干净。

注意：a.不要用手直接触摸镜片表面（反射镜、聚焦镜等），否则会造成脏污或划伤。b.请勿使用水、肥皂清洗镜片。镜片表面镀有一层特殊的膜会溶于水，会损伤镜片表面。c.镜片清洗后或更换时，组装镜片要避免头发污染；用吹气球清除镜面灰尘，不要口对镜片吹气；戴上干净轻薄的手套；切忌对镜片过度旋压；镜片组装完成后，用干净空气喷枪清洗镜面灰尘及异物。

储存镜片：a.储存环境温度 $10 \sim 30℃$。如果镜片储存温度低于10℃，镜片取出时会冷凝结霜，易损坏。储存温度高于30℃会损坏镜头镀膜。b.镜片需保存在盒内。c.镜片应存放在无震源、不受力的环境中，以免镜片弯曲变形。

7.4 玻璃清洗干燥工艺

玻璃清洗干燥机简称玻璃清洗机，主要作用是将磨边后的玻璃粉、玻璃表面的油污、灰尘等污染物用水清洗干净，并用风干燥玻璃表面，用于太阳能玻璃镀膜、钢化深加工工序前，以保证镀膜前和钢化后有一个洁净的表面，是玻璃深加工的必用设备。

玻璃清洗时，一般分别用二道共4对毛刷清洗，清洗过程主要包括普通水清洗、去离子水漂洗，水温35～45℃的热水清洗；用1对直风刀、2对斜风刀和1对平风刀吹风干燥，分别采用冷风和热风干燥，另外还有除静电装置。太阳能玻璃一般采用卧式清洗机，采用自动传送、无级调速的"进料→清洗→干燥→出料"的连续加工工艺。清洗玻璃宽度1300mm；最小规格350mm×350mm；传送速度范围0～12m/min。

玻璃清洗机从样式上分为卧式和立式，即玻璃水平放置进行清洗和干燥的方式为卧式清洗机，见图7-40；玻璃竖立进行清洗和干燥的方式为立式玻璃清洗机，见图7-41。大多数的平板玻璃清洗均采用卧式玻璃清洗机；立式玻璃清洗机主要用于中空玻璃生产线。

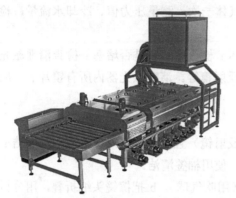

图7-40　太阳能、建筑、家电、汽车等行业用卧式玻璃清洗机　　图7-41　中空玻璃立式玻璃清洗机

7.4.1　玻璃的清洗方式

玻璃清洗分为湿式清洗和干式清洗两大类。玻璃湿式清洗的工艺流程见图7-42。

玻璃片 → 喷淋 → 滚刷清洗 → 风刀干燥 → 下一工位

图7-42　玻璃湿式清洗的工艺流程图

湿式清洗是太阳能玻璃常用的技术，有前清洗单元和后清洗单元两种方式，前清洗单元主要是用化学清洗剂与盘刷、滚刷、高压喷淋、超声波等方式配合使用清洗玻璃。化学清洗剂是液状酸、碱溶剂或洗洁精与去离子水的混合液体。

干式清洗主要采用物理方式清洗，分为干式污物清理和干式表面微粒清除。干式污物清理技术主要包括物理清除法、热处理法、蒸气清除法、等离子体清除法、光化学清除法（紫外臭氧）等。干式表面微粒清除技术主要包括激光辅助系统清除微粒法、高速气流喷射法、离心力去除微粒法、静电法等。

7.4.1.1　盘刷清洗方式

盘刷（见图7-43）是用来清洗玻璃表面8～10μm以上颗粒物的一种装置。盘刷清洗单元是将圆盘状的毛刷安装在与玻璃表面垂直的一排或几排传动轴上，圆盘状毛刷同时旋转对玻璃表面进行机械刷洗，达到清除磨边后玻璃表面玻璃粉等污物的目的。在盘刷与玻璃接触的部位有喷淋清洗剂润滑，清洗剂一般为水或化学清洗剂，清洗剂的温度一般控制在40～80℃，喷淋清洗剂的压力一般控制在 0.2～0.5MPa。若在清洗过程中增加研磨液，可对玻璃表面进行研磨抛光。

盘刷的刷毛一般为尼龙，圆盘的直径一般为150mm，刷毛的长度一般在35～45mm，刷毛的直径为0.1～0.3mm不等，根据清洗玻璃的品种选择。

图7-43 盘刷图片

盘刷压在玻璃表面的压入量一般控制在0.5～5mm，具体数据根据玻璃的规格、厚度、清洗机的工艺参数选择。

盘刷的转速一般控制在 200～400r/min，在不影响玻璃前行的条件下，可以适当调整盘刷的转速来提高清洗效果。

盘刷清洗装置根据玻璃表面的清洁度要求，可选择一套安装在清洗机上部，用于清洗玻璃上表面；也可以选择两套安装在清洗机上、下部，分别用于清洗玻璃上、下表面。

盘刷安装在盘刷整体架上，盘刷整体架安装在摆动导轨上，清洗时，盘刷电机带动盘刷自行旋转；盘刷摆动电机带动盘刷架整体左右摆动，这样能够更全面地洗刷玻璃表面，见图7-44和图7-45。

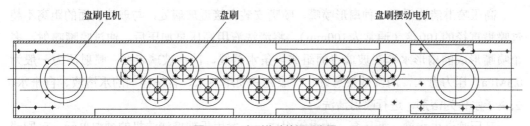

图 7-44 盘刷传动俯视示意图

图7-45 盘刷设备实物照片

图7-46 滚刷设备实物照片

7.4.1.2 滚刷清洗方式

滚刷是用来清洗玻璃表面 4～5μm 以上的颗粒物的。滚刷是将毛刷制作成长圆柱状，圆柱状的毛刷表面喷上清洗剂与玻璃接触，利用毛刷旋转时的摩擦力来去除颗粒，刷洗玻璃（见图7-46）。清洗剂一般为水或化学清洗剂，清洗剂的温度一般控制在

40 ～ 80℃。在滚刷与玻璃接触的部位有喷淋清洗剂润滑，喷淋清洗剂的压力一般控制在0.2 ～ 0.5MPa。

滚刷毛压在玻璃表面的压入量一般控制在1 ～ 3mm之间，具体数据根据玻璃的规格、厚度、清洗机的工艺参数选择。

滚刷的转速一般控制在200 ～ 400r/min。在不影响玻璃前行的条件下可以适当调整毛刷的转速来提高清洗效果。

滚刷的刷毛一般为尼龙，尼龙有很好的自洁能力。滚刷的直径一般为100mm、135mm、150mm、160mm等，刷毛的直径为0.1 ～ 0.3mm不等，根据清洗玻璃的品种选择。刷毛的长度根据滚刷直径的不同而不同，清洗玻璃的刷毛长度一般在35 ～ 45mm。

滚刷清洗装置一般成对安装在清洗机上、下部，分别用于清洗玻璃上、下表面。根据玻璃表面的清洁度要求，也可在玻璃上表面再增加一套上滚刷，相当于玻璃上表面比下表面多清洗一次。

滚刷清洗机是用于太阳能压延玻璃磨边后、镀膜前和钢化后包装各道工序之间的清洗。

7.4.1.3　高压喷淋清洗方式

为了提高清洗效率，生产中常用高压喷淋的清洗方法，利用运动流体施加于玻璃表面的污染物，以剪切力来破坏污染物与玻璃表面的黏附力，污染物脱离玻璃表面后再被流体带走。

高压喷淋清洗采用一种扇形喷嘴，喷嘴安装在接近玻璃处，与玻璃表面的距离不超过喷嘴直径的100倍（通常为100mm）。将清洗液用高压泵加压后，通过喷嘴喷射，多个喷嘴形成的扇形水幕在玻璃表面组成一条水幕线，冲击玻璃表面，喷射压力一般为0.3MPa，压力愈大，清洗效果愈好。一般先后使用热水、含洗涤剂的水溶液、自来水、去离子水作为溶剂，进行喷射清洗。

高压喷淋由水槽、循环泵、喷淋管组成，一般用于玻璃清洗机的预湿单元、毛刷清洗后的冲洗单元等。

预湿单元（预喷淋）的作用主要是去除玻璃表面的浮尘和污物，防止玻璃表面的污物能随玻璃进入清洗机，对辊刷和水箱造成污染。

冲洗单元的作用是去除刷洗后的污物，防止其入下一个工作单元。

喷淋效果主要取决于喷嘴。常用的喷嘴为扇形喷嘴，材质为304不锈钢或工程塑料，见图7-47。安装方式有外螺纹和卡扣式，工作压力0.3MPa。

(a) 工程塑料卡扣式喷嘴　　(b) 不锈钢外螺纹喷嘴　　(c) 工程塑料外螺纹喷嘴

图 7-47　常用喷嘴示意图

卡扣喷嘴是用弹簧式不锈钢夹固定在水管上，特点是不用工具，容易安装和拆卸，喷嘴方向不固定,可对喷头的喷射方向进行调整,容易变化。

外螺纹喷嘴是用螺纹直接固定在水管上,特点是喷射方向不能改变,适合精准的喷嘴喷淋,有助于提高整体设备的稳定性。

扇形喷淋为多种角度的扇形,因为地球重力的影响,会有"边沿效应"的发生,在玻璃表面形成一条连续的喷淋线,喷淋的角度与玻璃表面成60°(120°)时,具有很好的清洗效果,扇形喷淋安装见图7-48和图7-49。

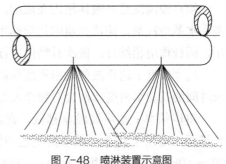

图 7-48 喷淋装置示意图

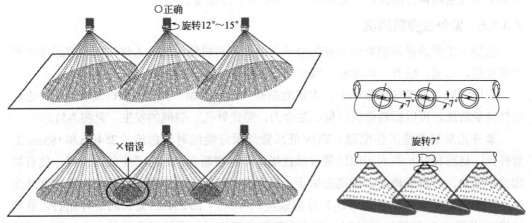

图 7-49 喷淋装置安装正确与错误示意图

7.4.1.4 超声波清洗方式

超声波清洗主要用于表面清洁,但不能分解化学毒素、氧化重金属离子。

超声波清洗原理:超声波发生器发出的高频振荡信号,通过换能器转换成高频机械振荡而传播到介质——清洗溶剂中,使液体流动而产生数以万计的直径为50 ~ 500μm的微小气泡。这些气泡在超声波纵向传播的负压区形成、生长,而在正压区,当声压达到一定值时,气泡迅速增大,然后突然闭合,并在气泡闭合时产生冲击波,在其周围产生上千个大气压,破坏不溶性污物而使他们分散于清洗液中,当团体粒子被油污裹着而黏附在清洗件表面时,油被乳化,固体粒子脱离,从而达到清洗件净化的目的。在这种被称之为"空化"效应的过程中,气泡闭合可形成几百度的高温和超过1000个大气压的瞬间高压,连续不断地产生瞬间高压,就像一连串小"爆炸"不断地冲击物件表面,使物件的表面及缝隙中的污垢迅速剥落,从而达到物件表面清洗净化的目的。

超声波清洗主要由超声波清洗槽和超声波发生器两部分构成。超声波清洗槽用耐腐蚀的优质不锈钢制成,底部安装有超声波换能器振子;超声波发生器产生高频高压,通过电缆连接线传导给换能器,换能器与振动板一起产生高频共振,从而使清洗槽中的溶剂受超声波作用,达到对洗净污垢的目的,见图7-50。

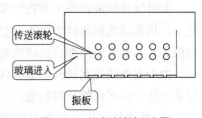

图 7-50 超声波清洗示意图

超声波清洗是在液体槽内完成的，液体槽内的清洗介质一般有两类：化学溶剂清洗剂和水基清洗剂。清洗介质的化学作用可以加速超声波清洗效果，超声波清洗是物理作用，两种作用相结合，依次对物件进行充分、彻底的清洗。

功率密度：超声波的功率密度越高，空化效果越强，速度越快，清洗效果越好，但长时间的高功率密度清洗会对物件表面产生空化、腐蚀。

超声频率：超声波频率越低，在液体中产生的空化越容易，产生的力度大，作用也越强，适用于初洗，频率高则超声波方向性强，适合于精细的清洗。低频超声波为20～50kHz，高频超声波为50～200kHz。

清洗温度：超声波在30～40℃时的空化效果最好，清洗剂温度越高，作用越显著，通常实际应用超声波清洗时，采用40～60℃的工作温度。

7.4.1.5　紫外线臭氧清洗

功能：主要清除玻璃表面的有机分子（油脂、有机性污垢、人体皮脂、树脂添加剂及聚亚胺、石蜡、松香、润滑油、残余的光刻胶等）。

应用领域：在半导体生产中，太阳能晶硅片涂保护膜、光学和ITO玻璃镀膜等进行紫外臭氧清洗，可以提高镀膜质量、黏合力，防止针孔、裂缝的发生，见图7-51。

紫外光臭氧清洗工作原理：VUV低压紫外汞灯能同时发射波长254nm和185nm的紫外光，这两种波长的光子的能量可以直接打开和切断有机物分子中的共价键，使有机物分子活化，分解成离子、游离态原子、受激分子等。与此同时，185nm波长的紫外光的光能量能将空气中的氧气（O_2）分解成臭氧（O_3）；而254nm波长的紫外光的光能量能将O_3分解成O_2和活性氧（O）。这个光敏氧化反应过程是连续进行的，在这两种短波紫外光的照射下，臭氧会不断地生成和分解，活性氧原子就会不断地生成，而且越来越多。由于活性氧原子（O）有强烈的氧化作用，与活化了的有机物（即碳氢化合物）分子发生氧化反应，生成挥发性气体（如CO_2，CO，H_2O，NO等）逸出物体表面，从而彻底清除了黏附在物体表面上的有机污染物，见图7-52。

图7-51　紫外臭氧清洗单元　　　　　　　　图7-52　紫外臭氧发生器

臭氧本身具有一定的解毒功能，能灭菌消毒脱色漂白、去污去味。

紫外线臭氧清洗是一种在常温、常压环境中进行的非接触式干法清洗技术。一般情况下，用光清洗的物体表面不会受到损伤，光清洗对物体表面微细部位（如孔穴、微细沟槽等）具有有效而彻底的清洗效果。

由于紫外线臭氧清洗是紫外线和臭氧，对人体有伤害，所以要采用密封设计；传送辊采用防紫外老化的材料制造。

UV格栅灯产生臭氧的低压汞格栅灯，带反射罩，灯管寿命大约为5000h。臭氧中和器和泵用于排除臭氧。当清洗腔打开时，系统安全锁会关掉UV灯。

紫外线臭氧清洗一般是玻璃清洗的前清洗单元。

7.4.1.6 其他清洗方法

常用的其他清洗方法主要有以下几种。

（1）干冰清洗

此方法是20世纪80年代末开始应用的清洗技术，目前在国外航空业、汽车制造、食品加工等工业方面已广泛应用。将干冰颗粒磨成细粉，通过喷射清洗单元，与压缩空气混合，喷射到被清洗物品的表面，起到类似刮刀的作用，将污垢迅速剥离、清除。此法的优点是对环境无任何污染，速度快、效率高、成本低、操作简便，并在被清洗物表面不残留清洗介质，不需要进一步清洗与干燥，在玻璃工业的表面清洗方面很有应用前景。

（2）加热处理

加热处理是比较简单的表面清洁方法，可除去玻璃表面黏附的有机污物和吸附的水分，如在真空下加热，效果更好。一般玻璃加热清洁处理的温度为100～400℃，在超真空下加热到450℃，可得到原子级的清洁表面。加热方法可用电阻丝式高温火焰。采用重复"闪蒸法"，即在短周期（几秒钟）加到高温，反复"闪蒸"能成功地清洁表面又避免玻璃表面一些组成的扩散和挥发。不易挥发的油污，可能受热分解而在表面残留碳粒，采用高温火焰，如氢-空气火焰，借具有高热能的气体冲击玻璃表面的油污膜，把能量传给油污分子可有效地去除油污膜。酒精焰不能使玻璃表面获得黑色呵痕，煤气和压缩空气火焰，可使玻璃表面获得黑色呵痕。

（3）有机溶剂蒸气脱脂

用有机溶剂蒸气处理玻璃表面，在15s～15min内能清除玻璃表面的油脂膜，可作为最后一道清洗工序。常用的有机化合物有乙醇、异丙醇、三氯乙烯、四氯化碳等。在异丙醇蒸气中处理过的玻璃，静摩擦系数为0.5～0.64，清洁效果好。在四氯化碳、三氯乙烯蒸气中处理的玻璃静摩擦系数为0.35～0.39，但这些溶剂中氯与玻璃表面的吸附水反应生成盐酸，盐酸会沥滤玻璃表面的碱，所以用上述两种溶剂蒸气处理的玻璃表面常有白粉状的附着物。用异丙醇蒸气处理时，玻璃中碱也会与醇分子中的—OH基团迅速反应，碱被氢取代而从玻璃表面移去，玻璃表面也形成硅胶层，这是此法的缺点。当玻璃表面污染比较严重时，在有机溶剂蒸气处理前，先用去垢剂洗涤，以缩短有机溶剂蒸气脱脂时间。此法处理后的玻璃带静电，易吸附灰尘，故必须在离子化的清洁空气中处理，以消除静电。

（4）擦洗和浸洗

最简单的擦洗方法是用脱脂棉、镜头纸、橡皮辊或刷子，蘸水、酒精、去污粉、白垩等擦拭玻璃表面。擦洗时要防止将玻璃磨伤，同时要将表面残余的去污粉、白垩用纯水和乙醇清洗掉。

另一种常用的方法是将玻璃放在装有溶剂的容器中，进行浸泡清洗。浸泡一定时间后，用镊子或其他特制夹具，将清洗过的玻璃取出，用纯棉布擦干。此法所需设备简单，操作方便，成本也较低。

用于清洗的有机溶剂有乙醇、丙酮、四氯化碳、三氯乙烯、异丙醇、甲苯等。除了利用溶剂溶解污物外，还可利用溶剂和玻璃表面的化学反应，清洗表面，如采用酸洗和碱洗。氢氟酸可用来处理玻璃表面风化层，但中铅玻璃、高铅玻璃以及含氧化钡的玻璃不适合采用酸清洗，以防止酸侵蚀玻璃表面。

采用 NaOH、Na_2CO_3 等碱性溶液，能较好地清除玻璃表面油脂和类油脂。碱性溶液能使这些脂类皂化成脂肪酸盐，然后再用水洗去，但浸泡时间不宜长，除去表面污染物层就终止，避免玻璃表面受碱侵蚀形成凹凸不平层。

7.4.2 玻璃的干燥方式

玻璃清洗后须进行除水干燥，常用的除水干燥方法有风刀强风吹干方式和海绵辊挤水干燥和热风烘干方式两种，前者优于后者。

7.4.2.1 风刀强风吹干方式

风刀强风吹干方式是通过高压风机吹出高强风，吹除清洗玻璃过程中附着在玻璃表面的水并进行干燥，以保证清洗后的玻璃清洁、干燥、无杂质、无水迹。因此，风刀功能的优劣直接影响玻璃清洗效果。

（1）风刀

风刀，也叫气刀、空气刀，是一种高速气幕组件，用于吹干玻璃表面的水。它是空气在风机或压缩空气的作用下通过不锈钢质扁平喷嘴后形成的高速刀状气流。

风刀切水的原理就是用高速的刀状气流使玻璃表面的水分、粒子等沿气流方向滚动离开玻璃表面，见图7-53。

高压风进入风刀后，通过 1 ~ 2mm 的风刀嘴间隙吹出，从而形成一个高速的气流薄片，见图7-54。此薄片气幕形成一面薄薄的高强度、大气流的冲击气幕，气幕强度非常均匀，此薄片还将引流周围数倍的环境空气。

图 7-53 风刀切水示意图

图 7-54 气流薄片示意图

玻璃清洗机风刀一般采用开口形设计，截面形状有方形和圆形两种，见图7-55，风刀嘴间隙一般为 1 ~ 2mm。

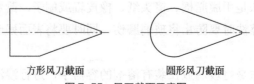

方形风刀截面   圆形风刀截面

图 7-55 风刀截面示意图

根据对玻璃清洗机风刀流场的分析，如果风刀横截面为方形，在内壁拐角处存在的涡旋会阻碍气流流动，消耗流动能量而降低风速；进风口法线方向正对内壁，造成气流直接冲击内壁而阻碍气流流动；风刀纵向长度较长，能量沿程损失较大，导致末端的风速降低。另外末端低风速区空间较大，增大了涡旋作用的区域，从而进一步降低了风速，致使风刀末端吹除效果下降，从而影响清洗机性能的发挥。方形风刀的风嘴气流流速不高于风机风刀进口的气流流速。

风刀横截面为曲线形状可以减少涡旋产生，可设计成理论上最优的流线形状；风刀纵向截面改为由大向末端逐渐缩小的形式，不但可提高纵向流动速度，还可减小纵向低风速涡旋区，增加风刀末端的风速。但这样会增加风刀制造难度，实际设计制造时，考虑到风刀结构制造的难易程度以及成本控制问题，横截面采用圆形结构，并由两条与该圆相切的直线逐渐收拢成出风口，其出风口的形状、尺寸保持与方形结构相同。圆形风刀的风嘴气流流速比风机风刀进口的气流流速高2倍。

矩形截面的风刀结构由于产生较大涡旋而不利于空气流动，因而降低了出风口风速。近圆形截面的结构可有效降低涡旋产生，提高了出风口风速，一般尽量选择圆形风刀的玻璃清洗机。

风刀长度小于1.5m，风速的均匀性比较好；长度超过2m的风刀，如果只采用1个进风风刀，那么吹干效果会明显降低，出风也无法做到均压。

风刀的设计原则：首先确定产品的吹干要求是快速；确定吹干产品的距离，根据距离来设计风刀的耐压和风速。

关于风刀风口的风速，不同行业，有不同的风速要求，可据经验估算。玻璃清洗的风刀入口平均风速可取5～12m/s。根据风量的计算公式来计算出风刀风口的风量：

$$Q=vF$$

式中，v为风刀入口风速，m/s；F为风刀口截面积，m^2。

根据风刀形状，适当增加一些风量损失，即可得出配套高压风机的流量值。

风刀在玻璃清洗机内的安装形式分为直风刀和斜风刀，见图7-56。

图7-56 直风刀和斜风刀安装图

直风刀平行于输送辊道放置，气流平行于玻璃的断面开始切水，到玻璃的末端玻璃断面结束。一般用于各清洗单元之间的隔离切水；在最终干燥段，用于第一道切水，可清除玻璃表面大多数水分。

斜风刀与输送辊道以一定角度放置，将部分传输辊道分成两部分，气流是从玻璃的一个角开始切水，到玻璃的另一个对角结束，一般用于最终干燥段，用于第二、三道切水，可清除玻璃表面和断面的水分。

　　实际上玻璃表面上的水在风压的作用下，克服自身的表面张力、黏度、质量等，离开玻璃表面，当玻璃经过第一个风刀后，玻璃表面上大量的水已被吹掉，但表面还存有一定的水分，当然是很少的。第二道风刀喷出的压力风继续将水滴细化吹走，使水分快速蒸发掉，使玻璃表面尽可能少地残留水分。如何快速吹干水分，在风机功率、风压、流量一定的条件下，主要由风刀的形状、尺寸、高度及其角度来决定。

　　风刀调整的主要内容包括：风刀的水平度、风刀的高度、风刀的角度和风阀的开度。

　　水平度和高度的调整方法是，放一块玻璃在辊道平面上，测量玻璃与风刀两端之间的距离，一般风刀与玻璃表面的距离控制在2～5mm范围内；对于风刀角度的调整，可以制作一块角度样板，测量风刀的角度，风刀与玻璃表面的角度一般在96°～122°。

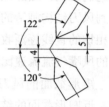

　　某风刀的参数见图7-57：上风刀58°/122°；下风刀120°/60°；上风刀离玻璃5mm；下风刀离玻璃4mm。

（2）斜口平风刀

图7-57　风刀安装示意图

　　斜口平风刀是方形风刀，见图7-58。在一个表面上开2mm宽的斜口，斜口与玻璃运行方向成一定角度。斜口风刀平行于输送辊道放置，一般用于最终干燥段最后一个风刀；气流与玻璃的断面成一定角度，用于干燥玻璃断面的水分。

图7-58　斜口平风刀示意图

（3）风刀的技术要求

① 出风口间隙均匀（误差±0.1mm）；

② 全不锈钢SUS304或316L材料；

③ 根据空气动力学原理设计，风阻小，风速平均；

④ 耐压5kgf/cm²（1kgf/cm²=98.0665kPa），风速最高可达400m/s，可吹热风，耐温250℃；

⑤ 带风阀控制风量。

（4）干燥段风刀布置

　　关于风刀的布置顺序，一般第一道是直风刀，清除玻璃表面水分；第二道到第四道为斜置风刀，清除玻璃表面和断面水分，斜置风刀的数量根据玻璃的运行速度决定；最后一道为平风刀，一般为热风，清除玻璃表面残留水分和断面水分，见图7-59。

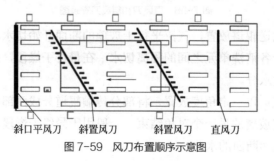

斜口平风刀　　斜置风刀　　斜置风刀　　直风刀

图7-59　风刀布置顺序示意图

7.4.2.2 海绵辊挤水干燥和热风烘干方式

海绵辊是一种包裹多微孔海绵的辊子，见图7-60。海绵的微孔之间相互连通，吸水性能良好，具有较好的耐腐蚀性能。

图7-60 海绵辊示意图

海绵辊包裹的海绵有很多种，如PVA吸水海绵、PU吸水海绵、PVC吸水海绵、PP吸水海绵等，每种海绵的吸水性能各不相同。

① PVA吸水海绵。它是以特定水溶性树脂采用交联反应而得到的多孔性弹性体，因分子结构中具有亲水键而具备强烈的吸水能力，一般吸水率为自身质量的8～10倍，是吸水效果最好，价格最低，使用量最大的产品。

② PU吸水海绵。它是以聚氨酯类树脂为基材，通过特殊工艺形成多孔连续的发泡体，具有耐化学介质性好、温度稳定性好等特点，一般用于化学清洗段的切液等工序，但价格高昂，吸水率有限。

③ PVC吸水海绵。它是以聚氯乙烯为基材，在特定工艺条件下形成的发泡体，耐化学介质性优良，一般用于强腐蚀段落的切液，但价格高昂，使用受到一定限制。

④ PP吸水海绵。是以聚丙烯树脂为基材，在特定工艺条件下形成的弹性体，耐温性好，耐腐蚀性能优良，只用做切液、挡水滚轮。

海绵辊与热风烘干单元一起使用，其工艺布置是：玻璃经海绵挤压辊后，表面还会残存许多水，尤其是边部的水较多，为了使玻璃表面水分少些，在进入热风烘干室前需再经过一道刮水海绵。

由于海绵挤压辊长时间使用后其表面不洁净，且海绵长时间刮水又受热风作用，海绵表面吸附的杂质对玻璃表面易产生污染；热风源风机吹出的风难免不干净，虽然将水分蒸发掉，但杂质又污染了玻璃，所以，海绵辊挤水干燥和热风烘干方式通常与强风吹干方式配合使用。

7.4.3 玻璃表面静电消除

在生产中由于摩擦、挤压、感应等，导致玻璃表面存有不同性质的电荷。当此种电荷积累达到一定程度时，就会产生静电吸附和放电现象，静电荷的积聚和放电会造成玻璃表面再次吸附空气中的灰尘。一般采用棒式静电消除器去除玻璃表面的静电，它通常安装在玻璃清洗机末端玻璃出口处，见图7-61。

除静电棒是一种固定、接触式静电消除设备。除静电棒（离子棒）工作时产生大量的带有正负申荷的气团，可以将经过它离子辐射区内的物体上所带有的电荷中和掉。当物体表面所带电荷为负电荷时，它会吸引辐射区内的正电荷，当物体表面所带电荷为正电荷时，它会吸引辐射区内的负电荷，从而使物体表面上的静电被中和，达到消除静电的目的。电离器件在高压发生器产生的低电流高电压作用下，形成一个稳定的高强电场，电离空气形成离子体，到达物体表面，达到中和静电目的。

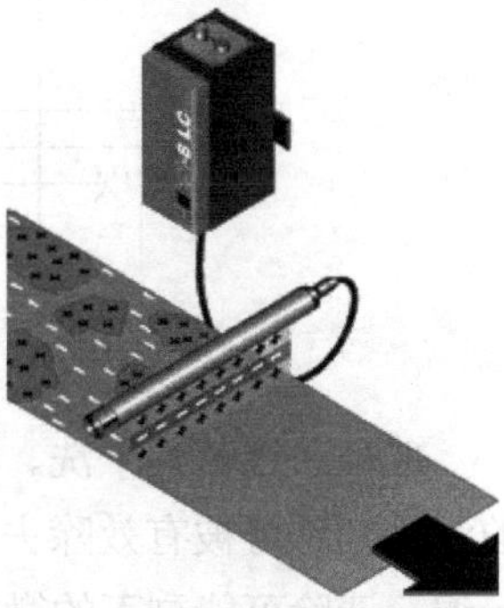

图7-61 棒式静电消除器安装位置示意图

工业静电棒一般有三种：交流电晕静电棒、直流电晕静电棒、脉冲电晕静电棒。

交流电晕静电棒由于结构简单、正负电子平衡度好、价格较低，应用最广泛，但是中和静电能力稍差。

脉冲电晕静电棒由高压产生器和放电针（一般做成离子钨针）组成，通过尖端高压电晕放电，把空气电离为大量正负离子，然后利用离子脉冲把大量正负离子送到物体表面以中和静电，当静电消除棒离子扩散范围不够时，会借助压缩空气等用风将离子流吹向物体表面。

静电消除器的技术参数：

工作电压：4～7kV；

离子平衡度：±5～20V；

消电速度：≤0.1s；

消除距离：15～200mm，推荐安装距离为30～50mm；

长度：350～3000mm可定制；

压缩空气：≤0.7MPa，压缩空气气源必须经过有效过滤，最好有二级过滤装置；

防电击设计：即使接触到放电针也无静电电击反应。

7.4.4　玻璃清洗机供水系统

每个清洗单元有一套供水系统，见图7-62。毛刷清洗单元是循环水系统，用不锈钢泵循环，水箱带过滤网，用来过滤碎玻璃等杂物。

一般最后一个水箱喷淋的纯水不循环，直接排出，但最好排给前一个水箱补水，以节约用水，每个水箱液位计自动补水，水箱带电加热器。

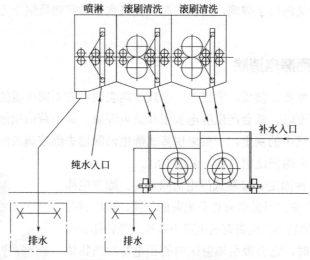

图7-62　清洗机供水系统示意图

玻璃通过紫外干洗、药液清洗、刷洗、高压喷淋和超声波清洗后，基本上各种粒径的污染物都可被有效除去，最后为了保证基板的清洁度，还需要用超纯水再次喷淋清洗一遍，清除可能剩下的微粒子。对超纯水的水质要求为：电导率≥5MΩ·cm；TOC（有机碳总和）含量不大于100×10^{-9}；SO_2含量不大于50×10^{-9}。

7.4.5 太阳能玻璃清洗干燥机结构

太阳能玻璃清洗机用于清洗厚度1.6～6mm的平板玻璃，采用水平卧式结构，玻璃放置在传送辊上，经过进料段、清洗段、干燥段，到达出料段。玻璃清洗机主要由传动系统、刷洗设备、清水冲洗设备、纯水冲洗设备、冷、热风干设备、电控系统等组成，见图7-63。

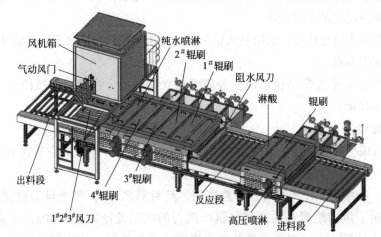

图 7-63 玻璃清洗干燥机结构示意图

（1）机架及进料段

机架整体采用焊接结构，下输送辊采用锥齿传动或正交螺旋齿轮传动；传送胶辊采用包胶硫化胶辊（单边挂胶5mm，邵氏硬度为55～65度）或采用套圈辊；传送辊两端采用球面接触座式轴承（此结构具有自动调心性能），可保证胶辊输送的平稳性及使用寿命；进料端设计预湿喷淋装置，不锈钢接水盘。输送辊道面的平面误差为±5mm/设备总长。

（2）喷淋水系统

玻璃进入清洗段时预湿，每个滚刷都有自己独立的喷淋循环系统和独立的接水盘。纯水喷淋清洗的水不循环，经接水盘后进入倒数第一个滚刷水箱，这个水箱溢流的水依次流向前一个水箱。

水循环系统由高压水泵先经上下两个喷淋管（喷淋管为304不锈钢，喷头为316不锈钢，出口压力≥0.35MPa）喷射细微扇形雾状水汽冲洗，去除玻璃基片表面上的粉尘、污物。机架下方配独立下水箱（304不锈钢）、配自动补水球阀、独立水循环，循环系统配备过滤器。水箱和水泵之间通过一个快插接头连接，能非常简易的分离，方便水箱清洗。水箱配备有大流量不锈钢水泵、电加热器、水位控制器、自动补水球阀和温度控制器。

纯水的电导率≥5MΩ·cm，耗水量约15～30L/min。

水箱采用倾斜集液底盘与水箱相接，泵前设过滤网，过滤清除大颗粒杂质及玻璃碎片，整段与水接触板件全为304不锈钢。

（3）滚刷清洗段

清洗段自成一体且能整体升降，此段配有各滚刷清洗单元和喷淋清洗单元。上滚刷及其传动安装在上机体；下滚刷及其传动安装在下机体。上滚刷可随机体一起升降以适应不同厚度的玻璃清洗。

各清洗单元之间用钢板隔开，在各清洗单元出口加阻水风刀或海绵辊，以免该清洗单元的污物带到下一个清洗单元。

如果采用滚刷清洗镀膜玻璃，则用1010热尼龙丝毛刷，刷毛直径0.06～0.15mm；如果采用滚刷清洗非镀膜玻璃，则用1010热尼龙丝毛刷，刷毛直径0.15～0.3mm。滚刷的直径根据清洗机的宽度决定。

上压送辊采用链轮传送，滚刷及压辊两端调心轴承设计有防水套，可防止轴承进水，保证轴承的使用寿命。

上升降框架为伞齿带动梯形丝杠升降配独立编码器，独立减数机传动，最大升程400mm，数字显示。

（4）干燥段

干燥段自成一体且能整体升降。上风刀安装在上机体，下风刀安装在下机体。上风刀可随机体一起升降以适应不同厚度的玻璃清洗。

干燥段一般配有3对风刀（一对直风刀，两对斜风刀），每个风刀进风口装风阀，调节风刀风量；风刀配置9-19高压风机，风刀的风压设计为10000Pa，可完全去除玻璃表面水渍。最后一个风刀的风管管路上串联有电加热器，将干燥风加热，烘干玻璃表面。

高压风机通过龙门式座架安装在清洗机上方，风机隔噪箱安装在风干段上方并有独立支架支撑，风干段及风机隔噪箱内部全部铺设蛋格吸噪海绵，风机进风口设有空气过滤器（40μm精密过滤网）。经高压风机风干的玻璃表面和边角无杂物、水印、油污等。

（5）出料段

此段采用球面接触座式轴承（此结构具有自动调心性能），保证了胶辊输送的平稳性及使用寿命；同时在下片段配有检测灯箱，方便对清洗后玻璃进行清洁度观察，及时控制清洗质量。

（6）玻璃清洗机的技术参数

① 设备用途：用于玻璃的清洗、干燥，尺寸根据客户需要决定；

② 最大玻璃宽度1500mm，最小加工规格300mm×600mm；

③ 玻璃厚度：1.6～6mm；

④ 清洗要求：洁净、干燥、无静电，在距玻璃表面600mm位置在玻璃检验灯箱上观察玻璃表面和边角无可见杂物和水印，无风刀印；

⑤ 清洗节拍：正常工作速度6～12m/min，变频器连续可调，设备可24h连续操作；

⑥ 输送方式：水平面、片状、通过式；

⑦ 成品率：≥99.99%；

⑧ 设备左进右出或右进左出，主操作面位于进料口一侧（走向根据客户需要决定）；

⑨ 基本工艺流程：根据清洗玻璃品种需要决定；

⑩ 操作台面高度800mm。

7.4.6 玻璃清洗干燥工艺

实际生产中，由于玻璃表面的污物不是一种类型，往往有多种组分，加之各行业对玻璃的清洁度要求不同，清洗工艺要求也不尽相同。所以，一方面要根据污物的类型来选择清洗剂，以提高清洗质量和效率；另一方面，为了满足不同行业对玻璃清洁度的要求，玻璃清洗不能采用单一清洁方法处理，而应根据各种清洗工艺的特点，进行清洗方式的组合，采用多种方法综合处理。各种清洗方式见表7-8。

表7-8 各种清洗方式比较表

清洗方式	目的	特征
预湿（喷淋）	在清洗机入口处去除玻璃表面大部分的灰尘、污物等，减少对清洗机的污染	利用水的冲击力去除污物，但无法清除离子
盘刷清洗＋化学清洗剂	去除8~10μm以上的颗粒物和分解有机物	利用连续摩擦力和分解力去除污物
滚刷清洗＋化学清洗剂	去除4~5μm以上的颗粒物和分解有机物	利用连续摩擦力和分解力去除污物
高压喷淋（一流体）	在各清洗单元出口外去除玻璃表面污物等	利用水的冲击力去除污物，去除颗粒效果好
阻水风刀	用于隔离各清洗段水和污物	利用风幕去除玻璃表面水分
二流体喷淋	去除1~5μm的粒子	利用压缩空气和水的混合物在玻璃表面产生气体爆炸，比一流体有更强的冲击力
超声波清洗	去除1μm的粒子	利用超声波在玻璃表面产生的气泡冲击力去除污物，对微小的颗粒去除效果好
紫外臭氧清洗	分解有机物	利用紫外线和臭氧破坏有机物的化学键，颗粒去除效果差

一般来说，紫外臭氧清洗或预湿为第一道清洗或最后一道清洗；盘刷（或滚刷）与使用化学清洗剂是第二道清洗；二流体（或一流体）喷淋是在盘刷或滚刷、超声波清洗之后的清洗；盘刷或滚刷清洗后是超声波清洗；最后是1~4道一流体超纯水喷淋。

太阳能玻璃清洗按工序从前到后分磨边后清洗、镀膜前清洗和钢化后清洗三个过程。太阳能玻璃清洗干燥机所使用的干燥方式都是风刀方式，风刀布置第一道为直风刀，第二道~第四道为斜置风刀，最后一道为平风刀。风刀干燥可有效地避免以往干燥所产生的水雾飞散、水雾的再附着现象；但是风刀的排气缝与玻璃的距离、玻璃上下表面风刀流量、风刀与玻璃所成的角度以及风刀干燥腔室的结构等，依然极大程度地影响着干燥的效果。

① 磨边后玻璃清洗干燥工艺流程见图7-64。

图7-64 磨边后玻璃清洗干燥工艺流程图

② 镀膜前玻璃清洗干燥工艺流程见图7-65。

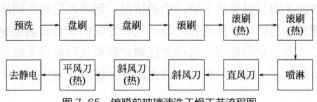

图7-65 镀膜前玻璃清洗干燥工艺流程图

③ 钢化后玻璃清洗干燥工艺流程见图7-66。

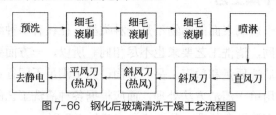

图 7-66　钢化后玻璃清洗干燥工艺流程图

7.4.7　玻璃清洁度检查方法

玻璃表面的清洁程度对后续的玻璃表面处理工艺有很大的影响，因此玻璃表面进行清洗后，必须检验玻璃表面清洁度。常用的检验方法如下。

（1）简易定性评价洁净度的方法

在清洗现场除用视觉和触觉进行定性评价之外，还经常使用以下定性方法。

① 擦拭法。用干净的布擦拭清洗玻璃表面，通过观察有无附着的污垢来测定表面洁净度，这是一种简便而常用的方法。通常是用干燥洁净不起毛的布（如纱布）对物体表面擦拭，根据布脏的程度进行判断，但不精确。

② 水滴法。往玻璃表面倒上水或乙醇，如果是洁净的玻璃，那么水或乙醇都能扩展而完全润湿，接触角几乎等于零；如玻璃表面有污染，水或乙醇就不能完全润湿，呈明显而较大的接触角。这是接触角评价洁净度的一种应用。滴在玻璃表面的水或乙醇，在玻璃表面展开的液滴直径越大，接触角越小，洁净度越高。因此可以把玻璃表面上形成的液滴直径大小和形状作为比较洁净度的依据。

③ 水膜法。把清洗后的玻璃浸泡在水中，并使物体表面与水面成垂直方向，然后向上拉，离开水面后，如果玻璃表面形成的水膜能均匀地占满全部表面，则说明洁净度高，如表面有部分形不成水膜，则说明那部分不够洁净。这是一种最简便的试验方法，但不是精密的判定方法。

④ 喷雾法。用喷雾器把均匀的微粒状水滴喷射到清洗后的干燥表面上，通过形成的水滴的情况可以判断玻璃的洁净度。当表面十分洁净时，微粒状水滴会在表面上均匀地润湿铺层，而且干燥后凝聚水膜周边呈规则的圆形。

⑤ 呼气法（呵气）。将玻璃放在黑色背景前，对着干燥的玻璃表面呼气，水蒸气在表面上冷凝时会在表面形成混浊的雾斑。表面洁净时，产生的雾斑是均匀的，呈现黑色、细薄、均匀的湿气膜，称为黑色呵痕；而表面不洁净时，雾斑不均匀，水气凝集成不均匀的水滴，称为灰色呵痕。水滴在灰色呵痕上，有明显的接触角，而黑色呵痕中水的接触角接近于零值。这是检查玻璃表面清洁度常用的简便而有效的方法。

⑥ 肉眼观察法。用肉眼通过放大镜、检测管等仪器直接观察表面的污物。也可以通过照射在物体表面光的反射强度了解污染的情况，但事先应对不同洁净度的样品定出标准，然后把待测样品与已知样品进行比较。这种方法的优点是测定速度快，不必破坏样品，但要求实验者有一定的经验。这种方法测定颗粒状污垢效果较好，对有机物形成的薄膜污垢判断准确性差，使用的设备中的光源要保证有一定光强度才能产生较强的反射散射光。

（2）定量测定方法

除了以上介绍的定性测试方法之外，还可以在现场进行比较准确的定量测定方法，主要有接触角法和静摩擦系数法。

① 接触角法。所谓接触角（水滴角），是指在一固体水平平面上滴一液滴，在固体表面上的固-液-气三相交界点处，其气-液界面和固-液界面两切线把液相夹在其中时所成的角。

原理：当液滴自由地处于不受力场影响的空间时，由于界面张力的存在而呈圆球状，但是，当液滴与固体平面接触时，其最终形状取决于液滴内部的内聚力和液滴与固体间的黏附力的相对大小。当一液滴放置在固体平面上时，液滴能自动地在固体表面铺展开来，或以与固体表面成一定水滴角的液滴存在，如图7-67所示。

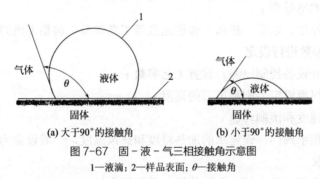

图 7-67 固-液-气三相接触角示意图
1—液滴；2—样品表面；θ—接触角

若θ＜90°，则固体表面是亲水性的，即液体较易润湿固体，其角越小，表示润湿性越好；若θ＞90°，则固体表面是疏水性的，即液体不容易润湿固体，容易在表面上移动。因此，可以预测如下几种润湿情况：

当θ=0时，完全润湿；

当θ＜90°时，部分润湿或润湿；

当θ=90°时，是润湿与否的分界线；

当θ＞90°时，不润湿；

当θ=180°时，完全不润湿。

水在各种材料上的接触角见表7-9。

表 7-9 水在各种材料上的接触角

物质	玻璃	无水硅酸	铁	金	白金	聚乙烯	聚苯乙烯	油酸	硬脂酸	石蜡
接触角/(°)	0～5	0～10	5	4～6	10	88	107	80	106	105～108

各种材料上注射水滴时，会形成前进角和后退角。前进角就是液滴尺寸增大时，可观察到的发生三相接触线前移的最大角度。后退角就是液滴尺寸缩小时，可观察到的发生三相接触线后退的最小角度。

目前应用最广泛、测值最直接与准确的接触角测量方法是外形图像分析法。详细测量方法按照GB/T 24368—2009《玻璃表面疏水污染物检测 接触角测量法》执行。

② 静摩擦系数法。测量固体与玻璃的静摩擦系数是检查玻璃表面清洁度的一种灵敏的方法。清洁表面具有很高的摩擦系数，接近1，玻璃表面如粘有油脂或有吸附膜存

在，静摩擦系数减小，如玻璃吸附硬脂酸层时，静摩擦系数仅为0.3。

通过测定玻璃表面静摩擦系数，可以半定量地得到玻璃表面的清洁度，由此可评估清洗效果。

7.4.8　玻璃清洗机操作

（1）开机前检查

① 检查机械设备上是否有物体阻碍设备正常运行；

② 检查设备传送皮带是否损坏，高压风管是否破裂；

③ 检查链条、轴承润滑是否充足，减速机油油位指示是否在规定范围内；

④ 检查水管、阀门是否漏水，水箱水位是否在规定范围内；

⑤ 检查纯水的电导率；

⑥ 确认玻璃厚度、水温、热风、传送速度等工艺参数，调整上风刀位置。

（2）对工艺参数进行设定

① 用钥匙打开设备控制电源，设置工艺参数；

② 根据玻璃厚度设定毛刷和风刀的高度；

③ 设定传送速度和滚刷转速；

④ 打开设备供水阀门，设定水的加热温度和热风温度，一般设定为50℃。

（3）操作要求

① 在控制台上开启总电源，电加热器、毛刷辊电机；

② 生产前15min，在控制台启动鼓风机，检查风刀角度和风幕有无堵塞；启动水泵，检查喷淋角度和喷嘴是否堵塞；

③ 观察故障警示信号灯一分钟无故障后，开始从上片工位上片清洗玻璃，将玻璃板放在进料段限位范围内；

④ 清洗过程中，可按下下片工位暂停开关，停止主传动运行，检查清洗质量；

⑤ 在出料段处检查玻璃清洗情况，若玻璃无质量问题，进入下道工序；

⑥ 关机前，停止上片，确定设备下片工位无玻璃；

⑦ 每班生产结束时，在控制台先关加热器，3min后关掉风机，将传输辊速度调至最低位置；

⑧ 关机时，依次按下主传动、上毛刷、下毛刷、水泵、风机、赶水风机、照明红色停止按钮，停止设备运行；

⑨ 用钥匙关闭设备控制电；

⑩ 关闭设备供水阀门。

（4）安全操作注意事项

① 一定要注意先开风机，后开加热器，先关加热器，后关风机；

② 当玻璃板厚度改变时，一定要先调整上风刀的高低位置，不然会造成破坏事故；

③ 在停止传送电机前，一定要把速度调节器降至零位；

④ 在控制台上设有急停按钮，遇有紧急情况时，可使用；

⑤ 玻璃一定要放在进料段限位范围内；

⑥ 向洗涤水箱加自来水时，水位不能超过250mm，当水位低于200mm，要及时加水；

⑦ 机器设备正常运行时，禁止任何人进入设备内部，防止发生意外；

⑧ 未经考试合格或未授权人员，禁止打开电控柜门、防护罩及操作设备的任何开关；

⑨ 操作机器设备生产时，禁止超负荷、超范围使用；

⑩ 安装和拆卸设备运动部件必须严格遵照工厂安全规程操作。

（5）应急处理

① 清洗过程中，一旦发生玻璃烂片或异常情况应立即按下红色急停按钮，停止设备运行；

② 复位急停开关，按下"框架升"开关，升起设备框架，按下主传动绿色启动按钮，将玻璃碎片运送至设备下片台工位移走。

（6）玻璃清洁后

已经清洁好玻璃，应尽快进行加工处理，避免储存时产生再次污染。如必须储存，应放置在封闭容器、保洁柜、干燥箱内的架子上，防止玻璃吸附水分、灰尘和油污；如果在生产线上输送，必须在密闭的空间内输送。

7.4.9　玻璃清洗干燥机维护保养

玻璃清洗干燥机由于长时间使用，会遭受污染和磨损，达不到无污、无尘、无离子的清洁程度。毛刷滚刷的磨损、机械之间的磨损、电机的振动、地板的下陷等，都会导致某些精确部件发生偏差，并逐渐丧失效用。所以，要在一定周期内，按照正常程序来对清洗机进行调试维护和保养，以恢复其功能和作用，保证清洗机的清洗质量。

一般清洗机的维护保养需要注意以下6个方面，即清洗机润滑、传送辊道维护、滚刷和盘刷高度调节、储水箱和接水盘清洁、喷水管通畅维护及风刀干燥区清洁和调整。

（1）清洗机润滑

为防止清洗机传送齿轮磨损导致齿轮失效故障，清洗机必须进行适当的润滑。由于玻璃的清洁程度要求非常高，不允许润滑油进入到清洗区域，所以应选择具有良好机械安定性和黏附性的油脂。通常润滑操作如下：

传送辊子的两端采用单面密封轴承，能够有效避免造成污染，传动链条、斜齿轮和传动轴需要定期进行润滑。

① 用塑料布将需要润滑的部件与清洗区域隔离出来避免油脂污染；

② 对链条、齿轮、传动轴链条滚子与链板的结合面进行润滑，不允许有润滑油进入到清洗区域；

③ 对传动链条及辊道进行润滑时要保证润滑均匀，不允许有润滑油污染辊道；

④ 不允许有润滑油污染滚刷；

⑤ 用干净棉布擦去多余的润滑脂。

清洗机的润滑见表7-10。

（2）传送辊道维护

清洗机清洗玻璃时采用的是夹送玻璃的方式，其下部辊道固定，上部辊道的高度可以调整，以保证玻璃受力均匀和传送平稳。下部辊道由传动轴及齿轮系统传动，需要定

表 7-10 清洗机润滑表

部位	名称	型号	润滑脂（油）型号	润滑周期
传送系统	传送辊轴承	UCPP205	钙基润滑脂	2周
清洗段	毛刷辊轴承	UCFB206	钙基润滑脂	2周
清洗段	夹送辊轴承	HA205	钙基润滑脂	3周
清洗段	夹送辊轴承	黄铜套	钙基润滑脂	2周
出料段	蜗轮减速器		机械油	半年
清洗段	齿轮减速器		机械油	半年
传送系统	中间传动链轮轴承		钙基润滑脂	2周
出料段	传送驱动轴轴承	UCP206	钙基润滑脂	1周
清洗段	大皮带轴轴承	UCP206	钙基润滑脂	2周
传夹送系统	链轮齿轮链条		钙基润滑脂	2周
风系统	风机轴承		钙基润滑脂	半年

期检查轴承和横向、纵向的水平。若上部辊道轴承损坏，会导致上部辊道两端不平衡，容易使玻璃原片在清洗机中形成偏斜。

传送辊每次停机时都必须进行彻底清理，采用纯水或酒精浸湿抹布，认真地一点一点地擦拭，将附着在辊子上面的玻璃粉等附着污物全部擦干净。清洗完毕后要用高压水枪冲洗辊子，将辊子上的污物及微生物残渣彻底冲洗干净。

（3）滚刷和盘刷高度调节

为了保证滚刷和盘刷对玻璃表面形成有效滚擦，一般每周检查一次滚刷的间隙，将盘刷毛尖高度设定在玻璃片表面以下1.5mm。随着刷毛的磨损，要定期下降滚刷和盘刷高度，以保证清洗质量。

盘刷高度的调整方法是，在辊道上放一块玻璃，贴在盘刷两边的辊子上，用手压紧，降低盘刷的高度，使得盘刷刚好接触到玻璃表面，将外面的指针调到0位即可。

滚刷高度的调整方法是，在辊道上放一块玻璃，贴在滚刷两边辊子上，用手压紧，降低滚刷高度使得玻璃被滚刷微微顶起，再升高滚刷，保证滚刷刚好接触到玻璃表面。用一张A4纸，放在滚刷和玻璃之间，调滚刷的高度，慢慢抽出纸张，以纸张抽出时没有太大阻力为宜，然后将外面的指针调到0位即可。

每周彻底清洗一次滚刷，清除滚刷上残留的玻璃粉等污物。

（4）储水箱和接水盘清洁

清洗机用水采用的是循环使用方式，在传送台下部分别设有水箱及对应的接水盘，用来储存清洗用水。由于在清洗玻璃的同时水自身受到污染，隔离粉、防霉粉会落到水箱里，所以储水箱内通常会逐渐沉积一些污物，需要每天进行冲刷清洗，以保证水质的洁净。

水箱的清理相对较简单一点。将水箱的电源线拔下，拉到水箱指定的清理区域，用高压水枪冲洗，尤其是过滤网要单独拿出来正反面冲洗，注意电源插头不要进水。

（5）喷水管通畅维护

清洗机水要保持干净，如有杂物极易导致喷嘴堵塞。在使用当中观察到喷嘴堵塞时，应及时停泵打开箱盖，拆下喷水嘴疏通。对喷水管清洁维护按照以下步骤进行：

①拆卸清洗机挡板，升起清洗机上部辊道，关闭电源及供水阀。

②松开喷管两端的固定螺栓，将喷管拆下。

③用高压水枪将纯水从喷管的进口打入喷管内形成水压，观察每个喷嘴的出水情况，用回形针进行疏通。

④清洗干净喷管，安装回原处，紧固螺栓，注意喷嘴方向保持拆洗前不变。

⑤热水的温度一般控制在30～60℃。

（6）风刀干燥区清洁和调整

①清理干燥区里的玻璃碎屑等污物，并用洁净棉布擦拭风刀、辊道等部件，确保清洁。

②至少每三天将进风口的初级过滤板和次级过滤袋都拆下，用压缩空气反向吹出里面的灰尘，并检查有无破损或堵塞，定期更换；要保持风机的清洁，以免灰尘被吸入风路，污染玻璃。

③用锯条探入风刀口，检查是否有过滤袋纤维等杂物堵塞刀口。

④风刀调试。清洗机在使用过程中由于有剧烈振动，所以长时间工作后，风刀高度也会有细微的偏差，应定期检查调整风刀与玻璃之间的间隙。在辊道上放一块玻璃，在玻璃上面放一把4mm内六角扳手，降低风刀，使得风刀接触到内六角扳手，抽动内六角扳手，保证内六角扳手抽出时没有太大阻力，风刀水平度即算调好。

清洗机风刀刀口与玻璃原片所在平面呈一定锐角夹角，每次拆装风刀或改变其位置都要注意测量其角度，并保持不变。风刀的角度调整是将角度样板放在辊道的玻璃上，依靠样板靠紧风刀和玻璃，风刀角度即算调好。

7.5 太阳能玻璃镀膜工艺

太阳能超白压延玻璃原片透光率常规为≥91.5%。为了提高太阳能利用率，根据能量守恒，光的能量不变，因此，当反射光减少时，光透过便增多，透光率越高，光能利用率就越高。基于这一原理，玻璃工作者研发了在超白压延玻璃表面涂镀一层纳米膜或蚀刻一层纳米结构的增透镀膜技术，以减少太阳光反射率，提高透光率。

7.5.1 减反射膜基本性能

减反射膜玻璃（anti-reflective glass），简称AR膜玻璃，又称增透射玻璃，是将玻璃单面或双面表面进行镀膜工艺处理得到的。与普通玻璃相比，AR玻璃具有较低的反射率，能使光的反射率降低到1%以下。

7.5.1.1 减反射原理

（1）光在非镀膜玻璃上的透光率

当光线从折射率为n_0的介质射入折射率为n_1的另一种介质时，在两个介质的分界面上就会产生光的折射与反射。如果介质没有吸收，分界面是一光学表面，光线垂直入射，则反射率 $R = [(n_0-n_1)/(n_0+n_1)]^2$，透光率 $T=1-R$。可见，反射率越低，透光率越高。光线在空气和玻璃界面每次反射的光能量占入射总量的4%，透射光能量为96%，一片玻璃两次反射，透光总能量为92%。光在非镀膜玻璃上的反射如图7-68所示。

（2）AR膜减反射原理

在可见光范围内，普通玻璃的单侧反射率约为4%，总的光谱反射率约为8%。玻璃表面在可见光范围内的减反射效果可以通过两种方法来实现：一种是利用不同光学材料膜层产生的干涉效果来消除入射光和反射光，从而提高透光率，这种利用光的相消干涉生产的玻璃称为AR玻璃；另一种方法是利用粗糙表面的散射作用，把大量的入射光转换为亚光漫反射光，它不会给透光率带来明显的变化，这种由特殊化学药水蚀刻加工生产的玻璃称为AG玻璃（anti-glare glass），又称为不反射玻璃或防眩光玻璃。

减反射膜原理基于薄膜干涉原理：光具有波粒二象性，即从微观上可以把它理解成一种波，具有干涉的性质。当光从光疏物质射向光密物质时，反射光会有半波损失，在玻璃上镀AR膜后，表面反射光与膜前表面反射光的光程差恰好相差半个波长，薄膜前后两个表面的反射光相消，即相当于增加了透射光能量，并且可以通过在玻璃两面同时镀膜来让玻璃的两个面同时减少反射，从而增加光的透光率。

由于AR玻璃采用的是纳米级的透明光学膜，对玻璃本身性能没有影响。AG玻璃是通过刻蚀技术在玻璃表面形成一层100nm厚的多孔二氧化硅结构，从而改变玻璃表面的光学性能，使直射光变为散射光，达到降低玻璃表面太阳光的反射率，提高玻璃透光率的作用，由于此表面结构并非外来物质涂层，是玻璃本体，因此，减反射层结构非常稳定，具有其他减反射技术无法比拟的稳定性和长寿命性，但工艺复杂、产量低、成本高。

光在镀膜玻璃表面上的反射如图7-69所示。

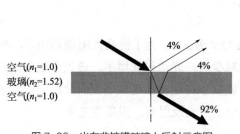

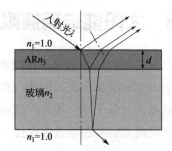

图 7-68　光在非镀膜玻璃上反射示意图　　　图 7-69　光在镀膜玻璃表面上反射示意图

n_1 为入射介质折射率（空气为1）；n_2 为玻璃折射率，$1.5 \sim 1.53$；λ 为入射可见光中心波长550nm。当 $R=0$ 时，由 $n_3^2 = n_1 n_2$，可计算得出 n_3 为1.23，则膜层厚度 $d = \lambda/4 n_3 = 112$nm。

镀单层AR膜后，倾斜观察玻璃会显示蓝紫色，因为蓝绿色反射减少，因此观察不到黄绿光。

（3）减反射膜层微观结构组成

太阳能玻璃AR减反射膜层是由球径 $20 \sim 70$nm的二氧化硅为主要材料烧结制成的多孔氧化薄膜，二氧化硅颗粒的粒径变化可以改变膜层表面形态和膜层孔隙率，通过光漫射和改变折射率来提高透光率。由于纳米二氧化硅的粒径不是一个尺寸，是一个范围，所以在选择镀膜溶液时，溶液中大部分的纳米二氧化硅的粒径最好保持在 20 ～ 70nm，AR镀膜时膜层厚度通常控制在100 ～ 140nm。

颗粒粒径与膜层的厚度远小于太阳光波长，当太阳光照射到玻璃膜层表面时，在空隙微观结构上会呈现出光的粒子特性，同时，膜层整体会呈现特有的电磁波动特性，可视为等效的薄膜介质。薄膜的这种特性，使其具有正面减反射，背面增透的特点。

（4）光谱曲线峰值区域与电池响应曲线的匹配

生产中我们多用波长380 ～ 780nm的可见光测定的镀膜玻璃透光率 T 来确定产品是否达到要求。但是，镀膜玻璃成品的透光率 T 并非越高越好，而应结合膜层的牢固度和耐候性能综合评价。更重要的是，对于不同类型的晶硅光伏电池组件或不同组件厂家的产品，其光电转换芯片对入射光的响应曲线是不同的，AR镀膜玻璃的透光率曲线应与组件的响应曲线最大面积地重合。总的来看，要实现镀膜玻璃在380 ～ 1100nm 光谱范围内有较好的透光率，其透光率曲线峰值所在的波长应落于500 ～ 700nm之间，则膜层的平均厚度应控制在100 ～ 140nm，此时在装有观察灯的暗室内以一定角度观察，膜层会呈较明显的蓝紫色。质量良好的镀膜成品玻璃，其膜层应色泽均匀，无明显色差区，无明显可见的条纹、斑点等外观缺陷。根据380 ～ 1100nm光伏波段太阳能辐照光谱曲线和单晶硅多晶硅电池响应函数曲线可知，太阳能辐照强度峰值区域为450 ～ 800nm，太阳能电池光谱响应波长段在400 ～ 1000nm。所以，生产过程中，通过生产工艺，调整AR减反射膜层的光谱曲线的峰值区域，在透光率不变的情况下，对镀膜玻璃产品的外观质量、透光率曲线及 T 值进行实时抽检，可随时保证镀膜玻璃成品率和提高生产效率，增加电池光电转换效率。

（5）AR减反射膜的自洁性

AR减反射膜层大多数具有亲水性，在光伏电池组件生产过程中，操作人员的接触易在玻璃表面留下手印；同时太阳能光伏组件在使用过程中，因表面有积灰影响透光率，造成光伏组件输出功率衰减，导致发电效率降低。所以，对光伏玻璃来说，要使用闭孔材料制作的AR减反膜或在AR减反膜上增加一层疏水机理的纳米保护膜，该保护膜能使污物难以黏附，水在纳米保护膜上像在荷叶表面上一样，呈珠状滚动带着污物，能快速有效的随雨水清洗堆积的灰尘，使玻璃表面保持清洁，从而提高太阳能玻璃的抗污能力，减少了光伏组件的清洁维护费用。对智慧农业温室房屋来说，玻璃的内表面要具有亲水性，以减少房内产生滴露现象，外表面要具有疏水性，以便于在雨水帮助下进行自洁净。

7.5.1.2　AR膜层厚度测量与计算

为了满足一定光谱范围内的透光率，通常通过调节AR膜膜层材料的折射率和膜层厚度来调节透射光谱。

在实际操作中，膜层材料选定后，折射率也就确定了，所以如果要使光伏玻璃透射光谱曲线与电池片的响应曲线匹配，只有通过改变膜层厚度来调节透射光谱，这就是膜层厚度是光伏镀膜玻璃最重要参数的原因，它影响着透光率和与电池片发电功率的增益匹配，因此监控膜层厚度是镀膜操作的关键技术之一。

　　膜层厚度常用几何厚度、光学厚度和质量厚度三种方法表示。几何厚度 d 是膜层的物理厚度或者实际厚度，nm；光学厚度是物理厚度与膜层材料折射率的乘积，即 n_3d，nm；质量厚度是单位面积上膜层的质量，g/m^2；若已知膜层的密度，则可以换算成相应的几何厚度 d。

　　膜层厚度可以通过测量仪器测量，或者通过 AR 膜层的透射光谱计算得到。通常科学研究单位为了研究，需要利用价格比较昂贵的测量仪器测量厚度；而光伏玻璃工厂，在生产 AR 膜时是通过测量透射光谱，再利用公式计算得到 AR 膜层厚度值。

　　（1）AR 膜层厚度测量

　　由于 AR 膜层具有纳米级的显微结构，一般的测量方法比较困难，通常使用反射光谱法、宽光谱扫描法、椭圆偏振光谱法测量，常用的测量仪器有扫描电子显微镜、椭偏仪、台阶仪等。

　　① 扫描电子显微镜（SEM）。是当今研究机构普遍应用的科学研究仪器。它是利用二次电子信号成像来观察样品的表面形态，二次电子信号能够放大样品表面的形貌，这个形貌像是在样品被扫描时用逐点成像的方法获得的放大像。

　　② 椭偏仪。是一种常用于探测膜层厚度、光学常数以及材料微结构的光学测量仪器，由于测量精度高，适用于超薄膜，不与样品接触，对样品没有破坏。

　　③ 台阶仪。是通过测头与样品相接触测量膜层厚度，属于接触式表面形貌测量仪器，因此不适于软质表面的测量，台阶仪是膜厚测试仪里最便宜的，精度比较低。

　　（2）AR 膜层厚度计算

　　AR 膜减反射是利用光线等厚干涉的原理，通过反射光线之间的叠加和相消，减少了光线的反射，从而增加透光率，即从同一点发出的光，入射到厚度均匀、折射率均匀的膜层上、下表面，会发生多重反射现象，反射光线 a_1、a_2 之间发生干涉叠加和干涉相消而形成的干涉条纹，膜层厚度相同的地方形成同条干涉条纹。

　　从减反射膜层的原理来讲，AR 膜层要有减反射效果必须满足以下三个条件：

　　无半波损条件：$n_1 < n_3 < n_2$

　　反射完全相消条件：$n_3 = \sqrt{n_1 n_2}$

　　干涉相消条件：$2n_3d = (2k+1)\dfrac{\lambda}{2}$，$k = 0, 1, 2, \cdots$

式中　　n_1——空气的折射率，$n_1 = 1.00029$；

　　　　n_2——基板玻璃的折射率，光伏玻璃取 $n_2 = 1.52$；

　　　　n_3——AR 膜层的折射率，理论上 $n_3 = 1.22475$（市场上大多数 AR 膜层的折射率在 $1.28 \sim 1.35$ 之间）；

　　　　λ——光谱波长，nm；

　　　　d——膜层几何厚度，nm。

　　AR 膜层厚度计算可根据干涉相消条件公式得出

$$d = \frac{(2k+1)\lambda}{4n_3}$$

式中，$(2k+1)\lambda$ 是指在计算 AR 膜层厚度时，取膜层透射光谱波峰的波长（透射光谱波长峰值），nm。

一般情况下，膜层厚度的误差应控制在5%以内。

7.5.1.3　AR镀膜玻璃的主要特点

① 高透光率。镀膜后能使超白玻璃透光率增加2%～3%，从而提高光电转换率。

② 自清洁功能。可利用雨水自洗，在下雨的情况下能使污染物脱落。

③ 防刮划硬度。钢化后可以达到3H硬度防刮划效果。

④ 膜层具有化学稳定性，热稳定性，耐温度急变，耐酸碱侵蚀。

⑤ 减少红外线透过比，减少硅板温度，提高使用寿命。

⑥ 镀膜后可增大入射角，入射角越大，光电转换率越高。因镀膜而增加的透光率与光线入射角度有关，光线入射角越大，透光率提高比例越大。例如，入射角50°时，透光率增长7%；入射角70°时，透光率增长最大能达到9.5%。

⑦ 当AG镀膜玻璃作为智慧农业阳光房玻璃使用时，具有降低阳光辐照强度、减少植物光抑制效应、使阳光房内无阴影的作用。

为了防止因玻璃原片出现霉变现象析出的物质破坏AR玻璃的膜层，影响透光率，继而造成光伏组件功率衰减，AR镀膜玻璃原片的选择需要慎重，玻璃原片虽然不可避免存在玻璃发霉的现象，但是可以选用低氧化钠含量的玻璃作为AR镀膜的基片玻璃，以减轻此现象。

7.5.2　辊涂镀膜原理

玻璃的增透镀膜工艺主要有辊涂法、喷涂法、提拉法（化学溶液浸泡涂镀或蚀刻法）、磁控溅射法等。辊涂法镀膜工艺与已淘汰的喷涂法相比，产品表面膜层的均匀度和可控度大幅度提高；相比使用于两面涂镀膜的提拉法镀膜工艺，生产效率得到了极大的提高；相对于磁控溅射工艺，成本又低得多。辊涂镀膜技术得到的镀膜膜层均匀，厚度可控制在100～140nm，便于工业化生产；膜层牢固耐用，能够耐盐雾、耐低温、高温、高湿等严酷的气候条件；膜层无斑痕、彩虹，产品在较宽的波段范围（380～1100nm）内具有较高的透光率，可增加透光率2.5%，能实现大规模全自动工业化生产。相对其他镀膜技术，具有一次性设备投资少、工艺简便、易于掌握、生产持续性好、可控性好、成膜面积大、镀膜质量高、加工效率高、成本低等优点。因此，辊涂镀膜是目前大面积生产太阳能增透镀膜玻璃的主流工艺。

辊涂镀膜主要由涂布胶辊和涂布网纹辊两根辊子相互配合完成镀膜工序。涂布胶辊与涂布网纹辊平行靠紧，并匀速旋转，中间产生一个V形的空间，镀膜液就均匀地流在此处。调节涂布胶辊与涂布网纹辊之间的紧密度，就可以控制黏附在涂布胶辊上的镀膜液厚度与均匀度；玻璃片由输送带往前匀速推进，与胶辊适当接触，胶辊上的镀膜液就均匀地转印到玻璃片表面上。整个辊涂过程采取涂布胶辊转向与玻璃行进方向相反的"逆向辊涂"方式，辊涂镀膜工作原理见图7-70。

这种逆向辊涂方式，能在涂布胶辊与玻璃之间形成液体淤积，利用玻璃绒面对镀膜液体的刮擦和淤积液体的张力自发形成均匀膜层。与传统辊涂工艺所普遍采用的"辊印"

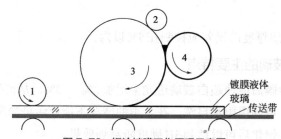

图 7-70　辊涂镀膜工作原理示意图
1—压料辊；2—刮料辊；3—涂布胶辊；4—涂布网纹辊

相比，这种逆向辊涂工艺得到的膜层厚度小且膜层均匀性较好。涂膜具体过程如下：

① 镀膜液由蠕动泵打到两根涂布辊压合处上方储液区内，再通过转动的网纹辊在胶辊上形成均匀的膜层。

② 清洗干净的超白压延玻璃原片由压料辊1和传送皮带送入涂布胶辊3下方，并紧密压合，涂布胶辊转动方向与玻璃运行方向相反，镀膜液在涂布胶辊3与玻璃压合处逐渐形成淤积；

③ 随着传送皮带向前运行，在超白压延玻璃绒面的吸附和剐蹭作用下，淤积区域的镀膜液随玻璃一同行进，并在张力作用下形成均匀液体膜层。

④ 液体膜层经过短暂表面干燥形成厚度均匀的凝胶膜层，再经低/高温热处理后获得 SiO_2 多孔膜层——减反射膜层。

⑤ 当工艺上确定的网纹辊和镀膜液不变的情况下，网纹辊花纹深度和镀膜液中 SiO_2 固含量可视为不变，此时只需通过调整涂布辊转速和传送带速度就可以实现对玻璃表面镀膜层厚度的调节。

⑥ 在镀膜前，应对镀膜液的密度、溶剂的种类、玻璃表面的粗糙度、玻璃的厚薄差、涂布胶辊的材质和硬度、涂布胶辊的高度和压紧量、胶辊速度、玻璃速度等作出合理的评估和选择。这些因素都可以引起涂布胶辊处液体在淤积区的镀膜液量的变化，直接影响玻璃表面所剐蹭出的液体量，即引起最终膜层厚度的改变，造成透光率的波动。

7.5.3　镀膜液

太阳能玻璃使用的减反射镀膜液有溶剂型和水溶性几种。主要组成是：以 2.5%～4% 的纳米 SiO_2（硅醇盐）和 TiO_2（钛醇盐）为基料，以 2%～5% 的水溶树脂、醇溶树脂、PEG、PVP 等为成膜助剂，以 85%～95% 的水、乙醇、异丙醇等为溶剂，再添加一些助溶剂、造孔剂、流平剂等辅料。

目前国内太阳能压延玻璃使用较多的镀膜液是溶剂型，其组成为多孔纳米硅+有机溶剂+溶胶；也有使用由"多孔纳米硅+水+溶胶"组成的水溶性镀膜液。二者相比，除体系稳定性相同外，溶剂型镀膜液在力学性能、耐老化性能、硬度、光衰减性和功率增益方面优于水溶型；但其辊涂面积少，气味重，对辊涂环境温度、湿度的要求要高于水溶性镀膜液。溶胶-凝胶型组成为正硅酸乙酯+醇+催化剂（溶胶体系），优点是膜层孔径可调，低温镀膜，便于操作。缺点是易凝胶，需现配现用，力学性能较溶剂型差，玻璃板面较难控制。

配制镀膜液首先需要制备硅溶胶。硅溶胶有不同的制备途径，最常用的方法有离子交换法、硅粉一步水解法、硅烷水解法等。这些方法所用的原料不同，所走的工艺路线不同，所生产的最终产品的性能与生产成本也不同。硅溶胶的离子交换工艺是目前最成熟也是使用最广泛的工艺；硅粉一步水解法工艺比较简单，目前在国内也被广泛使用。

由于硅溶胶中的SiO_2含有大量的水及羟基，故硅溶胶也可以表述为$SiO_2 \cdot nH_2O$。硅溶胶所用的硅源为正硅酸甲酯或正硅酸乙酯中的一种或两者结合使用；溶剂为甲醇、乙醇、乙二醇或异丙醇中的一种或几种；催化剂为盐酸、氨水或氢氧化钠中的一种；硅烷偶联剂为γ-氨丙基三乙氧基硅烷、十二氟代辛烷基三乙氧基硅烷、乙烯基三乙氧基硅烷或（3-氯丙基）三甲氧基硅烷中的一种或几种。

AR镀膜液的固体颗粒大小一般为20～70nm，各种杂质含量可以控制到10^{-6}以下，SiO_2颗粒的空隙率可大可小，分散介质可以是水，也可以是醇等非水溶剂，pH可以是中性，也可以是酸性或碱性。

无论使用何种工艺，所生产的AR镀膜液应达到以下技术指标：透光率增加≥2.2%～2.5%；铅笔硬度≥3H；固含量2.5%～5%；粒径小于90nm；pH值为4～8。

7.5.4　辊涂机

辊涂机是用于光伏太阳能玻璃镀膜的主要设备，具有自动化程度高、涂布速度快、适应涂料范围广、生产效率高、涂料浪费少等优点，可以较准确地控制膜层厚度，且厚度均匀一致，适合大批量生产见图7-71。

图7-71　AR辊涂机

7.5.4.1　设备组成

光伏玻璃AR膜镀膜机由机架、输送系统、镀膜系统、供料系统、机头升降系统及控制系统组成。

（1）机架

机架承载着机器的所有部件，是整个设备的基础。机架采用22mm钢板，经龙门铣精铣及CNC线切割精加工；镀膜轮组的支撑钢板表面采用电镀硬铬，防止溶液的腐蚀。

（2）输送系统

① 输送电机的输送速度2～15m/min，变频调速（连续精确可调，调速精度0.01m/min）。

② 输送皮带材质耐酸碱，一次成型无接头；配备自动纠偏装置，产品在镀膜机输送过程中跑偏≤5mm；镀膜胶辊下皮带由底辊支撑，镀膜胶辊前后皮带由托板支撑或者由托辊支撑。

③ 进片端设有两道压辊，两侧高度可调，其中后压辊变频驱动，直径150mm，其调速范围与皮带的调速范围匹配；压辊外包PU，厚度10～15mm，其高度有数字指示。

④ 输送辊采用45#无缝钢管经CO_2保护焊接，表面精细研磨，做动平衡，跳动小于0.05mm，表面经电镀硬铬及抛光后达到光亮效果。

（3）镀膜系统

镀膜系统由镀膜胶辊、网纹辊、刮辊和整体升降系统组成（简称机头）。生产速度较高的辊涂机常设置两个机头，其目的是为了镀两层膜或者在不影响生产的情况下快速更换涂料和胶辊。

① 镀膜胶辊。外径ϕ250mm，辊芯采用45#无缝钢管制作，表面包胶处理，经过精密研磨处理，表面无丝痕；胶料为进口聚氨酯复合材料，邵氏硬度为（38±2）度，独立变频调速；镀膜辊在正常工作中无微观间歇现象；镀膜胶辊、网纹辊运动中的跳动精度小于0.05mm；镀膜辊与玻璃的间隙0～5mm可连续调整，调整精度≤0.02mm；各辊子之间的间隙0～2mm可连续调整，调整精度≤0.02mm。

② 网纹辊（定量辊）。外径ϕ157mm，采用45#国标无缝钢管制作，表面经电脑雕刻成100目后，电镀硬铬（表面光亮细腻无丝痕），被动传送。

③ 刮刀辊。按刮刀方式设计，在刮刀架上增加刮辊，起到刮刀的作用，其操作手轮位置装有数字式位置显示器。刮辊外径ϕ100mm，采用45#无缝钢管制作，表面镀硬铬处理，表面光亮细腻无丝痕。

④ 所有联轴器采用专用高精密的膜片式无间隙联轴器。

⑤ 镀膜胶辊与网纹辊长度一致，有些生产线在两端之间装置由气缸控制的挡液板；镀膜胶辊与网纹辊之间的液位控制在30mm。有些生产线认为镀膜液长期存在辊子之间，浓度过高，可能会造成色差缺陷；另外颗粒物或溶液凝胶物存在辊子之间，无法冲出，可能造成斑点缺陷，因此取消了挡液装置。

⑥ 各辊制造过程均做动平衡处理。

（4）供料系统

供料系统由供料泵、硅胶软管、回料槽、孔径2μm左右滤袋过滤网、磁力搅拌器等组成，负责把镀膜液抽到机头上，并循环使用。

① 涂料供应采用高精密蠕动泵供给，供料均匀且大小可调；

② 涂料可以循环使用，涂料回收槽可拆，清洗方便；

③ 涂液回流槽宽大可拆，并采用不锈钢制成，耐碱耐酸，并易于清洗，接液槽通过硅胶导管至回液容器处；

④ 磁力搅拌器使用转子式循环搅拌，可调控转速，搅拌体积为≥5L。

（5）机头升降系统

① 升降采用高精密滚珠丝杆、导轨、滚珠升降机及步进电机来控制，有效保证机头与机架的刚性和精密性；

② 对于靠近镀膜辊的压轮，采用步进电机控制其升降，采用磁栅尺感应其上升、下降的数据。

（6）控制系统

控制系统由控制箱、电器柜、变频器、PLC、按钮、指示灯等组成，控制整机的运行。

① 整机采用PLC和触摸屏控制；

② 输送皮带、后压轮、镀膜胶辊驱动采用变频调速；

③ 镀膜胶辊组及后压轮的升降采用步进电机升降（由磁栅尺检测其数据）；

④ 镀膜辊、网纹辊、后压轮、输送带的速度在触摸屏上设置与显示；

⑤ 玻璃与压辊、玻璃与镀膜辊、镀膜辊与网纹辊之间的间隙数据（由磁栅尺检测）在触摸屏上设置与显示；

⑥ 具有菜单存储、调用、修改、切换功能；设置有计时、计量功能。

（7）设备其他描述

① 网纹辊和镀膜胶辊的两侧端面及轴头均做镀铬处理，其他与镀膜液有接触的地方也应采用耐酸碱的不锈钢等材料，防止与镀膜液发生反应；

② 网纹辊和镀膜胶辊可分别快速地从前后两侧拆出，防止因维护一根辊子而不得不拆除另一根辊子的情况；

③ 镀膜辊前后的托板采用铸铝成型件，前后托板尽可能靠近托辊，两侧连接板强度可靠，托板平面度不大于0.2mm，托板中间的挠度不得大于0.2mm，托板水平支撑调整容易可靠。

④ 提供与其他连线设备的通信接口，由于其他镀膜连线设备的速度有镀膜机控制，需要时到现场予以配合。

⑤ 双机头镀膜的机头间距为1m，为防止湿膜由冷进固化时瞬间变热造成膜层不均，产生色差缺陷，应保留流平段；每个机头可以单独升降，使用双机头可适当增加镀膜房间长度。

7.5.4.2 设备性能

① 可加工玻璃厚度：$2 \sim 10$mm，常用厚度$(2.5 \sim 3.2)$mm± 0.2mm。

② 当镀膜玻璃尺寸最大（长×宽）2000mm×1250mm，最小300mm×300mm情况下，镀膜机皮带宽度1350mm，涂膜时两边至少空出50mm。

③ 产品经镀膜机镀膜后，膜层外观颜色均匀一致，外观无丝痕、无针孔、无色差带、无彩虹、无斑点、无纵向和横向条纹等镀膜缺陷，边印在8mm以内；镀膜液单位损耗，水性约为6g/m²，溶剂型约为8g/m²。

④ 玻璃输送速度：$5 \sim 15$m/min可调，采用SEW减速电机变频调速；辊涂速度：$5.0 \sim 15.0$m/min，正常生产时按$8 \sim 12$m/min（$v_{胶辊}$：$v_{皮带}$=1.1：1）控制，与实际速度偏差不大于0.01m/min；干膜层厚度为$100 \sim 200$nm。

⑤ 传送皮带跑偏要求≤5mm；主传动辊做动平衡，跳动小于0.03mm。

⑥ 玻璃走片方式：连续（玻璃间距为$200 \sim 300$mm），竖向进出。

⑦ 工作方式：连续24h运转。

⑧ 设备安装后无振动，运转平稳可靠。

⑨ 运动副要求润滑系统工作正常，管路畅通，无渗油现象，加油位置方便。

⑩ 安全装置：各段传送、旋转系统配有急停装置；具有漏电断路器、电机超载保护、异常紧急开关，控制线路保险丝等符合国际安全标准。

⑪ 辊涂速度在镀膜时等同于皮带传送速度，相应涂布胶辊、网纹辊、消纹辊、镀

膜液上液回液系统等应与此匹配，其中涂布胶辊、网纹辊、消纹辊的线速度在上述设定的辊涂速度±50%范围区间是稳定和可靠的，不存在可影响镀膜的速度波动和振动，其中速度的波动范围≤±1%。

⑫ 膜层厚度均匀性：以透光率确定。在玻璃厚度误差在±0.2mm时，在整片玻璃上随机抽取10个点，同一点排除非膜层因素后透光率误差≤±0.15%。

⑬ 连续生产产品合格率≥98%。

⑭ 距设备外壳1m、离运行平台1.2m高处，噪声不大于75dB（A）。

7.5.5　涂布胶辊和网纹辊

7.5.5.1　涂布胶辊

胶辊是镀膜机上的重要配件，胶辊质量和性能对提高镀膜的生产效率、保证镀膜质量，具有非常重要的意义。

涂布胶辊一般是以金属材料为芯，外面包覆橡胶而制成的辊状制品。外面包覆的橡胶材料不同，胶辊特性也不同，用途也不一样。

胶辊芯外圆上车有螺纹，主要是防止脱胶，一般胶辊在挂胶时首先挂上一层底胶，再按要求硫化一层所需硬度的橡胶层。

胶辊的损坏形式主要是胶辊两头膨胀、老化、掉皮、脱落等。胶辊的基本结构如图7-72所示。

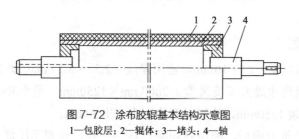

图7-72　涂布胶辊基本结构示意图
1—包胶层；2—辊体；3—堵头；4—轴

目前，镀膜机使用的胶辊中，较常见的有天然橡胶胶辊、合成橡胶胶辊等，另外，高分子聚合材料胶辊因性能优良也已被广泛使用，聚氨酯类胶辊就是其中的一种。

（1）聚氨酯涂布胶辊的性能

聚氨酯胶辊具有很好的机械强度、耐磨性、耐腐蚀性、耐老化性和耐油性。

① 特点

a. 聚氨酯胶辊硬度指标宽泛，从HSA15到HSD80，可满足不同镀膜机对胶辊硬度的要求。

b. 聚氨酯胶辊用胶体具有足够的表面黏度，可保证胶辊在镀膜过程中有良好的传送涂料性能，保证膜层的厚度和均匀性。

c. 外观色泽光亮，胶体表面细密光滑，胶体材料和芯轴粘接牢固，胶辊尺寸在不同的温度和湿度条件下不会有大的变化，能够适应镀膜室内的温度和湿度变化。

d. 聚氨酯胶辊化学性能良好，适合各种类型的涂料，对各类涂料、清洗剂中的溶剂成分有特殊的耐抗性；聚氨酯胶辊还适用于UV油墨胶辊及上光油胶辊等，特别是对沸水、柴油、汽油、润滑油、煤油、甲苯、醇及盐水溶液有良好的耐溶剂性，但不耐丙酮、乙酸乙酯和强酸强碱。

e. 聚氨酯胶辊有卓越的物理性能，长期使用，胶辊不会变硬、老化，而且耐撕裂性能、回弹性能良好，耐磨性能极佳，因此使用寿命长，容易保存，长期存放不影响使用效果；能够承受高压力、高转速、高温、高湿的生产环境。实验表明，聚氨酯胶辊的抗张强度、耐磨性是天然橡胶胶辊的3倍和5倍；聚氨酯胶辊使用寿命为一般胶辊的1倍以上。

f. 聚氨酯胶辊有优良的亲水性，所以可在用水、酒精做溶剂的系统中使用。

g. 聚氨酯胶辊容易清洗，容易进行有色差涂料的转换。

② 胶辊的表面状态。为了使胶辊在镀膜过程中能稳定良好地传送涂料，必须将胶辊表面处理成粗糙状态，根据涂料的性能不同，其表面粗糙度也不相同，一般胶辊的表面粗糙度为420μm。

③ 硬度。胶辊硬度对于AR镀膜来说是非常重要的，硬度过大可能使其抗腐蚀能力得到一定增强，但是传送涂料能力下降，并且磨损增加；硬度过小则可能因抗压和耐腐蚀能力差而造成胶辊使用寿命过短。确定胶辊硬度的原则是，在保证良好涂料传送能力，且有足够抗化学腐蚀和物理作用能力的前提下，涂布胶辊的硬度应适当降低。实践证明，AR镀膜聚氨酯胶辊邵氏硬度为（38±2）度。

（2）涂布胶辊压力对镀膜的影响

镀膜胶辊压力是胶辊的各项性能在镀膜过程中的综合体现。胶辊压力受胶辊硬度、弹性及表面粗糙度等的影响，在镀膜中，若胶辊压力超过正常使用压力，直接影响到产品质量，并且还直接影响到胶辊寿命，另外还需要更多的动力来驱动镀膜机，胶辊将会过度发热等。

当胶辊压痕宽度增加50%，增加250%的胶辊压力；不仅当胶辊压痕宽度增加100%，增加725%的胶辊压力。所以，在不影响镀膜质量的前提下，胶辊压力应该越小越好。

（3）涂布胶辊使用注意事项

① 安装胶辊时，把胶辊两端的杂质清洗干净，安装轴承时不得损坏辊面。

② 安装胶辊时，镀膜胶辊必须与网纹辊以及玻璃表面紧密接触，应校正到平行位置，胶辊之间、胶辊表面与玻璃板面之间的压力必须均匀。

③ 在安装和拆卸胶辊时，均应轻拿轻放包装，以免碰撞辊颈和胶面，造成辊体损伤、弯曲或胶面破损；辊颈与轴承配合要严密，若松动应及时修理。

④ 使用中应避免接触乙酸乙酯、乙酸丁酯、丙酮、丁酮等溶剂及强酸、强碱。

⑤ 胶辊在运转过程中稍有硬物即会被划伤，一旦出现划痕，就无法再使用。

⑥ 停机后必须让胶辊与网纹辊及刮刀辊及时脱离接触，以防静压变形。

⑦ 停机后必须使用异丙醇或乙醇清洗胶辊表面，并使胶辊完全干透，方可停止胶辊转动。

⑧ 胶辊的轴头和轴承的精度会引起胶辊跳动、滑动等不良情况，使镀膜面出现辊印等，所以平时要注意胶辊轴承的磨损情况，及时更换磨损严重的轴承。

⑨ 胶辊在交付车间使用前，需由技术人员进行检查验收工作，胶辊验收完毕后，

才能上机使用。

⑩ 存放胶辊时，必须用专用胶辊架，确保胶辊表面不受压，不长时间接触任何其他物件。

⑪ 新胶辊不宜马上投入使用，应放置一段时间，使胶辊接触外界环境，等其处于相对稳定状态后，再投入使用，这样可以增加胶体的坚韧性，提高其耐用性。

（4）涂布胶辊的技术要求

① 胶辊表面无斜条、气泡、砂眼、凹坑、暗泡、脱皮、缺胶、杂胶等现象，在有效使用面积内，不允许有直径大于0.5mm的杂质，不允许有小凹坑、小气泡等；

② 胶辊表面光洁、色泽均匀，产品表面不能有蹭脏、油污、锈迹等；

③ 胶辊表面不允许有机械操作和磨削走刀痕迹；

④ 胶辊胶层与铁芯密着力好，无脱层，且无溶胀微气泡；

⑤ 胶辊邵氏硬度误差±3度；

⑥ 胶辊的几何尺寸和精度符合图纸要求；

⑦ 胶辊做静平衡G6.3级。

7.5.5.2　网纹辊

网纹辊（又称定量辊）是辊体表面雕刻网穴的辊筒（见图7-73），是AR镀膜机上一个极为重要的精密机械零件，是决定和影响镀膜质量的重要因素之一。涂料不同，网纹辊的网线数有所不同。因此，在使用中应根据不同的涂料性能要求，合理选用不同网线数的网纹辊。

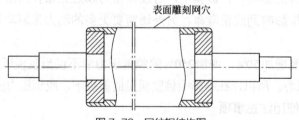

图 7-73　网纹辊结构图

在网纹辊的辊体表面均匀分布着许多形状一致的微小凹孔，称为网穴。正是这些小凹孔在辊涂过程中起着储存涂料、均匀和定量传送涂料的作用。网穴之间的隔墙称为"网墙"，网墙的面积跟网穴的形状有关。

① 网穴形状。网穴的形状有很多种，目前常用的网穴形状大多采用棱锥形结构，常见的网穴形状有斜齿形、四棱锥形、四棱台形、六棱锥形、六棱台形等（见图7-74）。

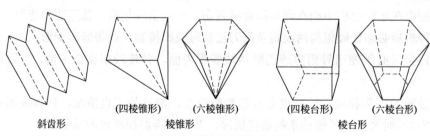

图 7-74　常见网穴形状示意图

斜齿形网穴的法向截面为等腰梯形，是与网纹辊线成45°螺旋雕刻斜槽形成的，这种网穴可保证涂料的流动性，斜齿形网纹辊供液量较大，一般用于涂布。

四棱锥形网穴加工雕刻所需雕刻压力小，易于保证网穴的几何精度。

四棱台形底部是平截棱锥而形成的平面，网穴的侧面一般较棱锥形的更趋垂直，网穴之间的隔墙比四棱锥形宽，因此四棱台形网穴网纹辊的性能较好，具有通用性。

六棱台形网穴的开口角度较大，能够有效地利用空间，在一定面积内，六棱台表面可以比其他图形多容纳15%的六棱台网点。另外六棱台网穴之间的距离可以安排得更近一些，这样网穴壁变得更薄，有利于形成均匀的膜层。由于六棱台网穴空间利用效率高，因此同四棱台网穴相比，深度降低15%的六棱台网穴仍然具有相同的效果，因而性能较四棱锥形和四棱台形要好。

一般来说，雕刻网穴较浅时具有更好的传送涂料的性能，所以，六棱台形状是网纹辊的最佳选用形状。

除了以上几种常用的网穴结构外，利用激光雕刻等先进加工方法加工出的半球形网穴及其他异形网穴的网纹，其传送涂料性能进一步提高。

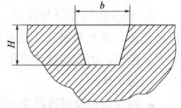

图 7-75 网穴开口度示意图

② 网穴开口度。网穴开口度是网穴的深度（H）与其开口的宽度（b）的百分比，即 $b/H \times 100\%$（见图7-75）。一般网穴的开口度为23% ~ 33%，最佳是28%。

网穴开口度和深度对传送涂料的性能具有相当大的影响，开口度越大，深度越浅，则传送涂料性能越好；反之，则比较差。在前面所提到的几种网穴形状中，六棱台形网穴的开口度较大，因而其传送涂料性能就比较好，因此，在雕刻网纹辊中经常采用这种形状的网穴。

③ 网线数。网线数是指单位长度内网线的数量，一般用"线/cm"或"线/in"表示。网线数可以表示网穴大小，与其容积有着直接的关系，网线数愈高，说明单位面积内的网穴数愈多，网穴则愈小；反之，网穴则愈大。

网线数是网纹辊的重要参数指标之一，它对网纹辊性能具有十分重要的影响。一般来说，网线数越高，则其传送涂料的量就越小，反之则越大。实践证明，AR镀膜机网纹辊采用80 ~ 120线/in（1in=2.54cm）左右效果较好。

④ 网穴排列角度。除网穴形状和网纹线数外，网穴排列角度对网纹辊的性能也有影响，网穴的排列方式多种多样，但一般选择60°和30°排列的六棱形网穴和45°排列的四棱形网穴三种。

60°排列的正六棱形网穴有以下优点：

一是在这种排列方式中，网穴排列最紧凑，在给定的面积上，网穴的数量比其他排列方式可多将近15%，因此在相同面积的网纹辊表面上，可以雕刻更多的同等大小的网穴；

二是在以激光雕刻60°排列的正六边形网穴时，网穴间的多余位置可以被最大限度地消除，网穴可以做得更浅，这利于涂料的传递；

三是60°排列的正六棱形网穴易于保证标准形状和体积，所以网纹辊的稳定性会更高。

网穴的排列方向与辊筒轴线方向的夹角常用的有30°、45°和60°（见图7-76）。

图 7-76　网穴排列方向与辊筒轴线方向夹角示意图

⑤ 网纹辊的技术要求

a. 材质：由于镀膜液内含酸碱物质，容易腐蚀辊筒，所以材质选用 45# 国标无缝钢管制作，表面经电脑雕后，电镀硬铬硬度 HV700，或者选用耐腐蚀不锈钢制造；

b. 辊体表面光亮细腻无丝痕；

c. 辊体表面根据玻璃表面粗糙度大小而选择雕刻 60 目、70 目、80 目、100 目、120目网穴，深度 0.25～0.3mm，通常使用 80 目较多；

d. 辊筒的平衡等级为 G6.3。

⑥ 网纹辊的使用与保养。保养得好的网纹辊，其表面清晰，颜色、光泽一致，无明显色斑，逆光观察，未见明显刮痕或损伤；而保养不当的网纹辊，表面模糊、暗淡，有明显色斑，如有刮痕或损伤，逆光即可看到，在高倍放大镜下观察，网穴清洗干净与否，一目了然。

a. 网纹辊在使用过程中一定要小心谨慎，避免磕碰或者损坏。在安装或者拆卸网纹辊时，一定要均匀用力，轻拿轻放。

b. 在储存过程中也要做好网纹辊的防护工作，防止表面被异物硌伤或者碰撞，此外还要将其放到专门的储存箱中，以防表面沾上油污、灰尘或者粉尘。

c. 在日常使用过程中，要保持设备的清洁干净，网纹辊和胶辊一般都装有安全防护罩，安全防护罩的另一个功能就是防止粉尘、沙粒掉到网纹辊和胶辊中间，损伤网纹辊。

d. 镀膜液上机前，最好用 100 目以上的过滤网过滤一遍，并且在供液系统的进液管处加一磁铁。

e. 网纹辊的网穴底部会囤积着不少涂料，如果不将网穴里的涂料及时清洗干净，等涂料干涸在网穴底部，再来清除就非常困难了，所以必须定期使用铜刷刷洗，或配置3%～5% 的低浓度 HF 短时间化学腐蚀对网纹辊进行彻底的清洗；如网纹辊生锈或脱铬必须更换。

7.5.6　膜层烘干机

为了提高玻璃镀膜速度，施镀在玻璃基底上的镀膜液在镀膜室内经过短暂表面干燥后，再使用膜层烘干机对玻璃膜层进行烘干固化，故烘干机又称固化炉。常用的烘干技术为红外加热技术。

（1）红外干燥原理

膜层烘干机利用红外线中短波辐射的特性实现了内外一致的高效加热。在红外辐射加热过程中，当一定频率的红外辐射照射到物体上，且红外辐射的频率和物体分子热运动频率一致时，红外辐射会很快被分子吸收而转化为分子的热运动，同时分子运动加速，物料温度上升，实现烘干的效果。

红外线加热干燥以直接方式传热而达到加热干燥物体的目的，从而避免加热传媒体导致能量损失，同时红外线产生容易，可控性良好，有加热迅速、干燥时间短、生产效率高、产品品质好及节省设备空间等优点。

（2）红外辐射器的选择

红外辐射器不仅要满足能量需求和节能条件，更重要的是，各被加温/干燥物特性与红外辐射光谱所产生的能量吸收要相近，远红外加热只能到达物体表面，而短波和中波加热却是深入物体内部，由内而外地烘干，大大提升了烘干效果。通常烘干物与红外波长对应关系为：金属类 $1 \sim 2\mu m$（短波）；水系、树脂类、玻璃类 $2 \sim 4\mu m$（中波）；陶瓷类 $3 \sim 5\mu m$（长波）。

（3）红外烘干机组成

红外烘干机用于太阳能玻璃辊涂镀膜前玻璃的干燥和辊涂镀膜后涂层的加热固化，使玻璃涂层在钢化之前保持一定的硬度，由预热段、高温固化段、冷却段组成。每段均由传送、加热、热风循环、排废、强力风冷等五个部分组成。其断面结构见图7-77。

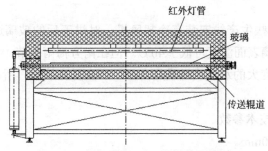

图 7-77　红外烘干机设备断面结构示意图

① 传送。传送辊道两侧必须用耐温轴承，托辊与托辊间的间距为250mm；传送托辊上套耐高温的材料；输送辊道采用不锈钢轴外装PEEK耐高温滚轮或者缠绕芳纶绳，运转平稳；传动速度采用变频调节，速度 $2 \sim 15m/min$。

② 加热。加热采用中波灯管（或电加热丝）。中波灯管带反光罩，灯管的高度可自行调节（120mm±20mm）。红外中波灯管功率为2.4kW/支，灯管方向为横向排布，灯管长度为1300mm，有效加热长度为1200mm。按照工艺的不同可调节输出功率的大小。

烘干机内有双层隔热装置，输送辊下面亦装有保温隔热装置，耐高温并隔热，防止温度散失。温度采用PID模块控制，精度可控制在±5℃范围，使整个温区的温度均化稳定，实时改变温度设定，并且显示控制温度。

烘干温度可根据涂料的不同自行设定，每个烘干段的温度可单独调节，大多数涂料可在2min之内彻底烘干固化。

每个红外灯管均有红外灯罩，镜面采用1.5mm厚304不锈钢板制作，以光的反射原理为准则，设计合理的折弯角度，以保证光的高效利用和辐射的均匀性。

烘干机体采用高温保温棉保温（其保温棉阻燃点为1260℃），保温棉采用120kg/m³矿物棉隔热，厚度100 ～ 150mm；机体外表面温度≤55℃；在烘干机出入口装有可调节高度的调节门，以减少机体内的热量散发。

烘干机上盖可打开，方便检视和更换灯管；机盖升降采用气缸侧顶升降，升降高度为300mm以上。

③ 热风循环。热风循环系统的作用是使烘干物表面有气流通过，增加被烘物的干燥速度，保持烘道内温度均匀，保证干燥质量。通常在2个红外灯管之间设置热风管或者热风孔板，保证风循环系统的顺利进行和烘干机内温度均匀。

热风循环系统由进风口、排风口和风机风道组成。进风口装有过滤装置补充新鲜空气，避免外界污染，并促进气流循环；排风口使红外干燥过程的挥发物能及时从烘干区内带走排除。

热风循环系统的风机参数与烘干机匹配，排风量不够会导致机箱内温度过高，灯管寿命缩短，也使干燥产品的质量难以得到保障；如果风机功率过大，风量过大会使烘干机内温度太低，烘干物不易被干燥。烘箱内空气的温度、相对湿度及挥发物处，设置常开和常闭两条管路与外界相通，常闭管路由温度和相应传感器实时控制通断时间，保证烘干机内空气的温度、相对湿度及挥发物的适度排放。

④ 烘箱内的废气和湿气需通过管道排到室外，避免挥发物聚集和浓度提高，产生爆炸或着火危险。

⑤ 强风冷却。有些生产线安装有冷却风机，对烘干后的玻璃进行上下对吹式强制冷却处理，冷却后玻璃表面温度可低于40℃。但在南方梅雨季节，车间内湿度较大，强风冲击会将空气中湿度大的水汽吹进膜层内部，产生雾斑缺陷，所以，有些生产线已取消了强风冷却段。

（4）膜层烘干机技术参数

a. 工作宽度：1300mm。

b. 输送速度：2～15m/min。

c. 输送辊平衡跳动小于0.03mm，表面缠绕高温绳。

d. 温度区分段：玻璃在固化炉内通常运行3～5min。玻璃在进入预热段后，均匀升温至150～180℃；进入高温段后温度控制在≤230℃；预热段和高温段前后及两侧温差≤±5℃；玻璃表面温度均匀，玻璃两侧温差≤3℃，玻璃前后温差≤3℃；玻璃在高温出口处表面温度不少于200℃；冷却段配置小功率、大流量风机，使玻璃温度从200℃降到40℃。

e. 保温措施：炉体采用镜面不锈钢板作反射板，四周采用双层保温棉保温隔热装置，保持炉内温度在230℃，炉体外部温度控制在55℃左右。

7.5.7　辊涂镀膜工艺控制

采用辊涂法生产AR镀膜玻璃的生产线，整条生产线通过玻璃预热、辊涂、烘干固化等工艺一次性完成辊涂镀膜过程。其镀膜机组生产工艺流程见图7-78。

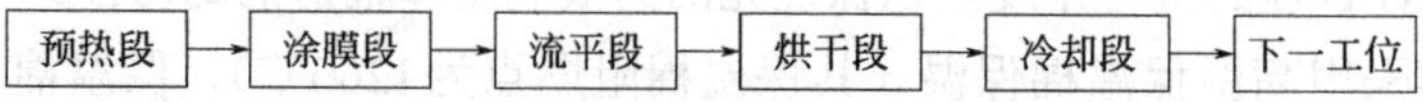

预热段 → 涂膜段 → 流平段 → 烘干段 → 冷却段 → 下一工位

图7-78　镀膜机组生产工艺流程图

（1）镀膜前对清洗机的控制

光伏玻璃在磨边后，进入镀膜前，必须用清洗机清洗干净。玻璃原片的清洗质量直接影响镀膜玻璃成品的外观质量、AR 膜层的附着力以及镀膜玻璃的耐候性能。通常采取以下清洗措施：

① 光伏玻璃绒面需由多道盘刷和滚刷进行充分清洗。

② 清洗机后段必须使用纯水对光伏玻璃表面进行喷淋清洗，以减少Na^+、Ca^{2+}、Fe^{2+}等对膜层附着力和透光率的影响。

③ 经过清洗后，必须经过多道风刀切水、干燥，必要时采取热风干燥。

④ 经过清洗干燥后，光伏玻璃表面必须用静电棒除静电，以免玻璃吸附灰尘。

⑤ 经过清洗干燥后，玻璃需在密闭的空间内传送，不得裸露，以免被人为因素或环境因素污染。

⑥ 清洁度抽检。对清洗后的玻璃定期抽检，清洗后的玻璃绒面应清洁、干燥、无静电，在温度低、湿度大的环境下，还需要对清洗后的玻璃辅以热风烘干。灯箱检测时，玻璃表面及边角无可见杂物和印渍，滴少量纯净水润湿并倾斜后，能在玻璃表面铺展均匀。

⑦ 清洗过程中须注入$30 \sim 50℃$的温水，清洗机选用三道风刀；清洗用水采用去离子水，电阻率$\geqslant 10M\Omega$。

（2）镀膜室环境状态控制

由于镀膜液对操作环境要求较高，需要具备恒温恒湿的环境才能生产。所以，有条件的工厂都会配备洁净的恒温恒湿中央空调系统，来保证镀膜的品质和生产的连续性。

温度过高会使镀膜设备上循环的镀膜液固含量和黏度显著上升，同时也缩短了液体膜层在玻璃上铺展成膜的时间，最终导致镀膜玻璃成品的光学性能和膜层表观质量的波动。实际生产中还需要对镀膜液体进行实时浓度补偿，以保证生产连续性和质量稳定性。对于醇溶剂型镀膜液，过高的湿度会引起设备上循环的镀膜液或表干过程中凝胶膜层发生化学变性，并导致成品外观质量和光学性能缺陷。

① 镀膜室内温度达到（25 ± 5）℃。

② 镀膜室内湿度达到：水性$\geqslant 30\%$，溶剂型$\leqslant 40\%$。

③ 镀膜室洁净度：10 万级。

④ 镀膜室内噪声：动态测试时，洁净室内的噪声级不应超过70dB。

⑤ 镀膜室与室外的静压差，应不小于9.8Pa。

⑥ 换气次数20次；室内刺激性气味：轻微。

⑦ 安全事项：镀膜液的溶剂挥发很快，挥发后能刺激眼睛和呼吸系统，因此要避免大量接触镀膜液，避免镀膜液与皮肤和眼睛直接接触。如溅入眼中立即清水冲洗；镀膜液属于易燃液体，避免明火，使用防爆插排，镀膜间严禁火花作业、携带易燃易爆物品；镀膜室配备干粉灭火器。

（3）镀膜前玻璃预热控制

预热的目的：①使玻璃进入镀膜段具备一定的温度，使AR镀膜液表面干燥速度加快，减少边部收缩；②使玻璃温度恒定，稳定镀膜工艺控制参数，便于控制。

太阳能玻璃辊涂前预热，使玻璃温度略高于镀膜室内温度，避免镀膜质量问题。

采用红外加热技术，温度控制采用PID模块控制，玻璃在进入预热段后逐步均匀升温，需要将玻璃预热到25～35℃。

温度要求：预热段≤100℃，保证产品预热温度控制在40～50℃，玻璃表面温度均匀，玻璃两侧温差≤3℃，玻璃前后温差≤3℃。

（4）辊涂机的控制

① 辊涂机和流平段必须安装在高洁净度的恒温恒湿室内。

② 镀膜涂布胶辊的直径一般为200～350mm，包胶材质为PU聚氨酯，邵氏（A）硬度为35～40度。

③ 网纹辊的网孔密度为60～150目；网孔深度0.2～0.5mm。

④ 涂布胶辊的水平度，必须精细调节，以保证镀膜膜层的均匀性。

⑤ 涂料循环系统要有密闭装置，防止涂料挥发和污染；计量泵出口要有过滤器，过滤精度≤1μm；添加补充溶剂时，也需要有过滤器；高度计数百分表数显示升降尺寸，误差不大于0.01mm。

⑥ 镀膜时，两片玻璃之间尽量保持最小的间距，通常安全距离为200～300mm，防止卡片、叠片造成辊子扎伤。

⑦ 镀膜设备的工作参数：辊涂工艺中对于特定的镀膜液，其所形成的AR膜层的厚度是由涂布辊转速、传送带速或通过异丙醇补液量作调节来控制。一般来说镀膜设备传送速度通常设定5～15m/min，过高影响AR膜层外观质量，过低影响整线产量。涂布辊速度则需要根据镀膜液的固含量、黏度及最终镀膜产品的光学性能做相应调节，通常涂布量控制在5～10g/m²。同时，涂布辊的水平高度与玻璃的压紧量等工作参数对玻璃基底上所施镀膜层的厚度均匀性有显著影响，因此必须根据实际产品的外观质量进行实时调节。

⑧ 辊涂速度在镀膜时等同于皮带传送速度，相应涂布胶辊、网纹辊、消纹辊（又称匀胶辊、刮刀）镀膜液上液、回液系统等应与此匹配，其中涂布胶辊、网纹辊、消纹辊的线速度在上述设定的辊涂速度±50%范围内是稳定和可靠的，不存在可影响镀膜的速度波动和振动，其中速度的波动范围≤±1%。

⑨ 需要定期校正镀膜机台面水平，保证玻璃在较水平的台面进行传送和辊涂作业，减少镀膜时产生的一些常见镀膜缺陷。

（5）表面干燥

表面干燥（表干）速度是影响镀膜质量的一个重要工艺参数，表干速度太快，导致膜层没有流平时间，影响膜层结构。而表干时间太长，导致进固化炉时出现边部膜层收缩，所以要在表干时间和设备表干段的长度之间选择一个合理的指标。表干时间一般在30～40s为宜，根据设备的加工速度（约为3～5m/min），表干的长度一般设置在4m以上。溶剂型镀膜液的溶剂一般是异丙醇，表干速度取决于异丙醇的挥发速率，而影响异丙醇挥发速率的主要因素是镀膜房的温度和湿度。镀膜房温度一般控制在20～25℃，湿度一般控制在40%～50%，异丙醇加入量根据温度和湿度一般控制在10%～18%。

（6）烘干控制

施镀在玻璃基底上的镀膜液，在镀膜室内经过短暂表面干燥后，在固化炉中将进一步形成凝胶膜层，此过程中，膜层由于溶剂挥发和受热，会在局部形成收缩应力，严重时会导致膜层开裂甚至剥脱，因此固化炉各段的实际工作温度应视镀膜液中各组分的物化性能来确定。膜层的固化采用红外加热技术，固化（烘干）温度控制在200℃左右，并分段合理控制温度曲线，避免膜层开裂、脱落等。相对于水溶性镀膜液，醇溶剂型液体所要求的固化温度略低，甚至一些镀膜液不需要开启固化炉加热。

固化炉温度的控制，在南方针对六、七、八月份梅雨季节，固化炉温度根据炉子长度应分别控制在以下范围：三节炉100℃、200℃、250℃；五节炉100℃、150℃、180℃、220℃、250℃；其他季节温度控制按100℃～250℃递增即可。

固化炉温度低，车间湿度大，湿膜吸水状态下会造成以下影响：a. "雾斑"，钢后表面白雾，膜层开孔，还会使透光率下降；b. 铅笔硬度低；c. 抗脏污性差，粘胶带残留；d. 酒精残留"酒精斑"，不能完全擦干净。

（7）玻璃原片控制

在镀膜前必须确定玻璃的实际厚度，并根据厚度来调整镀膜设备中涂布胶辊的水平高度，必须合理设置涂布胶辊与玻璃的水平压紧量，这些参数决定了镀膜玻璃外观质量的稳定性；玻璃原片的长度必须大于整线最大传动辊间距的2倍，宽度小于整线的加工宽度。为降低镀膜液和压延玻璃表面的接触角，使镀膜液更容易流平、铺展，必须选用新鲜的压延玻璃原片，制造日期保证在1个月内。玻璃基片在清洗后应无水印、油污、霉变等现象，保证基片洁净干燥。

（8）镀膜液物化性能控制

使用镀膜液前必须核对其生产厂家、批次、保质期、物化性能（黏度、固含量等），以保持不同批次产品质量的稳定性。对于同批次产品，在连续生产过程中，设备上不断循环的镀膜液体也会逐渐老化，因此要尽量避免镀膜液的长期反复使用。

7.5.8 镀膜作业指导书

（1）开机前检查

① 全面清扫生产线及周围区域，清除任何可能伤害操作人员和影响生产的碎屑和物品，不允许镀膜室区域出现大量尘土堆积。

② 巡查各操作台，确保所有按钮在正确状态。

③ 巡查镀膜机各机构及输送带、供料泵、料槽的清洁情况，如有不净必须处理。

④ 检查各个辊子辊面是否有损伤，辊子上面是有异物和灰尘，清理输送辊道内的异物灰尘。

⑤ 检查烘干机红外管与反光罩是否干净，有灰尘时要及时用干净棉纱蘸无水乙醇擦洗灯管及灯罩表面。

⑥ 准备好镀膜液和玻璃。

⑦ 调校调节网纹辊的给料间隙、过板间隙。先将需镀膜的玻璃片放到胶辊下的皮带上，再调整胶辊的高度，直到玻璃刚好碰到胶辊；将玻璃取出，再旋转升降手轮下降2～3圈。然后旋转调整网纹辊间隙手柄，直到网纹辊和胶辊没有缝隙后，再旋转手柄2～3圈将网纹辊和胶辊靠紧。

（2）开机运行

① 打开恒温恒湿空调系统，温度控制在（25±5）℃，相对湿度控制在≤40%。

② 接通电源，开启镀膜机，设置传送速度，试运转机器，检查各传动部分是否正常，检查各安全装置是否灵敏可靠。

③ 打开烘干机预热开关，温度设置为100℃。

④ 打开烘干机加热开关，温度按南方梅雨季节设置为：三节：100℃、200℃、250℃；五节：100℃、150℃、180℃、220℃、250℃。其他季节为100℃～180℃～250℃。

⑤ 给镀膜机加镀膜液。

⑥ 调整刮刀压力（刮刀在能够刮干净镀膜液的前提下尽可能地轻压）。

⑦ 调整各辊子线速度和输送皮带的速度。

⑧ 根据玻璃板厚度初步调节好辊子高度，辊子最低位应低于玻璃上表面0.2～0.6mm，然后用小玻璃板试通过，并进行微调。

⑨ 供液管出口，在不接触液面的情况下尽可能低；供液量在确保不掉液的情况下尽可能小；回液管应垂直于两辊之间中心位置；供液系统进出口均要安装过滤布，进料不要低于150目、回液管使用2μm（不要低于80目）滤袋过滤，根据滤袋脏污情况定时更换。

⑩ 每次往进料桶里加料必须要经过不低于150目滤布过滤。

⑪ 查看板面有无缺陷，微调涂布辊升降距离、速度、压力等，至透光率达到要求即可。

⑫ 镀膜辊受安装精度及研磨等机械因素影响会产生偏心，镀膜机的胶辊压力、转速波动直接影响膜厚，从而影响板面质量。实际生产中，需要经常更换辊子，以提高胶辊的精度和传动精度，减小胶辊的压力和速度波动。镀膜辊如出现镀膜不均、局部起鼓、压痕印超标、划伤等，必须进行换辊处理。

（3）关机

① 缓慢调整速度按钮，降低生产线工作速度至零。

② 关闭镀膜机→关闭烘干机传动→关闭生产线机械部分电源。

③ 如非紧急情况，停机时严禁按"电源总停"按钮。

④ 清理现场杂物，人员撤离。

⑤ 停机后，一定要将刮辊、网纹辊与涂布胶辊分开，否则，辊子会由于长时间单方向受力而出现弯曲变形，造成膜层厚度不均。

（4）清洗镀膜机

① 清洗镀膜机时，先关闭烘干机的电加热；等固化炉温度降至50℃以下，方可停止烘干段运行，以免烫坏传送辊道上的芳纶绳。

② 等镀膜液回流至辊面上基本无涂料时，将洗机液用泵打到辊面进行冲洗；使用异丙醇或乙醇进行单循环冲洗至少10min，确保辊子、液槽、回液管中无药液残留物。

③ 停止输送带运转。

④ 间隔松、压刮刀，将辊子速度降低到1m左右拿掉挡料板，另用毛刷刷洗刮刀和辊子端头，直到辊面无涂料，松开刮刀（尽量松开间隙）、松开调节辊（尽量松开间隙）。

⑤ 戴上手套，用蘸上干净清洗液的擦机布先擦洗刮刀，再擦洗辊面，直至完全干净；另用一干净的布蘸上干净的酒精，将胶辊全面擦洗一遍；再用柔软的干净干布将整个辊面擦一遍（目的是让辊面无溶剂和酒精）。

⑥ 戴上手套用蘸有溶剂的布擦洗输送带，直至带面干净（输送速度根据带面情况调节）。

⑦ 拆下镀膜液槽，清洗档料板和设备。

⑧ 清理镀膜房内外场地（包括整条线的现场）。

⑨ 及时对网纹辊进行认真的清洗，防止涂料干结在网穴中，造成着网穴堵塞，影响镀膜生产。

（5）安全操作注意事项

① 操作人员须培训合格后方可上岗，严禁非操作员操作机器。

② 工作人员上岗前必须穿戴好规定的防护用品，不准穿高跟鞋、拖鞋、裙子、短裤等上岗，留有长发的职工必须把长发盘在安全帽内。

③ 生产线开动后严禁戴手套接触各种辊子。

④ 设备处于工作状态时，不能进行维护保养、检修及人工润滑。

⑤ 不允许带电检查和维护设备，检查电气设备时必须切断电源。

⑥ 每次作业完毕，要对辊子机器进行彻底清洗，在用溶剂清洗机器时，严格遵守相关易燃、易爆物品管理制度。

⑦ 在手工清洗辊子时，机器处于停止状态，用点动转动辊子进行清洗，时刻注意安全。

⑧ 在生产区域内动火，必须办理"动火证"，并采取可靠的消防措施，现场动火要有动火证及监护人；生产中严禁在镀膜间进行明火作业；生产区域不许吸烟。

⑨ 现场必须按规定配齐消防设施，所有上岗人员必须掌握消防设施的使用方法。

⑩ 停机顺序与紧急按钮。

停机顺序：按玻璃行走方向，以"前停后放"为原则，适用于紧急停机与设备故障情况。如生产中镀膜机有需要紧急停机时，其前面的预热段及其之前的设备应随镀膜机同时自动紧急停机，而其后面的固化段及其之后的设备按正常程序运行。设备故障时处理程序相同。

紧急按钮：在每台单机设备的两侧都设有符合上述停机顺序的紧急停机按钮，在集中控制室同时设有整线紧急停机按钮。

（6）原始记录

① 详细记录每次生产的产量、成品率情况，镀膜液消耗、镀膜质量情况。

② 记录设备的运行情况、当班所发生的异常情况及处理结果。

③ 换辊记录。应详细记录新辊辊号、胶辊参数数据、换辊时间、胶辊使用时间及辊面质量等。

④ 填写《设备点检记录表》。

（7）镀膜操作危险源

见表7-11。

表 7-11　镀膜操作危险源表

危险源	原因	预防措施
卷入的危险	各种传送辊道	正确穿戴劳保用品
		不许戴手套接触辊道
手指夹伤	胶辊、网纹辊、压辊夹手	清洗时停机
着火	镀膜液属于易燃易爆物品	配备消防器械
	设备检修"动火"	办理动火证，有人监护
	电缆漏电产生电火花	更换电缆
皮肤干	异丙醇接触皮肤	清水清洗
恶心、呕吐	异丙醇吸入过量	操作时带活性炭呼吸器
溅入眼睛	镀膜液飞溅	戴护目镜、清水清洗眼睛

7.6　太阳能玻璃丝网印刷工艺

太阳能双玻双面光伏电池组件技术的使用，不仅提高了光伏组件的强度、耐候性，延长了寿命，更主要的是在双玻组件背板玻璃上印刷白色油墨，减少了阳光反射，增加了组件的发电量。

背板玻璃上印刷油墨是采用"凹版印刷（凹印）、凸版印刷（凸印）、孔版丝网印刷（丝印）、平版印刷（平印或胶印）"四种印刷方式中的孔版丝网印刷技术。通过孔版丝网印刷将有浮凸感的白色图像直接印刷到玻璃表面，除黏结硅片部分不印刷外，其他地方全部印刷，覆盖在玻璃表面，达到减少光线反射的目的。

7.6.1　丝网印刷原理

（1）丝网印刷原理

利用感光材料通过照相制版的方法制作丝网印版（丝网印版上图文部分的丝网孔为通孔，而非图文部分的丝网孔被堵住）；印刷时在带有图案的镂空丝网版一端上倒入油墨，用刮板在丝网印版上施加一定压力，使丝网弹性变形后刮印油墨，同时朝丝网印版另一端移动，丝网图形部分网孔透油墨，非图形部分网孔不透油墨，靠丝网的回弹力将丝网与玻璃脱开，在玻璃板面上形成很多网点的点状墨迹，玻璃上点状墨迹靠表面张力自动流平成平面。印刷时，油墨在移动中被刮板从图文部分的网孔中挤压转移到玻璃上形成点状印迹。印刷过程中，刮板始终与丝网印版和玻璃之间呈线接触的压印线形成线性印迹，无数条压印线线性印迹构成印刷面，形成与原稿一样的图案，见图7-79。

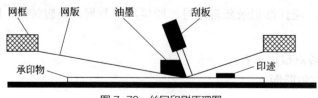

图 7-79　丝网印刷原理图

（2）丝网印刷机工作原理

传动机构传递动力，刮板在动力作用下运动挤压油墨和丝网印版，使丝网印版与玻璃形成一条压印线，由于丝网的张力产生回弹力，因此丝网印版除压印线外都不与玻璃相接触，油墨在刮板挤压下通过网孔，从运动着的压印线漏印到玻璃上。在印刷过程中，刮板在丝网印版上运动，刮板挤压力和丝网的回弹力也随之同步移动，丝网在回弹力作用下，及时回位与玻璃脱离接触，以免把印迹蹭脏，即丝网在印刷行程中，不断处于变形和回弹之中。刮板在完成单向印刷后与丝网印版一起脱离玻璃，同时进行返程回墨，即完成一个印刷循坏，见图7-80。回墨后玻璃的上表面与丝网印版反面的距离称为网距，一般应为2～5mm。

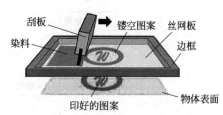

图7-80 丝网印刷机工作原理图

玻璃丝网印刷机工作循环程序：给件→定位→落版→刮刀下降、油刀升回→刮墨行程→刮刀升回→油刀下降→抬版→回墨行程→解除定位→收件。

在连续循环动作中，在实现功能的前提下，每个动作占用的时间应尽量短，以缩短每个工作循环周期，提高工作效率。

（3）丝网印刷特点

① 适应性广。丝网印刷幅面可大可小；除适应在平面上进行印刷外，也可以在曲面、球面及凹凸面的承印物上进行印刷。

② 墨层厚实。在所有印刷工艺中，丝网印刷墨层最厚，饱和度高，立体感强，墨层厚度可达30μm左右。

③ 成本低。丝网印刷制版容易，印刷工艺简单。

④ 印刷品质量稳定。

⑤ 丝网印刷速度慢，生产效率低。

⑥ 丝网印刷分辨率不高，图像精度低，常规加网线数24线/cm～32线/cm。

由于太阳能玻璃是平滑坚硬的表面，故采用软接触的网版印刷方式进行印刷。

7.6.2 太阳能玻璃丝网印刷工艺

太阳能玻璃丝网印刷以原稿为基础，选择制版方法进行制版，然后选择丝网印刷机和合适的钢化油墨印刷，把油墨印刷到太阳能玻璃的表面后，进行油墨的固化。太阳能玻璃丝网印刷需要的图案精度较高，图案需和玻璃烧结为一体，因此，必须使用感光制版方法、全自动丝网印刷机和钢化油墨。图案除满足太阳能玻璃减少光线反射的功能外，还需牢固，经久耐用，具有装饰性能。其工艺流程见图7-81。

7.6.2.1 制版工艺

制版工艺主要包括：原稿通过照相制版，得到底板；然后选择丝网、制作网框、绷网、丝网前处理、干燥、网版涂感光胶、烘板（干燥）、晒版（曝光）、显影、烘板（干燥）、修版。

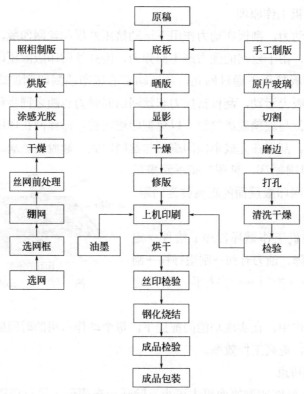

图 7-81　玻璃丝网印刷工艺流程图

（1）原稿

丝网印刷所用原稿由客户提供。丝网印刷照相制版原稿有反射原稿和透射原稿两种，通常主要使用反射原稿，彩色照相大多使用透射原稿。丝网印刷主要用阳图片制作网版，不同的制版方法对原稿要求也不尽相同。

原稿是丝网印刷复制的基础，首先要对客户提交的原稿进行审定，确定是否符合制作网印底版制版的要求。其标准是：a. 图像实，清晰度好，线条不能过于精细；b. 颗粒细腻，图面干净清洁；c. 线条、文字要有足够的反差，高、中、低调层次丰富；d. 色调正确，色彩鲜艳，感色平衡；e. 复制时，放大倍率不超过3～4倍；f. 反射原稿及图画等原件，要平整，无破损污脏。

如果客户的原稿不符合印刷要求，须利用PS软件重新处理，分色后才能输出制版。

（2）底片（阳图底片）

底片就是将原稿制作成晒版需要的阳图底片。

底片的输出其实是一个类似于照相的曝光过程，先将图文经过RIP处理成点阵图像（即由网点组成图文），再将其转化为激光信号，利用激光头相对底片的纵、横向移动，将激光点（即网点）打（射）到底片相应的位置上，使底片相应部位曝光，再通过显影机的显定影过程，把未曝光部分冲洗掉，就在底片上形成了点阵图像。

为了忠实地再现原稿或达到原稿的效果，在输出丝网印刷底片时，需要注意密度、分辨率、分色片的底色去除、网点扩大等问题。所以，底片的质量检验标准如下：

① 灰雾与实地密度，它是衡量软片质量的基础。灰雾就是指空白底片的绝对密度，

即将密度计绝对清零（对空清零）后所测得的空白底片的密度，灰雾≤0.03的为优，0.03～0.07为合格。实地密度是指大实地块的密度值，一般发排软件自带的灰梯尺由于面积太小，再加上有些底片药膜有沙眼，使得其实地密度测量值较实际值要小，一般在3.5～3.8即为合格。

② 线性化数值，它是衡量软片质量的主要因素。一般应保证软片灰梯尺上的标示数值与测量数值相差≤2。

③ 网点形状、网角及挂网线数。网点要求圆滑、殷实，无锯齿，无拖尾；网角符合标准（一般单色45°，四色相差30°），不撞网；挂网线数适合印刷介质。

④ 曝光后的药膜质量是最后一道关，也是最容易被人忽略的一个因素。软片上实地上没有沙眼，药膜无划伤，无油迹，无定影未除掉的"白点"。

符合以上标准，才能是一张质量过关的软片。

（3）网框

网框是丝网印版的框架，用于黏结丝网，使丝网保持一定的张力。

丝网印刷使用的网框材质有木材、铝合金制作几种，不管选用哪种材质的网框，网框与丝网黏结面要有一定的粗糙性，以加强丝网和网框的黏结力；网框的抗拉伸强度应比较大。因为绷网时，丝网会对网框产生一定的拉力，使网框产生变形，影响网框尺寸精度和丝网的张力；另外，网框还应质量轻，方便操作使用。

对于网框的选择，目前大多数选用变形不大的铝合金网框。网框的尺寸应比图案大，要根据印刷图案大小配置不同规格的网框，图案的外缘距网框应在70～100mm。

（4）丝网

丝是指以金属、非金属为材质加工成的线材；网是以丝（线材）为原料，编织成的不同形状、密度和规格的网状制品。

丝网印刷常用的网丝有真丝、尼龙、涤纶、合成纤维丝、不锈钢丝、铜丝及其他金属丝等多种。在编织形式上有平纹式编织、斜式编织、全绞织和半绞织式等，见图7-82。在表示的方式上有单丝和多丝之分。

(a) 平纹织　　(b) 斜织　　(c) 段织　　(d) 全绞织　　(e) 半绞织

图7-82　丝网编织形式示意图

玻璃丝网印刷印版通常选用合成纤维丝网、不锈钢丝网、天然纤维丝网。目前大多数选用价廉的合成纤维丝网；丝网的规格一般采用270～300目。

（5）绷网

绷网是将丝网紧绷于网框上的工作。绷网是丝网印刷中的重要环节，绷网质量的优劣直接影响印刷的精度、图像的清晰度、油墨层的均匀性以及线画的锯齿和图像的龟纹程度等。

绷网可采用手工绷网、机动绷网和气动绷网等。手工绷网是一种最简单的传统方法。目前使用最多的是气动和机动绷网，但必须配备专用的绷网机械。

玻璃丝网印刷一般采用大型铝合金网框，通常使用气动绷网机绷网。绷网的要求是张力均匀，网经纬线保持垂直，粘网胶要牢固，不能松弛。网版的张力是绷网的重要指标，决定着丝网印刷的产品质量，张力过高会造成丝网损坏、不耐印，张力过低又会引起图案不准等弊病。

绷网操作步骤如下：a. 首先按照印刷尺寸选择相应的网框，将网框与丝网黏合的一面清洗干净，并用细砂纸轻轻摩擦，使网框表面粗糙，以提高网框与丝网的黏结力；b. 在与丝网接触的面预涂一遍黏合胶并晾干；c. 用手工或机械绷网时，丝网拉紧后，测量丝网张力，检查丝网的张紧状况；d. 使丝网与网框贴紧，并在丝网与网框接触部分再涂布黏合胶，然后吹干，使丝网与网框黏结牢固；e. 待黏合胶干燥后，松开外部张紧力，剪断网框外边四周的丝网，然后用胶纸带贴在丝网与网框黏结的部位，防止印刷时溶剂或水对黏合胶的溶解；f. 最后用清水或清洗剂冲洗丝网，待丝网晾干后，就可用于感光胶涂布（制版）。

（6）丝网预处理

丝网预处理是指对网框中绷好的丝网进行脱脂和打毛处理，即先除油再磨网。

脱脂处理是消除掉丝网正反两面的油脂及脏物，以避免涂布感光胶时胶膜变薄，引起针孔等故障，一般使用冰醋酸或中型洗涤剂清洗丝网。打毛处理是把磨网膏涂布在网框的丝网上，用毛刷在网框内正反面均匀地刷洗，使丝网表面变粗糙，以利提高胶膜与网版结合附着牢固。

经过丝网预处理的网框，彻底用清水冲干净晾干，存放在阴凉干燥处，待制版时使用。

（7）感光胶

感光胶又称感光乳胶、光致抗蚀剂，是当前普遍使用的感光材料。

感光胶是用于直接法制版的丝印制版感光材料，可分为单液型和双液型。单液型感光胶在生产时已将感光剂加入乳胶中，使用时不需配制即可涂布；双液型感光胶在使用前要首先将光敏剂按配方放入水中溶解，然后混溶在乳胶中充分搅拌并放置$1 \sim 2h$，待气泡完全消失方可使用。

感光胶有耐溶剂型和耐水型两种。耐溶剂型感光胶可耐各种有机溶剂，适用于油性油墨的印刷；耐水型感光胶适用于水性油墨。

感光胶的型号、品种繁多，生产厂家的配方也不尽一致，主要有重铬酸盐系、重氮盐系、铁盐系。参照各自的产品说明书选择。

丝网印刷制版对感光胶的要求是：制版性能好，便于涂布，感光光谱范围在$340 \sim 440nm$，显影性能好，分辨力高，稳定性好，便于储存，且经济卫生，无毒无公害。

丝网印刷时，对感光材料的要求是：感光材料形成的版膜能适应不同种类油墨的性能要求，具有相当的耐印力，能承受刮墨板相当次数的刮压，与丝网的结合力好，印刷时不产生脱膜故障；易剥离，利于丝网版材的再生利用。

（8）感光胶层涂布

感光胶层涂布是把配制好的感光液在暗室中涂布到在框网上绷好的丝网上，要求均匀一致。

涂布的方式有自动涂布机涂布和手工刮胶涂布两种。一般中、小丝网印刷厂家采用的是手工刮胶涂布感光胶层。手工刮胶的方法为二次刮胶，第一次刮胶是从斜立网版的刮印面开始，由下向上刮胶一遍，然后将网版颠倒方向，再由下向上刮一遍，以保证整个版面胶层厚度均匀，然后放进恒温烘箱，刮印面朝下，印刷膜面平整干燥15min左右后从烘箱中取出，进行第二次刮胶；第二次刮胶在已刮胶面刮两遍，然后在印刷面刮两遍，擦去版边多余的胶，再平放于烘箱中干燥10min左右。

涂布后的胶层要求平整一致，厚度均匀，涂布感光胶不能同时双面刮胶。

（9）烘版

烘版是将刮好胶层的网版平放在恒温烘箱中，去除网版上的潮气等。烘板时网版不能立放，如果立放，网版上的胶液将向下流，干燥后网版胶层将上薄下厚，晒版时影响丝网印版成像的质量。

烘板由烘箱设备完成操作，温度一般控制在39～45℃，最佳为39～40℃。第一次刮胶在烘箱中干燥时间为15min，第二次刮胶在烘箱中干燥时间为10min。

（10）晒版（曝光）

晒版亦称曝光。将照相的图文阳片（菲林底片）与涂布过感光胶的网版在真空作用下紧密贴合在一起，放到晒版机中，通过光线（紫外线）对感光胶进行照射，照射过的感光胶失去水溶性的过程为曝光晒版。感光胶不同，曝光时间也不同。

晒版要求在冷光源晒版机上曝光，曝光时间要根据图案的情况确定，一般在12～30min。曝光、显影之后即制得丝印网版。

丝网印刷晒版机多用紫外灯做光源，自制的曝光箱也可用日光灯管做光源。重铬盐或重氮盐感光胶在紫外光源下曝光时间为3～4min，在日光灯源下，曝光时间为7～8min，灯距50～60cm。准确的曝光时间要依据光源色温、光源距离、膜版厚度、感光材料特性和显影温度灵活调整。

（11）显影

显影是感光胶网版曝光后，揭去密合的照相阳片，将感光版印面朝上放置到盛有显影液（清水）的盘中1～2min，温度控制在20℃左右，将曝光后的网版两面浸透，取出后用高压水枪水雾状冲洗网版（受到紫外线照射的部分有感光胶硬化在丝网上，没有受到紫外线照射的胶层遇水膨胀溶解于水中），直至所有图纹显影清晰、全部图文通透为止。最后用气枪、鸡皮布等除去多余的水分。

（12）修版、封网修版

修版、封网修版是对因照相阳片的缺陷、晒版灰尘等原因在版面上形成的膜层过薄、砂眼等缺陷而进行的修复工作。

封网是用封网胶或感光胶封住版面上不应开孔的部位，即将丝网图文以外的丝网用胶体粘堵起来，使印版在印刷时不漏墨，不粘污印品。封好后的印版干透后即可印刷。

7.6.2.2 玻璃准备

根据用户要求的玻璃品种、规格尺寸切割玻璃，玻璃形状可以是规则形状，亦可以是不规则形状。切割后的玻璃必须磨边、清洗、干燥待用。玻璃表面不能有水迹、脏污、边部不得有锐角，玻璃形状和尺寸大小一致，数量符合订货要求。

玻璃板在表面清洗洁净，去除表面上的灰尘、油脂、污垢后，应马上进行印刷。如玻璃清洗干燥后不马上进行印刷，会被再次污染。要特别注意在用手接触玻璃时，手的指纹也会附着在印刷面上，印刷时形成针孔。

玻璃的磨边、钻孔和清洗干燥操作和要求参考本书7.2～7.4节。

7.6.2.3　油墨准备

玻璃印刷常用两种油墨：一种是将无机色素研磨到一定细度后，再加入丙烯酸树脂得到的，网印在玻璃表面时，需经高温（600℃以上）焙烧1～2min，墨层和玻璃表层才能熔化在一起，牢度极佳；另一种是以高分子化合物为黏结剂的无机玻璃油墨，黏结剂为氨基型和环氧型的均需要300～400℃烘烤30min。

油墨在印刷前须进行稀释并搅拌均匀。

7.6.2.4　上机印刷

上机印刷是将制好的网版安装到丝网印刷机上，调试好相关参数后，进行批量复制印刷的过程。

玻璃的丝网印刷机有手动、半自动、全自动几种类型。手动印刷机适用于小批量、小规格的平板玻璃；半自动印刷机适合于大批量、大规格的多套色印刷，具有准确、快速的优点；全自动印刷机一般多用于批量很大的、规格单一的玻璃印刷，例如太阳能玻璃印刷和汽车挡风玻璃印刷。

（1）开机印刷前准备

① 保持印刷室清洁，避免灰尘等影响印刷质量。

② 调整印刷室内的湿度和温度，以适应印刷要求。丝印房内温度控制在20～24℃，湿度控制在45%～60%。

③ 巡查操作台，确保所有按钮在正确状态。

④ 准备好：a.合适的刮板，并检查刮板是否有碰伤，如果有碰伤要进行研磨，以防刮伤印版影响印刷质量；b.检查丝网印版是否完好，上面是有否异物和灰尘；如果网版上有小孔、针眼，但不在印刷图案上，不影响印刷时，可用封网胶封住；若图案缺损严重，则应更换新的网版；新制作的网版要先检查网板上的内容（文字、图案）是否与原样（签字确认样）相符，如不相符，要及时上报上级领导；c.调整丝网印版与承印物之间的间隙至合适，确定玻璃在印刷台上的位置。

⑤ 检查烘干机红外管与反光罩是否干净，有灰尘时要及时用干净棉纱蘸无水乙醇擦洗灯管及灯罩表面。

⑥ 将上版所需要的辅助材料（油墨、洗网水、稀释剂、擦机布等）运送到生产现场，准备墨铲、叉口扳手、内六角扳手等工具。

⑦ 油墨准备。正确选择油墨品种、颜色和稀释剂，并按照比例在油墨内添加稀释剂，搅拌5～30min，不得盲目添加其他辅助料；必须将桶内边角搅拌均匀；取油墨时，应在表面按层挖取，不得用油墨刀随便挖取。

⑧ 每次开机前，须先接通气源和电源，并检查机器运转情况，运转正常方可投入生产使用。

⑨ 做好烘干设备的使用准备工作，预先调整好烘干温度。

（2）上版

① 按照生产指令单和产品样品、核对网版内容，检查网版，依图面对照网版字体、字号、字距或图案是否符合要求，检查网版是否有破损。

② 如果使用新网版，在第一次印刷前，须对网版进行全面的确认（包括字体大小、字号、线粗、图案、位置尺寸、有无断线、网布是否完好等）方可使用。

③ 贴版。把网版边框四角及图文四周用单面胶封好，以免印刷时漏墨。新绷的网版贴胶带时，要将正反两面的边缘部分贴合牢固，把感光胶覆盖不到的地方也要贴牢。

④ 刮板的选择和安装。a.装配适当尺寸的刮板，刮板的中点要与印版中点对准；刮板、回墨刀，都要比印面图案大，其中刮板至少比图案两边多出5cm；b.选择刮板条时，要选择硬度适中，近期没有用过的刮条，避免使用过于弯曲变形的刮条；c.将选择好的刮板安装在刀柄位置，并在平面上校正平直，让其与网版成45°～50°角，然后上紧螺丝，上螺丝时所有的螺丝应松紧一致，否则刮条会出现弯曲；d.若刮板条上有缺损、起伏，要用磨刀机磨平，打磨前先调整刀两头的大致水平，将砂轮压力调到刚好接触到刀刃即可，开动机器左右缓慢移动，切记中间不能停顿，等砂轮走出刀刃后增加压力，加压时一次最多半圈，直到把铁口磨掉为止，最后将墨刀抹净，安装到机器上。

⑤ 上版定位。a.调节网版夹器螺丝调到中间位置，用来方便正式印刷时调整图案位置，不准时可对网版进行调整；b.将网版放在机器的中间，拧紧后面的紧版螺丝，松开前后调节螺丝，拉动网版让前面的版夹呈垂直状态，并观察机器臂与网版边框成一条直线，防止网版歪斜；c.抬起网版，将确定好印刷位置的样品放在印刷台面中央位置上，定位高度应与玻璃同高，放下网版，将样品的图案与网板上的图案对应起来后，抬起网版。

⑥ 调整印刷行程。a.丝网印刷机启动前，先把感应开关向图案中间调节，防止猛然移动碰到前后版夹；启动印刷键，慢慢调节印刷连杆上的感应开关螺丝作前后移动，确定前后停止点的位置；b.印刷行程停前点要以回墨刀走出图案为准，停后点刮墨刀走出图案为准。

⑦ 调节网距。把网框固定好，调整玻璃与网版之间的距离，网距一般根据玻璃厚度调整，丝网与玻璃表面距离控制标准间隙值在1～3mm，使起网角度控制在10°左右，视网框大小而定。印刷小字、小面积图案，网距不高于5cm，若网印面积较大，丝网张力较小时，高度可放大，网距在7mm左右。落下网版，可用5#的内六角扳手塞到网版下，调节到前后面的高度相一致为止。

丝网印版与玻璃之间在印刷时必须留有一定的间隙。如果间隙太小，沿刮板运动方向会产生渗透和粘版现象；如果间隙过大，印刷后的画面尺寸小于丝网印版画面尺寸。

一般对油墨吸收力较低的玻璃，印刷间隙值要求比较高。确定丝网印版与玻璃之间的间隙量的主要根据是：a.丝网印版尺寸的大小；b.绷网张力的大小；c.丝网印版的中心垂度；d.玻璃的形状；e.油墨黏度等。

⑧ 调节两墨刀压力。刮板的作用是将油墨以一定速度和角度压入丝网的漏孔中，刮板在印刷时要对丝网保持一定的压力，刮板压力过大容易使丝网发生变形，印刷后的图形与丝网的图形不一致，也加剧刮板和丝网的磨损；刮板压力过小，会在印刷后的丝网上存在残留浆料。一般控制压印深度在 1 ～ 2mm。

⑨ 上墨。把调好的油墨倒在网版上，一次加墨量不要太多，要少加、勤加，这样可以防止油墨慢慢存积变稠造成干版、色深等不良后果。在印刷过程中要调节油墨的黏度，在补充溶剂时，一定要将网版上所有油墨刮到一处，搅拌均匀，并清洁丝印窗口，避免堵塞。

（3）试印

① 将油墨和稀释剂按比例（例如1：3）充分搅拌均匀，以手动运行方式试印，视其印刷情形再予以调整，确认符合印刷条件后，开始作业。

② 刮板角度。刮板角度调节范围为45°～75°。刮板角度的设定与油墨黏度有关，油墨的黏度值越高，流动性越差，需要的刮板对油墨向下的压力越大，刮刀角度越小。

在印刷过程中，起关键作用的是刮板刃口2～3mm的区域。在印刷压力下，刮板与丝网摩擦，在开始印刷时近似直线，随着刮板刃口的磨损，刃口形状呈圆弧形，作用于丝网单位面积的压力明显减小，刮板刃口处与丝网的实际角度远小于45°。印刷后丝网表面会有残余浆料，易发生渗漏，同时印刷线条边缘模糊，这时就需要更换刮板。

③ 刮板速度。刮板速度是决定效率的因素之一。印刷速度由印刷图形和印刷用油墨的黏度决定。速度越快，刮板带动浆料进入丝网漏孔的时间越短，油墨的填充性会较差；如果图案线条精细，速度应低一些。满板印刷时，刮板速度保持在8～15m/min；图案印刷时，刮板速度保持在15～25m/min；回墨刮板速度可稍快一些。

在实际印刷中，速度的恒定很重要，如果在印刷过程中速度出现波动，会导致图形墨层厚度不一致。

④ 刮板运行。为保证印刷质量，印刷时应保持压印线的稳定，刮墨板应直线前进，不能左右晃动，也不能忽慢忽快。即要保证刮板条运动中的直线性、匀速性、等角性、均压性、居中性和垂边性。刮墨板的倾斜角应保持不变；刮板印刷压力要保持均匀一致；保持刮板条与网框内侧两边的距离相等，与边框保持垂直。刮板的行程一般保持在印刷图案边缘外50～100mm，回墨刮板在印刷图案边缘外50mm左右。

⑤ 当初次加墨印刷到第三片时停机，拿出前三片烘干后的玻璃与原样对比。严格检验丝印位置尺寸，并检查图案有无缺印、漏印、错印、干网、渗墨（肥油）、多尘、毛边、缺油断线、色差、漏油及油墨污染其他部位等不良现象，如果有要找出原因及时改正，自检合格后报质检部做首件签样。

⑥ 在产品试样、检验合格后预留一个产品，方便后续生产时调整位置尺寸、丝印颜色等。

（4）批量生产

执行完首件签样后方可进行批量生产；丝网印刷机主操作人员要做到每印完一架都仔细检查有无质量问题，判断所印图案是否合格，查看颜色光泽和油墨均匀度；观察图案边框是否清晰规范；不得出现图案特别细、印刷不全、网纹及锯齿状、不规则等现象。丝印颜色与标准色卡、客户确认颜色比对，目视无明显色差。

对要求严格的产品还要加大自检频率，每生产500片与原样对比一次，检查与印刷要求是否一致。

① 检查恒温恒湿空调系统，温度控制在20℃，相对湿度控制在45%～60%。

② 接通电源，开启丝网印刷机，设置传送速度，试运转机器，检查各传动部分是否正常，检查各安全装置是否灵敏可靠。

③ 打开烘干机预热开关，温度设置为100℃。

④ 打开烘干机加热开关，温度按曲线设置为200℃-250℃-200℃。

⑤ 干燥检验：取两片烘干后的玻璃，印刷面贴合，用力挤压，松开后无粘连为干燥良好；刮图案边缘，刮不掉，不粘手即为干燥良好。

⑥ 丝网印刷机打到自动位置，开始连续自动印刷生产。

（5）印刷结束

① 印刷结束时要确认印刷数量，并确认车间内无遗留的半成品。

② 缓慢调整速度按钮，降低生产线工作速度至零。

③ 关闭丝网印刷机→关闭烘干机传动→关闭生产线机械部分电源。

④ 如非紧急情况，停机时严禁按"电源总停"按钮。

⑤ 停机后开始卸版、卸刮板。把版上剩余的油墨清理到墨桶中，用洗网水把网版、刮墨刀、回墨刀擦洗干净，以便下次使用，把油墨放到原材料架上面，做好班后10分钟的6S工作；与下道工序做好产品交接。

⑥ 作业结束时，清洗网版、刮板，填写交接卡、印刷过程监控记录和工作日报表。

⑦ 清理现场杂物，人员撤离。

⑧ 丝印机刮板来回停顿的位置，网版背面必须粘上胶带，以免刮破网布。

（6）印刷静电消除

玻璃在清洗后准备印刷之前，表面会带静电；丝网印刷过程中频繁的摩擦过程，使参与印刷过程的所有物体都带有静电。静电的危害主要有：

① 影响产品印刷质量。玻璃、网版表面带电，它们会吸附弥漫于空气中的大量灰尘、杂质等，从而影响油墨的转移，降低油墨转移率，在印品上出现"花点"；如果油墨黏度小，或油墨抗静电力不够时，油墨带电荷就可能出现"静电墨斑"，看上去像是油墨的流动性很差，上墨很不均匀。

② 影响生产安全。高速印刷中许多部件都会产生大量的静电，消电装置不完善的印刷机在高速运转时，某些位置电压有时高达15000V，电流也有100μA左右。带电的物品在严重时可能因超高电位导致空气放电，造成电击或起火。带电的油墨可能引起油墨、溶剂着火，或通过油墨电击操作人员。

消除静电的措施主要有：a. 玻璃在清洗干燥后，采取静电棒清除玻璃表面的静电；b. 接地，这是最简单的消除静电的办法，即把金属导体与大地连接，使它与大地等电位，电荷便经大地而泄露；c. 离子中和法，这是将空气离子化，使其产生正负两种离子，以中和印刷过程产生的静电；d. 控制相对湿度，表面电阻随空气相对湿度的增大而减少，因此，增加空气的相对湿度，提高物品表面的电导率，可加速电荷的泄露；在丝网印刷室，控制温度为20℃左右，相对湿度在60%上下是合适的；e.调整油墨黏度，把油墨黏度调大一些，也可以有效减少（消除）油墨中的静电，提高印刷质量；f.在油墨中加入抗静电剂或异丙醇，最好使用抗静电剂。

（7）保存丝网版

① 第一次印刷后，如果丝网印版还要进行第二次印刷，则必须用洗网水将丝网印版上残留的油墨清洗干净，保证图文部分网孔不被油墨堵住，然后经充分干燥后，妥善存放。

② 丝网印版印刷后，如不再使用，将丝网直接揭下，然后将网框洗干净，以备下次绷网时使用。

③ 丝网印版印刷后，在准备二次制版使用情况下，可先将残留油墨清洗干净，然后用脱膜剂将网版上的感光膜脱掉，并用清水清洗干净，干燥后，保存好以备下次制版时使用。

④ 绷好网的丝网框、晒制好的丝网印版以及印刷后需要保存的丝网印版，保存时都不得碰伤丝网。

⑤ 丝网框或丝网印版通常采用版架存放，存放形式有水平式和竖立式两种。水平式是将同一规格的丝网印版，放置在版架的一层内，可重叠放置。竖立式是将丝网印版竖立在版架上的版槽内，较大网版最好采用竖立式存放方式，以防丝网印版下垂。不管采用哪种形式存放印版，都应注意防尘。

（8）网版的日常维护与保养

① 网版必须存放在干燥、干净的地方。多雨天气，空气潮湿，网版很容易松弛洗坏，应注意爱护。

② 清洗网版承印面时不能用力太大，一定要用水洗干净后方可存放。

③ 注意网版碰到锐利的梭角和毛刺，可能会划破网布。

④ 网版清洗干净后，垂直放置于网版柜中，放整齐，并标识明确。

⑤ 当网版出现漏油、破损或丝印出的字体变粗、变细时，通过品质保证确认不能使用后申请报废，并安排重新制作。

⑥ 新网版制作好后，需对网版进行全面的确认（包括字体大小、字号、线粗、图案、位置尺寸、有无断线、网布是否完好等）。

（9）丝网印刷机日常维护

① 操作人员应按要求每周至少对丝网印刷机擦机、加油一次；对各润滑点定期加注润滑油，以确保丝网印刷机设备的正常运转。

② 定期检查丝网印刷机的过滤水杯积水，每班排一次水，应避免将水带进气缸。

③ 因触摸屏易受损，故严禁被硬物、利器撞击或刮碰；在没有专业人员的指导情况下，切勿拆解触摸屏，以防损坏触摸屏。

④ 保持丝网印刷机设备的清洁，如出现污垢使用柔软洁净的干布擦拭干净；如污垢难以去除时，可加一点中性清洁剂进行擦拭，严禁使用酒精或稀释液等擦拭。

⑤ 丝网印刷机设备上不能放置工、量、夹、刃具和工件、原材料等。

⑥ 应确保丝网印刷机的活动导轨面与导轨面接合处无尘灰，无油污、无拉毛、划

痕等现象。

⑦ 丝网印刷机发生故障时，须立即按下急停开关再关掉总电源，并通知维修人员。

⑧ 丝网印刷机在日常维护保养中，严禁拆卸零部件，如有异常应立即停车。

⑨ 丝网印刷机如需长时间不使用情况下，应将丝网印刷机擦拭干净。

7.6.2.5 丝印后油墨的烘干

丝印后油墨的烘干是为了将钢化前玻璃丝网印刷油墨内含有的树脂和溶剂等挥发成分挥发并干燥，避免油墨在玻璃钢化时产生气泡等质量缺陷。

在太阳能玻璃钢化前、玻璃油墨丝网印刷后的干燥方式，主要采用红外灯管辐射加热。红外线干燥和其他加热方式相比，具有高效、快速、可控性强等优点。

红外灯管的布置：烘干机烘道内区域温度的波动范围应控制在 ±5℃；烘道的升温时间要小于2min。另外，加热灯管对玻璃进行加热时，灯管与玻璃之间的距离不小于80mm。

玻璃烘干机的传输主要有两种方式：网带传输或辊道传输。a.网带传输采用特氟龙网带，特氟龙网带可以适应196 ～ 300℃之间的温度，同时特氟龙输送带具有非黏着性，不易黏附任何物质，附着在网带上的油墨非常易于清除，网带传输适合于任何规格的玻璃的烘干；b.辊道传输是在传送辊道上盘绕耐高温的芳纶绳，辊道传输的优点在于经久耐用，不足之处在于辊道之间的间距限制了可以传输的最小玻璃片的规格。

7.6.2.6 钢化烧结

在表面丝网印刷干燥后，太阳能玻璃进入钢化炉进行钢化，通过高温将油墨层和玻璃表层烧结在一起，油墨固结于玻璃表面，这个过程就是钢化烧结。

由于丝网印刷后，玻璃表面有油墨的部分与没有油墨的部分吸热速度不同，造成玻璃温度分布不均匀，最终在钢化时造成玻璃表面应力分布不均匀，导致玻璃变形。所以，钢化丝网印刷玻璃时，需要对钢化温度进行适当调整，保证钢化后玻璃的平整度。

7.6.2.7 丝网印刷安全操作注意事项

① 操作人员须培训合格后方可上岗，严禁非操作员操作机器。

② 工作人员上岗前必须穿戴好规定的防护用品，不准穿高跟鞋、拖鞋、裙子、短裤等上岗，留有长发的职工必须把长发盘在安全帽内。

③ 开机前检查设备所处状态，检查设备按钮状态，其安全防护板、防护网、防护锁及急停开关是否正常；开机前，确保机器周围没有其他人员。

④ 工作前，必须打开丝印室内的恒温恒湿空调和所有抽风设备，并保持运转止常；保持丝印室内温度和湿度到达所需的指标后方可开始工作。

⑤ 设备处于工作状态时，禁止设定任何参数，不能进行维护保养、检修及人工润滑；如果调整刮板必须停机处理；如果传送带上有异物，也必须停机处理。

⑥ 生产线开动后严禁戴手套用手接触各种运动部件，设备运转过程中，禁止戴手套擦洗两端油墨。

⑦ 正常工作时，操作人员和其他人员应该尽量离开机器1m开外，以免发生意外。

⑧ 不允许带电检查和维护设备，检查电气设备时必须切断电源。

⑨ 油墨、稀释剂等化学品原料或辅料只能领取当班用量，并集中存放在专用储存柜内，并关门上锁，不得摆放在地面上或工作台上；印刷过程中在添加油墨时候，必须暂停或停止后再进行操作，以防伤害到人与物。

⑩ 盛放油墨、稀释剂等化学品原料或辅料的容器，必须保持密封状态，防止有害气体挥发污染环境。

⑪ 地面上不许有遗撒的油墨，如有要随时清理，避免操作人员滑倒。

⑫ 打磨刮刀，必须使用防割手专用手套。

⑬ 现场必须按规定配齐消防设施，所有上岗人员必须掌握消防设施的使用方法。

⑭ 生产完毕，将丝印机按钮复位。关闭电源和关闭压缩空气。清理地面和设备，将料、油墨、溶剂全部回库，不许滞留机台。

⑮ 生产完毕，各种粘有化学物品的擦拭布、纸、环保碗、一次性塑料杯、搅拌棒等化学品垃圾，应放入专用垃圾桶内，并盖好盖保持密封，禁止乱扔乱放，防止有害气体挥发污染环境。

⑯ 对丝印机更换网版、进行维修、清洁保养、更换调整零件及附件时，必须切断电源后进行。

⑰ 操作人员在进行擦网版工作时，必须有人员在旁边协作和监督，帮擦网版人员遵守操作规程，递抹布、洗网水等物品；擦完网版后收拾抹布、洗网水等。

⑱ 在用溶剂清洗网版和机器时，严格遵守相关易燃、易爆物品管理制度；洗网水有腐蚀性，使用时注意保护自己的眼睛，若不慎溅入眼睛，立即用大量清水冲洗。

⑲ 丝印中的助剂、溶剂、油墨应按其性能及要求，明确分类区分、标识、堆放，按其性能进行相应的防潮、防火等防护，对于易燃品等要设专人管理。

⑳ 在生产区域内动火，必须办理"动火证"，并采取可靠的消防措施，现场动火要有动火证及监护人；生产区域不许吸烟。

㉑ 停机顺序与紧急按钮。

停机顺序：按玻璃行走方向以"前停后放"为原则，适用于紧急停机与设备故障情况。如生产中丝印机有需要紧急停机时，其前面的预热段及其之前的设备应随丝印机同时自动紧急停机，而其后面的固化段及其之后的设备按正常程序运行。设备故障时处理程序相同。

紧急按钮：在每台单机设备的两侧都设有按上述停机顺序的紧急停机按钮；在集中控制室同时设有整线紧急停机按钮。

㉒ 当班丝网印刷生产过程中，操作者应做好原始生产记录，以备日后查用。

a.详细记录每次生产的产量、成品率情况，油墨消耗、印刷质量情况；

b.记录设备的运行情况、当班所发生的异常情况及处理结果；

c.换网版记录：应详细记录网版号、换网版时间、网版使用时间及换网版原因等；

d.填写《设备点检记录表》。

㉓ 丝网印刷操作危险源（见表7-12）

表7-12 丝网印刷操作危险源表

序号	危险源	原因	预防措施
1	卷入的危险	各种传送辊道	正确穿戴劳保用品
			不许戴手套接触辊道
2	夹伤撞伤	网版夹手；刮板撞人	停机处理问题
3	着火	油墨助剂液属于易燃易爆物品	配备消防器械
		设备检修"动火"	办理动火证，有人监护
		电缆漏电产生电火花	更换电缆
4	恶心、呕吐	有机溶剂吸入过量	操作时带活性炭呼吸器
5	溅入眼睛	洗网水飞溅	戴护目镜、清水清洗眼睛

7.6.3 丝网印刷常见问题及解决办法

丝网印刷过程中影响产品质量的因素很多，包括晒版（曝光）时间、感光胶厚度与平滑度、绷网张力及角度、丝网的目数及材质、网框的材质、油墨的种类及浓度、刮板的压力及角度、图外空网的距离、网与玻璃的间距、网线角度、原稿的种类及材质、图形及文字的复杂程度等。

（1）糊版

糊版亦称堵版，是指丝网印版图文通孔部分被堵塞，不能将油墨转移至玻璃上的现象，即印刷出来的内容笔画变细、边缘不整齐、印刷的图案内容有缺失。这种现象不仅会影响印刷质量，严重时甚至会无法进行正常印刷。

发生糊版故障后，可针对版上油墨的性质，采用适当的溶剂擦洗，擦洗的要领是从印刷面开始，由中间向外围轻轻擦拭，擦拭后检查印版，如有缺损应及时修补，修补后可重新开始印刷。版膜每擦洗一次，就变薄一些，如擦拭中造成版膜重大缺损，则必须换新版印刷。

糊版的主要原因、分析及解决办法见表7-13。

表7-13 糊版的主要原因及解决办法

原因	分析	解决办法
玻璃原因	玻璃表面没有处理干净，存在水印、纸印、油印、手印、灰尘颗粒等污物造成糊版	严格检查玻璃前处理工艺，保持玻璃脱脂干净
车间温度、湿度及油墨性质的原因	丝网印刷室内要保持温度20℃左右，相对湿度45%~60%左右。如果温度高，相对湿度低，油墨中的溶剂挥发快，油墨的黏度变高，堵住网孔；如果温度低，油墨流动性差，也容易产生糊版	严格控制丝网印刷操作室内温度和湿度，勤加油墨，一次加墨量不要太多，检查油墨的黏度，在油墨中加入稀释剂，将油墨调稀
停机时间过长	停机时间越长，糊版越严重	避免长时间停机，调整参数
丝网印版的原因	制好版后放置过久，不及时印刷，在保存过程中会黏附上灰尘，印刷时不清洗，就会造成糊版	避免网版清洗后长时间存放，使用前清洗网版，去除印版上的杂物，或者加大刮板压力
印刷压力的原因	印刷过程中，刮板压力过大弯曲，刮板与印版、印版与玻璃均呈面接触，刮印残留油墨积累，会结膜造成糊版	调整合适的压力参数

续表

原因	分析	解决办法
丝网印版与玻璃间隙不当	印版与玻璃之间间隙过小，在刮印后印版不能及时脱离玻璃，印版抬起时，印版底部粘上油墨，造成糊板	调整合适的网版间隙参数
油墨的原因	在丝网印刷油墨中颜料及其他固体的颗粒较大时，容易出现堵住网孔现象	检查油墨内的杂质，使用时过滤油墨
丝网目数及通孔面积与油墨颗粒度相比小	较粗颗粒的油墨不易通过网孔而发生封网现象	更换较粗的丝网版，或者更换粒度较细的油墨
印刷图文面积小的原因	图文面积小，印版上的油墨消耗少，油墨黏度增大造成糊版	采用少量多次的加墨原则

（2）油墨在玻璃上固着不牢（见表7-14）

表7-14　油墨在玻璃上固着不牢的原因及解决办法

原因	分析	解决办法
玻璃的原因	玻璃表面有水、油类、灰尘等物质时，造成油墨与玻璃黏结不良	玻璃印刷前要进行严格的脱脂清洗及前处理的检查
油墨或稀释剂的原因	油墨本身黏结力不够或者稀释溶剂选用不当，引起墨膜固着不牢	更换其他种类油墨进行印刷或者更换配套的油墨稀释剂
钢化温度的原因	丝印玻璃在钢化时，未达到规定的烧结温度	调整钢化炉的温度

（3）油墨层边缘缺陷

主要是指印刷油墨膜边缘出现锯齿状毛刺（包括残缺或断线）和直线度不够，其产生原因及解决办法见表7-15。

表7-15　油墨层边缘缺陷的产生原因及解决办法

原因	分析	解决办法
网版的原因	网版感光胶分辨率不高，精细线条断线	选用分辨率高的感光胶和高目数丝网制版
	网版感光胶曝光时间不正确，图案边缘不整齐	丝网印版表面平整光滑，网版线条的边缘要整齐
	网版感光胶厚度不均匀造成版面不平，印刷时与玻璃之间有间隙造成油墨悬空渗透	使用膨胀系数小的感光胶，控制印版膜厚均匀
	印版膜接触溶剂后，在经纬方向膨胀量不同造成版面不平	尽量采用斜交绷网法绷网
	印版糊版	清洗网版
	网距过大或网版松弛张力小	控制网距或更换张力足够的网版
	刮板压力大	减小刮板压力，调整刮板角度
	重复印刷2遍	不得重复印刷

（4）着墨不匀

着墨不匀也就是墨膜厚度不匀，其产生原因及解决办法见表7-16。

（5）针孔

针孔是印刷产品检查中最重要的检查项目之一，其产生原因及解决办法见表7-17。

表7-16 着墨不匀产生原因及解决办法

原因	分析	解决办法
油墨调配的原因	油墨黏度不均匀或者油墨中混入了墨皮，印刷时将透墨的网孔堵住，使油墨通过量不均匀	调配后的油墨（特别是旧油墨），使用前要用网过滤一次再使用
使用旧印版的原因	在重新使用已经用过的印版时，附着在版框上的旧油墨会造成油墨通过量不均匀	印刷后保管印版时，要充分的洗涤（也包括刮板条）
回墨板的原因	回墨板前端的尖部有伤损，会沿刮板的运动方向出现一条条痕迹，在印刷玻璃时，就会出现明显的着墨不匀	回墨板用研磨机认真地研磨
印刷台的原因	印刷台的凹凸不平或者印刷台上有灰尘，会造成着墨不均匀，凸部墨层薄，凹部墨层厚	印刷台平整度检测，必要时更换
玻璃的原因	玻璃厚薄差大或者玻璃背面有灰尘会造成着墨不均匀	更换合格的玻璃

表7-17 针孔产生原因及解决办法

原因	分析	解决办法
印版上附着有灰尘及异物	制版时，水洗显影会有一些溶胶混进去；在感光胶涂布时，也会有灰尘混入，附着在丝网上堵塞网版开口产生针孔	注意检查网版，并进行及时补修；在正式印刷前，要认真检查网版，消除版上的污物
玻璃的原因	玻璃经过处理去除油脂等污垢后，没有马上进行印刷，会被再次污染；在用手搬玻璃时，手的指纹也会附着在印刷面上，印刷时形成针孔	玻璃板在印刷前应经过前处理，使其表面洁净后马上进行印刷；避免用手接触玻璃表面

（6）气泡

在印刷的玻璃表面的墨层上有气泡，其产生原因及解决办法见表7-18。

表7-18 气泡产生原因及解决办法

原因	分析	解决办法
玻璃的原因	表面附着灰尘以及油迹等物质	玻璃板在印刷前应经过前处理，表面洁净后，马上进行印刷
		避免用手接触玻璃表面
油墨中有气泡	调油墨过程中加入溶剂、添加剂进行搅拌时，油墨中会产生气泡	保证搅拌后的油墨需有足够的消泡时间
	油墨黏度高，油墨搅拌后不能自然脱泡；油墨流动性不好产生气泡	正确调整油墨的黏度
	油墨中消泡剂（含量0.1%~1%）的添加量超过规定的量，会起到发泡作用	正确添加消泡剂的用量
印刷速度过快或印刷速度不均匀	印刷速度过快会将空气带入油墨中产生气泡	应适当降低印刷速度，保持印刷速度的均匀性

（7）网痕

丝网印刷玻璃的墨膜表面有时会出现丝网痕迹。出现丝网痕迹的主要原因及解决办法见表7-19。

（8）墨膜尺寸扩大

丝网印刷后，出现印刷尺寸比印版图案尺寸大的问题，产生原因及解决办法见表7-20。

表 7-19　网痕产生原因及解决办法

原因	分析	解决办法
油墨流动性较差	在丝印过程中，当印版抬起后，转移到玻璃上的油墨依靠自身的表面张力流平，使墨膜表面光滑平整。如果油墨黏度大，流动性差，不能将丝网痕迹填平，将得不到表面光滑平整的墨膜	① 更换流动性大的油墨； ② 调整油墨黏度； ③ 在制版时使用丝径较细的单丝丝网； ④ 使用干燥速度慢的油墨印刷

表 7-20　墨膜尺寸扩大产生原因及解决办法

原因	分析	解决办法
油墨的原因	油墨黏度低流动性大，造成印刷后油墨向四周流溢，致使印刷尺寸变大	① 在流动性过大的油墨中添加一定量的增稠剂，以降低油墨的流动性； ② 还可使用快干性油墨，加快油墨在印刷后的干燥速度，减少油墨的流动
网版的原因	网版不平，造成印刷时丝网与玻璃之间有间隙	更换网版
网版的原因	丝网印版在制作时图案尺寸变大	在制作丝网印版时，保证网版的张力
玻璃的原因	玻璃厚薄差太大，造成印刷时丝网与玻璃之间有间隙	更换玻璃

（9）墨膜龟裂

在已经丝印好干燥后的墨膜上，产生很多纵横交错、微小的裂纹。产生原因及解决办法见表 7-21。

表 7-21　墨膜龟裂产生原因及解决办法

原因	分析	解决办法
油墨的原因	油墨的膨胀系数与玻璃相差太大，造成膨胀量不同	更换油墨
干燥温度的原因	① 由于干燥温度不均匀，油墨中的溶剂挥发速度不一致造成的； ② 油墨没有完全干燥透彻，表面干燥而内部未干燥，钢化时油墨中的溶剂挥发造成的	控制烘干温度和干燥速度，低温时间长比较好
网版的原因	印版膜层过厚或过薄	更换网版
墨膜层的原因	墨膜层过厚	减少墨膜厚度

（10）洇墨

洇墨是指印刷一条线时，在刮板条运动方向一边，印刷图案线条外侧，有油墨溢出的现象而影响了线条整齐。产生原因及解决办法见表 7-22。

表 7-22　洇墨产生原因及解决办法

原因	分析	解决办法
网版的原因	丝网绷网角度不正确	采用柔软的丝网和斜法绷网
网版的原因	丝网版膜的厚度不正确、不均匀，弹力和平滑性不好	控制好丝网版膜的厚度
网版的原因	网版图案比玻璃尺寸大	控制网版图案的大小
油墨的原因	油墨黏度低、流动性大，造成印刷后油墨向四周流溢	在流动性过大的油墨中添加一定量的增稠剂，以降低油墨的流动性
油墨的原因	油墨黏度低、流动性大，造成印刷后油墨向四周流溢	使用快干性油墨，加快油墨在印刷后的干燥速度，减少油墨的流动

续表

原因	分析	解决办法
玻璃的原因	玻璃厚薄差太大,造成印刷时丝网与玻璃之间有间隙	更换玻璃

(11) 滋墨

滋墨指玻璃面上图文部分出现斑点状的印迹,这种现象损害了印刷效果。产生原因及解决办法见表7-23。

表7-23 滋墨产生原因及解决办法

原因	分析	解决办法
印刷速度	印刷速度过慢	适当提高印刷速度
油墨的原因	油墨的干燥过慢	使用快干熔剂
	油墨触变性大	改进油墨的流动性
	油墨中颜料粒子相互凝集,出现色彩斑点印迹	尽可能用黏度大的油墨印刷
墨层过薄	造成油墨厚度不均匀	增加油墨的湿膜厚度
静电的影响	室内温度湿度控制不好	减少静电的影响

(12) 印版漏墨

漏墨是在非印刷的位置出现油墨墨迹。产生原因及解决办法见表7-24。

表7-24 印版漏墨产生原因及解决办法

原因	分析	解决办法
刮板条的原因	刮板条的一部分有伤	更换刮板条,重新研磨
	刮板条的压力大	重新调整刮板条的压力
网版与玻璃的间距	网版与玻璃之间的间隙过大	重新调整
网框的原因	网版框变形大,局部压力不够	更换网框,重新制版
丝网的原因	丝网过细	更换丝网
油墨的原因	油墨黏度大	稀释油墨
	油墨不均匀	油墨充分搅拌
版膜的原因	制版时曝光不足产生针孔等,会使版膜产生渗漏油墨现象	可用胶纸带等从版背面贴上做应急处理
	玻璃上或者油墨内混入灰尘后,不处理就进行印刷,在刮胶压力作用使版膜受损	
	擦拭版膜也是导致版膜剥离受损的原因	避免擦拭版膜

(13) 印版过早损坏

印版过早损坏产生原因及解决办法见表7-25。

表7-25 印版过早损坏产生原因及解决办法

原因	分析	解决办法
网版的原因	感光胶厚度不足、感光胶曝光之前烘干不足、感光胶曝光时间不足造成印版膜不耐用	正确掌握制版技术要领
印刷的原因	网距太高,造成刮胶压力大;回墨刀过于锋利	降低网距,减小刮板压力

续表

原因	分析	解决办法
洗网操作的原因	使用了错误的清洗溶剂进行清洗，或者在清洗时用力大造成印版膜损坏	正确清洗网版

（14）静电故障

静电电流一般很小，电位差却非常大，可能出现吸引、排斥、导电、放电等现象，给丝网印刷带来不良影响。静电故障产生原因及解决办法见表7-26。

表7-26　静电故障产生原因及解决办法

原因	分析	解决办法
丝网的原因	丝网自身带电和印刷时的丝网与刮板加压运动摩擦造成丝网带电，会影响正常着墨，产生堵版故障	调节环境温度为20℃左右，增加空气相对湿度为60%左右
		降低网距
		减小印刷速度

（15）图像变形

图像变形产生原因及解决办法见表7-27。

表7-27　图像变形产生原因及解决办法

原因	分析	解决办法
刮板压力的原因	刮板、印版与玻璃接触压力过大，形成面接触，使丝网伸缩，造成印刷图像变形	减小刮板的压力，使刮板、印版与玻璃呈线接触
	刮板变形	更换刮板
印版与玻璃面之间的间隙	网距间隙过大，造成刮胶压力太大，引起图像变形	减小印版与玻璃的间隙，刮板的压力即可减小；使印版与玻璃之间呈线接触就可以了

7.6.4　丝网印刷设备

丝网印刷设备主要包括丝网印刷机、绷网机、全自动涂布机、真空箱式晒版机、全自动磨刮胶机等。

7.6.4.1　丝网印刷的室内和设备要求

（1）丝网印刷的室内要求

为了保证丝网印刷的连续进行，防止油墨糊版导致玻璃成品上有针眼等质量问题，要求操作环境达到一定的标准。有条件的工厂应配备洁净的恒温恒湿中央空调系统，来保证丝网印刷的品质和生产的连续性。丝网印刷室应达到以下要求：

① 丝网印刷室内温度达到（22±2）℃。

② 丝网印刷室内湿度达到45%～60%。

③ 丝网印刷室洁净度达到10万级。

④ 丝网印刷室内噪声：动态测试时，洁净室内的噪声级不应超过70dB。

⑤ 丝网印刷室与室外的静压差，应不小于9.8Pa。

⑥ 换气次数20次以上；室内刺激性气味：轻微。

⑦ 安全事项：丝网印刷油墨的溶剂挥发快，能刺激眼睛和呼吸系统，因此要避免丝网印刷油墨与皮肤和眼睛直接接触；如溅入眼中立即清水冲洗，油墨属于易燃液体，避免明火，丝网印刷室配备干粉灭火器。

在丝网印刷中，不同油墨产生的可挥发性有害气体不同，主要有氨气、二硫化碳、甲醛、甲醇、苯、酚、丙酮、硝基苯、三氯乙烯。这些气体印刷后挥发，影响生态环境和操作人员的身体健康，不符合职业健康的要求。另外，丝网印刷过程中还会产生铬酸盐粉尘。因此，丝网印刷室内一般会配备全新风恒温恒湿中央空调系统，并在排风口加活性炭过滤器，风量和活性炭数量根据挥发物进行计算。

（2）丝网印刷设备要求

在印刷时，为了保证太阳能压延玻璃的印刷质量，除印刷室满足印刷要求的恒温恒湿以外，丝网印刷设备也必须要满足以下条件

① 在刮墨板运动中，保证刮板的直线性、刮板运动的匀速性、刮胶板的等角性、刮板压力均匀一致性、刮板的居中性和垂边性。也就是说，印刷时刮板应直线前进，不能左右晃动；不能忽慢忽快；与印板的倾斜角应保持不变；印刷压力要保持均匀一致；保持刮板与网框内侧两边的距离相等并与边框保持垂直。

② 印刷时玻璃被吸附于工作台表面，如表面不平，将影响印刷质量。1.6mm的太阳能薄玻璃，在负压下易破裂，所以要求工作台的平面度不大于0.1mm。

③ 根据太阳能玻璃的精度要求，工作台重复定位精度达到0.1mm即能满足工艺要求。

④ 印刷时丝网与工作台的平行度决定了印刷膜厚度的一致性，根据使用要求，平行度不大于0.1mm。

⑤ 能印刷大规格玻璃，且生产能力大，效率高。

太阳能玻璃印刷属于平面印刷，由于印刷规格大，印刷速度快，生产效率高，常选用适合于平面印刷，刮墨、匀墨、丝网版框、承印物吸附、自动印件升降、输送和烘干都能连续自动完成的全自动丝网印刷机，见图7-83。

图 7-83 全自动丝网印刷机

7.6.4.2 全自动丝网印刷机

用于玻璃印刷的全自动丝网印刷机主要由定位部分、印刷部分、出料输送烘干部分及电气控制部分组成。

丝网印刷的全过程采用自动化控制，采用伺服电机控制网版的上升、下降及刮版行程的自动化；具有自动输送玻璃、自动定位、自动印刷、自动剥网、自动烘干和自动输

送出成品玻璃的功能。印刷过程中网距、墨刀角度和压力及停启时间均可自动调节。

（1）玻璃丝网印刷机的传输

①进料、出料段：采用橡胶辊道或同步带传送方式。

②丝印平台段：通常采用同步带输送方式，对于印刷速度要求快的设备，采用穿梭式玻璃输送方式。

③烘干段：根据生产需要和工况情况，采用芳纶绳辊道、耐热橡胶辊道、特氟龙网带、金属网带等传送方式。

④输送系统的传动装置由行星减速机、伺服电机、导轨、真空吸附系统、速度缓冲控制系统组成。

（2）玻璃定位夹紧方式

玻璃在丝印平台上的定位和夹紧方式有两种。

一种是玻璃到达台面开有孔洞的印刷台后由定位块定位，然后台面上的孔洞经风机抽风形成负压（或真空泵抽气），玻璃被牢牢吸住后进行印刷，印刷结束后，风机吹风将玻璃浮起，由同步带输送到出料段。

另一种是玻璃在进料穿梭小车上由真空泵产生的负压经吸盘吸住进行预定位，输送到印刷台由定位块精确定位，夹紧后开始印刷，印刷完成后由印刷台上的同步带（或者出料穿梭小车）输送到出料段。

定位方式：由2个垂直安装的伺服电机驱动6个定位轮，这6个定位轮中，玻璃长边方向各2个，短边方向各1个，其中靠印刷机方向的定位轮带气缸升降功能，方便定位后输送玻璃。定位行程X方向（左右方向）为100mm，Y方向（前后方向）为100mm。整个定位系统的X、Y调节方式为手动调节，并且在X、Y移动方向装有电气及机械极限保护装置；定位轮控制由伺服电机转矩控制夹紧力，防止玻璃在定位时破碎。

定位过程：当进料端输送玻璃进入印刷台时，由于传感器玻璃信号的作用，减速电机开始运行，驱动同步带带动玻璃运行到印刷台中心位，定位托架升起，伺服电机开始定位，定位完毕后，穿梭升起，并吸真空，当真空吸稳后，定位托架下降且定位轮松开延时升起，整个定位动作完毕。

（3）印刷部分

印刷部分是丝网印刷机最主要的部分，包括机架、穿梭输送、印刷台面、网框升降、网框架、印刷传动、印刷刀架及电气控制部分。

①穿梭输送。由伺服电机带动行星减速机，驱动同步带带动穿梭吸盘在直线导轨上做往复运动。穿梭输送横梁为铝型材，且两端装有电气限位和机械限位装置。

穿梭吸盘的真空开与关由真空安全阀控制。穿梭输送部分带升降功能，升降由气缸驱动。穿梭输送部分分为两大部分，前面部分由真空吸嘴和聚氨酯托条组成，后面部分全为聚氨酯托条。

②机头升降伺服电机通过升降机带动丝杆实现，能使机头在任何精确的位置实现精确停止。

③印刷传动由伺服电机驱动同步带，配合线性导轨带动印刷横梁进行封油和印刷，印刷及回油速度通过变频器无级调速实现。

④ 刮胶、回墨刀的升降采用气缸驱动，刮板压力通过气压调节装置调节，刮板、回墨刀角度0°～35°可调。

⑤ 玻璃印刷机设置有单印、双印两种功能，可安装双刮刀或者安装刮刀+回墨刀模式。

⑥ 玻璃丝网印刷机配备自动防滴墨装置和自动加墨装置。

（4）刮板运行方向

刮板在网版上运行方向有两种。

一种方式是刮板沿生产线横向运行。这种方式的优点是刮板短，压力均匀，刮板不易变形；缺点是印刷节拍慢，不适合印刷速度要求高的场合。另一种方式是刮板沿生产线纵向运行。这种方式的优点是印刷节拍快，适合印刷节拍要求高的场合；缺点是刮板太长，压力不容易控制均匀，刮板易变形。

（5）丝网印刷机其他结构

① 离网机构。其功能是减少不同黏度油墨、不同张力网版印刷时产生的印刷图案阴影、变形，避免粘版、糊版现象，满足高精度印刷的需求。离网采用伺服离网装置（或者同步气动离网装置），配合刮印动作同步提高版框，并能快速复位，不产生振动波与弹性疲乏。离网行程可在0～40mm任意调节。

② 网距调节。在触屏输入调整参数，控制程序自动调整机头上的升降位置，达到需要的网距离。

③ 网版夹持及调节装置。网版夹持一般配有气动与机械手动两套夹紧装置，避免在无气源状态下网版不能移动调节。调节装置设有X、Y、W三组带刻度的调节手柄，可以对网版前、后、左、右调节，调节距离±10mm。

④ 印刷平台。一般为全铝合金结构。为保证玻璃紧贴台面，台面装有真空吸嘴，真空吸嘴由单独的真空发生器控制；为保证印刷精度，印刷台面平整度需保证$0.1mm/m^2$，印刷台面同印刷刀架平行度需保证±0.2mm；为保证印刷1.6mm的玻璃，穿梭槽为20mm；印刷台上布置两根输送同步带，用于不印刷时输送玻璃。

（6）控制系统

控制系统采用PLC、人机界面集中控制，设有电源、系统操作、各组单动操作等启停开关，设有故障提示系统。

（7）太阳能光伏玻璃丝网印刷机技术参数

印刷玻璃厚度：1.5～4mm；

最大网框（外径尺寸）：1700mm×2900mm；

定位方式：伺服驱动，6点定位；

机械重复精度：±0.1mm；

印刷台面平面度：$0.1mm/m^2$；

同步带传送速度：20～40m/min；

穿梭输送速度：40～90m/min；

刮板和回墨刀速度：200～800mm/s；

离网高度范围：0～40mm；

工作周期：玻璃长度小于1000mm，10s；

最大玻璃规格1300mm×2200mm，12s；

网框调节范围：±15mm。

（8）玻璃烘干机

玻璃烘干机是丝网印刷机的配套设备，主要用于玻璃印刷后的烘干。烘干温度可在常温～250℃之间任意设定。烘干加热由上部红外中波灯管进行，采用高温风机回收烘道内的热量进行热风循环，既能使烘道内部均衡受热，又能充分利用热效能。温度控制采用数字显示型温度自动控制器，加热区温度可单独设定，加热区两端设有调节排废口，可根据需要选择排废量，排废需符合环保要求。

烘干段采用特氟龙辊道或者芳纶绳辊道输送玻璃。

玻璃烘干机技术参数：

烘道宽度：1700mm；

输送宽度：1300mm；

烘道总长度：8500mm；

输送速度：2～15m/min；

温度调节范围：常温～250℃；

红外中波灯管：3kW×48根=144kW。

7.6.4.3　丝网与网框选用

（1）丝网印刷对网丝的要求

① 丝网名词解释

a. 丝网目数。所谓目数，是指一定长度丝网内网孔的个数，习惯上按照英国标准1in为单位计算。如300目就是指1in长度丝网内有300个网孔。目数一般可以说明丝网的丝与丝之间的疏密程度，目数越高，丝网越密，网孔越小。反之，目数越低，丝网越稀疏，网孔越大。网孔越小，油墨通过性越差；网孔越大，油墨通过性越好。

b. 丝径。丝径是指原料丝的直径，以微米（μm）为单位。经过织造、后处理等加工工序后，丝的直径会发生变化。

目数和丝径共同决定网孔大小（孔径）和开孔率。

c. 丝网厚度。丝网厚度指在无张力状态下静置时测定的丝网表面与底面的距离值（一般以mm或μm表示）。厚度由构成丝网的直径决定，见图7-84。丝网过墨量与厚度有关。

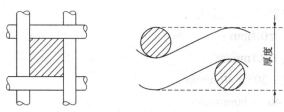

图7-84　丝网厚度示意图

d. 丝网的开度。丝网的开度是网孔的宽度，用网的经纬两线围成的网孔面积的平方根来表示（通常以微米为单位）。丝网的开度对于丝网印刷品图案、文字的精细程度影响很大。

e. 丝网的开口率。丝网的开口率亦称丝网通孔率、有效筛选面积、网孔面积百分率等。

f. 丝网的过墨量。通过丝网的油墨量受丝网的材质、性能、规格、油墨黏度、刮版硬度、压力、速度以及版与玻璃的间隙等多个条件约束，因此并没有确定的标准，一般假设一个透过体积叫作过墨量。

② 在丝网印刷的制版、印刷过程中，丝网的技术参数包括目数、开孔率、抗拉强度、网孔的不均匀性、张力的稳定性、网孔的透墨性等。通常对丝网的基本性能要求如下：

a. 抗拉强度大。抗拉强度是指丝网受拉力时，抵抗破坏（断裂）的能力。

b. 丝网吸湿后的强度变化要小。

c. 断裂伸长率小。伸长率是指丝网在一定张力下断裂时的伸长量与原长之比，以百分比表示。丝印要求丝网在一定张力下具有足够的弹性，高张力、低伸长的丝网，这对保证印刷精度至关重要。

d. 回弹性好。回弹性是指丝网拉伸至一定长度（如伸长3%）后，释去外力时，其长度的回复能力，亦称伸长回复度，以百分比表示。回弹值越大越好。

e. 耐温湿度变化的稳定性好，网版质量才能稳定。

f. 油墨的通过性能好。

g. 对化学药品的耐抗性好。丝网在制版和印刷过程，会遇酸、碱及有机溶剂，对此，应有足够的耐抗性。

③ 常用丝网介绍。太阳能玻璃常用的丝网品种是尼龙丝网和涤纶丝网，特殊情况下使用不锈钢丝网。

a. 尼龙丝网。又称锦纶丝网，是尼龙单丝编织品，织成后进行耐热性、尺寸稳定性处理。平纹组织可达380目，斜纹组织大于380目。尼龙网具有以下特点：

拉伸强度：较好，可织成精细度高的、开度小的丝网。

伸长率：一般，容易产生松弛。但如果是弹力丝，则回弹力非常理想，适于丝网印刷。

开度：在31～161μm之间的最适合印刷。

耐湿性：吸湿性小，与胶片的贴合性稍差。

透墨性：油墨透过性能好，油墨硬些也可以使用。但使用时应防止因静电作用产生透墨不匀现象。

耐水性能：好，不膨胀，但稍有伸长，若经高温加工处理，可克服这种缺点。

耐油性：好，强度不变化，适合多量印刷。应注意由于油墨的作用会使版膜与丝网剥离。

尼龙网表面光滑，油墨透过性好，可使用黏度大及颗粒大的油墨，可得到精细的印刷图案；弹性及耐磨性好，耐化学药品及有机溶剂性能好，使用寿命长，对玻璃的适应性好，得到最为广泛的应用。

使用尼龙网应注意以下几点：尼龙丝网伸长率相对较大，因此要加大绷网张力，因此要求使用强度较大的网框和绷网机；耐热性低；不耐强酸、石炭酸、甲酚、蚁酸等侵蚀；紫外线对尼龙丝网稍有影响，保管时注意避开光线。

b. 涤纶丝网。又称聚酯丝网，具有以下特点：

拉伸强度：较好，同尼龙丝网。

伸长率：一般普通丝的伸长率大，弹力丝的伸长率小；回弹性能好，适于丝网印刷。

开度：同尼龙丝网。

耐湿性：比尼龙吸湿性小，与胶片的贴合性较差。

透墨性：油墨透过性能比尼龙丝网差。

耐水性能：耐水性能好，湿润时的强度无变化，伸长率小，绷网可在水中进行。

耐油性：好，即便加温也不膨胀。

涤纶丝网拉力伸度小、弹性强，具有足够的耐药品性，耐酸性强，耐有机溶剂性强，几乎不受湿度的影响；耐热性较尼龙要高；受紫外线的影响较尼龙要小。

使用涤纶丝网应注意以下几点：丝网尺寸稳定性好，较尼龙丝网需要有更大的绷网张力，需要强度较更大的框、绷网机及牢固的黏合法；透墨性较尼龙稍差；不耐强碱侵蚀。

c. 不锈钢丝网

拉伸强度：最大，可做细目丝网，可做小开度丝网。

伸长率：大，加拉力就会很快伸长，回弹力几乎为零。受冲击易断裂，凹陷后不能复原。开度：开度小的性能好，开度大的绷网困难。

耐湿性：吸湿性等于零，与胶片贴合最困难。若将表面用碱粗化或以强力溶剂进行表面处理，可提高与软片及乳剂的黏合性能。

透墨性：由于回弹性差，即使有良好的透墨性，在刮印后仍易沾脏。网较厚时，对透墨性有一定的影响。

耐水性能：耐水性能好，有较好的耐药品性能。

耐油性：耐油性好，但也有疏油性，因此对印刷有影响。

不锈钢丝网的平面稳定性极好，制作图形尺寸稳定，适用印刷高精度的产品印刷；油墨透过性能极好；耐碱性及抗拉强度很好；耐化学品性能优良；耐热性强，适用于热溶性印料（在丝网上通电加热使印料熔化）的印刷。其缺点是：易受外力曲折且损坏，印刷过程中易受压而使网松弛，影响耐印力，价格昂贵，成本高。

（2）丝网选择

① 根据承印物选用丝网。在丝网印刷中，丝网种类繁多，承印物材料也各具特性。通常当承印物为玻璃时，可选用单尼龙丝网、薄涤纶丝网或不锈钢钢丝网。

② 选用丝网应注意的问题

a. 编织不均匀造成丝网的网孔孔径不均匀，会造成孔径变化而影响印刷油墨转移量，导致油墨膜层厚度出现差异。

网孔孔径的不均匀有多种，一种是横向呈带状无规律不均匀；一种是线状有规律不均匀，可能是经向也可能是纬向；还有一种是经向渐变性的不均匀。对使用者影响最大的是横向呈带状无规律不均匀。

由于纤维原料在加工过程中会发生变形，因此丝网网孔并不是标准正方形，网孔的四个边不是直线而是弧线。网孔的实际孔径、开孔面积比理论值要小。

b. 跳丝。是指编织中某根丝在中途断开，形成几厘米的脱落状态，这一缺陷将影响印刷质量。

c. 丝的粗细不均。一般网丝的粗细都有变化，网丝粗细不均会导致某部分变厚或变薄，造成印刷时出现油墨厚薄不均的现象。

d. 丝表面不光滑。

e. 丝径。丝与丝印有关的两个特性是：直径（D）及强度。丝的直径（D）决定丝网的厚度，丝网的厚度一般为$2D$或少于$2D$（约$1.8D$）；丝网厚度是墨膜厚度的决定性因素之一。

f. 油墨通过丝网的难易程度。油墨颜料颗粒比较微细，油墨的透过性好，使用高目数丝网时也能很好地通过。

g. 玻璃表面的粗糙情况。当玻璃表面为粗糙的压延玻璃时，一般使用较低目数的丝网。

h. 根据原稿图文线条精细程度选择丝网。

丝网选用要从多方面综合考虑，还要考虑成本，在满足印刷要求的前提下，尽量选用价格较低的丝网。

③ 丝网保管。丝网的包装呈卷筒形，可水平放置或垂直放置。水平放置时，应置于木板上，但不能两端支承中间悬空，以防丝网变形；垂直放置优于水平放置，既可防丝网变形，又便于查找。

丝网存放过程中要避免碰撞、重压，碰撞重压造成破损的丝网不能用于制版。

由于丝网直接用于制版，如果黏附灰尘、油渍，将会影响制版质量，所以存放时应注意防尘，并避免黏附油渍；开卷使用余下的丝网，应放入塑料袋内保存。

（3）网框选择

网框是支撑丝网用的网架，由金属、木材或其他材料制成。制作网框的材料，应满足绷网张力的需要，即坚固、耐用；在温、湿度变化时，其性能应保持稳定；应具有一定的耐水、耐溶剂、耐化学药品、耐酸、耐碱等性能；另外还要轻便、价廉。大面积玻璃丝网印刷一般选用铝型材制作的网框。

① 铝质网框。铝合金型材网框和铸铝成型网框，具有操作轻便、强度高、不生锈、不易变形、便于加工、耐溶剂和耐水性强、美观等优点，适于机械加工。

② 木质网框。木质网框具有制作简单、质量小、操作方便、价格低、绷网方法简单等特点。这种网框适用于手工印刷面积较小、精度要求不高的场合，但这种木制的网框耐溶剂、耐水性较差，水浸后容易变形，会影响印刷精度。

③ 钢质网框。钢材网框具有牢固、强度高、耐水性好、耐溶剂性强等优点，但因其笨重、操作不便，因此使用较少。

（4）绷网操作

① 绷网张力选择

丝网张力是影响丝印精度和确定网距的重要因素之一。一般来说，目数越高的网丝就越细，网丝较粗的丝网比细丝网拉得更紧一些。为了保证良好的印刷适性，必须对绷网张力加以控制：绷网张力太大，易撕破丝网；绷网张力太小，丝网松软，易擦毛或印瞎网点。适度的张力能保证晒版、印刷的尺寸精度，丝网在刮印过程中回弹性良好，网点清晰而耐印。

　　各种丝网采用毫米（mm）张力计时，一般控制的参数张力值如下：尼龙网1.5 ～ 2.5mm/cm；涤纶网1.3 ～ 2.3mm/cm；不锈钢网1.5 ～ 2.3mm/cm。丝网张力与网框的材质及强度、丝网的材质、温度、湿度、绷网方法有关。

　　② 绷网操作与张力的测定

　　a. 在绷网过程中，为了使丝网得到均匀一致的张力，要求随时用张力计测量张力大小，达到标准张力值时，应停止给力，使丝网静置10 ～ 15min，然后进行时效处理，以使张力进一步均匀传导，并使张力稳定。

　　b. 用张力计测张力时，一般采用五点测试法，即在网框中心与四角均匀选择五个测试点，在每点经向、纬向各测一次，其张力值均应在标准范围内，各点差距越小越好。大型网框可采用六点或九点测试法，测试方法同上。

　　绷网后的48h内张力有明显下降的趋势，3 ～ 5天后则下降不明显，6天以上基本稳定，因此绷网应有储备，最好预先绷好备用，避免急用现绷。

　　③ 标准的绷网步骤

　　a. 丝网可在1 ～ 3 min内绷到所希望的张力值，但在丝网固定到网框之前，必须要等待15min以上，然后再将张力增加到最终所要的张力值，将此过程重复几次，可减少将来的张力损失。

　　b. 张力损失。指粘网时与刚张好网时的张力损失，而非粘好网后放置24h后的张力损失值。如果在张好网后停留5min粘网，张力损失28%以上；如果在张好网后停留15min粘网，张力损失15% ～ 20%；如果在张好网后停留30min粘网，张力损失10%。标准丝网的张力损失为15% ～ 20%。一般的网版最低限度要求拉好网后过24h再晒版。

　　④ 绷网之后，张力损失比较严重的原因

　　a. 网框采用的铝材很薄弱，不能承受较大张力；

　　b. 丝网四边所承受的拉力不一致；

　　c. 缘网夹头拉力不均匀，网框放置不平整；

　　d. 粘网前等待的时间不足；

　　e. 没有正确选择夹网的角度。

　　当底片上面线条与丝网的线径出现平行或重叠时，在晒版时，光穿过感光涂层后遇到丝线的阻碍便会出现光涣散（光线折射），从而引起锯齿。所以正确选择丝网的夹网角度很有必要。夹网的角度一般有45°、22.5°、12.5°、7.5°等。我们可根据线条的粗细选择所需要的角度。夹网角度很难有一个标准，45°或22.5°并非最佳角度。一般的做法是：准备几个不同目数已拉好90°直角的网版，在拉网前先将底片与网版对着光源来对比，从而选择最佳的夹网角度。晒版时感光浆如果上得太薄也会导致锯齿，而夹网角度只是其中一个因素。

　　⑤ 粘网

　　在涂粘网胶之前，印刷网框必须彻底清理干净，不能有任何灰尘和油脂等物。粘网后网纱必须和网框表面紧密接触，如仍有空隙应该用重物压住。涂好胶之后，必须有充分的时间让粘网胶固化，再在四边涂上补边剂，然后卸下来的网框必须粘贴好完整的标签，以便于在接下来的工作中识别。

7.6.4.4 玻璃油墨

（1）玻璃油墨分类

① 按加工温度分

a. 高温玻璃油墨：也称高温钢化玻璃油墨，通过 680～720℃高温瞬间烘烤和瞬间降温的强化方式，使玻璃颜料和玻璃体融为一体，实现颜色的附着和耐久性，印刷并强化后的玻璃色泽丰富，玻璃结构强度高，安全，有良好的耐腐蚀和遮盖力。高温玻璃油墨属于无机高温油墨。

b. 玻璃烤花油墨：高温烧结温度在 500℃左右，也属于无机高温油墨。

c. 低温玻璃油墨：彩晶油墨，在 100～150℃下烘烤 15min，油墨附着力好，耐溶剂性能强，属于有机油墨。

d. 普通玻璃油墨：自然干燥，表面干燥时间在 30min 左右，实际在 18h 左右，属于有机油墨。

② 按调墨溶剂分

油性玻璃油墨：油墨中的调墨溶剂及稀释剂等为有机溶剂，具有很强的刺激性气味；水性玻璃油墨：是一种无毒、无有机溶剂挥发、符合环保标准的玻璃油墨，清洗方便，且不会对人员造成伤害。

③ 按环保标准分

含铅玻璃油墨：油墨色粉中含有铬、镍、铅等金属物质，此种油墨往往具有一定的污染性；无铅环保玻璃油墨：油墨色粉中含铅量相当微小，大大降低了对环境的污染，所以称其为环保玻璃油墨。

（2）油墨组成

油墨由着色剂、连接料和助熔剂按一定比例经过混合、研磨等工艺加工制成。a.着色剂主要为颜料。b.连接料起连接作用，作为分散介质分散颜料、填料等固体物质，印刷时有利于油墨的均匀转移，并有助于油墨在玻璃上干燥、固着并成膜。不同类型的油墨使用不同性质的连接料，连接料包括油脂、树脂及溶剂等。c.助熔剂用于改善油墨的性能，提高油墨的印刷适应性，主要有消泡剂、稀释剂、增塑剂、紫外线吸收剂、干燥剂等。

有机油墨的着色剂和连接料均为有机物，这种油墨印刷玻璃效果不错，但是膜的牢固度差，化学稳定性也不好，只能在烘箱内进行干燥固化，不能与玻璃钢化工艺一起进行高温固化。

无机油墨由着色剂、助熔剂、连接料三种物质组成。无机油墨的着色剂为无机物，是显色的主体材料；助熔剂为低熔点玻璃粉末，常见的有氧化铅和硼硅酸盐玻璃，助熔剂与承印玻璃的热膨胀系数相差不能太大；连接料即刮板油（调墨油），是一种有机物，在烧结过程中被完全烧掉，由松油醇、松节油加适量醇酸树脂、乙基纤维素等配成。钢化玻璃油墨的组成如下。

① 玻璃基釉配方。氧化硼 50%，氧化铝 10%，抗酸性氧化钛 15%，抗碱性氧化锆 15%，低熔点硅酸 10%。

② 钢化玻璃油墨着色剂。主要采用耐高温的无机颜料金属氧化物或是耐高温铬化合物颜料，通常由金属氧化物或其盐类（经加热后即成为该金属的氧化物）在高温下煅

烧而成。一般使用以下几种：

白色类着色剂：氧化锡、氧化钙、氧化锆、高岭土等；

黑色类着色剂：氧化铱（或铬酸铁）与钴盐（或锰盐）的混合物；

红色类着色剂：镉红，是由硫化镉和镉制得的颜料；

黄色类着色剂：铀酸盐、硫化镉、铬酸铅等；

蓝色类着色剂：铝酸钴；

绿色类着色剂：氧化铬；

褐色类着色剂：红色氧化铁、锰盐等。

钢化玻璃油墨的着色剂配方中，无机金属氧化物颜料的用量要达到20%～35%才能获得满意的油墨着色力与印刷效果。

③ 调墨油的配方。松节油40%，松油醇20%，树脂20%，乙基纤维素15.0%，高沸点类有机助溶剂5.0%。

④ 钢化玻璃油墨配方。玻璃基釉52%，着色剂25%，调墨油22%，氧化铝或氧化锌（调节膨胀系数）1%～5%。

（3）玻璃油墨选择

太阳能玻璃由于安装在室外，使用环境恶劣，长期受到自然界的侵蚀，因此要求油墨必须牢固，附着力强，耐腐蚀，耐磨刷。所以太阳能玻璃必须使用高温无机钢化油墨，在生产线上与玻璃钢化工艺一起进行，通过高温瞬间烧烤和瞬间降温的方式使颜料与玻璃体熔结在一体，油墨固结于玻璃表面，达到油墨耐热性好、牢固度和硬度好、耐化学腐蚀的目的。

钢化玻璃油墨通常选用高温无铅玻璃油墨，其性能指标应达到如下要求：

性状：具有流变性的糊状膏体、微味、环保无毒；

固含量：（77%～80%）±5%；

铅含量：＜0.001，满足欧盟ROHS标准；

膨胀系数：$(78 \sim 95) \times 10^{-7}/℃$；

钢化炉温度：680～720℃；

硬度（莫氏）：6；

遮光度：＞95%；

粉体细度：＞400目（英寸）；

适合丝网目数：180～300目（英寸）；

光泽度：＞80；

耐酸碱性：10%柠檬酸15min；

干燥方式：红外线干燥（120～150℃，超过5min）；

毒性：环保、低味、无毒；

颜色：黑、白等多种，可调配。

钢化油墨必须定期通过SGS检测，达到欧盟《危害性物质限制指令（Restriction of Hazardous Substances Directive 2002/95/EC，ROHS）》ROHS2.0检测和认证标准。不高于ROHS中规定的六种有害物的上限浓度：铅（Pb）、镉（Cd）、汞（Hg）、六价铬

（Cr^{6+}）、多溴联苯（PBBs）和多溴二苯醚（PBDEs）。

（4）钢化玻璃油墨的搅拌和使用

钢化玻璃油墨使用时，根据印刷环境、网版张力、丝网目数等，在油墨中加入与油墨配套的溶剂，充分搅拌，这样可在印刷时保证油墨的黏度及干燥速度，达到提高产品质量的效果。

① 油墨搅拌的方式。油墨搅拌有手工搅拌和机械搅拌两种方式。为了保证混合均匀，钢化玻璃油墨的搅拌采用机械搅拌。

机械搅拌油墨操作：先用调墨刀略搅动油墨桶内油墨，再将油墨桶置于搅拌机台上。将油墨搅拌器插入桶内并固定在搅拌台上的固定座内；调整油墨搅拌器的高度，注意不能碰到油墨搅拌罐的底部和侧面，固定好后开机。在油墨搅拌过程中，要根据油墨量来调整搅拌时间和速度。钢化玻璃油墨搅拌时间一般为 1～2h，以保证油墨内各组分完全融合渗透，达到最为均匀的状态。搅拌后静置约 10～20min 后测量黏度。

钢化玻璃油墨出厂黏度一般控制在 300～500Pa·s。在丝网印刷前，加入 5%～10% 的调墨油后充分搅拌。当使用丝网印刷机印刷时，油墨黏度应控制在 180±20Pa·s；如果用手工印刷，油墨黏度应控制在 100～150Pa·s。

在印刷过程中，伴随着溶剂的挥发，油墨的黏度逐渐变大，干燥速度加快，造成油墨干皮结网，堵塞网版，使印品印迹缺墨或出现网纹及锯齿状现象。这时就需加入溶剂，改善油墨的流变性，或补充调匀的油墨，保证印品印迹饱满。

注意在补充溶剂时，一定要停机操作，并搅拌均匀。否则会因溶剂的加入，造成油墨黏度不均匀，使得网版上有的地方油墨黏度大，有的地方油墨黏度小，导致印品着墨不均匀。

油墨搅拌必须使用生产厂商提供的配套油墨的稀释剂进行配比。如厂商未指定，则用开油水对油墨进行稀释，且添加比例≤5%。稀释剂不要一次性添加，应分次添加，以防油墨过稀。

② 油墨的使用

a. 回温：原装油墨从冷藏室取出后，在室温（20～25℃时）放置时间不得少于4h，以充分回温，并在油墨瓶上的状态标签纸上写明回温时间，同时填好油墨进出管制表。

b. 搅拌：手工搅拌是用扁铲按同一方向搅拌 5～10min，以油墨和溶剂搅拌均匀为准。

机械搅拌机按前述操作规程进行，以搅拌均匀为准，且在使用时仍需用手动按同一方向搅动1min。

c. 使用环境：温度20～25℃；湿度45%～60%。

d. 使用投入量：自动印刷机印刷时，网上油墨呈柱状滚动，柱状体直径为1～1.5cm即可。开网加油墨前，先用粘尘纸或美纹胶将网版粘一遍，再加油墨，且每次不能添加太多；中途添加油墨，必须先用调油刀将剩下的油墨刮到一边再加新油墨，然后将剩下的油墨刮回油罐中充分搅拌。

e. 使用原则：按流程单指定油墨型号进行调油，做到"先进先出""先搅先用"；印刷时要优先使用回收油墨，并且回收油墨只能用一次，如果回收油墨有剩余要做报废处理；使用剩余的油墨时，将其与新油墨混合，新旧油墨混合比例至少3：1，以新油墨占比例较大为好，且要为同型号同批次。严禁使用没标识的油墨和超过有效期的油墨。

f. 油墨使用后要及时将瓶盖盖住，避免灰尘杂物掉入油墨中；油墨冷藏室冰箱应24h通电，温度严格控制在0～10℃。油墨使用前不得进行加热等操作。

g. 油墨搅拌后的使用期限：≤12h［温度（22±5）℃，相对湿度（55±10）%下存放］。

h. 油墨、稀释剂使用及储存时，须远离火源，储存和使用场所须配备灭火器。

i. 对油墨过敏者，使用前应涂覆一层皮肤护肤膏或戴不渗透手套；若油墨不慎溅入口、鼻、眼、耳内，应用大量水清洗或直接求助医生。

③ 油墨干燥。油墨干燥方法分为自然干燥、电阻炉加热干燥、紫外线干燥、电子束照射干燥、红外线干燥、微波干燥等多种形式，是否需要加热干燥根据油墨使用说明确定。

需自然干燥的油墨，要放置在通风，无尘，湿度、温度合适的环境中，不准叠放，直至实干。

干燥的检查方法是，用指甲轻划印膜无破坏。

④ 油墨进厂检验。油墨检验项目及标准见表7-28。

表 7-28　油墨检验项目及标准

检验项目	检验标准	检验方法
名称/牌号	根据来料送检单或是送货单核对名称/牌号是否与实物相符	目测
标识	包含品名、料号、规格、数量、单重、标准尺寸、生产日期、有效期、检验合格章、油墨标签，内容清晰且贴有ROSH标签	目测
有效期	来料油墨必须在有效期以内	目测
外观	根据采购订单，确认外观颜色是否为所采购产品	目测
质量	标签质量与实物质量是否相符，单重≥10kg，±50g；≤10kg，±20g	电子秤
性能及其他	附着力、耐水性、硬度等，结合实际生产，进行性能测试检验	使用时测试
ROHS检测报告	油墨厂家按批次出具ROHS检测报告	目测

⑤ 油墨储存

a. 储存环境：密封保存在0～10℃最佳（新进油墨在存放之前贴好状态标签，注明日期，并填写油墨进出管制表）。

b. 油墨启封后，放置时间不得超过24h。

c. 生产结束或因故停止印刷时，网版上剩余油墨放置时间不得超过1h。

d. 停止印刷不再使用时，应将剩余油墨单独用干净瓶装好、密封、冷藏，剩余油墨只能连续用一次。

7.6.4.5　刮板

刮板也叫刮刀、刮胶。在丝网印刷中，发挥根本作用的有两个部分：一个是丝网，它的作用是承载网版图像，并调节油墨流和油墨附着；另一个就是刮板，起着使印料通过网孔转移到承印物上的作用。刮板的性能、保养和维护对于印刷效果至关重要。

（1）影响刮板的因素

为达到预期的丝印目的就必须正确选用刮板，刮板选用受下列因素影响。

① 丝网的张力。网版张力大的可选用硬度高的刮板，丝版绷得较松的则只能使用硬度低的刮板，否则影响油墨的透过量。

② 油墨的性能。油墨的酸碱性对刮板的选用也很重要，还要结合油墨的黏度、细度、硬度选择刮板的长度、厚度、硬度。油墨黏度高刮板长度相应要长点，油墨硬度大刮板硬度也需大一些。

③ 玻璃的性能。由于玻璃是硬质物体，太阳能压延玻璃的表面与其他玻璃表面不同，表面粗糙，平整度较差，因此应使用较软的刮板。

④ 印刷的要求。油墨转移到玻璃上的量较多时，应选用质软刮板。

⑤ 印刷压力。印刷压力大，不适宜使用太软的刮板，否则网版与玻璃的接触面会太大而使印刷效果差。

（2）刮板断面形状

刮板的断面形状有矩形、V形（双斜面）、单斜面和圆形。矩形的刮板可应用于所有的图形印刷。V形（双斜面）刮板有一个柔软的印刷边缘，多用于不规则形状的物品印刷。单斜面的刮板具有与双斜面刮板相同的特点，它们多用于固态含量较高的油墨或者色浆。

圆形断面的刮板常用来印刷较厚的油墨层，一般用于墨层要求较厚的专门工业应用。

刮板的断面形状对油墨附着和最终的印刷质量有着极大的影响。使用圆形断面的刮板很难控制印刷品的清晰度。在印刷分辨力要求很高的情况下，或者在吸收性很强的物品上印刷时，都应该选择使用矩形断面的刮板。

（3）刮板材质

刮刀材料必须耐磨，刀口有很好的直线性，保持与丝网的全接触。常用的刮板材质一般为氟化橡胶和聚氨酯型橡胶。

聚氨酯型橡胶刮板具有高强度、高耐磨、耐矿物油及烷烃类溶剂、耐臭氧、耐低温和耐辐射等性能，在高硬度情况下仍有很高的回弹性，因此得到了广泛的应用。

（4）刮板硬度

刮板一般由特殊的聚氨酯制成，刮板硬度指的也是聚氨酯的硬度，它决定着刮板的抗溶剂性能和抗磨损性能，此外，还决定着刮板在印刷中的抗弯曲性能。

刮板的硬度一般使用邵氏硬度计来测定，通常为邵氏硬度（A）60～90度。测定时放在刮板的表面上，仪器底座上凸出的针状探测头插入刮板的表面，测出的读数显示在仪器的面板上。

刮板硬度越高，耐化学性能、耐磨损性能就越强，边缘也较锋锐，印刷时附着的印刷墨层较薄；刮板硬度低、边缘较钝，印刷的墨层较厚。

通常将邵氏硬度（A）55～65度的刮板称为软性刮板；邵氏硬度（A）65～75度的称为中硬性刮板；邵氏硬度（A）75～95度的称为硬性刮板。

（5）刮板的选用

太阳能玻璃印刷质量和清晰度要求较高，批量大，稳定性要求高，通常选用聚氨酯刮板。聚氨酯刮板有较强的耐油墨性、耐酸、耐碱、耐油性，具有较好的耐磨性，有一定的硬度、强度、回弹性，刃口平直，品质较高太阳能光伏玻璃表面粗糙，厚度不均匀，使用硬度高的刮板，不能把所需要的油墨很好地转移到承印材料上，产生理想的印刷效果，所以一般选用邵氏硬度（A）55～75度的中、软硬度的刮板（市售产品为红色或绿色）。

控制刮板的弹性、硬度是为了使压印线细而实，保证各点所受压强均匀。这样，一方面可以使丝网迅速回弹，保证丝印正常进行；另一方面又可防止刮板把网版蹭毛，影响网版的耐印性。

刮板的弹性，必须保证刮板本身不发生变化，这样刮板压出的油墨量才能均匀。弹性由刮板材质和厚度所决定。

刮板硬度，必须能保证一定的油墨压出量；硬度大的油墨压出量少，反之则多。

印大图像的丝网版，刮板硬度可适当小一点，而丝印精细花纹时则要选用硬度大的刮板。

综合考虑的结果是，要选择既与玻璃相匹配、硬度又尽可能高的刮板，保证整个刮板刃口上的压印线所受的压强相等，使油墨按需要通过网孔转移到玻璃上，印出的网点、图纹清晰稳定。

（6）刮板的安装

① 选择平直无缺陷的刃口为使用刃口，刃口差的装在柄上。

② 安装时要轻拿轻放，不能损伤刃口。

③ 上机安装时，螺丝不要拧得过紧以免损坏刮板，且要做到装夹平、高低平、与网面接触平。

④ 刮板的实际长度要超过图形的宽度，一般两边各超过图形2～10cm，油墨黏度大，刮板就应长一点，以保证刮板受力的均匀和稳定油墨的压出量。

（7）刮板的研磨

新购来的刮板已具有平直的刃口，可直接使用。如果刃口不符合要求，可采用刮板磨研机把刃口磨平。磨研机大多适用于磨90°刃口，特殊角度的刃口，可通过改装磨研机上工夹具实现。

刮板上机使用一段时间后，刃变钝、受损和不平，造成印刷产品的油墨层不平整。这时，需要对刮板进行磨削修复，使其恢复锋利和平直，以保证印刷品墨层的均匀性。

刮板磨削修复使用磨刀夹具或专用机器。刮板磨削夹具的制作非常简单，可以用木头制作，长度与刮板相同。摩擦介质可以使用0#砂纸。磨刀方法是把刮墨刀挂在一个竖直的位置，前后拉动摩擦材料，直到刀刃变得光滑。刮板磨削专用机器有带状磨砂机或圆盘状磨砂机。磨砂机的速度在1000～1300r/min。如果速度超过1300r/min可能会使橡胶熔化，因为大多数合成橡胶是热塑性物质，遇热变软。另外，要轻轻地压橡胶，使其能够得到摩擦而又不至于熔化。

如果刀刃损坏得非常严重，以至于不能磨平，就必须换一个新的刀刃。

小刮板可以手工研磨，即在平整的玻璃上放细砂纸，将刮刀按要求进行研磨，磨时保持刃口平直、角度稳定、前后用力均匀。为防止研磨时刮板发生弯曲和研磨方便，可装好柄后研磨。磨时可在砂纸上撒些滑石粉。

注意：刮板被磨削后将变短，即使其硬度没有改变，其尺寸的变化也足以影响它的弯曲特性，这样刮板压出的油墨量也将发生变化。

（8）刮板的储存保养

① 刮板使用完毕，应用柔软的布清洁刮板，顺着刮板方向（不得逆向清洁）及时洗净油墨，以避免油墨在刮板干燥产生残留。不可用尖锐的工具铲除刮板上的油墨，以免划伤或损坏刮板的印刷边缘而使刃口上出现伤痕。刮板条上不应残留有任何油墨的痕迹，否则刮板进行下一次印刷时将有印痕。

② 刮板要放在固定的地方，不要放置在有腐蚀性和强紫外线的环境中。

③ 由于丝印过程要求刮板的刃口平滑，因此新刃口刮板有一个使用的适应性过程。必要时可把刃口先磨平滑后使用，以保证丝印过程顺利进行。

④ 库存时刮板应平放，不要打成卷放置。打开整卷刮条后应放置24h，待刮条展平后再使用，刮条不能接触任何物体。

⑤ 刮板储存在20～25℃的干燥环境中，远离油墨，因为刮板能吸收空气中的水分和溶剂。

⑥ 刮板不要在溶剂内长时间浸泡，虽然有的刮板可以耐多种溶剂，但是长时间浸泡会使刮板暂时变形，失去弹性。

⑦ 刮板清洗后，要存放2h，待溶液彻底蒸发后再使用。另外，如果存放时间较长，建议用石灰粉喷在刀刃上来保护刀刃。通常情况下，刮板存放时应当挂起来或放在刀架上。

7.6.5 太阳能玻璃丝网印刷质量控制及检验

（1）玻璃丝网印刷质量控制

玻璃丝网印刷的主要质量缺陷有尺寸偏差、油墨透明、糊印、油墨面粗糙等，为了避免出现这些问题，在实际生产中要对玻璃的丝网印刷生产过程加以控制。

① 尺寸偏差和直线度控制。太阳能玻璃丝网印刷的方框内主要放置硅片，尺寸偏差允许1mm以内的正公差，直线度控制在1mm/m，也就是方框的尺寸与硅片尺寸的宽度差在1mm以内。控制办法一是制版时控制好丝网的张力，二是控制好底片的图形尺寸，三是控制好印刷时的网版间距和刮板压力等。

② 油墨厚度和遮盖力控制。由于玻璃属于透明材质，因此对油墨的遮盖效果有很高的要求。玻璃钢化后对光进行观察，如果整个图案区域出现半透明状透光质量缺陷，原因可能是所使用钢化油墨的浓度（油墨的着色力）太低；或者是刮板压力小、刮板刃过于锋利、刮板硬度大、印刷速度快、网距大等造成油墨层变薄。控制办法一是在进行大面积的玻璃印刷时，使用较高浓度的油墨，遮盖力小的油墨要更换；二是在印刷时，油墨中不能加入过量的调墨油；三是选择颜料颗粒细、遮盖力强的油墨；四是控制印刷刮板的参数和印刷参数，油墨层湿膜的厚度一般控制在15～25μm。

③ 漏点透明现象。俗称针孔，就是在自然光或强光照射情况下，丝印区域有点状透光质量缺陷。一般规定针孔数量要少于2个/区块，针孔直径要小于0.2mm，同时针孔分布不得密集。针孔的产生原因很多，主要有网版上有缺陷、网版糊版、网版上有灰

尘、油墨黏度大、油墨内有杂质、油墨颗粒大丝网通不过、丝网太细油墨通不过、烘干机热风不清洁等。控制的办法一是在上版前仔细检查网版；二是保持丝网印刷室的温度和湿度洁净度；三是避免静电吸附灰尘；四是调整油墨黏度并过滤油墨。

④ 油墨面粗糙。主要是印刷玻璃表面出现油墨凹凸不平、平滑性差、起皱、起泡现象。产生的原因是油墨层太厚、油墨的黏度过大、流平性不好、丝网张力小等。控制办法一是提高印刷速度和减小刮板压力；二是稀释油墨；三是增大网距。

（2）丝网印刷油墨层质量要求及检验方法

太阳能玻璃丝网印刷后，待墨层完全固化后，应对油墨层外观、尺寸、附着力、耐酸等质量性能按照JC/T 1006—2006《釉面钢化及釉面半钢化玻璃》标准进行检测。

① 丝印常见缺陷

a. 异物：丝印后，涂膜附着灰尘、点状或丝状异物。

b. 露底：由于丝印位置丝印太薄露底色。

c. 漏印：要求丝印位置未丝印到。

d. 模糊/断线：丝印不良致丝印线条和图案粗细不均，模糊不清，字线局部不相连。

e. 丝印厚薄不均匀：由于丝印操作不当，造成点线或图案的丝印层厚薄不均。

f. 错位：由于丝印位置不准，丝印位偏移。

g. 附着力差：丝印涂层附着力不够，用胶纸可贴掉。

h. 针孔：涂膜表面能看见针眼状小孔。

i. 擦伤/划痕：丝印后保护不善造成。

j. 杂色/污渍：非丝印颜色附着在丝印面上。

k. 色差：和标准色板相比颜色有偏差。

② 检验条件

a. 光度：在日光或800lx强光下；

b. 检验表面丝印效果，检验者分别以正视和45°角度对外观进行观察，时间约10s。

c. 检验者目视方向与待检产品表面距离：距观测面300mm。

③ 油墨层外观质量标准（见表7-29）

表7-29　油墨层外观质量标准

缺陷	外观表现	质量标准
漏光点	直径≤0.5mm	每个（硅片）区块2个
	0.5mm＜直径≤1.2mm	每个（硅片）区块1个
	直径＞1.2mm	不允许有
斑纹	油墨层上深浅不均的条纹	600mm距离背光检查不可见
油墨层表面划伤	宽度≤0.2mm	长度≤30mm，≤3条/m²
	宽度＞0.2mm	不允许有
色差	2000mm处目视观察	无明显差异
	与标准色卡对比	无明显差异
图案完整性（图案有欠缺）	600mm处目视观察	不允许有不清晰、不端正、不完整、拖墨、漏印、错位、重叠、少墨等不良现象

续表

缺陷	外观表现	质量标准
图案与字符边缘直线度		≤ 1mm/m
油墨层遮盖力	以 600mm 正对光线观察	无透亮
	以 600mm 反射光线观察	无透亮
疵点	直径 ≤ 1.2mm	不允许集中存在
	直径 > 1.2mm	边部 3 个 /m²
丝印尺寸	偏差 ⊥1mm 内	目视无偏斜

④ 油墨层附着力

要求：油墨层上不得有油墨残留。

试验方法：在钢化后的油墨层表面，用单面刀片在25mm×75mm的区域内，刀片与玻璃成45°重复刮20次。沿75mm方向用墨水划一条线，15min后，在线上涂细研磨膏擦拭后，在散射光的照射下，目视无油墨残留。

油墨层表面在试验后，如有油墨残留，表面油墨层上的细孔会使水渗透，从而可能导致油墨层褪色或在结冰气候下造成油墨层与玻璃分离。

⑤ 油墨层耐酸性

a. 耐盐酸性

要求：油墨层允许有颜色改变和粉化现象，但不应存在明显的脱落。

试验方法：在室温条件下，将3.5%的盐酸溶液滴于钢化后的油墨层表面，湿润直径25mm左右，15min，清洗干燥后，目视观察判定。

b. 耐柠檬酸性

要求：油墨层允许有颜色改变，但不允许有粉化和脱落现象。

试验方法：在室温条件下，将新配置的10%的柠檬酸溶液滴于钢化后的油墨层表面，湿润直径25mm左右，15min，清洗干燥后，目视观察判定。

⑥ 耐碱性

要求：无明显变化。

试验方法：在室温条件下，将10%的氢氧化钠溶液滴于钢化后的油墨层表面，湿润直径25mm左右，30min，清洗干燥后，目视观察判定。

⑦ 检验要求

a. 丝印产品各工序均需要进行首件检验，由操作人员和专职检验员分别进行，确认合格后，才能进行批量生产。

b. 生产过程中，由操作工随时对外观进行自检。

c. 丝印产品按照1h一次，每次抽检2件进行过程检验，由专职检验员进行；抽检不合格，需要加倍抽检，仍不合格，需要对该时段生产产品做不合格处理；成品采取抽样检验办法，抽样方案GB/T 2828.1 GB/T 2828.1—2012《计数抽样检验程序 第1部分：按接收质量限（AQL）检索的逐批检验抽样计划》规定执行。

d. 成品应经检验合格后，方可出厂。

7.7 玻璃钢化工艺

　　未经钢化的 $2\sim 5mm$ 钠钙硅酸盐原片玻璃，实际使用抗冲击强度（耐风压强度）一般为 $225\sim 900MPa$（抗冲击强度随玻璃厚度的增加而增大，见表7-30）；在 $1‰$ 破坏率情况下，其抗冲击强度为 $90\sim 360MPa$。而一般相同厚度的玻璃根据化学键计算的理论结合强度为 $7000MPa$，实际使用强度比理论强度低 $2\sim 3$ 个数量级。之所以有如此巨大的差别，主要是因为所有材料中都存在微小裂纹，这种裂纹的应力集中效应对于延展性材料来说，由于裂纹尖端局部流动应力能得到松弛，而脆性材料并不具备流动能力，裂纹的扩展会使得材料在较低的应力水平下就沿裂纹开裂破坏。玻璃是强度分散性非常大的典型脆性材料，在成形和使用过程中，其表面存在许多肉眼看不见的微裂纹，这些微裂纹在张应力作用下会在裂纹尖端产生应力集中现象，使得裂纹迅速扩展，从而造成玻璃本身的强度降低，导致玻璃原片在较小外力冲击及环境介质（急冷急热）作用下破损。玻璃破损后其形成的大块放射形锐角易对物件和人身造成伤害，在应用上受到了限制。

表7-30　各种未钢化平板玻璃耐风压强度数据表

玻璃品种	厚度 /mm	平均破坏载荷 /MPa	1‰破坏率下允许载荷 /MPa
浮法玻璃	2	225	90
	3	450	180
	5	900	360
	6	1100	440
	8	2000	800
	10	2500	1000
	12	3000	1200
	15	4250	1700
	19	6550	2600
压延玻璃	2	225	90
	4	335	135
	6	660	265
压花夹丝玻璃	6.8	1100	440

　　为了提高和增强玻璃的抗冲击强度和安全性能，消除玻璃表面微裂纹或者抑制微裂纹的扩展是一种最简单易行的方法。这种增强玻璃强度的方法，称为玻璃的钢化，经过钢化后的玻璃产品，称为钢化玻璃。

　　钢化玻璃是用物理或化学方法，在玻璃表面形成一个压应力层，使玻璃表面的微裂纹在挤压作用下变得更加细微，甚至"愈合"。当玻璃受到外力作用时，这个压力层可将部分拉应力抵消，避免玻璃碎裂，从而大幅度提高玻璃的耐压强度、抗冲击强度和承载能力，并在破损时不再形成具有破坏力的大块锐角玻璃。经过钢化后的原片玻璃，其强度比同样厚度未钢化的原片玻璃可提高 $3\sim 5$ 倍。

　　笔者经过两年的研究，在中国建材桐城新能源材料有限公司 320t/d 太阳能压延玻璃生产线上，不仅试制出了适应于光伏组件盖板使用的抗PID玻璃原片，而且在深加工玻璃生产线上试制出了用于光伏组件盖板的抗PID钢化玻璃、抗PID镀膜钢化玻璃。新研制生产的抗PID压延玻璃，除了具有优于普通太阳能压延玻璃抗压强度和膨胀率的性能外，更具有优于普通太阳能压延玻璃的抵抗光伏电站在潮湿高温环境下出现的电势诱导衰减（PID）功能。钢化后的普通太阳能压延玻璃和抗PID太阳能压延玻璃的抗压强度等物理性能数据比较见表7-31。

表7-31 某厂钢化后太阳能压延玻璃物理性能表

序号	项 目	单位	普通太阳能压延玻璃	抗PID太阳能压延玻璃
1	抗压强度	MPa	406	544
2	密度	g/cm³	2.484	2.497
3	20～300℃膨胀系数	10^{-7}/℃	89.10	84.47
4	变形点	℃	578	587
5	软化点	℃	591	599
6	光伏组件功率衰减率（钢化压延玻璃）	%	0.2～0.4	0.1～0.2
7	光伏组件功率衰减率（镀膜钢化压延玻璃）	%	1.2～1.5	0.9

7.7.1 玻璃钢化方法简介

玻璃的钢化主要有化学钢化和物理钢化两大类。

（1）化学钢化法

通过离子交换方法改变玻璃表面化学组分，增加玻璃表面层压应力，以增加玻璃机械强度和热稳定性的方法称为化学钢化，目前有表面脱碱、碱金属离子交换等方法。由于它是通过离子交换使玻璃增强，所以又称为离子交换增强法。根据交换离子的类型和离子交换的温度又可分为低于转变点温度的离子交换法（简称低温离子交换法）和高于转变点温度的离子交换法（简称高温离子交换法）。

化学增强法原理是：根据离子扩散机理来改变玻璃的表面组成，在一定温度下把玻璃浸入到高温熔盐中，玻璃中的碱金属离子较活泼，很易从玻璃内部析出，并与熔盐中的碱金属离子扩散而发生相互交换，改变玻璃表面层的成分。当冷却到常温后，产生"挤塞"现象，玻璃便同样处于内层受拉，外层受压的状态，使玻璃表面产生400MPa的压缩应力，从而提高玻璃的强度，其效果类似于物理钢化玻璃。

但离子交换法所产生的表面压应力层比较薄（仅几十微米），对表面微缺陷十分敏感，很小的表面划伤，就足以使玻璃强度降低，变成普通玻璃。

化学钢化玻璃的工艺流程为：玻璃片→清洗处理→化学钢化→保温冷却→清洗干燥→包装。

低温离子交换法：把清洗处理过的钠钙硅酸盐玻璃浸泡在纯度为99%以上、低于玻璃应变点温度（410～430℃）以下的硝酸钾熔融盐中，玻璃中的小半径碱金属离子Na^+与熔盐中的大半径碱金属离子K^+相接触，使得Na^+与K^+进行交换反应，产生挤塞现象从而增强玻璃表面。由于钾、钠离子交换速度较慢，要使玻璃具有大的应力值和符合使用要求的应力层厚度，需要根据玻璃厚度浸泡1～8h不等。

高温离子交换法：高温离子交换是玻璃中的大半径碱金属离子Na^+、K^+与熔盐中的小半径碱金属离子Li^+在玻璃应变点以上及软化点以下温度范围与熔融盐相接触，使得Na^+、K^+与Li^+进行交换反应，由于表面含Li^+的玻璃和内部含Na^+、K^+的玻璃热膨胀系数不同，当玻璃冷却到室温附近时，产生低膨胀，表面层形成压缩应力，内部产生拉伸应力，从而达到增强玻璃强度的目的。

化学钢化玻璃的特点：化学钢化玻璃的抗弯强度是普通玻璃的3～5倍，抗冲击强度是普通玻璃的5～10倍，应力均匀，热稳定性好，处理温度低，产品不易变形，无自爆现象，不产生光畸变，可切裁加工，且其产品不受厚度和几何形状的限制，使用设备简单，产品容易实现。但与物理钢化玻璃相比，化学钢化玻璃生产周期长（交换时间长达数小时），效率低，因此生产成本高（熔盐不能循环利用，且纯度要求高），碎片与普通玻璃相仿，安全性差，且其性能不稳定（化学稳定性不好），机械强度和抗冲击强度等物理性能易于消退（也称松弛），强度随时间衰减很快。

适用范围：化学钢化仅适用于2mm以下厚度的含碱金属平板玻璃或薄壁玻璃、瓶罐异形玻璃等产品，对于其他玻璃不能利用这种方法增强。另外，离子交换所用的硝酸钾废弃盐的处理给环境带来不利，此外，清洗离子交换玻璃也需要大量的水，因此，成本高，不利于强化产量大、普通用途的玻璃。

化学钢化玻璃除离子交换法外，还有酸腐蚀法。酸腐蚀可将玻璃表面侵蚀掉几十微米。酸腐蚀的原理是通过酸侵蚀除去玻璃表面裂纹层或使裂纹尖端钝化，减小应力集中，以恢复玻璃固有的高强特性。由于酸洗的目的是除去表面微裂纹，所以必须选择强侵蚀能力的酸，如氢氟酸。但是，单用氢氟酸不容易得到光滑的表面，侵蚀后产生的盐类都附着在玻璃的表面，为了除去盐类，需在氢氟酸中加入硫酸、磷酸和硝酸等强酸。平板玻璃经酸腐蚀后，强度可达到800～1000MPa。但是酸处理后的玻璃表面极为脆弱，很容易受到外界环境的侵蚀，表面硬度降低，强度不能有效保持。此外，酸腐蚀玻璃不耐高温处理，经高温腐蚀后强度急剧下降，所以，通常此种方法不常用。

（2）物理钢化法

简单来说，物理钢化就是通过处理在玻璃内部形成永久应力。其原理是把玻璃加热到适宜温度后迅速冷却，使玻璃表面急剧收缩，产生压应力，而玻璃中层冷却较慢，还来不及收缩，故形成张应力，使玻璃获得较高的强度。由于此种钢化方式并不改变玻璃的化学组成，因此称为物理钢化玻璃法。

一般来说冷却强度越高，则钢化后玻璃强度越大。物理钢化方法很多，按冷却介质来分，可分为气体介质钢化法、液体介质钢化法、微粒钢化法、雾钢化法等。

① 气体介质钢化法。气体介质钢化法，即风冷钢化法，包括水平气垫钢化、水平辊道钢化、垂直钢化等方法。所谓风冷钢化法，就是将玻璃加热至接近软化温度（700℃左右），然后对其上下表面同时用低温高速气流进行淬冷，使玻璃内层产生张应力，外表面产生压应力，以增加玻璃机械强度和热稳定性。玻璃加热和急冷是物理钢化法生产钢化玻璃的一个重要环节，对玻璃急冷的基本要求是快速且均匀，从而获得均匀分布的应力。为得到均匀的冷却玻璃，要求冷却装置必须能有效疏散热风、便于清除偶然产生的碎玻璃，并应尽量降低其噪声。

风冷钢化玻璃有全钢化和区域钢化两种。若低温高速气流对玻璃进行均匀淬冷，就形成全钢化；若玻璃在不同冷却强度的风栅下进行不均匀冷却，使不同区域产生不同应力时就形成区域钢化。

风冷钢化的优点是产量大、成本低、质量稳定、易操作，具有较高的机械强度、耐热冲击性（最大安全工作温度可达288℃）和较高的耐热梯度（能经受204℃），而且风冷钢化玻璃除能增强机械强度外，在破碎时能形成小碎片，可减轻对人体的伤害。但是风冷钢化对玻璃的厚度和形状有一定的要求（风冷钢化的玻璃最小厚度一般在2mm），对于薄玻璃，钢化过程中容易出现玻璃变形的问题，无法在光学质量要求较高的领域内应用。

目前风冷钢化工艺是平板玻璃物理钢化中应用最广泛的一种，太阳能超白压延玻璃一般使用风冷全钢化工艺。

② 液体介质钢化法。液体介质钢化法，即液冷法。所谓液冷法，就是将玻璃加热到接近软化点后，放入盛满液体的急冷槽内进行钢化。冷却介质可以采用盐水，如硝酸钾、亚硝酸钾、硝酸钠、亚硝酸钠等的混合盐水；此外，还可以采用矿物油，当然也可以向矿物油中加入甲苯或四氯化碳等添加剂；一些特制的淬冷油及硅酮油等也可以使用。

在进行液体钢化时，由于玻璃板的边部先进入急冷槽，因此会出现应力不均导致炸裂。为了解决这一问题，可先用风冷或喷液等进行预冷，然后再放入有机液中急冷；也可以在急冷槽中放入水和有机溶液，由于有机溶液浮于水上面，当把加热后的玻璃放入槽中时，有机溶液起到预冷作用，吸收一部分热量，然后进入水中快速冷却。除了采用浸入冷却液体的方法，也可以采用液体喷雾法，但一般多用浸入法。英国的Triplex公司，早在20世纪80年代就用液体介质法钢化生产出了厚度为0.75～1.5mm的玻璃，结束了物理钢化不能钢化薄玻璃的历史。液体钢化法的难点是合理的液冷法工艺制度的建立。在液冷钢化时应注意避免产生过高的压应力层和玻璃炸裂两个问题。

采用液体介质钢化法，能耗降低，成本减少，而且冷却速度快，变形较小。由于在冷却时是玻璃受热后插入液体介质中，因此对于面积较大的玻璃板来说，容易受热不均而影响质量和成品率。

液体介质钢化主要适用于钢化各种面积不大的薄玻璃，如眼镜玻璃、液晶显示屏玻璃、光学仪器仪表用玻璃等。

③ 微粒钢化法。微粒钢化法是把玻璃加热到接近软化温度后，于流化床中经固体微粒（一般为氧化铝微粒）淬冷而使玻璃增强的一种工艺方法。从理论上看，用固体作为冷却介质可以制造出更薄、更轻、强度更高的钢化玻璃，因此在20世纪70年代中期至80年代初期，英国、日本、比利时、德国等陆续将此技术应用于生产。

微粒钢化法可钢化高精度的薄玻璃和超薄玻璃，强度高、质量好，是目前制造高性能钢化玻璃的一项先进技术。微粒钢化新工艺与传统的风冷钢化工艺相比，冷却介质的冷却能大，适于钢化超薄玻璃，节能效果显著（节能约40%），但微粒钢化工艺的冷却介质成本较高。

④ 雾钢化法。雾钢化法以雾化水作为冷却介质，利用喷雾排气装备，可使玻璃在钢化过程中冷却更均匀，能耗更小，钢化后的性能更好。喷雾排气装备由若干相互并列连接且排布在底板上的栅格形桶状结构构成，每个桶状结构由底板、隔板、喷嘴和若干

排气孔构成，类似于气体法，但使用的冷却介质不是空气，而是雾化水。由于水的比热容较大，所有的液体中水的汽化热也是最高的，在玻璃的钢化过程中，水雾连续不断地喷到加热后的玻璃表面，呈微粒状的雾化水迅速吸热成为100℃的水，再汽化，利用水的比热大及汽化热高这一特点，将玻璃表面的大量热瞬间带走（吸收），使玻璃淬火钢化，在玻璃表面造成永久性的压缩应力，从而提高玻璃的抗张能力，使玻璃钢化。水雾（雾化水）可由压缩空气喷吹法、蒸汽喷吹法或液压喷雾法等喷向被加热的玻璃表面。由于雾化水接触到赤热的玻璃后会迅速吸热并汽化膨胀，若令其自由扩散，会影响玻璃的均匀冷却，易使玻璃炸裂，因此，需设计独特的喷雾排气设备，使已汽化和膨胀的水汽可就地抽走，而不会沿着玻璃表面扩散。

雾钢化法的优点是冷却介质易得，成本低、不污染环境，还可钢化一般气体、液体及微粒钢化所不能钢化的薄玻璃，缺点是冷却制度和冷却均匀性较难控制，故较少使用。

化学钢化与物理钢化的区别见表7-32。

表7-32　化学钢化与物理钢化的区别

项目	化学钢化	物理钢化
玻璃成分	改变玻璃表面成分	不改变玻璃表面成分
加工原理	玻璃表面钾钠离子置换 + 冷却，形成压应力	玻璃急冷，表面形成压应力
加工温度	在 400 ~ 450℃的温度下进行	在接近玻璃软化点
加工厚度	0.1 ~ 35mm	2 ~ 35mm
表面应力值	450 ~ 650MPa	90 ~ 140MPa
碎片状态	碎玻璃是块状的	碎玻璃是颗粒状的
抗冲击强度	玻璃厚度 < 2mm 有优势	玻璃厚度 ≥ 3mm 有优势
弯曲强度	高	低
光学性能	优	良
表面平整度	优	良
生产成本	高	低
玻璃形状	复杂形状、异形、瓶罐等	规则形状
寿命	3 年以下	超过 30 年

7.7.2　风冷钢化工艺

由于风冷钢化法在物理钢化中工艺最简单，生产效率最高，产量最大，成本最低，所以，成为使用最广泛的技术。

风冷钢化原理：将玻璃在钢化炉内按一定的升温速度加热到接近软化点温度，通过玻璃自身的形变消除内部应力。然后将玻璃移出钢化炉，迅速送入冷却区域，用多头喷嘴将高压冷空气吹向玻璃的两面，用低温高速气流进行急冷，使玻璃迅速且均匀地冷却至室温。玻璃外层（上下表面）首先收缩硬化，由于玻璃的热导率低，这时玻璃内部仍处于高温状态，待到玻璃内部也开始硬化时，已经硬化的外层将阻止内层的收缩，从而使先硬化的外层产生压应力，后硬化的内层产生张应力，玻璃内外层形成了永久应力。由于玻璃表面层存在压应力，当外力作用于该表面时，必须先抵消这部分压应力，这就提高了玻璃的机械强度。这种钢化玻璃处于内部受拉而外部受压的应力状态，一旦局部发生破损，便会释放应力，使玻璃破碎成无数小块，这些小的碎片没有尖锐棱角，不易伤人。

7.7.2.1 风冷钢化玻璃生产工艺过程

风冷钢化炉包括上片（输送）段、加热段、急冷段、冷却段、下片段。

（1）上片（输送）段

镀膜后的玻璃送入钢化机组上片段，上片段辊道将玻璃送入加热炉，在玻璃进片期间，编码器会对进入的玻璃的总长度进行准确的测量记录。

（2）开始加热阶段

玻璃片由室温进入钢化炉加热，由于玻璃是热的不良导体，所以此时内层温度低，外层温度高，内外形成温度梯度。由于玻璃的热膨胀系数较大，此时外层受热膨胀，产生暂时压应力，内层为张应力，外层膨胀受到内层抑制。

由于玻璃内外层的温差造成了玻璃内外层的应力，因此厚玻璃要加热慢一点，温度低一点，否则会因内外温差太大而造成玻璃在炉内破裂。

（3）继续加热阶段

玻璃继续加热，当温度超过590℃时，玻璃内外层的温度梯度逐渐减小，表面出现应力松弛，但表面的应力仍为压应力，当内外温度均匀时，玻璃板内基本无应力，内外层都达到钢化温度。

（4）开始骤冷阶段（在开始吹风的前1.5～2s）

玻璃由钢化炉进入风冷区，风栅吹出低温高速气流，外层温度下降，低于内层温度，外层开始收缩，而内层没有收缩，所以外层的收缩受到内层的抑制，导致外层受到暂时张应力，内层形成暂时压应力。

（5）继续骤冷阶段

玻璃内外层进一步骤冷，当温度降到500℃以下时，玻璃外层已硬化，停止收缩，这时内层也开始冷却、收缩。硬化了的外层抑制了内层的收缩，在这个阶段，外层的压应力与内层的张应力已基本形成，但是中心层还比较软，尚未完全脱离黏性流动状态，所以还不是最终的应力状态，结果使外层产生了压应力，而在内层形成了张应力，这时形成暂时应力。

（6）持续骤冷（12s内）

玻璃继续冷却，温度梯度逐渐消失，转变为应力梯度，表面形成了较大的压应力，中心形成了张应力，这种应力及其分布最终留在了玻璃中，这时形成永久应力。

一般情况下，压应力层的深度约为玻璃厚度的六分之一，若上下冷却不均匀时，张应力趋向于冷却较弱的一面，使钢化强度下降，出现玻璃两面钢化强度不对称现象。

（7）钢化完成（20s内）

这个阶段内外层玻璃都已完全钢化，内外层温差缩小，温差趋于平衡，钢化玻璃的最终内外层永久应力形成，即外层为压应力，内层为张应力。

风冷钢化玻璃在玻璃厚度方向上的应力分布类似抛物线，玻璃厚度的中央是抛物线

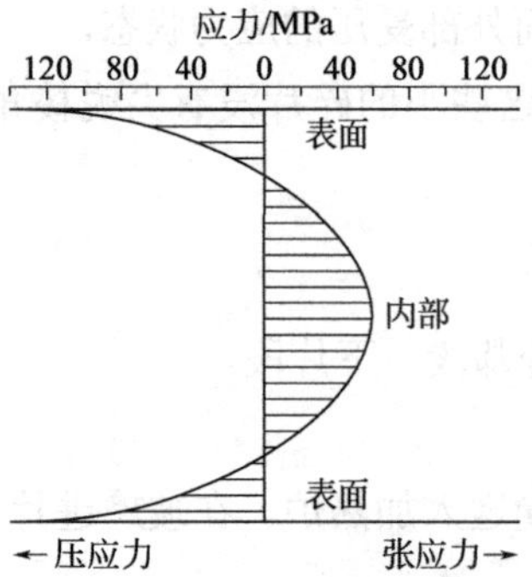

图 7-85　玻璃压应力与张应力的关系

的顶点，即张应力最大处；两侧接近玻璃两表面处是压应力；零应力面大约位于厚度的 1/3 处（见图 7-85）。外层压应力和内层最大张应力在数值上有粗略的比例关系，即张应力是压应力的 1/2 ~ 1/3。

（8）冷却阶段

这个阶段继续用低压风冷却，将玻璃冷却到 45℃以下，以满足下片和装箱要求。冷却阶段对内外应力没有影响。

在钢化玻璃的生产过程中，产品质量控制的关键是如何使玻璃形成较大而均匀的内应力，而产量提升的关键则是如何防止炸裂和变形。

7.7.2.2　风冷式钢化玻璃性能

（1）风冷钢化玻璃表面应力与碎片的关系

玻璃表面形成压应力层后，玻璃的机械强度和耐热冲击强度得到了大幅提高，并具有特殊的碎片状态。

通过对钢化玻璃表面应力值与 50mm×50mm 内碎片数的检验，得出表面应力值与 50mm×50mm 内碎片数之间的关系，见表 7-33。

表 7-33　表面应力值与碎片数之间关系表

表面应力值 /MPa	63	72	81	90	99	108	120	132
50mm×50mm 内碎片数 / 粒	14	29	39	52	62	73	82	92

根据表 7-33，只需测得钢化玻璃的表面应力就可以知道碎片数；或者通过碎片数量也可以知道其应力值大小。

经验数据表明，钢化应力应控制在适当的范围内（80 ~ 140MPa），这样可保证钢化碎片颗粒度满足国家标准要求。

（2）高强度

钢化玻璃与同等厚度的普通玻璃相比，其抗弯强度可达 125MPa 以上，比普通玻璃大 4 ~ 5 倍；抗冲击强度也很高，用钢球法测定时，1040g 的钢球从 1m 高度落下，玻璃可保持完好。

普通玻璃受荷载弯曲时，上表层受到压应力，下层受到拉压力，玻璃的抗张强度较低，超过抗张强度就会破裂，所以普通玻璃的强度很低。而钢化玻璃受到荷载时，其最大张应力不像普通玻璃一样位于玻璃表面，而是在钢化玻璃的板中心，所以钢化玻璃在相同的荷载下并不破裂。

（3）安全可靠

在钢化玻璃中，通过急冷使玻璃产生了压应力，从而提高了玻璃的强度，因此玻璃受冲击时不容易破碎。当受荷载破碎时，由于张应力作用，玻璃内部存在着巨大的能量，如果玻璃的局部破碎，玻璃裂纹扩展产生连锁反应，就像冲击波一样在整个玻璃上蔓延，释放的能量便会导致临近区域继续碎裂，最终结果就是整个玻璃在不到 1s 时间内炸裂。引起破坏的裂纹传播速度很大，同时外层压应力有保持破碎的内层不易剥落的作用，因此钢化玻璃在破裂时，只产生没有尖锐角的小碎片，几乎不会对人体造成伤害。普通玻璃破碎时为尖锐的大块片状碎块，容易对人体造成严重的伤害。见图7-86钢化玻璃与普通玻璃破碎状态对比图。

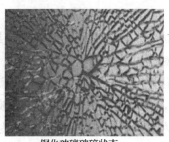 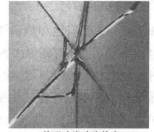

钢化玻璃破碎状态　　　　　　　　　　普通玻璃破碎状态

图7-86　钢化玻璃与普通玻璃破碎状态对比图

（4）耐热冲击

钢化玻璃具有相对较高的耐热冲击性，与同等厚度的普通玻璃相比，热稳定性好，在受急冷急热时，不易发生炸裂。这是因为钢化玻璃的压应力可抵消一部分因急冷急热产生的拉应力。钢化玻璃耐热冲击，最大安全工作温度为288℃，能承受204℃的温差变化，而普通玻璃仅为70～100℃。

由于钢化玻璃能抵抗一定的温度突变，因此在发生火灾时能起到短暂的防火作用。

（5）钢化玻璃的其他性能

① 不可切割性。由于钢化玻璃内部应力分布已处于均衡状态，当进行切割、钻孔等再加工时，会因应力平衡破坏而引起破碎，所以一般不允许进行再加工。但是轻微的加工，例如对划伤、彩虹等缺陷进行的抛光，对产品性能并没有多大影响。所以，在生产中只能在钢化前就将玻璃加工至需要的形状，再进行钢化处理。

② 自爆性。钢化玻璃强度虽然比普通玻璃强，但是有些钢化玻璃在使用过程中，即使无直接外力作用，或当温差变化大时，会发生自行爆裂的可能性，自爆率一般为0.1%～0.3%，而普通玻璃不存在自爆的可能性。引起自爆的主要原因是玻璃中硫化镍（NiS）相变引起的体积膨胀所导致。解决自爆的对策主要有：控制玻璃原片中硫化镍的进入和控制钢化玻璃应力，对玻璃做均质处理（HST）等。均质处理（HST）是公认的彻底解决自爆问题的有效方法，即将钢化玻璃再次加热到290℃左右并保温一定时间，使硫化镍在玻璃出厂前完成晶相转变，让可能自爆的玻璃在工厂内提前破碎。这种钢化后再次热处理的方法，国外称作"Heat Soak Test"，简称HST，我国通常将其译成"均质处理"，也俗称"引爆处理"。

③ 光学畸变。因为玻璃在钢化过程中炉内温度要加热到720℃左右，玻璃几乎处于软化状态，在短短的几秒钟突然承受大的风压，玻璃的表面会存在风斑，造成光学畸变，同时玻璃表面会存在凹凸不平现象，严重程度取决于设备好坏和操作者技能掌控情况。所以钢化后的玻璃不能做镜面。

7.7.3　风冷式钢化玻璃加热和急冷机理

在玻璃的风冷钢化过程中，必须将玻璃在钢化炉内快速加热到所要求的温度，加热时，玻璃不同区域的温度要控制在设定的范围内，玻璃表面与中部的温差要小；加热过程中，玻璃不能出现变形等影响外观质量的问题。所以，加热的均匀性是加热的核心，是最难解决的问题之一。

7.7.3.1　钢化玻璃的加热方式

钢化炉的加热方式主要有电加热和气体加热（燃气钢化炉）两种，使用最广泛的是电加热方式。电加热方式主要有辐射加热、对流加热和传导加热三种。

玻璃钢化时，玻璃必须被加热到接近软化温度才能够达到玻璃钢化所要求的半塑性状态，对超白压延玻璃和普通浮法玻璃来说，该温度在630～720℃。玻璃的钢化温度决定了玻璃在炉内的加热方式是以辐射加热为主，对流加热和传导加热为辅。

（1）辐射加热

辐射指的是能量以电磁波或粒子的形式向外扩散。自然界中的一切物体，只要温度在绝对温度零度以上，都以电磁波和粒子的形式时刻不停地向外传送热量。物体通过辐射所放出的能量，称为辐射能。

辐射能通过红外线传播。红外线的波长大于可见光线，其波长为0.75～1000μm，可分为三部分：

近红外线，波长为（0.75～1）～（2.5～3）μm；

中红外线，波长为（2.5～3）～（25～40）μm；

远红外线，波长为（25～40）～1000μm。

红外线只能穿透原子、分子的间隙，而不能穿透到原子、分子的内部。红外线穿透原子、分子的间隙时，会使原子、分子的振动加快，间距拉大，即增加热运动能量，使物质融化、沸腾、汽化，但物质的本质（原子、分子本身）并没有发生改变，这就是红外线的热效应。

综合考虑辐射类型、钢化玻璃炉的加热规律及实际生产经验，通常每1mm厚度玻璃的加热时间约40s。因为厚玻璃温度均化过程需要时间较长，所以厚玻璃的加热时间要稍高于这个数字，但不应超过45s/mm；薄玻璃的加热炉温要比厚玻璃的加热炉温稍高，薄玻璃的加热时间应低于40s/mm，但不应少于35s/mm。普通加热炉内玻璃吸收的热量大约80%来自辐射。

一般电加热的加热炉，炉内安装电加热元件，通电时，电能转变为热能，热能以电磁波的形式辐射到炉内玻璃、耐火材料、陶瓷辊上，后两者被加热后又产生辐射热，辐射到玻璃表面，其中一部分被吸收，一部分被反射，透明玻璃的反射率为6%～8%，压延玻璃的反射率为3%～4%。

如果某种波长的辐射线辐射至玻璃表面而不被吸收，则称玻璃对此波长的辐射线是透明的；如果辐射线不能全部通过玻璃，则称玻璃对此波长的辐射线是半透明的；如果辐射线被玻璃全部吸收，则称玻璃对此波长的辐射线是不透明的。

加热玻璃时，加热炉炉膛的温度（即加热温度）设定是十分重要的。当加热温度为630℃时，辐射对应的波长是3.2μm，玻璃表面吸收这种辐射热，然后通过热传导将热量传到玻璃内部，加热速度慢；当加热温度为700℃时，辐射波长多为2.5μm，玻璃内层吸收这种辐射线，加热速度快；当加热温度为900℃时，辐射波长的最大值小于2.5μm，该温度下加热玻璃时，光波会穿过玻璃，而不会被玻璃吸收，这样，玻璃受到的就是间接加热，辐射热量被大量消耗到炉内壁及炉内其他材料上，延长了加热时间，降低了加热效率，即加热炉的温度设定超过800℃时，会造成浪费。所以，为了将玻璃加热到钢化需要的温度，通常太阳能压延玻璃钢化炉的炉温基本上都设定在700℃左右（对抗PID太阳能压延玻璃炉温设定在720～730℃），辐射加热玻璃的最佳波长为3.2～4.9μm。

（2）传导加热

玻璃传导加热主要表现为两个方面：一方面，辐射和对流把热量传到玻璃表层，然后通过热传导到内层，加热玻璃；另一方面，玻璃在炉内陶瓷辊上运动，陶瓷辊吸收下部加热元件的辐射热，温度升高，并以热传导的方式将热量传递给玻璃，同时玻璃也起着冷却陶瓷辊的作用。陶瓷辊以石英为主要材料，通过添加辅助材料制造而成，其热膨胀系数几乎为0，热导率也很低。

如果各种规格的玻璃总是按照一种排片布置上片，某一位置长期放同一规格的玻璃，结果玻璃进入加热炉后，有玻璃的地方陶瓷辊得到玻璃的冷却，温度较低；长期不放玻璃的地方，陶瓷辊就"过热"，其热量传递给玻璃后就产生"热边"，导致玻璃加热温度不均匀。克服这种由于热传导引起的"热边"，可采取顺序交叉、变换位置的装片方法，即几种规格的玻璃，按顺序周期地变换装片位置，这样辊道各处都有机会得到玻璃的冷却，不会产生辊道"过热"，也就不会产生"热边"。

玻璃上表面不接触炉内元件，只有下表面接触陶瓷辊，陶瓷辊与玻璃的接触面积很小（理论上是线接触），所以热传导在整个传热过程中不是主要方式，玻璃在加热炉内吸收的热量只有不到10%来自热传导。

（3）对流加热

采用强制对流加热方式的钢化炉，可以缩短玻璃加热时间，提高生产效率，使玻璃温度更为均匀，提高产品质量。目前采用强制对流加热方式的加热炉，对于6mm以下的透明玻璃，加热时间可以低至27s/mm。

在钢化玻璃生产过程中，主要有以下几种对流传热方式。

① 自然对流。自然对流不是工艺要求，而是由于工艺的特点所造成的，如炉门开启而进冷风、密封不严和炉内的低温气体流向高温处等。当炉内存在温度差时，空气自然流动，冷玻璃进入加热炉后，玻璃下表面存在自然对流加热，玻璃上表面由于冷空气形成气屏，若没有强制对流，自然对流加热影响很小。平板玻璃四边的自然对流影响比较明显，一般会造成玻璃"热边"，使玻璃边部温度过高，从而影响玻璃的光学质量；在实际生产中开启炉门对温度的影响也较大的，因此常在加热炉前后的上下部位加角部炉丝来平衡温度；在后炉门由于怕风栅的冷空气吹入炉内，常采用气幕的方式来隔离冷热空气的交换。

② 装有热平衡管的强制对流。一般加热炉内靠近加热元件的地方都有热平衡管，管内的压缩空气经加热变成热空气，直接吹在玻璃上下表面。热平衡气体一方面强制对流加热玻璃，另一方面也使加热炉内的温度分布更均匀。热平衡管布置方向与加热炉丝

方向垂直，在每根加热炉丝的正下方，热平衡管都开一个1mm的小孔，相邻孔方向相反，孔间距为120mm，与相邻炉丝之间的间距相等，从孔内喷出的压缩空气经过上部加热元件加热后吹到玻璃的上表面，形成对流加热。这对镀膜玻璃尤其是Low-E玻璃的加热，效果十分明显。由于镀膜玻璃膜面反射较高，因此对辐射热吸收较弱，下表面加热比上表面快，导致玻璃在炉内呈"凹"状变形，只有玻璃中部接触硅辊，易产生光学变形等缺陷。解决这一问题最有效的办法就是增强玻璃上表面的对流加热强度，保证玻璃上下表面均匀加热。

③ 采用高温风机的强制对流。加热炉内安装由高温风机组成的热风循环系统，热空气自加热炉内抽出，通过管道到达气孔或喷嘴，由一个小型而耐高温的电动吹风机将热空气吹向玻璃上下两面。因此，热空气密封循环运行，可有效防止冷空气进入炉内。玻璃上下两面分别采用两个独立的对流加热系统，这样玻璃的上下两个表面可在相同的加热速度下向玻璃厚度中心传递热量。在炉内上下均有热风出风口和回风口，系统内的风采用电加热或燃气加热。

燃气加热炉和气垫式加热炉都把强制对流作为加热方式之一（辐射传热任何情况下都是加热的主要方式）。由于全对流钢化炉不能设定炉内温度曲线，对操作的要求很高，所以需要一个很好的控制系统。

美国Glasstech公司的强制对流技术是以燃烧天然气的对流加热器为技术核心，由于采用全对流方式，天然气在炉外燃烧后，与部分炉内气体混合，直接喷向玻璃表面。该技术能在较低温度（670～690℃）下就使玻璃均匀加热，它提高了加热速率，因此减少了玻璃在传动辊上停留的时间，尤其是能缩短从玻璃软化温度到淬火温度所需要的时间，这样，就减少了变形的机会，改善了玻璃的质量。

瑞士Cattin公司的强制对流炉是一种非常紧凑的辊式平底炉，其顶部和底部装有特殊设计的喷管系统，可产生很强的对流热量，并将其送到玻璃板的上下表面。该技术能使循环的热气体压力损失减少，提高气体流动速度，使炉内温度均匀。

意大利Ianua公司的钢化炉使用辐射＋对流混合加热系统，即为了补偿电辐射加热的不均匀性，在全辐射炉内配置一套密封的对流加热装置。电加热元件被安装在矩形管道内，通过管壁向玻璃辐射热量，管壁一面开有小孔，气体流经电加热元件温度上升后，喷向玻璃表面，这种混合加热方式可使玻璃上下表面得到均匀加热。

（4）玻璃快速加热方法

由玻璃的加热过程可知，要想缩短玻璃的加热时间，提高玻璃的加热效率，必须增大单位时间内玻璃对辐射热的吸收，加强玻璃与所接触物质的热量交换，使玻璃板尽可能快地达到所要求的钢化温度。

玻璃的热传导主要在输送辊表面和玻璃下表面发生；对流则主要在炉内热空气与玻璃表面间发生。由于玻璃的导热性较差，所需的换热时间较长，因此，玻璃的快速加热途径主要从以下几方面考虑。

① 提高辐射效率。在玻璃加热升温过程中，玻璃能否充分吸收加热元件辐射的热量是快速加热玻璃的关键。在玻璃钢化温度确定的前提下，热源的电加热丝温度决定了辐射热波长。要使玻璃在最短的时间内快速升温，就必须使所发出的红外线波长处于

2.7～4.5μm的最大辐射强度内，这样才能最大限度地利用光辐射效率。因此提高辐射效率，就必须严格控制辐射波长。控制辐射波长主要有以下几种方法：

a. 控制加热源温度。控制加热源温度实质是控制通过电加热丝的电流及负载电压。因而，电加热元件采用功率可调的方式是非常必要的。电加热丝在持续加热一段时间后，辐射源温度迅速升高，辐射波长超出玻璃最大吸收范围，此时，调低电加热丝功率，电流减小，电加热丝温度降低，使辐射光波长得到有效控制，从而提高了辐射效率。

b. 间接加热。使用遮热板进行间接加热，遮热板能承受900℃以上的高温而不发生变形，并且能够吸收2.7μm以下辐射波长，安装遮热板的间接加热结构，在加热过程中，首先由电加热丝发出密集的短波长光，遮热板在最短时间内大量吸收波长2.7μm以下的红外线，自身温度迅速升高，而其他波长的红外线则透过遮热板辐射玻璃。同时，遮热板自身温度升高后，作为辐射源发出波长2.7μm以上红外线，使得玻璃在最短时间内获得最大的辐射能量。由于电加热丝加热过程是受到控制的，因此，电加热丝与遮热板始终保持温差，从而确保了对遮热板辐射波长的有效控制。

② 采用二段炉。二段炉的基本原理是，先在500℃时预热玻璃，由于光波长在3.0～3.5μm时，玻璃有最大吸收值，因此玻璃能够快速吸收辐射热量而达到预热温度，然后玻璃进入加热炉进一步加热到钢化温度。玻璃在预热炉中稳定加热，能够有效吸收热量，快速升温，与单段炉相比，大大缩短了加热时间，降低了玻璃的热耗。

③ 增大加热元件的辐射面积。采用间接加热的电加热元件，充分加大其外表面积，增加热元件的辐射面积，可增大单位面积上玻璃的辐射光强度，加大玻璃的换热量，从而有效提高加热效率。

④ 设置强制对流。在加热炉内设置强制对流，提高空气的流速、温度，改变空气的流动状态，能极大地提高钢化炉对流加热的效率。利用钢化炉本身的加热特点，充分预热冷空气，提高空气温度是非常有益的工作。炉内压缩空气管的吹风管，可使加热炉内空气产生湍流而不是层流，这将会大大提高对流换热效果。

7.7.3.2 钢化炉加热设计

目前几乎所有的钢化炉都采用辐射+对流加热工艺原理。

早期的钢化炉均为全辐射加热。在全辐射水平钢化炉内加热玻璃时，其热源来自炉顶和炉底的电热元件，电阻丝通常被安装在金属矩形管内，通过管壁向玻璃辐射热量，玻璃在室温下被送入炉内时，受到电热元件的辐射传热，与传动辊接触部分的玻璃受到传导加热。由于炉温一般在700℃左右，传动辊的温度较高，使得玻璃下表面温度高于上表面温度，在玻璃板的厚度方向造成不对称温度分布，玻璃产生弯曲，边部上翘，此时，重力集中在玻璃板中部，形成辊印，不均匀加热还会引起玻璃中心部位出现白斑。为了解决温度不均匀这一问题，在辐射加热的同时，引入了对流加热技术，以消除由于传动辊导热过快引起的玻璃板缺陷。

对流加热在钢化炉炉顶和炉底安装了气体管道，热气体从孔状喷嘴直接喷向玻璃板，见图7-87，以对流换热方式补偿传动辊导热过快引起的不均匀温度场。

从传热学角度看，辐射+对流型钢化炉的优点要明显大于全辐射钢化炉；从操作角

图 7-87　辐射 + 对流加热式钢化炉喷嘴布置图

度来看，电加热容易控制，温度的设定可以非常精确，且炉内设备简单，加热元件与玻璃板的距离可根据需要确定，总投资也较少。但引入对流换热装置后，钢化炉的总投资增加，同时，对流换热的控制是相当复杂的，要获得均匀的换热系数，必须合理地布置喷嘴并保证良好的操作。

（1）玻璃板厚度对加热速度的影响

就加热周期来说，任一尺寸、厚度和颜色的玻璃，只要在炉内放置的时间足够长，最终都可以达到炉温。但当炉温远高于玻璃最后所需的温度时，在保持一定的加热时间后，实际达到的玻璃温度随厚度不同相差很大。较薄的玻璃与炉子的温度比较容易达到平衡，而钢化较厚的玻璃板时，则容易出现问题。

导致厚玻璃在炉内炸裂的原因是加热过早，玻璃表面的温升比玻璃内部要快，由此玻璃表面和玻璃中部产生温差，降低炉温可缓和这一情况。通常薄玻璃需要更高的炉温，原因是薄玻璃透热率较高，炉内大部分辐射波会穿过玻璃而非加热玻璃，玻璃进入急冷区时，玻璃越薄，需要的玻璃温度就越高。

一般情况，加热玻璃需要的炉温可参考表 7-34。

表 7-34　加热玻璃需要的炉温表

玻璃厚度 /mm	< 4	4～10	12	15	19
温度 /℃	705～720	705～710	690～695	680～685	670～675

（2）影响钢化玻璃加热工艺的因素

玻璃加热工艺的基本要求是：a. 玻璃片必须迅速加热到所要求的温度。b. 在加热过程中，玻璃每一区域两表面的温度能控制在设定的范围内，表面与中部的温差很小，以减少玻璃中的暂时应力。垂直法、水平法、气垫法加热的温度应接近软化温度，使玻璃中的残余应力完全消除。c. 在加热过程中，应尽量保持玻璃板各部分的温度均匀。d. 玻璃在加热过程中不产生变形和擦痕，玻璃的外观质量不产生变化。玻璃加热到设定温度后，必须尽快送出加热炉，迅速进行淬冷。

能够影响玻璃加热工艺的因素有加热方式、加热时间、加热温度、加热速度、加热功率、装片形式等。

① 加热方式。钢化玻璃生产线加热炉的热源有电和气体燃料，以电最为广泛。在钢化炉内，有的是采用加热元件和炉内组件通过辐射加热，有的是采用高温气流通过对流加热，有的是通过接触物体间的传导加热，或者是几种方式共同采用，把热量传给玻璃。其中，以辐射加热为主。

② 加热时间。根据各种类型玻璃钢化炉加热规律及生产实际经验，每 1mm 厚度玻璃的加热时间约为 40s，目前，市场上大多数钢化炉设计都采用这一数据。

③ 加热温度。玻璃在应力完全松弛时迅速淬冷，可获得最佳钢化程度的钢化玻璃，但要保证玻璃不能变形，因此，最佳加热温度以低于软化温度 5～20℃为宜。考

虑到炉膛温度的均匀性及加热速度，实际生产中设定的加热温度一般比玻璃软化温度高90～130℃。

④ 加热速度。同一类型不同厚度的玻璃在加热速度上是有区别的，薄玻璃适用于高炉温快速加热，厚玻璃适用于低炉温慢速加热。

玻璃成分、颜色以及是否镀膜对玻璃的加热速度影响很大。玻璃颜色深，吸收辐射的能力强，加热就快。AR镀膜玻璃其透光率高，辐射热吸收就慢，Low-E膜玻璃反射了辐射热，加热就慢。玻璃进入钢化炉后，玻璃吸热，炉内温度下降，需要一段时间恢复，所以，加热速度在一定程度上还取决于加热功率和炉壁的热容量。

⑤ 加热功率。加热炉的装机功率有两种表示方法：单位面积加热功率及加热炉装机功率。

对于垂直法、水平法加热的钢化炉，其单位面积加热功率以加热炉炉膛单位面积的功率表示：垂直法取平行于加热玻璃的炉膛面积；水平法是以最大装载面积时单位面积的电功率表示。一般为50～75kW/m²，垂直法取下限，水平法取上限。

⑥ 装片形式。玻璃排列位置不当，就会导致玻璃受热不均。为保证玻璃加热温度的均匀性，每一炉必须装同一厚度的玻璃，对于尺寸大小不同的玻璃，顺序变换装片位置，充分利用最大装载面积。

顺序变换位置装片对一般水平法加热尤为重要。在加热炉内，输送辊的温度比玻璃温度高，玻璃起着冷却辊子的作用，当玻璃在加热炉内前进时，接近玻璃边沿的辊面因为没有冷却而趋于过热，玻璃的边部因此比中部温度高，如果玻璃总是在辊子的同一区域传输，则辊子各部分的温差就会大大增加，玻璃边部与中部的温差也会加大，易使玻璃淬冷时出现炸裂。

（3）钢化炉加热功率计算

钢化炉的装机功率由玻璃电加热设计功率、冷却风栅的设计功率、传动功率和控制功率组成，其中玻璃加热和冷却占95%以上。

合理的钢化炉加热系统，不仅能提高钢化炉生产效率，也能降低单位钢化玻璃的能耗，节约能源，降低钢化玻璃制造成本。

① 钢化炉内功率布置。为了能对玻璃均匀加热，理想的电加热系统布置是，加热炉前后两端及两侧面的单位面积加热功率低，中间部分加热功率高。这是因为，中间部分玻璃受热面积等于电加热丝加热面积，而钢化炉两侧和前后两端加热面积大于玻璃受热面积，且玻璃端部周边厚度尺寸切口处也增加玻璃吸热面积。

多数炉体设计时，宽度方向上的加热功率没有区别，导致玻璃加热时，玻璃中部比边部升温慢，加热大板厚玻璃时这种情况更明显。玻璃加热是纯电阻加热，加热电阻丝通常设计成通、断两种状态，加热电流不做调节。玻璃进炉时是全功率加热，这时整个面积电加热功率一样，因此只有靠延长待炉时间，提高玻璃加热炉中部的电阻丝温度，才能使玻璃进加热炉前中部加热丝的热容量高于边部。

② 钢化炉需要的加热功率。玻璃加热所需功率是指将玻璃从室温加热至650～720℃的出炉温度时所需要的电功率。单位体积玻璃所需加热功率用下式表示：

$$p = C\rho VT/(\eta t)$$

式中　p——玻璃加热所需功率，kW；

　　　C——玻璃比热容，kJ/kg·℃，常温下，平板玻璃比热容为0.785kJ/kg·℃；

　　　ρ——玻璃密度，kg/m³，超白压延玻璃一般为2.495·kg/m³；

　　　V——单位面积（1mm）玻璃的体积，m³；

　　　T——玻璃需要加热到的温度，℃；

　　　η——钢化炉加热效率，%；

　　　t——加热1mm厚玻璃所需的时间，s。

若取 t 为40s，η 为95%，将玻璃加热至650℃所需的功率为33.5kW/m²，将玻璃加热至720℃所需的功率为37.1kW/m²。

玻璃加热实际所需功率占电炉丝设计功率的45%左右，普通的辐射加热炉设计功率按70kW/m²设计，上下炉体加热各为35kW/m²。镀膜玻璃加热时有膜面的设计功率大于无膜面。为提高生产效率，有些对流炉炉体的设计加热功率可达至90～100kW/m²，一般单位体积玻璃加热所需的功率取35kW/m²。

钢化炉玻璃加热的装机功率，是指整个钢化炉电炉丝设计时的计算功率之和，即全部电炉丝同时开启的总功率。

钢化炉的加热装机功率＝单位体积玻璃加热所需的功率×（加热炉内上部面积＋加热炉内下部面积）

③ 电炉丝的表面热负荷。电炉丝功率设计时应注意电炉丝表面热负荷的选取，一般取1.9～2.2W/cm²。大于2.2W/cm²，电炉丝的使用寿命降低；小于1.9W/cm²，造成设计浪费，设计制造成本增加。

④ 钢化炉变压器的配置。钢化炉变压器的配置需要根据钢化炉的总装机容量计算，既满足钢化炉的电加热和冷却要求，又不造成浪费。

炉体各加热区的电炉丝不是同时接通加热，且加热功率的高峰值与大功率淬冷风机吹风是错开的。钢化炉升温时，风机停止运行，初始升温加热功率接近100%，变压器满足电加热需要即可；正常生产时，风机的功率接近100%，而电加热是断续的加热，仅提供玻璃需要的热量和炉体的散热量，大约为加热功率的30%～50%，所以，变压器的功率配置为：

$$P_{变压器}=(30\%\sim50\%)P_{加热}+P_{风机}\qquad\qquad P_{变压器}\geqslant P_{加热}$$

式中，$P_{变压器}$ 为配备的变压器容量；$P_{加热}$ 为钢化炉电加热装机功率；$P_{风机}$ 为钢化炉风机装机功率。

7.7.3.3　玻璃急冷机理

采用物理法钢化玻璃时，玻璃的急冷方法有很多，包括风冷法、雾化法、微粒法、液体冷却法等。其中风冷法由于成本较低，能够适应玻璃大批量生产等优点，获得了广泛应用。这主要是因为，在玻璃钢化过程中，空气是最理想的冷却介质，冷却期间可保持玻璃表面清洁；从技术上看，通过改变吹风压力就能很方便获得正确的玻璃冷却速度；冷却风可以均等地作用于玻璃板的各个部分；此外，提供冷却风的风机也是一种简单可靠的设备。

对于相同面积的玻璃，冷却3mm玻璃板所需的风量是6mm玻璃板所需的两倍多，相应地，冷却12mm玻璃板所需的风量不到6mm玻璃的一半，为此，3mm玻璃的冷却速度是6mm玻璃的四倍多，而12mm玻璃的冷却速度不到6mm玻璃的四分之一。

急冷和冷却是生产钢化玻璃的关键，风冷钢化的冷却工艺直接影响玻璃的质量，主要由急冷速度、急冷温度、冷却时间、风压、风栅与玻璃间距等因素决定。

玻璃的钢化质量，即表面应力层的形成以及应力层的均匀程度，主要由加热工艺和冷却工艺两部分来完成，这两个工艺过程都是在钢化产线中进行的，既密不可分，又相互区别。

（1）冷却风栅与风嘴

① 冷却风栅。钢化炉急冷和冷却系统由高压风机、风箱、风栅和风嘴组成。高压风进入风管时风速较高，进入风箱后风速降低而风压增大，风箱是一个静压箱，可平衡分配每个风栅管理的风量和风压，为连续稳定钢化提供保证。风栅出来的高压风随后均匀地进入到很多并列风栅条组成的风嘴阵列，高压风通过风栅条从数以千计的风嘴喷出，以高速气流冲击已经加热的玻璃表面，对其进行强制对流换热，迅速降低玻璃表面温度，达到钢化和冷却的效果。

风栅是玻璃出加热炉后用于冷却降温的部分，工艺上可分为急冷风栅和冷却风栅两种。急冷使玻璃形成应力层、达到强度、玻璃基本定形，冷却是使急冷后的玻璃温度降到可以出片的温度。

钢化8～12mm厚度的玻璃采用急冷与冷却一体风栅，风栅既做急冷用，又做冷却用；钢化2.5～6mm薄板玻璃时，为了降低功率，采取高压风急冷，低压风冷却。

双室炉钢化厚度大于10mm的玻璃时，为了提高生产效率，采用低压风急冷，高压风冷却，急冷段与冷却段分开布置。冷却段长度按照玻璃冷却速度计算，急冷段长度一般在1.4～2.4m，急冷段长，钢化玻璃的质量好，但是要求的冷却功率高，不经济，增加了玻璃钢化成本；急冷段短，钢化玻璃的平整度差、颗粒度不均匀，但是冷却功率低，降低了钢化玻璃成本。往复炉长度一般为最大可钢化玻璃长度，加上玻璃摆动余量。

② 风栅喷嘴。高压风从喷嘴喷出后冲击玻璃表面，并向四周扩散，与相邻风嘴之间的空气相碰撞、合并后，产生反向旋转的漩涡，向上运动到压风板，并在压风板下形成一对双螺旋的漩涡风场。双螺旋的漩涡风场可以在玻璃表面形成相对紊乱的流场，破坏玻璃表面的边界层，同时和在玻璃表面正对风嘴处产生的横向流将玻璃表面的高温空气带走，促进对流换热，提高冷却效果，达到急冷玻璃的目的。所以，压风板与喷嘴的距离不能太大或太小，太大了冷却效果降低，太小了热风不能及时排走，冷却效果也降低。

由于淬冷时会在玻璃表面形成热障，钢化玻璃越薄，需要的淬冷时间越短，排除热障越难，这样只有提高冷却风风压，增强冷却风强度，才能有利于冷却风冲散热气层与热玻璃接触，带走玻璃表面热量。所以，风栅喷嘴形式要多样，钢化不同厚度玻璃时，喷嘴孔径、角度、喷柱厚度、喷嘴距玻璃上下表面距离和喷嘴处风压各不相同。钢化小于4mm的薄玻璃，喷嘴直径小，喷出的冷风速度高（风速大于120m/s），与水平角度大（70°～85°），喷嘴板厚度大（大于5mm，喷出冷风柱长、集中呈柱状），与玻璃表面距离小（小于15mm）。相反，钢化厚玻璃时，喷嘴孔径大，角度倾斜，喷嘴板厚度薄

（喷出冷风柱短、散布面积大，吹到玻璃表面均匀），喷嘴与玻璃表面距离大，玻璃表面热量容易散失。

根据多年的实践经验，加工风栅喷嘴孔时，应注意以下事项：a.孔径必须小于玻璃板厚；b.打孔的孔数多时，孔的间距必须为玻璃板厚度的整数倍；c.边部孔与边部的距离要大于玻璃板厚度；d.对于角部的孔，距角应为玻璃板厚度的6.5倍以上。

③ 风刀。风刀是指钢化2.5～5mm厚度薄玻璃时使用的一种单片吹风装置，风刀安装在钢化炉出炉侧、第一片急冷风栅片外侧、紧贴第一片急冷风栅片。

风刀的主要作用是提高钢化玻璃的平整度。风刀也可减少玻璃进风栅前吹向玻璃前切断面的冷风量，减少迎风裂纹。

风刀吹风方向指向风栅内，与水平面呈40°～60°夹角，长度与风栅片相同，风刀内风压低于急冷风栅内风压，高于冷却风栅片内风压。

（2）急冷速度对钢化玻璃质量的影响

玻璃在急冷时，急冷速度越大，产生的内应力也越大。在玻璃冷却过程中，由于玻璃内部温度梯度的存在，玻璃在获得内应力（张应力）的同时，其外表面也获得了相应的外应力（压应力），也就是说，急冷速度越大，产生的外应力（压应力）也越大。

压应力（表面应力）值的大小直接影响着钢化玻璃的抗弯、抗冲击强度和碎片的大小的性能。

（3）冷却时间及玻璃厚度对钢化玻璃质量的影响

当玻璃成分相同时，玻璃越厚，冷却时玻璃表面与其内部的温度差越大，也就是玻璃中的温度梯度越易形成，同时在玻璃表面产生的表面应力也越大；反之，对于薄玻璃，温度差较小，温度梯度也不易形成。因此，薄玻璃要想获得理想的表面应力，冷却时应达到以下要求：a.急冷时板面温度要高；b.急冷速度要快；c.冷却时间要短。钢化时冷却时间与玻璃厚度之间关系见表7-35。

表7-35   钢化时冷却时间与玻璃厚度之间关系表

玻璃厚度 /mm	急冷时间 /s	冷却时间 /s	玻璃厚度 /mm	急冷时间 /s	冷却时间 /s
3	5 ~ 10	30	10	120 ~ 150	180
4	15 ~ 20	60	12	180 ~ 200	300
5	30 ~ 40	80	15	280 ~ 300	400
6	50 ~ 60	90	19	350 ~ 400	500
8	80 ~ 100	150			

（4）风压参数及风温对钢化玻璃质量的影响

在设定急冷风压参数时，玻璃板面上下的风压应当一致。如果不一致。在急冷过程中，玻璃板面上部的空气压力小于其下部时，玻璃的整个板面会出现前后两端向上弯曲的现象，可以通过增大上部吹风量并减小下部出风量来调节修正；反之，在急冷过程中，玻璃板的上部空气压力大于其下部时，玻璃的整个板面会出现前后两端向下弯曲（中间鼓起）的现象，可以通过增大下部吹风量并减小上部出风量来调节修正。

温度一定时，风压参数值会直接影响钢化玻璃的表面应力和性能。如果风压参数值设定得过小，则钢化玻璃获得的表面应力和机械强度都会小，碎片面积会增大；相反，风压参数值设定得过大，则钢化玻璃获得的表面应力和机械强度都会大，碎片面积会减小。但后一种情况玻璃比较容易在冷却装置中破碎，另外钢化玻璃在安装和使用中会增大"自爆"的风险。另外，由于急冷过程中风压很大，这种高压、高速的气流吹到接近软化的热玻璃上会使钢化玻璃的应力斑加重。玻璃厚度与风压参数之间关系见表7-36。

表7-36 玻璃厚度与风压参数之间关系表

玻璃厚度 /mm	急冷风压 /Pa	冷却风压 /Pa	玻璃厚度 /mm	急冷风压 /Pa	冷却风压 /Pa
3	12000 ~ 16000	2000	10	500	2000
4	7000 ~ 8000	2000	12	300	2000
5	3000 ~ 5000	2000	15	200	2000
6	2000 ~ 3000	2000	19	100	2000
8	1000	2000			

在实际冷却过程中，冷却介质空气由风机从大气中采集，季节变化、气温不同，都会影响玻璃的急冷速度。夏季空气温度高，吹到玻璃板面上气流的温度也会较高，在急冷风压一定时，最终会减慢急冷速度；相反，冬季温度较低，吹到玻璃板面上气流的温度也会较低，在急冷风压一定时，就会加快急冷速度。因此，在设定急冷速度时就必须考虑到环境气温的变化因素。

（5）风栅与玻璃的间距对钢化玻璃质量的影响

玻璃表面压强大小与均匀性对玻璃的钢化质量至关重要，当风嘴与玻璃之间的距离减小时，玻璃表面压强增大，有益于玻璃的钢化，但距离不能太小，因为距离过小会产生过大的压力梯度，从而产生应力斑。当玻璃上下表面受力均衡时，玻璃无弯曲变形，则有利于玻璃在淬冷过程中保持良好的工况。

在冷却工艺过程中，钢化炉的风压参数、施加在玻璃表面的风压和风栅与玻璃的间距之间存在着相互对应的关系。当钢化炉的风压参数设定好后，即风压一定时，风栅与玻璃的间距变小，这就意味着施加在玻璃表面的风压相对增加了，因此钢化玻璃表面会获得更大的表面应力，其碎片数量、机械强度和安全性能都会得到提高；反之，风栅与玻璃的间距变大，则会使施加在玻璃表面的风压相对减小，钢化玻璃表面获得较小的表面应力，其碎片数量、机械强度相对较差，甚至会使钢化玻璃的产品质量达不到标准要求。因此在实际生产过程中，设定风栅与玻璃间距的参数时，一定要考虑到风压参数值的影响。当钢化炉的风压参数不变时，我们就可以通过调节风栅与玻璃的间距来达到调节钢化玻璃的产品质量的目的，而且也能起到一定的节电效果。但也不能一味地追求节能和钢化效果，而将风栅与玻璃之间的距离降得很小，这会加大应力斑的出现。玻璃厚度与风栅距离关系见表7-37。

表7-37 玻璃厚度与风栅距离关系表

玻璃厚度 /mm	风栅距离 /mm	玻璃厚度 /mm	风栅距离 /mm	玻璃厚度 /mm	风栅距离 /mm
3	10 ~ 15	6	30 ~ 40	12	50 ~ 60
4	10 ~ 20	8	35 ~ 45	15	60 ~ 70
5	20 ~ 30	10	40 ~ 50	19	70 ~ 80

7.7.4　风冷式钢化设备组成

风冷式钢化炉按照设备加热方式，可分为强制对流加热钢化设备和辐射加热钢化设备；按照设备的结构、功能来分，则可分为平钢化设备、弯钢化设备、连续钢化设备、双向式钢化设备、组合式钢化设备、不等弧钢化设备、垂直吊挂钢化设备等。

几种风冷式钢化法的比较见表7-38。

表7-38　几种风冷式钢化法的比较

加工性能	垂直法	水平辊道法	连续式水平辊道法	气垫法
玻璃厚度范围/mm	3～12	2.5～19	2.0～6	2～4
最大玻璃规格/（mm×mm）	2200×1800	2400×6000	1200×2500	1200×2000
装载系数/%	50～70	50～75	50～80	50～80
生产能力	小	较大	大	大
装机功率	小	较大	大	很大
控制水平	人工操作，自动化水平低	全线计算机控制，自动化程度高	全线计算机控制，自动化程度高	全线计算机控制，自动化程度高
产品质量	表面有挂钩的夹痕，在挂钩处容易造成拉长或扭曲，模压弯玻璃容易出现压痕，形成局部光学畸变	没有挂钩夹痕，产品的光学性能好	没有挂钩夹痕，产品的光学性能好	除边部外，玻璃不与硬物接触，产品的光学性能好
操作强劳动度	人工挂片卸片，操作劳动强度大	玻璃平放平取，大片用机械放片，劳动强度小	已实现与洗涤干燥工艺连线，玻璃自动排列进入生产线，劳动强度最小	已实现与洗涤干燥工艺连线，玻璃自动排列进入生产线，劳动强度最小
所需特殊原材料	不用特殊原材料	熔融石英或耐高温的工业陶瓷辊	熔融石英或耐高温的工业陶瓷辊	耐高温热风机，大量带喷嘴的特制陶瓷板
装备状况	装备简单	有较多精密加工的部件	装备简单	装置复杂

目前太阳能超白压延玻璃企业采用的大都是连续式水平辊道法，下面详细介绍该工艺的钢化设备组成及参数。

风冷式钢化设备机组主要由放片段、加热段、冷却段、取片段四大部分组成，与其配套的有温度自动控制系统、风冷系统、人机界面操作台等。

将要钢化的玻璃原片放在上片台上，通过上片台的输送辊道将玻璃输送至加热段炉内。加热段的炉体由上炉体和下炉体构成，上炉体设有电加热丝，下炉体由电加热丝、不锈钢辐射板和陶瓷辊组成，上下炉体须封闭严实，两炉体连接部分垫有保温材料。炉顶带有升降机构，配有自动和手动驱动装置。加热段内输送玻璃的辊道为石英陶瓷辊。为保证玻璃上、下表面加热温度均匀，上、下炉体均设有辐射板加热系统。风冷系统由电机、风机、集风箱、阀门、风道、风栅（风排）、风栅升降系统组成，风栅与玻璃表面的距离可调，风嘴和栅格布置采用易于排风的方式。另外，上下风栅风压可调，钢化好的玻璃输送至下片台区后，进行检验、收片、包装。

钢化炉机组各部分传动采用交流变频技术，由电机驱动，驱动速度可调；各部位的运行由工业计算机及PLC组成的控制系统自动完成；供风系统风压可自动调节，上下风栅电动开合、风量电动平衡，主风阀自动通断；炉体、风栅主传动采用O形皮带传动；入、出片台主传动采用链传动，结构简洁、可靠；炉体、风栅主传动设有停电状态时手动应急出片功能，一般均配备应急电源装置，保证停电后炉体陶瓷辊的低速运转。

玻璃进炉时，炉门开启，放片段输送辊与炉内陶瓷辊同步传动，将玻璃送入炉内；此后，玻璃由辊道带动，在炉内运行。在设定的时间内如果玻璃受热均匀，加热质量会更好；同时能确保陶瓷辊道不变形，不弯曲。

（1）上片段

上片段的前端传动为钢质胶面辊道，其胶面层采用高密度NBR天然橡胶，以减缓放片时辊道对玻璃的冲击，避免原片玻璃被划伤。如果钢化炉与磨边机不是连线系统，玻璃由人工或机械上片机（或机械手）放到上片台上，由辊道传送到加热炉内；如果是磨边-镀膜-钢化一体的连线生产线，则经磨边（和镀膜）后的玻璃通过上片段辊道直接输送进入加热炉。在玻璃进片期间，编码器会准确地测量记录进入的玻璃的总长度。

（2）加热段

加热段主要由加热炉体、加热装置、传动系统、提升系统等组成。

加热炉为上下断开式，上部炉体可以通过炉顶提升机构自由升降，便于维修。加热方式为上下分区加热，每个区都装有热电偶，形成独立控制回路。热平衡系统可以根据玻璃的厚度和品种自动调节温度，保证了加热炉内温度的均匀性及玻璃钢化的平整度。加热过程中，主传动电机拖动陶瓷辊运动，使玻璃得到均匀加热。

① 炉体加热和保温。炉体加热装置主要采用铁铬铝合金电热丝。铁铬铝合金的优点如下。a.在大气中使用温度高。铁铬铝电热合金中的HRE合金最高使用温度可达1400℃。b.使用寿命长。在大气中同样高温使用，铁铬铝元件的寿命为镍铬元件的2～4倍。c.表面负荷高。由于铁铬铝合金允许使用温度高，寿命长，所以元件表面负荷也可以高一些，这样不仅能加快升温速度，也可节省合金材料。d.抗氧化性能好。铁铬铝合金表面上生成的Al_2O_3氧化膜结构致密，与基体黏着性能好，不易脱落而造成污染。e.密度小。铁铬铝合金的密度比镍铬合金小，这意味着制作同样的元件时，用铁铬铝比镍铬更省材料。f.电阻率高。铁铬铝合金的电阻率比镍铬合金高，这样在设计元件时就可以选用较大规格的合金材料，有利于延长元件使用寿命，对于细合金线这点尤为重要。g.抗硫性能好。在含硫气氛中及表面受含硫物质污染时，铁铬铝有很好的耐蚀性，而镍铬则会受到严重侵蚀。h.价格便宜。铁铬铝由于不含稀缺的镍，价格比镍铬电热丝便宜得多。铁铬铝合金的缺点主要是高温强度低，随着温度升高其塑性增大，引起元件变形。

根据钢化温度曲线，将炉内的铁铬铝加热器按温度需求分成多个不同的加热区。铁铬铝合金电热丝外形见图7-88。

铁铬铝合金电热丝的主要技术指标见表7-39。

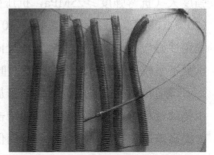

图7-88　铁铬铝合金电热丝外形图

表 7-39 铁铬铝合金电热丝的主要性能指标

性能		1Cr13Al4	1Cr21Al4	0Cr21Al6	0Cr23Al5	0Cr25Al5	0Cr21Al6Nb	0Cr27Al7Mo2
成分含量 /%	Cr	12.0-15.0	17.0-21.0	19.0-22.0	20.0-23.5	23.0-26.0	21.0 ~ 23.0	26.5 ~ 27.8
	Al	4.0 ~ 6.0	2.0 ~ 4.0	5.0 ~ 7.0	4.2 ~ 5.3	4.5 ~ 6.5	5.0 ~ 7.0	6.0 ~ 7.0
	Fe	余量	余量	余量	余量	余量	余量	余量
	其他						加入 Nb:0.5	加入 Mo:2.0
最高使用温度 /℃		950	1100	1250	1250	1250	1350	1400
熔点 /℃		1450	1500	1500	1500	1500	1510	1520
密度 / (g/cm³)		7.40	7.35	7.16	7.25	7.10	7.10	7.10
电阻率（20℃）/μΩ·m		1.25±0.08	1.23±0.06	1.42±0.07	1.35±0.06	1.42±0.07	1.45±0.07	1.53±0.07
抗拉强度 /MPa		588 ~ 735	637 ~ 784	637 ~ 784	637 ~ 784	637 ~ 784	637 ~ 784	686 ~ 784
延伸率 /%		≥ 16	≥ 12	≥ 12	≥ 12	≥ 12	≥ 12	≥ 10
反复弯曲次数		≥ 5	≥ 5	≥ 5	≥ 5	≥ 5	≥ 5	≥ 5
快速寿命 / (h/℃)		—	≥ 80/1250	≥ 80/1300	≥ 80/1300	≥ 80/1300	≥ 80/1350	≥ 80/1350
比热容 / (J/g · ℃)		0.490	0.490	0.520	0.460	0.494	0.494	0.494
热导率 / (kJ/m · h · ℃)		52.7	46.9	63.2	60.2	46.1	46.1	45.2
线胀系数（20 ~ 1000℃）/10^{-6}℃$^{-1}$		15.4	13.5	14.7	15.0	16.0	16.0	16.0
硬度（HB）		200 ~ 260	200 ~ 260	200 ~ 260	200 ~ 260	200 ~ 260	200 ~ 260	200 ~ 260
显微组织		铁素体	铁素体	铁素体	铁素体	铁素体	铁素体	铁素体

加热炉的炉体骨架由国标优质型钢和钢板焊接而成，强度高，刚性好，结构紧凑、牢固。炉体分为上下两部分，上部炉体可遥控升起，以便于辊道安装、更换、维护、清炉。炉子内衬采用优质的硅酸铝耐火纤维压缩板，它具有热导率低、保温效果好、密度低、蓄热损失小等特点，并采用独有的预紧锚固技术，显著减少了炉体散热和热短路，有效降低了炉体表面温度，提高了热效率。在常温下，炉子外表面温度不超过50℃，停电保温12h，炉体仅温降150℃，升温30min即可达到设定温度。

② 辊道和传动。炉内辊道采用熔融石英陶瓷辊。熔融石英陶瓷辊辊芯以SiO_2含量≥99.5%的优质高纯熔融石英为原料，浇注、加工成形，辊子两端轴头采用防松套结构设计和装配，由不锈钢制造，辊道用来承托和传输玻璃，为了保证高温加热时玻璃无划伤、无斑点、无划痕，要求陶瓷辊达到以下要求：辊面光滑、细腻，表面粗糙度≤1.6R_a，强度大（抗弯强度≥25MPa，抗压强度≥50MPa），1100℃以上高温不变形，热膨胀小（20 ~ 1000℃，线胀系数≤1.0×10^{-6}/℃），热导率低（≤0.65W/m·℃），耐磨损，热震稳定性好，不易黏附灰尘，辊子径向跳动≤0.10mm。由于熔融石英陶瓷辊材质比较脆，承受不了较大的重力冲击，在安装时需要特别小心。

辊道传动机构采用圆形传动带加联动同步传动带，以提高传动精度，消除跑偏，减少传动过程的振动对陶瓷辊道的冲击，将不同步传动引起的玻璃划伤降到最低，从而大大提高玻璃加热质量和成品率。为保证玻璃在辊道上无滑差、走位准确、减轻白雾，有效减少因玻璃下表面和辊道摩擦而造成的彗星状擦伤，延长陶瓷辊道使用寿命，要求陶瓷辊道轴承不得有跑内圈的问题。钢化炉辊道装配图见图7-89。

（3）冷却段

冷却段分急冷和慢冷两部分，由传输辊道、上部风栅、下部风栅（冷却风栅为梯形组合形状）、风栅开合机构、风管等构成。加热好的玻璃通过传输辊道被送到急冷段和慢冷段进行钢化和冷却。

图7-89 钢化炉辊道装配图

① 冷却风路。冷却风路主要由风机、送风管路、集风箱、风机控制柜、风门控制机构、钢化控制风阀及上下风栅风量调节机构等组成。风机电机通过变频器改变频率来调整冷却风的流量和压力，以满足不同玻璃的钢化需求。集风箱由钢板制作而成，分上下腔，上下腔由差分阀控制，上下风压单独可调，单独显示，计算机显示上下风栅风压值、压差。

② 冷却风栅。冷却风栅的风嘴由合金制作，冷却风栅分为上、下两部分，分别与空气分配中心连接。控制已实现智能化，可根据玻璃厚度不同，自动调整风栅与玻璃的距离，使喷射距离始终处于最佳值，以达到最佳冷却效果。上下风栅分别由若干个分风栅并联而成，冷风从风栅喷孔喷出，高速喷向玻璃，然后迅速扩散。风栅之间留有缝隙和滑道，不但能均匀有效地放散热风，而且一旦玻璃在风栅内破碎，玻璃碎块会沿滑道缝隙落在地面上，方便维护。

③ 输送辊道。输送辊道是经过特殊处理的φ54mm钢制辊道，表面缠绕有淡金黄色以芳纶1414纤维编织而成的芳纶绳护面，可避免玻璃在辊道上被划伤，同时确保玻璃不跑偏，有效提高玻璃表面质量和成品率。

（4）取片段

取片段结构与上片段基本相同，是一个水平辊道段。当玻璃冷却完成后，被自动送到取片段。取片段末端安装有光电开关，当玻璃到达预定位置时，光电开关感应，辊道停转，由人工、堆垛机或机械手完成下片取片卸片。

① 下片机与铺纸机。玻璃下片机的作用是将成品玻璃码垛到玻璃包装箱内。太阳能玻璃成品一般是水平堆垛到托盘上，见图7-90。如果采用玻璃下片机，一般是人工在玻璃之间铺防霉纸，见图7-91。

图7-90 水平堆垛机

图7-91 下片机

玻璃在输送线上定位后，移出输送线再次精确定位后，由下片机吸盘吸取并将玻璃翻转后进行堆垛，堆垛数量完成后操作人员打包入库。

下片机系统主要包括吸盘架、传送台、定位台、电源等。吸盘为抽真空吸盘机构，同时配置有真空泵、过滤器、真空元件开关等。

随着自动化程度的提高，采用下片机器人和铺纸机组合的堆垛设备已经大量使用，既节省了人力，又提高了堆垛质量。

一台下片机器人配置2台铺纸机，即2个下片工位，以便机器人在不间断下片的情况下更换托盘。

下片机器人由机器人、定位台、吸盘抓手、电源等组成。吸盘为抽真空吸盘机构，同时配置有真空泵、过滤器、真空元件开关等，见图7-92。

铺纸机由放纸龙门架、风刀、切纸刀、电源等组成，配备编码器自动计算长度，见图7-93。

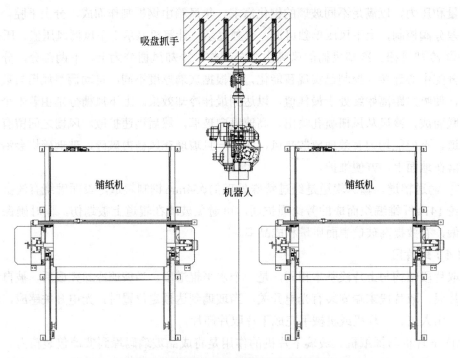

图7-92 下片机器人和铺纸机平面布置图

图7-93 下片机器人和铺纸机图

② 下片机器人的主要技术指标

a. 最大玻璃尺寸：1200mm×2000mm；

b. 取片玻璃厚度：1.6～8mm；

c. 辊道输送速度：6～20m/min；

d. 定位精度：≤±0.5mm；

e. 堆垛精度：≤±2mm；

f. 运行可靠度：≥99%；

g. 抓取玻璃最大质量：30kg；

h. 生产节拍：10～15s；

i. 取片形式：玻璃片静态时，机器人可上取片或下取片，水平堆放到铺纸机前的堆垛工位；

j. 机器人本体重复定位精度：±0.3mm；

k. 堆垛系统玻璃堆垛成品率：≥99.9%。

l. 取片质量：机器人在取片过程中不得损伤玻璃上下表面，不得对玻璃表面造成吸盘印、擦伤等表面缺陷。

③ 铺纸机的主要技术指标

a. 纸张供给：每台铺纸机单卷纸卷；

b. 纸卷规格：宽（1500～2000）mm；$\phi \leqslant 800$mm；

c. 纸张质量：30～38g/m²玻璃防霉纸；

d. 铺纸精度：（8±3）mm（8mm为纸大于玻璃边缘，可调）；

e. 铺纸机纸张切割直线度：≤2mm；

f. 铺纸节拍：配合机器人下取片堆垛周期10s/张；

g. 堆垛片数：≤150片（3.2mm玻璃）；

h. 机台载重：最大2t/台；

i. 托盘要求：平面度≤5mm，栈板四周侧边无木条突出。

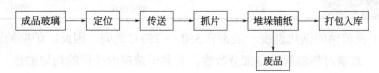

（5）控制系统

控制系统包括温度控制和传动控制两个部分。

水平辊道式平、弯钢化机组控制采用计算机及可编程序控制器进行集中检测、控制和操作，生产工艺参数可快速完成设置，并配有功能强大的监控软件，保证操作更加快捷方便。

加热温度参数控制采用PID调节，并可根据玻璃厚度设计出相应的程序参数，所有使用的参数可储存于参数库中，再次使用时只需从中调出相应的程序参数即可。另外还配有适当的调节曲线可供参考选用。加热炉主传动、玻璃的冷却钢化传动部分以及各段之间的同步输送由伺服控制系统完成。

设备还配有自动监测及显示系统，在使用过程中设备某部分一旦发生局部故障，计算机会自动检测并在显示屏上给出明确的提示，维修人员可很快找到问题所在并进行维修工作。

控制系统由上、下位机组成。上位机是工控机，提供人性化的操作界面。上位机安装在操作台上，显示屏可为用户提供良好的人机界面，包括帮助页面、过程监视、温度曲线、工艺参数、温度显示、报警档案、设备检修（输入测试页面、输出测试页面、四个模拟量测试页面）等。还具有系统工艺参数读写、系统自动控制、单机操作调试和自我诊断、提示报警等功能。下位机是PLC系统，对钢化炉进行自动控制。

控制系统主要由以下两个子系统组成：

① 传动控制系统。传动控制系统是一个上片—加热—冷却—取片的连续生产过程，它的传动程序工艺参数因玻璃厚度不同而不同，全部由PLC自动控制，传动过程的状况可通过终端显示屏进行监控。

② 温度控制系统。温度控制采用专用温度控制模块，每个加热区都设有热电偶，根据玻璃厚度和品种不同，在操作终端上设定温度，温度控制模块根据测得的温度进行运算，并输出控制信号给固态继电器，从而控制加热器的输出功率。它采用了一套先进的自动优化的温度算法，可实现PID自整定功能，模糊控制功能，控温十分精确。

7.7.5 玻璃钢化工艺参数设定

玻璃钢化工艺参数主要有炉温、冷却时间和风压等。

（1）炉温设定

如前所述，玻璃对不同波长的热射线具有不同的吸收能力，见表7-40。

表7-40 玻璃对不同波长热射线吸收能力表

热源温度 /℃	500	600	900
热源波长 /μm	3.7	3.5	2.5
辐射热波长 /μm	> 4.5	2.7 ~ 4.5	< 2.7
玻璃吸收状况	吸收	部分吸收	透射，不吸收

钠钙硅平板玻璃的钢化温度一般都在550 ~ 750℃之间，因此，炉壁的温度选择在750 ~ 850℃，玻璃对热辐射波是部分吸收，有利于玻璃内外层的均匀加热。

（2）钢化温度设定

钢化温度是玻璃由脆性变为塑性的过渡阶段中的某一温度，它接近玻璃的软化温度（低于软化温度20 ~ 30℃），是玻璃内应力趋于完全松弛状态的温度。玻璃的化学成分不同，其软化温度不同，在确定最佳钢化温度之前要了解玻璃成分，一般钠钙硅玻璃钢化温度总的范围在550 ~ 750℃。钢化时，常用以下经验公式确定玻璃需要达到的温度：

$$T_c = T_f - (20 \sim 30)$$

式中，T_c为玻璃钢化温度；T_f为玻璃软化温度，以理论计算来确定。

（3）风冷时间确定

为节约能源和满足玻璃钢化要求，一般采用"先急冷后缓冷"的两段冷却法。通常急冷15s后，玻璃表面温度已经降到500℃以下，此时已经不会再增加钢化度，就可以进行缓冷。

（4）钢化炉常用参数（按表7-41设定）

表7-41 钢化炉常用参数设定表

厚度/mm	上部温度/℃	下部温度/℃	加热时间/s	急冷风压/Pa	急冷时间/s	冷却风压/Pa	冷却时间/s	风栅距离/mm
3	730~740	725~745	90~100	16000	5~10	2000	30	10~15
4	730~740	725~735	140~160	8000	20	2000	60	10~20
5	710~720	700~715	190~225	3000	50	3000	80	20~30
6	700~720	685~710	240~300	2000	60	3000	90	30~40
8	700~720	695~705	320~420	1000	100	3000	150	35~45
10	695~715	685~705	400~500	500	120	3000	180	40~50
12	690~710	680~695	480~600	300	200	3000	200	50~60
15	680~690	670~680	900~1100	300	300	3000	400	60~70
19	670~680	660~670	1000~1500	300	400	3000	500	70~80

注：1. 加工小规格玻璃时，加热时间应适当减少，反之则适当增加，幅度为本值的10%。

2. 加工有色玻璃时，应减少加热时间，幅度为5%~10%。

3. 加工弯玻璃时，加热温度和急冷风压适当提高。

4. 加工镀膜玻璃时，根据膜层厚度，适当增加加热时间。

5. 最佳的工艺参数应以最佳的产品质量而确定。

6. 夏季环境温度较高时，应适当提高急冷风压。

（5）钢化炉生产能力计算

太阳能压延钢化玻璃生产线的生产能力取决于钢化炉的生产能力。钢化炉的生产能力Q（m²/年）按下式计算：

$$Q = 8A(3600/50d) \times n_1 \times n_2 \times \eta_1 \times \eta_2 = (720A/d) \times n_1 \times n_2 \times \eta_1 \times \eta_2$$

式中 8——每班工作8h，注意要扣除非生产时间；

A——钢化炉设计生产面积，m²；

3600——每小时3600s；

50——经验数据，每1mm厚度太阳能压延玻璃加热时间为50s左右；

d——所生产玻璃的厚度，以mm计，因次不计入计算结果；

n_1——每天工作班数，若每班工作8h，则为3；

n_2——每年实际工作天数；

η_1——装载率，水平法钢化炉根据玻璃规格取50%~75%；

η_2——时间利用系数。

或按下式计算每小时生产能力：

$$Q(\text{m}^2/\text{h}) = \{[\text{钢化炉长度}/(\text{每毫米厚度玻璃加热时间}50\text{s} \times \text{玻璃厚度})] \times$$
$$60\text{s}/(\text{玻璃长度} + \text{玻璃间距})\} \times \text{玻璃面积} \times 60\text{min}$$

（6）水平连续辊道式钢化炉主要技术指标

a. 钢化炉能加工玻璃的最大规格1200mm×2500mm，最小规格350mm×150mm；

b. 加工玻璃厚度为（2.0+0.2）mm~6mm；

c. 电耗≤2.5kW·h/m^2（以3.2mm超白玻璃计）；

d. 最大噪声≤85dB（噪声测量点距离：2500mm）；

e. 超白玻璃产品成品率≥99%；

f. 加热段的跑偏量≤10mm；钢化炉全长度的跑偏量≤20mm。

7.7.6　薄玻璃钢化技术与气垫钢化炉

随着太阳能组件向双玻组件和双玻双面组件方向发展，与其配套的太阳能玻璃呈现出2.0mm以下薄型化的发展趋势，所以，2.0mm及以下的物理钢化薄玻璃需求越来越多。

薄玻璃的广泛应用不但减小了太阳能组件重量，延长了组件寿命，而且节约了生产玻璃的原燃材料，减轻了环境污染，其所带来的社会效应和经济效益是非常可观的。

7.7.6.1　薄玻璃风冷式钢化技术

在玻璃的整个钢化过程中，加热过程是平板玻璃的应力逐渐松弛的过程，其松弛的速度取决于钢化温度，钢化温度越高，应力松弛的速度越快。因此，在加热过程中，加热温度的控制非常关键。对薄玻璃而言，加热时间不能过长，如果玻璃在达到最佳钢化温度之前在炉内停留时间过长，容易变形。在冷却过程中，冷却介质对玻璃的冷却就是要在玻璃中沿厚度方向建立一个合理的温度梯度，冷却速率越大，温度梯度越大，所产生的永久应力（即钢化应力）越大。而薄玻璃的钢化，其难点就在于厚度较小，由于自身的热传导和玻璃表面与周围低温环境的热交换，从加热结束到急冷开始的极短时间内，不易沿厚度方向建立足够的温度梯度。因此，若要在薄玻璃内沿厚度方向建立一个合理的温度梯度，就必须快速、均匀加热，然后在高速气流喷射下冷却，才可能在薄玻璃的表面和内部产生足够的永久应力，形成钢化玻璃。

（1）加热

在薄玻璃的加热过程中，首先要求加热速度快，这样既节约能源，又可防止玻璃在接近软化温度时发生塑性变形，当玻璃温度达到最佳钢化温度时，要尽快出炉；其次要求加热均匀、对称，即玻璃表面各处温度均匀分布，厚度方向温度分布均匀一致，这是保证应力均匀分布的前提条件；再次是玻璃完成加热过程后出炉动作要快，尽量减小从加热段到冷却段的温降，使玻璃在急冷前保持合理的钢化温度，同时也可减少炉温波动。薄玻璃和厚玻璃一样，在炉内的加热方法也是以辐射为主，对流、传导方式为辅。所以，在薄玻璃钢化温度确定的前提下，采取以下三种方式可提高加热速度，使玻璃均匀加热：a.尽量使热源的红外线波长处于2.7～4.5μm的最大辐射强度内，最大限度地提高辐射效率，使玻璃在最短时间内快速升温；b.为了有利于均匀加热，在加热炉内设置强制对流，以改变空气的流动状态，提高空气的流速、温度和对流加热效率；c.在加热炉内，利用强制对流的气流将玻璃浮起，使玻璃不与辊道接触，对玻璃下表面加热到高于软化点的温度，这样不仅可快速加热，而且可以实现加热的均匀一致，然后进行气浮冷却，形成温度梯度，达到钢化薄玻璃的目的。

（2）冷却

与加热过程相对应，在薄玻璃的冷却过程中，首先也要求冷却速度快于一般玻璃退火速度，即玻璃从最佳钢化温度到钢化应力形成温度之间的时间要短（对厚玻璃来说，冷却速度不能过快，否则容易引起玻璃炸裂）。其次要求冷却均匀、对称，否则，在薄玻璃厚度方向上产生不对称应力分布，玻璃容易炸裂或变形。再次就是冷却强度，冷却强度是决定钢化程度的最关键因素，它主要与风速、风嘴喷出孔与玻璃的距离、换热后热气流的排出速度、介质输送过程的压力损失等因素有关。在其他条件不变的情况下，冷却强度与风压成正比例关系，风压越大，冷却强度越大，钢化程度越高。最后还要考虑环境温度对钢化程度的影响。实践表明，在夏季环境温度较高的情况下冷却风压要比冬季环境温度较低的情况下风压高。

在薄玻璃冷却过程中，在冷却均匀、对称的基础上，要提高冷却强度，可以从增大喷嘴喷出的气流速度、减小风嘴喷出孔径、缩小风嘴喷出孔与玻璃的距离几个方面进行。

① 增大从喷嘴喷出的气流速度（即增加冷却风压）。在其他条件相同的条件下，风压越大，从风嘴喷出的气流速度越大，冷却强度越高，钢化程度就越高。空气压力p和空气通过喷嘴的流速v的关系如下：

$$p=4.9\times10^4\, v\zeta^2\rho/g$$

式中　p——空气压力，Pa；

ζ——喷嘴出口压力损失系数，1.5；

v——空气流速，m/s；

ρ——空气密度，kg/m^3；

g——重力加速度，9.8m/s^2。

② 减小风嘴喷出孔径。在风压、风量相同的条件下，风嘴喷出孔直径越小，喷出的气流速度会越大。但孔径不能过小，否则会影响空气流喷射到玻璃表面上的覆盖面积。

③ 缩小风嘴喷出孔与玻璃的距离。距离越小，风压和风速越大。在实际生产中，距离不能太小，否则可能会发生气流重叠现象，影响气流在玻璃表面的均匀分布。

7.7.6.2　气垫式钢化炉

在薄玻璃的下表面，高温气体经特制的喷嘴喷出而将玻璃托起及加热，同时用特制的输送设备将托起的玻璃向生产线末端输送，当玻璃加热到钢化温度时进行急冷、冷却而制成钢化玻璃。由于它是通过气体托起玻璃，且加热-冷却-传送玻璃一体完成，所以称为气垫式钢化炉。气垫式钢化炉主要应用于2.0mm及以下超薄玻璃的钢化。

气垫式钢化炉中引入的热平衡系统保证了加热和冷却过程的均匀传送，同时将能够进行钢化的太阳能玻璃厚度由2.5mm及以上降到2.0mm及以下，并且2.0mm及以下钢化玻璃的力学性能以及平整度相比于传统辊道式钢化玻璃，表现出更加优异的平整度和良好的力学性能。

气垫式钢化炉生产线由上片（输送）台、气垫加热炉、气体供热系统、气垫冷却装置、输送机、控制系统、供电柜等主要部件组成。气垫式与传统辊道式钢化工艺的主要区别是气垫加热炉和输送装置。

（1）气垫钢化玻璃原理

气垫钢化技术利用气垫作传热和冷却介质进行玻璃钢化，是风冷式钢化工艺的另外一种技术。

气垫钢化玻璃原理是：玻璃表面的高温气体，经过特制的喷嘴喷射到被加热的玻璃表面，对玻璃表面进行加热，当下表面高温气体压力大于上表面高温气体压力时，气垫像一层床垫托浮玻璃，并使玻璃在床垫上通过边部传动摩擦轮行走。当玻璃加热到软化温度附近时，通过传动装置快速送入冷却区域，冷却区域也配置了带喷嘴的气垫装置，使玻璃在其上通过传动装置运行，快速冷却玻璃。

（2）气垫钢化炉

气垫钢化炉按生产过程分为预热区、气垫床加热区、急冷冷却区、输送四部分。

① 预热区。薄玻璃在预热区有两种预热形式：

一是炉内上下布置电炉丝，通过电炉丝辐射热直接将玻璃加热到550℃左右；

二是炉内上下布置电炉丝，上下电炉丝均用开有小孔的陶瓷板罩起来形成加热空腔。高压空气流经过加热空腔喷嘴，高速喷射进入炉内，当下空腔的热气流压力大于上空腔热气流压力时，下空腔的热气流形成加热气垫床将玻璃浮起，同时陶瓷板的热辐射将玻璃加热到510℃左右。采用这种方式，玻璃在进入预热段后，由气垫支撑，陶瓷板平面倾斜一定的角度，其目的是为了使玻璃靠一边，并与传输轮之间有一定的摩擦力，以便传输轮驱动玻璃向前运动，同时又阻挡玻璃向下滑落。

② 气垫床加热区。气垫加热床在陶瓷板组成的平面上，由许多小型加热喷嘴排列组成一个平整的床面，它由两排机架支撑，机架的高度可调，通过调节非操作侧机架的高度来调节床面的倾角。

在操作侧的边缘装有一排垂直辊轮，由传动链条带动旋转，玻璃片由上片台进入气垫加热床，玻璃的一条直边靠着输送机，此时气垫将玻璃托起，输送机与玻璃边的摩擦力带动玻璃在水平方向移动。

气垫加热炉由数段加热床组成，玻璃片如此由一段输送至下一段。

气垫床加热段也有两种加热形式：

一种是上部加热，采用传统的辐射+对流加热方式，将玻璃加热到705℃；下部采用电炉丝，用开有小孔的若干陶瓷板罩起来形成加热空腔，高压空气流经过加热空腔喷嘴，高速喷射进入炉内形成气垫的对流加热方式，气流经喷嘴向上喷出至少680℃的气体，形成高温气垫床，对玻璃进行加热。

二是采用和预热方式相同的方式，上下全部为气垫床加热，通过陶瓷板的辐射和气垫的对流，将玻璃加热到630℃左右。

两种加热形式的陶瓷板上，每平方米均设有1000多个喷嘴，气垫床将玻璃托起离喷嘴约0.25～1mm。

气垫床加热的热源，可以用电热丝或天然气（天然气和空气比为1：36）或液化石油气。如果是以天然气、液化石油液化气为主要热源，则须配备整套混合燃烧及压力调节装置，高温气体用管道输送至气垫加热床及上部加热盖，从密布的小孔喷嘴喷出。由于气垫加热床的供气压力较大，由上部加热盖加热玻璃的气体热量比加热床的少，因此在上部加热盖设置电加热器，用电热补偿其所需的热量。上部、下部加热喷嘴喷出的高温气体、电加热器所产生的辐射热共同作用，使炉温升高，玻璃片在输送的同时被加热。若气垫加热采用天然气或液化石油气，所产生的废气经设有自控阀门的管道由排气风机将废气排出。

由于玻璃在加热段距离加热喷嘴和陶瓷板很近，在加热时，尽量使玻璃板面的温度分布均匀，以免造成玻璃板弯曲，引起白雾、光斑、光畸变、波浪等缺陷。

为了实现均匀加热，得到优质的钢化玻璃产品，上下部加热元件的安装应尽可能接近玻璃板。加热元件本身安装在一个巨型框架的中央，加热区域分布在玻璃板运动方向上，被分割成间距为100mm宽的几个狭窄区段，温度通过在框架内插热电偶来测量。

为了避免产生温度分布不均匀，并解决加热过程中的玻璃弯曲问题，采取强制对流加热是最好的方式。强制对流是通过小型喷枪实现的，喷枪内注入空气，在加热玻璃时，热量借助于空气的流动转移到玻璃表面，然后再经过传导对玻璃内部进行加热。这样玻璃基本上可以平整地出炉。

这种喷枪可产生均匀的热交换，但其相对位置的设计是一个复杂的问题。如果确定了强制对流喷枪的相对位置，热交换还要考虑玻璃板尺寸的影响。

③ 急冷冷却区。急冷冷却区由急冷段及冷却段组成，结构与气垫加热炉相似，不同的是所有喷嘴均为冷却喷嘴。由急冷段喷嘴喷出的是风压高、风量大的冷风，对玻璃起急冷作用；由冷却段喷嘴喷出的是风压低、风量较小的冷风，对玻璃进行补充冷却。

玻璃加热到钢化温度后，利用精密自动化设备稳定的将超高风压在2s内完成玻璃的急冷钢化。

气垫钢化炉的急冷冷却区。冷却风栅的设计与一般风冷钢化风栅不同，其冷却装置是由1000多个喷嘴组成的冷却床面。气体通过特制的喷嘴喷向加热后的热玻璃表面，对玻璃进行托浮和冷却。喷嘴结构与一般的风钢化冷却风栅也不同，每个喷嘴都是一个小元件，气流不是直接吹向玻璃表面，而是从元件内的四个气孔侧向流出，经过环向气流混合后吹向玻璃表面，以保证气流均匀地吹到玻璃表面和托浮玻璃。

由于每个喷嘴离玻璃表面很近，冷却装置的换热系数计算不能按照一般风冷钢化的公式进行计算，需要经过试验得到。

（3）气垫钢化炉主要技术参数

通常太阳能超白压延玻璃所用的气垫钢化炉的主要技术参数如下。

① 加工的玻璃规格最大规格1200mm×2500mm；最小规格500mm×300mm。全钢化：2.0～2.5mm（厚度公差±0.2mm），1000mm×2000mm；热强化：1.6～2.0mm（厚度公差±0.15mm），1000mm×2000mm。

② 产品主要钢化质量要求

a.钢化度和碎片状态。全钢化（2.0～2.5mm，厚度公差±0.15mm）：颗粒度≥30颗，表面应力120MPa，弯曲强度120MPa；热强化（1.6～2.0mm，厚度公差±0.15mm）：表面应力70MPa；弯曲强度100MPa。

b.平整度要求。全钢化（2.0～2.5mm，厚度公差±0.15mm）：弓形弯曲度≤1.5mm/m，波形弯曲度≤0.1mm/m，边部翘曲度≤0.4mm/m；热强化（1.6～2mm，厚度公差±0.15mm）：弓形弯曲度≤1.5mm/m，波形弯曲度≤0.1mm/m，边部翘曲度≤0.3mm/m。

c.玻璃烫伤划伤擦伤痕迹：在较好自然光下，试样与人距离600mm，垂直观察，白痕、爆边、划伤等表面缺陷不可见。

d.产品稳定性。在参数不变情况下将前后两炉玻璃对叠，对应边间隙小于1.0‰。

e.每批玻璃钢化质量一致。

③ 最大噪声：要求≤85dB（噪音测量点距离：2500mm）。

④ 钢化电耗：≤2.5kW·h/m²（以3.2mm超白玻璃计）。

⑤ 钢化成品率：≥99%。

⑥ 加热段壳体外表面温度：≤50℃。

⑦ 玻璃卸片包装温度：≤50℃。

7.7.7　玻璃钢化炉安全工艺操作规程

玻璃钢化炉安全生产操作规程，是指导操作人员正确使用钢化炉的基准，是对钢化作业时工艺顺序、作业内容及对安全、品质要点进行明示的文件。

（1）生产前设备检查

① 检查各种防护罩以及防护设备是否齐全，灵敏度是否可靠。

② 压缩空气系统投用前应检查气压是否正常，储气罐压力应在0.6～0.7MPa。对储气罐、分集器、三联体过滤器进行排放水，检查各路压力表指示值是否正常。

③ 检查气路系统和润滑系统是否畅通无阻，有无跑、冒、滴、漏现象。

④ 检查风机机壳、集风箱有无开焊、漏风现象，所有连接螺栓、地脚固定螺丝有无松动，联轴器减震垫是否破损。

⑤ 检查风机控制系统是否正常。风机开机前检查风机联轴器是否正常，轴承箱内油位是否过低，生产过程中要定期给风机轴承箱加油，巡查风机工作状况，检查有无异常声响。

⑥ 检查风机各部位的间隙尺寸，转动部分与固定部分有无碰撞及摩擦现象；严禁进风门开启时启动风机；经常检查风机启动运转声音、轴温是否正常；当轴承温度温升超过环境温度40℃、最高不大于70℃或风机有剧烈的振动和撞击、轴承温度迅速上升等现象时，必须紧急停车检修。

⑦ 检查钢化炉操作开关、光眼、限位开关、炉门气缸是否灵敏可靠。

⑧ 检查钢化炉各部位电机的油位、温升、运转声音是否正常，传动链条有无松动、脱节现象，各部位固定螺丝有无松动、断裂。

⑨ 检查钢化炉主传动陶瓷辊轴有无活动，陶瓷辊有无不转现象，手摇风栅传动转动是否轻松、灵活。

⑩ 检查各部位风栅冷却系统是否正常，根据产品规格调整好上、下风栅的距离和风压；检查辊子有无松脱，辊子上的芳纶绳有无松断，各光电开关是否正常。

⑪ 生产过程检查中如发现有玻璃炸裂，必须及时清除碎玻璃，以免划断芳纶绳，甚至卡死辊子。同时定期给各轴承、链条及齿轮箱加注合适的润滑脂、润滑油，定时检查各离合器、轴承、链条等是否处在正常工作状态，发现隐患及时排除。

⑫ 设置合理的升温速率升温，当加热炉开始升温时，应同时打开加热炉辊道主传动，使辊子均匀受热，防止变形。同样，当加热炉内的温度降至150℃以下，方可停止

石英陶瓷辊转动。通常情况下，石英陶瓷辊随炉降至100℃以下才可停止转动。

⑬ 根据玻璃的情况设置合理的炉温。无色玻璃比有色玻璃的炉温设定要高。加热炉上、下部温度应有基本的设定参数，但应结合实际情况加以调整：温度太高，易产生辊道擦伤等表面缺陷；温度太低，玻璃在钢化过程中易破碎，即使不破碎，其钢化强度也差。温度设定原则是，进炉口和出炉口温度稍低、中间温度稍高；上部与下部炉温差设定为3～15℃。

⑭ 上下片台胶辊（或输送胶辊）转动的情况下将上面的灰尘等杂物扫干净，确保炉膛的清洁。

⑮ 当温度达到设定值后，开始正常生产前，先用待生产的玻璃参数做一空炉试验，在空炉试验过程中，要从上片段、加热段、风机、下片段逐项检查设备运转情况，确定设备运转正常后方可正式生产。空炉试验还可将钢化段传送辊上的灰尘等杂物吹去，保证加工玻璃的清洁。

（2）开机

① 在风机无异常、风门关闭、有压缩空气、气缸及气阀打开、气管无漏气的情况下，打开电气控制柜上的各路电源开关。

② 接通操作台上的电源开关，计算机进入系统启动页面；用双击方式启动页面中的钢化炉标识，进入系统菜单页面。

③ 检查各类功能开关是否均正常开启。

④ 打开加热段主传动开关，检查陶瓷辊是否正常运转，并检查放片辊子、收片辊子的运转情况；观察加热段传动电机、链条、圆皮带及陶瓷辊的转动情况；观察前后炉门是否关闭，发现异常情况及时处理。

⑤ 启动两台风机，调整频率到20Hz检查风机系统情况。

⑥ 从系统菜单页面选择进入主工作页面，此时计算机调用的是上次关机前使用的参数，可以根据需要从系统参数表内选择工艺程序并进行修改。

⑦ 在设备冷态运行正常的情况下，可以开始升温。旋转加热开关至打开位，计算机开始按照设定的温度进行加温。

（3）钢化炉参数设置

① 炉温设置。要保证加热过程中玻璃上下面的均匀加热，上下炉膛温度就要配置合理。根据使用经验，薄玻璃一般上下部温度设置相同，厚玻璃一般下部温度设置比上部温度低10℃。在生产过程中如果要增加炉温，其上下部要同时改变，除非是通过调整炉温来矫正玻璃的弯曲度。

② 加热时间设置。在正确的炉膛温度下，玻璃的温度由加热时间决定，加热时间越长，越有助于玻璃温度的提高与均化，以及玻璃应力的消除。但加热时间过长将导致玻璃波形变形严重，通常加热时间为35～45s/mm，一般控制在40s/mm左右。钢化炉的加热时间是从玻璃到达加热炉后开始计算的。

由于玻璃的吸热特性，通常要对玻璃的加热时间进行修正。

加热时间设置原则：精磨边玻璃的加热时间比粗磨边玻璃短2.5%；边部钻孔玻璃的加热时间比无孔玻璃长2.5%；大片玻璃的加热时间比小片玻璃长2.5%～10%；本体

着色玻璃的加热时间比无色玻璃约短5%；Low-E镀膜玻璃的加热时间，在没有对流加热条件的情况下，比普通玻璃长约30%～50%。

③ 玻璃进炉间隔。调整进炉间隔，使陶瓷辊温度均匀，有利于保证玻璃的生产稳定性，可根据所加工玻璃的品种规格等进行设置。

④ 对流风机。开启对流风机，可以提高玻璃的加热速度。为了防止厚板玻璃由于加热速度过快引起加热自爆，对于对流风机的频率要进行合理设置。

⑤ 急冷吹风时间及冷却吹风时间。一般情况下，玻璃急冷到500℃即可确认为玻璃钢化过程已经完成，然后开始进行冷却吹风。冷却吹风的目的是把玻璃温度降到可以用手取片（70℃以下）。钢化吹风时间取决于玻璃的厚度，通常实际设定的值大大长于理论值。

⑥ 钢化风压/冷却风压。由于风机进风口及总的风嘴出风面积是固定的，所以风压与流量的因素直接决定了玻璃的钢化程度。不同玻璃厚度需要不同的风压，通过调整变频器频率或者风机风门开度来调整风压与流量。

⑦ 上下风压配比（差分阀）。均匀加热后的玻璃进行钢化冷却时，要保证玻璃的均匀冷却，才能使玻璃上下表面应力均匀，玻璃冷却后不产生弯曲，所以上下风栅的风压配比就显得很重要，通过调整按钮可以得到合理的风压配比。

（4）上片

① 操作工工作期间，必须穿戴好劳动保护用品，戴上手套、护腕，穿上工作鞋，戴上安全帽。对于有上、下片台的生产线，上下片人员必须戴干净的手套，以免在玻璃表面留下手印。

② 在玻璃进炉以前，必须对其表面、磨边、内在质量进行仔细检查，确认无问题后再进炉钢化，否则轻者造成玻璃表面质量缺陷，重者将导致爆炉。

a.确认玻璃上下表面洁净，无灰尘、无油污、无水印、无异物黏附；

b.磨边质量良好，无崩边崩角现象；

c.检查玻璃，确认无结石、气泡、裂纹，玻璃表面有无划伤、压伤。

③ 生产镀膜玻璃时，操作人员一定要戴上口罩及乳胶手套，防止人员在谈话时把唾液溅在玻璃的膜面，否则钢化过后会形成一个擦不掉的透光点。

④ 进炉时，相邻两片玻璃间距离不能太大或太小，距离太大，影响钢化炉的装载数量，距离太小，则因辊道速度快而会使玻璃碰撞在一起，影响钢化炉的正常生产。

（5）正式生产

① 玻璃进入钢化炉之前，发出模拟信号，以检查设备联动情况（检查部位：上片台、炉门、冷却段、下片台、风压及监控器荧屏上的数值和信号）。

② 第一炉要用少量玻璃进行试生产，玻璃进炉后，打开前炉门观察玻璃在炉内变形和运动情况，并根据玻璃变形情况调整加热平衡压力。

③ 风栅开始吹风后，要观察玻璃出炉情况（如数量、变形等），如果玻璃在风栅处炸裂，且玻璃破碎在冷却段辊道中间，应及时清除。

④ 正式生产的第一炉玻璃下片后，一定要检查玻璃的弯曲度、波形变形，同时请质检员测量玻璃应力值，根据检测结果及时调整工艺参数，并及时记录。连续生产三炉

以后，再请质检员进行测量，如达到标准，可以继续生产，若未达到，则继续调整参数直至达到标准。

⑤ 在正常生产过程中若更改玻璃品种，更改后的第一炉请质检员检查玻璃加工质量，如达不到要求，要及时调整参数并及时进行记录；更换品种三炉后再请质检员进行测量，其余同上。

⑥ 正式生产的第三炉要随炉加工规定的质检样片，以确定加工玻璃的颗粒数（钢化）是否满足标准，不满足要调整相应的工艺参数。

（6）下片

① 和上片一样，穿好劳动保护用品。

② 钢化玻璃下片时，除质量检查员专检外，下片人员也要对钢化玻璃的表面质量、弓形、波形等进行检查，同时结合钢化玻璃颗粒数和应力值的检查结果，确定玻璃是否符合质量标准。钢化主操根据检查结果出现的问题，调整工艺参数。

③ 生产镀膜玻璃时，下片人员一定要戴上口罩及乳胶手套，防止人员的手印和唾液溅在玻璃的膜面。

④ 品质检验人员应严格按照标准对产品进行包装检验，严把质量关。

（7）包装、标志、运输与储存

① 包装。玻璃采用平放或立放包装。玻璃的包装可采用木箱、纸箱或集装箱（架）包装；箱（架）应便于装卸、运输，每箱（架）宜装同一厚度、尺寸的玻璃；玻璃与玻璃之间、玻璃与箱（架）之间应采取防护措施，防止玻璃的破损和玻璃表面的划伤；包装箱内必要时应采取防潮措施；也可由供需双方商定产品包装形式。

在同一包装箱内，玻璃有花纹的一面应朝向同一侧；无特殊要求时，平放包装花纹面朝上，竖放包装花纹面朝里。

② 标志。标志应符合国家有关标准的规定，每个包装箱应标明"朝上、轻搬正放、小心破碎、防雨怕湿"等标志或字样；应标明批号、数量、规格、生产日期、厂名或商标和产品质量合格证等；并标明保质期。

③ 运输。产品可用各种类型的车辆运输，搬运规则、条件等应符合国家有关规定。运输时，玻璃应固定牢固，防止滑动、倾倒，应有防雨、防晒措施。

④ 储存。玻璃应储存在干燥并有防雨防潮设施的室内，应保持干燥通风。

（8）关机

① 当最后一炉玻璃进入取片段时，关闭加热。如果停止生产时间很短，无需采取其他措施；如果停止生产时间较长，应把加热炉下部温度降低60℃，停止风机，关闭计算机。

② 只有当温度降低到200℃以下时，才能停止加热炉主传动，否则只能让其正常空运转。

③ 钢化炉停下来时，炉门应该关闭，如果炉门没有自动关闭的话，检查电磁阀，手动将其关闭。

④ 除保留加热段传动开关打开外，关闭其他传动开关。强制对流风机不关，让其开着，以便保证炉温。

⑤ 将生产情况与机器运转情况如实详细地记录在生产日志上，以便工艺和设备技术人员及时查阅。

⑥ 若钢化炉长时间不生产，如节假日等，则关闭计算机电源和钢化炉主电源，同时关闭压缩空气，放片台和取片台用台布盖上，防止在上面落灰尘。

（9）其他操作

① 洗炉。在发生爆炉或玻璃麻点严重等情况下需要停机洗炉。

a.停止加热；

b.待炉温降到400℃以下后，逐步将炉膛升高至顶部，防止加热炉面漆变色及加热炉变形；

c.待炉温降到50℃以下时，通知维修人员检查炉膛和炉丝、热电偶等，发现异常要彻底处理；

d.清洗陶瓷辊时，要先用蘸过干净温水并拧干的毛巾将石英陶瓷辊上的SO_2斑点擦去，再用500#砂纸将陶瓷辊上的杂物打磨掉，最后用蘸过酒精的干净毛巾清洗，并用手掌检查陶瓷辊表面的光洁程度，发现有不光滑的地方要再用砂纸打磨，直到表面光洁为止；

e.用吸尘器迅速吸附炉膛内粉尘；

f.陶瓷辊清洗完毕要立即将炉膛降至最低处，避免灰尘进入炉膛内；

g.洗炉后的升温过程要有操作人员现场值班，及时检查机器运转情况，观察炉膛升温的速度和均匀性，如有异常立即通知维修人员；

h.炉温升到设定温度并保持0.5h后方可将玻璃送入炉膛，虽然炉膛温度已到设定值，但陶瓷辊温度还不够，如过早送入玻璃会造成玻璃在钢化段破碎。

② 二氧化硫气体的使用。二氧化硫（SO_2）可以在石英陶瓷辊表面形成一个很薄的隔离层，有助于保护玻璃下表面，如刚洗过陶瓷辊道或玻璃下表面存在擦伤，可以适当使用一些SO_2。

a. SO_2气体只能在新炉首次生产前或陶瓷辊清洁后开始生产前半小时使用，开5～10min，流量为1～4L/min，压力为0.05MPa。一般能在炉外闻到硫黄气味即可。注意：在加热炉没有达到工作温度前不能放入SO_2气体。

b. SO_2气体应尽量少用，如果在玻璃表面已形成一个蓝色涂层，那么就不应该使用SO_2了。如果用多了，这种气体还会在辊子表面结出棕褐色斑点，在钢化厚玻璃时，玻璃表面会出现点状痕迹即麻点，增加清洁陶瓷辊表面的次数，并且对加热元件及炉体的使用寿命造成影响。

c. SO_2气体是有害气体，使用后必须拧紧SO_2气瓶阀门。

d. 如果没有SO_2气体，可用硫黄粉替代。

③ 压炉

a.每次洗炉后正式生产前，要用干净的、边部粗磨的玻璃进行不间断压炉。

b.停炉保温超过12h，生产前需不间断压炉。

c.经不间断压炉后，确认玻璃表面无缺陷，可进行正式生产；压炉后玻璃表面质量达不到要求时，通知相关人员进行处理。

（10）生产过程中紧急情况处理

当生产中出现紧急情况需要处理时，操作人员必须先将后炉门打开，再进行其他工作，否则将会给加热炉造成严重的损坏，陶瓷辊也会因长期受热而变形。处理加热炉等紧急故障有两项基本原则必须遵守：一是不能将高温玻璃超时停滞在高温加热炉内，一定要想办法将玻璃退出加热炉；二是不能让陶瓷辊在高温情况下长时间停转。

① 对突发性停电或供电系统故障情况的处理。若炉内有玻璃时突然停电或炉内玻璃因故障而没有全部出炉，要做以下工作：

a.钢化炉自带的不间断电源能保证传动系统运转半小时以上，启动自动排片程序将玻璃排出炉外。

b.马上启动备用柴油发电机供电，保证钢化炉传动系统运转。平时要检查发电机的电瓶充电情况；检查柴油机的机油、燃油和冷却水的情况，保证有备用作用。

c.正常生产时，故障或断电导致传动系统停止工作，如果加热炉体内有玻璃，必须使用摇柄转动加热区传动装置，首先把炉内被加热的玻璃全部输送出炉膛，确保炉内无玻璃，以免被加热的玻璃绕住陶瓷辊，造成严重后果；然后启动柴油发电机，并继续连续手动摇动，防止辊子受热变形。如果加热炉内没有玻璃，也需要手动摇动加热段传动，待炉温降至150℃以下时方可停止。

手柄的使用：首先立即用储气罐的余气手动打开后炉门；用手柄摇动加热段传动和冷却段传动。注意要按指定的方向摇动手柄，使玻璃进入冷却段，然后人工将其移出。

② 对传动电动机故障或主传动失灵等故障的处理。这种情况会出现加热炉辊道停转或钢化风栅辊道不转等情况，此时炉内外玻璃容易首尾相撞，操作人员必须及时按下"紧急出炉"或"紧急停机"按钮，人工将炉内玻璃退出炉外，并继续转动加热炉辊道，直至故障排除。

③ 当系统软件出现故障时。这种情况会导致工艺参数运行紊乱，不能正常工作时，应将玻璃紧急出炉。

④ 炸炉。钢化玻璃进行二次钢化或者生产较厚玻璃的过程中，很容易出现玻璃在加热炉炉膛内炸裂破碎的情况。一旦出现炸炉，须立即停止主传动，升起炉体查看情况，手动将玻璃摇出炉，检查有无破碎玻璃。在任何情况下，都不能将碎玻璃留在加热炉内，应及时进行清理，否则可能会影响加热温度平衡及损坏辊道。

⑤ 粘炉。出现粘辊摇不出加热炉，首先关掉电加热装置，将上部炉体升起约200mm；立即去掉相应已粘辊道的传动皮带，用木棍向上挑出玻璃；注意木棒不能压坏炉体两端的保温棉。能用木棒挑起的尽量挑，挑不动的不得强行挑，严禁使用金属辊划、敲陶瓷辊道，这样很容易引起陶瓷辊断裂。要等到炉温自然冷却到室温后，用竹板或木棍将玻璃沿辊道长度方向铲掉，玻璃与陶瓷辊道一般会自然剥离。

（11）常见故障处理方法

水平辊道式钢化机组虽然自动控制程度较高，但在实际生产中仍然会出现各类常见故障。

a.上、下片台有异常响声，检查链条、链轮及离合器。

b.上片台无玻璃进片信号，检查光电开关是否正常。

c.正常工作时加热炉辊道突然停转，若加热炉内无故障，可将传动电机电源及加热炉辊道电源关掉片刻，再打开即可恢复；若加热炉内有玻璃，先按"停机"按钮，将玻璃人工摇出后再进行上述操作。

d.前后炉门开闭困难，检查是否与辊道相碰或空压气压力是否不足。

（12）钢化炉安全生产操作

① 操作工必须进行岗位培训，经考核合格方可上岗操作，必须了解设备结构、性能、加工范围、设备正确操作方法。

② 工作前按要求穿戴劳动防护用品，对钢化炉进行认真检查，并对作业场所环境进行检查，消除不安全因素或事故隐患。

③ 生产线自动控制计算机必须由专业操作人员操作，禁止非操作人员、未经岗位培训的或者外来人员私自操作计算机，调整工艺参数。严禁在计算机内加装各种软件，删除或者修改内部文件。

④ 交接班时，接班人员要详细了解上班温度控制和生产情况。工作时，不许闲聊、打闹、玩手机，不准饮酒后上班。禁止机器开启时离开工作岗位。

⑤ 工作前，对炉子进行全面检查；特别是升温前，要对加热系统进行全面检查。设备正常运转中，禁止关闭上位机主页面，再打开主页面操作。

⑥ 加热段升温时，应该先设定上、下部加热温度至300℃，温度达到300℃后再以100℃递增，升到所需温度应保温1h后再进行生产。严禁一次设定温度过高，避免损坏电炉丝。降温时，关闭加热开关，当温度低于300℃时方可关掉主传动。

⑦ 加热炉经检查无问题后，方可按程序开始进玻璃。对未经磨边、有炸口等可能造成炸炉的玻璃，不准进炉。

⑧ 玻璃进入急冷段和冷却段时，要观察玻璃出炉和急冷、冷却情况，如果发现玻璃炸裂有碎片卡在辊道中间，要及时处理。

⑨ 玻璃一旦在风栅里破碎，严禁把手或者身体伸进风栅内清理碎玻璃。打开风栅，使用压缩空气或者木棒清理碎玻璃。

⑩ 当遇到玻璃未出炉的情况时，操作人员通知管理人员，应该果断、冷静、合理地安排人员处理事故，尽量降低事故影响。

⑪ 当发现玻璃出现有规律性的纵向划伤，则应检查陶瓷辊道的运转是否正常，冷却段是否有碎玻璃卡在辊道上和中间。

⑫ 当发生机械、电器故障时，必须立即停车检查，及时修复。操作人员不能解决时，应马上通知维修人员处理。

⑬ 定期对炉子进行检修。检修炉子应采用36V的低压安全灯照明；为确保人身安全，风机的维护必须在停车时进行；检修加热炉和陶瓷辊的热作业部件时，要穿戴好隔热防护用品，防止灼烫。

⑭ 在检修电炉丝时，应把上炉顶升起，插上安全销，确认断电并悬挂"有人工作，禁止合闸"的警示牌后，方可进入炉内操作；操作人员应带护目镜和手套；修炉后，要清理现场、材料以及工具，不得将异物遗失在炉内，并填好修炉记录。

⑮ 维修或者更换芳纶绳时，应把上风栅升起，插上安全销，确认断电并悬挂"有

人工作，禁止合闸"的警示牌后，方可进入风栅；禁止在生产期间进入风栅；进入风栅维修时应带护目镜和安全帽，防止玻璃扎伤。

⑯ 在进行维修时，禁止直接踩踏风栅、上下片台传动辊和陶瓷辊，应铺设木板，牢固可靠后，方可进行维修。

⑰ 维修风机时，应首先切断电源，同时悬挂"禁止合闸"的警示牌，派专人进行监护。

⑱ 变频器的维修和参数的调整必须由专业人员进行，其他人员不得随意乱动。较大的变频器断电后，须经一段时间放电完毕后，方准进行维修。

⑲ 检修完毕必须将安全防护装置、声光信号、安全网等恢复到正常状态。检修现场具有易燃易爆等危险物料时，一定要先办好动火证，并采取切实有效的防护措施。

⑳ 在打开上、下部加热总电源时，加热控制开关应处在关闭位置。关闭总电源时，应先关闭加热控制开关，再关闭加热空气开关，禁止带负荷拉合闸。

㉑ 工作成品和半成品要码放整齐，不准占用安全通道。

㉒ 下班后，将工具、量具擦净放好，搞好设备和现场卫生，认真填好交接班记录，做好交接班工作。

（13）钢化炉操作注意事项

优质的钢化玻璃，除了取决于优秀的设备性能，还取决于正确的操作方法和良好的操作经验。钢化玻璃质量的关键在于如何保证钢化玻璃优良的光学性能和较高的成品率。一般来说，出炉温度高，成品率也高，但光学性能稍差；反之，出炉温度越低，光学性能越好，但成品率稍低。找出这两者的最佳结合点是一个好的操作工所必须追求的目标。

① 使炉膛温度保持均匀。为了得到最佳的钢化效果，要保证炉内纵向和横向负载的均匀性。也就是说，玻璃的放片位置要均匀，玻璃之间的间隙要均匀。为了保持炉子温度的均匀，得到最好的钢化效果，建议采用下列方法：

a.纵向玻璃板间的空隙会导致辊子温度不均匀，因此进入钢化炉之前，玻璃板摆放得越合理，辊子温度的一致性越高。

b.若生产的产品规格相同、批量大，可采用固定摆放位置，以得到最佳的钢化效果和较高的成品率。

c.玻璃板的摆放要与加热元件的位置相对应。加热元件的温度最高点在中间，玻璃板也要放在钢化炉的中间，即通过进入钢化炉之前玻璃摆放的位置改变炉子的温度状况。

d.当生产一批薄厚规格不一致的玻璃产品时，原则上是先钢化厚玻璃，厚玻璃钢化完成后，升高炉温，再生产薄玻璃。

② 特殊形状和特殊原料玻璃的钢化。任何一种特殊玻璃在正式生产前都要进行小批量试验，以确定生产中的参数设置。

a.原片玻璃。为了避免较长加热时间造成的波纹，压花面与辊子接触，绒面（或光面）朝上面，其加热时间要根据玻璃最厚处的厚度来决定。若入炉的玻璃品种、规格不统一，其加热时间要另外增加5%～10%；若压延玻璃厚薄差比较大，吹风压力要根据玻璃最薄处的厚度来决定，增加加热时间满足破碎后颗粒数的要求。

b.镀膜玻璃、热反射玻璃。为了保护膜面，镀膜面应朝上。上部加热温度根据需要提高5～10℃，镀膜玻璃上部加热温度不宜超过710℃，加热时间比同厚度普通玻璃增加2.5%～10%，不使用SO_2。

c.釉面玻璃。釉面玻璃在钢化前，釉一定要干，底部温度要适当增加，但可能会导致玻璃弯曲，可以用调节风压的方法校正。热平衡压力要降低50%，加热时间视釉的颜色而定。

d.带孔和开槽的玻璃。在钢化带孔、切口和开槽的玻璃前，要根据玻璃钻孔位置、孔径、开槽和切口的位置决定钢化情况。通常钻孔时，孔边至玻璃边距离应大于玻璃厚度的2倍，小于此尺寸时，应在钻孔一侧的边切口，孔的直径最小是5mm，而且应大于等于玻璃厚度，两孔之间的距离必须在玻璃厚度两倍以上；开槽或方孔玻璃应在拐角处圆滑过渡，其圆角过渡半径R应大于或等于玻璃厚度。孔及切边表面要平滑，大孔边应研磨，然后进行钻孔、切口和开槽，钢化此类玻璃比同种质量的玻璃要增加2.5%～5%的加热时间。

e.带尖角的玻璃。带小于30°角的玻璃，其加热时间比同质的方形玻璃约要增加2.5%的加热时间。

f.吸热玻璃。热吸收玻璃（有色玻璃）的加热时间与一般同厚度玻璃相比要减少大约5%～10%。

③ 厚玻璃钢化的特殊方法。厚玻璃一般指厚度在12～19mm的玻璃，为了避免及减少玻璃进入加热段后，由于热振动而在炉内破碎（俗称炸炉），需要特殊的钢化技术。

a.在设定温度值时，取下限为佳，并适当延长加热时间。

b.当玻璃进炉前，关掉下部加热开关，玻璃进炉约2～3min后再打开加热开关。

c.进炉速度和炉内的速度尽可能慢一些（进炉速度300mm/s以下，加热炉内速度80～95mm/s）。

d.适当增加空气平衡的压力。

e.生产薄玻璃后需立即转产厚玻璃时，应将炉顶锥形阀和前后炉门打开，让炉膛降温至适合生产厚玻璃的温度时方能进炉。

④ 钢化炉预处理中磨边不良的危害

a.不经过磨边或精磨边的玻璃在加热和冷却过程中，玻璃边部的缺陷处由于应力过于集中或不均匀，容易出现"炸炉"及"风爆"的危险，对设备造成比较大的损害。

b.如果玻璃进炉前不磨边或粗磨边，边部会存在微小的玻璃渣粒，在设备上传动及摆动时，这些微小渣粒会掉落在辊道上，特别是当其掉落到炉内的陶瓷辊上后，高温状态下经玻璃的辊压将黏结在陶瓷辊上，玻璃经过后会产生较为严重的麻点，而且出现这种情况后必须停炉降温，彻底清洗陶瓷辊才能解决。经常性的停炉降温，不仅会增设备的运营成本，同时，对设备的使用寿命也会产生不利的影响。

c.不进行精磨边的玻璃在辊道上传动时，会对辊道表面造成不同程度的损害，特别是对陶瓷辊的损害将会是永久性、不可修复的。同样，对于异形玻璃及挖槽、打孔的玻璃等，冷加工后也要对加工部位进行磨边或倒角处理，保证没有爆边或裂纹存在。

7.7.8 钢化炉保养与维护

（1）上、下片段（输送辊道）保养与维护

① 上、下片段（或输送辊道）减速机每1000h（约一个月）加注一次N46#齿轮油。

② 上、下片辊道为轴承式的，每1000h在其轴承处加注一次普通黄油；上、下片辊道为滚轴链条式的，每周在其滚动链条处加一次机油。

③ 上、下片段底部有玻璃感应电眼，电眼镜片应保持干净，不能有灰尘，以免电眼感应不到玻璃而造成玻璃不进炉。

④ 上下片结尾的胶皮辊道应保持干净，确保没有锋利物掉在胶皮或缠在辊道上。如果有碎胶皮缠在辊道上，当玻璃进炉时，胶皮随着辊道的转动，多余的胶皮会被电眼所感应，造成玻璃超长的报警。

（2）加热段保养

① 陶瓷辊的定期清洁。当钢化出来的玻璃光学效果较差，或炉内玻璃发生爆炸时，应及时停炉降温，按下列情形进行处理：

a.若陶瓷辊上有玻璃碎渣黏附在其上，应用刮刀轻轻刮掉黏附或镶嵌在陶瓷辊上的碎玻璃或其他异物。

b.用塑料类毛刷清除陶瓷辊表面的附着物，同时用吸尘器吸附陶瓷辊表面和炉内粉尘。

c.用400#～600#细刚玉水砂纸打磨旋转的陶瓷辊，直到用手摸陶瓷辊表面感到平滑为止；陶瓷辊应避免过度打磨，以免损坏表面釉质。

d.用干净柔软的白布浸润软化水，分别由中间开始向两边擦拭（切勿前后往复），直到无灰尘。

e.陶瓷辊以使用蒸馏水或纯水为原则，切勿使用其他碱类清洁剂或化学药剂。

f.清洁陶瓷辊以上清洁工作，为了安全必须插上安全销。

g.以上清洁处理后，加热升温时应首先升至200℃左右，保温烘炉1～2h后，再升温。

② 陶瓷辊的更换

a.只有当炉体冷却后方可更换陶瓷辊，否则可能会造成金属轴头因脱胶而松动。

b.更换辊道时至少应由三人操作（两侧各一人，中间一至两人）。拆卸时先拆掉皮带轮，再松开并去掉轴承限位块的固定螺丝，将轴承从架板上拆下，在辊道拉出端架板孔内垫上一层密实的纸板，然后几个人同时将辊道抬起并向外拉，注意动作应轻缓，切忌使辊道发生碰撞或划伤。

c.安装陶瓷辊的过程中要轻拿轻放，特别是临时放置在地面支撑物上时，一定要固定好，防止辊子滚动到地面上，造成损坏。

d.安装陶瓷辊时，应先在架板轴承安装孔内垫好纸板，将辊道对准孔口轻缓平顺的插入，炉内人员应及时接应，使插入端的轴头进入轴承内孔，然后再装上另一端的轴承和皮带轮。同时上炉体下压时要保证位置适当，防止上炉体过度下压，将保温材料圆洞挤压变形，导致辊子卡滞转动不灵活，发生颤动，甚至断裂。辊子安装好后，必须手动检查辊道转动情况，应保证其转动灵活平稳。

③ 炉顶升降传动装置保养

a.立柱内的梯形螺杆，在炉顶每升降一次后（或每月至少一次），向其喷注适量的N46#机油进行润滑。

b.锥齿轮传动时，每季度应涂抹一次锂基润滑脂。

c.炉顶提升链条。每月用N46#机油润滑1次，而当使用出现跳脱链轮齿轮情况时，说明链条紧张度不够，应通过调整张紧链轮来解决。

d.炉顶升降减速机。应保持润滑油经常保持在油窗的中间位置，每年更换一次，建议用30#或者40#机械油。

④ 主传动保养

a.保养时观察主传动摆线针轮减速机中润滑油的油位，使其保持在油窗的中间位置，每年用N46#润滑油更换一次。主传动链条每周加一次N46#润滑油。

b.主传动链条的张紧度调整。松开主传动电机和底座的连接螺丝钉，旋转限位螺丝钉推动电机移动至合适位置，使链条张紧，然后再上紧连接螺丝钉。

c.主传动链条电机处链条的润滑。每周加一次N46#润滑油。注意主传动陶瓷辊处传动链条严禁用机油、润滑脂润滑，必须用皮带腊。

⑤ 陶瓷辊道传动装置保养

a.陶瓷辊传动方式为顶轮式传动，而一旦陶瓷辊道受到卡滞，会由于打滑而对辊道起到保护作用。需要特别注意的是，要经常观察陶瓷辊的转动是否正常，如有异常应及时处理。

b.顶轮的顶紧程度应该控制在适当范围内，顶紧力太小，可能会出现皮带打滑，不能保证正常传动；而顶紧力过大，则会使陶瓷辊在较高温度下受力状况恶化，甚至会造成陶瓷辊轴头松动，所以调整时以达到保证陶瓷辊正常传动而使用的顶紧力最小为好。

c.定期检查连接陶瓷辊道皮带的松紧，检查皮带上的油污，用酒精把它擦拭干净，检查皮带是否过松或老化，如发现应及时更换，更换时用专业工具黏结，同时检查上、下皮带的中心线是否对正，减少皮带跑偏而掉的现象。

⑥ 轴承润滑保养

a.轴承包括：主传动轴轴承、陶瓷辊轴承、炉门轴轴承、炉顶升降传动轴轴承、炉顶升降梯形螺杆轴承。

b.润滑使用材料：锂基脂润滑。

c.润滑周期：陶瓷辊轴承为半年一次，其他为一年一次。

特别说明：陶瓷辊轴承的润滑，只有当加入的油脂有富余，能维持润滑的最小剂量时，辊道轴承才能获得最佳工作温度。

⑦ 炉顶升降锥齿轮保养。润滑使用锂基脂，每季度涂抹一次。

⑧ 更换热电偶。更换时标明它们的位置，防止接错。新热电偶要校验，并喷洒适量润滑油，热电偶更换时要注意不能发生死弯。

⑨ 更换加热元件。定期检查加热炉丝、保险、固态继电器、冷却风扇以及线路。发现问题及时解决，并有周检记录。

（3）急冷段和冷却段的维护

① 急冷段和冷却段的维护主要是玻璃破碎时的处理。如果有玻璃在里面破裂，有的碎片会掉进风栅辊道内，并卡在辊道里，阻碍辊道的正常运转，连续摆动会影响到周边玻璃的品质及损害辊子上的辊道石棉绳。

a.如果风栅内有玻璃破裂，应该立即让平风栅停止摆动。

b.把风栅升到一定的高度，用铁管把玻璃碎片清干净，然后用压缩气把辊道上的玻璃屑吹掉，再把风栅恢复到玻璃的吹风高度，恢复辊道的转动，使风栅对玻璃均匀吹风，减少风斑。

c.还有一种是通过风栅内的振动器把玻璃碎片振掉，待玻璃卸片后，再用压缩气把辊道上的玻璃屑吹干净。

② 急冷段和冷却段的保养

a.注意观察传动减速机中润滑油的油位，使其保持在中间的位置，减速机每1000h加注一次N46#齿轮油。

b.风栅升降装置的辊道和齿轮每200h加注一次机油。

c.急冷段和冷却段辊道为轴承式的，在其轴承处每1000h加一次高温黄油；辊道为传动链条的，每周加一次机油。

d.风栅的风管如发生破裂要及时更换。

e.急冷段和冷却段辊道上的芳纶绳若有破损或断裂，应立即进行检修和更换。将已经损坏的芳纶绳拆除后，应彻底清除辊道表面胶性物质以及黏结物，保证辊道表面的光洁；缠绕芳纶绳时，芳纶绳应该始终处于拉紧状态，平直且不扭曲；螺旋状旋距均匀，旋向与相邻辊道上芳纶绳的旋向相反，并在芳纶绳内侧表面上涂胶与辊道黏结，并保证未绕芳纶绳的表面无胶存在，头部固定牢靠。

③ 风机及其系统的检查维护。风机运转平稳后，每隔2～3周要按"风机定期检修表"进行定期检查。

a.检查风机电机的电流、电压有无异常。

b.检查电机和机壳是否保持垂直或水平；风机机壳、支架表面焊接有无开裂漏气，机壳连接面密封有无破损；叶轮与机壳的间隙是否均匀或变形和碰擦；整机运转是否振动，螺栓有无松动。

c.检查轴承是否有振动、发热、声响等；检查轴承座是否漏油；风机轴承每三月要加注一次锂基脂；风机减速机每三个月换油一次。

d.检查基础是否牢固，地脚螺栓是否松动。

e.检查联轴器是否磨损。

f.检查风机及风栅软连接是否有漏风的现象。

g.检查静压箱是否有漏风，平衡阀是否转动正常。

h.检查风压传感器显示是否正确。

④ 压缩空气系统维护保养

a.每周对储气罐的安全阀进行一次放气实验。

b.定期对压力表和安全阀计量器具进行检测。

　　c.对于储气罐、空气过滤器，一般每天需要打开下部排水阀一次。

　　d.对于三联体的过滤器，应定期排水，对油雾定期检查，保持油位；风机执行机构及炉顶平衡阀气路不容许采用油雾杯润滑。

　　e.随时注意观察气路工作情况，发现漏气应及时处理。

（4）钢化机组维护保养计划

　　机组除按正常生产过程进行维护外，更应坚持工作日巡检制，按照维护保养计划进行日常检查、调整、保养与维护，及时解决故障隐患，以延长设备寿命，减少停机率，确保机组长周期正常运转。

　　① 日检内容

　　a.各部位防护罩是否齐全、可靠、干净。

　　b.操作开关、光眼、限位开关、炉门汽缸、传动编码器（连接）动作是否灵敏可靠。

　　c.风门执行结构，风栅风管，风机轴温、油位、联轴器，风栅接地开关是否完好。

　　d.主传动陶瓷辊轴头有无活动，陶瓷辊有无不转现象，手摇风栅传动是否灵活、轻松；

　　e.传动链条（润滑、张紧）有无松动、脱节、润滑不良等现象，有问题及时处理和通知设备工程师处理。

　　f.检查油位是否在指定位置，若不在通知设备加油。

　　g.每日使用完毕后，应将储气罐下方之泄水阀打开，清除罐内积水。

　　h.注意运转中有何异常声响、振动或异常高油。

　　② 周检内容

　　a.检查各部位电机的油位、温升、运转声音是否正常。

　　b.检查炉顶热电偶及加热线路、检查加热，温度显示、仪表指示是否正常。

　　c.检查各部位气动器件、行程开关（保安性能）、气路（密封）、气源排污，每周清洗进气滤芯，拉动安全阀的拉环以确定功能是否正常，检查压力开关或释荷阀之功能是否正常。

　　③ 月检内容

　　a.检查炉顶升降，炉顶锥阀。

　　b.加热丝对地，设备接地。

　　c.对风机轴承油位、轴承温度是否正常，出现异常情况时立即紧急停机。

　　d.检查所有空气系统是否泄漏。

　　e.检查各部件螺丝和螺母是否松动，若有通知设备工程师维修。

　　④ 维护保养计划（见表7-42）

表7-42　钢化炉维护保养计划表

序号	内容	日检	周检	月检	季检	年检
1	前后炉门、取片光眼、汽缸、电磁阀、手拉阀、接地开关	+				
2	传动编码器（连接）	+				
3	各部位电机		+			
4	放、取片台开关	+				

续表

序号	内容	日检	周检	月检	季检	年检
5	工控机除尘				+	
6	控制柜台加热相关器件检查	+				
7	操作台开关按钮				+	
8	操作台键盘、鼠标（清洁）				+	
9	炉顶加热线路				+	
10	炉顶热电偶以及线路		+			
11	炉顶升降			+		
12	加热丝对地			+		
13	设备接地				+	
14	炉顶锥阀			+		
15	风门执行机构	+				
16	风机启动柜				+	
17	传动链条（润滑、张紧）		+			
18	变速箱（换油）				+	
19	风机轴温、油位、联轴器	+				
20	风机换油				+	
21	轴承清洗加油			+		
22	风栅接地开关	+				
23	行程开关（保安性能）		+			
24	机组辊道上表面找平					+
25	气路		+			
26	气源排污		+			
27	各部位气动元器件		+			
28	风栅风管	+				

7.8 玻璃深加工危险源评估和安全措施

通过作业活动危害分析法、故障类型影响分析法等进行风险分析，太阳能压延玻璃深加工过程中存在玻璃切裁、磨边、打孔、钢化、镀膜、成品包装、成品仓储、行车吊运、叉车装卸、设备运行维修及电气控制等危险源。

（1）上片、磨边、清洗危险源评估和安全措施

① 上片、磨边、清洗危险源评估

a.上片机的玻璃防霉粉、磨边清洗区域的玻璃粉和积水都会造成滑倒伤人事件；

b.电气控制柜和线路漏电，可能造成触电事故；

c.上片机、磨边机、清洗机旋转机械可能出现夹伤事故；

d.上片机吸玻璃时，可能出现玻璃倾倒伤人事故。

② 安全措施

a. 上片机的玻璃防霉粉、磨边清洗区域的玻璃粉和积水，应及时清除；

b. 平时避免水喷洒在设备及控制柜上，要保持控制柜干燥，杜绝湿手触摸控制柜；若漏电要及时切断电源以免触电；定期检查设备接地情况；

c. 上片机、磨边机、清洗机工作时，防护罩应完好，避免传动伤人，要防止手套、衣物等被设备夹住；

d. 上片设备吸盘吸附玻璃时，周围严禁站人，以免玻璃吸坏时或吸片架倾倒伤人。

（2）打孔危险源评估和安全措施

① 打孔危险源评估

a. 玻璃打孔时存在玻璃与打孔机（机械打孔和激光打孔）对位时玻璃破碎伤人风险；

b. 机械打孔时存在钻头伤人风险，激光打孔时存在激光伤眼睛风险；

c. 机械打孔机存在电缆长时间使用时漏电风险。

② 安全措施

a. 在打孔机周围做好防护网；避免使用有裂纹等质量缺陷的玻璃；

b. 操作人员穿戴好劳保防护用品，特别是戴好手套和戴防护眼镜；

c. 经常检测打孔机的电器元件，杜绝漏电情况发生。

（3）镀膜危险源评估和安全措施

① 镀膜危险源评估

a. 镀膜液是酸性液体，在使用过程中，若操作不当将会出现灼伤皮肤或眼睛事故；

b. 镀膜液有一定的刺鼻气味，若使用中气味排出不及时，易对操作员工造成伤害风险；

c. 镀膜辊在运行中，若操作人员操作不慎易出现辊子夹伤风险。

② 安全措施

a. 操作人员穿戴好防护服，在添加或倾倒镀膜液时要戴防护眼镜；

b. 做好镀膜室的空气置换，使室内新鲜空气到达90%以上；

c. 若辊子运行中出现故障，应先停机后维修，不得强行操作。

（4）钢化炉危险源评估和安全措施

① 钢化炉危险源评估

a. 在观察钢化段玻璃情况和观察钢化玻璃平整度时，较易出现伤人隐患；

b. 玻璃出炉时，玻璃粘炉清理时，玻璃冲出风栅清理时，造成烫伤或者引起失火；

c. 机械传动的链条及齿轮造成挤伤手等事故；

d. 在风机室长时间逗留，听力受到伤害；

e. 检修炉体和风栅时，炉体或风栅突然下落，造成人身伤害；

f. 电气控制柜和线路漏电，造成触电事故。

② 安全措施

a. 在进行观察玻璃作业时，一定要戴防护镜，避免玻璃自爆伤及眼睛；

b. 避免手接触热玻璃；现场清理干净无杂物；

c. 防护罩应完好，避免传动伤人；

d. 穿好劳保用品，戴好耳塞，避免听力伤害；

e.擦陶瓷辊时,升炉体后要插安全销并要戴口罩,避免造成设备和人身伤害;检修风栅时,要插安全销,避免风栅突然下落;

f.设备应定期检查,发现线路裸露及时修理。

(5)成品包装危险源评估和安全措施

① 成品包装危险源评估

a.机器人装箱时,玻璃甩出伤人;

b.机器人的挤伤、碰伤伤害;

c.包装的钢化玻璃破碎伤人;

d.包装人员过多时,工具伤人;

e.封箱时,打包带断裂伤人。

② 安全措施

a.检查机器人安全护栏完整,吸盘抓手可靠,真空压力正常;

b.人员不得进入安全护栏内;

c.包装箱内若有漏钉和铁物,易撞碎玻璃伤人,必须严格检查,做好衬垫,确保安全;

d.封箱作业时,观察注意操作空间,注意用力不要过猛;

e.封箱时,应选用完好无损的钢带,避免钢带断裂伤人;

f.劳保用品一定要穿戴好,防止玻璃自爆或碰撞边角致使玻璃破碎伤人;

g.带钉木板不得随意乱丢,以免伤人伤己。

(6)仓储危险源评估和安全措施

① 仓储危险源评估

a.原片玻璃松动倾倒砸伤或个别玻璃破碎砸伤人;

b.原片库区玻璃间走动割伤;

c.成品玻璃倾倒砸伤。

② 安全措施

a.玻璃原片在放置时,整个箱体应放置在特制的"A"形架上,且应使安全角度保持在79°~82°之间;整架玻璃按规定区域放置,摆放时应保持横平竖直,且留出安全空间方便吊运;

b.整箱原材料放置完毕后,要用绳子将玻璃整体捆绑好,以免箱体自行松动发生危险;

c.无关人员禁止在原材料库区中随意走动、穿梭,保障安全;

d.劳保用品一定要穿戴好,防止玻璃边角或玻璃破碎伤人。

(7)人工搬动玻璃危险源评估和安全措施

① 人工搬动玻璃危险源评估

a.抬玻璃时,玻璃破碎伤人;

b.玻璃往架子上摆放破碎伤人;

c.往玻璃渣斗摔玻璃时,玻璃渣溅入眼睛。

② 安全措施

a.抬玻璃时,要将玻璃竖抬,禁止斜抬,防止玻璃破碎伤人;

b.将玻璃往架子上摆放时,要检查架子上是否有螺丝钉或者玻璃渣,防止玻璃落架后断裂、自爆伤人；

　　c.玻璃渣斗不可放的过满，操作人员应离开玻璃渣斗50cm以外；

　　d.必须配戴好劳保用品，且用力均匀，轻拿轻放，并严格按要求操作。

（8）手动液压车危险源评估和安全措施

① 手动液压车危险源评估

a.叉运物品时，超过手动液压车的最大负荷，损害液压车；

b.用手动液压车时，架子倾倒伤人；

c.用手动液压车时，震坏玻璃。

② 安全措施

a.用手动液压车时，必须有两人在场，不得超载；

b.用手动液压车拉有玻璃的L形架子，必须用绳子把玻璃捆绑好；

c.在手动液压车拉玻璃时，一定要稳走慢停，缓缓落地；

d.不走路面有杂物或路面凹凸不平路面。

（9）叉车危险源评估和安全措施

① 叉车危险源评估

a.叉运玻璃时，超过叉车的最大负荷，损害叉车；

b.叉玻璃时，视线范围受影响，难以判断周围路况及人员的安全距离；

c.叉运玻璃时，玻璃破碎。

② 安全措施

a.叉运玻璃时，必须观察清楚，切记慢行；

b.叉运玻璃时，应注意固定玻璃的绳子是否捆绑好；

c.叉运玻璃时，遇到下坡及出入车间的情况时，保持倒行；

d.叉运托盘上的玻璃时，倾斜角度不易过大，以防止玻璃滑动造成擦伤；

e.叉玻璃时，一定要做到慢、稳，确保玻璃安全。

第 8 章

压延玻璃原片生产过程缺陷控制

8.1 夹杂物缺陷控制

8.2 气泡缺陷控制

8.3 条纹缺陷控制

8.4 成形缺陷控制

8.5 玻璃表面划伤、弯曲与断面缺陷控制

8.6 玻璃霉变和纸纹缺陷

随着我国太阳能压延玻璃生产线装备水平、制造过程中原燃材料质量控制能力、企业质量意识及生产工艺技术的不断提高，特别是随着太阳能压延玻璃生产工艺的日臻成熟，大多数太阳能压延玻璃生产线总成品率得到了大幅提升。但是，产品质量仍存在一些不足，主要表现在微观缺陷较多，例如0.5mm以下微气泡较多。有些是由于在生产线建设过程中资金不足，选用了档次不高的设备和材料，加之在生产过程中质量控制不到位，例如选用质量较次的原燃材料、设备运行不平稳、操作工责任感弱、管理者质量意识不强等，导致玻璃产品出现质量缺陷。

太阳能压延玻璃在生产过程中，原料加工纰漏、配合料制备失误、燃料燃烧不正常、设备运行故障、操作控制不当、工艺制度破坏、窑炉使用后期及成形、退火、切裁、运输、包装、储存等，各道工序都有可能在玻璃板面上产生各种不同程度的缺陷。太阳能压延玻璃的缺陷使玻璃质量大大降低，甚至严重影响玻璃的深加工，或者造成大量的废品。如何在生产技术上有效的控制玻璃产品缺陷，将其限制在产品质量标准允许的范围内，不仅是企业提高产品质量的要求，而且是提高产量及经济效益的要求。

在太阳能压延玻璃生产过程中，凡直接影响到太阳能压延玻璃产品外观质量、破坏光学均一性和产生应力不均的物体均称为玻璃缺陷。值得注意的是，根据客户群体不同，太阳能压延玻璃产品质量标准不同，缺陷的判定稍有差异，但缺陷的定义是相同的。

太阳能压延玻璃产品缺陷的表现形式一般为：夹杂物、气泡、线道、光学变形（波筋、条纹）、辊道擦痕、橘皮、辊印、表面裂纹、弯曲、划伤、断面多缺角、霉变、纸纹等。不论它是以哪种形式出现，都可以看成是在玻璃生产过程中由于杂质的侵入或板面应力不均，致使在不断变化着的工艺过程中的某一时间、某一部位出现与主体玻璃不一致的形态，从而形成玻璃缺陷。

玻璃缺陷外观的识别比较容易，但判断其从何而来，如何形成却是件费时费心的工作，且需要耐心细致。解决玻璃缺陷问题与解决工作中的其他问题一样，必须深入现场，取证分析，追溯历史，调查研究，得出结论，制定正确的解决方案，才能解决问题。不同种类的玻璃缺陷，其研究方法也不同，当玻璃中出现某种缺陷后，往往需要通过几种方法的共同研究，才能正确判断，在查明产生原因的基础上，及时采取有效的工艺措施来制止缺陷的继续发生。在识别判断玻璃缺陷时，通过观察缺陷外观现象、询问可能出现缺陷的部位的操作工生产过程的异常情况、了解缺陷形态变化的全部过程，对难以判断的缺陷再配用仪器或化验进行分析，以得出缺陷发生的来源、产生的部位和规律，从而在生产技术上正确制定出所要采取的处理措施，以达到消除缺陷的目的。

值得注意的是，有些缺陷的出现往往和几个不同的制造工序有关，所以，寻找缺陷的根源不能只在制造过程中的某一部分去寻找，而应将缺陷放在伴随它出现的环境中，或采取排查法逐一寻找，才能得出正确的结论。通常缺陷的出现总是与玻璃生产过程中相互衔接的工序有关，很少跨越其中的个别工序，如果缺陷在生产过程的初期产生，其根源可能在配合料中或在熔化时，则在其后道工序就可能不再新产生这种缺陷；如果在制造后期才形成的缺陷，也不必从头去寻找根源。

对研究者来说，在理论上实验室可以制造出任何物质的完美无瑕疵的"理想"产品来；对工业化生产者来说，其目标是尽可能制造出没有缺陷的产品，以满足各种顾客的需要。但是，在实际生产中，由于原料来源、品位、称量精度、环境、操作水平等因素不同，生产线较长、环节繁多，产生缺陷的因素随时存在，若要彻底消除这些因素，不仅需要建设高质量的生产线、依靠经验丰富的高素质人才、采用先进的技术分析手段，而且需要一定的经济实力做后盾。所以，从经济的合理性和使用价值上考虑，对那些在外观或使用上影响不大、可以容许的缺陷，不一定非得将它们完全消除。

8.1 夹杂物缺陷控制

夹杂物是玻璃体内最危险的缺陷，是使玻璃出现开裂损坏的主要因素，对玻璃质量影响极为严重。它不仅破坏了玻璃产品的外观和光学均一性，降低了产品的使用价值，更主要的是，由于其组成与周围玻璃不同，它们的热膨胀系数不同，因此在夹杂物周围就会产生应力。当夹杂物较大时，产生的局部应力也就比较大，大大降低了产品的机械强度和热稳定性，甚至会导致产品自行破裂，造成玻璃产品损坏。当夹杂物的热膨胀系数小于周围玻璃的热膨胀系数时，在玻璃的交界面上会形成张应力，常出现放射状的裂纹。若玻璃在包装时有夹杂物存在，在挤压过程中更会造成周围其他玻璃制品的破裂损坏。所以，在玻璃产品中，不允许有夹杂物存在，应设法排除它。

玻璃产品中的夹杂物种类较多，由于形成原因不同，它的化学组成和矿物组成也不相同，表现形式也各式各样，有大有小、形态不一，有的呈针头状细点，有的可大如鸡蛋甚至连片成块。因为夹杂物是同玻璃液接触的，所以它们往往和节瘤、波筋、波纹或线道一起出现。夹杂物一般表现为结石、析晶、玻璃态夹杂物等形式。

结石：一般意义上的结石是指玻璃中包裹有非透明状的结晶或未熔化的原始状态物体，使该处玻璃呈凸起状，同时伴有线道缺陷一起出现。结石缺陷约占夹杂物总量的98%。

析晶：太阳能压延玻璃中夹杂物的析晶是指已经形成的玻璃体在一定温度和两相界面下又重新析出微透明状的物体——晶体，使该处与周围出现明显差别。

根据产生的原因，将夹杂物分为以下几类：粉料夹杂物、耐火材料夹杂物、析晶夹杂物和其他夹杂物。

当玻璃板面上出现夹杂物后，首先取样，然后进行离线观察和化学分析。离线观察一般有肉眼直接观察夹杂物形态和磨片后在偏光显微镜下观察岩相结构、矿物组成两种方法。当离线观察难以判断时，可结合化学分析进行确定，有条件的生产者还可以采用X射线衍射技术进行分析确定。夹杂物的岩相分析方法可参考中国建筑工业出版社出版的《硅酸盐岩相学》《玻璃测试技术》等书籍和资料。

8.1.1 粉料夹杂物

粉料夹杂物又称粉料结石，俗称疙瘩，是指在原料生产过程中，加工颗粒超标的原料（特别是硅质原料和长石）、不符合玻璃配方要求的配合料或没有达到混合质量标准的粉料或单体硅质粉料进入熔窑后，在窑内形成的难以与玻璃液成为一体的异常物质，也就是未完全熔化的物料残留物。大多数情况下，粉料夹杂物是石英颗粒，但其他组分如长石颗粒也有可能出现。概括来说，粉料夹杂物中大部分为硅质或铝硅质结石。

粉料夹杂物中的石英颗粒常呈白色颗粒状，由于产生原因不同，也可能形成鳞石英和方石英等析晶夹杂物。其可能形成的过程如下：残余石英周围存在高黏度的玻璃相，这些高黏度玻璃相在石英颗粒的周围形成一层含 SiO_2 较高的无色圈，有时颗粒已经完全消失，只剩下这种玻璃圈。由于温度作用，石英颗粒的边缘往往还会出现它的变体——羽状、骨架状或树枝状鳞石英和方石英，形成石英颗粒和方石英或石英颗粒与鳞石英的聚合体。方石英和鳞石英的生成，可能是由于石英颗粒周围含 SiO_2 较高的玻璃液发生析晶所造成，也可能是由于石英颗粒长久地停留在高温状态并在碱金属的作用下发生多晶转变所致。

8.1.1.1　粉料夹杂物表现形式

粉料夹杂物的成分以硅质和铝硅质为主，是玻璃生产中最常见的一种熔化缺陷，常以结石的形式出现。该类缺陷依据形成原因不同，其形状大小不一，大多在玻璃板的上表面，结石周围有较宽的扩散层，外观多呈光滑的凸起状，中心为带白色小核的透明或半透明体。在窑内停留时间长的结石表面会瓷化，周边与玻璃界限不是很清晰。

硅质结石和铝硅质结石非常相似，肉眼观察，其最大的区别是：硅质原料形成的结石在结石周围拉引方向上无线道尾巴，而铝硅质原料（例如长石大颗粒、硅酸铝纤维）形成的结石在结石周围拉引方向上有线道尾巴。

（1）大块粉料夹杂物

玻璃板面上大于5mm以上的粉料结石，又称"大疙瘩"，一般以5～10mm居多，是由窑内大量连片的粉料块分解而成。颜色为乳白色，有些凸起物敲开后，可明显看见配合料痕迹。大块粉料形成的夹杂物在窑内一般比较集中，形成片，能够及早发现，也容易判断。

（2）小块粉料夹杂物

小块粉料夹杂物一般小于5mm，小块粉料夹杂物在窑内量比较少，为零散形，呈白色小颗粒状或多个颗粒的聚合体，其边缘由于逐渐熔化而变圆，在玻璃板面上呈凸起状，玻璃液下包裹着的物体有微小裂纹。由于通常大块粉料夹杂物在高温熔化过程中会分裂或分解成许多小的夹杂物，所以，大夹杂物之后就是小夹杂物。二者基本是一体形成。

8.1.1.2　粉料夹杂物形成原因

我们知道单质硅的熔化温度为1713℃，为了降低其熔化温度，一般配料时采取减小其颗粒度、增加碱性物质包裹概率等方法。因为在配合料熔化过程中，硅质砂粒的熔化速度同颗粒的比表面积有关，颗粒愈小，比表面积愈大，砂粒也就愈容易和周围的碱性物质发生反应，与此相反，较大的颗粒则不易发生反应。例如，直径0.8mm的硅砂颗粒比直径0.4mm的硅砂颗粒熔化速度慢3/4。因此在配合料熔化过程中，大颗粒的硅质原料必然比细粒硅质原料熔化慢，残留下来就形成了硅质粉料结石（夹杂物）。

当出现下述情况时，容易在玻璃液中出现粉料结石：

① 原料（特别是硅砂、长石）加工过程中有超过标准的大颗粒出现，大颗粒石英

砂未完全熔化形成结石,在显微镜下显示为纯石英相。主要发生在下面几种情况下:使用的筛网不合格;筛网破裂、并丝、固定筛网的边框出现缝隙;清理卫生时,错将含有大颗粒的粉料或黏土垃圾倒到配料皮带上,使其进入配料系统。

② 原料加工、运输、储存过程中混入了铝硅质、高铝质杂物,如黏土、煤矸石、莫来石、刚玉等耐火砖砖屑;配合料中有难熔异物带入,例如难熔重金属铬、钛等。

③ 在配合料的熟料(碎玻璃)中夹杂有水泥块、石块等异物。

④ 配错料。此种情况的发生主要由设备故障(例如计算机程序紊乱)或操作人员操作失误引起。

⑤ 硅质原料称量误差过大或纯碱称量过少。此种情况多发生在配料秤校对不准、长期未进行校秤或硅质原料含水率忽高忽低的时候。

⑥ 配合料中硅质或长石原料超细粉过多,加之本身水分过大或混合时加水不均,使硅质或长石超细粉受潮聚集结团,在混合时超细粉结团未能打开,又未能受到纯碱的包裹(不均匀混合),致使局部形成硅砂(或长石)富集,在熔窑中熔化不完全而残留下来。吸水结团的超细粉相当于粉碎超标的大颗粒,此种情况多发生在使用砂岩或石英岩粉料的生产线,由其形成的夹杂物形态一般较小,类似于硅质大颗粒形成的夹杂物。

⑦ 原料太干,致使助熔剂与难熔料分开不能充分混合,或原料混合不匀、混合操作失误、配合料输送过程中有分层现象,使局部形成硅砂富集。

⑧ 混合机死角、搅拌耙或卸料槽处的积料结块后脱落进入熔窑。此种情况多发生在混合机工作完毕后未能很好清扫设备,或很长时间不清理设备的生产线。

⑨ 混合机设备故障后,事故料进入窑内,例如,卸料门没有关严或没关就开始往混合机内送料,漏料后造成没有混合的原料进入熔窑。

⑩ 窑头料仓储存过程中有分层,或窑头料仓死角处黏结的料块脱落进入窑内。

⑪ 熔化温度制度波动(主要是熔化温度过低)或熔化故障,如停电、停燃料、熔化温度过低,造成配合料入窑后不能正常熔化,此时就会导致熔化区料堆偏向池壁低温区而产生浮渣(多数为方石英),有些浮渣分散开熔成小颗粒,未被熔化的残余石英和氧化铝低共熔物构成结石生成条件,在玻璃上表现为透明的小疙瘩,一般伴随锆铝质结石和微气泡出现。在显微镜下能看到残存的石英和方石英晶体存在于透明疙瘩的核心部位,未熔化好的配合料跑料,形成粉料浮渣。

⑫ 拉引量过大,熔化量未能跟得上,造成跑料,在玻璃板面上形成粉料块。

8.1.1.3 解决粉料夹杂物的方法

正如前面所谈到的一样,消除缺陷的首要任务是正确的诊断和识别缺陷,只有查找到产生夹杂物的真正原因,才能对症下药。

① 筛网引起的硅质结石,一般为乳白或半透明状的凸起物,大部分中心有核。解决此类夹杂物的方法主要是更换合格筛网,或操作工勤检查筛网完好程度并改善不良的操作习惯。

② 严格控制硅砂和长石粉料的上下限粒度及进配料仓的含水率,保证配合料混合均匀。

③ 对于生产线玻璃板面上集中出现的大量大块夹杂物及其之后的零星夹杂物，肉眼不难判断，一般为粉料所形成的夹杂物。

④ 对于生产线板面上出现的少量零星夹杂物，要分门别类地取样进行离线观察，必要时采用岩相分析和化学分析。

⑤ 粉料形成的结石有一定的特定性。一般来说，混合机死角、搅拌耙或卸料槽处的积料结块后脱落进入熔窑造成粉料夹杂物为突然出现的，前述其他原因产生的粉料夹杂物，它们在一定的时间和一定的部位常是比较集中出现的，结束时呈零散性，然后逐渐消失，此类缺陷判断起来比较容易。

当出现粉料结石后，首先应加强管理，要求员工严格按照各岗位的操作规程操作，其次对照上述粉料夹杂物形成原因采取逐一排查法进行判断，然后根据形成的原因采用相应解决措施，例如，严格控制配合料混合均匀度，加强熔化操作，稳定料堆及泡界线位置等。对由于配错料或混合机故障而引起的大量粉料夹杂物，除应加大火力、提高熔化温度外，还应组织人员在冷却部适当位置用大铲等工具捞"疙瘩"，以尽快消除粉料缺陷。

8.1.2　耐火材料夹杂物

耐火材料夹杂物也是结石的一种，是指用于窑体的各种耐火材料在生产过程中以不同的形式进入玻璃液后，在玻璃液中形成的难熔物。耐火材料结石在每条玻璃生产线上都会出现，其出现的概率、形状、种类和多少随着窑炉各部位使用的材料质量、玻璃配方、熔化温度、拉引量、生产品种、操作水平、事故率等情况的不同而不同。每座玻璃熔窑的耐火材料侵蚀的快慢程度和窑炉事故率不同，玻璃液中所带走的耐火材料夹杂物的量也就不同，所以，相同时间内在玻璃板上形成的耐火材料结石的量也就各不相同。通常在窑炉使用的中后期，耐火材料结石会成为常见的玻璃缺陷之一，根据组成可以分为硅质耐火材料结石、铝硅质耐火材料结石、锆质耐火材料结石等。

太阳能压延玻璃熔窑由包围火焰空间的大碹、胸墙、与玻璃液接触的池壁和池底组成，这些部位均使用耐火材料砌筑而成。在生产的高温环境下，这些耐火材料不断受到玻璃液的侵蚀和火焰的烧损，以及含有碱蒸气的高温炉气的腐蚀，它们遭致侵蚀损坏后就会不断地混入玻璃液中，形成耐火材料结石。

在熔窑中，配合料组分对耐火材料的侵蚀作用比玻璃液的作用要大好几倍。配合料中的芒硝比纯碱的侵蚀作用更强，通常熔融纯碱的侵蚀作用仅局限于投料口L形吊墙到1#小炉口附近，而芒硝几乎可以侵蚀到全部池壁砖。熔窑内火焰空间的窑碹、胸墙、小炉以及蓄热室等结构虽然不与玻璃液直接接触，但也受到配合料粉尘和玻璃液面挥发物的不同程度的侵蚀作用。

玻璃液对池壁砖的侵蚀程度主要取决于玻璃液的黏度和表面张力。黏度低和表面张力小的熔融玻璃液最容易浸润池壁砖，它能沿池壁砖表面的毛细管系统侵入池壁砖中。多碱玻璃黏度较低，硼硅酸盐玻璃表面张力小，它们对池壁砖的侵蚀也就很强烈。

配合料在加热过程中，首先生成最易熔的多碱化合物，流散在玻璃液面上，然后这些熔体逐渐与比较难熔的组分相互溶解，因此熔窑熔化带的池壁砖会受到多碱硅酸盐的侵蚀作用。特别是在熔制芒硝配合料时，浮在玻璃液面上的熔融"硝水"直接与池壁砖作用，硫酸钠在884℃熔融，参与玻璃生成反应，直到约1440℃才反应完全，"硝水"、碱液和多碱硅酸盐最容易进入池壁砖表面的毛细孔中，使池壁砖受到强烈的侵蚀。

池壁砖在受到物理和化学侵蚀时，侵蚀速度是温度的函数，侵蚀速度随温度升高呈对数关系递增。提高熔制温度，就降低了熔融玻璃液的黏度，也就加速了玻璃液对池壁耐火材料的侵蚀，从而大大缩短了池壁砖的使用寿命。

耐火材料的抗物理和化学侵蚀能力主要由其组成相的种类及其分布与结合状态来决定。一般耐火材料由一个或多个晶相、玻璃相及气相（气孔）组成。玻璃相比晶相的化学稳定性差，气孔是侵蚀剂渗入耐火材料内部的通道（尤其是开口气孔）。玻璃液或配合料的组分渗入耐火材料气孔的深度同气孔直径的四次方成正比。侵蚀物首先作用于耐火材料中的玻璃相，并相互反应，侵蚀物渗入耐火材料体内并溶解玻璃相后，耐火材料中的晶相就会受到玻璃液流的侵蚀，并不断出现继续受侵蚀的新部分。气孔和玻璃相大部分存在于烧结耐火材料的结合物中，因此结合物是耐火材料抗物理和化学侵蚀性的薄弱环节。

耐火材料受侵蚀所形成的熔融物黏度越大，材质越致密，开口气孔越少，则受侵蚀的程度将越小。由于耐火材料被溶解而使玻璃液黏度提高，就能在耐火材料表面上形成一层很少移动的保护膜，从而使侵蚀减弱。

要获得抗侵蚀性好的耐火材料，除了需要其晶相稳定、软化温度高、熔体黏度大、玻璃相少及气孔率低外，还要求晶相的晶形细小，而且均匀分布在玻璃相中，组织结构均匀，结合紧密，这样可使玻璃相得到增强。

池壁砖表面不平整、有缝隙和裂纹都会使侵蚀加深，特别是横缝受侵蚀很厉害。砖体越致密，缝隙越细微，则玻璃液对池壁砖的侵蚀作用也越小。

玻璃液对流和玻璃液面不稳定，也能加剧对池壁砖的侵蚀。这主要是由于液流会加速玻璃液与池壁砖间的物理和化学作用，但玻璃液与池壁砖间的摩擦力非常小，因此，机械磨损在其中的作用是较轻的。在侵蚀过程中，池壁砖被溶解，而在表面上形成一层薄膜，当液面波动时，原来很少活动的这层保护膜就移动了，使池壁砖裸露出新的表面，这就为进一步侵蚀提供了有利条件。玻璃液面的波动会加剧对已受到破坏的池壁砖的冲刷作用，当玻璃液面下降后，已软化的一层薄膜不能再保持在池壁砖的内表面上，而玻璃液面重新上升时，剥落的薄膜不能回复原位，就被液流带走，新的一层耐火材料又暴露出来，重新受到上升玻璃液的进一步侵蚀而加速破坏。如果池壁砖被溶解而生成的高黏度玻璃液层剥落，来不及扩散均化，就会在玻璃中产生条纹。

由于玻璃液的温差，池壁附近的玻璃液流向下运动，而池壁砖受侵蚀溶解会使玻璃液密度发生变化，从而影响池壁附近液流的速度，并加剧侵蚀，这就是冷修时我们看到的池壁砖出现的"C"形或"S"形的原因。

池壁通风冷却有助于减轻侵蚀，但只有当池壁砖的厚度不大时才有可能实现。

窑内温度波动将引起耐火材料-玻璃液系统平衡的破坏。例如温度升高时，覆盖在池壁砖表面的保护膜的黏度降低，导致其容易被玻璃液流冲刷带走，从而加速了池壁砖的侵蚀破坏。

　　现代池窑多采用辅助电熔和鼓泡澄清技术，以提高熔化率，但这也加强了玻璃液的对流，提高了深层玻璃液的温度，从而加剧了玻璃液对耐火材料的侵蚀作用。

　　当向熔窑内加入配合料时，料粉容易被窑内流动的气体所带走，粉尘中含碱量很高，粉尘往往沉积在池壁砖、胸墙砖的上表面生成液相，并沿砖的表面流下，使砖面形成深沟，甚至会形成滴状物质滴落在玻璃液中，使玻璃液产生条纹等缺陷。

　　下面阐述几种常见的耐火材料遭侵蚀后可能给玻璃带来的缺陷。

8.1.2.1　耐火材料夹杂物的表现形式

　　耐火材料夹杂物通常有锆铝质、硅质和黏土质几种。其产生的部位和原因不同，外观形式也各不相同，有大有小，有圆形有棱形，有与玻璃液熔为一体的凸起物，有还未熔化的被玻璃液包裹的耐火材料体。耐火材料结石的一个明显特征是，玻璃表面有明显变形，凸起物带核，边界清晰，岩相分析显示为某种耐火材料的晶体。

　　锆铝质结石属侵蚀形成，故大部分直径小于1.5mm，在玻璃中多呈白色或灰白色致密小颗粒状，与玻璃基体界限分明，有坚硬的瓷质感。其晶相组成一般是以霞石（$Na_2O \cdot Al_2O_3 \cdot SiO_2$）、三霞石或莫来石混合体形式出现，含微量斜锆石（$ZrO_2$）或锆英石（$ZrO_2 \cdot SiO_2$），有时观察不到$ZrO_2$晶体。

　　由碹滴形成的结石，其外观呈不透明或半透明状，尺寸大小不等，颜色为白色、灰色、浅黑色等，结石中央有核，边部有蚀变和析晶，结石周围波及面较大，常常还伴随有裂纹。在显微镜下观察，呈现方石英、鳞石英晶体的特征，晶体粗大的鳞石英多呈矛头状双晶，单偏光下，呈浅黄色，突起较低，正交光下，有灰白、浅黄的干涉色。

　　有时在投产初期窑内没有清理干净，或热修时偶有耐火材料掉进玻璃液里，形成玻璃液包裹耐火材料产生结石，此类结石，外形凸起，个别结石核内仍保持原始耐火材料，较易辨认。

8.1.2.2　耐火材料夹杂物形成原因

　　耐火材料夹杂物的形成原因无外乎窑炉材料侵蚀和外界材料侵入两种。池墙侵蚀形成的耐火材料结石有锆铝质、硅质和铝硅质。

（1）锆铝质结石

　　① 熔蚀引起的结石。为了延长熔窑寿命，提高玻璃质量，目前绝大多数的太阳能压延玻璃熔窑熔化部池壁都会选用锆刚玉砖。由于锆刚玉砖的主要成分是Al_2O_3（50%～60%）、ZrO_2（30%～40%）和SiO_2，所以，一般也称AZS砖。其主要组成是斜锆石（ZrO_2）、刚玉（α-Al_2O_3）和玻璃相。斜锆石和刚玉两种晶相紧密结合，结构均匀致密，因而抗侵蚀性很好；由于砖中存在少量Na_2O，所形成的玻璃相填充在上述两晶相之间，这种玻璃相受到高温玻璃液的侵蚀后生成黏度高的钠长石，由于其中溶解了一定量的ZrO_2而黏度更大，这层高黏度的玻璃质滞留在砖表面上，不易扩散，因而保护了砖体。如果锆刚玉砖的砖体结晶粗大，受侵蚀后不易生成高黏度层，玻璃液就容易渗入砖体，对砖体造成侵蚀。

　　随着ZrO_2含量的增加，锆刚玉砖性能也随之提高，通常根据ZrO_2的含量来标志砖的型号。锆刚玉砖在正常情况下比较稳定，表面能自然形成高黏度保护层，但是，在高温（1400℃以上）条件下，遇到配合料中的Na_2O、K_2O氧化烧结物和游离SiO_2就会形成不稳定相。侵蚀作用导致池壁锆刚玉砖表面的高黏度保护层受到破坏，首先形成莫来石相$3Al_2O_3 \cdot 2SiO_2$，再在Na_2O、K_2O作用下产生反应，直到形成结石脱落。

电熔锆刚玉砖蚀变过程中，首先是玻璃液中Na_2O和K_2O与砖体中原来存在的玻璃相发生作用，使其逐渐扩散溶解，之后，砖中的刚玉和斜锆石依次缓慢溶解，砖体表面附近的玻璃液黏度增高，形成抗侵蚀的保护层，同时发生交代作用生成霞石、β-Al_2O_3和骨架状斜锆石等。这几种新产生的物相，在液流带动下可能被进一步溶解，使砖体表现出熔蚀。

对于含锆莫来石，在其界面附近的玻璃相中，还可能形成骨架状的单斜锆石。由此可见，氧化锆成分转入玻璃相后，由于它的溶解度较小，很容易析出成为晶核，在快速生长过程中，使单斜锆石变成骨架状的晶形。在窑炉产生的结石中，如果包含有单斜锆石晶体，则是含锆莫来石砖受蚀剥落的证据。

锆质结石，主要来自锆刚玉或锆莫来石耐火材料。这两种耐火材料主要用在与玻璃液接触的池壁和池底，当它们受到玻璃液的侵蚀时，或砖材炸裂以碎屑剥落，或以单斜锆石（β-ZrO_2）的形式从玻璃中析出，结果都形成锆质结石。

从晶体生长形态学角度来看，凡由原砖碎屑残留形成的结石，其中单斜锆石和莫来石一般都长得较大，或可见到它们呈柱状交错生长。若侵蚀较深的碎屑，则在莫来石周围极易见到β-Al_2O_3和霞石，β-Al_2O_3呈块状或短柱状，在其外缘的玻璃相中，霞石作阶梯状或鳞片状生长，其最外缘则呈树枝状生长。在锆刚玉砖中，锆石也可作骨架状生长，由于它比较难熔，虽经高温侵蚀作用，但仍可能以熔蚀状骨架残留在玻璃体中。

还有一些情况，若溶解在玻璃中的ZrO_2在冷却过程中快速析出，就会在结石周围玻璃相中生长出树枝状的锆石。

锆铝质夹杂物主要是由熔窑池壁锆刚玉耐火材料侵蚀脱落物形成，即池壁锆刚玉砖在高温玻璃液的化学侵蚀、玻璃液面波动和对流冲刷等物理化学作用下，逐渐剥落而进入玻璃液，这种原因常伴随有刚玉的产生。

配合料对池壁的侵蚀从出投料口就开始了，通常在料堆区间的熔窑池壁砖最容易受到侵蚀，在此区域内，未被熔融的烧结配合料浮渣从池壁边部延伸到泡界限，烧结配合料中的Na_2O、K_2O对池壁有较强的侵蚀能力。

在实际生产中，熔融的配合料对池壁砖的侵蚀最早发生在距池壁上沿30～50mm液面处，接着熔融的配合料浮渣侵蚀30mm以上的池壁上沿，随后侵蚀砌筑在池壁上沿75mm厚的33#锆刚玉下间隙砖。这个侵蚀区间一直延续到2#小炉中心处为止，即在此区间的下间隙砖和其以下到液面处的池壁砖全部被熔融的配合料烧结物侵蚀掉，并被玻璃液带走，在玻璃板面形成缺陷。2#小炉中心线到泡界限形成前的区间内，玻璃液侵蚀下间隙砖的速度减缓，当泡界限消失，形成玻璃液镜面后，不再侵蚀下间隙砖，同时池壁砖的侵蚀速率也明显变慢，即在此区间产生结石缺陷的概率逐渐变小。有的生产线在进入卡脖的拐角处将本来应为直角的砖材设计成向熔化部一侧凸出的异形砖，实践证明，凸出的异形砖被玻璃液流侵蚀的概率比直角形的高一倍。

实践证明，冷却部池壁使用α-β刚玉砖代替通常的AZS砖，可大大减少玻璃成品中出现结石缺陷的概率。在冷却部末端使用 $\Phi 80mm$ 的冷却水包冷却该处的玻璃液也是一种不错的做法。某公司使用此种方法后，不仅使中部高质量的玻璃液流直接进入成形阶段，而且使冷却部后三角区玻璃液表面形成了不动层，玻璃液对冷却水包周围约2m池壁砖的侵蚀量减少了60%，从而减少了进入玻璃液的结石量。

此外，当窑内玻璃液温度大幅度波动而造成窑底不动玻璃层翻出时，池底铺面砖、池底未被很好烧结的锆英石捣打料、碎屑或与玻璃液发生交代作用形成的新矿物就可能夹杂在玻璃体内而被带入玻璃液，这也是形成锆铝质结石的一个原因。由该原因形成的结石的结构较疏松。

从生产现场的观察来看，玻璃成品结石缺陷的80%来源于玻璃液对池壁砖的侵蚀，其中80%来自泡界线以前硅酸盐形成物对池壁的侵蚀，剩余的20%来自玻璃液流对池壁的冲刷。

在某些情况下，池壁砖不是整个池深为一整块，而是分层砌筑，这就存在水平缝，在水平缝上面的砖很容易受到来自下面熔融玻璃液的侵蚀而生成高黏度的保护层，这一保护层在重力的作用下容易向下流动而流失，露出的新砖面又会受到新的侵蚀。这时会有一些气泡处于受侵蚀层的最上端，因而使这里侵蚀加剧，这样反复作用的结果就使砖缝上面的砖受到向上强烈的钻孔侵蚀，而砖缝下部的砖其保护层则不会流失，在下表面上也没有气泡停留，所以受到的侵蚀较轻。因此，若资金充裕，应采用整块池壁砖代替分层池壁砖。

锆刚玉砖有氧化法和还原法两种生产方法，由于在还原气氛中制造的锆刚玉砖抗侵蚀性较差，在高温下使用时其玻璃相的黏度较低，比较容易向玻璃液中扩散，使砖中的晶相失去结合物而进入玻璃液中，形成条纹和结石；此外，还原法生产的锆刚玉砖，其玻璃相中的低价氧化物和其他还原物质都具有强还原性，它们与玻璃作用时会夺取溶解于玻璃中的氧，使玻璃液中的可溶解气体变成不易溶解而成为气泡。例如，溶于玻璃液中的 SO_3 被还原成 SO_2，SO_2 在玻璃液中溶解度低，形成气泡缺陷。氧化法生产的锆刚玉砖可以改善上述缺陷，所以，目前全部使用氧化法生产的锆刚玉砖。

② 脱落引起的结石。此类情况多发生在砌筑熔窑时选用了质量较差的电熔耐火材料，如耐火材料配料不合适、浇注缩孔过大、制造时气氛不适当、退火不良、内应力过大以及没有很好处理砖体表面等，致使在使用过程中出现砖体炸裂、剥落，或窑炉后期侵蚀加快等现象，表现在玻璃板上就是形成锆质结石。例如，L形吊墙下鼻区AZS砖受到温度波动和配合料化学侵蚀时很容易产生表皮剥落。当池壁砖侵蚀较薄或冷却不当时，因冷却温差大，也可能引起炸裂性脱落。当卡脖搅拌器、水包漏水时，如果直接溅射到耐火材料表面，会引起表层炸裂性脱落。

（2）硅质和铝硅质耐火材料结石

① 碹滴结石。大碹和胸墙所用的硅质耐火材料长时间处于高温下，同时受到碱气体、碱飞料以及其他挥发物的作用，在耐火材料的表面上形成熔蚀层，由于流动性和表面张力的作用，逐渐形成液滴（碹滴），在重力的作用下慢慢地往下流。当生成的玻璃液滴达到一定质量和黏度时，自窑体落下，或沿胸墙流入玻璃液中生成耐火材料结石，其中多含有较大颗粒的鳞石英和方石英。由于它们周围有许多小裂纹，所以成形后在退

火区域容易造成炸裂。

碹滴产生的原因有以下几种：熔窑长期采用高温制度；使用了易飞扬的纯碱；配合料颗粒过细和加料方法不当；熔窑砌筑时使用了低标号的硅质大碹砖；砌筑熔窑大碹时泥缝超标或使用了不合格的硅质泥料；烤窑不恰当或燃料（重油）中含钒和硫。

碹滴产生的部位不同，其化学组成及物相组成也有所不同，产生于L形吊墙和前区碹顶边部者，晶型排列不整齐；产生于前区碹顶中部者，晶型排列整齐，呈玉黍状或团粒状；产生于热点后部碹顶者，晶型排列整齐，这个部位温度相对较低，碱性组分、芒硝分解产物易在此处凝聚，侵蚀较严重；产生于熔化部后山墙者，晶体含有硫元素，呈钟乳石状的熔融凝聚物，可能还有残砖存在。

② 硅质耐火材料结石。硅质耐火材料对碱性氧化物的抗侵蚀性较差，常用于熔窑上部胸墙、大碹等部位。熔窑中的侵蚀剂主要是Na_2O，大量的Na_2O侵蚀硅砖后，会使硅砖表面层熔点急剧下降，并出现钟乳状液滴。但在正常操作时一般不会发生钟乳状侵蚀，只有当火焰喷向碹顶造成局部过热时，砖体才会受到侵蚀。大碹硅砖受到侵蚀后表面洁白光滑，变质层十分明显，变质层内除SiO_2系结晶外，没有其他晶体。Na_2O的扩散侵入对鳞石英的生长具有良好的矿化作用。因此，在硅质耐火材料的蚀变带中，鳞石英的重结晶作用占有相当重要的地位。最高温度区域附近的硅砖内表面为方石英结晶，鳞石英转化为方石英的温度理论上为1470℃，但有Na_2O共存时转化温度可以下降到1260℃。不论是重结晶或是多晶转变，都将使砖体内颗粒间结合的牢固度削弱，甚至会因膨胀收缩不均而遭到破坏，出现松解剥落现象。硅质耐火材料结石的重要来源之一是硅砖在使用过程中发生的侵蚀剥落。

当硅砖存在裂纹、砌筑缝隙泥浆不饱满或缝隙过大时，Na_2O气相就会进入这一薄弱区域，由于砖缝内部温度低，Na_2O气体在1400℃左右会冷凝成液体，这种高浓度Na_2O液体会很快侵蚀硅砖而形成洞（俗称鼠洞），此时若有通风冷却，又会加速Na_2O气体的凝结，从而加速侵蚀，造成硅砖的严重破坏。硅砖被侵蚀后，虽然上面冒火缝隙很小，但其稍下部位往往已经有一个很大的空洞。所以，对于硅砖砌体，一方面要减少砖缝，包括使用大块碹砖；另一方面，当窑温不超过1600℃时，采用碹顶保温可以防止Na_2O在砖缝中冷凝，从而减少侵蚀，这样不但可以节约燃料，还可以保护碹顶，延长使用寿命。

硅质大碹生成的结石在正常情况下极少见到。由于硅砖主要成分为SiO_2，在熔化过程中SiO_2极易熔化扩散，进入玻璃液中被均化或形成透明结石，这种含高SiO_2的透明结石中有方石英或鳞石英的晶体，用肉眼观察可见到微黄绿色，这是硅砖中含Fe_2O_3高的缘故。在高温熔制时，由于碹顶硅砖熔融下流，致使其下部电熔锆刚玉砖被硅流蚀损，进入玻璃液中产生硅质耐火材料结石。

③ 铝硅质耐火材料结石。铝硅质耐火材料结石多属于碱性氧化物与铝硅质耐火材料侵蚀交代的产物，其中可能出现的物相有：耐火黏土熟料、莫来石、霞石（$Na_2O·Al_2O_3·2SiO_2$）、钾霞石（$K_2O·Al_2O_3·2SiO_2$）、白榴石（$K_2O·Al_2O_3·4SiO_2$）、钠长石（$Na_2O·Al_2O_3·6SiO_2$）、钾长石（$K_2O·Al_2O_3·6SiO_2$）。

这类结石的组成取决于耐火材料的组成和它的蚀变程度。在与玻璃液接触交代的初期，砖体结构中熟料松懈，但熟料颗粒形态改变不大，只是在气孔附近或与玻璃液接触的界面上才可明显地发现重结晶长大的或次生的莫来石。随着Na_2O的逐渐侵入，熟料中的莫来石即分解成$\beta\text{-}Al_2O_3$和霞石。如果交代作用不深，这些矿物颗粒尺寸都很小。此外，交代作用还形成一部分与原始玻璃液组成不同的、由于熟料颗粒溶解而增添了SiO_2和Al_2O_3组分的新玻璃相。随着交代作用的发展，熟料颗粒逐步解体转化成零落的碎屑，在它的周围就可能出现长得较大的莫来石和$\beta\text{-}Al_2O_3$，霞石这时则可长大，或转变为三斜霞石，甚至全部转化为次生的或新矿物相。

此外，熟料经交代形成霞石后，若长期处于高温下，则霞石可与SiO_2组分反应，形成钠长石（$Na_2O \cdot Al_2O_3 \cdot 6SiO_2$），说明侵蚀时间的延长反映在矿物转化关系上的变化。

当玻璃中含大量K_2O时，在开始阶段内，熟料也是先转化为次生的莫来石和$\beta\text{-}Al_2O_3$，其后形成钾霞石（$K_2O \cdot Al_2O_3 \cdot 2SiO_2$），再在长期的高温作用下，钾霞石与$SiO_2$组分作用形成白榴石（$K_2O \cdot Al_2O_3 \cdot 4SiO_2$）和钾长石（$K_2O \cdot Al_2O_3 \cdot 6SiO_2$）。

铝硅质耐火材料结石由于氧化铝含量多，在玻璃液中黏度大不容易扩散开，因而含氧化铝多的结石多带有尾巴，少数呈黄绿色。由于这类结石周围裂纹较少，在退火中炸裂也较少，但冷却至常温时也有引起炸裂的。

硅酸铝纤维等轻质保温材料掉进玻璃液，此种情况多发生在投产初期。由此产生的也多为带线道尾巴的小结石，其成分多为铝硅质。

（3）外界物体侵入产生的结石

当选用了烧成温度不够、原料不纯、颗粒级配不当、气孔率高、成形压力低（对于压力成形的耐火材料）等质量低劣的硅质和黏土质耐火材料后，在使用过程中由于砖体受热膨胀，极易出现砖材挤压、炸裂、剥皮脱落掉渣等现象，从而在玻璃板面上产生结石。

此外，在熔窑热修时，不小心将耐火砖材碎块及泥料掉进窑内玻璃液中，熟料中混入耐火材料或碎玻璃中已夹杂的耐火材料循环多次进入配合料，这也是造成结石的原因。

有时发现无名的结石，这常是因为碎玻璃熟料中混进了某种垃圾（如砖材、水泥块、矿石等），所以对碎玻璃应严加管理。

（4）易发生反应的耐火材料形成的结石

将易发生反应的碱性砖和酸性砖砌在一起时，耐火材料间的化学反应会加速砖材的损毁，如硅砖与电熔AZS砖砌在一起，会加速硅砖的蚀损，一般在它们之间砌一层锆英石质耐火材料，以阻止反应的进行。同时，硅砖和黏土砖砌在一起，也会发生化学反应，一般用高铝砖分隔它们。

（5）熔化温度过高引起的结石

熔化温度过高或纯碱、芒硝使用不当，则玻璃液与耐火材料反应剧烈，而且流动冲刷也加剧，高温熔蚀加速玻璃液面处熔窑池壁的侵蚀。

此外，下面几种情况也会增加耐火材料结石产生的概率：耐火材料使用部位不当；助熔剂用量过大；玻璃液进入溢流口时有异物通过密封不严的支通路缝隙进入玻璃液；挡焰砖长期使用过程中，其侵蚀物带入玻璃液、支通路空间耐火材料块粒或附着物体在气流波动时掉在玻璃液表面。

8.1.2.3 消除耐火材料夹杂物的方法

随着科学技术的不断进步，我国耐火材料的质量得到了很大提高，为选用高质量的耐火材料提供了较大的空间。高质量耐火材料的使用，不仅大大延长了太阳能压延玻璃熔窑的使用寿命，同时在单位时间内也大大地减少了玻璃板面上出现耐火材料夹杂物的概率。所以，消除耐火材料夹杂物的最好方法就是在经济条件允许的情况下选用高质量、高品位的耐火材料，例如：熔化部池壁砖可由高标号电熔锆刚玉砖取代低标号的33#电熔锆刚玉砖，可由无缩孔浇注锆刚玉砖取代普通浇注锆刚玉砖，可由单块砖取代多块组合砖，冷却部池壁砖可用33#锆刚玉砖取代原始的黏土砖，甚至用α-β刚玉砖取代33#锆刚玉砖，等等；其次才是在生产过程中对症下药，解决由耐火材料原因产生的结石。

① 制定切实可行的熔化温度制度，在保证配合料熔化质量的情况下，适当采取低温操作。

② 在严格控制拉引量、不长期超负荷使用熔窑的前提下，尽量减少拉引量的波动，将每天拉引量波动控制在±1.5t内，以减少玻璃液对池壁砖的冲刷。因为熔窑长期超负荷运行，势必要提高熔化温度，高的熔化温度加上玻璃液面的波动，定会对池壁、大碹等处的耐火材料造成熔蚀，熔蚀的物体随着玻璃的拉引，结果就是在玻璃板面上产生结石。所以控制拉引量、减小玻璃液面波动、均衡生产是消除耐火材料结石的基本方法。

③ 由于碹滴引起的硅质夹杂物，一般为乳白或半透明状的凸起物，中心一般很少有核。解决此类结石的方法主要是，在不影响玻璃熔化质量的前提下，适当降低熔化温度；调整火焰角度，减少火焰对碹顶的上扬烧损；在满足澄清的前提下，尽量减少澄清剂芒硝的用量；若后山墙存有"挂帘子"，应定期进行处理。

④ 外来的硅酸铝纤维等轻质保温材料引起的夹杂物由于其小而散，一般较难处理，只能等其慢慢自行消除。所以，在投产初期保温操作时应尽量避免此类材料掉进玻璃液。

⑤ 耐火泥料进入玻璃液引起的硅质结石较易判别。此类结石一般出现在热修之后2～4h，其持续时间根据耐火泥料掉进玻璃液多少而定。当掉进去的耐火泥料少时，不用管它，过一段时间拉引完后，结石也就消失了；当掉进去的耐火泥料多时，应在卡脖水包处"翻水包"或在冷却部适当位置人工用大铲、香蕉勺等工具捞"疙瘩"。

⑥ 严格熔窑砌筑施工质量标准，不得将易反应的耐火材料砌筑在一起，例如硅砖与锆刚玉砖在高温下会发生反应，使用时应用锆英石砖进行过渡。

8.1.3 析晶夹杂物

析晶夹杂物又叫失透结石，是已经形成的玻璃体在特定的温度和区域内重新析晶形成的微透明状的晶体，当玻璃液温度出现波动时，部分已析晶的晶体随着玻璃液成形流带出，而成为异于玻璃板物相的玻璃体夹杂物，与周围玻璃出现明显差别。这类夹杂物的产生，通常与该部分玻璃的析晶倾向有密切的关系。析晶结石的存在往往使玻璃产生模糊白点或呈现出具有明显结晶形态的产物，玻璃表面有明显变形。

值得注意的是，析晶夹杂物的产生必须是先有析晶物体存在于熔窑的某个区域，若有析晶存在，玻璃液温度制度和拉引量无大幅度波动，已存在的析晶也不会附着在玻璃板上成为析晶夹杂物。

8.1.3.1　析晶夹杂物的表现形式

析晶夹杂物的产生往往使玻璃产生迷蒙白点或呈现具有明显结晶形态的产物，尺寸常在微米级到毫米级之间，在唇砖及八字砖处产生的个别析晶夹杂物有厘米级的。形状和色泽常是多种多样的，但是具有一定的几何形状。析晶夹杂物有单独分布的，但大多数是聚集成脉状、斑点、球体条带等。

析晶夹杂物中常见的晶体有以下几种：

① 硅质析晶。硅质析晶在玻璃中呈白色或乳白色半透明，有时呈颗粒状，有时呈串状，有时星星点点出现在玻璃板面，严重时可布满整个玻璃板。显微镜下观察，生长形态与粉料石英结石或硅砖在深度转化后的结晶产物十分相似，通常以鳞石英和方石英最为常见。鳞石英呈雪花状或羽毛状；方石英常呈十字形骨架晶体。形态学研究发现，硅质析晶夹杂物是由富硅的玻璃相析晶形成的，若玻璃熔化得比较均匀，晶体就分散在整个玻璃制品中。

② 硅灰石（$CaO \cdot SiO_2$）析晶。硅灰石析晶在玻璃板上呈毛虫状、线团状、两头变形，中间有片连成线或半透明。显微镜下观察呈棒状、板状、放射状或薄的柱状晶体。一般有α-硅灰石和β-硅灰石两种晶体。α-硅灰石（又叫假硅灰石）在1180℃以上是稳定的晶型，太阳能压延玻璃熔窑中玻璃液缓慢冷却时会出现这种晶体，有时形成雪白色六角形小块，在截面上可见到夹杂物的中部是透明的。β-硅灰石是低温晶型，其析晶温度范围在860～1150℃，大都呈现或粗或细的针状物，而实际上它是棱柱体，呈集束状或放射状。

③ 失透石（$Na_2O \cdot 3CaO \cdot 6SiO_2$）。失透石是太阳能压延玻璃中$Na_2O$组分较多的情况下析出的晶体，在析晶夹杂物中它是主要产物。当温度低于1047℃时，它可能溶解而转变成β-硅灰石。在太阳能压延玻璃中，析晶夹杂物出现时，经常断续地沿直线方向排列成行或集束纤维状。它的出现与玻璃中Na_2O、CaO含量高有关。但在很多情况下，失透石析晶的出现也与操作制度有关。与产生硅灰石析晶的情况一样，当成形部温度控制不当，有些部位存在死角时，失透石便能聚集在一起析出，到一定程度时，便会夹带到制品中。

④ 透辉石（$MgO \cdot CaO \cdot 2SiO_2$）。透辉石析晶外观及显微镜下观察与硅灰石析晶相同，是析晶夹杂物中最常见的含镁化合物。

8.1.3.2　析晶夹杂物产生原因

当玻璃液长期停留在有利于晶体形成和生长的温度条件下时，玻璃中化学组成不均匀部分会促使玻璃体产生析晶。析晶夹杂物常常首先出现在各相分界线上、玻璃液表面上、气泡附近及与耐火材料接触部分等部位，也常常在配合料结石和耐火材料结石以及条纹、线道中开始产生。例如，尘埃或类似的物质降落到玻璃液表面上将引起析晶，形成半圆球结构，冷却后可像鱼鳞一样剥落下来，经过一段时间后，也将使整个表面析晶。

① 硅质析晶产生原因。在太阳能压延玻璃生产中，硅质析晶的出现往往预示着配合料中硅质原料超量，或耐火材料渗出的玻璃相进入玻璃液，或配合料在输送及窑头

料仓分层造成硅砂与纯碱分离，或硅质耐火材料结石二次入窑再次熔化后形成了局部高硅相。

② 硅灰石析晶产生原因。在玻璃成分中CaO含量较高时，硅灰石析出的倾向增加。硅灰石产生析晶可能是由于配料时石灰石称量有误差，或配错料、料方计算有误等造成石灰石加入过量，也不能排除石灰石出现大颗粒或细粉淋雨吸水结团引起的局部富石灰石聚集这一因素。如果玻璃液均化不良或对流紊乱、冷却部某些角落的温度控制不当，致使冷却部池底玻璃液翻起或者该处死角的冷玻璃液进入成形流，或者流道两侧的玻璃液冷却降温制度不合理，都可能造成硅灰石析晶。

③ 透辉石析晶产生原因。在钠钙硅酸盐玻璃中，随着MgO引入量的增加，玻璃中析出透辉石的可能性增加。一般来说，MgO含量超过4.5%时，透辉石就极易发生，把MgO控制在4.2%以下时，情况会大有改善。其次工艺控制和操作条件对它的形成也很有影响。例如，在溢流口八字砖附近容易集聚许多透辉石析晶，必须通过"打炉"操作来消除，为了防止八字砖附近的析晶，采用辅助加热，也会有一定的成效。

④ 其他原因产生的析晶。熔窑温度波动过大，致使冷却部死角和池底"冷"玻璃液活动，若其中有析晶物，就会进入成形流形成析晶夹杂物；卡脖水包、搅拌器表面长期黏附的玻璃液形成析晶，在停水、堵塞、水量不足及更换等情况下造成析晶体脱落，进入玻璃液后就会形成析晶夹杂物；尾砖与唇砖接缝、八字砖附近等部位长期黏附滞留的玻璃液处于析晶温度而形成析晶，在温度大幅度波动或拉引量发生变化时，也可能进入玻璃液形成析晶夹杂物。

8.1.3.3 解决析晶夹杂物缺陷的方法

① 为防止析晶产生，首先要设计合理的玻璃化学组成，使玻璃熔体尽可能地减少析晶倾向，并保证冷却和成形条件对析晶有足够的稳定性。玻璃液的析晶倾向，可以由它们的晶核形成速率与晶体生长速率曲线来表示，根据两者曲线在相应温度范围内的相交关系便可找到结晶倾向最大的温度范围。为了不让玻璃在这个温度范围内析晶，往往采用迅速冷却的办法，避免玻璃液在此温度范围停留过长时间，防止析晶夹杂物的产生。

一般来说，玻璃组成中不参加结晶的组分种类越多，或同时析出的晶体种类越多，就越不容易产生析晶，这是由于它们阻碍了分子进行晶格排列的缘故。

② 若是由硅质析晶产生的夹杂物，则可采取以下措施，以消除析晶：保证配合料的均匀度达到要求；保证配合料的含水率和混合温度达到技术要求，减少配合料的分层现象；稳定熔化温度，减少耐火材料中玻璃相的渗出。

③ 若是由硅灰石析晶产生的夹杂物，可采取以下措施来避免硅灰石析晶：检查石灰石秤和保证配方输入的正确性，控制配合料混合均匀度；控制石灰石质量和颗粒度，检查石灰石颗粒是否有大颗粒、细粉过多和吸水问题；保证熔制温度的稳定性，避免冷却部边部及后山墙死角处的凉玻璃液进入成形流。

④ 若是由透辉石析晶产生的夹杂物，可对白云石采取与石灰石相同的处理措施。

⑤ 在生产操作中，制定合理的熔化制度和成形制度，是保证正常生产的主要因素。如果在生产中破坏了熔化制度和成形制度，将使析晶倾向增加。因为熔制制度的破坏，

使玻璃流动区域发生了变化，即破坏了原来某种规则的液流，而使窑池中的不动层玻璃液（在不动层内往往存在析晶）混入流动的玻璃液流，并产生析晶缺陷。

⑥ 在设计窑炉时，熔化部应尽量避免死角，以减少生成析晶的条件和避免已生成的析晶夹杂物在温度波动时进入成形流。

⑦ 对由水包、搅拌器引起的析晶，应预防停水事故的出现；注意水质管理，确保水包和搅拌器正常运行；同时尽量减少更换次数；如遇停水事故，应及时拉出水包。

如果在生产中产生了析晶夹杂物，消除的方法是提高玻璃液的温度。消除或定期处理玻璃液滞集的部分，改善窑内的均化，均有利于防止玻璃析晶夹杂物的产生。

在八字砖周围形成的析晶夹杂物，由于多位于玻璃板上表面，接近玻璃板光边的边缘处，一般不会对玻璃质量和产量造成损失，但对于由此产生夹杂物的部位，应经常用钩子清理滞留的凉玻璃，以消除产生析晶夹杂物的环境。

8.1.4　其他夹杂物

8.1.4.1　硫酸盐夹杂物

玻璃熔体中的硫酸盐如果超过玻璃中所能溶解的数量时，就会以硫酸盐的形式成为浮渣分离出来，并进入成品中。在玻璃成形时，这种硫酸盐浮渣还是液态，冷却后熔融的硫酸盐硬化而成结晶的小滴析出，通常也叫"盐泡"或"芒硝泡"，它具有黄色的裂纹结构，主要是由于配合料中芒硝在熔化澄清过程中没有完全分解所致。当产生了这种缺陷时，必须检查熔化初期火焰是否保持还原性，配合料中炭粉用量是否合适，以便排除硫酸盐夹杂物。有时硫酸盐泡是由于纯碱飞料受炉气中 SO_2 和 O_2 作用而形成的，这种泡叫作碱泡。

8.1.4.2　疖瘤

疖瘤在玻璃板面上呈透明团（滴）状物，有的有拖筋尾巴，在制品上它以颗粒状、块状或成片状出现，出现疖瘤的玻璃板区域会产生严重光学变形。疖瘤直径一般为2～8mm，大部分与玻璃体无明显界线。

碹滴滴入或流入玻璃液中，由于其化学组成和主体玻璃明显不同，也将形成疖瘤或条纹。窑碹和胸墙部位的硅砖受蚀后形成的玻璃滴，属于富二氧化硅质的，这种玻璃滴的黏度很大，在玻璃熔体中扩散很慢，往往来不及溶解，从而形成疖瘤或条纹。

疖瘤的产生有时由含有结石的碎玻璃重新回炉而来，因为结石在玻璃体中受玻璃熔体的作用，逐渐以不同的速度溶解。当结石具有较大的溶解度和在高温停留一定时间后，就可以消失，结石溶解后的玻璃体与主体玻璃仍具有不同的化学组成，形成疖瘤或条纹。结石熔化后在它的周围形成熔液环，有时这种熔液环形成包囊状的疖瘤。若为黏土质耐火材料结石，可以从包囊中引出富含氧化铝的条纹，拖有长尾巴，结石本身留在包囊内，有时也钻出包囊外。

疖瘤一般很少出现，生产中，可采取提高熔化温度、尽量使含有结石的碎玻璃不要重新回炉、提高耐火材料的质量等措施来避免。

8.1.5 夹杂物的诊断方法

对于大量、成片的大颗粒及其延续物而形成的夹杂物，通过肉眼极易发现和判断，但是，在生产过程中，绝大部分夹杂物都是零星的小颗粒和微小颗粒，肉眼难以看见。在检查夹杂物时，由于它微量、细小和周围完全为玻璃质所包裹，因此要特别仔细地做大量的工作。一般采取下列几种办法。

（1）用肉眼或放大镜观察

以肉眼或利用 10 ~ 20 倍的放大镜来观察夹杂物，根据某些外形特征对它的性质做一初步了解。在放大镜下观察时，应注意夹杂物的颜色、轮廓、表面特征、四周玻璃颜色等，这种方法最为简便，具有能在玻璃熔制现场直接进行的优点，如果积累的实践经验较为丰富，就有可能推断出夹杂物的种类。但是，根据它来做最后的判断是不够充分的，这只能作为预测。

由石英形成的配合料夹杂物和析晶夹杂物都呈白色；由耐火材料形成的耐火黏土夹杂物通常呈浅灰色；莫来石夹杂物常具有青灰色及暗棕色。碹滴夹杂物和耐火材料夹杂物常伴生条纹和节瘤，前者伴生的条纹和节瘤常呈绿色，后者伴生的条纹和节瘤可能被染成黄绿色。

在观察中，还应该注意夹杂物多数发生在玻璃板面的哪一部分，夹杂物是否完全埋藏在玻璃母体中，夹杂物和玻璃在制品的表面上是否处于不相溶的状态等，这些对推断夹杂物产生的原因很有帮助。如在玻璃表面发现完全未熔于玻璃的夹杂物，一般要考虑成形部高温区域是否有异常情况；如夹杂物棱尚明显，一般是冷却部以后的耐火材料造成；如很圆滑，一般是熔化部中产生的。

（2）碳酸钠试验

用纯碱试验能迅速区分夹杂物的主要成分是 Al_2O_3 还是 SiO_2。在坩埚内用熔融的纯碱处理夹杂物（其尺寸不大于 0.5mm），如果夹杂物迅速完全熔融则可能主要含 SiO_2；如不熔可能是刚玉；如熔成渣滓，则可能是莫来石。

（3）化学分析

化学分析能够检验玻璃体中各种夹杂物的化学组成的类型，但它不能真正查明化学组成和矿物组成。这是因为将夹杂物完全和它周围的玻璃体分开常常是办不到的，特别是粒度很小的结石和析晶。可以利用吹管，将有夹杂物的玻璃液吹成极薄的空心泡，在薄壁上剥取夹杂物作为试样。

一般化学分析法需要比较长的时间，在生产中需要用快速法，常常是分析结晶中的某一项或某几项主要组分的含量，例如测定 $Al_2O_3+Fe_2O_3+TiO_2$ 的含量。

（4）测定夹杂物周围玻璃的折射率

由于夹杂物与玻璃体的成分和物体组成不同，所以，夹杂物与其周围玻璃的折射率有很大的不同。如果夹杂物非常小或者不可能从玻璃中取出，那么可以通过对夹杂物周围玻璃的折射率测定来大致地加以区分。夹杂物中矿物对周围玻璃的折射率影响有两种，即降低和提高。石英、蓝晶石、微斜长石、高岭石、霞石等使周围玻璃折射率降低；钛铁矿、锆英石、金红石等使周围玻璃折射率提高。折射率数据如表8-1所示。

表 8-1　夹杂物中各种矿物周围玻璃折射率的变化特征

矿物	矿物的折射率		带有夹杂物的玻璃试样折射率		
	N_0	N_g	熔融的矿物	有矿物外缘的玻璃	离矿物较远的玻璃
石英	1.544	1.553	1.458	1.485	1.517
蓝晶石	1.712	1.729		1.510	1.517
微斜长石	1.522	1.530		1.506	1.517
高岭石	1.561	1.566		1.509	1.517
霞石	1.534	1.538	1.510	1.520	1.517
钛铁矿				1.592	1.517
锆英石	1.930	1.980		1.570	1.517
金红石	2.615	2.903		1.630	1.517

（5）岩相分析法

岩相分析是用偏光显微镜对矿物进行结晶光学性质的检验。这种方法作为夹杂物类型的检验是很有效的，也是当前最普遍采用的方法。它迅速简便，可获得较多的资料，试样用量很少，需要的时间比较短，可以准确地确定夹杂物的矿物类型。根据夹杂物的矿物类型、夹杂物晶形、光性方位、延性、突起程度及解理情况，能够判断夹杂物种类，从而推断在玻璃中的起源，提出相应的防止和改善措施。在岩相分析之前，最好能利用其他方法预计夹杂物的矿物特征。夹杂物的岩相分析可以采用粉末油浸法，也可用薄片法。

（6）X射线法

把玻璃体中出现的夹杂物仔细选出，经粉碎研磨制样，在X射线衍射仪（XRD）上分析，获得试样的XRD图谱，根据谱线的特征和强度，与已知矿物的XRD图谱进行比较，可以确定夹杂物的矿物组成。

（7）电子显微镜法

电子显微镜法主要是利用透射电子显微镜（TEM）和扫描电子显微镜（SEM）对夹杂物进行鉴定。透射电子显微镜制样繁杂，一般不常用。而SEM法由于制样方法简便，而且可观察断口形貌，故可方便地获得夹杂物的形貌特征。利用SEM配置的波谱仪（WDS）或能谱仪（EDAX），可对夹杂物的微观区和局部进行化学组成分析。根据获得的晶体形貌特征和化学组成，可以准确地判断夹杂物的种类。

玻璃夹杂物中常见矿物和最大可能形成的原因列于表8-2中。

表 8-2　玻璃夹杂物中常见矿物及其可能成因

序号	矿物名称	夹杂物来源
1	石英	玻璃配合料，石英耐火材料和酸性耐火黏土材料
2	方石英	玻璃配合料，硅砖，析晶，液面上的浮渣
3	鳞石英	硅砖，析晶
4	α-硅灰石	析晶
5	β-硅灰石	析晶
6	失透石	析晶

续表

序号	矿物名称	夹杂物来源
7	透辉石	析晶
8	刚玉	氧化铝含量很高的耐火材料，如硅线石、电铸莫来石和刚玉大砖
9	霞石	氧化铝含量很高的耐火材料，如硅线石、电铸莫来石和刚玉大砖
10	三斜霞石	氧化铝含量很高的耐火材料，如硅线石、电铸莫来石和刚玉大砖
11	白榴石	氧化铝含量很高的耐火材料，析晶
12	堇青石	析晶
13	斜锆石	电铸斜锆刚玉耐火大砖，锆耐火大砖
14	锆石	锆耐火大砖

8.2 气泡缺陷控制

我们知道，玻璃的熔制过程分为：硅酸盐形成、玻璃形成、澄清、均化和冷却五个阶段。在硅酸盐形成阶段，配合料各组分之间进行着复杂的固相反应，主要反应有水分排除、盐类分解、多晶转变、生成硅酸盐、生成复盐、生成低共熔混合物和熔化等。通常配合料从投料机投入窑内后被直接加热到1100℃以上的温度，各种变化同时进行，只需约3～5min便可完成硅酸盐形成阶段的反应。硅酸盐形成阶段所需的时间主要由温度决定，还取决于配合料的性质、加料速度、投料方法等。在玻璃液形成之前，配合料中水分及盐类分解所释放的气体可以经过松散的配合料层排出，配合料堆的表面积愈大（薄层投料法），该气体在窑炉气氛中的分压愈小，气体就愈容易排出。玻璃液形成后，气体的排出受到阻碍而形成气泡。玻璃液形成和玻璃液澄清两个阶段互相交叉，没有明显界限。玻璃液形成阶段的末期，熔体中的气泡除N_2外主要含CO_2及少量H_2O，澄清阶段熔体中的气泡主要是O_2和SO_2气体。

玻璃配合料的特性决定了气泡是配合料在熔化过程中必将产生和必需有的一种物质。配合料中各种物质在高温作用下分解出的气体形成气泡，有了气泡对配合料的翻滚作用，配合料下部的高温玻璃液才可能对配合料起到加热作用，才可能在配合料形成玻璃液后，搅动玻璃液使玻璃液澄清、均化。因此，气泡是玻璃制造过程中不可缺少的一种重要物质。

随着配合料进入玻璃熔窑的结合气体质量约占配合料质量的10%～20%，配合料中的碳酸盐（碳酸钠、碳酸钙、碳酸镁）在窑内高温下分解时产生大量气体［每千克配合料约产生（50～200）×10^3cm³二氧化碳气体］，其中大部分气体在配合料加热反应及初熔阶段排入窑炉气氛中，仅有约0.001%～0.1%的气体在初熔后留在玻璃液中。作为气泡或溶解的气体必须在澄清过程中排出，或减少到不影响玻璃质量的程度。至于在澄清过程中要除去多少气泡和排出多少溶解的气体，除由澄清条件决定外，还要看各种气体是按什么样的顺序排出的，以及配合料堆反应和初熔阶段排气是否充分。澄清后的玻璃液中所含的气体总量只占玻璃质量的0.01%～0.5%。配合料中各种气体的溶解度相差很大，这种残余的溶解气体是玻璃液再生气泡的根源。

玻璃中以可见形态存在的气体，在生产中是一种最难诊断和解决的缺陷，也是影响太阳能压延玻璃质量的最大缺陷。实际上几乎没有一种玻璃中没有气泡，只不过在一些质量较高的玻璃中气泡尺寸很小，肉眼无法看清而已。气泡的存在不仅严重影响玻璃外观、透明度和光学质量，而且降低了玻璃的机械强度和热稳定性。

太阳能压延玻璃中的气泡基本可分为：熔窑中初熔阶段产生的气泡和澄清之后残存在玻璃中的澄清气泡（又称一次气泡），因条件发生变化又从玻璃中析出来的再生气泡（又称二次气泡），外界加入玻璃中的空气泡，铁质气泡，污染气泡和玻璃成形过程产生的成形气泡。它们大都是以封闭形式存在于玻璃体中。

根据气泡的直径不同，又可分为微气泡、小气泡、中气泡和大气泡几种。一般将直径小于0.1mm，不引起玻璃表面变形的称为微气泡（又称灰泡），微气泡很难直观分辨，侧面光检查可见亮点，显微镜下清晰可见气泡形状，厚度方向位置不定；直径介于0.1～0.5mm聚集状或针尖状的称为微小气泡，肉眼可以直接观察到，显微镜下可看到边缘清晰的小亮泡，微小气泡是玻璃液中最难消除的缺陷；直径或长度介于0.5～1.0mm的称为小气泡；直径或长度大于1.0～3.0mm的称为中气泡；直径或长度介于3.0～5.0mm的称为大气泡。

玻璃中的气泡表现形式有球形、椭圆形、针尖形及一连串状的串泡等，尺寸不一。颜色大多为无色气泡，个别为不透明乳白色、浅灰色或褐色等。

在太阳能压延玻璃生产过程中，原料成分、熔制温度、窑炉气氛性质和压力等不同，在玻璃中产生的气体种类和数量也不同，常见的存在于玻璃气泡内的气体主要有CO_2、CO、SO_2、O_2、N_2和水蒸气。CO_2通常是由配合料中的纯碱、白云石、方解石（或石灰石）及外界侵入的铁器产生的；SO_2产生于芒硝和燃料；O_2和N_2产生于投料颗粒中夹杂的空气；水蒸气来自原料或某些组成部分中的化合水。玻璃液中的气体主要是以化学形式结合的不可见气体，可见气泡中的气体不超过气体总量的1%。

8.2.1　熔化过程产生的气泡

熔化过程产生的气泡主要是指：熔化过程中的一次气泡、冷却过程中的二次气泡、耐火材料气泡、金属铁气泡、搅拌气泡、水泡等。

8.2.1.1　一次气泡

配合料在熔化过程中，由于各组中分间的反应和易挥发组分的挥发，释放出大量气体，这些气体以溶解于玻璃液中的不可见气体、与玻璃组分形成化学结合的不可见气体、吸附在玻璃表面的气体和形成可见气泡等几种形式存在于玻璃体中。

在生产中，主要是通过澄清作用使玻璃内的大气泡大量释放，大气泡在释放时有很快的上升速度，这样在上升尾流中又带动小气泡上升，而这种小气泡要经过很长一段时间才能到达玻璃液表面。澄清过程除具有均化作用外，更主要的作用就是消除玻璃液中存在的可见气泡。但实际上，玻璃澄清过程结束后，往往有一些小气泡没有完全逸出，或是由于平衡被破坏，导致溶解了的气体又重新析出，残留在玻璃之中，这种气泡叫作一次气泡，它的直径一般都比较小。这种气泡的释放可以通过化学途径在澄清剂的作用下实现，或通过物理途径在鼓泡器的作用下完成。澄清过程的目的是消除可见气泡，而不是消除全部气体。

（1）一次气泡产生的原因

配合料中砂子颗粒粗细不均匀、细粉过多、白云石或石灰石用量过多、配合料的气相单一，或是配合料空隙中带入空气，配合料和碎玻璃投料的温度太低，熔化和澄清温度低，澄清剂用量偏少、澄清时间不足，燃料、燃烧系统不稳定，砖材质量不高及冷却设备有问题等，都会产生一次气泡缺陷。

配合料进入窑内开始加热时，首先是将所含吸附水或结晶水挥发出来，温度继续升高时放出化学结合水；当加热至一定温度时，配合料中各种盐类（碳酸盐、硫酸盐等）分解，在生成金属氧化物的同时放出气体，一般每千克配合料在熔融温度分解出的气体约几百升，有时甚至达到1000L。各种盐类的分解使玻璃液中夹有CO_2、SO_2、O_2、N_2等，另外还有在玻璃形成阶段未能逸出的一部分分解气体及溶解于玻璃液中的小部分分解气体，在继续加热过程中由于溶解度降低而从玻璃液中析出，形成可见气泡。

① CO_2气体形成的气泡。由于配合料中含有38%左右的碳酸盐，所以在配合料的加热分解反应过程中，析出的气体大部分是二氧化碳（CO_2）。窑内气氛中，二氧化碳的分压（p_{CO_2}）对碳酸盐的分解以及二氧化碳的溶解度影响很大。通常配合料表层p_{CO_2}比较低，而料层内部的p_{CO_2}比较高，因而表面的碳酸盐比内部的分解温度低些。在太阳能压延玻璃配合料中，不同的碳酸盐分解温度不一样，一般来说，碳酸钠与二氧化硅在267℃下就开始出现分解反应放出二氧化碳，碳酸钙与二氧化硅在567℃下开始出现分解反应放出二氧化碳。

二氧化碳的溶解度除随着温度的升高而降低或随着温度降低而升高外，还与玻璃液中碱性氧化物的含量有关，特别是Na_2O和K_2O能与CO_2生成稳定的碳酸盐，而且生成的碳酸盐分解温度较高，因此随着玻璃液中Na_2O和K_2O含量的增加，吸收CO_2的能力随之增大。O_2物理溶解量极少，但当玻璃中存在变价离子（如砷、锰、铬的氧化物）时，溶解量显著增加。N_2一般情况下是物理溶解，溶解量极小。

② 芒硝泡。当配合料中芒硝使用量过多，且窑内熔化温度又不是很高时，会使芒硝分解不完全产生白色或乳白色芒硝泡。芒硝泡一般为椭圆形或长形，最大者可达数米之长，泡内带有发亮针状或粉状芒硝沉淀物的气体类夹杂物。在薄玻璃中，气泡缺陷表现为一条亮线道，该类泡大多呈枣核形状。芒硝泡里面除充满白色晶体的Na_2SO_4外，还有作为气相的SO_2，通常在玻璃板的上表面，泡周围有波纹，有的呈不规则颗粒状，浮在玻璃上表面，颗粒旁有波纹。芒硝泡最明显的特征是用鼻子嗅时，有刺鼻的臭鸡蛋味。这是由于碳粉数量不足以还原芒硝，或是熔化部还原区还原气氛不够，致使芒硝水过多渗入生产流中而生成的。

③ SO_2气泡。液体燃料油和煤气燃料及芒硝中一般都含有硫化物，因此窑内气体中含有一定量的SO_2，它能与配合料和玻璃液相互作用生成硫酸盐，以化学结合的方式存在于玻璃液中。玻璃液含碱量越高，形成硫酸盐的数量也越多。当玻璃液温度低于1200℃时，SO_2吸收量随温度上升而增大；超过1200℃后，由于硫酸盐的热分解，玻璃

液中硫酸盐含量急剧降低，大量蒸发，1300℃以上加剧。在有CaO存在的情况下，SO_2气泡会显著减少。

此外，燃料油因雾化不良在喷枪嘴结焦后，当换枪操作不当或自动脱落到窑内玻璃液面上时，其结焦块中含有的碳颗粒就会在玻璃板面上产生黄色气泡。

④ 碎玻璃泡。在太阳能压延玻璃的生产过程中，通常会根据工艺需要在配合料中加入一定比例的碎玻璃。这不仅是为了消化生产过程所产生的边角料，更主要的是碎玻璃可以促进熔化，减少能源消耗。这是因为与配合料熔化对比，碎玻璃中许多化学反应早已完成，因而熔化过程中消耗的能量比较小；此外，由碎玻璃熔化成的玻璃液体表面张力小，润湿性好，易于分布到配合料中去；同时，辐射热通过碎玻璃也比通过配合料层容易得多。

但是碎玻璃加入比例超过35%，且生熟料混合不均匀时，易造成局部碎玻璃过多，就会在玻璃板面产生气泡。这种现象的出现主要是因为碎玻璃比生料易熔化，在低温下就形成玻璃液，黏度较大，当生料中的二氧化碳等气泡向外冒时，这些黏度较大的玻璃液就阻挡了它们的冒出，并被玻璃液逐渐吸收，虽然在高温区和澄清区，这些已吸收的气泡将被排出，但少部分来不及排出的就会留在玻璃中形成气泡。其次是由于碎玻璃优先与活性澄清剂碳酸钠反应而使配合料的初熔过程中缺少碳酸钠，碎玻璃的用量愈多，活性澄清剂的量就愈少。再次是由于碎玻璃块在进入熔窑时，块与块之间存在的空隙可带进空气，且碎玻璃表面吸附着一定量的水分和二氧化碳，空气中的氧被玻璃熔体吸收，而水分和二氧化碳则从熔体扩散到气泡中，气泡中的气体含量将随着碎玻璃熔体中二氧化碳和水分的分压及温度升高而发生变化。因此，单用碎玻璃熔制成的玻璃基本不可能不含气泡，即使延长熔制时间也难于改变这种状态。

倘若使用大量的外购碎玻璃、种类不一的碎玻璃或清洗不干净的碎玻璃时，由于它们本身成分不一致，如果没有足够的配合料气体和澄清气体使它们混合均匀，玻璃中就会产生大量的气泡。

为了消除由碎玻璃引起的气泡，在加配合料时，必须将碎玻璃分散在配合料中而不能将大量碎玻璃一次集中投入使用。同时，可通过在熔化部加入鼓泡装置进行强制对流，鼓泡产生的大泡可使不易集中的小泡积聚，不仅可减少气泡，也可起到均化玻璃液的作用。

⑤ 熔化温度制度不合理产生的气泡。在太阳能压延玻璃熔窑中，配合料下面的玻璃液温度较低，当玻璃液熔化率过高时，将有微气泡和小气泡产生，有时带有乳白色沉淀物。若是在窑长与窑宽方向上温度分布不合理，最高温度区过短，在玻璃液中缺少明显的热对流效应，则未完全澄清的玻璃液可能流过最高温度区，残留一次气泡。若是在最高温度区之后温度剧烈降低，则造成流向成形部的液流速度过大，拉引量太大也将形成一次气泡。

⑥ 窑内气氛不合理产生的气泡。一次气泡的产生与窑内熔化部空间氧化还原气氛也有关系。配合料在熔化带的始端必须具有还原气氛，在熔化带的末端必须保持氧化气氛。否则将产生气泡，它们聚集在一起，或排列成一串。

⑦ 当窑压减小时，玻璃液中溶解的气体重新从玻璃液中析出，也是形成气泡的原

因之一。

⑧ 吸入冷空气产生的气泡。有时因窑内气体空间为负压，吸入了冷空气，或者是由于池壁冷却系统的冷空气吹入窑内，在玻璃表面上产生了过冷却的黏滞薄膜，妨碍了气泡从熔化带和澄清带的玻璃液中排除，也可能产生一次气泡。

⑨ 澄清不足产生的气泡。当加入的炭粉过多时，芒硝会在低温下过早分解，起不到澄清作用，这样必然会导致大量气泡积存在玻璃液内。另外，如果在澄清过程中玻璃液温度低于1400℃，玻璃液黏度会比较大，微气泡的上升力不足以克服黏度形成的内阻力，导致玻璃液中的微气泡不能形成聚集性排出。此时，如给一定的外力，进行搅拌则可使极微气泡聚集上升，使其排出。否则，将在玻璃板中形成气泡。

⑩ 如果玻璃液侵蚀到保温层，保温砖中含有的大量气体进入玻璃液也会形成一次气泡。

⑪ 冷却部池底产生的气泡。若冷却部使用的砖材质量不好，施工质量不佳，有异物掉到池底或安装阶段有残留的焊渣铁器等，也容易产生池底气泡。

（2）消除一次气泡的方法

原料是一次气泡产生的源头，国外玻璃企业都特别重视原料和配合料的生产，除有自己的原料基地，保证原料成分的稳定外，通常还要做好以下几方面：配料要准确；配合料水分要控制在合理的比例范围内，且要稳定；控制碎玻璃的质量及加入量；如果条件允许，最好测定原料的COD值（氧化还原值），因为它直接影响窑内玻璃熔化的气氛和澄清效果，在选用玻璃原料时，选用合适氧化还原值的原料，以减少气泡的产生。

为了消除一次气泡，在以上措施的基础上，还可适当提高澄清温度（一般澄清部碹顶内表面温度控制在1410～1450℃）和适当调整澄清剂的用量（芒硝含率可控制在2.0%～3.0%）。根据澄清过程中气泡消除的两种方式（大气泡逸出和极小气泡被溶解吸收），提高澄清温度有利于大气泡的逸出；降低温度则便于小气泡的溶解吸收。此外，降低窑内气体压力（熔化部窑压可控制在5Pa左右），降低玻璃与气体界面上的表面张力，也可促使气体逸出。在操作上，严格遵守正确的熔化制度，稳定窑内气氛是防止产生一次气泡的重要措施。

对于横通路冷却部池底产生的气泡，可先检查冷却部玻璃液面，查看是否有从底部排出的气泡，若有则可拆除冷却部底部保温，降低冷却部池底温度；也可采用冷却风机冷却池底，但要注意防止析晶。

8.2.1.2 二次气泡

二次气泡又称再生泡或重沸泡，大部分出现在冷却部。澄清后的玻璃液同溶解于其中的气体处于某种平衡状态，这时玻璃液中不含气泡，但还有再产生气泡的可能。当玻璃液所处的条件有所改变时，例如窑内气体介质的成分改变，就会在已经澄清的玻璃液内又会重新出现气泡。因为这时产生的气泡很小，而玻璃液在这一温度范围内的黏度又较大，排除这些气泡非常困难，于是它们就大量残留在玻璃液内。

（1）二次气泡的产生原因

造成二次气泡的原因有物理原因和化学原因。物理原因主要是窑内温度、压力、气氛制度不正常，破坏了窑内平衡而造成的。例如，经过澄清后的玻璃液和溶于其中的气体本来已处于平衡状态，在正常情况下已经没有可见的气泡，但当末对小炉火焰过大、过长、温度过高或在横通路冷却部玻璃液被再次加热，破坏了气体与玻璃液之间原已存在的平衡，溶解的气体就会重新析出，聚集成可见的小气泡。即降温后的玻璃液又一次升温且超过一定限度，温度的升高引起气体溶解度降低，原来溶解于玻璃液中的气体将重新析出十分细小的、均匀分布的二次气泡，这种情况属于物理原因。化学原因，主要与玻璃的化学组成和使用的原料有关，如玻璃中含有过氧化物或高价态氧化物，这些氧化物分解易产生二次气泡。

① 二次气泡的形成与玻璃熔制工艺密切相关，如果熔制过程工艺制度控制不当，在澄清部以后重新加热升温（例如在生产过程中因某种原因，对冷却部池底进行保温），将不可避免的产生二次气泡。

熔制温度制度的稳定与否，直接关系到玻璃液的质量。如果已经冷却的玻璃液，由于熔窑温度的升高再次被加热，很容易使溶于玻璃中的残余气体形成气泡。与此相似，如果生产中由于碎玻璃的用量增加，窑产量降低，机器停歇，或因加料减少等引起温度的提高，熔化带缩短，这时可能形成透明或带有乳白膜的小气泡。如果由于原料中含铁量的降低，或是配合料中引入氧化剂，造成玻璃液透明度的增加，玻璃液温度提高，这样也可能出现二次气泡。

② 残余硫酸盐热分解形成二次气泡。在澄清阶段结束以后玻璃液中往往残留少量的硫酸盐，这些硫酸盐可能来自配合料中的芒硝，也可能是炉气中的SO_2与碱金属氧化物反应的结果：

$$Na_2O+SO_2+\frac{1}{2}O_2 \longrightarrow Na_2SO_4$$

在冷却阶段发生温度波动时，将使已冷却的玻璃液被重新加热，导致硫酸盐热分解而析出二次气泡。实践证明，二次气泡的生成量不仅与温度波动的程度有关，也与升温速率有关，升温速率越快，越容易产生二次气泡。

另外，如果冷却阶段炉气中存在还原气氛，也会破坏原来的平衡，使硫酸盐分解而析出二次气泡：

$$SO_4^{2-}+CO \longrightarrow SO_3^{2-}+CO_2 \uparrow$$

因此，熔制配合料时，在熔化部应使芒硝分解完全，并尽可能地避免在冷却或成形时因还原焰的作用引起二次气泡。在冷却带或成形带所用的耐火材料不能含有还原剂夹杂物，如焦炭、碳化物、硅酸亚铁、铁珠或硫化物等，否则将产生灰泡或较大的气泡。

③ 当以硫化物着色的玻璃液与含有硫酸盐的玻璃液接触时，由于不同氧化程度的硫会互相反应放出SO_2，产生二次气泡的风险比较大。其中多硫化物、硫铁化物与SO_3的反应如下：

$$5SO_3+Na_2S_2 \longrightarrow Na_2O+7SO_2 \uparrow$$

或　　　　　　　　　$$5Na_2SO_4+Na_2S_2+6SiO_2 \longrightarrow 6Na_2SiO_3+7SO_2 \uparrow$$

$$2NaFeS_2+11SO_3 \longrightarrow 2FeO+Na_2O+15SO_2 \uparrow$$

因此，以硫碳着色的棕色玻璃中不能加入含有SO_3的无色玻璃，以免由于熔体的相互作用使平衡状态转变导致气泡的产生。

不同化学组成的玻璃液混合时，由于相互间的作用，也可以造成二次气泡。在含有硫酸盐的玻璃中，硫酸盐能被二氧化硅所分解：

$$Na_2SO_4 + nSiO_2 \longrightarrow Na_2O \cdot nSiO_2 + SO_3 \uparrow$$

实验证明，在同一时间及温度下，熔体中 SiO_2 含量每增加1%，分离出来的 SO_3 量约增加0.03%，因此，当含氧化硅较少的玻璃液与含氧化硅较多的玻璃液接触时，由于氧化硅的含量增加，平衡被破坏，其残余气体被排出而形成气泡。由此可见，在更换玻璃的化学组成（换料）时，需要有一个逐步过渡的过程，不能直接更换。

在冷却带和支通路溢流口处，由于熔窑气体介质中含有 SO_2 和 O_2，或由于炉气的还原性而产生硫化物，也可能产生二次气泡。冷却带和成形部的耐火材料气孔中排出的气体或是其中的硅酸铁在耐火材料表面上被还原，也要产生大量的二次气泡。

④ 配合料中的易挥发组分自表面挥发，造成玻璃液表面层成分变化，产生析晶和条纹，同时伴随有少量的二次气泡，或由于表面挥发后，吸收窑内气体介质，吸收水分致使玻璃液表面层起泡。在生产中可以用通入易挥发分饱和蒸气的方法或是用料道密封的方法，防止表面挥发。

⑤ 有时由于窑内气体压力的剧烈变化，或机械搅拌调节不合适也可能而引起二次气泡。

⑥ 在电熔窑和辅助电熔窑中，靠近电极处的玻璃液在电解时会产生微气泡和各种尺寸的气泡。应使用高稳定性材料做电极，但要注意电极在高温下被氧化和保持电极上安全的电流密度，如此便可以避免由电极而引起的二次气泡。

⑦ 配合料粉料的颗粒间隙和碎玻璃中包含的气体，碎玻璃表面吸附的气体都会引入到玻璃中，这些气体在一定的熔制条件下应该被排除出来，但在实际中，它们或多或少地残留于玻璃中，造成二次气泡。

⑧ 冷却部的窑压过低，会导致玻璃液中已被吸收的微气泡又被释放出来，产生二次气泡。对太阳能压延玻璃生产线来说，澄清部窑压不能太高，否则有可能造成熔窑内含有硫的气体在"高压"下进入横通路，通过支通路进入溢流口造成污染。实践证明，一般横通路的窑压控制在比澄清部高3～5Pa较合适。

（2）处理方法

找出产生气泡的原因后，对症下药，进行处理即可。

8.2.1.3　耐火材料气泡

耐火材料带入的气体包括耐火材料气孔中的空气及玻璃和耐火材料间的物理化学作用后分解出的气体。

耐火材料本身有一定的气孔率，当与玻璃液接触时，孔隙的毛细管作用将玻璃液吸入，气孔中的气体被排挤到玻璃液内。值得重视的是，孔隙容积放出的气体量是相当可观的。

如果耐火材料中含有较多的碳和铁，当玻璃液和耐火材料接触时，所含的碳和铁的化合物对玻璃液内残余盐类的分解起催化作用，也将引起气泡。在还原焰中烧成的耐火材料，其表面和气孔内存在碳，这些碳的燃烧也能形成气泡。

耐火材料气泡产生的位置复杂，大小、形状及在玻璃板中的位置没有规律性，一般来说越往后区泡径较大，规律性逐渐变强，显微镜下观察，泡壁有液珠的痕迹。

耐火材料受玻璃液侵蚀后，导致玻璃中的 SiO_2、Al_2O_3 含量增加，促进了 Na_2CO_3 分解。同时与玻璃液中比较不稳定的含 CO_2 及 SO_2 化合物发生物理化学反应，从而引起了排气，形成气泡。

耐火材料气泡中，气体组成主要是 SO_2、CO_2、O_2 和空气等。由耐火材料孔隙中气体排出形成的气泡，泡内气体成分接近空气成分。为了防止这些气泡的产生，必须提高耐火材料的质量，同时根据温度和部位不同选用不同质量的耐火材料，特别是在接近成形部时，应选用不易与玻璃液反应形成气泡的耐火材料，以提高玻璃液的质量。在操作上也应当尽可能地稳定熔窑的作业制度，如温度制度要稳定，温度不要过高，以避免加剧耐火材料侵蚀。玻璃液面稳定对减少耐火材料的侵蚀也有着重要的意义。

8.2.1.4　金属铁气泡

在熔窑的操作中，不可避免地会使用铁件，如窑的构件、工具等。有时因操作不慎，铁件落入玻璃液中，逐渐熔化，使玻璃着色。另外铁件中所含的碳与玻璃液中的残余气体相互作用生成 CO 或 CO_2，排出气体，形成气泡。这种气泡往往持续几天甚至更长，在玻璃原板上集中在某一个部位成群出现，周围常常有一层被氧化铁所着色而生成的褐色玻璃薄膜，有时还出现褐色条纹，或附着有棕色条纹的痕迹，甚至还可能充满了深色的铁化合物，它们的颜色由棕色到深绿色，有时气泡上升会将褐绿色的玻璃拉成条纹。还有一种特殊情况是气泡带有一小块金属或金属氧化物，在显微镜下可以看到棕色到鲜明的西红柿色的硅酸铁结晶体。这种气泡往往位置固定，出现时间和大小变化都有一定规律，要消除铁泡最彻底的办法是捞出掉入的铁件。

为了防止这种气泡的产生，除了注意配合料中不能含有金属铁质外，成形工具的质量，特别是浸入玻璃液内的部件质量要好，使用方法要得当。

8.2.1.5　搅拌气泡

有些太阳能压延玻璃生产线在卡脖处采用机械设备对进入横通路的玻璃液进行搅拌，经过搅拌的玻璃液不仅在温度上更均匀，而且在澄清部释放剩余气体时效果也较好。但是，在搅拌过程中因搅拌速度不同，会不同程度产生一些搅拌气泡。玻璃液搅拌泡泡径较大，一般都在 1.0mm 以上，位于玻璃板的上表面，有波纹，气泡位置较为固定。泡内气体成分接近空气成分。产生原因主要是由于搅拌耙进入玻璃液面太浅、不动层太厚或搅拌速度过快，造成在搅拌过程中把空气裹入玻璃液而形成气泡。

8.2.1.6　水泡

水泡与熔化时产生的气泡很相似，容易把水泡按熔化气泡处理，但仔细观察还是有区别的，直径大小不一，超过 1mm 的泡占的比例较大，有的可达 1.5mm 以上，有时还可形成开口泡，显微镜下观察均有泡核，而且有二次变形圈，形状很似小滚珠轴承，形体成椭圆形，位置有规律。

产生原因：是由卡脖深层水包或搅拌器微弱漏水形成，卡脖深层水包和搅拌器微弱漏水不易发现，微量水进入玻璃液内后，水爆产生的小蒸汽团混在玻璃液内，玻璃液受冷却水影响已无力排泡，则构成水泡生成条件。

处理方法：提高卡脖深层水包和搅拌器的焊接质量，制造完毕后仅靠水压检验是不够的，不能检查出焊接处的微弱缺陷，水包和搅拌的微弱漏水缺陷在玻璃液内受热后产生微量漏水，所以，在其制造中必须作气密性检查。

如产生水泡应及时检查更换搅拌器或水包。

8.2.1.7 大气泡

大气泡是指15～20mm或更大的气泡，比较少见，一般出现在更换卡脖水包、搅拌器时，有气体从其表面逸出形成大泡，这种气泡往往位置固定，出现时间和大小变化都有一定规律，当事故原因消除后往往不用处理会自行消失。

8.2.2 玻璃成形过程产生的气泡

玻璃液从熔窑卡脖经过通路流入溢流口，正常情况下在成形时不会产生气泡，但由于意外因素的影响，也会产生一些不常见的气泡。

（1）支通路底部气泡

当太阳能压延玻璃生产线的支通路或溢流口尾砖与唇砖的连接缝中掉入铁屑、铁钉等还原性物品或此处砖体破裂有气体时，或砖缝较大，或捣打料过厚，或施工不佳，或玻璃液渗漏，或金属类黏结在底砖表面与玻璃液作用后，就会在玻璃带的下表面形成长形带薄膜的气泡。

若产生此类气泡，首先应用带尖头的铁钩子顺着砖缝来回钩一钩，同时检查尾砖和唇砖是否破裂，或对支通路底部进行吹风冷却。

（2）唇砖泡

① 新唇砖泡。更换新唇砖后均有不同时间的排泡期，排泡时间主要根据唇砖材质和制造工艺确定。新唇砖泡通常为0.5～3mm，随着时间的延长气泡逐渐减少，直至没有。

② 唇砖使用一定时间后，会在玻璃板下表面出现1～3mm的长气泡，且气泡位置比较固定，可能是唇砖处被严重侵蚀或出现裂缝，致使冷空气通过缝隙进入玻璃液所致。出现此种情况，应及时更换唇砖。

8.2.3 气泡的检测

一般根据气泡的外形尺寸、形状、分布情况以及气泡产生的部位和时间来判断气泡产生的原因。由外面带入的大气泡和由铁质所造成的气泡，比较容易识别，但在许多情况下，判断气泡的产生原因还是比较复杂的，因此从气泡的气体化学组成上研究它的形成过程是十分必要的。

传统的气泡分析方法步骤如下：将带有气泡的玻璃试样磨成薄片，至气泡的玻璃壁极薄为止（约0.5mm以下），然后将试样浸入盛甘油的小容器中，并在其中用针刺穿气泡壁，气体在甘油内形成气泡，逐渐浮起，用载玻片将气泡接住并粘在载玻片上。将载玻片置于显微镜下，测量气泡的原始直径，然后通过很细的吸管，将不同的吸收剂注入气泡中，使之相互作用，每次作用后测定气泡直径的大小。根据气泡直径与原始直径的比值，可算出气体混合物中各组分的百分比组成。

采用的吸收剂可以有以下几种：甘油，吸收SO_2；甘油-KOH溶液，吸收CO_2；甘油-醋酸溶液，吸收H_2S；焦性没食子酸的碱性溶液，吸收O_2；$CuCl_2$-氨溶液，吸收CO；胶质钯的NaOH溶液，吸收H_2，最后的差数为氮含量。

此法的分析精确度为3%～5%。

随着现代测试技术的发展，利用质谱技术测定玻璃气泡成分已被广泛应用。洛阳玻璃集团公司利用瑞士安维公司的GIA522玻璃气体分析仪测试（四极质谱仪）的结果，结合生产过程中出现的问题来深入探索气泡成因，取得了较满意的效果，其经验可供大家借鉴。

8.3 条纹缺陷控制

条纹是玻璃制品中细长的玻璃状夹杂物，它具有与主体玻璃不相同的光学性质及其他性质，是线道、细筋、波筋和波纹的统称。通俗地讲，它是夹杂在玻璃中的细条状玻璃体，也就是说，它是玻璃体内存在的与周围玻璃在物理方面有明显区别的异类玻璃体，属于一种比较普遍的玻璃不均匀性方面的缺陷，从广义上来讲也属夹杂物中的一种。在化学组成和物理性质（折射率、密度、黏度、表面张力、热膨胀、机械强度，有时包括颜色）上，条纹与主体玻璃有明显的不同，在外观上看，条纹大都形状不规则，也没有清晰的分界线。当用肉眼与玻璃成一定角度观察时，可看出玻璃板面高低不平，当透过玻璃看物体时是模糊不清的或物体是歪斜变形的。条纹的存在不仅影响玻璃的外观质量，也会使制品的机械强度、耐热性和化学稳定性有所降低。

条纹在工厂中按其形状分为线道、细筋、波筋等几种，各生产厂有不同的叫法。有些波筋很严重的玻璃，甚至在垂直于太阳能压延玻璃的方向上也可看出波筋，严重影响使用性能。条纹（波筋）的热膨胀作用对于玻璃可以产生不同大小、特征的应力，这种应力（结构应力）在制品退火过程中不能消除，并且会导致制品自行破裂。

8.3.1 条纹表现形式

条纹在玻璃板表面上呈不同程度的凸出，有的显现清晰的线条，个别还伴有水波纹状或鱼鳞状的波纹，有时波纹之间能形成清晰的界线。通常宽度小于1mm的称为线道，宽度1～2mm的称为细筋，宽度大于2mm的称为波筋。条纹与玻璃的交界面不规则，表现出由于流动或物理化学性的溶解而互相渗透的情况。条纹大部分分布在玻璃的上表面，极个别在玻璃的内部，大多在玻璃拉引方向呈条纹状，也有的呈线状、纤维状、宽带状。用斑马仪观察，角度愈小显现愈清晰，轻的随角度的增大可见度逐渐减弱，直到消失，严重的不消失。

① 线道。呈亮线状或发丝状，有时呈束状，宽度小于0.2mm，长度不定，绝大多数为位于玻璃板上表面的固定细线纹。与玻璃基体有较明显界线的线道，视线与玻璃板呈90°便可观察到；界线不明显的线纹，以小于90°的入射角方可观察到；个别线道条纹用指甲触摸时，能明显地感觉到有凹凸不平感；有些细微条纹用肉眼看不见，必须

用仪器检查才能发现,然而这在光学玻璃中也是不允许的。线道是耐火材料特别是黏土质或高铝质耐火砖材受高温玻璃液不断侵蚀而产生的。在线道上偶尔会发现黏土砖结石和细小气泡,这便是产生线道的证明。

② 细筋。也称淋子,纵向分布于板上,宽度约为0.2 ~ 2mm,介于线道和波筋之间。细筋光学变形较明显,有单根的,也有几根的,或分布较密,成片犹如瓦楞状,一条条断断续续出现,侧面直观感很强,形如线道但不反光。站在板边位置以小于90°的入射角观察即可看到,用手指不容易感觉到。

③ 波筋。亦称粗筋,宽度大于2mm,从几毫米到几百毫米不等。存在波筋的地方,板面厚薄不均匀,一般比主体玻璃偏厚,可在板的表面,也可在中部,宽度较大,长度不定,它是由一条或数条与主体玻璃密度相异的玻璃液夹带进来形成的。站在冷端玻璃带的边部,以小于90°入射角,便可看到与玻璃基体不同的变形带。大部分波筋位置较固定,且较长,个别波筋呈游走不定型。固定型波筋位置变动很小,严重时在玻璃带运行中可直观,斑马仪检查显线条,可见性极强;游走型波筋位置不固定,分布较散,筋形也不稳定,直观可见性差。波筋是判断太阳能压延玻璃平整度质量的重要指标。

④ 波纹。是指玻璃板表面上有规律的微小起伏,连续或间断的水波纹状或鱼鳞状的变形缺陷,仔细观察能看到弯曲的波纹状细线道,纹长可达100mm以上,但与线道的直线形有明显区别,它在玻璃板上下表面都可能出现,玻璃表面有不平感,一般产生的规律是:边部比中间重,板上比板下重,纵向比横向重,薄玻璃比厚玻璃重。

对于一般玻璃制品,在不影响其使用性能的情况下,可以允许存在一定程度的不均匀性。由于产生的原因不同,条纹可能是无色的,也可能是绿色的和棕色的。显微镜下观察,该类缺陷均呈无定型,从晶体学方面无法与玻璃原板进行区分,但可以从光学性上加以区分,如利用折射率可进行鉴别。

根据扩散机理,如果条纹的黏度比玻璃黏度低,通常可以溶解在玻璃熔体中。然而残留在玻璃中的条纹,其黏度一般都比玻璃黏度高。在生产实际中遇到的条纹(波筋)大多富含二氧化硅和氧化铝。

8.3.2 条纹形成原因

条纹的形成可理解为玻璃液在通过化学、物理作用以及结构的互相渗透达到完全均匀之前的过渡阶段的产物。条纹产生的原因主要有以下几个方面。

① 原料方面的原因。原料成分与水分的波动,掺料与错料,称量不准致使个别原料出现多加或少加,混合不均,出现粗颗粒等。

② 熔制方面的原因。"四小稳"不稳,熔制不均匀,碹滴进入玻璃液,耐火材料被侵蚀,夹杂物熔化,熔窑热修与冷却不均等,造成黏度不均。

③ 成形方面的原因。溢流口玻璃液冷热不均,溢流口尾砖处有异物阻碍玻璃液流,唇砖侵蚀出现沟或有裂缝,辊前作业温度偏低,炉龄过长,拉引操作不当等。

此外如果横通路玻璃液温差大,或在成形时由于低温部分玻璃先冷却,很厚,而高温部分未冷却,被吹薄,形成一条粗大的凸起带,这是典型的波筋特征。概括起来说,是由于玻璃液的化学不均匀性、热不均匀性以及机械流动作用三大因素造成的。

8.3.2.1　高黏度粒团引起的线道条纹

高黏度粒团的形成原因主要有：

① 原料中混有不均匀料团或大颗粒石英、长石，它们在熔化过程中处于半溶解状态，形成高黏度粒团。

② 原料中的硅砂特别是没有经过脱水、干燥、均化的硅砂，如果其成分、水分产生波动，将直接影响配合料的称量，使玻璃成分产生波动，从而引起玻璃液成形黏度的波动，黏度不均就为产生波筋提供了条件。

③ 原料称量错误，致使配合料中某种原料过多（或过少）也会形成富含（或欠缺）某种料的条纹，例如富含 SiO_2、Al_2O_3（或欠缺 SiO_2、Al_2O_3）的条纹。芒硝用量过大时，横向上玻璃液"硝水"含量差异造成玻璃液黏度不均，芒硝使用量越大其影响程度也越大；如果玻璃液表面出现芒硝水，可能会形成富含碱或富含 CaO 的条纹，在个别情况下也可能出现富含 SiO_2 的条纹。

④ 玻璃液在搅拌器或水包形成的半析晶体脱落后会形成高黏度粒团，这些高黏度粒团在玻璃的拉引过程中可能在玻璃板面上形成线道状条纹。

8.3.2.2　熔制不均匀引起的波筋条纹

玻璃液在熔化过程中，通过均化阶段的作用，使熔体内各部分互相扩散，消除不均一性，若是均化进行得不够完善，玻璃体中必将存在不同程度的不均一性。

与此有关的因素有：

① 原料发生错料时，比如氧化铝、长石或纯碱多加而且混合不均匀，会出现细筋。

② 配合料混合不均匀，配合料分层，配合料超细粉过多结团（例如石灰石超细粉过多结团后多形成富钙质波筋），粉料飞扬，也会影响熔化的均匀性。

③ 由于 CaO、MgO 和 Al_2O_3 是调整玻璃液料性的主要组分，这三种组分如果含量不均，黏度也就不均。例如，粗颗粒的石灰石（白云石）产生气泡的时间较长，与细颗粒石灰石（白云石）相比，对玻璃的均化比较有利，但是在实际操作中，由于配合料是加在已熔融的玻璃层上，熔化时粗颗粒的石灰石（白云石）周围形成的玻璃熔体密度较大，沉入下层玻璃液中会形成粗大的石灰石（白云石）条纹；再如，由于具有较高黏度的长石条纹易于分散，因此长石会形成带尾巴的线道状条纹。所以生产中应对配合料中石灰石、白云石和长石组分的颗粒度、均匀性进行控制。

④ 在同一座熔窑内，大幅度变更玻璃成分或改变玻璃颜色时，在变更的过渡期内会产生大量的条纹和色差条纹。熔窑规模越大，过渡期越长，产生的条纹越多。

⑤ 使用了与生产线玻璃成分不一致的（回收）碎玻璃，或者碎玻璃使用量过于集中、铺散不均、碎玻璃块度过大等，都可诱导玻璃熔化过程产生不均一性。这是因为一方面碎玻璃与配合料相比缺少一些碱（原来的配合料中的碱在熔化成玻璃时挥发和蒸掉一些），导致碎玻璃从一开始就和由配合料引入的玻璃料的成分有差别，碎玻璃熔化时由于与周围的玻璃组成不完全一致，就会在玻璃液中出现细长条纹状的不均匀现象。另一方面，碎玻璃先于配合料熔化而形成黏度较大的玻璃液体，且碎玻璃周围没有类似石灰石这样的产气物质来搅动均化液体，加之碎玻璃形成的液体与配合料形成的液体之

间的表面张力稍有差异，二者相互扩散渗透速度较慢，当扩散渗透速度慢于玻璃的拉引成形速度时，就可能形成条纹。

8.3.2.3 熔制温度引起的条纹

熔制制度对于波筋条纹的产生有十分重要的影响。当熔制温度不稳定时，破坏了均化的温度制度，若此时表面层的玻璃液与深层的玻璃液混合，就会出现条纹；温度制度波动后也会引起冷却区的玻璃液参与回流，导致出现条纹（波筋）。此外，卡脖搅拌器或大水管水温过低、冷却部因温度大幅波动，造成对流紊乱，致使池底玻璃液翻起进入成形流、溢流口尾砖底部或唇砖出现裂缝等异常情况后，导致通过的玻璃液温度受热不均匀等因温度不均匀现象的出现，均可成为产生条纹（波筋）的因素。当熔化温度降低时会出现凉细筋，玻璃质量变差；当温度突然上涨时又会出现热细筋。波筋的产生与火焰变化、温度制度与泡界线变化、配合料混合均匀性等因素有关。例如，当玻璃液中温度不均匀时就会造成玻璃液黏度上的差别，此时就会出现波筋。

8.3.2.4 窑内气氛引起的条纹

还有一个对条纹（波筋）有影响的因素是窑内气体。已经知道，玻璃的表面张力受窑内气氛影响甚大，同一种玻璃，受还原性气氛作用后，它的表面张力要比受氧化性气氛作用时高20%。当处于平衡的玻璃液面受到还原性的炉气作用时，玻璃液表面张力增加，表面撕裂，表面张力比较小的内部玻璃液被推到表面上来，这一过程会持续进行到玻璃熔体全部被还原为止。这种现象说明，窑内气氛（还原性气氛）可以促使玻璃液翻动，由此可见窑内气氛对玻璃均匀性所产生的影响。对于因氧化还原作用而着色的含硫酸盐玻璃，窑内气氛就可能对它产生着色（棕黄色）条纹。

在生产实际中，熔制不均匀引起的条纹（波筋）往往富含SiO_2，而且在玻璃中比较分散。一般澄清良好的玻璃液，均化也良好，也就是说一般情况下，在无一次气泡的玻璃中，由于熔制不均匀而产生的条纹（波筋）也极少。工厂中大量出现的因熔制不均匀而产生的条纹，都伴随有一次气泡和熔制不良引起的夹杂物。

8.3.2.5 成分挥发引起的条纹

配合料在配制、输送、熔化过程中，由于易挥发物［例如纯碱（特别是轻质纯碱）、芒硝］的飞散、蒸发及分解，导致玻璃的成分局部改变，使玻璃液体表面局部Na_2O和CaO含量减少，SiO_2含量增大，而出现富硅条纹。

8.3.2.6 碹滴引起的条纹

碹脚与胸墙结合部或熔窑碹顶的硅质耐火材料缝隙，在高温下受到配合料粉尘中的碱、SO_3等物质的侵蚀后，会形成如钟乳石状的物质，当吊挂到一定程度时它就流入或滴入玻璃液中，由于其化学组成和主体玻璃不同，将在玻璃液中形成条纹。窑碹和胸墙部位的硅砖受蚀后形成的玻璃滴，属于富二氧化硅质的。这种玻璃滴的黏度很大，在玻璃液体中扩散很慢，往往来不及溶解，因此就形成了条纹。

碹滴在窑内压力过大和温度过高时容易形成。这是因为，附着在碹顶硅砖或胸墙硅砖表面上的碱、SO_3等物质会在压力作用下进入有缝隙的砖缝内，最初在砖缝内侧出现用肉眼观察不到的小洞穴，随着高温的聚集效应硅质碴滴不断流出，这些小洞逐渐扩展到保温层，形成"鼠洞"。侵蚀到一定时间形成"钟乳石"，这些"钟乳石"达到一定长度后，当温度波动时，就会像"冰凌"熔化一样滴落在玻璃液上。滴落的地点愈靠近玻璃成形处，形成条纹的可能性就愈大。

最容易产生碴滴的位置是澄清部胸墙砖缝较大的部位和熔化部后山墙与大碴接合的部位。当澄清部温度长期过高，且使用的硅质材料性能不佳时，会在熔化部末端卡脖碴处产生密集的钟乳石状的碴滴挂在碴下，形成一道帘子。也有在 4# 小炉大碴第二层碴脚处产生碴滴的，这些碴滴开始时多为富硅质成分。热点以前的各对小炉平碴处也是产生碴滴的主要部位，主要是由飞料附着而形成，其成分主要是配合料中的硅质超细粉和纯碱。

在澄清部碴脚或上部胸墙产生的碴滴多为粗大型，碴滴中夹杂有颗粒状物质，它会沿着胸墙一直往下流，在流经胸墙硅砖时不会与硅砖发生反应，直至流到玻璃液上形成条纹。碴滴的形成速度决定于该处原有砖缝的大小和温度高低。砖缝大，侵蚀的速度就快，产生的碴滴就多。

小炉上部大碴脚产生的碴滴开始时是富硅质的，由于碴滴往下流动的过程中与所流经的锆刚玉胸墙砖进行反应，所以，当碴滴到达玻璃液时，形成的条纹就含有硅质、锆质和铝质成分。此处形成的碴滴形状都比较细，且流速比较慢。

8.3.2.7　耐火材料侵蚀引起的条纹

耐火材料是玻璃液体所接触的非玻璃物料，它的材质再好，抵抗力终究有限，因此会缓慢地溶解到玻璃液体中。玻璃熔体在一个生产周期中不断地侵蚀耐火材料，被破坏的部分可能以结晶状态落入玻璃液中形成结石，也可能形成玻璃态物质溶解在玻璃体内，使玻璃熔体中提高黏度和表面张力的组分增加，形成条纹。沿池壁大砖液面冲刷处会出现严重不均匀性玻璃体，这里一般形成富含"氧化铝质线道"条纹。特别是玻璃液面的每一次波动都会带动玻璃液冲刷池壁，池壁上溶解下来的耐火材料不断被玻璃液流带走，在玻璃板面上出现结石或条纹缺陷。

对于侵蚀性强的玻璃，这种侵蚀产生的条纹几乎是无法避免的。有时为了促进玻璃的均化而提高温度，这样对耐火材料的侵蚀也增加了，以至于玻璃中条纹更多；但是，如果降低温度，则造成均化困难。因此，解决这个问题主要是提高耐火材料的质量，特别是水平砖缝容易受蚀，垂直砖缝也易使碱分渗入。通常在池底部先铺一层碎玻璃熔体，避免含碱组分与耐火材料直接接触。另外，遵守既定的温度制度，避免温度过高、液面频繁波动等，也是防止和消除条纹的重要措施。

8.3.2.8　结石熔化引起的条纹

有时结石熔化也会产生条纹。结石在玻璃液中受熔体的作用，逐渐以不同的速度熔化。当结石较易熔化时，在高温停留一定时间后，就可以消失，结石熔化后形成的玻璃体与主体玻璃仍具有不同的化学组成，形成条纹。结石熔化后在它的周围形成熔液环，有时这种熔液环形成包囊状，若为黏土质耐火材料结石，可以从包囊中引出富含氧化铝的条纹，拖有长尾巴，结石本身留在包囊内，有时也会钻出包囊外。

8.3.3　条纹的检测方法

利用折射率检测是判断条纹最常用的和最有效的方法。当条纹的折射率与周围玻璃的折射率相差0.001以上时，就可以显著地看到条纹。例如，在太阳能压延玻璃生产线上的退火窑出口处，利用玻璃折射率不同的原理观察玻璃板面，若板面有折射现象出现，则可判断玻璃板面上出现了条纹。对于较细小的条纹，可以利用光照射在试样上，观察试样后面的黑背景是否发生亮带来进行检验，也可采用具有黑白条纹或方格条纹的背景底板，使条纹清楚地显示出来。肉眼不能观察的条纹，可用专门的光投影仪来检验，如用干涉反射仪、显微干涉仪、条纹仪等。

为了查明条纹产生的原因，必须研究其性质，简单的试验方法如下：

（1）直线观察法（斑马仪观察法）

通过带有条纹（波筋）的玻璃，观察玻璃后黑线条背景的情况。使黑线条和条纹成45°角交叉，可以观察到黑线条发生弯折。如果在条纹附近的黑线条弯折成与条纹相平行时，则条纹的折射率比玻璃的大；如果黑线条弯折成垂直于条纹时，则条纹的折射率比玻璃的小。

（2）偏光干涉法

利用偏光显微镜，在正交偏光下，带有条纹（波筋）的玻璃将产生光程差，利用干涉仪可以测定条纹的折射率。

（3）侵蚀法

带有条纹的玻璃表面磨平抛光后，放在25℃的1%氢氟酸中，富二氧化硅质的条纹和节瘤的溶解比周围玻璃要缓慢，形成凸起的表面；富氧化铝质的条纹溶解得很慢，结果条纹比周围玻璃高，形成了高凸起。

（4）绕射法

用放大镜观察，可以看到条纹对光的绕射，并以此来比较条纹的折射率与玻璃折射率的大小。

第一种情况是取带有条纹的玻璃放在放大镜和它的焦点之间，条纹的中央光亮两旁黑暗。如玻璃试样放在放大镜的焦点以外，则条纹的中央黑暗，两旁光亮。这种情况表示条纹的折射率比玻璃小。

第二种情况则相反。把玻璃试样放在放大镜和它的焦点之间时，条纹的中央黑暗，两旁光亮。如将玻璃试样放在放大镜焦点以外时，条纹的中央光亮，两旁黑暗。这种情况表示条纹的折射率比玻璃大。

8.3.4　消除条纹的方法

① 严格控制配合料的均匀度。在保证各种原料颗粒度达标的前提下，做好配合料的混合工作，减少配合料分层的概率，这就为玻璃熔制的均一性奠定了坚实的基础。

② 在保证玻璃液澄清的条件下，严格控制芒硝的用量。

③ 在碎玻璃使用量上不得忽多忽少，非特殊情况不得集中使用碎玻璃；保证碎玻璃块度的均匀性，不得使用块度差异过大和成分差异过大的碎玻璃。

④ 制定合理的熔化制度。在熔化温度制度设计方面，充分考虑热点位置、高温区长度、高温作用效应、澄清均化区大小、玻璃液回流等因素，以保证玻璃液在合理的高温下充分进行均化。

在配合料的熔化制度方面，无论采取何种温度曲线，都必须保证温度的稳定性，不得大起大落；在拉引量上也不得忽大忽小，以免造成温度大幅波动。

⑤ 提高熔制温度，降低表面张力。在玻璃熔体中，不同部分之间的表面张力有差别时就会出现变形性的物质传递，也就是通过表面张力的作用可以使条纹消除。实验结果表明，表面张力较大的玻璃常在表面张力较小的玻璃中心形成条纹中心，而且保持着它的密集形态。因此，条纹状互相纠缠着的玻璃，在熔化时，表面张力的对比关系十分重要。浸润性强的（表面张力低的）玻璃液，表现出大量的物质转移，这种玻璃向它周围散开的速度快，即在单位时间内它的"作用半径"的增长，随着表面张力及黏度的降低而提高，这个速度与扩散速度对比，要大得多，这个过程的反复进行，对熔体的均化起着决定性的促进作用，而降低表面张力的最有效措施就是提高玻璃的熔制温度。

在玻璃熔制过程中，同时与气体相接触的液面上的两个相邻部分，常常存在着这样一种情况，它们的表面张力大小与其密度大小恰好相反，即表面张力小、密度大的部分总是陷入表面张力大而密度小的部分中溶解，结果条纹总是包含在表面张力较大的部分内。

如果熔化不均匀，造成玻璃体内局部富含SiO_2，或是从耐火材料中溶解了含Al_2O_3高的物质，都会造成密度降低和表面张力提高的结果，Na_2O从熔体表面蒸发的情况也是如此。由此可以充分地理解到，含SiO_2和Al_2O_3高的部分将引起条纹和波筋。此外，窑内气体对玻璃中硫的氧化程度的影响也将导致类似的结果，以SO_3形式存在的硫，将强烈地降低玻璃的表面张力，因此含有SO_3的玻璃将分散开来，而含有S^{2-}的玻璃被包裹。

⑥ 保证正确的熔化操作。玻璃的熔制工艺过程可以直接造成玻璃的不均匀性，所以在原料条件得到充分保证的情况下，还应保证正确的熔化操作，例如控制料堆、泡界线均匀一致向前推进，控制火焰合理燃烧，控制窑内横向温差不要过大等。

⑦ 合理使用卡脖处的深层水包，稳定卡脖搅拌器和大水管的进水温度和用水量，以有效控制玻璃液回流。

⑧ 保证成形室温度均匀稳定。无论是何种生产工艺，在成形处都不得出现冷热不均现象，有条件的应对成形处进行调温控制或保温，例如对溢流口进行特别保温，以保证横向玻璃液温度的均匀性。

⑨ 对于位置相对较为固定的条纹，应根据可能发生的原因，从前到后采用排查法进行检查。例如，当唇砖长时间使用后，唇砖本身耐火材料将被缓慢侵蚀而分解，或许被侵蚀出现沟壑，或许唇砖中的硅质组分和玻璃相缓慢渗出，会熔融进入玻璃液，从而形成与玻璃基体界面较清晰的条纹；也许唇砖出现裂纹后，在长期使用下被侵蚀出现沟壑，从而形成与玻璃基体界面较清晰的条纹，等等。找出原因后，采取相应更换措施进行处理。

⑩ 若出现因障碍性不均或成形受力不均造成的波筋，应采取对应消除措施。例如，必须仔细安装溢流口，水平度及与唇砖的同心度误差不得超过千分之一；唇砖水平度应

小于千分之一，且不得扭斜；严格控制玻璃液流偏置状态的存在；根据成形需要合理调整降温速率，在横向上确保玻璃带的横向均匀性；压延机速度、角度及压力参数设定都必须符合成形要求，确保玻璃带在均衡受力状态下运行。

8.4　成形缺陷控制

影响压延成形的因素很多，前面介绍了原料、熔化等方面的影响，本节就成形工序对玻璃带产生的成形缺陷进行阐述，包括橘皮、辊印、黑点、白斑、花纹变形、微裂纹、厚度偏差、水印、气泡疤、亮隐线、划伤等。

8.4.1　橘皮（蛤蟆皮）

橘皮缺陷是指玻璃板上表面出现的犹如橘子皮的无规则、不光滑、不平整、皱折、坑洼等现象，较严重的橘皮用手触摸表面全板有凹凸手感。橘皮不但影响玻璃的外观质量，严重的还会影响到镀膜工序和膜层性能等方面。

8.4.1.1　产生的原因

① 上辊壁太薄。压延辊壁厚一般控制在 50 ~ 70mm，辊子壁太薄，水的冷却能力强，玻璃液接触上辊时较低的温度造成玻璃板冷却不均匀，呈现橘皮现象，此种情况多出现在辊子多次使用、加工多次以后辊壁变薄的情形。

② 上辊硫化物等附着物多。使用较久的辊子表面会有一层硫化物和氧化物，这些物质若存留的多，就会使辊子表面平整度和粗糙度受到严重影响，反映到玻璃板上即呈现橘皮。

③ 上、下辊温差大。上、下辊进出水量阀门设置的开度不同，上、下辊表面的温差大，玻璃接触辊子后上表面收缩快造成橘皮。

④ 压延机调整的较高。压延机调整的高实际就是下辊上表面处的玻璃液面浅，成形时玻璃液上表面经过压延机上辊时，玻璃液被冷却的快，就造成橘皮。

8.4.1.2　解决方法

① 尽量不使用辊壁太薄的辊子，若已经上机，要预先关小上辊的冷却水，适当提高整体玻璃液的温度。

② 对于换机后短时间内出现的橘皮现象，要在溢流口上烧火升温，并应在唇砖排出气泡阶段就加快拉引速度，尽快将热的玻璃液引入成形流。

③ 提升挡焰砖与玻璃液面间的高度，利用辐射热来提高上辊的温度。

④ 清洗辊子表面的硫化物、氧化物，长时间未清洗的辊子要用铜刷子辅助清理。

⑤ 重新调整上、下辊进出水的阀门开度，缩小玻璃板上、板下温差。

⑥ 降低压延机的高度，增加上辊接触玻璃液的表面积，提升辊面温度。

8.4.2　辊印

辊印缺陷主要发生在压延工艺生产的玻璃上，有细密条纹，也有辊印间距较大的条纹，有的只在局部出现，形状不一，长短大小各不相同。当出现严重的辊印时，站在玻璃带进入切割之前的侧面，在一定的角度下通常能观察到"湖光粼粼"似的波纹变形，或观察到对面窗户在玻璃带上的倒影出现与波筋形状不同的扭曲表形；辊印不严重时，在外形上很难用肉眼观察清楚，此种情况可判断为合格。

8.4.2.1　外观特征

①与辊子轴向一致，沿玻璃板的横向延伸；②与周边玻璃上表面相比较，明显凹陷或凸起；③周期变化明显，在线观察有时较轻有时较重；④大部分通长出现，横向局部有时也出现不连续的凹凸痕，也有人把它称作碎辊印；⑤通长辊印长度与玻璃板的宽度相当，原板有多宽辊印就有多长，碎辊印出现在局部，呈断续状、不连通；⑥严重的通长辊印玻璃通过压延辊就能观察到，用手触摸有明显的手感。

8.4.2.2　产生原因

辊印主要发生在上下压延辊之间，其原因产生有以下几种：

① 压延辊跳动产生的辊印。使用滑动轴承的砖机分离式压延机，跳动出现在轴头与轴瓦上：a. 轴头加工精度差，圆跳动大或辊轴直径中心偏置；b. 轴瓦变形或内表面凹凸不平；c. 使用较久的压延机轴头与轴瓦之间有残留的积炭或金属磨损物存在；d. 轴瓦和辊轴安装不合适，使轴瓦与辊轴结合松紧不一；e. 轴瓦和辊轴之间的润滑油未加到位。

使用滚动轴承的砖机一体式压延机，跳动出现在链条和齿轮相啮合上，链条与齿轮啮合度不好，产生间歇性的接触跳动（跳齿），导致辊子跳动，在玻璃上留下辊印，这种辊印周期性出现，宽而深，有明显的手感。

上述因素导致压延辊转到松处时转速快，转到紧处时转速慢，玻璃液通过辊子时，辊子跳动就在玻璃上留下辊印。

② 接应辊（副辊）产生的辊印。玻璃带出压延辊到第一根接应辊（副辊）时温度有800℃左右，玻璃完全处于塑性变形状态，当接应辊（副辊）弯曲或转速不均匀时，经过此处的玻璃受辊道不平或抖动就会产生辊印。

③ 过渡辊产生的辊印。玻璃带通过第一根过渡辊时还处于塑性状态，如果过渡辊冷却效果不好，辊子本身又存在运转不平稳甚至爬行状抖动，玻璃也会产生变形的辊印。这种辊印与压延辊产生的不同，不完全连续，同一条视角上有轻有重，有宽有细。

④ 温度过高或温度波动产生的辊印。每条压延线根据原料的料性、玻璃液的深度、拉引速度、压延机的工艺设计高度以及操作控制习惯等制定不同的成形温度。通常太阳能压延玻璃成形温度为980～1030℃，温度过高成形时易产生细碎辊印。

⑤ 速比设置不合适产生的辊印。压延机辊子转动速度按照上辊、下辊、接应辊、过渡辊、退火窑线速度依次增大的原则来设定，但由于环境条件或每次使用的压延辊并非一致，实际生产操作中往往根据板面来调整，没有定量的通用参数套用。相同拉引量的情况下，压延辊径较小的辊子转速快，流过压延机玻璃的温度高，这时设置的速比参数应稍大一点，较快进入温度较低的区域冷却固化，否则辊子表面缺陷易造成局部辊印。

⑥ 风刀、风嘴、风量配置不合适产生的辊印。a. 风刀、风嘴在使用一段时间后变形或锈蚀，造成风量的大小和方向发生改变，玻璃局部过冷或过热产生辊印；b. 风刀、

风嘴检修后安装时偏离了原来的位置，造成风量的大小和方向发生改变，同样使玻璃板的局部发生过冷或过热现象；c. 操作工设置吹风风量的参数不合适产生辊印，这种辊印出现在局部，呈不连续的凹凸疤痕，调整风量的大小辊印的形状会发生改变，调整出现辊印周边的风量可以消除辊印。

⑦ 辊子表面受热不均匀，弯曲后在玻璃带上产生辊印。

⑧ 玻璃拉引速度存在脉冲性变化，产生辊印。

8.4.2.3 解决方法

① 滑动轴承使用的辊子轴头加工精度要高，圆跳动在 0.04 ~ 0.08mm，为了增强使用时的耐磨损性，轴头的表面采用镀铬、涂层及焊接耐磨层的处理工艺，使其表面洛氏硬度提高到 HRC 50 以上，轴瓦选用未磕碰且表面无凹凸坑洼、无毛刺、平整光滑的，变形、出现损伤以及已经使用过的装配时不能再用。出现啮合度不好跳动（跳齿）往往是链条使用的太久或齿轮磨损的严重造成的，链条和齿轮要有备用的，上机前要仔细检查，如果连接齿型链板或铆钉已经磨损，就要更换和焊接加固，确实无法维修的就全部更换新的链条；实际生产中就多次出现过因铆钉磨穿齿型链板变形而产生的辊印。

② 每次换机前都要检查清洗副辊的表面，出现爆皮、起泡的辊子要换掉。目前涂层工艺和材料比较完善，陶瓷涂层结合强度，包括涂层与辊体的表面结合强度及涂层自身黏结强度，都能满足正常使用要求，但高温状态下使用，特别是出现生产事故时，大量高温玻璃液堆积在辊道上，局部过热就会造成辊体表面涂层破坏，轻者颜色变黑，重者起泡或爆皮。这样的辊子一经使用，辊印、疤痕无可避免，严重的会发生粘辊的生产事故。

③ 耐热钢材质的过渡辊和陶瓷涂层辊的水冷方式是一样的，全部采用内穿水管的间接冷却方式，这种冷却方式本身冷却效果就不好，长期高温使用过程中，有时会因为轴承积炭卡死停转，生产上处理事故也作用于辊道外力，辊子弯曲变形运转不平稳，甚至出现爬行状。所以每次换机时要检修过渡辊台，更换出现弯曲的辊子，对于运转不太灵活的，更换轴承或清洗轴承中的积炭，重新加注新的润滑油，过渡辊台的轴承在使用一段时间后，也需清洗和加油。

④ 太阳能压延玻璃生产有高温熔化低温成形的说法。所谓低温实质是指适合成形的温度，成形温度高虽然有利于减小压制玻璃的厚度，特别是有利于玻璃超厚时的压薄操作，但由此产生卷边、辊印、粘辊甚至包辊的后果是得不偿失的，所以生产上满足成形的温度一旦确立就应保持稳定，切不可为处理某件独立的生产事件而提高成形温度。成形温度的波动比高温具有更大的危害，往往会导致发热变形，玻璃厚度变化大就是成形温度出现了波动。出现辊印后降低玻璃液的温度，是指从熔化上降低玻璃液的温度，不是降低溢流口玻璃液的表面温度，如果辊印变轻，在不影响厚度控制的前提下可通过继续降温来解决。

⑤ 速比调整即改变上下辊之间、下辊与接应辊、接应辊与过渡辊、过渡辊与退火窑主传动之间的速度差，有增加速比和减小速比两种方法，可以单独调整，也可以配合调整。针对接应辊和过渡辊产生辊印的处理，一般采用增大下辊和接应辊速比的方法。

玻璃板通过压延机后温度还很高，处于塑性可延展状态，增加速比就增大了玻璃之间的牵引力，这样玻璃板不完全贴着接应辊的辊面运动，就减少了接触产生的辊印；另一方面大的作用力可使轻微辊印延展，从而减轻辊印。

⑥ 洗轴头处理辊印。轴瓦和轴头接触摩擦产生的金属屑及润滑油高温积炭物残留在轴瓦与轴头狭小的空间内，造成辊子运转不平稳或抖动，清除这些物质的方法叫洗轴头。洗轴头常用的清洗剂是WO-40。WO-40和其他除锈剂一样，可除去锈、污染物质（积炭）、氧化物，而且该物质性能稳定，除锈迅速且不伤基体，不含有毒、有害物质，操作简便、高效、安全。

清洗操作注意事项：a.操作人员要穿戴好防护用品，防止烧伤烫伤；b.操作员最少配备两人，一人清洗另一人递送工具和清洗剂，同时也需要观测和提醒操作工；c.清洗前用耐高温的材料遮挡住溢流口、压延机，特别要注意对辊子的防护，预防清洗剂和清洗下的脏污喷洒或溅到玻璃和辊子上。

⑦ 对于压延机吹风装置和配套的风系统，要注重做好日常保养检修工作，特别是对风管、风刀、风嘴的检修保养，一旦发现有变形或锈蚀，就要及时维修和清理，确保设备完好无损。检修合格的风刀和风嘴，定位安装前，测试风量、均匀性和吹风的方向，最好装上辊子进行测试，避免上机后风量不均、方向偏离、局部风量大或小，而造成的玻璃板变形和局部过冷或过热产生细碎辊印。

砖机一体式压延机没有配置专门的吹风系统，都是各个厂家自行制造风管悬挂于压延机上代替风刀，这也能起到冷却下辊的作用。一般风管钻一排3～5mm的小孔，吹风口朝向下辊与托板水箱的间隙，风量完全靠主风管的阀门开度控制，调节靠操作工的经验，所以最好多加工几个不同孔径的风管，选择合适的使用，根据实际生产总结经验。砖机分离式压延机和改进型压延机都有独立的吹风系统，但操作控制方式不同。无论是手动调节阀门开度，还是设置调节风量参数，调整操作的原则都是动作幅度要小，否则突然增大或缩小风量，极有可能造成玻璃不合格甚至酿成更大的事故。

⑧ 对于机械原因产生的辊印，要从设备上来解决。对使用滑动轴承的砖机分离式压延机，如果因轴承产生的辊印久攻不克，可尝试将上辊由滑动轴承改为滚动轴承，以减少接触磨损，避免运转不平稳产生的抖动和爬行转动。砖机一体式压延机可能是啮合不好，链条抖动，最好换新的齿轮链条；万向联轴器抖动要进行重新装配，如果与轴线的夹角超过30°，降低电机和减速机的高度，使万向联轴器与轴线的角度小于20°。

8.4.3　黑点

在生产过程中，有时玻璃板下表面或玻璃板中间会夹杂一种黑色或褐色颗粒状"黑点"物质。颗粒直径约在0.1～1.5mm以内，也有直径在5mm左右的大颗粒，颜色多为黑色、墨绿，也有棕黑色、灰黑色等，边缘清晰，方片形。在显微镜下观察，中心为黑色（晶体不透明），边部呈绿色的，为俗称的铬点（氧化铬晶体）。

8.4.3.1　外观特征

① 在线观察，出现黑点的部位明显发暗，肉眼观察呈现一个小坑。

② 离线灯光下观察，是黑色的颗粒状物质。如果是产生在表面，用尖锐的工具可以取下来，颜色基本上是黑色的；与玻璃熔为一体的黑点只有敲碎玻璃后才能取出，颜色呈褐色或黄褐色。

③ 表面产生的黑点位置相对固定，大小相差不大，在某一位置出现后，一段时间内没有明显的变轻或变重。

④ 处于玻璃中间的黑色物质，大部分位置不固定，可出现在玻璃板的任何位置，而且有大有小，时有时无。

8.4.3.2 产生原因

这种黑色物质出现后，要区分是附着在玻璃表面还是处于玻璃板中；是几条线都有还是只是一条线有；是连续还是间断。不同的表现形式有不同的原因。

① 金属氧化物产生的黑点。玻璃压延机使用的无油润滑的轴承一般是铁和铜质材料，长期与金属轴头接触磨损，会产生大量的金属屑，高温状态下这些粉末状的金属氧化变成黑色物质，脱落以后附着在辊子或直接吹在玻璃板上，形成黑点。

② 油污造成的黑点。轴瓦与轴头之间、滚动轴承链条与齿轮之间需加注润滑油，油在高温下积炭或加注的油带入的杂物产生黑点。

③ 吹风系统产生的黑点。压延机风系统长期使用过程中会产生锈蚀，管路、风嘴内部产生的铁锈在高温环境下氧化，随风一起被吹到玻璃上，形成黑点。另外吹风系统的过滤网长期不清洗，外界带入的杂物也是产生黑点的原因。

④ 玻璃原料产生的黑点。原料中能产生黑点的物质是铬铁矿（$FeCr_2O_4$）。铬铁矿属于复杂氧化物，自身呈黑色或条状褐色，半金属光泽，具有弱磁性，晶体结构属尖晶石，多呈粒装和块状结合体，耐高温难熔化。若夹杂物在玻璃中溶解很少，形成特殊的溶液圈，且带有绿色条纹，则可能是由含铬的成分形成，例如混入玻璃液中的镁铬砖。这种"黑色结石"大都是深绿色的铬氧化物（CrO_2）晶体。产生这种结石，与砂子和长石中混有的含铬量高的铬铁矿有很大关系，因此在原料选用时必须很好地检查和处理砂子和长石。

⑤ 投料机产生的黑点。投料机的投料板一般是含有铬镍的耐热合金钢，长期高温使用可能烧损，落物带入熔窑产生黑点。

⑥ 辊子脱铬产生的黑点。压延机所用的压延辊一般都要镀铬处理，否则会降低辊子的使用寿命，且普通钢材高温氧化后出现黑色剥落物的概率更大。然而镀铬处理不能保证铬层不脱落，铬脱落后在玻璃上形成黑点，所以辊子在加工时一定要严把质量关。

结石呈棕黑色片状的一般为掉入玻璃液中的氧化铁、水包铁皮或压延辊表面镀铬脱落等物。

⑦ 蓄热室堵塞，或火焰控制不合理，空气过剩系数过大，火焰长，在蓄热室内热量过大，造成格子体烧损，当换火时将烧损物带入窑内。

⑧ 格子砖在高温层吹扫，引起格子砖表面脱落，随助燃风进入窑内，形成镁铬质黑点。

8.4.3.3 解决方法

① 金属屑产生的黑点主要是金属与金属之间接触磨损产生的，因此使用的轴瓦需

选择质量好耐磨损的，同时接触的轴头镀硬铬，增加其硬度。

② 选择耐高温的润滑油，而且定时清洗积炭，加注时避免带入杂物。

③ 定时维护压延机风系统，特别是风嘴和过滤网。在每次换机时备用压延机的风嘴、使用过的滤网要更换或清洗干净，风嘴变形和锈蚀严重需更换或维修，风机使用的环境定时清洁，保持干净卫生。

④ 硅砂、白云石等矿物原料都可能含有铬铁矿，特别是硅砂与铬铁矿属伴生关系，如果原料中有铬铁矿存在，黑点就避免不了，所以注重把好原料质量关，发现有黑色物质时要取样分析。

判定原料黑色物质中是否有铬的存在，按以下方法操作。a.首先将黑色物质挑出来进行磁选；b.磁选后剩余的物质进行灼烧处理；c.化学方法确认：取灼烧后的黑色物质研磨，在铂坩埚中放入 $1 \sim 2g$ 无水碳酸钠试剂，把磨好的黑色粉末放入坩埚中，搅拌混合均匀，将坩埚放置在高温喷灯上，将混合物熔融，试样溶解后放凉待用；用水把混合物质溶解成溶液，因 Na_2CrO_4 易溶于水，Fe_2O_3 难溶于水，因此制成的溶液中有铬离子；d.取溶液用10%NaOH和6%的 H_2O_2 滴定，出现黄色证明有铬存在。

⑤ 生产运行过程中勤检查投料机，发现烧损后应及时维修更换，已经炭化开始剥落的含铬镍的推料板，能换就换，如果没有条件更换要想办法清除出去，避免掉入窑内。

⑥ 辊子脱铬产生的黑点只接黏结在玻璃的表面，生产中可以通过洗刷辊子处理，具体方法是用刷子反复刷出现脱铬的辊体表面，同时用干净的水冲洗掉刷下的物质。这种方法可以暂时清除掉较轻的脱铬，玻璃表面黑点短时间内看不到或较轻，但运行一段时间后脱铬部位的金属会氧化，导致玻璃出现铁质氧化物黑点，高温环境下氧化过程反复出现，因此清洗只是暂时的消除，彻底消除的办法是换机换辊。

8.4.4　灰斑（辊斑）

8.4.4.1　外观表现

从成形的玻璃板上表面观察有片状或团状的灰白色物质（有时候需要清洗后在特定角度、特定光线下才能观察到），与其他部位玻璃颜色相比，明显发白、发亮，白斑出现在玻璃板的下表面，严重的白斑用水甚至酸、碱液都难以清理掉。

8.4.4.2　产生原因

压延辊长期裸露在开放的作业环境中，作业环境中的灰尘、玻璃液中挥发出来的碱性物质、高温气氛氧化产生的硫酸盐等，均会沉积附着在下辊的局部表面，若清洗不及时就会在玻璃表面形成斑点，即压延辊斑。玻璃被脏杂物掩盖的花纹处光线反射较强，视觉上呈现白色。如果在高速拉制玻璃的过程中压延辊上有物质剥落，则得到的玻璃在剥落处花纹比周边清晰，视角上该处的颜色发暗，周边又显得发白。这主要是光程差产生的视角差。

8.4.4.3　解决方法

改善作业环境，定期清理辊子的表面物质；控制工作部、流溢口的窑压，减少废气流喷向辊子的压力和速度，避免辊子局部温度过高导致硫化物沉积在辊子上；在辊子的选用上最好用高碳钢，因为高碳材质不易吸附物质易清洗；清洗辊子时一定要认真仔细，避免造成局部花斑。

8.4.5 花纹变形

花纹变形是指压花玻璃的局部或整板花纹出现与压延辊花型不一样的不规则排列现象。例如，原来设计的圆形图案变成了椭圆形，方形变成了菱形，就可认为花纹已变形。这种缺陷不仅影响玻璃的外观质量，而且还影响太阳能压延玻璃的透光率。

8.4.5.1 外观特征

① 出现在玻璃板的局部或全板上，横、纵排列的花纹单元脱离了原先的直线；

② 花纹大小、花纹间距都发生了改变，或大或小；

③ 扭曲变形造成花纹单元模糊不清；

④ 局部位置出现的变形也影响到周边花纹的规格形状。

8.4.5.2 产生的原因

① 玻璃的横向温差太大产生边部和中部花纹不一致的现象。中部温度一般较高而两侧较低，成形过程中热的玻璃收缩的慢，冷的玻璃收缩的较快，在不同收缩率的作用下，往往中部花纹单元形成横向拉长的变形花纹。

② 成形玻璃液温度过高造成花纹变形。玻璃液经过压延辊后温度还很高，印在玻璃板上的花纹图案还不能够定型，此时，如果压延机速度与退火窑速度不匹配，退火窑速度过快时，常会出现花纹变形。

③ 上下压延辊转动速比过大产生的纵向花纹变形。生产操作中如果速比设置的不合适，花纹还未完全定型仍处于塑性状态时，牵引力超出了玻璃的塑性恢复范围，就会被硬性拉扯造成变形。

④ 局部发热造成花纹变形。玻璃板局部发热可能是因为异物，也可能是辊子局部变形，局部发热严重的会影响到周边。

⑤ 有时压延玻璃板的上表面受压延图案的影响而轻微变形，这种情况称为印透（虚像）；如果刻花辊用的时间太长而局部磨损，成品上容易出现局部缺花（缺压痕）；有时冷却效果差或辊子表面有附着物，造成某处玻璃液表面温度高，此时花纹上出现一连串的长形印纹。玻璃愈厚，成形时的图案愈不清楚，称为图案模糊，这是由于被压延辊冷却的玻璃带表面层又被内部的玻璃再次加热软化所致。

8.4.5.3 解决方法

① 采取边部烧火、两侧边部加保温盖板砖的方法，也可以在上辊的中部加风管吹风降低中部的温度来平衡与边部的温差。但要注意，盖板砖使用久会掉渣甚至断裂，吹风不当也会造成玻璃板整体变形。

② 如果确认是速比导致的花纹变形，要及时调整速比。方法是先缓慢地降低退火窑的主传动速度，同时观察板面情况，直到不再有变形为止。操作中切记升降幅度不要太大。

③ 生产中不管是上辊还是下辊，都要清洗干净，局部难以洗掉的氧化物采用边洗边刷的方法进行清除。

8.4.6　微裂纹

压延玻璃成形时，压延辊上刻了花纹的沟棱凸缘处散热特别快，辊压时会在玻璃下表面产生一种非常小的、不易观察到的连续或间断性的细形条纹状裂口（表面裂纹），用手指可以触摸到，这就是微裂纹。微裂纹也叫冷裂纹或冷裂口，是玻璃板的一种破坏性缺陷，它会降低玻璃的强度，玻璃的大多数破裂都起源于微裂纹处。微裂纹通常发生在玻璃表面边部，以双绒面玻璃居多。

8.4.6.1　外观特征

① 在线从玻璃板上部观察，有时是一片一片的亮纹，有时也出现在纵向一条线上。
② 离线观察玻璃的表面是一道一道的裂口，较重的玻璃已经开口，有划手的感觉。
③ 纵向位置周期性变轻或变重，横向位置基本固定。
④ 当玻璃在宏观上受力时，裂纹就会从受力最强或应力最大的微裂纹处开始扩大，直至裂纹扩展到整面玻璃。

8.4.6.2　产生原因

玻璃出现微裂纹是不允许的，微裂纹不仅影响外观质量，主要是出现裂纹后玻璃的强度变小，深加工时会降低成品率。从微观上讲玻璃的微裂纹本身就存在，玻璃液冷却到一定温度后就开始产生大量的微裂纹，只是由于这些微裂纹极小，需要在电子显微镜下才能观察到，正常情况下微裂纹肉眼是看不到的。当工艺条件或外界发生变化时微裂纹就会扩展，这时候扩大的裂纹就明显地出现在玻璃板上，比如天气突然变冷，辊面温度比正常温度低，这时经过压辊的玻璃板表面收缩加快，玻璃的内外温差变大，张应力超过压应力造成裂纹变大。另外，使用的辊子壁较薄、压延机降得太低、辊筒离开溢流口较远、溢流口玻璃液的温度、冷却水压力增加或流速加快等，都会造成玻璃产生裂纹。

8.4.6.3　解决方法

① 制定长期稳定的工艺成形制度，特别是温度制度要稳定在一个较小的范围之内。
② 产生微裂纹后适当提高玻璃液的温度，关闭冷却水的进出阀门，减少进水量或降低出水量。
③ 向前、向上移动压延机来提高下辊的温度。
④ 拉引量允许的前提下，提高上下辊的转速。
⑤ 压延辊的花纹不要刻得太深。

8.4.7　厚薄不均

厚薄不均是指同一片玻璃在厚度上出现的厚薄不均匀的现象。同一片玻璃最厚值或最薄值与标准厚度之间的偏差就是厚度偏差，差值超过了标准公差范围，就会导致玻璃不合格。在太阳能玻璃生产中还有极差的要求。太阳能压延玻璃厚薄不均直接影响玻璃的光学性能。

对于太阳能压延玻璃来说，有影响的缺陷首先是光透过玻璃时会出现偏移以及歪斜，这是由于玻璃表面局部不平行，导致平面对光线的折射发生扰乱的结果。出现这种缺陷的原因可能是物理的（厚度不均），也可能是化学的（折射率的变化），都称为太阳能压延玻璃的"光学"缺陷，纯物理性的属于外部光学缺陷，而纯化学性的则属于内部光学缺陷。由于折射率与玻璃的组成有关，内部光学缺陷由非均匀物造成。通常玻璃中包含的气泡及晶体都会造成内部光学缺陷，不过一般不把这些缺陷归类到内部光学范畴，内部光学缺陷通常都伴随着影响大得多的外部光学缺陷。

8.4.7.1 外观特征

① 玻璃板两侧较厚，中部较薄。

② 偏差较大时玻璃板边呈波浪形状。

③ 纵向周期性厚薄变化，横向从外到内有时厚有时薄。

④ 玻璃炸板多，切割容易破损。

⑤ 磨边有的部位磨的多，有的部位磨不到，钢化碎片不均匀，镀膜的膜层不一致。

8.4.7.2 产生的原因

① 料性太短。玻璃硬化速度快，厚度整体偏厚，边部与中部的玻璃厚度差变大。

② 化学成分不均导致玻璃液黏度不均，致使平整化过程中厚薄不均。

③ 溢流口结构原因。工作部、溢流口边部的玻璃液温度较中部低，横向玻璃液的温差较大，成形的玻璃板存在较大的厚薄差。

④ 成形辊原因。辊子在使用一段时间后热弯会越来越大，严重时刚换上的新加工好的辊子，玻璃的厚薄差也大，主要是辊子弯曲造成的。

⑤ 平整化过程中玻璃带的横向温差大，造成玻璃液展开的厚度不均。

⑥ 操作速比设定的不合理。主要是速比过大，玻璃板边部和中间在牵引力的作用下拉伸不一样造成的，一般中部温度高易于拉薄，而边部温度低相对较厚。

8.4.7.3 解决方法

① 根据温度-黏度曲线，确定适合成形的玻璃成分；严格控制原料成分，提高熔化质量。

② 溢流口边部烧火，中部加空间冷却水包。

③ 溢流口加空间保温结构，边部做保温。

④ 如果是局部厚度偏薄，采用局部吹冷却风的方法。

⑤ 如果辊弯较严重没有条件调水或调水也不行的就换辊，选择冷弯小于0.08mm的辊子。

⑥ 拉引速度要均匀，不得出现跳跃现象。

8.4.8 隐线

隐线是指从玻璃板的外表面观察，在玻璃带拉引方向（纵向）上出现的比周边玻璃颜色发暗的条纹。隐线也叫作暗线，在特定角度和特定光线下可以观察到，侧面观察较明显。

8.4.8.1 外观特征

① 隐线与玻璃带拉引方向一致，玻璃整板都出现与周边颜色相比颜色明显发暗的明暗相间且同等宽度的条型状缺陷。

② 明暗线道位置相对固定，大小、宽度不变；线道无手感。

③ 隐线的位置有时会出现夹杂物。

8.4.8.2　产生原因

① 玻璃板厚度方向产生温差。溢流口的玻璃液本身深度方向上就存在有较大的温差，玻璃液经过压延辊时，压延辊的冷却作用很大，可以使玻璃液快速变成塑性玻璃板，而且由于上下辊的冷却效果不同，玻璃板在厚度方向上的温差会进一步扩大。另外压延玻璃的成形是在开放式的环境中完成的，玻璃板上表面和下表面层散热存在较大的差别，散热不同同样造成了玻璃板的上下表面的温差。冷却过程中由于热不均匀产生了热应力，玻璃在软化点以上的不均匀冷却导致高速拉制过程中产生双折射现象，各向同性的玻璃在光学上就成为各向异性，单色光通过玻璃就会成为两束光，这两束光的光程差不一样，导致玻璃显示出一明一条暗的条纹。

② 压延机上下辊的热导率相差过大产生。不同材质的辊子热导率不同，不锈钢比碳钢要低很多，当下辊的材质为碳钢时，由于热导率相对上辊较高，水对玻璃冷却作用较大，通过压延辊的玻璃板，上下表面温度存在有较大的温度差。这种现象导致玻璃在冷却过程中的出现热不均匀现象，玻璃中存在很大的残余热应力，同样发生光学上的双折射现象，透过玻璃的单束光变成两束不同光程差的光束。

③ 夹杂物。在更换唇砖过程中，若溢流口尾砖表面滞留的冷玻璃未清理干净或与唇砖接缝处残留了冷玻璃液，这些长时间滞留的玻璃液形成底部的不动层，当滞留层聚集在唇砖口附近时就产生了隐线条。

④ 唇砖产生的隐线。使用多块唇砖拼接的出现在接缝处，使用整块砖的产生于断裂或缺口处，经过这些地方玻璃液的温度与周边玻璃液温度存在差别，凹陷处较低的温度造成了隐线。

⑤ 有较大的气泡卡在唇砖口上，当玻璃液经过时出不来，使玻璃带产生了隐线条。

8.4.8.3　解决方法

① 更换辊子的材质。选择上下辊材质接近或下辊导热性更小的材质，以提高玻璃板下温度来达到减小玻璃板上下温差的目的。

② 上辊吹风。降低玻璃板的上表温度，缩小与玻璃板下的温差。

③ 降低上辊的表面温度，提高下辊的温度，以缩小玻璃板的上下温差，可采取上辊开大冷却水、下辊关小冷却水方法减小辊面温差，缩小玻璃的温差。

④ 唇砖产生的隐线，生产过程中可以放大唇头，以增加玻璃液接触下辊的时间，同样可以提高玻璃板下表面的温度，达到缩小温差的目的。若难以处理则更换压延机。

⑤ 若是夹杂物产生的隐线，则用工具将产生隐线部位的杂物钩走，如果杂物较大难以钩出，降低拉引速度同时把厚玻璃板带出。

8.4.9　亮线

8.4.9.1　外观特征

玻璃板纵向出现白色发亮带，位置固定，连续不断，从玻璃板的上部观察，该处明显发白发亮，侧光下观测该处花纹较其他部位清晰。与隐线不同，亮线具有一定的宽度，反射光线柔和，不像刻花产生的亮线道扎眼，出现在生产的特殊时期。

8.4.9.2 产生原因

玻璃液中的结石类夹杂物是主要根源。结石类夹杂物随玻璃液流动，较大的就卡在唇砖口和下辊之间，流经此处的玻璃液受异物的影响，温度比周边温度低，在同样冷却条件下，该处玻璃收缩的较快，花纹出现细微的差别，光学上产生光线的反射光程差，光程差变短，视觉上呈现发白发亮。

当玻璃液中含有的高黏度粒团卡在溢流口尾砖和唇砖接缝处，或卡在唇砖口和下辊之间时，也会导致玻璃出现亮线，其原因与上述结石类杂物相同。高黏度粒团在逐渐被拉走减少体积的同时，会在玻璃板面形成线道，如此时粒团脱落则形成结石。

8.4.9.3 解决方法

一般是小幅度前后移动压延机，让结石随玻璃一起带走，这样危险最小、损失最低。在出现亮线的地方用钩子搅动玻璃水也可以将较小的杂物带走，但是如果结石较大难以去除，可以尝试放大唇头看能否去除；若不行，降低拉引速度同时打厚玻璃板处理。以上操作要注意控制风险，搅玻璃水可能长时间产生气泡，操作时还要避免钩子伤辊；移动压延机和放大唇头防止玻璃液流出；放厚玻璃板小心玻璃液突然涌出。

8.4.10 L印

8.4.10.1 外观特征

在生产过程中，玻璃板上表面出现L形状的凹痕，时多时少，时有时无，无手感，但严重影响玻璃的外观质量，有L印的玻璃全部不合格。

8.4.10.2 产生原因

溢流口周边有许多用水器，例如上下辊的进出水、水包、临时水管冷却器等，这些用水器使用一段时间后往往胶皮老化或产生间隙漏水。特别是使用砖机分离式压延机的生产线，上下辊的出水是开放式结构，上下辊出水高速喷打在集水箱上，反溅到溢流口，一旦水溅入溢流口的玻璃液中，局部受冷的玻璃液在高速拉制玻璃的过程中，就会形成类似L形状的凹痕。

8.4.10.3 解决方法

L印缺陷是人为造成的，经常检查并彻底封堵溢流口周边的用水器，防止水进入溢流口就可以避免，避免周边用水设备的结构漏水，更换老化的水管、监视器的金属软管，生产过程中经常检查用水设备的情况，发现有跑冒滴漏的情况及时联系维修人员处理。

8.4.11 "疱"缺陷

（1）外观特征

从玻璃板正面看，纵向的一条直线上一个个颜色较其他部位不同的暗色疱点，它是玻璃中的气体夹杂物，呈圆形、椭圆形、长条状和点状等。可分为上表面或下表面的开口泡和板厚中间闭口泡，气泡在玻璃表面破裂的泡称为开口品，否则为闭口泡。

（2）产生原因

若溢流口钢闸板闸过的玻璃液周围的冷玻璃和较粗的脏物颗粒未清理干净，引头子后，这些物质就会陆续带到玻璃带上，从而形成压延玻璃的夹杂物——"疱"。

（3）解决方法

在引头子前，将溢流口的玻璃液用火烧透，并将边部相对较凉的玻璃液及时推到中间，同时清理干净玻璃液中的杂物，待溢流口中间和边部玻璃液温度相差不大时再引头子。

8.5 玻璃表面划伤、弯曲与断面缺陷控制

8.5.1 表面划伤

划伤是指玻璃上表面或下表面被异物纵向刻划所留下的机械性伤痕，呈连续性或断续状，或呈点状、变形曲线状等。根据玻璃划伤的部位不同，玻璃划伤分为上表面划伤和下表面划伤两种，严重的有明显的凹痕和手感，位置基本不变，周期性重复出现。

8.5.1.1 划伤原因

表面划伤是在玻璃原板某一固定位置连续或断续出现表面被划伤的伤痕，形成亮白色线道或凹坑，影响原板的使用性能，肉眼及灯光检测均可观察到。产生原因有以下几方面：

① 玻璃液中的析晶、耐火材料等夹杂物磕伤压延辊后，玻璃带与辊子接触时，由于摩擦会在玻璃表面留下划伤缺陷，其间距正好是辊子的周长。在显微镜下观察，每条擦伤都是由几十至几百个小坑组成，坑口裂面呈贝壳状。严重时甚至会造成原板破裂。

② 接应辊或托板水箱引起。玻璃液压制成玻璃板后，首先接触到的是接应辊或托板水箱。使用托板水箱来代替接应辊的砖机一体式压延机，其上部多排耐热金属条与水箱上部平面形成的凹槽极易残留碎玻璃之类的硬物，而耐热钢条使用过程中也会逐步锈蚀产生毛刺，这样，处于塑性状态的玻璃经过时就会产生划伤。使用接应辊的砖机分离式压延机组，产生划伤的原因是接应辊上粘有硬物或接应辊损伤，这些硬物可能的产生原因有：a.吹风系统带入的杂物；b.接应辊损伤的剥落物；c.边风管吹入的环境杂物；d.唇砖破裂产生的碎砖块。

③ 过渡辊引起。过渡辊在每次换机时都要经历较大的考验，首先是高温玻璃液的热冲击，如果是陶瓷涂层辊，辊面可能爆皮和开裂，产生尖锐的硬物；在引头子时，有的操作工用铁制的工具操作，极有可能损伤过渡辊表面；另外，生产普通压延玻璃的厂家，有的操作工习惯在过渡辊处敲玻璃来测量厚度，这些都会造成辊子的损伤。不管何种原因，一旦过渡辊表面损坏，就有可能产生划伤。

④ 在退火窑产生。a.换机作业时，刚引头子的玻璃很容易炸裂磨伤辊子，也容易卡在辊道上阻止玻璃顺利通过退火窑。为了避免发生玻璃堵塞退火窑进而酿成更大的停机事故，跟头子作业操作要求用铁制的工具打掉卡在辊道之间的玻璃，这些碎玻璃和打碎玻璃都有可能造成辊子受伤，玻璃经过受伤的辊子时就会留下划伤印。b. 退火窑各区分

隔板吊的距玻璃板过近，挡帘下部与玻璃之间有碎玻璃或其他棱状物；或是退火窑辊子内有尖锐物也会导致玻璃上（下）表面划伤。c. 退火窑中残留玻璃划伤玻璃板。引头子后没有彻底清理的碎玻璃，或虽然清理但死角部分未清除出去，以及正常生产过程中发生炸板残留的玻璃，这些玻璃积存于穿插热电偶的地方。下风栅与辊子的间隙处、风栅出风口，或直立于退火窑地板上，造成玻璃板下表面的划伤。d. 退火窑内有大大小小几十支热电偶，板上热电偶使用一段时间后螺丝松动接触到玻璃板的上表面，板下热电偶翘曲变形触到玻璃板下表面，造成玻璃划伤。

⑤ 在冷端产生。a. 冷端辊子基本上是钢辊包胶圈的结构，炸板后的碎玻璃屑和碎玻璃块黏附在胶辊上，有的可能深嵌在胶辊中，当玻璃经过时，坚硬的碎玻璃划过玻璃的表面，形成一条或几条划伤痕；b. 冷端取片桌有玻璃屑或其他异物时，在取片时极易造成玻璃下表面划伤；c. 在支线转向过程中，因辊道胶圈或皮带嵌入碎玻璃，与玻璃板相对滑动产生划伤。

⑥ 在玻璃生产线建设时，由于工程地质、地下水位、投资问题等方面原因，有的生产线将熔窑、成形、退火窑及冷端的切裁掰断系统布置在二楼，但为了简化成品运输和节省劳动力，单片玻璃板采用从二楼通过斜坡辊道运送到一层进行装箱的方式。为使玻璃板在斜坡凸折点和凹折点顺利、平稳通过，在凸凹折点处的辊道表面设计有过渡圆弧。圆弧的半径根据玻璃板的规格尺寸、弹性变形量和过渡圆滑的要求，一般采用90m以上。此外，因受玻璃对橡胶圈摩擦角的限制，斜坡角度不得大于9°。若斜坡设计或施工大于9°，玻璃板在下坡时就会发生行进速度过快而在橡胶圈上打滑摩擦现象，致使玻璃板面上出现擦伤，这些擦伤在显微镜下或镀膜时才能发现。

⑦ 在采用人工集装架包装的装架过程中，每片玻璃在靠片时，若下部靠的过紧，极易造成玻璃下部50～100mm处表面的微小划伤。在水平堆垛过程中，若玻璃板放置位置不准确，玻璃板之间出现不整齐现象，当玻璃板上掉有玻璃切割碎屑、玻璃板面有很小的夹杂物或所夹纸张有小颗粒时，在包装箱竖起来后，玻璃片与片之间出现相对运动，此时就会造成玻璃划伤。

8.5.1.2 解决方法

① 如果判定出现的划伤与接应辊有关，生产过程中的处理方法是：首先判断是黏结了异物还是辊面损坏，如是黏结异物，可用纱布蘸水来回擦洗接应辊的表面，看能否除去异物，如果辊面已经损坏就只能换辊子；在生产过程中托板水箱引起的划伤，一般是异物造成的，可用擦洗的办法处理，难以去除时，也可以用硬一点的刷子刷水箱的表面。需要注意的是，在线处理比较危险，要预防玻璃板拉断和粘连，更要防止断头进入压延辊与接应辊、接应辊与过渡辊、压延辊与水箱的间隙缝中，操作时除准备好必要的预防工具和足够的人员外，大幅度降低速度的技术措施是必须的。另外，使用托板水箱的压延机，每次上机前要彻底抛光托板水箱，使用接应辊的压延机，上机前要仔细检查辊子的表面，不能有起泡、脱皮、鼓起的缺陷，否则硬件在使用过程中产生问题不好处理。

② 对于过渡辊，黏结异物的可能性不大，玻璃划伤的原因主要还是辊子受伤，所

以要防止过渡辊产生划伤缺陷，换机时将过渡辊台移出全面检修，确认辊面完好无损，辊台升降、前后移动灵活自如，特别要检查、检修内置水管的情况，不能有漏水、锈蚀、堵塞，否则会影响正常通水，导致陶瓷涂层辊受热变形从而损坏辊面；每次换机时要抛光辊面，先用较粗的砂纸打磨再用较细的打磨，有毛刺的突出部位必须打磨光滑。日常操作要注重对过渡辊的保护，摒弃不好的操作习惯。

③ 在退火窑中产生的玻璃划伤，通过分析缺陷的形状和产生部位针对性解决：是碎玻璃原因就将碎玻璃清理出去，是热电偶脱落导致的就将热电偶恢复至原有位置，要真正做好日常的工作。a.换机和炸板的碎玻璃及时清理出去；b.使用铁制工具打碎玻璃时注意避让辊子；c.设备定时进行检查，有松动的、变形翘曲的要及时维修更换。

④ 冷端辊道和机组产生的划伤有明显的特征属性，只要查找到黏结部位的杂物并清理掉即可。最有可能出现的部位在落板和横切之间，这一段玻璃切割破损、掰断、掰边产生的碎玻璃和玻璃屑易黏结或直接嵌入橡胶辊上，换机时冷端操作工要进行重点清理。

⑤ 不论是人工还是机器堆垛玻璃，关键的因素还是人，加强员工管理，规范作业操作，采取正确的操作方法取片、码垛玻璃，经常清扫辊子、取片桌上的玻璃屑等杂物；保证玻璃通过气垫取片台时始终处于空气浮起状态，如果取片桌的风量不够，也可以更换大的风机；使用设备码垛的，要注重对设备维护保养，出现堆垛不整齐时校核精度，对于磨损较严重的传送带及时更换掉。

⑥ 在新建太阳能压延玻璃生产线时，尽量采用一层结构，若因为地下水位高不能采用一层结构时，可根据地质情况切裁之前的工艺流程，选用高出地面半层或一层（即二层）的楼面结构。对高出地面半层的结构，可通过垫高冷端的方法达到一层结构的效果；对二层楼面结构的生产线，可采用在二层堆垛、装箱，通过行车将成品吊运到一层的方式；尽量不采用斜坡辊道输送单片玻璃板。若已采用斜坡辊道，应减缓玻璃的输送速度，力求玻璃的行进速度与辊道的转速匹配，减少玻璃板在橡胶圈上产生滑动摩擦的概率。

8.5.2 玻璃弯曲

玻璃在退火冷却或钢化加热过程中，由于玻璃板上下表面冷却不对称，致使玻璃板上下表面的温度不一致，造成玻璃板厚度方向应力分布不对称而引起玻璃板的变形，这种现象称为玻璃弯曲。

8.5.2.1　表现形式

玻璃板在拉引方向取样后，将玻璃垂直放置，不施加外力，沿玻璃表面任意放置长1000mm的钢直尺，用符合JB/T 7979—1995的塞尺测量直尺边与玻璃板之间的最大间隙，当玻璃与塞尺最大间隙超过0.25%时就可认为玻璃出现弯曲。

根据弯曲方向不同又可分为全板上（凸）弯曲、全板下（凹）弯曲和整板复合弯曲。

8.5.2.2　产生原因

通常压延辊距过渡辊台第一道辊子的中心线距离约为0.5m，并呈下坡状，如果压延辊出口玻璃带温度过高，在玻璃带行进到过渡辊台的过程中，就会因受力而发生塑性变形，加上过渡辊台处散热较快且不均匀，如果退火制度达不到消除形变的要求，就会在玻璃制品上留下波浪状弯曲。

在退火窑中，退火良好的玻璃不会出现玻璃弯曲现象。但是，如果由于重新引板、改变玻璃厚度、退火窑循环风系统故障、自动控制仪表系统故障等原因，导致退火窑温度制度发生变化时，也可能在退火窑内出现玻璃弯曲现象。通常只有在取下玻璃板后才会发现弯曲缺陷，严重的玻璃一出退火窑就可发现玻璃弯曲（翘板）。

玻璃弯曲可分为永久弯曲和暂时弯曲。无论是永久弯曲还是暂时弯曲，产生原因都是由于玻璃板在退火和冷却过程中，玻璃板上下温差较大导致永久应力或暂时应力分布不均。

（1）向上弯曲

玻璃带中间低，两边高（向上翘起离开辊子），从横断面看，上表面短，下表面长，呈凹面状，大面积弯曲不平。

主要是因为玻璃带在退火温度下限以前的阶段，上表面温度比下表面温度高，当温度降至室温时，上表面降温多收缩多，下表面降温少收缩少，致使玻璃带上表面受张应力，下表面受压应力。当玻璃受到力大到一定程度时，就表现出两边向上翘的现象。

（2）向下弯曲

向下弯曲是由于在退火区玻璃带上表面比下表面冷得快，即上表面比下表面的温度低，这时玻璃带边部区域的上下表面温差要大于中间区域。

（3）复合弯曲

在整张玻璃板上，玻璃带中间区域为上凸弯曲，边部区域为下凹弯曲，这种情况产生原因是：玻璃板的中部上表面温度比下表面温度高，而边部上表面温度比下表面温度低。也有的是板中间向下弯，板边部向上弯曲，这种情况表明，玻璃板的中部上表面温度比下表面温度低，而边部上表面温度比下表面的温度高。

玻璃深加工时，在钢化加热过程中产生的弯曲与玻璃原片退火产生的弯曲，原因基本相同。

8.5.2.3 解决方法

① 若是压延辊出口温度过高引起的玻璃带波浪弯曲，应适当降低溢流口温度。

② 对于向上弯曲的玻璃，解决方法是加强玻璃板下表面边部的加热，或减弱上表面边部的加热，或适当对上表面的边部进行冷却。

③ 对向下弯曲的玻璃，解决方法是适当加热板中部的上表面，或加强板中部下表面的冷却。

④ 对于复合弯曲的玻璃，适当加热板中部的上表面，或适当加强板中部的下表面的冷却。对边部则相反，适当加热下表面的边部，或减少上表面的边部加热。

⑤ 对复合弯曲，可适当调整退火窑D区和F区风嘴的风量：对上凸部位上表面加大风量进行冷却，对下表面减少吹风量进行加热处理；对下凹部位上表面减少吹风量进行加热，对下表面增加风量进行冷却处理。有时也可适当降低过渡辊温度和加强退火窑进口处的冷却。

⑥ 若由于重新引板、改板引起的弯曲，应重新调整退火温度制度。

⑦ 若由于设备、电气故障引起的弯曲，应查找原因，立即修复。

8.5.3　玻璃断面缺陷

玻璃断面缺陷主要是指由于退火应力不均、切刀使用不当等原因，在掰断（边）过程中引起的玻璃板特别是厚板玻璃的爆边、凹角、凸角、缺角等缺陷。

8.5.3.1　产生原因

主要是玻璃带存在局部应力，在掰断过程中因压应力释放，导致玻璃边受挤压，或形成不平整切口，或造成表层破坏性炸口。

太阳能压延玻璃原板的机械化切割设备一般采用硬质合金刀轮或聚晶金刚石刀轮。当玻璃表面被刀轮滚压出一条划痕时，只需施加很小的折弯力，便可以将玻璃沿切痕掰断。一个理想的玻璃切口，在划痕下面还应该有垂直向下的微裂纹，玻璃表面划痕的宽度、深度和微裂纹的深度一般应为170μm左右。由于玻璃的切口内嵌填着极微细的碎屑，当切刀的压力去除后，裂纹不会像理想脆性材料那样合拢。当有切裁划痕的玻璃受到掰断力时，由于应力集中，在裂纹尖端处会产生一个相当大的应力，这个应力足以使玻璃破坏。

要想得到一条理想的划痕，必须根据玻璃板的厚度选择合适的刀轮角度和切割压力。当切割刀轮压入玻璃表面时，刀轮与玻璃间产生接触压力，刀轮与玻璃表面接触点的面积很小，所以刀轮施加一个不大的压力就足以产生大于玻璃挤压强度的接触压力。一旦接触压力大于玻璃的挤压强度，玻璃就会产生切口划痕，所以，压力的大小直接影响划痕切口的大小。

一般来说，在保证微裂纹能达到所需范围的前提下，对同样厚度的玻璃，所选择的刀轮角度越小，施加的压力也越小；角度越大，施加的压力也越大，生成的微裂纹深度也会随着角度、压力的增加而变深。实践证明，厚玻璃所需微裂纹深度大些，薄玻璃所需微裂纹深度小些，即厚玻璃应该选择较大角度的刀轮和较大的压力，通常选用150°左右的刀轮；薄玻璃应选择小角度的刀轮和较小的压力，通常选用110°～135°的刀轮。

无论纵切机还是横切机，其切裁速度均与裂痕深度无关。

8.5.3.2　消除方法

改进玻璃带横向及板上、板下退火参数，使玻璃带横向或板上、板下应力分布均衡，在横向上主要是防止局部压应力过大，在垂直方向上主要是防止板下压应力过大。

选用优质切割刀轮，不同厚度的玻璃选用不同的刀轮，并定期更换。另外，切裁时，刀轮要锐利，刀轮压力弹簧松紧要适当；合理选择掰断力点，用力要适当。

当玻璃带横向温差一样时，玻璃板越薄，玻璃板边的波形弯曲也越大，也越易掉角，切割和掰断时应该引起注意。

8.6　玻璃霉变和纸纹缺陷

8.6.1　霉变缺陷

太阳能压延玻璃在干燥环境中或单片时不会出现霉变现象，但是在储存或运输过程中，在一定的时间内若出现环境温度持续过高、湿度过大和昼夜温差过大等情况时，会导致玻璃板表面出现石油渍般的腐蚀点、毛玻璃状的灰白点或类似"彩虹"的现象，片与片之间发生粘连，这是玻璃的生物发霉和化学发霉，统称为玻璃的霉变或风化。

玻璃霉变在潮湿地域是较普遍的现象，太阳能压延玻璃由于表面有布纹，与非常平整的浮法玻璃相比，霉变会稍轻一些。

8.6.1.1 表现形式

太阳能压延玻璃存放不适当。会导致玻璃板面上呈现出不均匀的灰色或蓝色的分解层，其特征是出现一个失去光泽的薄层，这种薄层会在一定程度上降低光透过能力，薄层厚度不同，对透光率的影响也不同这就是霉变（或称为风化）。霉变的玻璃，情况轻的在玻璃表面出现石油渍般的虹彩；情况严重的在玻璃表面出现成片尿渍样的白色碱状析出物，玻璃表面完全被破坏；甚至玻璃表面完全被析出的碱状物体所覆盖，阻挡了太阳光的透过；最严重的整架或整箱玻璃将黏结在一起，导致玻璃完全失去使用价值。

8.6.1.2 产生原因

压延玻璃的组成主要是钠钙硅酸盐，其成分中含有一定量的钠离子，因此压延玻璃很容易与空气中存在的CO_2和H_2O发生反应，生成二水碳酸氢钠$Na_3H(CO_3)_2 \cdot 2H_2O$，即人们熟知的天然碱。天然碱能稳定地存在于空气中并溶解于水。

$$3Na^+ + 2CO_2 + 4H_2O \longrightarrow Na_3H(CO_3)_2 \cdot 2H_2O + 3H^+$$

这样玻璃表面层就将成为富钠层。长期暴露于空气中时，钠离子持续与CO_2和H_2O分子进行反应，结果就产生了稳定的侵蚀产物——天然碱。这种反应即使在碳保护层存在的情况下也能持续进行，这可理解为碳与空气中的氧发生反应，从而促使反应继续进行。

另外，根据维尔"玻璃亚表面"假说，玻璃表面存在多孔表层，它有助于解释在玻璃表面上发生的种种现象。如在退火过程中，碱离子向玻璃表面移动；表面容易与O_2、SO_2、H_2O及HCl等反应；由于表面强度低，容易产生表面微裂纹；在玻璃表面上容易进行离子交换；玻璃表面上玻璃态的SiO_2可以被水解，使Si—O键断裂；表面组分容易蒸发及分解；表面容易析晶；表面具有润湿性等。所以，玻璃中含钠离子愈多，表面层所形成的钠离子愈多；由于Na_2O能提供游离氧，增加玻璃结构中的O/Si比值，同时在高温潮湿环境中玻璃表面的SiO_2被水解，所以，表面层所形成的硅氧基团也愈多，参与反应的表面层也愈厚，同时气孔率及表面积也增大，在大面积上，特别是由于毛细孔力的作用，会物理吸附很多的水分发生水解反应，因而侵蚀后的表面会膨胀，通常称这样的表面层为"硅胶层"。这种膨胀的硅胶层在温度及空气中潮湿的作用下又会放出水分，时间一长，化学组成及结构都发生了变化的表面层的厚度发展到超出可见光波长的约1/4时就会用肉眼看到玻璃片出现的虹彩颜色，这种颜色是由可见光中各光谱颜色在被侵蚀的表面层中的干涉现象而形成。最初能看到的是光透过的减弱，与未被侵蚀的表面对比，它显示淡灰色或淡棕色，侵蚀层变厚就出现以"蓝斑"为主的七色虹彩现象。当水解程度更严重时，表面层散射增强而发白，大都呈云片状或浑浊的斑块，再继续发展，表面层会松动而有时脱落。

许多科学家认为，硅酸盐玻璃的霉变过程主要是出现在潮湿和温度波动较大的环境中，即当有水存在时，玻璃表面存在溶解和侵析两种霉变形式。水对玻璃表面的霉变可看成是在以下几个阶段某一时刻的产物。即在条件具备的情况下，霉变继续进行，条件改变时，它也会在某一时段终止。

①当成品玻璃板在储存或运输过程中，环境温度发生剧烈变化时，空气中的水分或潮气会吸附在玻璃表面凝结为小水滴，形成结露现象。玻璃表面的结露起始于玻璃表面对水的物理吸附，是表面存在的分子间的吸引力（范德华力）对蒸气中水分子作用的结果。当玻璃表面上吸附的水蒸气受到较低温度影响，达到过饱和后，会变成小水滴停留在玻璃表面，产生表面结露。结露后的小水滴在玻璃表面逐渐铺展，呈现连通，覆盖玻璃表面。

②这些吸附在玻璃表面上的水膜与玻璃表面的可溶性硅酸盐发生水解反应，首先发生碱离子交换，析出易溶于水的碱性氧化物——白霜（含天然碱成分），并分离出SiO_2。

③分离出来的SiO_2生成硅氧凝胶，在玻璃表面形成保护性薄膜，它阻止了进一步的侵蚀作用。所以当玻璃被水侵蚀时，最初侵蚀作用较快，逐渐变缓慢，最后作用基本停止。

④水解生成的碱性氧化物（苛性钠）无法被水洗掉，而残留在间隙中，它与空气中的二氧化碳作用生成碳酸钠，聚集在玻璃表面，构成表面膜中的可溶性盐。由于它的强吸湿性，吸收水分而潮解，最后形成碱液小滴，当周围的温度、湿度改变时，这些小滴的浓度也随之变化。如果浓缩的碱液小滴和玻璃长期接触，将会进一步与硅酸作用，使硅氧键分解，变成硅氧钠键，凝胶状硅氧薄膜可在其中部分地被溶解，也就不能生成硅氧凝胶保护层，而使玻璃表面发生严重的局部侵蚀，形成斑点。新产生的表面，又会与此溶液作用而遭到破坏，溶液生成的量越大玻璃表面被破坏的就越严重。如此循环，致使玻璃表面完全被析出物所覆盖，而失去透明，两玻璃片之间在同时产生霉变性离子置换时，由于Na^+的相互置换作用，就使两玻璃片间产生交替性离子交换，因此而使两玻璃片表面分子产生黏性亲和力，形成黏结，严重的还会使整垛玻璃胶凝成一个玻璃块。当玻璃之间存在水夹层薄膜时危害就更为严重，在水薄膜边缘因产生发霉厚度上差异，则有彩色光变。

但是，也必须注意到，侵析和溶解这两个过程并非绝对不可变更的，在一定的条件下，两者也可发生转化。如当玻璃受水或盐酸、硫酸等溶液侵蚀时，本来是侵析过程，但随着玻璃的品质、水量和作用温度等因素的不同，有可能会转化为溶解过程。

8.6.1.3　减轻玻璃发霉的方法

引起玻璃发霉的因素很多，但主要原因是玻璃成分中的碱含量过高，存放玻璃的环境湿度过大。可采取以下方法减少玻璃发霉现象的发生。

（1）优化玻璃配方

通过优化玻璃配方，提高玻璃的化学稳定性，主要是适当提高SiO_2和Al_2O_3组分，减少Na_2O含量（控制Na_2O含量低于13.5%），以增加成分的稳定性。硅酸盐玻璃的耐水和耐酸性主要取决于硅氧和碱金属氧化物的含量：硅氧含量越多，玻璃的化学稳定性越高；反之，碱金属氧化物含量越高，玻璃的化学稳定性就越低。适当使用Al_2O_3也能显著增强硅酸盐玻璃的耐水性。这是因为当Al₂O₃用量少时，能形成［AlO₄］四面体，对硅氧网络起补网作用，因而提高了玻璃的耐水性；但是，当Al₂O₃含量过高时，由于［AlO₄］四面体大于［SiO₄］四面体的体积，因而使网络紧密程度下降，导致玻璃的化学稳定性也随之下降。

研究表明，玻璃中的氧化物对化学稳定性的影响依次按下列顺序递减：

对水的稳定性：氧化铝＞氧化镁＞氧化钙；

对盐类的稳定性：氧化钙＞氧化铝＞氧化镁；

对碳酸钠的稳定性：氧化钙＞氧化铝＞氧化镁。

（2）尽量选用钾长石，少用钠长石

这样可以提高玻璃表面的稳定性。因为在玻璃成分中同时存在两种碱金属氧化物时，会产生"双碱效应"。

（3）提高配合料的均匀性和熔化过程的均化效果

配合料中水分的蒸发、碳酸盐分解、易挥发组分或碱金属氧化物从玻璃液表面挥发等，都会导致玻璃液成分不均匀，影响玻璃的抗霉变程度。

（4）在线酸处理

该方法是将酸性液体喷淋于玻璃表面，通过离子交换，一方面可减少玻璃表面的碱金属离子，另一方面酸性液体中较大离子半径的金属离子被置换入玻璃表面后，可提高玻璃表面的致密度，从而达到防霉效果。

酸类处理有使用无机酸盐处理和有机酸处理两类。

采用无机酸处理时，适宜的弱酸剂有硫酸锌、硝酸锌、三氯化锑、氯化锡、氯化铜、亚硫酸钠等。例如，采用硝酸锌溶液在60～100℃下处理玻璃表面，可提高玻璃表面的化学稳定性，防止玻璃表面发霉。

采用有机酸处理时，通常采用浓度为5%的酒石酸或每平方米玻璃使用0.05～0.2g柠檬酸，以均匀喷雾的形式喷在玻璃表面上，或使玻璃板通过浸润辊浸润。

该方法缺点是：一次性设备投资和运行成本较大，而且对反应过程和清洗的控制要求较严，稍有失误就会在玻璃表面生成一层过剩的盐类物质，成为缺陷，这种产品铺纸时还很易形成纸纹印。

（5）喷洒防霉液

该方法是将防霉液喷洒在玻璃表面，形成一层覆盖膜，达到防霉效果。防霉液有酸性和中性两种。防霉液的缺点是，若液体喷洒不均匀，干后会在玻璃表面形成斑点，外观感觉较差。

（6）喷洒防霉粉

防霉粉由90%左右的衬垫材料与含有活性（亲水）基团和憎水基团的酸性材料组成。当玻璃受潮后，一方面活性基团因溶于水后能分解为羟酸根离子及氢离子，使水溶液呈酸性，中和了玻璃表面的析碱，从而起到防霉作用；另一方面，憎水基团在玻璃表面紧密排列和堆积，起到疏水作用，使水分子不易向玻璃表面渗透、扩散，从而减少了玻璃与水的反应。衬垫材料属惰性材料，既能在玻璃板之间起滑动作用，防止玻璃板之间相互擦伤，又能堵塞"毛细管结构"，减少水对玻璃的侵蚀。

防霉粉衬垫材料通常为聚乙烯粉、木粉等；酸性材料通常为苯甲酸、硼酸、水杨酸、酒石酸、硬脂酸、己二酸等。

防霉粉的防霉效率固然与酸类配方有关，但也与颗粒级配有很大关系。在粉量一定的前提下，粉径与覆盖面积成线性反比关系，粉的粒径越小，覆盖的面积总和就越大，得到保护的玻璃面积也就约大，效果就越好。但过细的粉在使用过程中会产生较多飞扬，使得真正保留在玻璃表面的粉量减少。

目前国内主要防霉隔离粉依颗粒度划分分为细粉型和粗粉型两类。

细粉型：平均颗粒径在60～70μm，代表性产品有德国的F5B粉、英国的璐彩特（Lucaite）粉、南京的格力尔粉；

粗粉性：平均颗粒径在130～140μm，代表性产品有美国PPG的L粉和深圳的BOST粉。

性能优良的防霉粉能有效阻止玻璃表面的霉变反应，本身不会划伤玻璃，而且又耐研磨和挤压，颗粒均匀，用80目筛网进行机械振筛，过筛量超过98%，用量在每平方米玻璃0.3～0.6g的情况下，就有优异的防霉隔离效果。在玻璃正常施粉范围内（每平方米玻璃0.3～0.6g），当玻璃与地面呈垂直位置时，粉的存留量（称重）>88%，以保证实际防霉隔离效果。除此之外，好的防霉粉还应具有流动性好、不吸潮、喷撒分散性好、适宜机械化喷撒、安全环保（对生产环境中长期工作的人员，不造成任何伤害，不产生环境公害）等特性。

防霉粉与玻璃是固体与固体的接触，故防霉效果不如酸处理和防霉液，但它基本不改变玻璃表面特性。

（7）夹高效酸性防霉纸

当玻璃板之间夹上浸润了诸如柠檬酸与硫酸钙溶液、酒石酸溶液或氯化钙复合溶液等微酸性液体的防霉纸以后，不仅可避免水汽对玻璃表面的侵蚀，而且纸在吸水后会释放出含在纸张中酸性物质，从而在玻璃表面形成大面积的酸性水膜，并中和玻璃表面的碱性物质，从而有效地减缓玻璃表面发生霉变的速度。

夹防霉纸的缺点：一是容易产生纸纹印，不能满足制镜、镀膜等玻璃深加工要求；二是成本较高。

（8）喷涂SO_2气体

在太阳能压延玻璃生产线过渡辊台的第7～8根辊子之间，加上一根$\phi 6''$的镀锌管，其上表面钻$\phi 1.5$～2mm、间距50mm的小孔。一般从过渡辊台两头通入压力为200mm水柱（约1960Pa）的SO_2气体（流量约为0.2～0.4m^3/h），不仅可以预防玻璃霉变，还可以防止玻璃出现微裂纹。

（9）适当提高退火温度和延长退火时间

玻璃进入退火窑进行退火时，当退火窑呈酸性气氛时，玻璃化学稳定性随着退火时间的延长和退火温度的提高而增加。这是因为玻璃在退火时，温度较高，黏度降低，因此碱性氧化物向表面扩散，部分碱性氧化物会转移到表面，退火时间越长，退火温度越高，则玻璃表面碱的浓度越大。当有SO_2气体存在时，玻璃表面的碱会被SO_2气体所中和而形成"白霜"（主要成分为硫酸钠，统称为"硫霜化"），因白霜易被除去而降低玻璃表面碱性氧化物的含量，从而提玻璃的化学稳定性。相反，如果在没有SO_2气体的条件下退火，将引起碱在玻璃表面的富集，这些析出的碱无法除去，从而降低玻璃表面的化学稳定性，易出现玻璃霉变现象。

上述（4）～（9）的方法其实就是对玻璃表面进行防结露处理，在玻璃表面建立憎水涂层（或吸水层），使结露变慢、结露后的水滴长大速度变慢、水滴间连通时间变慢，从而达到不发霉、少发霉或减缓霉变时间的目的。

（10）保持储存环境干燥、通风

将包装好的玻璃存放在不直接受太阳照射且干燥的库房内，并注意通风。对存放时间较长的玻璃，可在存放玻璃的库房增设空气干燥设施，例如，利用玻璃熔窑产生的余热在全封闭的库房布置暖气干燥器，以保持库房温度在25～30℃左右，湿度小于30%。

此外，在玻璃防霉方面还有类似食品行业的真空包装法，对镀膜后的玻璃采用塑料薄膜缠绕包装等方法。

8.6.1.4 白霜试验

白霜试验是检查玻璃内在质量的一种手段，通过白霜试验可以检验出玻璃的抗霉变性能，以及是否因热处理而出现虹彩之类的缺陷，从而判断玻璃熔化质量的稳定性和均化程度。

（1）白霜试验机理

把玻璃加热到软化点即730℃，如果玻璃四面体Si—O骨架形成的不牢固，各组分不均，就会产生分子间蠕动性位移，使玻璃表面分子产生新的氧化物组合，则玻璃表面受到破坏（特别是玻璃中含有芒硝水组分会更为明显），即呈现白霜，如果玻璃内在质量差，白霜明显加重。对优质的内在质量高的玻璃，虽然已到软化点，但因玻璃分子间形成牢固均匀性的结构力，外界氧化作用对其不能产生破坏性作用，则表面无白霜显现。

（2）试验方法

① 取样：从生产线裁取三块100mm×100mm的玻璃试样。

② 试验器具：0～1000℃的电加热炉1台，取样夹1把。

③ 试验温度：将试样放在电加热炉内的悬浮架上，350℃前以10℃/min逐步升温，350℃后以8℃/min升温至730℃开始保温，以2mm玻璃保温3min为基数，玻璃厚度每增加1mm保温时间增加1min。

④ 保温结束后，打开炉门让试样缓慢冷却。

⑤ 观察分析：玻璃冷却后取出，在灯光下观察玻璃表面，根据玻璃表面变化情况判断白霜等级，从而分析玻璃内在质量的优劣。见表8-3。

表8-3 玻璃白霜试验等级表

等级	0	1	2	3	4
玻璃表面变化	无任何变化	有25%产生白霜或乳变	有25%～50%面积出现白霜或乳变	有50%～75%面积显现白霜或乳变	100%面积显现白霜或乳变

⑥ 升级试验：升级试验是指当试样出现0级时将试验温度在730℃基础上向上提高，看提高多少温度产生白霜，温差越大，说明玻璃内在质量越好，热处理性能也就越好。

⑦ 降级试验是指试验温度从730℃开始降，看降至多少温度无白霜变化，温差越大说明玻璃内在质量越差，热处理性能也就越不好。

通常达到1～2级，在进行热加工时不会出现虹彩。也可根据用户要求，将升降级试验温差提供给用户，用户可通过温度调整避开虹彩缺陷的形成。

一般情况白霜重的玻璃在热处理时很容易出现虹彩，但不是同步的，因其不是同一机理构成。通过白霜试验如果玻璃存在虹彩，一定可以检查出来，且在白霜显现的同时，有虹彩显现。

8.6.2　纸纹缺陷

为了防止玻璃发生霉变，太阳能压延深加工玻璃成品在包装过程中通常在玻璃之间夹防霉纸。但是采用防霉纸以后（特别是采用了质量不佳的防霉纸以后），若玻璃存放的时间过长（超过三个月以上），则会在玻璃板面留下轻微的纸纹痕迹，这种看似轻微的痕迹很难消除。

8.6.2.1　表现形式

当打开在潮湿环境下储存三个月以上使用防霉纸做防霉垫层的玻璃包装时，会发现在两片玻璃之间接触非光滑纸面一侧的玻璃板面上有轻微的与纸张非常相似的花纹，这些花纹无论用软布、纸张还是水均擦拭清洗不掉。有些轻微的纸纹在阳光下仔细观察时方能发现。同一块玻璃因玻璃板面受力不同，显现的纸纹轻重不同，遍及的范围也不同。

8.6.2.2　产生原因

众所周知，大气中含有水分，当太阳能压延玻璃的包装材料，特别是夹在两片玻璃之间的防霉纸，由于纸张的毛细作用吸收了潮湿空气中的水分或雨水中的水分后，因受潮而变形；并呈波纹状吸附于玻璃表面。若使用的是可溶性氧化铝含量较高的防霉纸，防霉纸中的可溶性氧化铝就会析出，时间一长，附着在玻璃表面的氧化铝与玻璃表面的离子进行反应导致铝离子进入玻璃结构，当气温升高水分蒸发后，就会在玻璃表面留下难以去除的"纸纹"。若防霉纸中含有纸胶，还会因胶质物质的附着出现针眼缺陷。

此外，由于玻璃片之间夹的纸是用酸性防霉溶液处理过的，当防霉纸长期在高温潮湿环境下时，玻璃之间的纸张就会逐渐吸收空气中的水分，而使纸张中的酸根离子析出，此时析出的酸根离子，如硫酸根就会与纸张中微量有机分子一起较稳固地结合在玻璃表面，虽经清洗也不能使其脱离。如果用氢氟酸等方法处理时，因玻璃表面已形成纹状破坏，所以仍能呈现纸纹痕迹。

8.6.2.3　消除方法

① 选用质量高特别是不含可溶性氧化铝或可溶性氧化铝含量较低的防霉纸，或选用含有氢氟酸的防霉纸，这是消除或减轻纸纹痕迹的主要方法，选用不含纸胶的防霉纸；

② 提高玻璃成分的稳定性和均匀性，减弱玻璃表面的碱性活动；

③ 采用在线洗涤防霉工艺，用弱酸使玻璃表面形成中性；

④ 加强纸张储存管理，防止纸张潮湿、酸化和碱化；

⑤ 玻璃储存在干燥的库房，且时间不要过长，镀膜玻璃尽量使用新鲜玻璃。

8.6.3　白点缺陷

用户拿到玻璃后有时会发现玻璃有白点缺陷，即白色失透，圆状，直径0.5～2mm或更大些。

8.6.3.1　产生原因

主要是由于玻璃片之间夹有碎玻璃块所致，其形成因素有：在线吹扫风力不足或位置不正确，使玻璃上表面积存留碎玻璃碴；切裁过程玻璃表面积油过多，碎玻璃被粘在上面不能被吹扫掉；采用水平装箱工艺，玻璃片之间有碎玻璃碴。

8.6.3.2　消除方法

① 在线吹扫系统位置必须正确，保证是最终吹扫，风速要大，如有障碍性堵塞应及时清理；②切裁过程不能造成板上油渍过多，如有发生应及时处理，改进给刀轮注油方式，要做到无明显油渍显现；③水平装箱过程如有玻璃破碎，必须清扫干净再装箱。

第**9**章

压延玻璃深加工生产过程缺陷控制

9.1　磨边玻璃表面质量缺陷及对策

9.2　玻璃清洗质量问题及对策

9.3　镀膜玻璃常见外观质量缺陷及对策

9.4　钢化玻璃质量缺陷及对策

合格的太阳能压延玻璃原片经深加工后得到的太阳能压延钢化玻璃和太阳能压延镀膜钢化玻璃产品，除与玻璃原片一样应符合国家标准GB/T 30984.1—2015《太阳能用玻璃　第1部分：超白压花玻璃》标准外，因其属国家强制性认证产品，所以还必须取得国家"3C"认证证书后，方能用于太阳能行业。如果其产品要出口，还要取得德国TüV认证证书和美国UL认证证书。TüV是德国专为元器件产品定制的一个安全认证标志，在德国和欧洲被广泛接受。UL是美国保险商试验所（Underwriter Laboratories Inc.）的简写，UL安全试验所是美国最有权威的，也是世界上从事安全试验和鉴定的机构中比较权威的。

生产深加工玻璃产品时，必须严格遵守国内外的质量标准。生产过程中若出现了玻璃质量缺陷可按以下对策去控制。

9.1　磨边玻璃表面质量缺陷及对策

磨边玻璃的表面缺陷主要包括尺寸缺陷、边部质量缺陷及表面损伤。其产生原因及对策见表9-1～表9-3。

表9-1　磨边玻璃尺寸缺陷产生原因及对策

现象	原因	处理办法
尺寸偏差超标	磨削量不准确	调整磨轮
	原片尺寸不准确	更换原片玻璃
对角线偏差超标	挡块磨损	更换挡块
	挡块位置与运行方向不垂直	调整挡块位置
	对中机构的滚轮接触直线与主机中心线平行度偏差过大	调整对中系统
	定位系统由零件松动	紧固松动零件
大小头	两边切削力不均匀，而夹紧力又不够大，玻璃纵向窜动，引起对边不平行	调整两边磨削量相等
	皮带和皮带轮受玻璃粉污染，玻璃两边运动速度不相等（两输送带不同步），导致对边不平行	清洗皮带和皮带轮
	大梁调节丝杆与螺母间隙大，引起对边不平行	更换螺母
	皮带与带轮间隙大，引起对边不平行	更换皮带

表9-2　边部质量缺陷产生原因及对策

现象	原因	处理办法
爆边：玻璃磨边后，玻璃边部出现的片状缺损	冷却水不足	检查水箱内水面高度，水箱内玻璃粉是否过多，查看各水路是否通畅，水泵是否运行
	磨轮位置高低错位	更换磨轮
	磨轮磨损，寿命完结	
	磨轮质量不好	
	磨轮不平衡，磨轮跳动大	
	磨削量过大	减小磨削量
	输送速度过快	降低输送速度
	输送带过松或两带松紧不一致	张紧输送皮带
	磨头轴承损坏	更换磨头轴承

现象	原因	处理办法
爆角：玻璃磨边后，安全角出现的片状缺损	冷却水不足	检查水箱内水面高度，水箱内玻璃粉是否过多，查看各水路是否通畅，水泵是否运行
	磨轮位置高低错位	更换磨轮
	磨轮磨损，寿命完结	
	磨轮质量不好	
	磨轮不平衡，磨轮跳动大	
直角：玻璃磨边后，出现未倒安全角或者倒的安全角太小的现象	磨轮位置高低错位	更换磨轮
	磨轮磨损，寿命完结	
	磨轮质量不好	
	磨轮不平衡，磨轮跳动大	
漏磨（亮边）：玻璃磨边后，玻璃边部出现的未磨去的带有光泽的斑痕	原片玻璃尺寸小或边部缺失	更换原片玻璃
	磨削量小	调整磨轮
	对中机构不能将砖坯推至主机中央位置	调整对中系统
	磨头位置与主机中心线位偏移	调整磨头位置
直线度超标（波浪边）	输送皮带松紧不一致	张紧皮带
	夹紧力小或者两边夹紧不均匀	调整夹紧力
	两边磨削量过大或不一致	减小或调整两边磨削量
	底座振动大	消除振动源
磨边残留或烧边：玻璃磨边后，玻璃边部出现部分未磨边的现象	磨轮缺水	检查水嘴和水泵等
	磨粒脱落	检查磨轮

表 9-3　磨边玻璃表面损伤产生原因及对策

现象	原因	处理办法
皮带痕迹	皮带压力过大	减小皮带压力
	上下皮带不同步或两边皮带不同步	检查皮带损坏情况
	玻璃粉黏附皮带	清洗皮带
边部划伤：在生产过程中玻璃表面被硬物刮伤的痕迹	磨轮仓内有碎玻璃	清除碎玻璃
	磨轮冷却铜水管错位接触玻璃	调整水管位置

9.2　玻璃清洗质量问题及对策

在平时的生产过程中，做好以下清洁工作，方能控制好玻璃表面清洗质量：

① 选用表面清洁、新鲜的玻璃原片。

② 如果有化学清洗，则在化学清洗后一定要漂洗干净，可增加喷淋单元。

③ 玻璃预湿很重要，预湿可清除大部分的表面灰尘，避免污染清洗。

④ 不管采用卧式清洗还是立式清洗，喷淋装置都是非常重要的，但也是易被忽视

的地方。大部分国内清洗机厂家设立的喷淋装置采用在不锈钢管上钻孔的方式，其实这种方式的喷水压力和喷水量都不够，减少了水与玻璃表面的直接冲击作用，不能有效清除污物。

喷淋必须要保证水的流量及压力，必须使用扇形喷嘴，扇形喷嘴与玻璃前进的方向有一定的角度，加大水流与玻璃表面的接触，增加出水的流速，使其产生较大的冲击力，提高清洗质量。

⑤ 玻璃清洗机的关键部位是辊刷部分，辊刷的定期维护十分重要。玻璃表面的浮尘、油污和玻璃衬纸的纸胶等很容易黏附在辊刷的刷毛上，有些还会隐藏在刷毛的根部。如果不及时清理，就会污染被清洗的玻璃表面。维护时可采用高压水枪进行冲洗。另外，有些清洗机在长期使用后，其辊刷中部比边部磨损的快，还需要修整毛刷。

⑥ 清洗水的控制。清洗用水的质量直接关系到清洗的结果，采用自来水来清洗玻璃，只能用于要求不高的玻璃，对于清洁度要求高的镀膜前的玻璃清洗，必须使用纯水，因为自来水中含有大量的 Ca^{2+}、Mg^{2+}、Cl^- 等离子，当这些离子附着在玻璃表面时，会影响镀膜玻璃的表面质量。

清洗机水箱中的水要经常更换，以保持清洁，在换水时要将水箱中的沉积物清理干净，防止水箱的供水泵将这些沉积物带到辊刷上。

玻璃表面干燥质量也很重要，以下因素可能会影响到玻璃表面的干燥质量。

① 风刀角度或大或小都有可能使水吹不净，产生回溅的水滴落在玻璃表面而影响玻璃干燥的质量。

一般的经验是，风刀喷嘴与玻璃的最佳夹角范围在70°～80°（110°～100°）。这个角度范围是在风压、风量、风刀口截面积不变的情况下进行调整的。风刀的角度要通过实践而定，但一般不会超出这个范围。

② 风的流量大也可能产生回溅的水滴。风量小不能完全清除玻璃表面的水分，使玻璃尾部带水，从而影响玻璃干燥的质量。风量的大小通过风管上的风阀调节，要通过实践而定。

③ 风机的过滤器损坏，使风的清洁度下降，风中的灰尘附着在玻璃表面，影响玻璃干燥质量。

④ 风机、风刀的维护不到位，风机进风口的过滤网应及时清理，一旦灰尘进入到风机之后将很难彻底清理干净，经过风刀吹带水的玻璃表面，将会造成玻璃表面的水迹。经常擦净风机的风管、叶轮、风刀口，及时更换风机过滤网也是十分必要的。不能用海绵将风机入风口包住，否则看起来似乎增加了过滤效果，但实际上增加了风机入口进风的阻力，从而也影响了风刀口的出风。经常检查风刀口，是否有堵塞的部分，或者风刀口缝隙有无张开地方，有无造成缝隙大小不均匀的现象。

⑤ 风刀位置布置不合理。有很多玻璃清洗机在清洗玻璃时，其风刀不能完全吹净玻璃表面的水，尤其是当清洗机的速度较快时，这种情况更为明显。这主要是玻璃清洗机风刀的设计、制造和安装调节问题。风刀的位置布置需要按照空气动力学的原理合理布置，两个风刀之间的距离尽量远，减少空气幕之间的干扰，另外气幕也要按照设计的回路运行。

玻璃清洗过程中常见质量缺陷的产生原因及对策见表9-4。

表9-4 玻璃清洗质量缺陷产生原因及对策

现象	原因	对策
划伤	风刀高度偏差造成划伤	调整风刀高度
点状划伤	传输辊、压辊表面玻璃表面点状划伤	清洗辊道和压辊
表面水印	风刀角度变化	调整风刀角度
	风刀不水平或高度变化	调整风刀水平
	风刀堵塞	检查风刀缝隙
	循环水或水箱太脏	换水并清洗水箱
	风刀风量过大	调整风刀风压
	滚刷喷淋喷嘴堵塞	清理喷嘴
	滚刷长时间使用被污染	清洗滚刷
	风机过滤器堵塞污染	更换过滤器
	风管漏风或风刀破损漏风	更换风管或风刀
断面水印	风刀风量不足	调整风刀风量
	没有热风	开启热风
尾部水迹	风刀风量不足	调整风刀风量
	风刀高度角度不正确	调整风刀高度和角度

9.3 镀膜玻璃常见外观质量缺陷及对策

镀膜层的质量检测主要包括产品外观质量、透过率、膜层强度和膜层耐候性能等，相应的检测项目、试验方法及质量标准可参考GB/T 30984.1—2015《太阳能用玻璃 第1部分：超白压花玻璃》。

镀膜玻璃外观质量是所施镀膜层厚度均匀性的直观体现，同时也直接地反映出镀膜工艺以及其中所存在的问题。镀膜玻璃成品常见外观质量缺陷主要包括条纹、斑点、色差、膜面损伤及污染。

（1）条纹

条纹是指膜层表面色泽发生变化的线条状或放射状缺陷。与玻璃走向相同的为横条纹，垂直于玻璃行进方向的为纵条纹。

若条纹数量少，长度短，可能是由于涂布胶辊、网纹辊污染引起的；当镀膜辊出现损伤时，会在整批次产品固定区域出现明显的条纹；当条纹数量多、色泽鲜艳时，则更可能是由于镀膜液的黏度过高所致，其形成原因可能是压辊高度及胶辊压紧量不合适；当纵条纹周期性出现时，则需要考虑传动辊的周期性缺陷。另外，当镀膜室内气流过强，或者涂布胶辊两端水平高度不一致时，也会对压合区以及表面干燥中的液体产生扰动，从而产生呈放射状的倾斜条纹。

① 纵向条纹。膜层表面有纵向条纹色差，有一道或者满板数道，其产生原因及对策见表9-5。

表9-5 纵向条纹缺陷产生原因及对策

原因	对策
镀膜胶辊前的压玻璃辊压力大或倾斜，导致玻璃脱离前压辊时产生振动，产生辊印	减小压力，调平压辊
玻璃头部进入胶辊的痕迹没有消除，产生周长辊印	① 增加涂布胶辊和网纹辊的速度差； ② 擦洗涂布胶辊；
胶辊表面痕迹产生位置不固定的辊印	① 增加涂布胶辊下压量； ② 更换新涂布胶辊；
网纹辊与胶辊不平，或表面有痕迹，或减速机丝杆异常等产生固定间距的辊印	① 调整网纹辊水平度； ② 松开丝杆，重新压紧有辊印一侧； ③ 更换新网纹辊
与胶辊相对的背辊表面痕迹产生辊印	更换背辊
传送辊、背辊、托辊等不水平造成位置不固定的辊印	调整各辊的水平度
刮辊与胶辊不平行产生板面左右严重的不一致	调整水平
位置相对固定的4条颜色较浅的皮带接头印	① 皮带质量接头不好或接头形式不对； ② 更换新皮带； ③ 使用无接头皮带
皮带纠偏气缸振动产生细密的辊印	减小汽缸压力，控制汽缸速度
胶辊压力造成头尾不一致印迹	调整胶辊压力，减小头尾印迹
由于镀膜机的电机、轴承磨损、联轴器松动等振动，造成满板间距均匀的条纹	① 检修镀膜机； ② 加大胶辊压力； ③ 改变胶辊与网纹辊的速度差； ④ 大幅度改变传动带速度； ⑤ 调整皮带松紧度；
镀膜液在胶辊与网纹辊之间流动时在胶辊表面形成痕迹，造成满板面斜向条纹	降低液位高度

② 横向条纹。膜层表面有横向辊印色差，有一道或者满板数道，其产生原因及对策见表9-6。

表9-6 横向条纹缺陷产生原因及对策

原因	对策
玻璃磨边断面玻璃粉清洗不干净，黏附在胶辊上，在玻璃两侧形成白线	① 清洗或擦拭胶辊； ② 改变玻璃镀膜位置； ③ 提高玻璃断面清洗质量
胶辊长时间使用后形成固定压痕，在玻璃一侧或两侧产生条纹	① 更换玻璃镀膜位置； ② 更换胶辊
胶辊长时间镀膜后，在胶辊表面形成凝胶产生条纹	① 改变玻璃镀膜位置，避开凝胶位置； ② 更换胶辊
缺镀膜液，或镀膜液太稠，或网纹辊转速太快再次满板间距均匀的条纹	① 检查镀膜液泵； ② 更换镀膜液或稀释； ③ 降低网纹辊转速

（2）斑点

斑点是指与玻璃板膜层整体色泽相比，颜色较深或者白色的明显不同于膜层的点状印迹缺陷。对于面积大（直径2.5～5mm）、色泽亮、数量少的斑点，常见原因是玻璃表面沾有异物，经固化、钢化烧结后形成。而对于面积较小（直径<2.5mm）、色泽偏暗、数量较多的斑点，可能的原因有：液体在镀膜生产过程中或长期存放后析出的颗粒经烧结后形成，或是向储液区添加液体时液滴溅落所致，其对策见表9-7。

表9-7　斑点缺陷产生原因及对策

原因	对策
镀膜液流向接液盒时或者砂纸板向下滴液，形成玻璃边部颜色较深、尺寸较大的圆形斑点	① 调整接液盒过滤布位置； ② 更换砂纸板
玻璃表面有杂质、镀膜液有杂质、胶辊上有杂质或者镀膜过程中有气泡等，形成玻璃板面上位置不固定的白色或无色斑点	① 提高玻璃清洗质量； ② 过滤重新镀膜液，或者更换镀膜液； ③ 擦拭胶辊
镀膜液污染或太稠，网纹辊污染形成位置分散、数量较多的圆圈形斑点	① 更换镀膜液； ② 更换网纹辊

（3）色差

指镀膜玻璃某个区域出现的相对整体存在大面积颜色不一致的明显色泽差异，主要是膜层厚度不同，膜层过薄甚至无膜层，见表9-8。

表9-8　色差缺陷产生原因及对策

原因	对策
胶辊压力不足或者胶辊两端水平高度不一致，批量地在固定区域（常见于镀膜玻璃头部）出现色差	① 调整胶辊压力； ② 调整胶辊水平度
胶辊压力不足，或者玻璃厚薄差太大，偶发性的在非固定区域出现色差	① 调整胶辊压力； ② 更换玻璃片
胶辊压力大，压合量过紧，导致胶辊与玻璃打滑出现色差	减小胶辊压力

（4）膜面损伤

膜面损伤是指镀膜玻璃表面有明显的线状、波纹状、斑点状的污渍痕迹或划伤。膜面损伤痕迹是在钢化热处理之前或钢化热处理过程中受到硬物接触导致膜面受损，其对策见表9-9。

表9-9　膜面损伤缺陷产生原因及对策

原因	对策
生产过程中偶发性地在非固定区域出现，说明是由污染引起的损伤	对生产设备、场地、人员操作等进行规范
生产过程中批量性地在固定区域内出现，则是由于镀膜辊破损或后道各工序设备的物件接触膜层引起的损伤	① 检查生产线设备； ② 更换镀膜胶辊
玻璃钢化前膜面留下污渍，钢化后膜层色泽出现深浅不一，形状不定，在非固定区域出现偏差或损伤，污渍痕迹难以擦掉	进钢化炉前把好质量关
镀膜成品在搬运、存放时接触到污染物，搬运过程中也会留下指印、水渍等（常见于玻璃四周）	① 操作人员应及时更换手套、口罩等防护用品； ② 留下的污渍也可以尝试擦除

（5）透光率波动

透光率波动缺陷原因及对策见表9-10。

表9-10　透光率波动缺陷原因及对策

原因	对策
镀膜液不稳定	① 调整胶辊和网纹辊速度差，即改变膜层厚度； ② 调整稀释剂的补充量
镀膜液长时间使用后，浓度变化或有杂质	① 更换新的镀膜液； ② 擦拭胶辊，清除杂质，保持镀膜液干净
镀膜室低气温、高湿度时膜层泛白，SiO_2颗粒团聚起来，致使颗粒尺寸的增大	① 调整中央空调指标，达到镀膜要求的环境温度和湿度； ② 增加玻璃预热温度

（6）镀膜不均（漏涂）

玻璃板面膜层局部发黄、不规则的一片痕迹。

（7）斜向条纹

膜层表面有斜向条纹色差，呈单向或八字形，有一道或者满板数道。

（8）头印、尾印

玻璃板的头部或尾部，与板面有一定宽度的横向色差。

（9）线道

在玻璃板左右两侧10～50mm范围内，有纵向的白色线道，长短不定。

9.4　钢化玻璃质量缺陷及对策

（1）玻璃表面呈波浪形

现象：玻璃经高温强化和淬冷后，玻璃表面局部出现不同程度的S形或波浪形变形，即使玻璃在卸片台上，用肉眼也能看到玻璃表面上有许多麻点，用手摸玻璃表面能感觉到玻璃的高低不平。其产生原因及对策见表9-11。

表9-11　玻璃表面波浪形缺陷产生原因及对策

原因	对策
钢化炉内温度过高，加热时间过长造成	降低钢化炉温度和减少加热时间； 生产时尽量避免炉内空加热而引起温度过高
石英陶瓷辊弯曲变形或辊径、辊高超标	更换陶瓷辊或调整辊道高度
加热时，陶瓷辊往复或传输速度过慢	适当调整陶瓷辊的往复速度和传输速度

注：有些玻璃原片上的缺陷，本身就带有波筋，也会造成玻璃的波浪形。

（2）玻璃表面有过热点

现象：玻璃表面过热点呈密集性橘皮状、星点状。其产生原因及应对策略见表9-12。如下述方法均解决不了，就要考虑停产清炉了。

表 9-12　玻璃表面过热点缺陷产生原因及对策

原因	对策
橘皮状：由于玻璃出炉后表面温度过高或是加热时间过长导致	降低加热炉内的温度，做厚玻璃时，炉内温度降下来后方可进炉；在不影响玻璃品质的情况下，尽量减少加热时间
星点状：由于新炉子在正常生产情况或是陶瓷辊上有积物或原板玻璃本身就不干净	用废的原板进行滚炉，通过废板把脏东西带走；检查进炉玻璃上是否带有脏东西；降低玻璃在炉内的来回摆动速度

（3）玻璃产生蝶形变形

现象：玻璃中部凹凸、周边翘曲。大片的矩形薄玻璃有时会出现此种情况，原因为玻璃中部过热或中部比边部冷却速度快。其产生原因及对策见表9-13。

表 9-13　玻璃蝶形变形缺陷产生原因及对策

原因	对策
玻璃中间下凹、周边上翘时，上表面周边温度过高，收缩多，中部温度低，收缩少	适当调整有关加热参数，调节炉内上部温差，打开加热，平衡均化炉温
玻璃中间上鼓、周边下弯时，下表面周边温度高，收缩多，中部温度低，收缩少	小适当调整有关加热参数，调节炉内下部温差，打开加热，平衡均化炉内温度

（4）玻璃表面划伤

现象：玻璃上表面或下表面与尖锐的东西或碎玻璃屑产生摩擦，造成玻璃上有一道或多道重的或轻微的划痕。其产生原因及对策见表9-14。

玻璃划伤一般具有周期性，通过测量划伤周期，并与陶瓷辊或风栅芳纶绳辊的周长进行比较，可以判定划伤是在炉膛内还是在风栅内引起的。

表 9-14　玻璃表面划伤缺陷产生原因及对策

原因	对策
玻璃来回搬运的次数过多，使玻璃来回地摩擦碰撞	简化工艺；玻璃片与片之间加木条或纸条，使玻璃之间有空隙
玻璃重叠拿放	单片拿放玻璃，减小玻璃之间的压力，从而减少摩擦
玻璃的传送辊道不干净	清理辊道，如玻璃是从风栅内造成划伤的话，那就是玻璃在风栅内破碎了没有及时进行清理，使玻璃在辊道上进行来回摆动摩擦，造成划伤
辊道不同步	玻璃进炉之后，一定要观察陶瓷辊道的转速是否一致，如不一致，玻璃同转速慢的陶瓷辊一起摩擦，就使玻璃产生轻微划痕，所以要调整好辊道的同步
炉膛保温材料掉粉、传送速度过高、陶瓷辊表面有灰尘等	检查炉膛和风栅内有无异物，必要时洗炉；用表面干净的玻璃压炉；炉膛适当加入 SO_2；降低陶瓷辊传送速度

（5）玻璃颗粒度不达标

现象：钢化玻璃碎片没有达到标准要求或者玻璃应力值（碎片）差别过大，其产生原因及对策见表9-15。

表9-15 玻璃颗粒度缺陷产生原因及对策

原因	对策
钢化时吹风强度不够，风压过低，未达到要求的范围	加大玻璃的急冷风压，降低风栅高度
玻璃出炉温度过低	在保证玻璃不变形的情况下，适当提高炉温或延长玻璃的加热时间
玻璃实际厚度比规定的小	使用标准厚度的玻璃进行钢化
周围气温过高，空气密度过小	在夜间和气温较低的时候生产
玻璃加热或冷却不均匀造成玻璃应力值（碎片）差别过大	① 检查炉膛各区温度，如果温差正常，则相应降低炉温，同时增加加热时间，保证出炉时玻璃表面温度均匀； ② 检查电炉丝状况； ③ 检查钢化段风嘴是否有堵塞情况

（6）玻璃向上弯曲

现象：玻璃水平放在平面上时，玻璃呈凹形，其产生原因及对策见表9-16。

表9-16 玻璃向上弯曲缺陷产生原因及对策

原因	对策
玻璃出炉时玻璃上表面的温度高于玻璃下表面的温度	增加钢化炉下炉膛温度或减少上炉膛温度
冷却段下表面硬化风压高于上表面的硬化风压	增加冷段上表面硬化风压或调整差分阀开度，达到增加上部风压或降低下部风压的效果
上风栅距玻璃表面太高	降低上风栅的距离，以增加上风栅的吹风压力

（7）玻璃向下弯曲

现象：当玻璃横放在水平面上时，玻璃中间部分呈凸形，其产生原因及对策见表9-17。

表9-17 玻璃向下弯曲缺陷产生原因及对策

原因	对策
当玻璃离开钢化炉时，玻璃上表面温度低于下表面的温度	减少钢化炉下部的温度
冷却段上表面的硬化风压高于下表面硬化风压	增加冷却风栅底部的硬化风压或调整差分阀开度，达到增加下部风压或降低上部风压的效果
上风栅太低，顶部吹风压过大	减小下风栅距离或加大上风栅距离

（8）玻璃在加热炉内破碎（炸炉）

一般情况下，15mm、19mm玻璃炸炉的概率较大，玻璃越薄，炸炉的概率越小。玻璃炸炉缺陷的产生原因及对策见表9-18。

表9-18 玻璃炸炉缺陷产生原因及对策

原因	对策
原片玻璃退火不好或存在结石、气泡、砂粒或微裂纹等杂物；玻璃前处理工序存在缺陷，如钻孔、磨边存在较深的崩边	① 使用高质量的玻璃，原片玻璃一定要符合质量标准； ② 仔细检查玻璃的内在与表面质量，避免有缺陷的原片玻璃和上道工序存在缺陷的玻璃进炉

续表

原因	对策
玻璃有微裂纹或磨边不好	使用无微裂纹或磨边较好的玻璃
玻璃钻孔边部未处理好，或玻璃钻孔直径小于玻璃的厚度	处理好钻孔的边缘，加大玻璃钻孔的直径
玻璃钻孔位置离边部太近	可以在钻孔离边的位置用切割机开一个直线槽，以便钢化时能充分吸热
钢化过的玻璃进行二次钢化	钢化过的玻璃内部应力已经形成，再次进行钢化时，就会打破内部应力平衡，如玻璃有缺陷，很容易在钢化炉内破碎。严格地讲，应尽量避免玻璃进行二次钢化； 禁止边部已打磨处理过的钢化玻璃二次回炉（由于经打磨处理过，其表面的应力层已被破坏）
炉膛温度太高或温升偏快，厚玻璃进炉后玻璃中间与表面温度差别太大；炉膛温度不平衡，各区间温度差别过大，造成玻璃不同部分存在温差，这些温差导致玻璃内部产生应力，如果应力太高，玻璃就会在炉内破裂	对于厚玻璃，要适当降低炉温，为保证出炉温度，可延长加热时间

再次钢化时注意事项：再次钢化是指把钢化过的弯曲度过大或颗粒度不够的玻璃进行重新钢化，也称为返炉。钢化过的玻璃尽量不要进行二次钢化，以免玻璃在加热炉内破损，造成不必要的损失。若因特殊原因需再次钢化时，则应注意：①玻璃的进炉速度调至300mm/s以下，进炉速度过快容易导致玻璃进炉时破损；②如果是因为弯曲度过大而进行二次钢化，玻璃在放片台上需要人工阻挡玻璃感应电眼，使其接受玻璃达到信号，因为玻璃的弯曲度过大，会使电眼感应不到玻璃而撞上炉门，使玻璃破裂。

（9）冷却段破碎

现象：玻璃在钢化后冷却期间破碎，其产生原因及对策见表9-19。

表9-19　玻璃在冷却段破碎产生原因及对策

原因	对策
玻璃原片质量差，玻璃本身存在结石、气泡、砂粒或微裂纹等； 玻璃在前道工序存在加工缺陷，如钻孔、磨边存在较深的崩边现象等	检查玻璃原片，挑出有缺陷的玻璃，避免其进入钢化炉
玻璃的洞口和切角处未进行适当处理	钻孔开槽玻璃时打磨好
加热时间过短，或是炉内加热不均匀	增加加热时间；保持玻璃表面温度均匀
急冷风压过大，尤其是钢化厚玻璃时，较高的风压容易造成玻璃表面和中心的温度梯度过大而导致玻璃破裂	钢化厚玻璃时尽量用轴式风机，进行缓慢冷却，避免风压过大造成张力过大
风栅的风栅孔不通畅，吹风过程中，玻璃有一区域未有适当的冷却，而周围急速冷却，造成玻璃上有不同的张力而破裂	检查风栅孔是否有异物堵塞，进行清理； 调节炉内下部温差，打开加热平衡，均化炉内温度
玻璃在风栅内碰撞，造成破碎	加大摆放距离，减少摆动时间

（10）玻璃两边弯曲

现象：玻璃中间部分来回摆动，即当玻璃横向放立在平面上时，用手触动左侧中间玻璃面，玻璃向右侧凸起，左侧凹下，用手触动右侧中间玻璃面，玻璃向左侧凸起，右侧凹下。其产生原因及对策见表9-20。

表 9-20　玻璃两边弯曲缺陷产生原因及对策

原因	对策
玻璃的中间温度低于玻璃两边的温度	增加玻璃的中间温度，更改玻璃的加热温度曲线；更改玻璃的放片位置

（11）玻璃中央有一道白雾带

现象：玻璃中间部分有一道擦不掉的痕迹，玻璃中间有白印或光学变形，这种情况一般在刚生产的前几炉或空炉时间过长时出现。其产生原因及对策见表9-21。

表 9-21　玻璃白雾带缺陷产生原因及对策

原因	对策
钢化炉底部陶瓷辊表面温度过高，辊轴散发至玻璃下表面的热量比加热管散发至上表面的热量多，因此玻璃在加热炉内首先发生边缘向上弯曲，从而导致玻璃的中心部分与陶瓷辊的接触面积小、压力大，压到加热炉的陶瓷辊，玻璃中间产生白雾带	降低玻璃下表面温度，增加玻璃上表面的温度
进炉间隔或空炉时间长	连续进炉，或下部炉温调低20℃
未使用 SO₂ 气体	开启 SO₂ 气体使辊表面产生保护膜

（12）钢化玻璃表面出现裂纹

钢化玻璃表面出现裂纹缺陷的产生原因及对策见表9-22。

表 9-22　玻璃出现裂纹缺陷产生原因及对策

原因	对策
玻璃从加热炉到达风栅时温度太低	增加钢化炉内的温度
玻璃的原材料本身就有缺陷，玻璃边部有裂口	检查玻璃原片及玻璃磨边是否到位
钢化风压过小，且上下风压不平衡	适当加大钢化风压，调整风量分配比例

（13）钢化彩虹

钢化玻璃表面出现彩虹缺陷的原因及对策见表9-23。

表 9-23　钢化玻璃表面出现彩虹缺陷的原因及对策

原因	对策
压延玻璃镀膜后，由于膜层厚度不均匀，玻璃钢化后表面产生光线干涉色	① 检查镀膜液给液量是否匀速； ② 检查镀膜辊转速是否均匀一致； ③ 检查玻璃行进速度是否均匀； ④ 检查镀膜液浓度和稀释液配备是否合适

（14）钢化后玻璃自爆

玻璃钢化后出现自曝的原因及对策见表9-24。

表 9-24　玻璃钢化后出现自曝的原因及对策

原因	对策
原料及燃料中含有镍杂质	① 选用优质低铁原料和优质燃料； ② 原料加工使用磁选矿工艺，去除铁、镍杂质
进炉玻璃原片有杂物及耐火材料结石等	加强对进炉玻璃原片的检查
玻璃在制造过程中有时会在其内部残留 0.05 ~ 0.6mm 的 NiS 晶体颗粒，它属热缩冷胀杂质。NiS 有两种晶体，小于 379℃时是 β-NiS 晶体，379 ~ 797℃是 α-NiS 晶体。由于钢化玻璃是由原片玻璃高温急冷处理制成的，在这一过程中，硫化镍的体积先是受热缩小，随后在急冷过程中，α-NiS 来不及转变为 β-NiS，从而被"冻结"在钢化玻璃中。在室温环境下，α-NiS 是不稳定的，逐渐转变为 β-NiS，这种转变伴随着 2.2%~4% 的体积膨胀，由于玻璃的膨胀系数小于硫化镍的膨胀系数，这使包含在硫化镍晶体周围的玻璃承受很大的相变张应力，并在包含物周围产生半圆的裂纹，当这种张应力大于玻璃表面压应力时，使钢化玻璃在无外力作用下爆裂，即钢化玻璃自爆，此时会在玻璃板中部爆裂起点处所形成典型的蝴蝶斑状图案中发现有一硫化镍小黑点。这样的钢化玻璃通常会在制成后不久即自爆，但极个别情况时，当硫化镍恰好位于钢化玻璃厚度中间时，自爆就会延迟，最长可以延迟到几年之后	把钢化玻璃成品放在热浸炉（引爆炉）内，加热到 290℃±10℃时，保温 2h，降温 1h，玻璃内部的 α-NiS 晶体转化为 β-NiS 晶体，促使 NiS 膨胀引爆玻璃

（15）钢化后玻璃有明显风斑

钢化玻璃出现风斑缺陷的原因及对策见表 9-25。

表 9-25　钢化玻璃出现风斑缺陷的原因及对策

原因	对策
玻璃出炉后，风栅的摆动键被停止了，导致玻璃的风嘴对着玻璃一个部位一直吹风	风栅的摆动要一直进行，如果玻璃在风栅内破碎要及时进行清理
风栅离玻璃的高度太低	在不影响玻璃颗粒度及其他质量要求时，适当提高风栅的高度

（16）抗冲击强度低

钢化玻璃抗冲击强度低的原因及对策见表 9-26。

表 9-26　玻璃抗冲击强度低的原因及对策

原因	对策
加热温度低或内外层温差大，玻璃未被完全烧透，应力不足	增加炉温或延长加热时间
急冷吹风时风压小，温度梯度不够，应力小	提高急冷风压或降低风栅高度，增大玻璃的应力
炉内玻璃传送到风栅速度过低，玻璃后部的玻璃进入风栅太迟，降温过多	提高玻璃的出炉速度

（17）玻璃应力值偏高

钢化玻璃出现应力值偏高缺陷的原因及对策见表 9-27。

表 9-27　玻璃出现应力值偏高缺陷的原因及对策

原因	对策
玻璃出炉温度过高（加热时间过长或炉膛温度过高）	① 减少加热时间； ② 降低炉膛温度
急冷速度过快（钢化风速过大或吹风距离太小）	① 降低钢化风速； ② 加大吹风距离

（18）玻璃应力值偏低

钢化玻璃出现应力值偏低缺陷的原因及对策见表9-28。

表 9-28　玻璃出现应力值偏低缺陷的原因及对策

原因	对策
玻璃出炉温度过低（加热时间过短或炉膛温度过低）	① 增加加热时间； ② 提高炉膛温度
急冷速度过慢（钢化风速过小或吹风距离太大）	① 加大钢化风速； ② 减小吹风距离

第 10 章

太阳能压延玻璃质量检验

10.1　质量检验方法

10.2　质量检验工具与设备

太阳能压延玻璃质量检验和其他玻璃质量检验一样，分生产线人员自检、品质控制人员专检和相关人员抽检几个层级。

10.1 质量检验方法

10.1.1 专职检验人员操作规范

① 进入岗位工作之前，应穿戴好劳动保护用品。

② 对每一工序的玻璃全检或抽检，检验内容包括厚度、尺寸、外观质量等。

③ 外观检查主要用肉眼观察的方法。

④ 同一规格玻璃钢化生产过程中，在下片后，每小时抽取1片进行气泡、夹杂物、擦伤、搓伤、磨边质量、弯曲度外观质量检验和碎片状态试验，试验结果作为该时间段批量产品判定依据之一。

⑤ 更换规格进行生产时，玻璃必须进行首件尺寸、厚度、性能试验，首件试验合格后正式生产。

⑥ 对于存在缺陷的产品，结合企业标准与客户要求进行对比，符合标准要求的作为合格品，否则作为废品处理。

⑦ 对于检废的玻璃，应用粉笔标出缺陷的位置，在整架缺陷玻璃上进行相应的标识，以便合理利用。

⑧ 做好产品流转卡的签字确认工作，核实卡上的内容与产品状况是否一致。

⑨ 检验分为常规检验和性能测验。常规检验及型式检验频次见表10-1～表10-3。

表 10-1　原片玻璃检验频次规定表

检验项目	检验工具	检验频次	
外观（花纹图案、开口泡、闭口泡、夹杂物、划伤、线条、裂纹、压痕、皱纹等）	外观检验灯箱，在线检测仪	全检	全检
尺寸偏差	钢卷尺	抽检	两小时一次
对角线偏差	钢卷尺	抽检	两小时一次
厚度	外径千分尺	抽检	两小时一次
厚薄差	外径千分尺	抽检	两小时一次
透光率	透光率检测仪	抽检	每班一次
粗糙度	粗糙度仪	抽检	每班一次
花纹深度	千分表	抽检	每班一次

表 10-2　深加工玻璃检验频次规定表

检验项目	检验工具	检验频次	
原片外观（花纹图案、气泡、杂物、划伤、线条、裂纹、压痕、皱纹等）	外观检验灯箱，在线检测仪	全检	全检
磨边外观（圆弧形状、爆边、爆角、倒角、直角、烧边、亮边等）	外观检验灯箱目测，在线检测仪	全检	全检

检验项目	检验工具	检验频次	
镀膜外观（污物、亮斑、条纹、漏涂、色差、滴液印等）	外观检验灯箱，在线检测仪	全检	全检
尺寸偏差	钢卷尺	抽检	每小时一次
对角线偏差	钢卷尺	抽检	每小时一次
透光率	透光率检测仪	抽检	每小时一次
弓形弯曲度	钢直尺，塞尺	抽检	每小时一次
波形弯曲度	刀口尺，塞尺	抽检	每小时一次
翘角	刀口尺，塞尺	抽检	每小时一次
碎片	计数框，记号笔	抽检	每小时一次
铅笔硬度	铅笔硬度计	抽检	每班一次

表 10-3　性能（型式）检验规定表

检测项目	霰弹袋冲击试验	抗冲击试验	耐热冲击试验	含铁量
检测频次	每6个月一次	每月一次	每月一次	每月两次

有两点需要注意：检验频次依照客户特殊要求可更改，必须有相关人员签字认可。正常情况下按上述要求进行常规检验，有下列情况之一时，应进行型式检验，必要时提供双方公认的第三方检验报告：新产品或老产品转厂生产的试制定型时；正式生产后，如结构、材料、工艺有较大改变，可能影响产品性能时；正常生产时，至少每季度应周期性进行一次检验；产品长期停产后，恢复生产时；检验结果与上次型式检验有较大差异时；国家质量监督机构提出进行型式检验的要求时。

⑩ 根据以上程序和检验频次规定，判定产品合格与否，并将测量和判定结果记录在相关记录表上。

⑪ 当抽检连续出现5片不合格或不合格品大于（或等于）总数的20%时，及时通知生产操作人员进行调整，并配合生产人员进行追溯处理。

⑫ 检验合格的产品，流转到下一工序的产品，在每架玻璃的标记卡上盖上质检章或签字。

⑬ 流转到包装或发运的产品，在每架（箱）玻璃上插入"产品合格证"，检验人员应核对钢化玻璃检验内容与产品是否一致负责。

⑭ 检验不合格的玻璃产品，做好标识，堆放在指定区域，按不合格品管理程序处理。

⑮ 出厂检验规则

a.产品出厂应按相关规定检验所有项目。

b.产品应由生产企业质量检验部门依据相关标准采取合理的抽样方法抽取样品，并出具产品质量合格证方可出厂。

c.当对产品质量出现争议、或对产品进行监督抽查、仲裁时，可按表10-4抽样表规定的玻璃批量和抽样数抽样。抽样表依据GB/T 2828.1—2012《计数抽样检验程序第1部分：按接收质量限（AQL）检索的逐批检验抽样计划》标准中"一般检验水平Ⅱ AQL=4.0"检验。

表 10-4 抽样表

批量范围	样本大小	合格判定数	不合格判定数
2 ~ 25	3	0	1
26 ~ 90	13	1	2
91 ~ 150	20	2	3
151 ~ 280	32	3	4
281 ~ 500	50	5	6
501 ~ 1200	80	7	8
1201 ~ 3200	125	10	11
批量范围	样本大小	合格判定数	不合格判定数
2 ~ 25	3	0	1

d.产品合格判定规则。当1片玻璃其检验结果的各项指标均达到该等级的要求时，该片玻璃判定为合格，否则为不合格。在一批玻璃中，若不合格片数小于或等于抽样表中合格判定数，则该批玻璃合格；若不合格片数大于或等于抽样表中不合格判定数，则该批玻璃不合格。以产品为试样时，从外观质量、尺寸偏差、厚度偏差和厚薄差、弯曲度检验合格的产品中随机抽取1片，直接进行或制取小试样后进行太阳光透射比检验。外观质量、尺寸偏差、厚度偏差及厚薄差、弯曲度、太阳光透射比、硬度、碎片抗冲击等所有检验项目均符合要求，则判定该批产品出厂检验合格；否则为不合格。

⑯ 相关标准。GB/T 30984.1—2015《太阳能用玻璃 第1部分:超白压花玻璃》，GB/T 15763.2—2005《建筑用安全玻璃 第2部分：钢化玻璃》，GB/T 17841—2008《半钢化玻璃》。

10.1.2 日常质量检验作业指导书

根据太阳能压延玻璃质量标准（内控）和客户的质量要求检验产品。所有检验用仪器、仪表和量具，都必须在检定有效期内。适用于太阳能压延原片玻璃的和太阳能钢化玻璃生产过程的质量控制。

10.1.2.1 玻璃外观质量检验

（1）质量要求

① 玻璃板面不允许有结石、压痕、夹杂物、上表面开口泡、裂纹、缺角等缺陷；

② 玻璃内部不允许有长度大于1mm的集中气泡，并且对于长度大于1mm且小于3mm，宽度小于0.5mm的气泡，每平方米不得超过6个；

③ 镀膜玻璃表面不得有不可擦除污物，不得有亮斑、条纹、漏涂、色差和膜层脱落的现象，镀膜板面头印或尾印宽度小于6mm；

④ 每片玻璃每米边长上允许有长度不超过3mm、自玻璃边部向玻璃板表面延伸深度不超过1mm、自板面向玻璃厚度延伸深度不超过1mm的爆边数1处，边部无凹凸感；

⑤ 磨边的安全倒角均匀一致，不得有直角，安全角爆角小于1mm；

⑥ 钢化玻璃表面无辊印、麻点。

详细外观质量检验标准见表10-5。

表10-5　太阳能压延玻璃外观质量检验标准

缺陷类型	质量要求			
图案不清	不允许有			
压痕、皱纹	目视可见，不明显			
线条、线道	目视可见，不明显			
彩虹、霉变	不允许有			
裂纹	不允许有			
结石	不允许有			
黑色夹杂物	不允许有			
开口气泡	不允许有			
不可擦除污物	不允许有			
圆形气泡	长度范围 /mm	$L < 0.5$	$0.5 \leqslant L < 1.0$	$1.0 \leqslant L \leqslant 2.0$	$L > 2.0$
	允许个数 / 个	不得密集存在	$5.0S$	$3.0S$	0
线形气泡	长度范围 /mm	$0.5 < L \leqslant 1.0$ 且 $W \leqslant 0.5$	$1.0 < L \leqslant 3.0$ 且 $W \leqslant 0.5$	$L > 3.0$ 或 $W > 0.5$
	允许个数 / 个	不得密集存在	$3.0S$	0
划伤	长度、宽度范围 /mm	$L \leqslant 5.0$ 且 $W \leqslant 0.2$		$L > 5.0$ 或 $W > 0.2$
	允许条数 / 条	S		0
磨边	玻璃磨圆边，圆边具体要求由供需双方商定；粗磨，不允许有亮斑亮线。崩边、崩角：宽度 ≤ 3mm；纵深 ≤ 1mm；深度 ≤ 1mm			
镀膜斑点（包括针眼、亮斑）	1.0mm ≤直径≤ 2.0mm	75mm 边部：$3.0S$ 个；中部区域：$2.0S$ 个		
	直径 > 2.0mm	不允许有		
收边印（尾印）	宽度 ≤ 6.0mm			
漏镀	1000mm 距离目视（左右目视角度0°～60°），不允许有			
板面色差	1000mm 距离目视（左右目视角度0°～60°），同一片玻璃整体色差不明显			
拉丝印（与长边平行的线条印，非漏镀痕迹）	宽度 ≤ 0.5mm 长度 ≤ 100mm	≤ $2.0S$ 个，间距不得小于 100mm		
	宽度 > 0.5mm 或 长度 > 100mm	不允许有		
膜层脱落	不允许有			
玻璃爆边	每片玻璃每米边长上允许有长度不超过 2mm，自玻璃边部向玻璃板表面延伸深度不超过 1mm，自板面向玻璃厚度延伸深度不超过 1mm 的爆边数 1 处			
缺角	允许有最大 1mm×1mm×1mm 缺角一处			
边部凹凸	不允许有			
倒角	玻璃宜进行倒角处理，倒角大小由供需双方商定			

注：1.上表中，L 表示缺陷的长度或直径，其中长形气泡的长度为气泡本身长度，不包括其波及范围；W 表示宽度；S 是以 m² 为单位的玻璃板的面积，气泡、夹杂物、划伤的数量允许上限值是以 S 乘以相应系数所得的数值，此数值应按 GB/T 8170—2008 修约至整数。

2.直径大于 0.5mm 的圆形气泡、长度大于 1.5mm 的线形气泡与夹杂物的间距应不小于 300mm。

3.圆形气泡不得密集存在是指在 100mm 直径的圆内不超过 18 个，线形气泡不得密集存在是指在 100mm 直径的圆内不超过 10 个。

4.在 100mm 直径的圆内划伤或夹杂物均不允许超过 2 条（个）。

5.磨边、倒角适用于钢化玻璃、镀膜玻璃。

6.膜层脱落、膜层外观检测项目仅适用于镀膜玻璃。

（2）检验方法及检测条件

① 检验方法。以产品为试样，将试样垂直放置，试样后600mm处设黑色无光泽屏幕，屏幕与试样间安装有数支40W，间距为300mm的荧光灯，以充足散射光照明。在距试样L=600mm处来回进行目视观察，视线与试样法线夹角为0°～60°。缺陷尺寸大小以能看清楚的最大边缘为限。气泡、夹杂物尺寸和划伤宽度用放大10倍、精度0.1mm的读数显微镜测定。划伤长度、凹凸、爆边、缺角尺寸使用金属直尺或具有同等以上精度的量具测量。目视检查并记录压痕、皱纹、线条、线道、裂纹、污物、霉变、脱膜等缺陷情况。

② 检测条件

a.光源40W日光灯下，光照强度 ≥800～1200勒克斯（lx）；

b.目视时间：5～10s；

c.目视角度：正面；

d.上下反光检验；

e.背景颜色：黑色

f.检验员视力：裸视或矫正视力在1.0以上。

10.1.2.2 玻璃尺寸偏差检验

（1）质量要求

① 太阳能压延原片玻璃边长允许偏差见表10-6。

表10-6 太阳能压延原片玻璃边长允许偏差

玻璃边长 /mm	允许偏差 /mm
500 <边长≤ 1000	0, +1.0
1000 <边长≤ 2000	0, +1.0
边长> 2000	±1.0

注：对偏差有特殊要求的由供需双方商定。

② 太阳能压延深加工玻璃边长允许偏差见表10-7。

表10-7 太阳能压延深加工玻璃边长允许偏差

超白压延玻璃 /mm	允许偏差 /mm
边长≤ 1000	0, -1.0
1000 <边长≤ 2000	0, -2.0
边长> 2000	0, -2.5

注：1.玻璃对角线差应不大于两对角线平均长度的0.1%。

2.对偏差有特殊要求的由供需双方商定。

3.玻璃弓形弯曲度不应超过0.25%；波形弯曲度任意300 mm范围不应超过0.45 mm。

（2）检测方法

成品玻璃试样平放，距离玻璃表面500mm，用最小刻度为1mm的钢卷尺测量长度、宽度和对角线尺寸，以mm为单位，并精确到小数点后1位。

对于倒角玻璃，测量对角线偏差时两对角线的长度按恢复倒安全角前原角位置来测量。

10.1.2.3　玻璃厚度检验

（1）质量要求

太阳能压延玻璃厚度允许偏差及厚薄差见表10-8。

表10-8　太阳能压延玻璃厚度允许偏差及厚薄差

玻璃厚度 /mm	1.6～2.0	2.5～2.8	3.2	4.0
厚度允许偏差 /mm	±0.15	±0.20	±0.20	±0.30
同一片玻璃厚薄差 /mm	≤ 0.20	≤ 0.25	≤ 0.25	≤ 0.35

注：对偏差有特殊要求的由供需双方商定。

（2）检测方法

玻璃平放，距离玻璃边部15mm内，四边中点，用最小刻度为0.01mm的外径千分尺测量玻璃厚度尺寸，取其平均值，数值修约到小数点后两位。实测值与公称厚度之差即为厚度偏差，最大值与最小值之差即为厚薄差。

10.1.2.4　磨边检验

（1）质量要求

① 尺寸精度符合加工偏差要求；

② 边部流畅，手感光滑，无凹凸无爆边现象，边部呈圆弧状，玻璃两面圆弧磨削量对称；

③ 玻璃四个安全角尺寸一致，无爆角。

（2）检验方法

① 每批首检1～3块，同批次玻璃，每隔1h抽检一块；

② 玻璃平放，用钢卷尺测量尺寸；

③ 断面缺陷的测定：

用符合GB/T 9056—2004的钢直尺测量，凹凸时测量边部凹进或者凸出最大部位与玻璃基准边之间的距离；爆边时测量边部凹进最大深度与玻璃基准边之间的距离；缺角时测量角部缺损最大深度与玻璃基准边之间的距离，见图10-1。

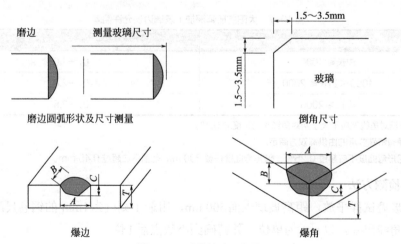

图 10-1　磨边检验示意图

10.1.2.5 透光率检验

（1）质量要求

太阳能压延玻璃在380～1100nm波段范围内透光率应符合表10-9的要求。

表 10-9 太阳能压延玻璃380～1100nm波段范围内透光率

玻璃厚度 /mm	1.6～2.0	2.5～2.8	3.2	4.0
玻璃原片、钢化玻璃	≥91.7%	≥91.6%	≥91.5%	≥91.5%
镀膜玻璃	≥93.7%	≥93.6%	≥93.5%	≥93.5%

（2）检测方法

① 每批首检1～3块，同批次玻璃，每隔1h抽检一块；

② 玻璃平放，用透光率测试仪测量，每片测量5个点，取平均值，见图10-2。

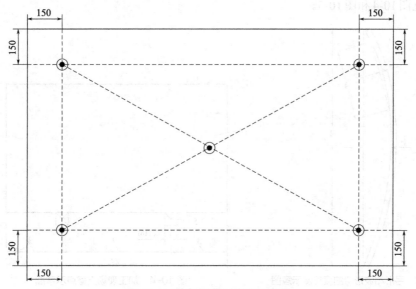

图 10-2 透光率测量点位置示意图

10.1.2.6 绒面粗糙度检验

（1）质量要求

太阳能压延玻璃绒面粗糙度R_a值应控制在4.5～6.5μm。

（2）检测方法

① 每批首检1～3块，同批次玻璃，每班抽检一块；

② 玻璃平放，用粗糙度测试仪测量，取样点按玻璃长边的1/3、1/2、5/6，短边的1/3、1/2、5/6交点共作为检测点，取算术平均值。

10.1.2.7 平整度（弯曲度）检验

（1）质量要求

钢化玻璃、镀膜钢化玻璃的弯曲度（弓形度）和局部弯曲度（波形度）应达到表10-10要求。

表 10-10　整体弯曲度及局部弯曲度允许偏差值

弯曲度	允许范围
整体弯曲度	不得大于 3mm/m（即 0.3%）
局部弯曲度 （波形度）	① 紧靠边部测量，波形度不得大于 0.40mm/300mm； ② 距边端 25mm 起测量，其波形度不得大于 0.35mm/300mm

（2）测试方法

① 整体弯曲度测量。实验室测试：用玻璃弯曲度检测仪测量。将玻璃竖直放置于仪器上，移动导辊上的百分表测量，见图 10-3。

② 加工现场测试。以制品为试样，测量时将试样垂直立放，并在其长边下方约 1/4 与 3/4 处垫上 2 块垫块，用一直尺或金属线水平紧贴制品两边或对角线方向，用塞尺测量直线边与玻璃之间的间隙，并以弧的高度与弦的长度之比的百分率来表示弓形时的弯曲度，见图 10-4 和图 10-5。

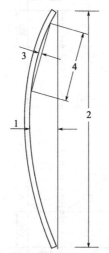

图 10-3　弓形和波形弯曲度检测示意图
1—弓形变形；2—玻璃边长或对角线长；
3—波形变形；4—300mm

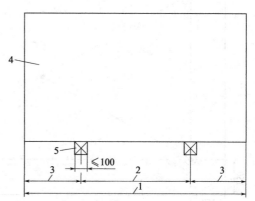

图 10-4　加工现场支撑点示意图
1—长度（或宽度）尺寸；2—长度（或宽度）的 1/2 尺寸；
3—长度（或宽度）的 1/4 尺寸；4—玻璃；5—支撑木块

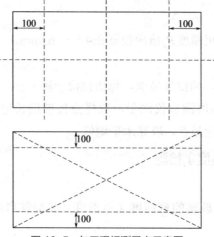

图 10-5　加工现场测量点示意图

③ 局部波形测量。以制品为试样，测量时将试样垂直立放，用300mm刀口尺沿平行玻璃边缘25mm方向进行测量，用塞尺测量出刀口尺与玻璃之间的最大间隙，此间隙值与300mm的比值的百分率表示波形的弯曲度，见图10-6。

也可以使用手持弯曲度测量仪，将百分表在最高处归零，然后延轴向方向移动，读出百分表的度数，即测量出最大间隙值，如图10-7所示。

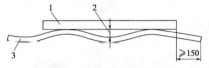 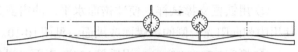

图 10-6 波形弯曲度测量示意图
1—直尺；2—最大间隙；3—玻璃

图 10-7 弯曲度测量仪测量示意图

④ 边部翘角的测量（普通辊道钢化炉）。玻璃水平放置在平台上，翘角边部超出平台边缘50～100mm，将直尺放置在玻璃的翘角处，直尺与翘角边对齐，用塞尺测量的最大间隙就是翘角误差，见图10-8。

最大允许的翘角误差为：3.2mm玻璃，翘角误差0.5mm；4.0mm玻璃，翘角误差0.4mm。

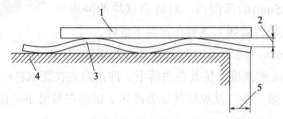

图 10-8 普通辊道钢化炉边部翘角测量示意图
1—直尺；2—翘角尺寸；3—玻璃；4—平台；5—超出平台50～100mm

⑤ 边部翘角的测量（气垫钢化炉）。玻璃水平放置在平台上，翘角边部表面朝上，将直尺放置在玻璃的翘角处，直尺与翘角边对齐，用塞尺测量的最大间隙就是翘角误差，见图10-9。

最大允许的翘角误差为：2.0mm玻璃，翘角误差0.3mm。

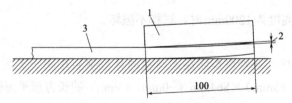

图 10-9 气垫钢化炉边部翘角测量示意图
1—直尺；2—间隙；3—玻璃

（3）弯曲度计算

根据塞尺测量的最大间隙和玻璃用钢卷尺测量玻璃的弦长计算弯曲度。

$$c = h/l \times 100\%$$

式中，c 为弯曲度，%；h 为最大间隙，mm；l 为弦长，mm。

10.1.2.8 抗冲击性能试验

抗冲击试验是检测钢化玻璃抗冲击强度的方式。

（1）质量要求

试样采用与制品相同的材料，在相同工艺条件下制作610mm×610mm的试验片，数量为12块，分成2组，每组6片。取6块钢化玻璃试样进行试验，试样破坏数不超过1块为合格，多于或等于3块为不合格；破坏数为2块时，再另取6块进行试验，6块必须全部不被破坏为合格。

（2）检测方法

① 用铁框支撑试样，使冲击面水平，冲击面为实际使用中朝向阳光一侧的镀膜面或绒面，见图10-10。

② 厚度3.2～4.0mm，用质量1040g表面光滑的钢球放在距试样表面1000mm的高度，使其自由落下。冲击点应在距试样中心25mm的范围内。对每块试样的冲击仅限一次，以观察其是否破坏；试验在常温下进行。

③ 厚度2.0～2.8mm，用质量553g表面光滑的钢球放在距试样表面1000mm的高度，使其自由落下。冲击点应在距试样中心25mm的范围内。对每块试样的冲击仅限一次，以观察其是否破坏；试验在常温下进行。

图10-10 玻璃落球冲击试验机图片

④ 厚度小于2.0mm，用质量227g表面光滑的钢球放在距试样表面1000mm的高度，使其自由落下。冲击点应在距试样中心25mm的范围内，对每块试样的冲击仅限一次，以观察其是否破坏；试验在常温下进行。

10.1.2.9 霰弹袋冲击试验

霰弹袋冲击试验是检测钢化玻璃的抗穿透性或强度性能的方式。

（1）质量要求

取4块平面钢化玻璃试样进行试验，必须符合下列①或②中任意一条的规定。

① 玻璃破碎时，每组试样的最大10块碎片质量的总和不得超过相当于试样65cm²面积的质量。

② 散弹袋下落高度为1200mm时，试样不破坏。

（2）检验方法

① 以制品为试样，或者以与制品原料相同且与制品在同一工艺条件下制造的尺寸为1930mm（−0mm，+5mm）×864mm（−0mm，+5mm）的长方形平面钢化玻璃作为试样，共4块。

② 使用霰弹袋冲击试验机检测。

（3）霰弹袋冲击试验机

① 试验装置。试验装置（见图10-11）由试验框和霰弹袋冲击体构成。试验框架主要部分采用高度大于100mm的槽钢，用螺栓固定在地面上，在其背后加支撑杆，以防在撞击时移位或歪斜。

② 试样安装。试样采用木制固定框和木制紧固框安装在试验框上，试验的四周与固定框的接触部位用硬度为A50的橡胶条垫衬。试样安装后，橡胶条的压缩厚度为原厚

图10-11 霰弹袋冲击试验机图片

度的10%～15%，而且，固定框的内部尺寸比试样尺寸约小19mm。

③ 冲击体。冲击体是带有ϕ9.5mm金属螺杆、厚度为1.5mm的人造革皮革袋，装填ϕ2.5mm的铅砂霰弹后把袋子的上下端用螺母固定紧，再把皮革袋的表面用宽12mm、厚0.15mm左右的玻璃纤维增强聚酯尼龙带交叉地倾斜卷缠起来，直至表面完全覆盖成袋状体，其质量为45kg±0.1kg。

④ 试验步骤

a.用3mm直径的挠性钢丝绳把冲击体吊起，使冲击体横截面最大直径部分的外周距离试样表面小于13mm，距离试样的中心在50mm以内；

b.使冲击体最大直径的中心位置保持在300mm的下落高度，自由摆动落下，冲击试样中心点附近一次，若试样没有破坏，升高至750mm，在同一试样的中心点附近再冲击一次；

c.试样仍未破坏时，再升高至1200mm的高度，在同一块试样中心点附近冲击一次；

d.下落高度为300mm、750mm或1200mm试样破坏时，在破坏后5min之内，从玻璃碎片中选出最大的10块，称其质量，并测量保留在框内最长的无贯穿裂纹玻璃。

10.1.2.10 碎片状态检验

（1）质量要求

① 全钢化玻璃。3.2～4mm钢化玻璃试验后，每片试样在任何50mm×50mm区域内的碎片颗粒数不应少于40粒，且不大于120粒；允许有少量长条形碎片，其长度不超过75mm。

2.0～2.8mm钢化玻璃试验后，每片试样在50mm×50mm范围内碎片颗粒不少于30粒，允许有少量长条形碎片，其长度不超过100 mm，测得表面应力至少达到120MPa。

② 半钢化玻璃（适用于1.6～2.0mm玻璃）。a.碎片至少有一边延伸到非检查区域。b.当有碎片的任何一边不能延伸到非检查区域时，此类碎片归类为"小岛"碎片和"颗粒"碎片（碎片面积≥1cm²的称为"小岛"碎片；碎片面积＜1cm²的称为"颗粒"碎片）。上述碎片应满足三个要求：不应有两个及两个以上的小岛碎片；不应有面积大于10cm²的小岛碎片；所有"颗粒"碎片的面积之和不应超过50cm²。

（2）全钢化玻璃检验方法

① 从产品中随机抽取4块玻璃制品作为试样进行试验，将玻璃制品平放，边缘四周用透明胶纸粘紧或其他方式固定，以防止玻璃碎片溅开。

② 在距其长边边缘中心20mm处的位置，用尖端曲率半径为0.2mm±0.05mm的小

锤或钻头进行冲击，使试样破碎。

③ 碎片计数时，应除去距离冲击点半径80mm以及距玻璃边缘或钻孔边缘25mm范围内的部分。

④ 从图案中选择碎片最大的部分，在这部分中用50mm×50mm的计数框计算框内的碎片数，每个碎片内不能有贯穿的裂纹存在，横跨计数框边缘的碎片按1/2个碎片计算。

⑤ 计数应在冲击后10s后开始并且在冲击后3min内结束。

（3）碎片计数操作

① 选择一块颗粒较大的作为（50±1）mm×（50±1）mm的计数区域；

② 首先标记计数框边缘的碎片数，见图10-12，计数框边缘的碎片数是32，则碎片数量按照32/2=16计数。

③ 其次，标记计数框内碎片的数量，见图10-13，计数框内的碎片数为53个。

④ 计数总的碎片数：计数框边缘碎片数/2+计数框内碎片数，总的碎片数=32/2+53=69。

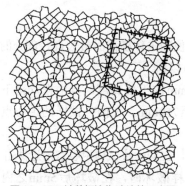 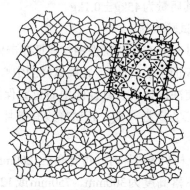

图10-12　计数框边缘碎片数示意图　　图10-13　计数框内碎片数示意图

（4）半钢化玻璃检验方法

① 取与制品厚度相同且与制品在同一工艺条件下制造的5片尺寸为1100mm×360mm的长方形没有圆孔和开槽的玻璃为试样。

② 检验步骤

a.将试样平放在试验台上，用透明胶带纸或其他方式约束玻璃周边，以防止玻璃碎片溅开；

b.在试样的最长边中心线上距周边13～20mm的位置，用尖端曲率半径0.2mm±0.05mm的小锤或冲头进行冲击，使试样破碎；

c.破碎后5min内完成曝光或拍照，"小岛"碎片和"颗粒"碎片的计数和称重也应在破碎后5min内结束；

d.检查时，应除去距离冲击点半径100mm以及距玻璃边缘25mm的范围的部分（简称"非检查区域"）。破碎后，如果有"小岛"和"颗粒"碎片，则"小岛"碎片和"颗粒"碎片的计数和称重也应在破碎5min内结束。

e."小岛"和"颗粒"碎片的测量采用称重法。计算公式如下：

$$S = m/(d\rho)$$

式中，S为面积，cm^2；m为质量，g；d为玻璃厚度，mm；ρ为玻璃密度，取2.5g/cm^3。

10.1.2.11 AR 膜层硬度检测

（1）质量要求

AR膜在钢化后，膜层硬度要求≥3H铅笔硬度。

（2）检验方法

将玻璃试样水平放置于操作台上，用铅笔硬度测试仪进行测试，第一支不会留下刮痕的铅笔的硬度值即为试样的铅笔硬度。

（3）操作方法

① 切削铅笔。a.用锋利的刀片，将木质部削去5～6mm左右，露出铅笔芯，但不可损伤；b.取400#砂纸，将铅笔以90°角度，垂直在砂纸上研磨；c.当笔尖被磨成平整光滑的圆形横切面，且边缘没有碎屑和缺口时，即可备用；d.每次测量完毕，请重复上述步骤，重新处理笔尖。

② 安装铅笔。将铅笔插入仪器，使笔芯与试样接触后固定锁紧（建议铅笔为六边形，固定时选择一个平面，测试后，旋转两个平面再固定测试，再旋转两个平面固定测试，一个圆周面可使用三次）。

③ 将安装好的铅笔硬度仪，轻轻放在待测玻璃表面。

④ 用拇指与中指抓住滑轮两侧的两个轮子中心，以0.5～1mm/s的速度，向前推至少7mm即可移开仪器（推仪器时请勿加任何压力），推一次即可，不可来回拖拉。

⑤ 30s后，再用蘸无水乙醇的无纺布擦拭干净，干燥后，在带刻度放大镜下观察试样表面是否出现明显划痕。

⑥ 如果未出现划痕，在未进行过试验的区域重复试验，更换硬度较高的铅笔，直到出现至少3mm长的划痕为止。如果出现超过3mm的划痕，则降低铅笔硬度重新试验，直到超过3mm划痕不再出现为止。

⑦ 平行测定两次，如果两次测定结果不一致，应重新试验。

（4）判定结果

以没有使减反射膜玻璃出现超过3mm划痕的最硬铅笔的硬度表示试样的铅笔硬度。

10.1.2.12 耐热冲击性能试验

（1）质量要求

试样应耐200℃温差不破坏。

（2）检验步骤

① 以与制品相同原料且与制品在同一工艺条件下制造的4块尺寸为300mm×300mm的平面钢化玻璃作为试样，4块玻璃试样放置在烘箱内加热，并在（200±2）℃下保持4h以上。

② 用制冷冰箱等制备0℃的冰水混合物。

③ 将钢化玻璃试样置于（200±2）℃烘箱中保持4h以上，取出后立即将试样垂直浸入0℃的冰水混合物中，保证试样高度1/3以上能浸入水中，5min后观察玻璃是否破坏，记录。玻璃表面和边部的鱼鳞状剥离不应视作破坏。

（3）合格判定

当4块玻璃全部符合规定不破坏时，认为该项性能合格；当有2块以上不符合规定破坏时，认为该项性能不合格；当有1块不符合规定破坏时，追加1块新试样，如果新试样符合规定不破坏时，认为该项性能合格；当有2块以上不符合规定破坏时，追加4块新试样，如果新试样符合规定不破坏时，认为该项性能合格。

对于非日常质量检验作业的耐酸性能检测、耐中性盐雾性能检测、耐热循环性能检测、耐湿热性能检测（双85检测）、耐湿冻性能检测、耐紫外辐照性能等检测项目应按照GB/T 30984.1—2015《太阳能用玻璃　第1部分：超白压花玻璃》标准中的试验程序，定期或根据客户要求送到国家认可的第三方检测中心进行检测。

10.2　质量检验工具与设备

太阳能压延玻璃检测分为原片玻璃检测和深加工玻璃检测两类。

原片玻璃检测项目主要有：外观、玻璃的厚度偏差与厚薄差、尺寸偏差、透光率等。

原片玻璃的检测工具与设备有：气浮检测台、检测灯箱、钢卷尺、表面粗糙度仪、深度百分表、外径千分尺、光谱透射比测量仪等。

深加工玻璃检测的主要项目有：外观、玻璃的厚度偏差与厚薄差、尺寸偏差、透光率、弯曲度、波形度、抗冲击性、碎片状态。

深加工玻璃检测工具与设备有：气浮检测台、检测灯箱、钢卷尺、塞尺、外径千分尺、玻璃弯曲度测试仪、光谱透射比测量仪等。

10.2.1　钢直尺

钢直尺（见图10-14）是最简单的长度量具，它的长度有150mm、300mm、500mm、600mm、1000mm、1500mm和2000mm七种规格。主要用于测量玻璃断面缺陷和玻璃的几何尺寸，配合塞尺测量钢化玻璃的弯曲度。

钢直尺用于测量零件的长度尺寸，它的测量结果不太准确，这是由于钢直尺的刻线间距为1mm，而刻线本身的宽度就有0.1 ～ 0.2mm，所以测量时读数误差比较大，只能读出毫米数，即它的最小读数值为1mm，比1mm小的数值，只能估计而得。

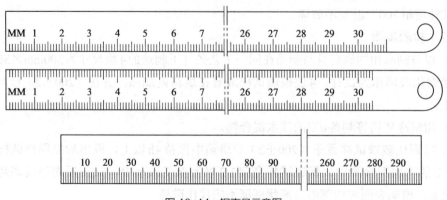

图 10-14　钢直尺示意图

10.2.2　直尺

用于检验钢化玻璃的波形度（规格300mm）和翘角间隙（规格300mm），与塞尺配合使用。直尺常用镁铝合金材料和滚动轴承钢制造。规格在500～4000mm，也可根据需要的长度定制。直尺的类型见图10-15。

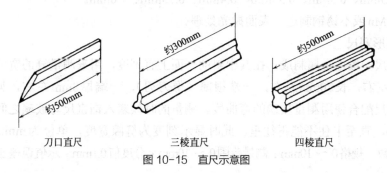

刀口直尺　　　　　　三棱直尺　　　　　　四棱直尺

图 10-15　直尺示意图

10.2.3　钢卷尺

钢卷尺（见图10-16）主要由刻度尺带、盘式弹簧（发条弹簧）、卷尺外壳三部分组成。当拉出刻度尺带时，盘式弹簧被卷紧，产生向回卷的力，当松开刻度尺的拉力时，刻度尺带就被盘式弹簧的拉力拉回。刻度尺由优质碳素钢或不锈钢制成。主要用于玻璃长度、宽度和对角线尺寸等的测量。

刻度尺带端头有一个钩，在端头钩内嵌磁性工具，测量时钩住物体，作为起点。

钢卷尺按测量长度分有3m、5m、7.5m等几种规格。分度值1mm；测量精度：Ⅰ级为±（0.1+0.1L）mm；Ⅱ级为±（0.3+0.2L）mm；带检定证书。

10.2.4　塞尺

塞尺又称测微片或厚薄规，是用于检验间隙的测量器具之一，主要用于检测钢化玻璃弯曲度、波形度、翘角等指标。

（1）薄钢片塞尺

薄钢片塞尺由一组具有不同厚度级差的薄钢片组成，见图10-17。在检验被测尺寸是否合格时，可以采用通至法判断，也可以根据塞尺与被测表面配合的松紧程度来判断。

图 10-16　钢卷尺图片　　　　　　图 10-17　薄钢片塞尺图片

塞尺由不锈钢制造，最薄的为0.02mm，最厚的为3mm。在0.02～0.1mm，各钢片的厚度级差为0.01mm；在0.1～1mm，各钢片的厚度级差一般为0.05mm；1mm以上，各钢片厚度级差为1mm。

例如：14件套塞尺0.05 ～ 1mm的技术参数如下。

尺身：长75mm，内含50mm直尺；宽度10mm。

14片薄钢片规格：0.05mm、0.06mm、0.07mm、0.08mm、0.09mm、0.1mm、0.15mm、0.2mm、0.25mm、0.3mm、0.35mm、0.4mm、0.75mm、1.0mm。

采用65Mn或不锈钢制造，表面抛光处理。

（2）楔形塞尺

楔形塞尺一般由金属制成，在其中斜的一面上有刻度，用来测量缝的宽度。楔形塞尺宽10mm左右，长70mm左右，一端很薄（像刀刃），一端厚8mm左右，见图10-18。一般与钢直尺配合使用测量玻璃的弯曲度。测量的时候塞入钢直尺与玻璃之间的缝隙内（最大缝隙），直至卡住不能再往里，此时显示刻度为缝隙宽度，单位为mm。

技术参数：规格0 ～ 10mm；测量范围0 ～ 10mm；分度值0.1mm；示值误差±0.05mm。

图 10-18　楔形塞尺图片

（3）数字显示型楔形塞尺（通流间隙测量尺）

采用塞尺测量通流间隙，既烦琐又不准确，直接影响检测效率和检测精度。基于这种情况，可采用数字显示型楔形塞尺，见图10-19，既直观又准确，大大减轻了操作人员的劳动强度，提高了测量精度。

楔形塞尺头部加装精密的数显测量器，在测量过程中能直接读出间隙值，精度达到0.01mm。

按测量范围分，有0 ～ 10mm、5 ～ 15mm、10 ～ 20mm、20 ～ 30mm、30 ～ 40mm等几种规格；分辨率0.01mm；精度0.01mm；最大移动速度1.5m/s；工作温度0 ～ 40℃；环境湿度＜80%。

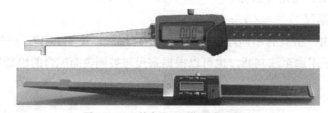

图 10-19　数字显示型楔形塞尺图片

10.2.5　深度百分表

百分表是指刻度值为0.01mm，指针可转一周以上的机械式量表，见图10-20。在压延玻璃上主要用于测量花纹深度值。

百分表是利用齿条齿轮或杠杆齿轮传动，将测杆的直线位移变为指针角位移的计量器具。百分表的圆表盘上印制有100个等分刻度，即每一分度值相当于量杆移动0.01mm。百分表的

图 10-20　深度百分表图片

齿轮传动系统应使测量杆移动1mm，指针回转一圈。

百分表的主要运动部件采用特殊耐磨不锈钢制成，具有良好耐磨及防锈性能，结构简明，灵敏度高，精度稳定可靠，采用A级静电防护。

百分表的示值范围有0～3mm、0～5mm、0～10mm三种。测量头为针状尖头、硬质合金测头，可任意位置归零。测定范围0～10mm；最小读数0.01mm；测定力1.4N；基座尺寸（长×宽）75mm×11mm。

10.2.6 气浮检测平台

气浮检测台采用高压风机供风，在台面形成气垫，使玻璃旋浮于台面上，降低玻璃搬动时的阻力，使玻璃在台面上移动轻便自如，主要用于玻璃几何尺寸的测量，见图10-21。

图10-21 气浮检测平台图片

气浮检测台由机架、气浮台面、供风系统、分片系统、电控系统组成。台面专用毛毡和高密度板；机架用槽钢和方管制做，焊接牢固。

主要技术参数：台面高度850mm；台面尺寸2000mm×1500mm（$L×W$）；气浮风机电机功率3kW；外形尺寸2000mm×1500mm×850mm（$L×W×H$）。

10.2.7 外径千分尺

外径千分尺主要用于测量玻璃的厚度，给出玻璃厚度误差和厚薄差指标值。外径千分尺分有机械式外径千分尺和电子式外径千分尺两种。

（1）机械式外径千分尺

千分尺又名螺旋测微器，它测量的尺寸可以准确到0.01mm，测量范围为几个厘米。

千分尺是由固定的尺架、小砧、测微螺杆、固定刻度筒、可动刻度筒、微调旋钮（测力装置）、锁紧装置等组成，见图10-22；固定刻度上有一条水平线，这条线上、下各有一列间距为1mm的刻度线，上面的刻度线恰好在下面二相邻刻度线中间。可动刻度上的刻度线是将圆周分为50等分的水平线，它是旋转运动的。根据螺旋运动原理，

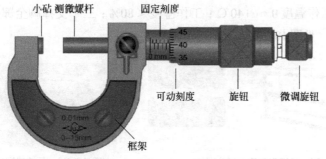

图10-22 机械式外径千分尺图片

当可动刻度筒旋转一周时，测微螺杆前进或后退一个螺距0.5mm。这样，当可动刻度筒旋转一个分度后，它转过了1/50周，这时螺杆沿轴线移动了1/50×0.5mm=0.01mm，因此，使用千分尺可以准确读出0.01mm的数值。

按测量范围分：0～25mm、25～50mm、50～75mm和75～100mm四种。

显示方式为机械式；测量范围0～25mm；分度值0.01mm。

（2）电子式外径千分尺

电子式外径千分尺采用光栅测长技术和集成电路等，见图10-23。

采用机械式外径千分尺测量，既烦琐又不准确，直接影响检测效率和检测精度。基于这种情况，可采用电子式外径千分尺，既直观又准确，大大减轻了工人的劳动强度，提高了测量精度。

图 10-23　电子式外径千分尺图片

测量范围0～25mm；分辨力0.001mm；示值误差0.002mm；工作电源3V扣式电池1粒；工作环境温度0～+40℃；储存温度-20～+60℃；环境湿度≤80%；防护等级IP4，防喷水。

10.2.8　玻璃弯曲度检测仪

用于测试各类玻璃产品弯曲度的专用仪器，可测量太阳能钢化玻璃的弯曲度和波形度。

（1）玻璃弯曲度测试仪

玻璃弯曲度测试仪采用一根拉直的细钢丝作参照，用一根精密准直的导轨做基准，导轨上安装的百分表可直线移动，测试玻璃样品与钢丝的间距，从而计算出玻璃样品的弯曲度。

玻璃弯曲度测试仪是用于检测平板玻璃弯曲度的专用设备，仪器由支架、平台、滚筒、百分表等部件组成，滚筒可在平台上自由移动，以调整两个支撑滚筒之间距离，见图10-24。

准直误差＜0.08mm；测量精度0.01mm；最大样品长度2000mm；支撑滚筒的圆柱度不大于0.1mm；两支撑滚筒的平面度不大于0.05mm；百分表测量范围0～10mm。

（2）手持式钢化玻璃测平仪

手持式钢化玻璃测平仪用于测量钢化玻璃弯曲度和波形度，可连续测量和监测玻璃表面的弯曲度，并显示和记录数据，操作简单，测量快，分辨率0.01mm；测量间距30～340mm；工作温度0～+40℃；工作湿度＜80%；三个支撑脚全部接触表面，移动速度小于0.5m/s。见图10-25。

图 10-24　玻璃弯曲度测试仪图片　　　　　图 10-25　手持式钢化玻璃测平仪图片

（3）自制玻璃测平仪

选用长度为300mm的高精度铝合金型材，将百分表固定在铝型材上，用于测量玻璃的波形度，见图10-26。

技术参数：铝合金的直线度0.42mm/m；百分表测量范围0～10mm。

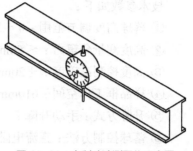

10.2.9　透光率测试仪

图10-26　自制玻璃测平仪示意图

透光率测试仪主要用于快速测量太阳能压延玻璃、AR镀膜压延玻璃的光谱透射比。

透光率测试仪可快速测量玻璃任意点的可见光光谱总透射率，并计算出 Y、x、y、L^*、a^*、b^*、TAM 1.5等值；可以方便地对大片压延玻璃进行多点的快速测量，根据测量的数据自动计算出该玻璃的透射比平均值、各点差值等参数，实现对玻璃品质的检测与控制。

透光率测试仪由工作台、测试电路和软件组成。计算机存储有 AM 1.5光谱分布、D65光谱分布，可自动计算 AM1.5有效积分透射比、可见光有效积分透射比，并在屏幕上实时显示。

技术参数如下：

① 波长范围：380～1100nm；

② 光谱测量间隔：5 nm（可调为5的倍数）；

③ 测量速度：每点每次测量速度≤100ms（与积分时间和平均次数有关）；

④ 光源灯泡寿命：≥1500h；

⑤ 测量范围：0～100%；精度：0.01%；

⑥ 稳定性：±0.05%；同一片玻璃连续测试同一个点20次，测出来的结果最大值和最小值相差不超过0.1%（通常情况下相差不超过0.06%）；

⑦ 工作台尺寸：1400mm×970mm，最大可以测试宽度为1m的玻璃，玻璃长度不限；

⑧ 工作台高度：800mm，工作台表面铺有毛毡，方便玻璃在上面滑动；

⑨ 具有手动校准和自动校准功能，所有数据都保存在数据库中，并可导出到EXCEL文件；所有测试操作均通过控制计算机进行；

⑩ 具有自动测试功能，可测试出某片样品不同点的透射率，自动计算该片样品的平均透射率，并可将测试结果导出到WORD中；

⑪ 抗环境光干扰，可连续长时间工作；开机预热时间10～15min。

10.2.10　玻璃落球冲击试验机

玻璃落球冲击试验机用于钢化玻璃的抗冲击性能的测试。

将钢化玻璃测试样品放在试验台面上，将规定质量的钢球从规定跌落高度上自由跌落在产品上，对产品进行冲击，然后检查产品外观及各方面性能是否满足玻璃抗冲击测试的相关标准要求。

钢化玻璃落球冲击试验机由落球架、电磁释放器、样品框、钢球和控制系统组成。

技术参数如下：

① 落球高度调节范围：0 ～ 5000mm（太阳能压延玻璃跌落高度1000mm）；

② 高度测量分辨力：≤ 5mm；

③ 高度控制准确度：±20mm；

④ 样品框工作空间：610mm×610mm；

⑤ 升降方式：手动升降；

⑥ 落球控制方法：直流电磁控制；

⑦ 钢球：（1040±10）g（直径63.5mm）和（2260±20）g（直径82.5mm）；

⑧ 体积（$W×D×H$）：约680mm×680mm×1500mm；

⑨ 工作电源：220V/AC±10%；50Hz；

⑩ 质量：约100kg；

⑪ 保护装置：四周有防护网箱；

⑫ 样品夹持方式：夹具夹持；

⑬ 跌落铁板：厚度10mm。

10.2.11　玻璃霰弹袋冲击试验机

霰弹袋冲击试验机是一种检验钢化玻璃抗冲击性能的专用测试仪器。该仪器是用同一质量的冲击体，在不同高度冲击下，对钢化玻璃的抗穿透性或强度进行测试。

霰弹袋冲击试验机由固定钢框架和紧固铝型材框架、霰弹袋落架、电磁释放器、样品框、霰弹袋和控制系统组成。

设备技术参数：

① 最大冲击高度：1200mm；

② 试验冲击高度（可调）：300mm，450mm，600mm，750mm，900mm，1200mm；

③ 冲击高度偏差：±30mm，升降机构的显示冲击高度与实际冲击高度之间的误差不应超过±1%；

④ 霰弹袋质量：（45±0.1）kg；

⑤ 霰弹袋最大直径：250mm；

⑥ 霰弹袋脱扣方式：电磁铁牵引脱扣；

⑦ 高度测量元件：拉线编码器；

⑧ 挠性钢丝绳直径：ϕ3.0mm；

⑨ 试样框架内缘尺寸：长（1910+5）mm，宽（842+5）mm；

⑩ 玻璃试样尺寸：长（1930+10）mm，宽（864+10）mm；

⑪ 试验机框架材料：10号槽钢；

⑫ 橡胶垫板：宽20mm，厚3mm，邵氏硬度（A）50度；

⑬ 外形尺寸：2750mm×1000mm×2700mm（长×宽×高）；

⑭ 固定方式：地脚螺栓固定；

⑮ 供电电源：AC220V，50Hz，1700W；

⑯ 保护装置：四周有防护网箱；

⑰ 样品夹持方式：夹具夹持；

⑱ 霰弹袋摆动半径：1560mm。

10.2.12　粗糙度检测仪

粗糙度检测仪用于测试超白压延玻璃绒面的粗糙度值。

粗糙度检测仪由主机、高精度传感器、电源适配器、多刻线样板、支架、V形块、计算机软件等组成，见图10-27。

粗糙度检测仪可测量显示13个粗糙度参数，采用DSP（数字信号处理器）进行数据处理和控制，速度快，功耗低，锂电池连续工作时间大于20h，可连接打印机打印测量参数及轮廓，标准RS232接口，可与PC机通讯。具有图形显示功能，传感器触针位置指示，带存储功能，自动关机。

粗糙度检测仪技术参数：

① 测量范围：R_a0.025 ～ 12.5μm；

② 量程范围：±20μm，±40μm，±80μm；

③ 最高显示分辨率：0.001μm；

④ 取样长度：0.25mm，0.8mm，2.5mm，自动；

⑤ 示值误差：≤±10%；

⑥ 示值变动性：≤6%；

图10-27　粗糙度检测仪图片

⑦ 针尖角度：90°；

⑧ 显示方式：128×64点阵液晶（带背光）；

⑨ 工作环境：温度0 ～ 40℃；相对湿度＜90%；

⑩ 外形尺寸：140mm×52mm×48mm；质量：440g。

10.2.13　铅笔硬度仪

用于测试AR镀膜玻璃的膜层硬度值。

镀膜玻璃膜层硬度是太阳能光伏组件进行质量认定的必测指标。铅笔划痕法测试镀膜硬度是被国际普遍采用的测试方法，能在任意方向上对镀膜玻璃膜层硬度进行测定。

铅笔硬度仪为机械式，三点接触被测表面（二点为轮，一点为铅芯），始终保证铅笔与被测玻璃表面形成45°夹角，用力水平推动仪器运动，即可完成测试过程，测定镀膜膜层抵抗变形的能力。此方法是按手工操作而设计制造，以铅笔标号表示，适用于镀膜玻璃膜层硬度测定，见图10-28。

技术参数：

① 1000g铅笔硬度计

a.笔尖重负：（1000±5）g；

b.铅笔规格：6B ～ HB ～ 6H（13支）；

c.仪器外形尺寸：130mm×75mm×60mm（长×宽×高）；质量：2.6kg。

② 750g铅笔硬度计

a.笔尖重负：（750±5）g；

500g负重砝码

250g负重砝码

图 10-28　铅笔硬度仪图片

  b.铅笔规格：6B ～ HB ～ 6H（13支）；

  c.仪器外形尺寸：120mm×75mm×60mm（长×宽×高）；质量：2.3kg。

  ③ 500g铅笔硬度计

  a.笔尖重负：(500±5)g；

  b.铅笔规格：6B ～ HB ～ 6H（13支）

  c.仪器外形尺寸：90mm×75mm×60mm（长×宽×高）；质量：2.0kg。

10.2.14　玻璃检测灯箱

（1）外观检测灯箱

主要用于太阳能原片玻璃的外观检测和太阳能深加工玻璃的外观检测。

灯箱四周安装40W日光灯管，灯箱内部为黑色，框架上有样品支架，玻璃倚靠面在垂直方向上倾斜4°～ 7°。检测时，将玻璃竖直倚靠在灯箱上，检验人员可在各种角度观察玻璃的外观质量，见图10-29。

灯箱主要由框架、灯管和样品支架组成。

技术参数：

① 功率：160W（4×40W）；

② 玻璃摆放方式：竖直倚靠；

③ 灯箱口尺寸：1m×2.0m；

④ 可检测玻璃尺寸：1m×（1.6 ～ 2）m（宽×长）；

⑤ 工作台高度：0.8m；

图 10-29　外观检测灯箱图片

⑥ 外形尺寸：1.6m×2.2m×0.6m。

（2）镀膜面检测灯箱

主要用于太阳能镀膜玻璃的外观检测，见图10-30。

灯箱上部安装40W日光灯管，灯箱内部为黑色或灰色，安装在检测辊道上方。检测时，将玻璃匀速通过灯箱，检验人员可在各种角度观察玻璃的外观质量。

灯箱主要由框架、灯管组成。

技术参数：

① 功率：160W（4×40W）；

② 玻璃摆放方式：水平匀速移动；

③ 灯箱口尺寸：1m×2.0m；

④ 可检测玻璃尺寸：1m×（1.6～2）m（宽×长）；

⑤ 工作台高度：0.8m；

⑥ 玻璃运行速度：6～12m/min。

图10-30 镀膜玻璃膜面检测灯箱图片

10.2.15 玻璃缺陷在线检测仪

太阳能压延玻璃生产线是连续生产，人工在线检测受个人技术水平、身体条件、责任心和疲劳程度所限，漏检率和误判率较高。所以，使用一种稳定而可靠的在线自动缺陷检测设备，对提高生产率、提高产品质量、降低成本都有好处。

玻璃缺陷在线检测仪是一款基于机器的视觉平台，完成实时检测、跟踪、报警、信息统计等功能的高性能综合设备。主要由线阵视觉传感器、工控机及单片微型处理器组成，集高速自动检测、测量、分辨、定位于一体，通过声光报警、打标，监视器显示等方式提示输出结果，确保缺陷产品不进入下道工序，从而提高玻璃制品的合格率和生产效率。

太阳能压延玻璃除了存在与浮法玻璃常见的气泡、结石、析晶料等相同的缺陷外，压延玻璃所特有的辊伤、凹凸、线条等缺陷的数量及检测的复杂程度远高于浮法玻璃。

10.2.15.1 玻璃缺陷在线检测设备原理和构造

应用于晶硅太阳能组件的压延玻璃表面结构会产生和实际缺陷类似或有更强大的光学信号，这是自动化光学检测仪对压延玻璃检测的主要难点。

（1）检测原理

玻璃缺陷在线检测仪基于玻璃上不同的缺陷，对于光源和采集的图像有不同的光线表现，镜头根据光源照射缺陷后形成不同形状的图像，对缺陷进行判断。

通常玻璃缺陷在线检测仪有两套检测识别系统，一套LED光源安装在被检测玻璃的下方，安装在其上的CCD扫描摄像头获得暗场透射和亮场透射图像；另一套LED光源安装在被检测玻璃的上方，安装在其上的CCD的扫描摄像头获得暗场反射和亮场反射图像。以上两种光源都是根据光路发生变化，从而进行识别的。透射光用于判断识别玻璃内部缺陷，诸如气泡、内部结石、内部异物等，反射光用于判断识别玻璃表面缺陷，诸如辊伤、凹凸、花纹变形等；计算机软件根据图像的灰度值、长度、宽度、长宽比、面积、缺陷灰度值与环境灰度值比等，对缺陷进行分类判断。

（2）设备组成（见图10-31）

① 光源。包括透射光源和反射光源，分别产生透射光和反射光，用于分辨不同种类和位置的缺陷，两种光源既可以单独排布也可以整合到一起。

图10-31 压延玻璃原片在线检测仪实物图片

② 镜头。接收光源产生的透射和反射光并对探测表面成像，通常采用多台CCD相机成像以包含整幅板面，单台相机像素为8000万以上，分辨率90μm。为了防止可见光对相机采集图片的影响，系统使用了一种滤光装置，它将滤掉波长800nm以下的光。

③ 电脑主机与软件。电脑主机是检测设备的"大脑"，能对缺陷图像进行收集、分析及判断等，是整个设备的处理中心。电脑主机应选用稳定性强、耐用性好的工业计算机。

④ 防尘设备及空调。太阳能压延玻璃生产车间灰尘较大，为了减少灰尘对光源的影响，需在光源前加装除尘风刀；另外，从退火窑中出来带有余温的玻璃经过缺陷检测机时，其高于50℃的温度会影响到在线检测仪检测的准确性，为了保证缺陷检测数据的准确、可靠和设备正常工作，就要使用空调对检测仪的关键元器件进行降温。

⑤ 机架。机架是安装搭建检测设备的框架，同时有保护设备的作用。

⑥ 打标机及标记墨水。打标机将缺陷检测设备发现的缺陷进行标识，有移动和固定两类。移动打标机是将标记打到缺陷发生的位置；固定打标机是将标记打在玻璃板边部与缺陷同一条直线上，性价比高。打标机墨水使用玻璃专用墨水，免去不易清洗的隐患。

（3）技术性能

① 误判率。误判是将合格成品错误地判断成有缺陷次品，误判给公司造成经济损失，高的误判率应尽量避免。要求在线缺陷检测机误判率目标小于1%。对光源、板面灰尘和蚊虫随时清扫，以免造成批量误判。

② 漏检率。没有按照标准检测出玻璃的缺陷，带有缺陷的产品将流入下道工序，造成隐患。要求在线缺陷检测机漏检率目标小于1%。在线检验人员减少的情况下，对设备进行巡视，及时发现设备损坏或者死机，立即处理，以免造成批量漏检，大批玻璃复检。

③ 工作稳定性。玻璃在线缺陷检测设备需稳定且持续的工作。压延玻璃在线缺陷检测设备因玻璃连续生产，在线缺陷检测设备在开启后连续运行，除设备在个别时间检修外，其余时间设备都处于运行状态，设备工作稳定性尤为重要。

由于生产的场合不同产生的缺陷不同，所以，根据生产场合不同玻璃缺陷在线检测仪有不同的形式，常用的有玻璃原片缺陷在线检测仪、玻璃磨边缺陷在线检测仪、镀膜玻璃缺陷在线检测仪等几种。

10.2.15.2 用于原片玻璃生产线缺陷检测仪的技术参数

（1）可检测缺陷类型

可检测上表面开口泡、下表面开口泡、闭口泡、夹杂物、结石、辊伤等外观缺陷。对于≥0.3mm的气泡，检出率≥98%；≥0.2mm的结石，检出率≥95%。

（2）缺陷分类准确率

对于≥0.3mm的气泡与结石，分类准确率≥90%；对于开口泡与闭口泡，分类准确率≥85%（单光源），或≥95%（双光源）。

影响准确率的因素主要有以下几种：

① 检测取决于玻璃与缺陷之间的视觉差异，如果玻璃视觉与缺陷视觉没有差异，则检测不出缺陷。

② 相邻的两个缺陷可能会合并报告成一个缺陷；相反地，一个缺陷也可能报告成

两个缺陷。

③ 所有的性能指标，都是满足玻璃在辊道上跳动≤5mm情况下得到的，如果跳动大，检测准确率受到影响。

（3）其他技术参数

① 生产线速度：16m/min；

② 环境温度：5～15℃；湿度：≤95%；

③ 玻璃板温度要求：不高于150 ℃（最好低于100 ℃）。

10.2.15.3 用于磨边后玻璃生产线缺陷检测仪技术参数

磨边是玻璃深加工的第一道工序，在此工序容易产生爆边、爆角、烧边、亮边、裂纹、直角、尺寸误差等缺陷，除人工检测外，也可采用在线检测仪检测，见图10-32。其检测的范围为：

① 爆边：长2mm，宽1mm，深0.5mm；

② 爆角：长1mm，宽1mm，深0.5mm；

③ 烧边、亮边：长2mm，宽1mm；

④ 尺寸精度：长0.2mm，宽0.1mm。

其缺陷检出准确率为：误判率≤0.5%；漏检率≤1%。（以通过人工肉眼在检测室检验的样品缺陷总数计算）。设备可在生产线速度27m/min情况下进行检测。

图 10-32 磨边后玻璃缺陷检测仪图片

参考文献

[1] 彭寿，陈志强．我国硅质原料产业现状及发展趋势．建材世界，2006, 29(4):3-11.

[2] 杨京安，彭寿．浮法玻璃生产操作指南．北京：化学工业出版社，2007.7

[3] 曹振亚，张泽田．有色玻璃与特种玻璃．成都：四川科学技术出版社，1987.

[4] 赵彦钊，殷海荣．玻璃工艺学．北京：化学工业出版社，2006.

[5] 西北轻工业学院．玻璃工艺学．北京：轻工业出版社，1991.

[6] 王承遇，陈敏等．玻璃制造工艺．北京：化学工业出版社，2006.

[7] 陈雅兰，李玉香．关于玻璃生产氧化锂的使用．云南建材，1998, 4.

[8] 宋秀霞．稀土氧化铈复合玻璃澄清剂的研究 [D]. 山东轻工业学院，2008.

[9] 上海化工学院编．硅酸盐工业热工过程及设备（下册）．北京：中国建筑工业出版社，1980.

[10] 国家第一机械工业部统．发生炉煤气的生产与使用．北京：科学普及出版社，1982.

[11] 薛新科，陈启文．煤焦油加工技术．北京：化学工业出版社，2007.

[12] 华南工学院，清华大学．陶瓷工业热工设备 // 硅酸盐工业热工过程及设备．北京：中国建筑工业出版社，1980.

[13] 西北轻工业学院．玻璃工艺学．北京：轻工业出版社，1991.

[14] 彭寿，杨京安．平板玻璃生产过程与缺陷控制．湖北：武汉理工大学出版社，2010.

[15] 上海化工学院．玻璃工业热工设备 // 硅酸盐工业热工过程及设备．北京：中国建筑工业出版社，1980.

[16] 西北轻工业学院．玻璃工艺学．北京：轻工业出版社，1991.

[17] 王承遇．玻璃制造工艺．北京：化学工业出版社，2006.

[18] 陈恭源．浮法玻璃工厂设计建线生产．秦皇岛：《玻璃》编辑部，1993.

[19] 王志发．硅线石高温莫来石化及烧结试验研究．非金属矿，2003.1, 26（1）: 16-18.

[20] 徐美君．压延玻璃发展趋势及市场分析．建筑玻璃与工业玻璃，2002.5.

[21] 窦如凤．太阳能玻璃压花结构设计的研究 // 中国光伏大会暨展览会．2010.

[22] 马素良，潘新征，刘鹏程．中空压花辊筒加工过程中弯曲变形原因分析．中国机械，2013(7):153-153.

[23] 章寅．超白光伏玻璃压延关键技术．建材世界，2015(2):73-77.

[24] 梁超帝，蔡俊．超薄玻璃压延机的设计及应用．中国玻璃，2015(4):9-11.

[25] 杨柯，魏永强．光伏压延玻璃花型角对透过率的影响．玻璃与搪瓷，2015, 43(2):38-42.

[26] 高军召．论毛刷在光电子玻璃清洗技术中的应用．企业技术开发，2015(8):52-53.

[27] 高文生，崔建志，贺献宝．平板玻璃磨边工艺探讨 // 促进中部崛起专家论坛暨湖北科技论坛——装备制造产业发展论坛．2009.

[28] 夏卫文，赖博渊，王德标．超白压花玻璃减反射辊涂镀膜生产工艺浅析．玻璃，2013, 40(7):20-27.

[29] 赵进周，张亚丽．聚氨酯涂覆胶辊的研制．弹性体，1994(3):33-36.

[30] 赵德清，唐仪，黄志刚．基于 Fluent 的钢化玻璃淬冷系统流场的建模与仿真．机电工程技术，2016, 45(4):1-6.

[31] 刘东，孙宇辉．立式玻璃清洗机风刀空气速度场研究．北方工业大学学报，2013, 25(3):50-55.

[32] 殷新建．快速加热水平钢化玻璃的方法．玻璃，2007, 34(5):53-55.

[33] 杨京安．SO_2 气体消除浮法玻璃裂口机理探讨．玻璃，1993(5):26-29.

[34] 武汉建材学院．玻璃工艺原理．武汉：武汉工业大学出版社，1981.

[35] H. 基甫生 – 马威德 R. 布吕克纳．黄照柏译．玻璃制造中的缺陷．北京：轻工业出版社，1988.

[36] 田密，曲兆娟．浅谈光伏玻璃在线缺陷检测设备．玻璃，2013, 40(9):9-11.

[37] 韩秀奎，杨学宁，陈刚，等．钢化炉的电加热与冷却及功率计算．玻璃，2009, 36(8):33-35.

[38] 陈志红，周福来，郭卫．薄玻璃物理钢化．河南建材，2005(4):35-36.

[39] 王立祥，崔建中．影响钢化玻璃加热工艺的因素分析．玻璃，2003, 30(3):43-45.